DIE DUDEN-BIBLIOTHEK FÜR DEN SCHÜLER

Schülerduden
Rechtschreibung und Wortkunde
319 Seiten mit einem Wörterverzeichnis mit 15000 Stichwörtern.

Schülerduden
Bedeutungswörterbuch
Bedeutung und Gebrauch der Wörter. 447 Seiten mit über 500 Abbildungen.

Schülerduden
Grammatik
Eine Sprachlehre mit Übungen und Lösungen. 414 Seiten.

Schülerduden
Fremdwörterbuch
Herkunft und Bedeutung der Fremdwörter. 466 Seiten.

Schülerduden
Die richtige Wortwahl
Ein vergleichendes Wörterbuch sinnverwandter Ausdrücke. 480 Seiten.

Schülerduden
Die Mathematik I
Bis 10. Schuljahr. Ein Nachschlagewerk für Schüler und Eltern. 541 Seiten mit 308 Abbildungen, Register.

Schülerduden
Die Mathematik II
11.–13. Schuljahr. Einführung in die moderne Analysis und Vektorrechnung. 458 Seiten mit 237 Abbildungen, Register.

Schülerduden
Die Physik
Ein Lexikon der gesamten Schulphysik. 490 Seiten. 1700 Stichwörter, 400 Abbildungen, Register.

Schülerduden
Die Chemie
Ein Lexikon der gesamten Schulchemie. 424 Seiten. 1600 Stichwörter, 800 Abbildungen, Register.

Schülerduden
Die Biologie
Das Grundwissen der Biologie von A bis Z. 464 Seiten. 2500 Stichwörter, zahlreiche Abbildungen.

Schülerduden
Die Religionen
Ein Lexikon aller Religionen der Welt. 464 Seiten. 4000 Stichwörter, 200 Abbildungen, Register.

Das farbige Duden-Schülerlexikon
Verständliche Antwort auf Tausende von Fragen. 768 Seiten, rund 10000 Stichwörter und etwa 60 Großartikel. 1100 Photos.

DUDEN-ÜBUNGSBÜCHER

Band 1: Aufgaben zur modernen Schulmathematik mit Lösungen I
Bis 10. Schuljahr. Mengenlehre und Elemente der Logik. 260 Seiten mit Abbildungen und mehrfarbigen Beilagen.

Band 2: Aufgaben zur modernen Schulmathematik mit Lösungen II
11.–13. Schuljahr. Ausbau der Strukturtheorien – Analysis, Analytische Geometrie. 270 Seiten mit Abbildungen.

Band 3: Übungen zur deutschen Rechtschreibung I
Die Schreibung schwieriger Laute. Mit Lösungsschlüssel. 239 Seiten.

Band 4: Übungen zur deutschen Rechtschreibung II
Groß- und Kleinschreibung. Mit Lösungsschlüssel. 256 Seiten.

Band 5: Übungen zur deutschen Sprache I
Grammatische Übungen. Mit Lösungsschlüssel. 239 Seiten.

Band 6: Aufgaben zur Schulphysik mit Lösungen
Bis 10. Schuljahr. 200 vollständig gelöste Aufgaben. 208 Seiten.

KLIPP UND KLAR

100 × das Wichtigste und Interessanteste zu vielen Themen. Die neue Wissensbibliothek für jedes Alter.
Jeder Band 208 Seiten mit 100 meist drei- bzw. vierfarbigen Bildseiten, Register.

Band 1: 100 × Energie
Von der Windmühle bis zum Kernkraftwerk.

Band 2: 100 × Umwelt
Vom Wasserhaushalt bis zur Luftverschmutzung.

Band 3: 100 × Raumfahrt
Vom Papierdrachen bis zum Weltraumlabor.

Band 4: 100 × Kriminalistik
Von der Brandmarkung bis zum Verbrecherfoto.

Band 5: 100 × Kunst
Von der Höhlenmalerei ...

...ni.

Bibliographisches Institut
Mannheim/Wien/Zürich

Schülerduden
Die Mathematik I

Duden für den Schüler

1. Rechtschreibung und Wortkunde
Für das 4. bis 7. Schuljahr

2. Bedeutungswörterbuch
Bedeutung und Gebrauch der Wörter

3. Grammatik
Eine Sprachlehre mit Übungen und Lösungen

4. Fremdwörterbuch
Herkunft und Bedeutung der Fremdwörter

5. Die Mathematik I
Bis 10. Schuljahr

6. Die Mathematik II
11. bis 13. Schuljahr

7. Die Physik
Ein Lexikon der gesamten Schulphysik

8. Die Biologie
Ein Lexikon der gesamten Schulbiologie

9. Die Chemie
Ein Lexikon der gesamten Schulchemie

10. Die richtige Wortwahl
Ein vergleichendes Wörterbuch sinnverwandter Ausdrücke

11. Die Religionen
Ein Lexikon aller Religionen der Welt

12. Das farbige Duden-Schülerlexikon

Schülerduden
Die Mathematik I
(Bis 10. Schuljahr)

Herausgegeben von den
Fachredaktionen
des Bibliographischen Instituts

3. Auflage

Bearbeitet nach den
Empfehlungen und Richtlinien der
Kultusministerkonferenz

Bibliographisches Institut Mannheim/Wien/Zürich
Dudenverlag

Neu bearbeitet von
Prof. Dr. Herbert Meschkowski
unter Mitarbeit von
Prof. Helmut Schütz

Satz und Druck: Zechnersche Buchdruckerei, Speyer
Bindearbeit: Klambt-Druck GmbH, Speyer
Printed in Germany
ISBN 3-411-00925-X

VORWORT

Meinen ersten mathematischen Unterricht erteilte ich als Vierzehnjähriger. Damals, im Inflationsjahr 1923, wurde als Honorar das Entgelt für eine Straßenbahnfahrt festgelegt. In unseren Tagen würde wohl niemand für eine so bescheidene Vergütung mathematischen Unterricht erteilen.

Aus gutem Grund: Nicht nur unsere Ansprüche sind gestiegen. Das Unterrichten ist heute weit kniffliger geworden als in jenen Tagen. Es könnte passieren, daß ein Schüler der oberen Klassen (nehmen wir an: ein guter Mathematiker) resignieren muß, wenn er einem Jüngeren helfen wollte, der in das Rechnen nach den Grundsätzen der Mengenlehre eingeführt werden soll. Wir erleben in diesen Jahren die Umstellung des mathematischen Unterrichts auf die *New Math* (die neue, mengentheoretisch orientierte Mathematik), und da wird das Unterrichten, ja auch nur das Nachhelfen schwierig für alle solche Lehrenden, die selbst das Rechnen und die Elemente der Mathematik so gelernt haben, wie das vor Jahrzehnten üblich war.

Dabei sind die Fundamente der *New Math* so leicht zu durchschauen, daß man sie schon Kindern im Vorschulalter spielend nahebringen kann. Der Vorteil der neuen Unterrichtsmethode leuchtet ein: Man beginnt schon früh mit jenen Betrachtungsweisen, die später für den künftigen Forscher, den Ingenieur, den Physiker und Mathematiker wichtig werden. Da auch wichtige bildungstheoretische Überlegungen für die Umgestaltung des mathematischen Unterrichts sprechen, müssen sich jetzt die Lehrenden und Lernenden umstellen.

Und deshalb wurde aus dem bewährten Schüler-Rechen-Duden der Schüler-*Mathematik*-Duden. Er bringt in seinem ersten Band die Grundlagen, im zweiten Band die darauf aufbauenden Gebiete. Wir beginnen den ersten Teil mit dem Versuch einer systematischen Darstellung. Es soll in einem einführenden Kapitel einiges über die Grundbegriffe der *New Math* gesagt werden (A. Grundlagen der modernen Elementarmathematik).

Hier mußten wir mit der folgenden Schwierigkeit fertig werden: In der Schule ist vieles im Fluß, und die Schulmathematiker sehen die Grenzen für die Möglichkeiten der „Mathematisierung" des Schulunterrichts verschieden. Mutige junge Lehrer gehen weiter als die bedächtigen älteren Kollegen. Wir bringen in dem einleitenden Kapitel alle wichtigen Grundbegriffe der (mengentheoretisch verstandenen) Elementarmathematik, so daß auch der Schüler eines „modernen" Lehrers hinreichende Informationen vorfindet. Manche anderen Lehrer werden nicht alle hier einleitend erklärten Begriffe in ihrem Unterricht benutzen.

Um das Buch auch für diejenigen gut lesbar werden zu lassen, die einen nur „gemäßigt modernen" Mathematikunterricht kennen, wurden die Texte weitgehend umgangssprachlich abgefaßt. Auf die knappere Darstellung mit Hilfe

der Symbole der mathematischen Logik wurde aus diesem Grunde verzichtet. In einem Artikel des Lexikon-Teiles („Formale Logik") sind aber die grundlegenden Begriffe für eine formalisierte Darstellungsweise zusammenhängend aufgeführt, so daß man sich dort auch über dieses Hilfsmittel der modernen Mathematik informieren kann.
Wir übernehmen aus dem alten Schüler-Rechen-Duden (gekürzt und überarbeitet) ein Kapitel über Rechnen (D. Einführung in das Elementarrechnen). Bei aller „Mathematisierung" des Unterrichts muß ja doch auch dies in der Schule erreicht werden: daß die Schüler sicher rechnen lernen.
Es folgt dann der bewährte Lexikon-Teil des Werkes (E.). Hier können Schüler, Lehrer und Eltern nachschlagen, wenn sie spezielle Informationen suchen. Dieser Teil wurde so überarbeitet und ergänzt, daß er auch modernen Ansprüchen genügen kann. Besonders bei den Stichwörtern zu den Kapiteln der *New Math* werden dabei Hinweise auf die entsprechenden Abschnitte der Einleitung „A. Grundlagen der modernen Elementarmathematik" eingearbeitet. Ebenso wurde an den entsprechenden Stellen auf den Abschnitt D. (Einführung in das Elementarrechnen) hingewiesen.
Das Literaturverzeichnis (G.) wurde völlig neu bearbeitet. Dabei wurde auf die Möglichkeit, eine Fülle weiterführender, spezieller Bücher aufzuführen, bewußt verzichtet. Statt dessen erfolgte eine Beschränkung auf eine kleinere Anzahl von Standard-Werken, die unter vier Überschriften geordnet und nach ihrem Schwierigkeitsgrad charakterisiert wurden.

Berlin, im Januar 1972 *Herbert Meschkowski*

INHALTSVERZEICHNIS

Wozu Mengenlehre?

Früher plagte man die Schüler in den unteren Klassen mit den komplizierten „Dreisatzaufgaben", um etwa herauszufinden, wieviel Zinsen ein Kapital von 6500 M bei 4 Prozent in 6 Jahren erbringt. Der Ansatz zur Lösung dieses Problems war noch ziemlich einfach zu durchschauen. Knifflig wurde es aber, wenn etwa gefragt wurde: *Welches Kapital erbringt bei 3,5% Zinsen in 8 Jahren 560* M *Zinsen?* Oder wenn gar nach der Zahl der Jahre gefragt wurde, in denen man bei vorgegebenem Zinssatz aus einem Kapital einen gewünschten Zinsertrag erreichen kann.

Die Lösung solcher Probleme wird viel einfacher, wenn man dazu die elementare Algebra benutzt. Man kann sich dann leicht klar machen, daß ein Kapital k bei einem Prozentsatz p in t Jahren

$$(1) \qquad z = \frac{k \cdot p \cdot t}{100}$$

Mark an Zinsen erbringt. Aus diesem Ergebnis (1) kann man aber leicht durch einfache Umformung die Antworten auf die andern Fragen gewinnen. Eine Gleichung bleibt ja richtig, wenn man beide Seiten durch die gleiche Zahl dividiert (oder mit der gleichen Zahl multipliziert). Deshalb folgt aus (1) z.B.

$$\frac{z}{k \cdot p} = \frac{t}{100}$$

und

$$(2) \qquad t = \frac{100 \cdot z}{k \cdot p}.$$

Diese Formel (2) gibt uns z.B. Antwort auf die Frage, in welcher Zeit ein Kapital von 3000 M bei 4% Verzinsung einen Ertrag[1]) von 360 M liefert ($t=3$).

Es ist zu fragen, warum man denn früher in der Schule die Kinder mit kniffligen Dreisatzverfahren geplagt hat, wenn es mit ein bißchen Algebra viel leichter geht? Die Antwort: Algebra – das ist *Mathematik.* Und das „Rechnen mit Buchstaben" blieb der Mittelstufe des Gymnasiums vorbehalten. In der Volksschule (und in der Unterstufe des Gymnasiums) durfte nur mit „elementaren" Methoden gearbeitet werden.

Inzwischen hat man längst eingesehen, daß die Anwendung elementar algebraischer Umformungen einfacher ist als das Exerzieren von „Dreisätzen". Es liegt nahe, noch einen Schritt weiter zu gehen: In unserem Jahrhundert der Technik und der Naturwissenschaften wäre es unbedingt ein Vorteil, wenn man die Schüler schon frühzeitig mit der Denkweise der exakten Wissenschaft vertraut machen könnte. Die mathematischen Grundstrukturen sind

---

[1]) ohne Zinseszinsen.

in der Tat so einfach zu durchschauen, daß es nahe liegt, auf alle „pädagogischen" Hilfskonstruktionen für die Schulanfänger zu verzichten (auf so zweifelhafte Begriffe z. B. wie die „Male") und gleich mit den Elementen der Mengenlehre anzufangen. Denn die Mengenlehre ist nun einmal das Fundament der (modernen) Mathematik.

Sie ist freilich von Georg Cantor entwickelt worden, um mit den schwierigen Problemen des Unendlichen fertig zu werden. Es hat sich aber herausgestellt, daß die mengentheoretische Betrachtungsweise auch für die Behandlung elementarer Probleme von großem Nutzen ist, weil sie mit der Menge den allgemeinsten Begriff für die moderne Denkweise der Mathematik bietet.

Der Stamm der Wedda auf Ceylon kennt keinen Zahlbegriff. Wenn man einen Mann dieses Volkes fragt, wie viele Kokosnüsse er habe, dann nimmt er Stöcke, einen für jede Kokosnuß und weist auf die „Menge" der Stöcke. Wenn ihm von seinem Bestand eine Nuß gestohlen wird, dann könnte er das herausfinden, indem er die Menge der vorhandenen Nüsse der Menge seiner Stöcke zuordnet. Bleibt bei dieser Zuordnung ein Stock übrig, so ist ihm eine Nuß abhanden gekommen.

Auch Kinder im Vorschulalter kommen von selbst auf dieses von Cantor mit so viel Erfolg praktizierte Verfahren der „umkehrbar eindeutigen Zuordnung" (Nüsse zu Stöcken). Man hat in einem Schweizer Kindergarten den Kindern verschieden geformte Glasgefäße mit bunten Kugeln vorgelegt und gefragt, in welchem Gefäß „mehr" Kugeln seien. Ein Junge fand heraus, daß in beiden gleich viel Kugeln waren, obwohl er sie noch nicht zählen konnte. Er hat (wie er sagte) die Kugeln „miteinander verheiratet": Er hat immer eine rote Kugel aus dem einen Glas neben eine blaue aus dem andern gelegt und gesehen, daß bei diesem Verfahren keine übrig blieb.

Es liegt tatsächlich nahe, den elementaren Begriff der „Menge" *vor* den Zahlbegriff zu setzen und die Mengenvergleichung begrifflich *vor* dem Rechnen mit Zahlen einzuführen. *Mengen* gibt es überall: Mengen von Steinen, von Blumen, von Blättern, Mengen von Autos, von Menschen, von Häusern. *Zahlen* kommen in der Natur nicht vor. Wir gewinnen sie erst durch einen Abstraktionsprozeß. Dieser wird besonders einfach, wenn man ihn auf der Mengenvorstellung aufbaut.

Aber alle solche Hinweise schaffen die Tatsache nicht aus der Welt, daß vielen (auch mathematisch vorgebildeten) Eltern die „neue" Mathematik schrecklich schwierig erscheint. Sie haben Mühe, sich in die für sie neuen Begriffsbildungen hineinzufinden, und wahrscheinlich geht es den Lesern dieses Buches nicht anders. Dazu muß zunächst gesagt werden, daß das Umlernen immer schwieriger ist als das Neulernen. Deshalb macht die NEW MATH in vielen Fällen den unvorgebildeten Schülern weniger Schwierigkeiten als den mit der Mathematik von gestern vertrauten Eltern. Und die Schüler würden gewiß

mit der neuen Mathematik noch viel besser fertig werden, wenn die Lehrer nicht in vielen Fällen gerade erst dabei wären umzulernen.
Was hilft's? Wenn wir die Welt von morgen verstehen wollen, wenn wir unsere wissenschaftliche und wirtschaftliche Zukunft gestalten wollen, dann brauchen wir die NEW MATH (die neue Mathematik). Und zwar nicht nur die allerersten Anfangsgründe der Mengenlehre, die man leicht mit bunten Bildern deutlich machen kann.
Wenn man aber tiefer eindringen will (und das wird schon vom Schüler erwartet), dann geht es nicht ohne die Bereitschaft zu *konzentrierter* Mitarbeit. Man kann ein ernsthaftes mathematisches Buch nicht lesen wie einen comic strip oder den Tatsachenbericht einer Illustrierten, weil man die früher eingeführten Begriffe parat haben muß, um das zu verstehen, was man gerade liest. Da wir außerdem *viel* zu sagen haben (auf begrenztem Raum), ist unsere Sprache knapp, aber doch (wenn keine Panne passiert) vollständig.
Aber vielleicht ist es auch der Ärger über gewisse Definitionen, die Fremdwörter benutzen, deren Sinn man nicht gleich durchschaut.
In solchen Fällen möchte man empfehlen, das Buch erst einmal an die Wand zu werfen, um seinem Zorn angemessenen Ausdruck zu geben. Ich fürchte nur, daß der Einband solche Behandlung nicht übersteht, und deshalb ist es vernünftiger, das Buch einfach wegzulegen und dann – nach zwei Tagen – nochmals anzufangen. Lesen Sie sorgfältig Satz für Satz, und ärgern sie sich nicht über Fremdwörter[1]), die man eben auch dabei lernen muß. Wissenschaftliche Arbeit erfordert Konzentration, und auch ein Buch über die moderne Mathematik kann man nicht wie einen Kriminalroman in halbwachem Zustand lesen. Dies ist ein seriöses Buch, und deshalb wollen wir Ihnen nicht versprechen, daß Sie es konsumieren können wie Apfelkuchen mit Schlagsahne.
Wir wollen aber an dieser Stelle noch an *einem* Beispiel klar machen, welchen Sinn die knappen Formulierungen unserer Definitionen haben.

Da heißt es in der *Erklärung 2.4*:

> *Eine Relation, die asymmetrisch und transitiv ist, heißt eine Ordnungsrelation.*

Es mag Leser geben, die sagen: „asymmetrisch", „transitiv" – verstehe ich nicht. Überhaupt – wozu solche komplizierten Begriffsbildungen?
Nun, was asymmetrisch und transitiv heißt, ist vorher erklärt worden, (man muß sich die Erklärungen nur merken), und es sind auch auf den der Definition vorangegangenen Seiten verschiedenartige Beispiele von Relationen gegeben worden. Wir wollen aber hier im Fall der Erklärung 2.4 noch einmal besonders ausführlich werden.

---

[1]) Die Fremdwörter haben den großen Vorteil, daß man sich international leichter verständigen kann. Symmetrisch heißt auf englisch symmetric, im Französischen symmetrique.

Die natürlichen Zahlen sind geordnet. Man kann sie aufzählen:

$$1, 2, 3, 4, 5, 6, \ldots$$

$a<b$ (a ist kleiner als b) besagt: a steht in dieser Aufzählung *vor* b. Offenbar hat die so erklärte Ordnung die folgenden Eigenschaften:

1. $a<b$ schließt $b<a$ aus,
2. aus $a<b$ und $b<c$ folgt $a<c$.

Wir sagen dann, daß die Relation $<$ *asymmetrisch* und *transitiv* ist und nennen sie nach der Erklärung 2.4 eine *Ordnungsrelation.*
Vielleicht werden Sie fragen: Wozu so viel Aufwand um eine so einfache Sache? Dies ist der Grund: Es gibt noch viele andere Relationen, die im Sinne der Erklärung 2.4 Ordnungsrelationen sind. Beispiele findet man im Text des hier zitierten Kapitels. Wir wollen noch einige hinzufügen:
(A) Eine Fluggesellschaft fliegt von Frankfurt nach San Franzisko auf dem folgenden Weg:

Frankfurt – London – New York – Chicago – San Franzisko.

Dann ist durch diesen Flugplan eine Ordnung in der Menge der Städte

{Frankfurt, London, New York, Chicago, San Franzisco}

hergestellt. Wir können dafür das Zeichen $\angle$ einführen: $L \angle C$ heißt: London vor Chicago (weil bei unserem Flug London *vor* Chicago erreicht wird).
Offenbar ist die Relation $\angle$ für die Menge der 5 Städte eine „Ordnungsrelation“ im Sinne der Erklärung 2.4.
(B) In einem Konzern untersteht jede Filiale (F) einer Bezirksleitung (B), die Bezirksleitung der Landesleitung (L), jede Landesleitung der Konzernspitze (K). Damit ist eine Ordnung

$$F \prec B \prec L \prec K$$

gegeben, und $\prec$ (lies etwa: *unter*) hat den Charakter einer Ordnungsrelation.
Diese Beispiele (und die weiteren im Kapitel II gegebenen) machen deutlich, daß es Ordnungsrelationen nicht nur für Zahlmengen gibt. Es gibt vielmehr in vielen Bereichen der Wissenschaft und der Technik Mengen mit Ordnungsrelationen. Das Entsprechende gilt für die komplizierteren, an dieser Stelle nicht zu diskutierenden Strukturen der Mathematik.
Es ist also nützlich, wenn man schon früh lernt, beliebige Mengen mit ihren Relationen zu betrachten. Auf diese Weise wird Verständnis geschaffen für die Anwendung mathematischer Verfahren in verschiedenen Bereichen unserer Kultur.

A. GRUNDLAGEN DER MODERNEN ELEMENTARMATHEMATIK

I. Mengen

In der Schulmathematik war es bisher üblich, die Mathematik in „Algebra" und „Geometrie" zu unterteilen. Das sind zwei völlig getrennte Disziplinen. In der Algebra (wie man sie in der Schule verstand) ging es um das Rechnen mit Zahlen und Zahlzeichen, den sogenannten „Zahlvariablen". Die Geometrie hat es dagegen mit den Gesetzen des (physikalischen) Raumes zu tun. Es zeigt sich aber, daß dieses Schema den Möglichkeiten der modernen Mathematik nicht gerecht wird. Sie hat sich auch mit solchen „Strukturen" zu beschäftigen, in denen andersartige Beziehungen auftreten als in der Menge der natürlichen oder auch der reellen Zahlen.
Damit haben wir bereits den Begriff der „Menge" benutzt, der in der modernen Mathematik eine bedeutsame Rolle spielt. Die „Mengenlehre" wurde im 8. und 9. Jahrzehnt des 19. Jahrhunderts von dem Mathematiker GEORG CANTOR (1845–1918) begründet. Ihm ging es vor allem darum, mit seinen neuartigen Begriffen eine saubere Theorie des Unendlichen zu schaffen. Später stellte sich heraus, daß der Begriff der „Menge" auch für die klassischen Bereiche der Mathematik nützlich ist. Die Begriffsbildungen der Mengenlehre schaffen uns heute die Möglichkeit, die ganze Mathematik unter einem einheitlichen Gesichtspunkt zu verstehen: Immer geht es um „Mengen" von Dingen (sie heißen die „Elemente" der Menge), in denen bestimmte „Beziehungen" gegeben sind. In gewissen Fällen nennt man diese Mengen „Räume" (und ihre Elemente heißen „Punkte" oder „Vektoren"). In anderen Fällen heißen die Elemente „Zahlen". Man kann aber auch Mengen von Dreiecken, Mengen von Funktionen, von „Ereignissen" (in der Wahrscheinlichkeitsrechnung) betrachten.
CANTOR hat den Begriff der Menge so definiert:

> Unter einer „Menge" M verstehen wir jede Zusammenfassung von bestimmten wohlunterschiedenen Objekten unserer Anschauung oder unseres Denkens (welche die „Elemente" von M genannt werden) zu einem Ganzen.

Diese Definition ist u.a. deshalb problematisch, weil die Zulassung auch aller Objekte *unseres Denkens* zu Widersprüchen führt. Für unsere Zwecke ist es nützlich, wenn wir vorläufig die Objekte des „Denkens" ganz beiseite lassen und nur „jede Zusammenfassung von bestimmten wohlunterschiedenen Objekten unserer Anschauung" als Menge bezeichnen. Da es in unserem Weltall (nach Ansicht der Physiker) nur endlich viele Dinge gibt, brauchen wir nicht zu fürchten, den Antinomien des Unendlichen zu begegnen. Wir wollen also verabreden:

1. Jede Zusammenfassung von „Dingen“ ist eine Menge.
2. Jede Menge von Mengen ist wieder eine Menge.
3. Es gibt die „leere“ Menge $\emptyset$ (d.i. die Menge ohne Elemente).

Denken wir uns zwei Uhren in ihre Einzelteile zerlegt. Die Gesamtheit aller dieser Teile bildet dann eine Menge. Man kann aber auch die beiden Uhren selbst als „Elemente“ nehmen und die Menge betrachten, die diese zwei „Elemente“ enthält.

Ein anderes Beispiel: Man kann die Gesamtheit der Schüler einer Schule als eine „Menge“ auffassen; es gibt aber auch die Menge der „Klassen“ einer solchen Schule.

Etwas problematisch könnte man die Absicht finden, auch eine „leere“ Menge zuzulassen. Das erscheint inkonsequent, weil ja zunächst die Menge als eine Zusammenfassung von Dingen („Elementen“) verstanden wurde. Aber schließlich kann uns niemand hindern, diese Aussage 3 den Sätzen 1 und 2 hinzuzufügen. Es ist *zweckmäßig*, so zu verfahren: Es kann z.B. der Leiter der Schule sich interessieren für „die Menge der Schüler, die in der letzten Klassenarbeit eine Eins geschrieben haben“. Wir können diese Mengenbildung zulassen, auch wenn sich nachher herausstellt, daß diese Menge leider „leer“ ist.

Ist a ein Element der Menge A, so schreibt man

(1) $$a \in M$$

(lies: a ist in A als Element enthalten).

Wenn es technisch möglich ist, bezeichnet man eine Menge durch Angabe ihrer sämtlichen Elemente. Ist z.B. M die Menge der Buchstaben a, b, c und d, so schreibt man

(2) $$M = \{a, b, c, d\}.$$

Es ist dann $a \in M$, $b \in M$, aber e ist nicht in M enthalten: Das wird durch einen senkrechten Strich durch das Zeichen $\in$ veranschaulicht: $e \notin M$.

Wir kommen nun zu einer wichtigen Festsetzung:

Erklärung 1.1: Zwei Mengen A und B heißen *gleich*, wenn jedes Element von A auch Element von B ist und umgekehrt.

Das bedeutet z.B.: Die durch (2) definierte Menge M ist gleich der Menge N, wobei

(2') $$N = \{a, a, b, c, d\}$$

ist. In (2') ist ja nur das Element a doppelt aufgeführt. Man kann auch die Menge M^* definieren als die „Menge der Buchstaben, die im Alphabet vor e stehen“. Wieder ist $M^* = M$.

Nicht auf die Art der Beschreibung der Menge kommt es an, sondern nur darauf, welche Elemente in ihr enthalten sind.
Wir erklären weiter:

Erklärung 1.2: Eine Menge A heißt eine *Teilmenge* von B (im Zeichen: $A \subset B$), wenn jedes Element von A auch in B enthalten ist.
Aus dieser Erklärung folgt sofort, daß jede Menge sich selbst als Teilmenge enthält:

$$A \subset A. \tag{3}$$

Ist $A \subset B$ und gibt es ein Element $b \in B$, das nicht zu A gehört, so sagen wir, daß A *echt* in B enthalten sei.
Wir geben einige Beispiele. Es sei

$R = \{c, a, n, t, o, r\}$,
$S = \{a, b, c, m, n, o, p, r, s, t\}$,
T: die Menge der Buchstaben des Alphabets.

Dann gilt

$$R \subset S, \quad R \subset T, \quad S \subset T.$$

In allen Fällen ist das Enthaltensein *echt*. Dagegen sind die Aussagen

$$T \subset S, \quad S \subset R, \quad T \subset R$$

sämtlich falsch.
Die Symbole $\subset$ und $\in$ sind wohl zu unterscheiden. Um das zu unterstreichen, betrachten wir die Menge

$$D = \{a, b \{a, b, c\}\}.$$

Ihre Elemente sind die Buchstaben a und b *und* die Menge $\{a, b, c\}$. Es gilt in diesem Fall

$$a \in D, \quad \{a, b, c\} \in D$$

und

$$\{a\} \subset D, \quad \{\{a, b, c\}\} \subset D.$$

Dabei ist $\{a\}$ die Menge mit dem *einen* Element a, $\{\{a, b, c\}\}$ die Menge mit dem einen Element $\{a, b, c\}$. Es gilt auch

$$\{a, b\} \subset D, \quad \{b\} \subset D, \quad b \in D,$$

dagegen sind die Aussagen

$$c \in D, \quad \{b, c\} \subset D$$

falsch.

Da wir auch eine *leere Menge* (Zeichen: $\emptyset$) zugelassen haben, müssen wir uns fragen, ob auch diese durch das Symbol $\emptyset$ bezeichnete Menge Teilmenge einer andern ist.
Nach der Erklärung 1.2 kommt es darauf an, ob „jedes Element von A auch in B enthalten ist". Ist das der Fall, so gilt $A \subset B$. Da in unserem Fall $\emptyset$ überhaupt keine Elemente hat, ist diese Bedingung trivialerweise erfüllt[1]). Es gilt deshalb

(4) $$\emptyset \subset B$$

für alle Mengen B:
Die leere Menge ist Teilmenge von jeder Menge.
Man beachte, daß nach (4) $\emptyset \subset B$ gilt, nicht etwa $\emptyset \in B$. Natürlich kann man auch die Menge $\emptyset$ zum Element einer Menge machen, aber man kann nicht behaupten, daß $\emptyset \in B$ *für alle Mengen B* gilt.

Satz 1.1: *Aus* $A \subset B$ *und* $B \subset C$ *folgt* $A \subset C$:

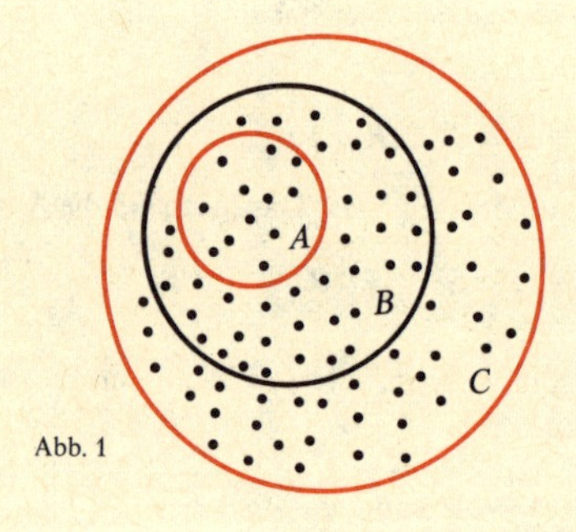

Abb. 1

Die Gültigkeit dieses Satzes kann man sich leicht an der Abb. 1 veranschaulichen: Jeder Punkt, der zur Menge B gehört, gehört natürlich auch zu der umfassenderen Menge C.
Wir haben hier zur Veranschaulichung von Mengen *Punkte* benutzt, die in einem durch eine geschlossene Kurve begrenzten Bereich liegen. Das ist eine bequeme Art der Darstellung. Man sollte aber beachten, daß die Punkte dabei als *voneinander verschieden* gelten. Natürlich gilt der Satz 1.1 auch für irgend welche anderen Mengen. Man kann sich z.B. vorstellen, daß jeder Punkt ein Auto darstellt. C steht für die Menge aller Wagen, die auf einem Parkplatz der Firma x stehen (sie hat mehrere). B sei die Menge der Wagen auf dem

---

[1]) Das kann man auch formal beweisen, indem man die Gesetze der mathematischen Logik benutzt. Näheres darüber im Schüler-Mathematik-Duden 2.

Parkplatz I unserer Firma, A schließlich für die Menge der Volkswagen, die auf dem Platz I stehen[1]).

Erklärung 1.3: Die Menge der Teilmengen einer gegebenen Menge M heißt ihre *Potenzmenge* $\mathfrak{P}(M)$.
Betrachten wir einige einfache Beispiele: Die Menge $A=\{a,b\}$ hat die Potenzmenge

$$\mathfrak{P}(A)=\{\emptyset,\{a\},\{b\},\{a,b\}\},$$

und zu $B=\{a,b,c\}$ gehört die Potenzmenge

$$\mathfrak{P}(B)=\{\emptyset,\{a\},\{b\},\{c\},\{a,b\},\{a,c\},\{b,c\},\{a,b,c\}\}.$$

Man beachte, daß nach (3) und (4) die leere Menge $\emptyset$ und auch die Menge M zur Potenzmenge $\mathfrak{P}(M)$ gehören.
Eine Menge mit 3 Elementen hat danach $2^3=8$ Teilmengen. Man kann leicht zeigen, daß eine Menge mit n Elementen immer 2^n Teilmengen hat.
Wir wollen uns darauf beschränken, an dieser Stelle die Richtigkeit dieser Aussage für $n=1$ und $n=2$ zu begründen: Eine Menge $\{a\}$ hat die $2^1(=2)$Teilmengen $\{a\}$ und $\emptyset$. Zu $\{x,y\}$ gehören die $2^2(=4)$Teilmengen:

$$\emptyset,\ \{x\},\ \{y\},\ \{x,y\}.$$

Es sei hier noch angemerkt, daß man eine Menge M oft mit Hilfe einer Eigenschaft $\mathfrak{A}(x)$ ihrer Elemente so beschreiben kann:

$$M=\{x\,|\,\mathfrak{A}(x)\};$$

d.h.: *M ist die Menge der Elemente x, die die Eigenschaft* $\mathfrak{A}(x)$ *haben.* Man kann z.B. die Erklärung 1.3 für die *Potenzmenge* so formulieren:

(5) $$\mathfrak{P}(M)=\{A\,|\,A\subset M\};$$

$\mathfrak{P}(M)$ *ist die Menge aller derjenigen Mengen A, die Teilmengen von M sind.*
Nach diesem Verfahren kann man auch den Begriff des Durchschnitts[2]) zweier Mengen A und B erklären:

(6) $$A\cap B=\{x\,|\,x\in A \text{ und } x\in B\}.$$

In Worten:

Erklärung 1.4: Die Menge der Elemente, die zu einer Menge A *und* zu einer Menge B gehören, heißt der *Durchschnitt* von A und B, im Zeichen $A\cap B$.

---

[1]) Hier zeigt sich wieder der Nutzen der leeren Menge: Ist I der Parkplatz für die leitenden Angestellten, dann könnte A die leere Menge sein.
[2]) Man liest $A\cap B$: A geschnitten mit B.

Ist z. B. A die Menge der männlichen Bürger der Stadt Frankfurt, B die Menge der dreißigjährigen in dieser Stadt, dann ist $A \cap B$ die Menge der dreißigjährigen Männer in Frankfurt.
Entsprechend kann man den Begriff der *Vereinigung*[1]) $A \cup B$ zweier Mengen A und B einführen.

Erklärung 1.5: Die Menge der Elemente, die zu einer Menge A *oder* zu einer Menge B gehören, heißt *Vereinigung* von A und B, im Zeichen $A \cup B$.
In Analogie zu (6) schreibe man das auch so:

$$A \cup B = \{x \mid x \in A \ \text{ oder } \ x \in B\}. \tag{7}$$

Ist z. B. A die Menge der Sieger im Schwimmwettkampf einer Schule, B die der Sieger in der Leichtathletik, dann ist $A \cup B$ die Menge der Sieger in *einem* der beiden Wettkämpfe, also die Menge der Schüler, die im Schwimmen *oder* in der Leichtathletik einen Preis gewonnen haben.
Dabei muß man der Deutlichkeit wegen hinzufügen, daß das „oder" hier nicht *ausschließend* gemeint ist. Zur Menge $A \cup B$ soll also auch ein Schüler gerechnet werden, der in *beiden* Kämpfen ein Diplom erhalten hat. Im allgemeinen Sprachgebrauch wird das Wort „oder" manchmal in dem hier beschriebenen Sinne, manchmal ausschließend (im Sinne des lateinischen aut- aut) gemeint. Wenn jemand sagt: *Ich gewinne jetzt im Lotto, oder ich bin pleite*, dann meint er, daß genau eins der beiden Ereignisse eintreten wird. Wir gebrauchen das *oder* in (7) (und bei entsprechenden Formeln) im Sinne des lateinischen vel (das auch ein *sowohl als auch* zuläßt). Diese Unklarheiten in der Umgangssprache werden uns später veranlassen[2]), eine *formale* Logik zur Präzision unserer Aussagen einzuführen.
Die Abb. 2a und 2b veranschaulichen die Begriffe Durchschnitt und Vereinigung.

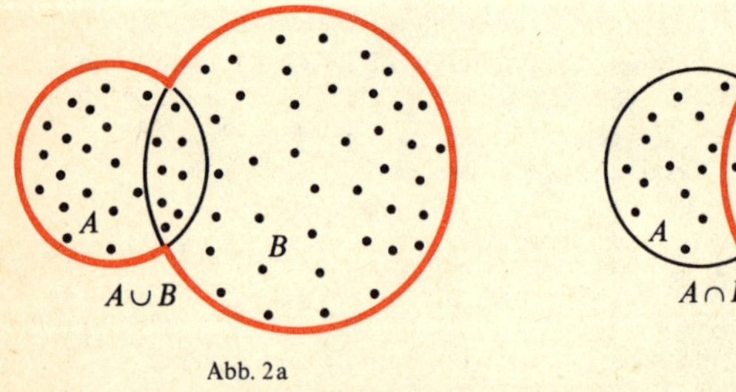

Abb. 2a

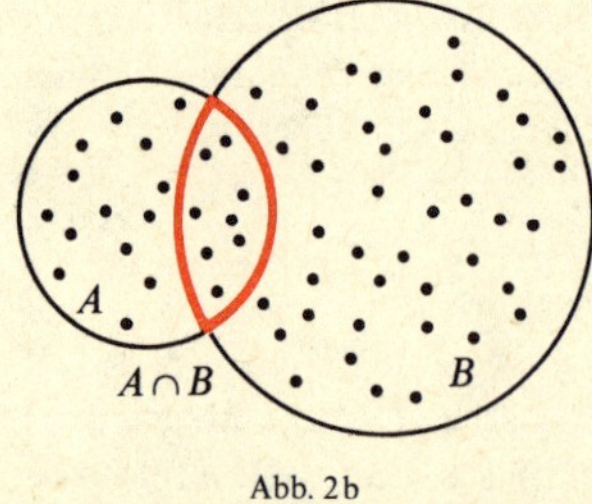

Abb. 2b

---

[1]) Man liest: A vereinigt mit B.

[2]) Näheres darüber im Lexikon-Teil unter dem Stichwort *formale Logik* und in Band 2.

Für weitere Beispiele betrachten wir die Mengen

$$D=\{a,b,c,d,e\}, \quad E=\{c,d,e,f,g\}, \quad F=\{p,q,r,s\}, \quad G=\{p,q,r\}.$$

Hier ist

$$D \cap E=\{c,d,e\}, \quad D \cup E=\{a,b,c,d,e,f,g\};$$

$$D \cap F=E \cap F=D \cap G=E \cap G=\emptyset,$$

$$F \cap G=G, \quad F \cup G=F.$$

Zwei Mengen mit leerem Durchschnitt heißen auch *elementefremd* oder *disjunkt* (z. B. E und F).
G ist eine Teilmenge von F. Offenbar gilt für alle Mengen A und B:

Satz 1.2: *Aus* $B \subset A$ *folgt*

$$A \cap B=B, \quad A \cup B=A.$$

Aus der Definition der leeren Menge ergibt sich weiter

Satz 1.3: *Für jede Menge* A *ist*

$$A \cap \emptyset=\emptyset, \quad A \cup \emptyset=A.$$

Für die Verknüpfung von Mengen durch die Symbole $\cap$ und $\cup$ gelten nun die folgenden Regeln:

(8a) $$A \cap B=B \cap A,$$

(8b) $$(A \cap B) \cap C=A \cap (B \cap C),$$

(8c) $$A \cap (A \cup B)=A.$$

Zur Begründung dieser Formeln haben wir zu zeigen, daß jedes Element, das der links vom Gleichheitszeichen stehenden Menge angehört, auch Element der rechts stehenden Menge ist und umgekehrt. Wir beschränken uns darauf, den Nachweis für das Gesetz (8c) zu führen.
Es sei $a \in A$. Dann ist auch $a \in A \cup B$, und daraus folgt nach Definition des Durchschnitts: $a \in A \cap (A \cup B)$.
Nehmen wir jetzt an, daß a nicht zu A gehöre: $a \notin A$. Dann ist auch die Aussage

$$a \in A \cap (A \cup B)$$

falsch. a gehört also genau dann zur Menge $A \cap (A \cup B)$, wenn a zu A gehört. Das heißt aber: Die beiden Mengen $A \cap (A \cup B)$ und A sind gleich.
Vertauscht man in den Regeln (8) die Zeichen $\cap$ und $\cup$, so gewinnt man

(9a) $$A \cup B = B \cup A,$$

(9b) $$(A \cup B) \cup C = A \cup (B \cup C),$$

(9c) $$A \cup (A \cap B) = A.$$

Auch diese Regeln sind richtig. Der Beweis sei dem Leser überlassen. Sofort einzusehen ist auch die Gültigkeit der Formeln

(10) $$A \cup A = A$$

und

(11) $$A \cap A = A.$$

Das „distributive Gesetz"

(12) $$A \cap (B \cup C) = (A \cap B) \cup (A \cap C)$$

wollen wir uns zuerst an der Abb. 3 veranschaulichen: Der stark umrandete Teil der Figur stellt den Durchschnitt der Menge A mit der Vereinigung $B \cup C$ dar. Man kann diese Menge aber auch als die Vereinigung der Durchschnitte $A \cap B$ und $A \cap C$ deuten.

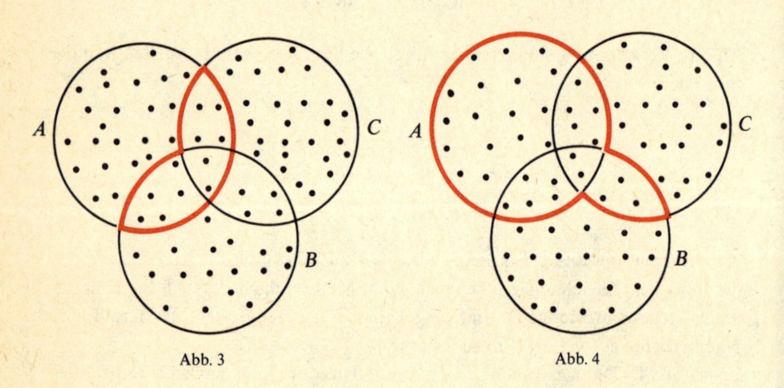

Abb. 3 Abb. 4

Vertauscht man in der Formel (12) die Zeichen $\cap$ und $\cup$, so gewinnt man

(13) $$A \cup (B \cap C) = (A \cup B) \cap (A \cup C).$$

Dieses *zweite distributive Gesetz* können wir uns an der Abb. 4 veranschaulichen: Die stark umrandete Menge läßt sich als die linke oder auch als die rechte Seite der Gleichung (13) deuten.

Der Beweis von (13) kann ähnlich wie der von (12) geführt werden und sei dem Leser überlassen.
Zur Vereinfachung der Formalsprache ist es vielfach üblich, das Zeichen $\cap$ einfach wegzulassen. In der Arithmetik verfährt man ja entsprechend mit dem Punkt, der die Multiplikation symbolisiert. Auf diese Weise kann man (12) und (13) vereinfacht so schreiben:

$$A(B \cup C) = AB \cup AC, \tag{12'}$$

$$A \cup BC = (A \cup B)(A \cup C). \tag{13'}$$

Bei dem Gesetz (12') fällt die formale Analogie zu dem distributiven Gesetz in der Algebra der Zahlen auf:

$$a(b+c) = ab + ac. \tag{12''}$$

Das Analogon zu (13'),

$$a + bc = (a+b)(a+c), \tag{13''}$$

gilt aber in der gewöhnlichen Algebra nicht.

Erklärung 1.6: Die *Differenzmenge* $A \setminus B$ ist die Menge der Elemente von A, die nicht zu B gehören:

$$A \setminus B = \{x \mid x \in A \textit{ und } x \notin B\}.$$

Ist also A die Menge der Bürger des Landes, B die ihrer Parlamentarier, so ist $A \setminus B$ die Menge jener Bürger, die nicht das Glück (oder Unglück) haben, im Abgeordnetenhaus zu sitzen.
Wir haben hier für die Differenzmenge nicht das in der gewöhnlichen Algebra für die Subtraktion übliche Minussymbol benutzt[1]). Es gelten nämlich nicht alle Regeln der „gewöhnlichen" Subtraktion auch für die „Mengenalgebra". So ist im allgemeinen

$$A \cup (B \setminus C) \neq (A \cup B) \setminus C.$$

Das wollen wir durch ein Beispiel erläutern. Es seien A, B, C die Mengen:

$$A = \{a, b, c\}, \qquad B = \{x, y\}, \qquad C = \{a, y, z\}.$$

Dann ist

$$B \setminus C = \{x\}, \qquad A \cup B = \{a, b, c, x, y\}.$$

---

[1]) Statt $A \setminus B$ ist zuweilen auch die Schreibweise $A - B$ in Gebrauch.

Daraus folgt aber

$$A \cup (B \setminus C) = \{a, b, c, x\},$$

$$(A \cup B) \setminus C = \{b, c, x\},$$

also

$$A \cup (B \setminus C) \neq (A \cup B) \setminus C.$$

Nach Erklärung 1.1 ist $\{a, b\} = \{b, a\}$: Es kommt bei der Definition einer Menge durch Aufzählung nicht darauf an, in welcher Reihenfolge man die Elemente notiert[1]).

Für viele Zwecke braucht man aber *geordnete* Paare (x, y), wobei die Absprache gilt, daß (x, y) von (y, x) zu unterscheiden ist[2]). Solche geordneten Paare bezeichnet man mit runden Klammern, während zur Charakterisierung von beliebigen (endlichen) Mengen geschweifte Klammern üblich sind. Wir wollen uns im Folgenden an diese Verabredung halten und beachten, daß

$$\{a, b\} = \{b, a\}, \qquad (a, b) \neq (b, a) \qquad (a \neq b)$$

gilt. Wenn man davon ausgeht, daß man in der Darstellung eines geordneten Paares (a, b) zwischen dem ersten und dem zweiten Element unterscheiden kann, bedarf es keiner weiteren definitorischen Festlegung. Will man aber alles Neue auf bereits vorliegende mengentheoretische Begriffe zurückführen, so kann man das *geordnete* Paar (a, b) so erklären:

$$(a, b) = \{\{a\}, \{a, b\}\}.$$

Dann ist

$$(b, a) = \{\{b\}, \{b, a\}\} = \{\{b\}, \{a, b\}\} \neq (a, b),$$

falls $a \neq b$ ist.

Mit Hilfe dieses neuen Begriffes können wir nun das kartesische Produkt erklären:

Erklärung 1.7: Es seien M und N Mengen mit den Elementen $a, b, c, \ldots$ bzw. $x, y, z, \ldots$ Dann heißt die Menge der Paare

$$M \times N = \{(a, x), (a, y), (a, z), \ldots, (b, x), \ldots\}$$

---

[1]) Die Definition durch Notieren der Elemente ist natürlich nur bei endlichen Mengen möglich. Wir haben aber durch die auf S. 14 gegebene Erklärung des Mengenbegriffs vorläufig nur endliche Mengen eingeführt.

[2]) In der analytischen Geometrie ist ein Punkt P in der Ebene durch ein geordnetes Paar von Koordinaten (x, y) festgelegt.

das *kartesische Produkt* der Mengen M und N.
Man kann auch das kartesische Produkt $A \times A$ für eine Menge A bilden. Ist z.B. $A = \{a, b, c\}$, so ist

$$A \times A = \{(a,a),(a,b),(a,c),(b,a),(b,b),(b,c),(c,a),(c,b),(c,c)\}.$$

Der Übersichtlichkeit wegen ist es zweckmäßig, die Elemente eines kartesischen Produktes $A \times B$ in einem rechteckigen Schema zu notieren. Ist a (bzw. b) die Anzahl der Elemente von A (bzw. B), so hat dieses Schema a *Zeilen* und b *Spalten.* Nehmen wir als Beispiel

$$A = \{\mathrm{I}, \mathrm{II}, \mathrm{III}\},$$

$$B = \{1, 2, 3, 4\}.$$

Dann haben wir

$$\begin{aligned} A \times B = \{&(\mathrm{I},1), & &(\mathrm{I},2), & &(\mathrm{I},3), & &(\mathrm{I},4),\\ &(\mathrm{II},1), & &(\mathrm{II},2), & &(\mathrm{II},3), & &(\mathrm{II},4),\\ &(\mathrm{III},1), & &(\mathrm{III},2), & &(\mathrm{III},3), & &(\mathrm{III},4)\}. \end{aligned}$$

Man kann aber auch die Klammern und die Kommas weglassen und z.B. (II, 3) durch II 3 ersetzen. Dann kann man die Elemente unseres kartesischen Produktes etwa als die Bezeichnungen für die Zimmer eines Hauses deuten: Die römischen Ziffern stehen für die Etage, die arabischen (1, 2, 3, 4) für die Nummer in der Etage.

II. Relationen

In der modernen Mathematik spielt der Begriff „Relation" eine wichtige Rolle. Wenn wir uns in einem Wörterbuch über das Wesen einer „Relation" informieren wollen, dann erfahren wir etwa, daß eine Relation eine „Beziehung", ein „Verhältnis" oder eine „Verwandtschaft" sei. Für die Gründung einer mathematischen Theorie ist eine solche Umschreibung zu vage. Versuchen wir, aus praktischen Beispielen zu einer gesicherten Begriffsbildung vorzudringen.
Gehen wir aus von einer *fest vorgegebenen Menge M*, etwa *der Menge der Lehrer und Schüler einer Schule.* Welche „Relationen" sind zwischen den Elementen $a, b, c, \ldots$ dieser Menge möglich?
Denken wir zuerst an die sprachlich naheliegende Deutung der Relation als „Verwandtschaft". Hier haben wir z.B. die *Geschwister-Relation:*

(A) aGb: *a ist Bruder oder Schwester von b.*

Oder die *Vater-Kind-Relation:*

(B) xVy: *x ist Vater*[1] *von y.*

Das kann man auch umkehren:

(C) zKw: *z ist Kind des Vaters w.*

Es gibt aber noch Relationen ganz anderer Art. Man kann z.B. alle Mitglieder der Schule nach ihrer Körpergröße ordnen und sagen, es gelte u vor v, im Zeichen $u < v$, wenn die (in cm gemessene) Länge von u kleiner ist als die von v.
Man könnte dafür (in Analogie zu den bisher eingeführten Bezeichnungen) uLv schreiben („u ist von kleinerer Länge als v"). Es ist aber in solchen Fällen üblich, ein besonderes Zeichen einzuführen und die neue Relation so zu beschreiben:

(D) $u \prec v$: *u ist von kleinerer Länge als v.*

Dem Leser ist gewiß das Zeichen $<$ für „kleiner" bekannt. Wir wollen das nur für *Zahlen* verwenden. u und v sind ja hier Elemente der Menge M, nämlich Lehrer oder Schüler unserer Schule. Wenn wir mit $L(u)$ und $L(v)$ die in cm gemessenen Maßzahlen für u und v bezeichnen, dann können wir sagen, daß in unserer Ordnung u genau dann vor v steht, wenn die Längenmaßzahl von u kleiner als die von v ist[2]:

$$u \prec v \quad \text{genau dann, wenn } L(u) < L(v).$$

Wir können die Schüler nach *Klassen* einteilen und die Relation (**E**) notieren:

(E) $a\,Kl\,b$: *a gehört zur selben Klasse wie b.*

Man kann auch hier (ähnlich wie im Fall (**D**)) ein besonderes Zeichen für die Zugehörigkeit zur gleichen Klasse einführen und etwa schreiben:

(E′) $a \approx b$: *a gehört zur selben Klasse wie b.*

Man erkennt sofort, daß für dieses Zeichen $\approx$ die folgenden Gesetze gelten:

$$
\begin{array}{ll}
 & a \approx a, \\
(1) & \text{aus } a \approx b \text{ folgt } b \approx a, \\
 & \text{aus } a \approx b \text{ und } b \approx c \text{ folgt } a \approx c.
\end{array}
$$

Notieren wir noch die letzte Aussage von (1) „im Klartext":

---

[1]) x ist dann wohl ein Lehrer der Schule.

[2]) $u \prec v$ liest man: *u vor v.*

Wenn a und b und b und c zur selben Klasse gehören, dann gehören auch a und c zur selben Klasse.
Man überzeugt sich leicht, daß die (1) entsprechenden Aussagen auch für die Geschwister-Relation (**A**) gelten. Es ist offenbar[1])

(1′) $$aGa,$$

$$\text{aus } aGb \text{ folgt } bGa,$$

und

$$\text{aus } aGb \text{ und } bGc \text{ folgt } aGc.$$

Wir beachten noch, daß für die unter (**B**), (**C**) und (**D**) erklärten Relationen die der ersten und zweiten Zeile von (1) entsprechenden Aussagen *nicht* gelten (aVa z.B. würde ja bedeuten: a ist Vater von a).
Man kann sämtliche Mitglieder unserer Schule auch nach ihrem Namen „lexikographisch" ordnen: Meier steht vor Meyer, weil im Alphabet i vor y rangiert. Personen mit dem gleichen Familiennamen werden nach dem Vornamen eingegliedert: Fritz Block steht vor Hans Block. Für diese „lexikographische" Ordnung benutzen wir das Symbol $\lessdot$, das wir auch als „vor" lesen:

(**F**) $a \lessdot b$: a vor b (in der lexikographischen Ordnung).

Schließlich können wir auch alle Personen *wiegen* und nach dem Gewicht ordnen. Schreiben wir

(**G**) $a \angle b$: a ist leichter als b.

Die durch (**D**), (**F**) und (**G**) erklärten Relationen haben eine wichtige Gemeinsamkeit, die auch für die $<$-Relation für Zahlen erfüllt ist. Es gilt:

(2)
$$\text{Aus } a<b \text{ folgt: } b<a \text{ ist falsch,}$$
$$\text{aus } a<b \text{ und } b<c \text{ folgt: } a<c.$$

Man kann es auch so ausdrücken:

Die Aussagen $a<b$ und $b<a$ schließen sich aus.

Und für die zweite Aussage in (2) sagt man auch:

Die Ordnung $<$ ist transitiv.

Geben wir abschließend noch ein für die Praxis des Lehrers wichtiges Beispiel.

---

[1]) Wenn wir verabreden, daß für alle Elemente aGa gelten soll: Jeder ist sein eigener Bruder bzw. seine eigene Schwester.

Es kommt leider vor, daß Schüler voneinander abschreiben. Dieses „Delikt" läßt sich nicht immer nachweisen, aber wir wollen für unsere Einführung in die Theorie der Relationen einmal annehmen, daß es auf irgendeine Weise feststeht, daß a von b „abschreibt". Führen wir dafür auch irgendein Zeichen ein, etwa:

(H) $a \searrow b$: *a schreibt von b ab.*

Für diese höchst unerfreuliche Relation zwischen a und b gelten die (1) und (2) entsprechenden Aussagen nicht: $a \searrow a$ ist falsch, weil a nicht bei sich selber abschreibt, und die Transitivität

$$\text{aus } a \searrow b \text{ und } b \searrow c \text{ folgt } a \searrow c$$

ist gewiß nicht ein allgemein gültiges Gesetz.

Man kann auch nicht behaupten, daß $a \searrow b$ und $b \searrow a$ einander ausschließen.

Wir haben bisher immer wieder das Wort „Relation" benutzt, ohne eine Definition zu geben. Wir wollten ja durch eine Vielzahl von Beispielen auf eine passende Formulierung kommen. „Verwandtschaft" trifft offenbar nicht alle Möglichkeiten, und das Wort „Beziehung" ist zu blaß, um für sich als mathematische Definition zu gelten. Was ist das Gemeinsame an den Beispielen **(A)** bis **(H)**?

Es geht doch immer darum, daß *geordnete Paare* (x, y) *ausgezeichnet* werden, für die etwas „gilt", während es für andere nicht gilt. Nehmen wir z. B. die Geschwister Fritz und Hans Schulz. Für das geordnete Paar (Fritz Schulz, Hans Schulz) kürzer (f, h) gilt etwa

$$f G g, \; f \prec g, \quad f \lessdot g, \quad f \angle g,$$

und es gilt *nicht*

$$f V g, \; f K g, \; f Kl g, \; f \searrow g.$$

Gehen wir umgekehrt von einer bestimmten Relation aus, so können wir sagen, daß gewisse Paare (a, b) „dazu" gehören, andere nicht. Man kann theoretisch alle Paare notieren, die z. B. zur Relation $\prec$ gehören. Wenn unsere Menge etwa 400 Elemente hat, wären das freilich ziemlich viele Paare, die wir da aufführen müßten. Nehmen wir deshalb ein einfacheres Beispiel, wo die Aufzählung leicht möglich ist. Betrachten wir die Menge

$$A = \{a, b, c\}.$$

Die Ordnung der Elemente nach dem Alphabet erklärt eine Relation $\prec$:

$$a \prec b, \quad b \prec c, \quad a \prec c.$$

Zur Relation $\prec$ gehören also die Paare (a,b), (a,c) und (b,c), *und nur diese.* Diesen Sachverhalt drücken wir so aus: Die Relation $\prec$ *ist* die Menge der Paare

$$\prec = \{(a,b), (a,c), (b,c)\}. \tag{3}$$

Die Aussagen $a \prec b$ und $(a,b) \in \prec$ bedeuten danach dasselbe. Damit haben wir den Weg gefunden zu einer allgemeinen Definition des Begriffes Relation:

Erklärung 2.1: Eine (zweistellige) *Relation R in einer Menge M* ist eine Teilmenge des kartesischen Produktes $M \times M$. Eine *Relation R* zwischen zwei Mengen A* und *B* ist eine Teilmenge des kartesischen Produktes $A \times B$.
Lassen wir zunächst den zweiten Satz dieser Erklärung beiseite. Es leuchtet ein, daß die Erklärung 2.1 tatsächlich alle auftretenden Möglichkeiten umfaßt. Wir können mit einiger Phantasie vielerlei Relationen in einer Menge M definieren. Wie wir auch vorgehen: Immer gibt es eine Menge von Paaren (x,y) $(x \in M,\ y \in M)$, für die die Relation erfüllt ist. Und das ist gewiß eine Teilmenge von $M \times M$.
Die Definition des Begriffes Relation ist ein schönes Beispiel für die sprachlichen Möglichkeiten der Mathematik. Das wird gerade der zugestehen müssen, der sich vorher selbst um eine „philosophische" Klärung des Begriffes „Relation" bemüht hat.
Gehört (a,b) zur Relation R, so schreibt man dafür auch

$$aRb. \tag{4}$$

In vielen Fällen (z. B. (3)) steht anstelle von R ein besonderes Symbol wie $\angle$, $\prec$, $\parallel$, $\equiv$, usf.

Erklärung 2.2: Eine Relation R in einer Menge M heißt
transitiv, wenn aus aRb und bRc stets aRc folgt,
reflexiv, wenn aRa gilt für alle $a \in M$,
antireflexiv, wenn niemals aRa gilt für $a \in M$,
symmetrisch, wenn aus aRb stets bRa folgt,
asymmetrisch, wenn aRb stets bRa ausschließt.

Von unseren Beispielen sind die folgenden Relationen

transitiv: **(A)**, **(D)**, **(E)**, **(F)** **(G)**,
reflexiv: **(E)**,
antireflexiv: **(B)**, **(C)**, **(D)**, **(F)**, **(G)**,
symmetrisch: **(A)**, **(E)**,
asymmetrisch: **(B)**, **(C)**, **(D)**, **(F)**, **(G)**.

Natürlich kann man auch leicht Relationen erklären, die keine der in der Erklärung 2.2 aufgeführten Eigenschaften haben (z. B. (**H**) von S. 26!). Übrigens: Wenn man für die Relation (**A**) verabredet, daß jeder als sein eigenes „Geschwister" gelten soll, dann ist diese Relation auch *reflexiv*.

Erklärung 2.3: Eine Relation, die symmetrisch, reflexiv und transitiv ist, heißt eine *Äquivalenzrelation.*
Offenbar sind (**A**) und (**E**) Äquivalenzrelationen.

Erklärung 2.4: Eine Relation, die asymmetrisch und transitiv ist, heißt eine *Ordnungsrelation.*
Danach sind die durch (**D**), (**F**), (**G**) gegebenen Relationen Beispiele von Ordnungsrelationen.
Seit der Begründung der Infinitesimalrechnung durch NEWTON und LEIBNIZ spielt der Funktionsbegriff in der Mathematik eine wichtige Rolle. In der Mathematik z.B. werden die Bewegungen von Massenpunkten durch Funktionen beschrieben, die der Zeit t den durch Koordinaten x (oder (x, y, z)) beschriebenen Ort zuordnen. Es liegt nahe, nach einer allgemeinen Begründung dieses wichtigen Begriffes „Funktion" zu fragen. Wir geben zuerst eine Erklärung des Begriffs, die den anschaulichen Vorstellungen der Praktiker entgegenkommt. Später werden wir durch eine andere, moderne Fassung der Definition den Begriff „Funktion" in die allgemeine Strukturtheorie einordnen.

Erklärung 2.5: M und N seien Mengen. Eine Vorschrift, die jedem $x \in M$ genau ein $y \in N$ zuordnet, heißt eine *Funktion:*

$$x \to y = f(x).$$

Eine solche Vorschrift heißt auch eine Abbildung von M in N:

$$f = M \to N.$$

Wir geben einige Beispiele.

a) Der (erwachsene) Bürger eines modernen Staates hat einen Personalausweis. Die Zuordnung

Bürger → Personalausweis

ist eine Funktion.

b) Jeder Bürger der Bundesrepublik gehört in ein Bundesland. Die Zuordnung

Bürger → Bundesland

ist eine Funktion.

c) Es sei A die Menge der rationalen Zahlen des Intervalles $[0;1]$, also der rationalen Zahlen, die die Ungleichung $0 \leqq x \leqq 1$ erfüllen. Dann ist die Vorschrift

$$x \to y = x^2 \tag{5}$$

eine Funktion, die die Menge A in sich abbildet.
Es sei angemerkt, daß man in der älteren Literatur $y = x^2$ schon als Funktion bezeichnete. Wir wollen uns aber daran halten, daß die Zuordnung (5) erst die Funktion ausmacht; $y = x^2$ ist das durch die Funktion gegebene *Bild*.

d) Die Vorschrift

$$x \to f(x) = \begin{cases} 0 \text{ für rationales } x, \\ 1 \text{ für irrationales } x \end{cases}$$

leistet eine Abbildung einer beliebigen Menge reeller Zahlen in die Menge $\{0, 1\}$.

e) Durch Gleichungen wie

$$x + y = 17$$

sind ebenfalls Funktionen gegeben. Man muß nur nach y auflösen und gewinnt dann die Zuordnung

$$x \to y = 17 - x;$$

das ist eine Abbildung der Menge $\mathbb{Q}$ der rationalen Zahlen in sich.

f) Abb. 5 verdeutlicht die Abbildung der Menge

$$M = \{a, b, c, d\} \text{ in die Menge } D = \{x, y, z\}.$$

Hier ist die Abbildungsvorschrift einfach durch die Pfeile angegeben.

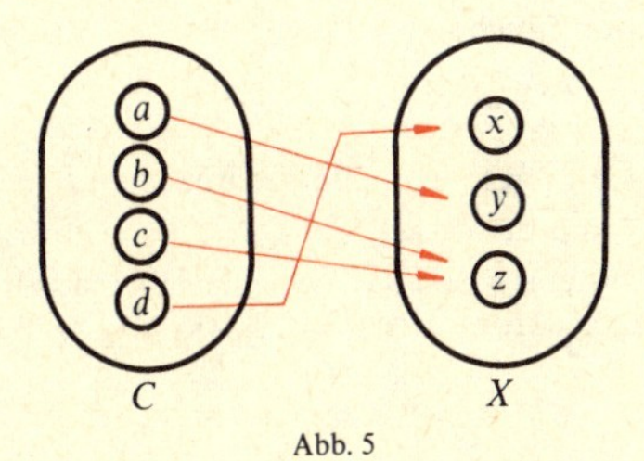

Abb. 5

Die hier gegebene Erklärung des Funktionsbegriffs hat den Schönheitsfehler, daß das Wort „Vorschrift“ benutzt wird. Das ist nicht nur deshalb ärgerlich, weil wir im Zeitalter der Demokratie etwas gegen „Vorschriften“ aller Art haben. Es ist ja nicht gesagt worden, welcher Art denn die Vorschriften sein sollen. Wir haben z. B. solche Alternativen wie beim Beispiel d) zugelassen. Man könnte fragen, *wie denn die allgemeinste noch zulässige Vorschrift aussehen soll.*

Es ist aber einfacher, diese Schwierigkeit durch den Rückgriff auf den Begriff der *Relation* zu überwinden.

Geben wir also eine neue (allgemeinere) Fassung der Erklärung für den Begriff Funktion!

Erklärung 2.6: Eine Teilmenge f eines kartesischen Produktes $A \times B$, in der verschiedene Elemente verschiedene erste Koordinaten haben, heißt eine *Funktion* (syn.: Abbildung) von A in B. Man schreibt:

$$f: A \to B.$$

Nach Definition 2.1 ist also eine Funktion eine „spezielle" Relation zwischen A und B.

Es könnte sein, daß der Leser in dieser neuen Definition nicht die Erklärung 2.5 wiedererkennt. Stellen wir diese Frage zurück und versuchen wir zunächst, die *jetzt* notierte Erklärung 2.6 zu verstehen. Die Elemente einer Relation sind ja bekanntlich (vgl. S. 27) geordnete Paare, und es gilt $(a,b)=(c,d)$ genau dann, wenn

$$a=c, \qquad b=d$$

ist. Die Paare (a,b) und (a,d) sind danach (falls $b \neq d$ ist) verschieden. Aber sie haben beide die gleiche erste Koordinate a. Eine Teilmenge von $A \times B$, die die beiden Paare (a,b) und (a,d) enthält, wäre nach der Erklärung 2.6 *keine* Funktion. Nehmen wir jetzt an, daß f tatsächlich den Charakter einer Funktion habe.

Schreiben wir, falls das geordnete Paar (a,b) zu unserer Funktion gehört: $b=f(a)$ und nennen wir b das durch die Funktion gegebene Bild von a. Dann kann man die Funktion f auch so beschreiben:

$$(6) \qquad f:\ a \to f(a)=b, \quad a \in A, \quad b \in B.$$

Bei endlichen Mengen könnte man alle zur Funktion f gehörenden Paare (a,b) aufschreiben. Man kann aber auch die Darstellungsform (6) wählen und die Zusammengehörigkeit von a und b durch einen Pfeil ausdrücken.

Betrachten wir ein Beispiel! Es seien etwa die Mengen

$$M=\{a,b,c,d\}, \qquad N=\{x,y,z\}$$

gegeben. Dann ist die Relation

$$R=\{(a,x),(a,y),(b,z),(c,z)\}$$

keine Funktion, weil die *verschiedenen* Paare (a,x) und (a,y) die *gleiche* erste

Koordinate *a* haben. Dagegen stellt Abb. 5 eine Funktion dar. In der Relationenschreibweise sieht sie so aus:

$$R_1 = \{(a,y), (b,z), (c,z), (d,x)\}.$$

Man kann die Funktion R_1 aber auch nach (6) so beschreiben:

$$R_1: \begin{array}{l} a \to y \\ b \to z \\ c \to z \\ d \to x \end{array}$$

Natürlich kann man sich auch damit begnügen, diese Zuordnung an der Abb. 5 abzulesen. Bei einem solchen graphischen Schema ist eine Funktion (vor einer „gewöhnlichen" Relation) dadurch ausgezeichnet, daß von jedem Element der abgebildeten Menge immer nur *ein* Pfeil ausgeht (bei der Relation *R* haben wir in der Abb. 6 zwei Pfeile, die von *a* ausgehen!).

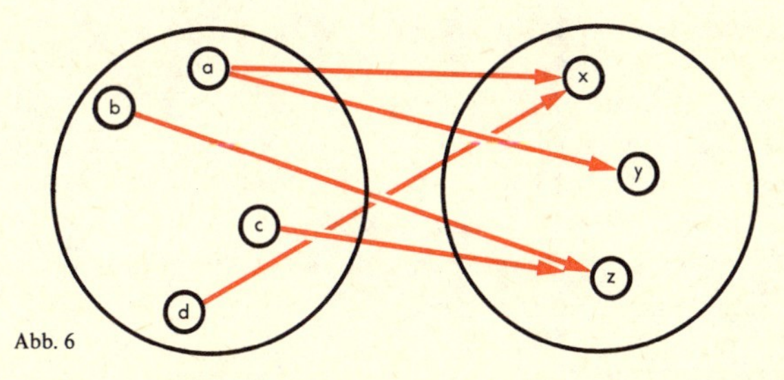

Abb. 6

Diese Beispiele machen bereits deutlich, daß die „alte" Erklärung 2.5 durch die neue Erklärung 2.6 gleichfalls erfaßt wird. Hat man nämlich eine irgendwie geartete Vorschrift, die den Elementen von *M* genau ein Element von *N* zuordnet, so ist damit auch eine Menge geordneter Paare (m,n) gegeben ($m \in M$, $n \in N$), in der verschiedene Elemente (wegen der vorgeschriebenen Eindeutigkeit!) verschiedene erste Koordinaten haben. Bei unendlichen Mengen hat man natürlich auch unendliche Mengen von Paaren.

Für die Funktion des Beispiels e) sieht die Darstellung der Funktion als Relation z.B. so aus:

$$F = \{(x,y) \mid x \in \mathbb{Q} \text{ und } y \in \mathbb{Q} \text{ und } y = 17 - x\}.$$

Die neue Definition des Begriffes Funktion ist umfassender als die alte: Wir sind nicht mehr an irgendwelche „Vorschriften" gebunden: *Jede* Teilmenge des kartesischen Produktes gilt als Funktion, wenn nur die in der Definition genannte Bedingung erfüllt ist.

Bei der Definition der Funktion

$$F: A \to B$$

war nicht gefordert worden, daß alle Elemente von A auch als erste und alle Elemente von B auch (mindestens) einmal als zweite Koordinaten auftreten. Wenn das der Fall ist, sprechen wir von einer Abbildung (einer Funktion) von *A auf B* und nennen A den *Definitionsbereich*, B den *Bildbereich* der Funktion.
Für den Ausbau der Mengelehre ist der Begriff der eineindeutigen Abbildung besonders wichtig.

Erklärung 2.7: Eine Abbildung

$$F: A \to B$$

mit dem Definitionsbereich A und dem Bildbereich B heißt *eineindeutig* (oder umkehrbar eindeutig), wenn aus $F(a)=F(b)$ stets $a=b$ folgt.
Betrachten wir als Beispiel die Relation

$$R_2=\{(a,u), (b,v), (c,w), (d,x)\}.$$

Sie hat den Charakter einer eineindeutigen Funktion. Es wird die Menge $S=\{a,b,c,d\}$ auf die Menge $T=\{u,v,w,x\}$ abgebildet, und zwar so, daß verschiedenen Elementen von S auch verschiedene Elemente von T entsprechen.
Auch die Relation (Bürger ↔ Personalausweis) ist eine umkehrbar eindeutige Funktion (jedenfalls nach den Absichten der Behörden), ebenso die durch die Figuren 7 und 8 gegebenen Relationen.

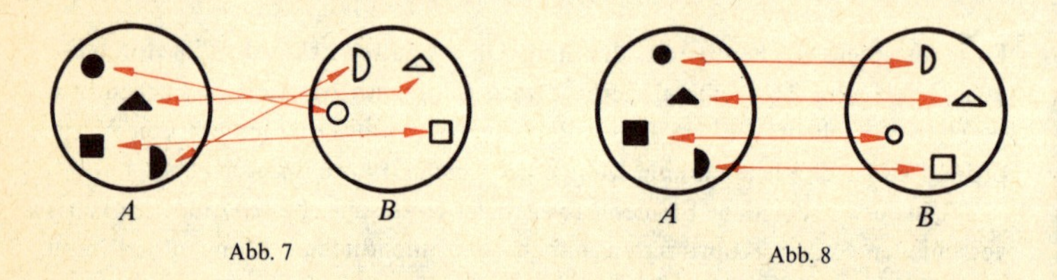

Abb. 7 Abb. 8

Der Umgang mit dem Unendlichen erschien den Mathematikern jahrhundertelang problematisch, weil Aussagen über *transfinite* Mengen oft zu verwirrenden Widersprüchen führen. So empfand es GALILEI als „paradox", daß man eine eineindeutige Abbildung zwischen den Mengen $\mathbb{N}$ der natürlichen Zahlen und der Menge $\mathbb{G}$ der geraden Zahlen vollziehen kann, wie die folgende Darstellung zeigt:

$$\begin{array}{ccccccccc} 1 & 2 & 3 & 4 & 5 & 6 & 7 & 8 & 9 \ldots \\ \updownarrow & \updownarrow & \updownarrow & \updownarrow & \updownarrow & \updownarrow & \updownarrow & \updownarrow & \updownarrow \\ 2 & 4 & 6 & 8 & 10 & 12 & 14 & 16 & 18 \ldots \end{array}$$

Das erschien Galilei deshalb „unsinnig", weil bei endlichen Mengen natürlich niemals eine umkehrbar eindeutige Zuordnung zwischen der Menge selbst und einer echten Teilmenge möglich ist. Man kann nicht die Menge $\{1,2,3,4\}$ umkehrbar eindeutig auf die Menge $\{1,2,3\}$ abbilden.
GEORG CANTOR, der Begründer der Mengenlehre, kapitulierte nicht vor dieser Schwierigkeit. Er nannte zwei Mengen *äquivalent* (oder von gleicher Mächtigkeit), wenn eine eineindeutige Abbildung der einen auf die andere möglich ist. Er nahm dabei getrost in Kauf, daß sehr verschiedenartige Mengen als *äquivalent* gelten mußten. Er nannte die zur Menge $\mathbb{N}$ der natürlichen Zahlen äquivalenten Mengen abzählbar und zeigte, daß nicht nur die Menge $\mathbb{G}$ der geraden Zahlen abzählbar ist, sondern auch die Menge $\mathbb{Q}$ der rationalen Zahlen und sogar die Menge $\mathbb{A}$ der algebraischen Zahlen.
Trotzdem gibt es Unterschiede im Dunkel des Unendlichen. Cantor zeigte, daß die Menge aller reellen Zahlen *nicht* abzählbar ist und daß die Menge der Teilmengen einer gegebenen Menge immer von höherer Mächtigkeit ist als die Menge selbst. Dabei heißt eine Menge M von höherer Mächtigkeit als eine Menge N, wenn es eine eineindeutige Abbildung von N auf eine echte Teilmenge von M gibt, nicht aber auf M selbst.
Es gibt also „Stufen" des Unendlichen, und Cantor stellte sogar eine Theorie der transfiniten[1]) Zahlen auf.
Das alles kann hier nur erwähnt werden. Wichtig ist uns die Tatsache, daß der von Cantor benutzte, grundlegende Begriff der Äquivalenz von Mengen auch für endliche Mengen angewandt werden kann. Tatsächlich ist das Verfahren der eineindeutigen Zuordnung von Mengen so einfach, daß es von Kindern und primitiven Völkern vollzogen werden kann, die noch keinen Zahlbegriff haben. Es lag deshalb nahe, den Zahlbegriff auch in der Grundschule aus dem Zuordnen von Mengen zu entwickeln. Auf diese Weise wird die Mengenlehre Cantors auch für das Bewußtsein der Schüler zum Fundament der modernen Mathematik.
Grundlage der Cantorschen Theorie ist der Äquivalenzbegriff:

Erklärung 2.8: Zwei Mengen A und B heißen *äquivalent*, im Zeichen

$$A \sim B,$$

wenn es eine eineindeutige Abbildung von A auf B gibt.
Beispiele für Paare äquivalenter Mengen haben wir bereits gegeben. So zeigten die Abb. 7 und 8 äquivalente Mengen, bei denen die eineindeutige Abbildung durch die eingezeichneten Pfeile vollzogen wird.
Wir haben das Wort „äquivalent" aber schon früher benutzt: Nach Erklärung 2.3 bezeichnen wir eine *Relation* als eine Äquivalenzrelation, wenn sie symme-

[1]) unendlichen.

trisch, reflexiv und transitiv ist. Man überzeugt sich leicht, daß die jetzt eingeführte Äquivalenz von Mengen tatsächlich eine Äquivalenzrelation im Sinne der Erklärung 2.3 ist. Sie ist natürlich reflexiv und symmetrisch. Die Transitivität ergibt sich so: Es sei

$$A \sim B, \quad B \sim C.$$

Dann gibt es eineindeutige Abbildungen f und g, die A auf B bzw. B auf C abbilden:

$$f: a \to f(a) = b, \quad A \in A, \quad b \in B,$$

$$g: b \to g(b) = c, \quad b \in B, \quad c \in C.$$

Wir setzen nun die Abbildungen zusammen:

$$h: a \to f(a) = b \to g(b) = c,$$

also $c = g(f(a)) = h(a)$. h ist eineindeutig, weil die Funktionen f und g diese Eigenschaft haben. Deshalb gilt tatsächlich auch $A \sim C$.
Die mengentheoretische Äquivalenz ist also eine *spezielle* Äquivalenzrelation im Sinne der Erklärung 2.3.

Erklärung 2.9: In einer Menge M sei eine Äquivalenzrelation R erklärt. Die Menge aller zu einem $a \in M$ äquivalenten Elemente heißt die durch a bestimmte Äquivalenzklasse $K(a)$:

$$K(a) = \{x \mid x \in M \textit{ und } aRx\}.$$

Man überzeugt sich leicht davon, daß eine Äquivalenzklasse durch jedes ihrer Elemente bestimmt ist: Ist z. B. b äquivalent zu a (gilt also aRb), so ist $K(a) = K(b)$. Das folgt sofort aus den Eigenschaften der Äquivalenzrelationen.
Betrachten wir ein Beispiel. Die Kongruenz von Dreiecken (Zeichen: $\equiv$) ist eine Äquivalenzrelation. D sei ein Dreieck einer Ebene $\mathfrak{E}$. Dann ist $K(D)$ die Menge aller Dreiecke dieser Ebene, die zu D kongruent sind. Ist z. B. $D_1 \equiv D$, so gehört D_1 zur Äquivalenzklasse $K(D)$: $D_1 \in K(D)$. Offenbar gehört aber auch D zu der durch D_1 gegebenen Äquivalenzklasse. Ist D_2 ein zu D_1 und D kongruentes Dreieck, so ist auch

$$K(D_2) = K(D_1) = K(D).$$

Wir werden im nächsten Kapitel Äquivalenzklassen in bezug auf die mengentheoretische Äquivalenz einführen.

III. Rationale Zahlen

In früheren Zeiten galten die Zahlen (die *natürlichen* Zahlen) als das vorgegebene Fundament aller mathematischen Theorien. Heute gehen die meisten Mathematiker davon aus, daß am Anfang die Mengen stehen, Mengen von Steinen, von Bäumen, von Menschen. Der Zahlbegriff wird dann mit Hilfe der Lehre von den Mengen begründet.

Erklärung 3.1: Eine Äquivalenzklasse von Mengen heißt eine *Kardinalzahl* oder auch einfach eine (natürliche) *Zahl.*
Gehen wir etwa aus von der Menge

(1) $$M=\{a,b,c,d,e\}.$$

Offenbar ist sie äquivalent zur Menge $M^*=\{3,9,16,7,2\}$.
Denn man kann ja zuordnen:

$$\begin{array}{ccccc} a & b & c & d & e \\ \updownarrow & \updownarrow & \updownarrow & \updownarrow & \updownarrow \\ 3 & 9 & 16 & 7 & 2 \end{array}$$

Die Mengen M und M^* sind daher äquivalent: $M \sim M^*$. Die Menge M ist aber auch äquivalent zur Menge der Finger einer Hand oder zur Menge der Erdteile:

$$E=\{\text{Europa, Asien, Afrika, Amerika, Australien}\}.$$

Es liegt nahe zu sagen, daß diese Mengen eben zu genau jenen Mengen äquivalent sind, die 5 Elemente haben. Aber damit machen wir von der Tatsache Gebrauch, daß wir wissen, was die Zahl 5 bedeutet. Wir wollen aber jetzt davon ausgehen, daß wir noch keine Vorstellung von Zahlen haben. Wir führen sie jetzt ein, indem wir nach Definition 3.1 sagen: Die Zahl 5 *ist* die Klasse der Mengen, die zu der Menge (1) äquivalent sind.
Danach ist natürlich

$$1=|\{a\}|$$

$$2=|\{a,b\}|, \quad a \neq b.$$

Dabei steht $|M|$ für die durch M gegebene Äquivalenzklasse[1]).
Damit sind die natürlichen Zahlen $1,2,3,4,\ldots$ als Kardinalzahlen gedeutet, also als *Namen für Äquivalenzklassen.*
Die mengentheoretische Deutung der Zahl gibt uns auch die Möglichkeit, das Rechnen auf Verknüpfungen zwischen Mengen zurückzuführen.

---

[1]) Im Anfangsunterricht sagt man auch: Die Zahl ist ein *Name* für eine Klasse von Mengen, die „zueinander passen“ (äquivalent sind). Näheres im *Mathematik-Duden für Lehrer.*

III. a. Didaktisches Zwischenspiel

Mit der Erklärung 3.1 ist der Zahlbegriff mengentheoretisch fundiert. Wir halten diese Stelle für besonders wichtig im modernen Elementarunterricht. Erfahrungsgemäß gelingt es heute noch nicht allen Lehrern, das Rechnen mit den Zahlen organisch aus dem Umgang mit den Mengen zu entwickeln. Und so steht dann die (nun einmal „angeordnete") Mengenlehre fast beziehungslos neben dem Rechnen mit Zahlen, das ja schließlich auch begründet werden muß.
Wir geben in diesem Buch zwar in der Regel nur Informationen zur Sache, nicht zur Didaktik. In diesem Fall wollen wir aber unsere Regel einmal durchbrechen und auf didaktische Möglichkeiten hinweisen, den Zahlbegriff zu begründen. Diese Ausführungen können auch dem nicht pädagogisch tätigen Leser helfen, die Erklärung 3.1 richtig zu verstehen.
Wir bringen im Folgenden einen Abschnitt aus dem „Mathematik-Duden für Lehrer"[1]), S. 255–258.

2. *Das didaktische Problem*

Für den Lehrer in der Grundschule ergibt sich die didaktische Schwierigkeit, daß die Schüler eine gewisse Vorstellung von den Zahlen mitbringen. Viele Kinder zählen bis sechs oder acht oder bis zwanzig, bevor sie in die Schule kommen. Wenn der Lehrer jetzt versuchen wollte zu erklären, was die Eins und was die Zwei bedeuten, würden die Schüler solches Bemühen kaum verstehen. Man sollte deshalb zunächst – ohne alle mathematische Gelehrsamkeit – das Zahlverständnis der Kinder testen, etwa durch Zählübungen. Wenn man davon ausgeht, daß für die meisten Kinder das Abzählen bis 10 *keine* Trivialität ist[2]), kann man zur Einführung des mengentheoretischen Zahlbegriffs etwa so zu spielen anfangen:

Beispiel 1:

Hermann und Fritz haben Eicheln gesammelt. Wer hat mehr?
Sie stellen fest: Die Mengen passen nicht zueinander (Abb. A). Wenn man versucht, „Paare" zu bilden, bleiben bei Fritz noch welche übrig. Er „hat mehr" Eicheln als Hermann. Aber die Menge von Hermanns Eicheln paßt zu der von Gudruns Kastanien (Abb. B)!

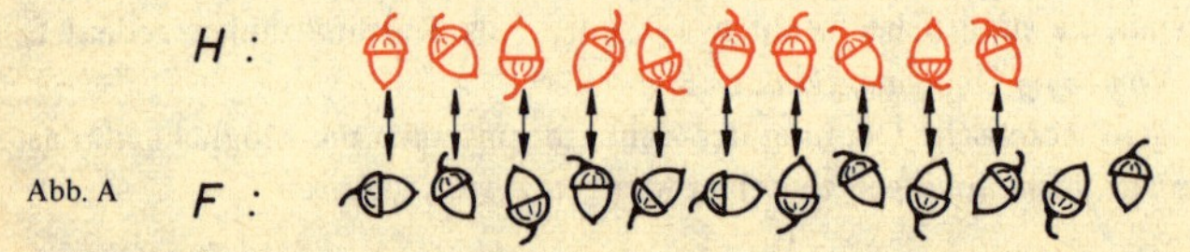

Abb. A

[1]) Bibliographisches Institut Mannheim, 5. Aufl., 1970.
[2]) Im Anfangsunterricht sagt man statt dessen: „Zwei Mengen passen zueinander ..."

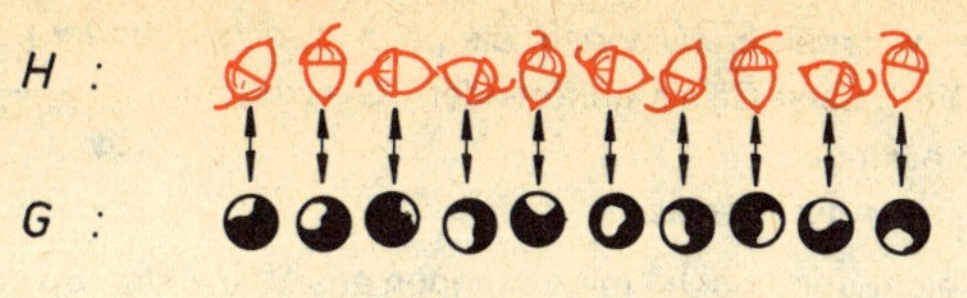

Abb. B

Beispiel 2:

Gisela hat Glaskugeln, Herta hat Ringe. „Wollen wir tauschen? Eine Kugel gegen einen Ring?"
Sie probieren: Die Mengen passen zueinander; sie können tauschen: Immer einen Ring gegen eine Kugel (Abb. C). Gisela ist stolz auf ihre Ringe. Sie steckt sie an die Finger ihrer beiden Hände; auch für die beiden Daumen hat sie einen (Abb. D).

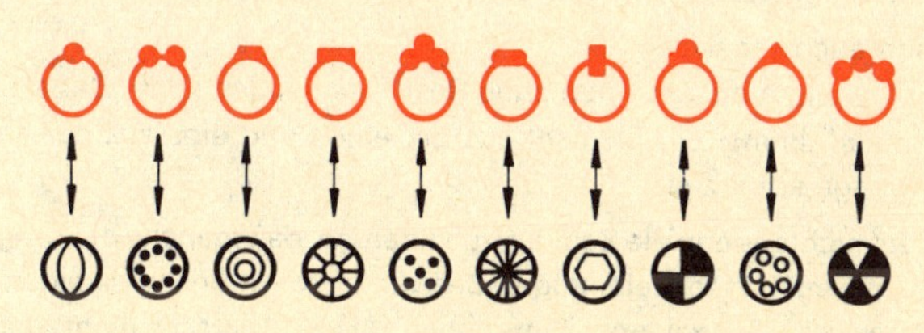

Abb. C

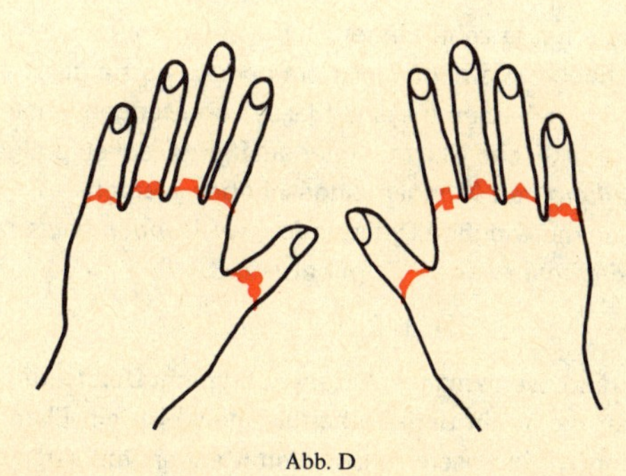

Abb. D

Damit haben wir mehrere Mengen, die paarweise zueinander passen:

a) Die (zuerst Gisela gehörenden) Glaskugeln,
b) die Ringe,
c) die Finger Giselas.

Passen vielleicht auch noch einige Mengen aus dem ersten Spiel dazu? Tatsächlich:

d) Hermanns Eicheln,
e) Gudruns Kastanien.

Wir wollen sagen, daß alle diese zueinander passenden Mengen zu einer *Klasse* gehören. In der Schule sind ja auch solche Kinder in einer Klasse zusammen, die auf die eine oder andere Weise „zueinander passen": nach dem Alter, nach ihren Fähigkeiten. Aber vielleicht finden die Schüler, daß manche Schüler einer Klasse gar nicht so gut zueinander passen? Wir müssen beachten, daß bei unserem Mengenspiel das Wort „passen" einen ganz bestimmten Sinn hat.

Zwei Mengen passen zueinander, wenn man jedem Element der einen Menge genau eins der anderen zuordnen kann.

Man kann auch sagen:

..., wenn man aus ihnen ohne Rest Paare bilden kann. Dabei soll ein „Paar" immer ein Element aus der einen und eins aus der anderen Menge enthalten.

Es schadet nichts, wenn die Schüler früh erfahren, daß manche der Umgangssprache entnommenen vieldeutigen Begriffe in der Mathematik einen durch Definitionen klar festgelegten Sinn haben. Also: Man sagt nicht, daß zwei Mengen zueinander passen, wenn ihre Elemente alle blau sind. Oder wenn sie alle aus Holz sind. Wir sagen, daß sie zueinander passen, wenn ... (s. o.).
Wir geben nun der Klasse unserer zueinander passenden Mengen einen Namen: *zehn*.
Natürlich: Gisela hat ja zehn Finger. Das werden die meisten Kinder schon einmal gehört haben. Sie haben jetzt erarbeitet, wie sie diese schon oft gehörte Zahl als einen Namen für eine Klasse von Mengen verstehen können.
Bevor wir die didaktische Skizze weiter ausführen, sollen einige Bemerkungen zur *Darstellung* von Mengen eingeschoben werden.
Es sei erinnert an die wichtige Definition: *Zwei Mengen heißen gleich, wenn sie dieselben Elemente haben.* Es gilt also z. B.

$$\{1, 1, 2, 2, 2\} = \{1, 2\}.$$

Es wäre verwirrend, wenn man im Anfangsunterricht Darstellungen von Mengen verwenden wollte, in denen überflüssigerweise ein Element mehrfach notiert ist. Wenn wir in unseren Beispielen Mengen von Kugeln, von Kasta-

nien usw. verwenden, dann ist immer vorausgesetzt, daß die Elemente *verschieden* sind. Bei Kastanien, Eicheln usw. kann man getrost annehmen, daß irgend zwei davon Unterscheidungsmerkmale aufweisen. Bei den Kugeln (Abb. C) soll die Zeichnung deutlich machen, daß Gisela sehr verschieden aussehende Objekte in das Tauschgeschäft eingebracht hat. Auf jeden Fall muß vermieden werden, daß etwa Mengen aus jenen „Bausteinen" unserer beigegebenen Tafel gebildet werden, die für die *operative* Begründung des Rechnens vorgesehen sind.
Dagegen sollen die übrigen (ausgeschnittenen, möglichst aufgeklebten) Figuren der Tafel oft benutzt werden. Zum Beispiel so:

Bildet Mengen, die zur Klasse zehn (10) gehören!

Es ist nachzuweisen, daß sie etwa zur Menge der Finger beider Hände passen. Der Name *zehn* für die untersuchte Klasse ist vielen Kindern schon vom Zählen her vertraut. *Sind etwa die anderen Zahlen auch Namen von Klassen?* Man kann etwa die Aufgabe stellen:

Bildet Mengen, die zur Menge der Finger einer Hand passen!

Die Klasse dieser Mengen heißt *fünf* (5). Gibt es Klassen mit den Namen sechs, sieben, acht, neun (6, 7, 8, 9)? Und mit den Namen vier, drei, zwei, eins (4, 3, 2, 1)? Wie sieht insbesondere die Klasse aus, die mit der Zahl 1 bezeichnet wird?
Beenden wir damit unser didaktisches Zwischenspiel! In den Anregungen für den Lehrer folgen jetzt die Hinweise auf die Behandlung der Addition nach den Gesetzen der Mengenlehre. Wir beschränken uns nun wieder auf die fachlichen Informationen.

Erklärung 3.2: Es seien A und B elementefremde Mengen mit den Mächtigkeiten:

$$|A|=a, \quad |B|=b, \quad (A \cap B=\emptyset).$$

Dann heißt die Mächtigkeit $c=|C|$ der Vereinigungsmenge

$$C=A \cup B$$

die *Summe* der Zahlen a und b:

$$c=a+b.$$

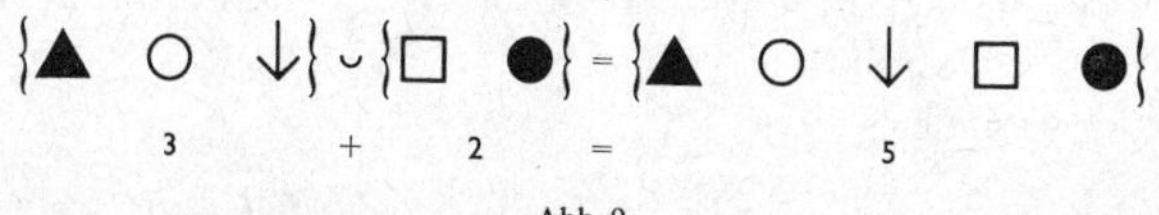

Abb. 9

Abb. 9 ist eine Veranschaulichung der Gleichung $3+2=5$.
Da es bei der Aufzählung der Elemente einer Menge nicht auf die Reihenfolge ankommt, ist

$$A \cup B = B \cup A,$$

und daraus folgt nach Definition 3.2 sofort *das kommutative Gesetz der Addition:*

$$a+b=b+a.$$

Entsprechend kann man leicht das *assoziative Gesetz* begründen:

$$a+(b+c)=(a+b)+c.$$

Die natürlichen Zahlen sind *geordnet:*

Erklärung 3.3: Eine natürliche Zahl a heißt *kleiner* als eine natürliche Zahl b (im Zeichen: $a<b$), wenn es eine natürliche Zahl x gibt, die der Gleichung

(2) $$a+x=b$$

genügt.
Es ist z.B. $4<6$, weil $4+2=6$ ist. Für $a<b$ schreibt man auch $b>a$ (b *größer* als a).
Für viele Fälle ist es nützlich, die Relation $\leqq$ (kleiner oder gleich) zu benutzen. Sie ist so erklärt:

(8) $$a \leqq b\colon\ (a<b) \text{ oder } (a=b).$$

Entsprechend steht $a \geqq b$ für $(a>b)$ *oder* $(a=b)$.
Aus der Erklärung 3.3 kann man leicht begründen: *Für irgend zwei natürliche Zahlen a und b ist genau eine der Aussagen*

$$a<b, \quad a=b, \quad a>b$$

richtig.
Wenn $b>a$ gilt, dann existiert nach Definition 3.3 eine natürliche Zahl x, die die Gleichung (2) löst. Diese Zahl x heißt die *Differenz* von b und a:

(10) $$x=b-a.$$

Die Verknüpfung durch das Zeichen $-$ (minus) heißt *Subtraktion.* Auch die *Multiplikation* zweier natürlicher Zahlen kann auf eine recht anschauliche Weise mengentheoretisch begründet werden. Dazu brauchen wir den Begriff des kartesischen Produktes (Erklärung 1.7).
Es seien A und B die Mengen

$$A=\{a,b,c\}, \quad B=\{x,y\}.$$

Dann ist nach Erklärung 1.7 das kartesische Produkt $A \times B$ gegeben durch die Menge der geordneten Paare:

$$A \times B = \begin{Bmatrix} (a,x), (a,y), \\ (b,x), (b,y), \\ (c,x), (c,y) \end{Bmatrix}. \tag{3}$$

Diese Menge hat 6 Elemente: $|A \times B| = 6$.
Auch das Produkt $B \times A$ hat 6 Elemente:

$$B \times A = \begin{Bmatrix} (x,a), (x,b), (x,c), \\ (y,a), (y,b), (y,c) \end{Bmatrix}. \tag{3'}$$

Nach diesen Vorbereitungen führen wir das *Produkt* ein:

Erklärung 3.4: Es seien A und B Mengen mit den Kardinalzahlen $|A| = a$, $|B| = b$.
Dann heißt die Kardinalzahl c des kartesischen Produktes

$$c = |A \times B|$$

das *Produkt* der Kardinalzahlen a und b:

$$c = a \cdot b. \tag{4}$$

Wenn man die in den Zeilen und Spalten der Darstellungen nach (3) bzw. (3') stehenden Elemente zusammenfaßt, so erkennt man die Richtigkeit der folgenden Aussagen:

$$a \cdot b = \underbrace{a + a + \cdots + a}_{\boldsymbol{b} \text{ mal}} = \underbrace{b + b + \cdots + b}_{\boldsymbol{a} \text{ mal}}, \tag{5}$$

$$a \cdot b = b \cdot a. \tag{6}$$

Auch die Gültigkeit des assoziativen Gesetzes der Multiplikation

$$a \cdot (b \cdot c) = (a \cdot b) \cdot c \tag{7}$$

und des distributiven Gesetzes

$$a \cdot (b + c) = a \cdot b + a \cdot c \tag{8}$$

kann man sich leicht an geeigneten Mengen verdeutlichen.
Wir sind gewohnt, eine natürliche Zahl n im Dezimalsystem darzustellen:

$$n = a_m \cdot 10^m + a_{m-1} \cdot 10^{m-1} + \cdots + a_1 \cdot 10 + a_0.$$

Dabei heißen die Zahlen a_μ die Ziffern von n. Die Ziffern im Dezimalsystem sind Zahlen aus der Menge

$$Z_{10} = \{0,1,2,3,4,5,6,7,8,9\}.$$

So ist z. B.

$$5234 = 5 \cdot 10^3 + 2 \cdot 10^2 + 3 \cdot 10^1 + 4 \cdot 10^0.$$

In manchen Fällen ist es zweckmäßig, eine andere Zahl als 10 dem Ziffernsystem zugrunde zu legen. Wählt man die natürliche Zahl $p\,(p \geqq 2)$, so spricht man vom p-adischen System. Man kann zeigen:

Jede natürliche Zahl n ist auf genau eine Weise durch das p-adische System darstellbar in der Form

$$n = a_m \cdot p^m + a_{m-1} \cdot p^{m-1} + \cdots + a_1 \cdot p^1 + a_0 \cdot p^0. \tag{9}$$

Die Zahlen a_μ heißen die *Ziffern* der Darstellung. Sie genügen der Ungleichung

$$0 < a < p - 1.$$

Wählen wir z. B. $p = 3$. Die Zahl 47 ist so darstellbar durch die Potenz von 3:

$$47 = 1 \cdot 3^3 + 2 \cdot 3^2 + 0 \cdot 3^1 + 2 \cdot 3^0 = 27 + 18 + 0 + 2. \tag{10}$$

Die hier auftretenden „Ziffern“ sind 0, 1, 2. Wenn wir wie üblich die Zahl nur durch Angabe der Ziffern charakterisieren, so haben wir

$$^{(10)}47 = {}^{(3)}1202.$$

Dabei bedeutet die in Klammer beigegebene Zahl (10) bzw. (3), daß die Darstellung im 10-System (bzw. im 3-System) erfolgt.

Im Falle $p = 2$ hat man an Stelle von (9) die Darstellung im „Dualsystem“:

$$n = a_m \cdot 2^m + a_{m-1} \cdot 2^{m-1} + \cdots + a_1 \cdot 2^1 + a_0 \cdot 2^0. \tag{11}$$

Schreiben wir die Zahl 47 auch noch im Dualsystem auf. In Analogie zu (10) haben wir

$$47 = 32 + 8 + 4 + 2 + 1 \tag{12}$$

oder auch

$$47 = 1 \cdot 2^5 + 0 \cdot 2^4 + 1 \cdot 2^3 + 1 \cdot 2^2 + 1 \cdot 2^1 + 1 \cdot 2^0 = {}^{(2)}101111. \tag{12'}$$

Manchmal benutzt man für das 2system besondere Zeichen für die Ziffern: O statt 0, | statt 1. Damit haben wir also

$$47 = \mid \mathrm{O} \mid \mid \mid \mid. \tag{13}$$

Die Darstellung im Dualsystem ist besonders interessant für Rechenmaschinen. Man kann die Ziffern O und | einfach realisieren: | durch einen Stromimpuls, O durch das Ausbleiben eines Impulses.
Die Tatsache, daß die im Zehner-System zweistellige Zahl 47 im Dualsystem durch 6 Ziffern dargestellt wird, ist kein wesentlicher Nachteil: Man kann ja die Stromimpulse sehr rasch aufeinander folgen lassen.
Die Darstellung der Zahlen durch das dekadische System brachte gegenüber dem vorher üblichen Rechnen mit römischen Ziffern den gewichtigen Vorteil, daß das Addieren und Multiplizieren auch von größeren Zahlen nach einem einfachen Schema erfolgen konnte.
Das gilt auch für das Dualsystem. Die Addition $47+34$ sieht z.B. so aus:

47 = | O | | | |
+34 = | O O O | O
81 = | O | O O O |
(= 6 4 + 1 6 + 1).

Die Addition von zwei Ziffern a und b führt zur Bildung der „Summe“ s und der „Übertragung“ $ü$, die der nächsthöheren Ziffernsumme hinzuzufügen ist, ähnlich wie bei dem gewohnten Addieren im dekadischen System. Hier haben wir für die Ziffernaddition das folgende Schema:

a	*b*	*s*	*ü*
O	O	O	O
|	O	|	O
O	|	|	O
|	|	O	|

Man kann leicht zeigen, daß dieser Prozeß des „Addierens“ und des „Übertragens“ durch geeignete elektrische Schaltelemente realisiert werden kann. Deshalb ist die Darstellung im Dualsystem für die Technik der modernen Rechenautomaten so bedeutsam.
Es gibt keine natürliche Zahl x, die die Gleichung

(14) $$a+x=b$$

löst, falls $b<a$ ist. Wir sind aber gewohnt, die „Subtraktionsaufgabe“ (14) auch in diesem Fall zu lösen, und zwar durch Benutzung „negativer“ Zahlen. Die Differenz

(15) $$x=b-a$$

wird im Falle $b<a$ eben *negativ:*

Hat man mittags 5° Wärme und fällt die Temperatur dann um 12°, so hat man nachts 7° Kälte. Einfacher noch bezeichnet man die Wärmegrade mit einem positiven Vorzeichen, die Kältegrade mit einem negativen. Dann hat man

$$+5° - 12° = -7°.$$

Es kommt jetzt darauf an, dieses Verfahren durch geeignete Definitionen zu „legalisieren". Natürlich ist es leicht zu sagen: Man verlängere die Temperaturskala nach unten und notiere negative Temperaturgrade (Abb. 10). Wir haben

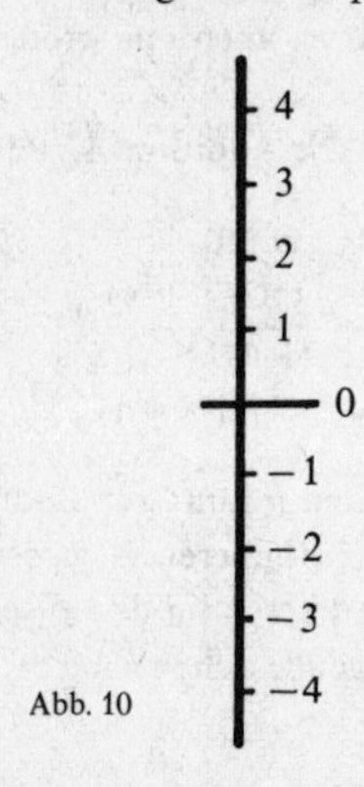

Abb. 10

mit einiger Mühe für die natürlichen Zahlen die Addition und die Multiplikation definiert und die entsprechenden Rechenregeln abgeleitet. Wer sagt uns, daß diese Regeln gültig bleiben, wenn wir neue Zahlen einführen, für die es eine mengentheoretische Begründung nicht gibt?

Um zu einer Ausweitung des bisher benutzten Zahlbegriffs zu kommen, bemerken wir zunächst, daß es Paare[1]) $\langle a, b\rangle$ natürlicher Zahlen gibt, die bei Lösungen der Subtraktionsaufgabe (14) im Fall $b > a$ das gleiche Ergebnis liefern, z. B.

(16) $$\langle 2,5\rangle,\ \langle 8,11\rangle,\ \langle 15,18\rangle,\ \langle 20,23\rangle, \ldots$$

Für alle Paare $\langle a, b\rangle$ von (16) ist $b - a = 3$.

Nehmen wir jetzt $b < a$ an, und bleiben wir bei der Deutung unseres Problems an der Temperaturskala. Wenn wir mittags $+2°$ haben und die Temperatur bis Mitternacht um 5° fällt, kommen wir auf eine Nachttemperatur von $-3°$. Das Entsprechende gilt für die Zahlenpaare

(17) $$\langle 12,9\rangle,\ \langle 16,13\rangle,\ \langle 20,17\rangle,\ \langle 8,5\rangle.$$

[1]) Wir haben früher ein geordnetes Paar mit (a, b) bezeichnet. Hier benutzen wir eckige Klammern, um die Zahlenpaare mit der durch die Definition 3.2 festgelegten Äquivalenzrelation besonders zu charakterisieren.

Dabei soll die zweite Zahl b in $\langle a,b \rangle$ für die Mittagstemperatur stehen, die erste Zahl für den Temperaturabfall bis zur Nacht.
Die Paare (16) (bzw. (17)) führen auf die gleiche Endtemperatur ($+3°$ im ersten, $-3°$ im zweiten Fall). Um zu einer formalen Definition für neue „negative" Zahlen zu kommen, identifizieren wir einfach die Zahl -3 mit der zugehörigen Menge (17) von Paaren.
Diese Überlegung veranlaßt die folgenden Definitionen:

Erklärung 3.6: Ein (geordnetes) Paar a,b natürlicher Zahlen heißt *positiv*, wenn $a<b$ ist, *negativ* für $a>b$. Ein Paar $\langle a,a \rangle$ heißt ein Nullpaar.

Erklärung 3.7: Zwei Zahlenpaare $\langle a,b \rangle$ und $\langle c,d \rangle$ heißen *äquivalent*, im Zeichen

$$\langle a,b \rangle \sim \langle c,d \rangle, \tag{18}$$

wenn

$$b+c=a+d \tag{19}$$

gilt.
Dann ist z. B.

$$\langle 1,5 \rangle \sim \langle 2,6 \rangle \sim \langle 8,12 \rangle \ldots,$$

$$\langle 6,4 \rangle \sim \langle 8,6 \rangle \sim \langle 12,10 \rangle \ldots,$$

$$\langle 2,2 \rangle \sim \langle 3,3 \rangle \sim \langle 6,6 \rangle \ \ldots$$

Man kann leicht zeigen: Die durch die Erklärung 3.7 festgelegte Relation für Zahlenpaare ist *reflexiv, symmetrisch* und *transitiv.*
Das heißt ausführlicher: Es gelten die Aussagen

$$\langle a,b \rangle \sim \langle a,b \rangle,$$

$$\text{aus} \quad \langle a,b \rangle \sim \langle c,d \rangle \quad \text{folgt} \quad \langle c,d \rangle \sim \langle a,b \rangle,$$

$$\text{aus} \quad \langle a,b \rangle \sim \langle c,d \rangle \quad \text{und} \quad \langle c,d \rangle \sim \langle e,f \rangle \quad \text{folgt} \quad \langle a,b \rangle \sim \langle e,f \rangle.$$

Der Beweis dieser Aussagen ergibt sich unmittelbar aus der Definition und sei dem Leser überlassen.
Man kann nun die unter sich äquivalenten Paare zu einer Menge zusammenfassen, die man Äquivalenzklasse nennt.

Erklärung 3.8: Die Menge aller Zahlenpaare, die zu einem gegebenen Zahlenpaar äquivalent sind, heißt eine *Äquivalenzklasse.* Die Äquivalenzklassen

heißen auch *ganze Zahlen*. Die Menge aller Äquivalenzklassen heißt die *Menge* $\mathbb{Z}$ *der ganzen Zahlen*.
Wir bezeichnen die Äquivalenzklassen durch Überstreichen. Es ist also z. B.

$$\begin{aligned} \langle\overline{3,8}\rangle &= \{\langle 1,6\rangle, \langle 2,7\rangle, \langle 3,8\rangle, \langle 4,9\rangle, \ldots\}, \\ \langle\overline{5,2}\rangle &= \{\langle 4,1\rangle, \langle 5,2\rangle, \langle 6,3\rangle, \langle 7,4\rangle, \ldots\}, \\ \langle\overline{1,1}\rangle &= \{\langle 1,1\rangle, \langle 2,2\rangle, \langle 3,3\rangle, \langle 4,4\rangle, \ldots\}. \end{aligned} \tag{20}$$

Man kann jeden Repräsentanten einer Äquivalenzklasse zur Bezeichnung der Klasse wählen; man hat etwa:

$$\langle\overline{3,8}\rangle = \langle\overline{2,7}\rangle = \langle\overline{4,9}\rangle.$$

Nicht die Paare selbst sind gleich ($\langle 3,8\rangle \neq \langle 2,7\rangle$), wohl aber die dadurch definierten Klassen.
Es mag dem Anfänger scheinen, daß wir hier ein bißchen viel Aufwand an Begriffsbildungen getrieben haben, bloß um auf der Thermometerskala unter den Strich zu kommen. Wesentlich billiger geht es aber tatsächlich nicht. Wir haben jetzt den Vorteil gewonnen, daß wir für die neuen Zahlen die allgemeine Subtraktionsaufgabe lösen können. Definieren wir zunächst die Addition:

Erklärung 3.9: Die *Summe* zweier ganzer Zahlen $\langle\overline{a,b}\rangle$ und $\langle\overline{c,d}\rangle$ ist gegeben durch

$$\langle\overline{a,b}\rangle + \langle\overline{c,d}\rangle = \langle\overline{a+c, b+d}\rangle.$$

Es ist danach z. B.

$$\begin{aligned} \langle\overline{3,4}\rangle + \langle\overline{5,8}\rangle &= \langle\overline{8,12}\rangle, \\ \langle\overline{3,4}\rangle + \langle\overline{3,3}\rangle &= \langle\overline{6,7}\rangle = \langle\overline{3,4}\rangle, \\ \langle\overline{7,5}\rangle + \langle\overline{1,6}\rangle &= \langle\overline{8,11}\rangle = \langle\overline{1,4}\rangle. \end{aligned} \tag{21}$$

Die Einführung der rationalen Zahlen kann nach einem Verfahren geschehen, das dem eben besprochenen analog ist. Wir können uns deshalb kurz fassen. Am Anfang steht die Einsicht, daß man Gleichungen wie

$$3 \cdot x = 2 \tag{22}$$

nicht mit ganzen Zahlen lösen kann. Hier hilft wieder die Einführung neuer „Zahlen" weiter, die man als Äquivalenzklassen von Paaren ganzer Zahlen definieren kann.

Erklärung 3.10: Zwei Paare ganzer Zahlen y/x und v/u $(x \neq 0, u \neq 0)$ heißen *äquivalent*[1] (im Zeichen: $\approx$), wenn für sie die Gleichung

$$u \cdot y = v \cdot x \tag{23}$$

erfüllt ist.

Man erkennt leicht, daß die hier eingeführte Relation $\approx$ tatsächlich die Eigenschaften einer Äquivalenzrelation im Sinne von Erklärung 2.3 hat.

Erklärung 3.11: Eine Äquivalenzklasse von Paaren ganzer Zahlen heißt eine *rationale Zahl.* Zum Paar y/x gehört die Äquivalenzklasse $\{y/x\}$.

Haben wir $y/x \approx v/u$, so bestimmen beide Paare die gleiche Klasse und damit die gleiche rationale Zahl. Wir haben also

$$y/x \approx v/u,$$

aber

$$p = \{y/x\} = \{v/u\} = \frac{y}{x} = \frac{v}{u}.$$

Wir schreiben also den „Bruch“[2] $\frac{y}{x} = \frac{v}{u}$ für die rationale Zahl, die durch die Klasse der zu y/x äquivalenten Paare gegeben ist, also z. B.

$$\{2/3\} = \{-4/-6\} = \frac{2}{3} = \frac{-4}{-6}.$$

Aus (23) folgt weiter

$$y/x \approx z\,y/z\,x \tag{24}$$

für beliebige ganze Zahlen z. Das ist die bekannte Regel für das Erweitern und Kürzen von Brüchen:

$$\frac{y}{x} = \frac{z \cdot y}{z \cdot x}. \tag{25}$$

Analog kann man aus der Erklärung 3.11 die weiteren Regeln der „Bruchrechnung“ herleiten.

---

[1]) Die Äquivalenz von Paaren x/y ganzer Zahlen ist wohl zu unterscheiden von der Äquivalenz für die Paare $\langle a,b \rangle$ natürlicher Zahlen. In beiden Fällen handelt es sich aber um Äquivalenzrelationen im Sinne von Kapitel II. Für die Äquivalenz von Paaren natürlicher Zahlen benutzen wir das Zeichen $\sim$; hier haben wir $\approx$ für die neue Äquivalenz von Paaren ganzer Zahlen.

[2]) Ein „Bruch“ ist eine rationale Zahl in der Darstellungsform $\frac{y}{x}$.

IV. Axiome

Wir haben unsere Aussagen über die Mengen (und damit auch die über Zahlen) auf die folgenden Grundvoraussetzungen[1]) gegründet:

1. Jede Zusammenfassung von „Dingen“ ist eine Menge.
2. Jede Menge von Mengen ist wieder eine Menge.
3. Es gibt die leere Menge $\emptyset$ (d. i. die Menge ohne Elemente).

Die Existenz der „Dinge“ galt uns dabei als durch die Erfahrung gesichert, und wir setzten als bekannt voraus, daß es nur endlich viele Atome, also auch nur endlich viele Dinge gibt. Deshalb brauchten wir uns nicht um die Probleme des Unendlichen zu kümmern.

Damit haben wir ein Verfahren benutzt, das in der Frühzeit der Mathematik üblich war: Man begründete mathematische Einsichten aus den Erfahrungen in der physikalischen Welt.

Aber schon die griechischen Mathematiker fanden (einige Jahrhunderte vor Christus) heraus, daß diese Methode nicht präzis genug war. Es erschien ihnen notwendig, die als gesichert angenommenen Grundlagen der mathematischen Beweise als besondere „Grundsätze“ oder „Axiome“ zu formulieren. Diese Axiome waren dann das Fundament der Beweise (z. B. bei Euklid in seinen „Elementen“), und alle „Lehrsätze“ (wie die Kongruenzsätze der Geometrie) mußten aus diesen Axiomen durch logische Schlüsse abgeleitet werden.

Wir werden auf die Axiome der Geometrie im Kapitel VII ausführlicher eingehen. Hier geht es um das *Wesen* der Axiome (und um Axiomensysteme für Mengen und Zahlen).

Die Deutung der Axiome hat in den letzten Jahrzehnten eine Wandlung erfahren, die wir hier erwähnen müssen. Bis ins 19. Jahrhundert hinein verstand man unter einem Axiom ungefähr dasselbe wie ein Mathematiker aus der Zeit Platons. Lesen wir einmal nach, was ein älteres Lexikon unter dem Stichwort „Axiom“ schreibt (Meyer 1844):

> „Axiom (v. Gr., Log. u. Mathem.), ein Grundsatz von apodiktischer Gewißheit, der keines weiteren Beweises weder bedarf, noch fähig ist. Diese Grundsätze oder Prinzipien bilden die Basis einer jeden Wissenschaft und geben ihr systemat. Einheit und Festigkeit...“

In der 8. Auflage von 1931 steht dagegen:

> „Axiom (griech., Voraussetzung), als wahr angenommener Grundsatz einer Theorie, der unbewiesen an ihre Spitze gestellt wird. Aus den A.en muß das System der Theorie rein logisch erschlossen werden können. Euklid (s. d. und Euklidische Geometrie) gibt mit seiner Darstellung der Geometrie in den Elementen ein im wesentlichen noch heute gültiges Vorbild. Die

[1]) Vgl. S. 14!

Axiomatik untersucht die Stellung der A.e zueinander und zu dem daraus erschlossenen System..."

Da ist ein wichtiger Unterschied zu registrieren: 1844 galt ein Axiom als „ein Grundsatz von apodiktischer Gewißheit", 1931 dagegen spricht man von einem „als wahr angenommenen Grundsatz einer Theorie, der unbewiesen an ihre Spitze gestellt wird." Wir können hier nicht die Gründe erörtern, die zu einer so tiefgreifenden Wandlung des mathematischen Denkens geführt haben[1]). Wir wollen uns darauf beschränken, einige neuere, für die Elementarmathematik bedeutsame Axiomensysteme kennenzulernen. In diesem Abschnitt soll vom *Peanoschen Axiomensystem für die natürlichen Zahlen* gesprochen werden, später (Kapitel VII) über Axiome der Geometrie. Natürlich liegt hier die Frage nahe, ob es nicht auch für die Mengenlehre ein solches System von Grundsätzen gibt, die die fundamentalen Eigenschaften des „Enthaltenseins" festlegen. Man könnte dieses Axiomensystem dann gleich so gestalten, daß auch unendliche Mengen zugelassen werden, z.B. die Menge aller Punkte in einer Ebene oder die Menge $\mathbb{N}$ aller natürlichen Zahlen.

Da dieses Buch für Schüler bestimmt ist, wollen wir hier auf ein Axiomensystem für die Mengenlehre verzichten[2]). Es mag der Hinweis genügen, daß die Existenz jener unendlichen Mengen axiomatisch gesichert werden kann, die im Schulunterricht eine Rolle spielen. Man spricht da von der Menge $\mathbb{N}$ der natürlichen Zahlen, von der Menge $\mathbb{Z}$ der ganzen und der Menge $\mathbb{Q}$ der rationalen Zahlen. Um Mißverständnisse zu vermeiden: Von natürlichen Zahlen haben wir bereits im Kapitel II gesprochen. Es geht jetzt darum, daß man die Gesamtheit *aller* natürlichen Zahlen zu einer *Menge* zusammenfassen kann. Damit sprengen wir die Grundvoraussetzungen (1); danach waren ja nur endliche Mengen möglich. Zu den genannten Mengen von Zahlen kommen später noch die Menge $\mathbb{R}$ der reellen Zahlen hinzu und die Punktmengen der Geometrie. Da brauchen wir die Menge der Punkte des Raumes (von drei Dimensionen) und die Teilmengen dieser Menge.

Die Menge $\mathbb{N}$ der natürlichen Zahlen ist der Gegenstand des Axiomensystems von Peano.

Wir haben die Grundgesetze des Rechnens mit natürlichen Zahlen aus den Aussagen der Mengenlehre entwickelt. Diese für die moderne Mathematik so wichtige Disziplin ist aber noch nicht einmal 100 Jahre alt, und ihre Anwendung auf das elementare Rechnen ist erst in den letzten Jahren üblich geworden. Wie hat man denn früher die Regeln für die Addition, die Multiplikation usw. begründet?

---

[1]) Vgl. dazu etwa: Meschkowski; Wandlungen des mathematischen Denkens. 4. Aufl., Braunschweig 1969.

[2]) Man findet solche Systeme in den Lehrbüchern der Mengenlehre oder auch in Meyers Handbuch der Mathematik.

Tatsächlich ist der Versuch einer strengen Fundierung der Arithmetik noch relativ jung. Man dankt dem italienischen Mathematiker G. PEANO (1858–1932) ein Axiomensystem für die natürlichen Zahlen. Er stellte also einige Sätze auf, die als unbewiesene „Grundsätze" das Fundament der Arithmetik bilden sollten. Später haben andere Forscher Variationen des berühmten Peano-Systems angegeben.

Wir wollen an dieser Stelle auf eine Deduzierung der Arithmetik aus einem Axiomensystem verzichten, aber doch die klassischen Grundsätze PEANOS wenigstens mitteilen.

Das Peano-System geht von der Vorstellung aus, daß der Mensch „zählen" kann. Zu jeder natürlichen Zahl n gibt es einen „Nachfolger" n'. Gewöhnlich schreibt man $n+1$ für den Nachfolger n'. Da aber das Zählen früher geübt wird als das Addieren, ist eine besondere Bezeichnung des Nachfolgers berechtigt.

$\mathfrak{P}_1$: 1 ist eine natürliche Zahl.

$\mathfrak{P}_2$: Zu jeder Zahl $n \in \mathbb{N}$ gibt es einen Nachfolger n', der ebenfalls zu $\mathbb{N}$ gehört.

$\mathfrak{P}_3$: Es ist $n' \neq 1$ für alle $n \in \mathbb{N}$.

$\mathfrak{P}_4$: Aus $n' = m'$ folgt $n = m$.

$\mathfrak{P}_5$: Eine Menge M natürlicher Zahlen, die die Zahl 1 und mit jeder Zahl $m \in M$ auch den Nachfolger m' enthält, ist mit $\mathbb{N}$ identisch.

Besondere Aufmerksamkeit verdient das Axiom $\mathfrak{P}_5$, das auch als das „Prinzip der vollständigen Induktion" bezeichnet wird.
Dieses Prinzip wird meist so formuliert:

(I) Für eine Aussageform $\mathfrak{A}(n)$ sei $\mathfrak{A}(1)$ richtig. Wenn aus der Richtigkeit für eine natürliche Zahl k stets die Richtigkeit für den Nachfolger k' folgt, dann ist $\mathfrak{A}(n)$ für jede natürliche Zahl n richtig.

Man erkennt leicht, daß dieser Satz (I) aus dem Axiom $\mathfrak{P}_5$ folgt. Man braucht nur die Menge der natürlichen Zahlen, für die $\mathfrak{A}(n)$ gilt, mit M zu bezeichnen. Wenn eine Aussage für die Zahl 1 gilt und aus der Richtigkeit für k immer die für den Nachfolger $k+1$ folgt, dann gilt doch die Aussage zunächst für den Nachfolger von 1, also für 2, dann für 3, 4, 5 usw.: Die „Richtigkeit" läuft immer weiter und erfaßt alle natürlichen Zahlen. Anfänger finden es manchmal verwirrend, daß man die Richtigkeit einer Aussage für k voraussetzt, um sie dann für n zu beweisen. Die Begründung für dieses Verfahren dürfte mit der Vorstellung von dem „Weiterlaufen" der Richtigkeit gegeben sein.

Wir geben nun Beispiele für die Anwendung des Induktionsprinzips (I):
a) Zur Definition eines Begriffes,
b) zur Durchführung eines Beweises.
Beginnen wir mit

Erklärung 4.1: a und n seien natürliche Zahlen. Die n-te Potenz von a (geschrieben: a^n) wird so erklärt:

$$\text{Es ist } a^1 = a.$$

$$\text{Es ist } a^{k+1} = a^k \cdot a.$$

Danach ist

$$a^2 = a \cdot a, \quad a^3 = a \cdot a \cdot a, \ldots,$$

und man hat wieder die aus der Schule vertraute Erklärung des Begriffes Potenz: Eine Potenz ist offenbar ein Produkt aus lauter gleichen Faktoren. Der Exponent n gibt die Zahl der Faktoren an.
Die Erklärung 4.1 verfährt dagegen „rekursiv": a^{k+1} wird mit Hilfe von a^k erklärt. Und aus dem Axiom $\mathfrak{P}_5$ wird klar, daß dadurch tatsächlich a^n für alle natürlichen Zahlen n definiert wird. Wenn man nämlich die Menge der Zahlen n, für die die Potenz eingeführt ist, mit M bezeichnet, dann gilt doch:

Die Zahl 1 gehört zu M,

mit k gehört auch $k+1$ zu M.

Also ist $M = \mathbb{N}$.

Satz 4.1: Für alle Zahlen $a, m, n \in \mathbb{N}$ gilt

$$a^m \cdot a^n = a^{m+n}. \tag{1}$$

Das beweisen wir durch „Induktion nach n". Nach der Erklärung 2.4 ist nämlich

$$a^m \cdot a^1 = a^{m+1}. \tag{2}$$

Nehmen wir jetzt an, daß (1) für $n = k$ richtig sei:
Induktionsannahme:

$$a^m \cdot a^k = a^{m+k}. \tag{3}$$

Dann ist nach Erklärung 4.1 nach[1]) (2) und (3)

$$a^m \cdot a^{k+1} = a^m \cdot (a^k a) = (a^m \cdot a^k) \cdot a = a^{m+k} \cdot a = a^{(m+k)+1} = a^{m+(k+1)}.$$

Damit ist Satz 4.1 durch das Prinzip (I) bewiesen.

---

[1]) Außerdem wird das assoziative Gesetz der Multiplikation benutzt: $a \cdot (b \cdot c) = (a \cdot b) \cdot c$, das hier nicht bewiesen werden soll.

V. Reelle Zahlen

Es ist üblich, sich die Anordnungseigenschaften der Menge $\mathbb{Q}$ der rationalen Zahlen mit Hilfe der Zahlengeraden (Abb. 11) zu veranschaulichen. Auf diese Weise wird deutlich, daß die Menge $\mathbb{Q}$ nicht „vollständig" ist. Diesen „Mangel" können wir uns zunächst geometrisch veranschaulichen.
Denken wir uns ein gleichschenklig-rechtwinkliges Dreieck mit der Kathetenlänge 1, dessen eine Kathete AB durch die Punkte 0 und 1 einer Zahlengeraden begrenzt wird (Abb. 11)! CB sei die andere Kathete. Zeichnet man jetzt um A den Kreis mit dem Radius AC, so trifft er die Zahlengerade in einem Punkt D, dem kein Element der Menge $\mathbb{Q}$ der rationalen Zahlen zugeordnet ist.

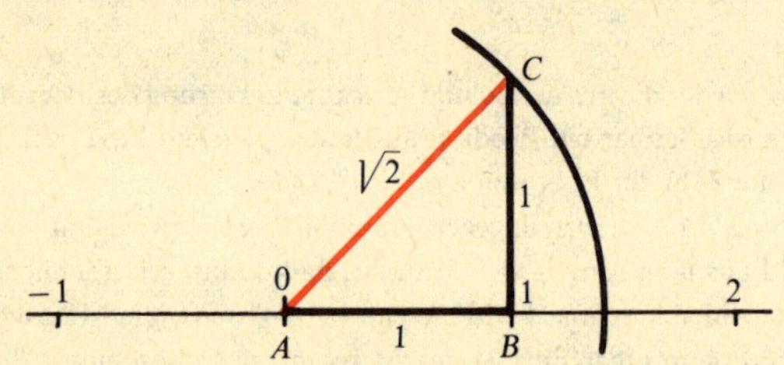

Abb. 11

Nach dem Satz des Pythagoras ist ja

$$a^2+b^2=c^2$$

erfüllt für die Seitenlänge der Katheten (a und b) und der Hypotenuse (c). In unserem Fall ist $a=b=1$; wir haben also

$$c^2=2.$$

Zu AD müßte also als Maßzahl eine Zahl gehören, deren Quadrat gleich 2 ist. Eine solche Zahl gibt es aber nicht! Jedenfalls nicht unter den uns bisher bekannten Zahlen:

Satz 5.1: Es gibt keine rationale Zahl $r=\frac{p}{q}$, deren Quadrat $r\cdot r=2$ ist.
Nehmen wir an, es wäre

(1) $$r^2=\frac{p^2}{q^2}=2.$$

Ohne Einschränkung der Allgemeinheit können wir annehmen, daß der Bruch in (1) gekürzt sei, daß also $(p,q)=1$ ist[1]). Dann sind die beiden Zahlen p und q gewiß nicht beide gerade[2]).

---

[1]) (p,q) steht hier für den größten gemeinsamen Teiler von p und q [ggT(p,q)].
[2]) D.h.: durch 2 teilbar.

Aus (1) folgt aber

$$p^2 = 2q^2. \tag{1'}$$

Da auf der rechten Seite dieser Gleichung die gerade Zahl $2q^2$ steht, müßte auch p eine gerade Zahl sein. Wir kämen also zu dem Schluß: p ist gerade, q ist ungerade.

Aber auch das ist unmöglich. Das Quadrat einer durch 2 teilbaren Zahl ist nämlich durch $2 \cdot 2 = 4$ teilbar. $2q^2$ dagegen ist eine zwar gerade, aber nicht durch 4 teilbare Zahl (da ja q^2 ungerade ist!). Nach (1') müßte eine durch 4 teilbare Zahl gleich einer Zahl sein, die nicht durch 4 teilbar ist. Durch diesen Widerspruch ist Satz 5.1 bewiesen.

Wenn wir nur die Punkte als Elemente der Zahlengeraden gelten lassen, zu denen eine rationale Zahl gehört, dann können wir unser Ergebnis auch so ausdrücken: Die Zahlengerade hat noch Lücken. Der Punkt D (Abb. 11) z.B. ist eine solche.

Es ist üblich, eine positive Zahl x mit der Eigenschaft $x^2 = y$ als die Quadratwurzel aus y zu bezeichnen: $x = \sqrt{y}$. So ist z.B.

$$\sqrt{4} = 2, \quad \sqrt{9} = 3, \quad \sqrt{16} = 4.$$

Es gibt aber (vorläufig) keine „Zahl" $\sqrt{2}$.

Nun kann man aber leicht rationale Zahlen finden, deren Quadrat sich von 2 beliebig wenig unterscheidet. Dazu kann man am einfachsten endliche Dezimalbrüche benutzen:

$$a, a_1 a_2 \ldots a_n = a + \frac{a_1}{10} + \frac{a_2}{10^2} + \cdots + \frac{a_n}{10^n}. \tag{2}$$

Dabei sind die Zahlen a_k wieder die Ziffern 0, 1, 2, 3, 4, 5, 6, 7, 8 oder 9. Bestimmen wir einfach die jeweils größten (kleinsten) Dezimalbrüche mit 1, 2, 3, ... Ziffern, deren Quadrat kleiner (größer) als 2 ist. Man gewinnt dann

$$\begin{array}{llll} 1{,}4^2 = 1{,}96 & < 2 & 1{,}5^2 = 2{,}25 & > 2 \\ 1{,}41^2 = 1{,}9881 & < 2 & 1{,}42^2 = 2{,}0164 & > 2 \\ 1{,}414^2 = \ldots & < 2 & 1{,}415^2 = \ldots & > 2 \\ 1{,}4142^2 = \ldots & < 2 & 1{,}4143^2 = \ldots & > 2 \\ \ldots\ldots\ldots & & \ldots\ldots\ldots & \end{array} \tag{2'}$$

Damit ist eine Vorschrift zur Bestimmung der Ziffern eines unendlichen Dezimalbruches gegeben:

$$a = 1, \quad a_1 = 4, \quad a_2 = 1, \ldots$$

Es sei a_k bestimmt. Dann soll a_{k+1} festgelegt sein durch die Vorschrift

$$(3)\qquad \begin{aligned} &\left(a+\frac{a_1}{10}+\frac{a_2}{10^2}+\dots+\frac{a_{k+1}}{10^{k+1}}\right)^2<2,\\ &\left(a+\frac{a_1}{10}+\frac{a_2}{10^2}+\dots+\frac{a_{k+1}}{10^{k+1}}+\frac{1}{10^{k+1}}\right)^2>2. \end{aligned}$$

Es liegt nahe, den auf diese Weise festgelegten unendlichen Dezimalbruch als Quadratwurzel aus 2 zu bezeichnen:

$$(4)\qquad \sqrt{2}=a,a_1a_2a_3\dots a_n\dots$$

Aber so leicht dürfen wir es uns nicht machen. Was ist schon ein „unendlicher Dezimalbruch"? Wie man ihn auch definieren mag, er ist nach Satz 5.1 jedenfalls keiner der uns bekannten Zahlen (ganzen, rationalen Zahlen) gleich. Wir müssen also die Menge der uns bekannten Zahlen erweitern, um mit dem Problem der Quadratwurzel fertig zu werden.

Bei der Einführung der negativen und der rationalen Zahlen haben wir mit Äquivalenzklassen von Zahlenpaaren gearbeitet. Diesmal werden wir anders vorgehen.

Erklärung 5.1: Eine echte, nicht leere Teilmenge T der Menge $\mathbb{Q}$ der rationalen Zahlen heißt ein *Anfang*, wenn T mit jedem Element auch alle Elemente s von $\mathbb{Q}$ enthält, die kleiner als t sind.

Wichtige Beispiele für Anfänge sind die *Abschnitte:*

Erklärung 5.2: Der *Abschnitt* $A(k)$ einer rationalen Zahl k ist die Menge aller rationalen Zahlen, die kleiner als k sind.

So ist z. B. $a(0)$ die Menge der negativen rationalen Zahlen. Offenbar ist jeder Abschnitt auch ein Anfang, aber nicht umgekehrt. So ist z. B. die Menge $\mathbb{Q}_*^-$ aller rationalen Zahlen, die *kleiner oder gleich* 0 sind, ein Anfang im Sinne der Erklärung 5.1. Aber $\mathbb{Q}_*^-$ ist kein Abschnitt, denn sie enthält die Null, und zu dem Abschnitt $A(0)$ gehört ja die Zahl 0 nicht. Abb. 12a gibt eine Veranschaulichung des Abschnitts $A(2)$. Die Zeichnung will deutlich machen, daß die 2 selbst nicht dazu gehört.

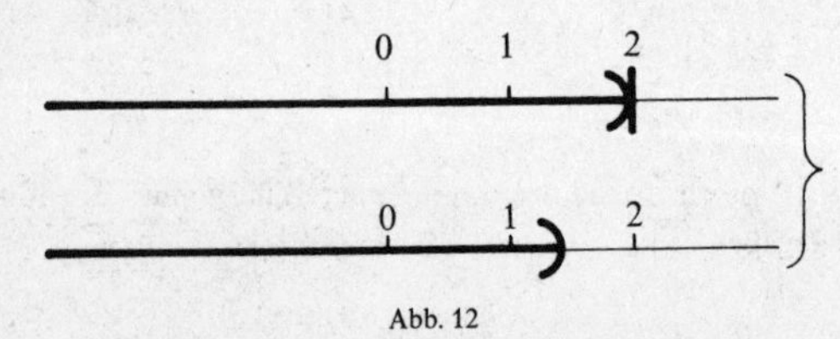

Abb. 12

Betrachten wir nun die folgende Teilmenge T von $\mathbb{Q}$:

(5) $$T = \{x \mid x \in \mathbb{Q} \textit{ und } (x \leq 0 \textit{ oder } x^2 < 2)\}.$$

Zu T gehören also alle die rationalen Zahlen, die negativ sind oder deren Quadrat kleiner als 2 ist. Sie hat offenbar die Eigenschaft, ein „Anfang“ zu sein, ist aber kein Abschnitt $A(s)$ in der Menge der rationalen Zahlen, weil es nach Satz 5.1 keine rationale Zahl s mit der Eigenschaft $s^2 = 2$ gibt. Aber auch diese Menge hat kein größtes Element. Wir wollen sie durch Abb. 12b veranschaulichen. Das Schema dieser Zeichnung deutet an, daß es diesmal keine kleinste rationale Zahl gibt, die größer ist als alle Elemente dieser Menge.
Es gibt auch Anfänge mit größten Elementen, z.B. die Menge

$$M = \{x \mid x \leq 2\}.$$

Man nennt eine Teilmenge von $\mathbb{Q}$ *offen*, wenn sie kein erstes und kein letztes Glied hat. Ein Anfang in der Menge $\mathbb{Q}$ der rationalen Zahlen ist offen, wenn er kein letztes Glied hat (da ein solcher Anfang ja ohnehin kein erstes haben kann). Unter Benutzung dieser Bezeichnung erklären wir nun:

Erklärung 5.3: Ein offener Anfang in der Menge $\mathbb{Q}$ der rationalen Zahlen heißt eine reelle Zahl.
Danach ist z.B. jeder Abschnitt $A(q)$ (mit $q \in \mathbb{Q}$) eine reelle Zahl, aber auch die durch (5) definierte Menge T.
Wer mit der Denkweise der modernen Mathematik noch nicht vertraut ist, hat das Recht, sich über diese Definition 5.3 zu wundern. Die Menge T führt freilich an eine „Lücke“ in der Menge der rationalen Zahlen heran, und man versteht den Wunsch der Mathematiker, diese Lücke zu stopfen. Das könnte z.B. durch ein Axiom geschehen, das die Existenz einer neuartigen Zahl gerade an dieser Stelle postuliert. Tatsächlich hat man noch vor einem Menschenalter auf diese Weise die „Existenz“ reeller Zahlen begründet.
Der moderne Mathematiker zieht solche Erklärungen vor, die nicht etwas „Existierendes“ durch neue Axiome einführen. Die reelle Zahl $\sqrt{2}$ *ist* (mit allen ihren Eigenschaften) durch die nach (5) beschriebene Menge gegeben. Wir haben natürlich das Recht, sie uns durch *einen* Punkt auf der Zahlengeraden veranschaulicht zu denken. Er liegt da, wo der Halbkreis der Zeichnung die obere Grenze der Menge T symbolisiert.
Mit Zahlen kann man rechnen. Geht das aber auch mit solchen „Zahlen“, die als Mengen rationaler Zahlen nach der Erklärung 5.3 definiert sind? Das geht tatsächlich. Wir wollen hier nicht auf die Einzelheiten eingehen, sondern uns darauf beschränken, noch etwas über die Darstellung reeller Zahlen zu sagen.

In (2′) haben wir rationale Zahlen (in Form endlicher Dezimalbrüche) aufgeschrieben, deren Quadrate der Zahl beliebig 2 nahe kommen. Es ist üblich, die Zahl $\sqrt{2}$ durch einen unendlichen Dezimalbruch so darzustellen:

(6) $$\sqrt{2} = 1{,}4142\ldots$$

Zu dieser Darstellung (6) gehört tatsächlich ein offener Anfang in der Menge $\mathbb{Q}$ der rationalen Zahlen. Dieser Anfang $T(\sqrt{2})$ ist so bestimmt:
Zu $T(\sqrt{2})$ gehören alle die rationalen Zahlen, die kleiner als einer der Näherungsbrüche von $\sqrt{2}$ sind; das sind die Dezimalbrüche

$$\begin{array}{l} 1{,}4, \\ 1{,}41, \\ 1{,}414, \\ 1{,}4142, \\ \ldots\ldots\ldots \\ \ldots\ldots\ldots \end{array}$$

Auf diese Weise kann man *jedem* Dezimalbruch $a, a_1 a_2 a_3 a_4 \ldots$ einen offenen Anfang zuordnen. Das ist die Menge der rationalen Zahlen, die kleiner sind als (mindestens) *eine* der Zahlen

$$a, a_1 a_2 \ldots a_n \quad (n = 1, 2, 3, \ldots).$$

Umgekehrt kann man jedem offenen Anfang einen unendlichen Dezimalbruch $a, a_1 a_2 a_3 \ldots$ zuordnen[1]).

VI. Strukturen

Die uns aus früheren Kapiteln vertrauten Formeln

(1) $$a + b = c \quad (a, b, c \in \mathbb{N})$$

(2) $$a \cdot b = d \quad (a, b, d \in \mathbb{N})$$

und[2])

(3) $$A \cup B = C \quad (A, B, C \in E)$$

(4) $$A \cap B = D \quad (A, B, D \in E)$$

(5) $$A \setminus B = E \quad (A, B, E \in E)$$

[1]) Näheres in *Meyers Handbuch der Mathematik*, Kap. A IV.
[2]) E ist irgendeine vorgegebene Menge von Mengen, z. B. die Menge der Teilmengen einer Ebene.

haben eine wichtige Gemeinsamkeit: In allen fünf Fällen wird einem *Paar* von Elementen einer Menge ($\mathbb{N}$ bzw. E) ein drittes Element der gleichen Menge zugeordnet. Diese Zuordnung könnte man (für (1) bzw. (3)) auch so beschreiben:

(1') $$(a,b) \to c,$$

(3') $$(A,B) \to C.$$

Zuordnungen dieser Art nennt man *Verknüpfungen:*

Erklärung 6.1: Eine Abbildung des kartesischen Produktes einer Menge M in die Menge M

(6) $$(M,M) \to M$$

heißt eine (zweistellige) *Verknüpfung.*
Beispiele solcher Verknüpfungen sind die Addition und die Multiplikation, aber auch die Subtraktion und Division von Zahlen. Für die Mengen sind die Zeichen $\cup$, $\cap$ und $\setminus$ Symbole für Verknüpfungen.
Wir wollen uns im folgenden mit den Gesetzlichkeiten solcher Verknüpfungen eingehender beschäftigen. Dabei benutzen wir das Zeichen $\circ$ für irgendeine Verknüpfung. Im besonderen Fall kann $\circ$ z.B. durch $+$, $\cdot$, $\cup$ oder $\cap$ ersetzt werden. Es ist nicht unbedingt erforderlich, daß eine solche Verknüpfung durch Rechengesetze wie bei der Addition oder Multiplikation natürlicher Zahlen erklärt wird. Für endliche Mengen z.B. kann man die durch $\circ$ gegebene Verknüpfung durch eine Tabelle definieren. Es sei

$$M = \{a,b,c,d\}$$

die gegebene Menge. Dann ist z.B. eine Abbildung vom Typ (6) durch die Tabelle (7) gegeben:

(7)

	a	b	c	d
a	a	b	d	c
b	a	b	c	c
c	d	b	b	a
d	c	a	d	b

Nach dieser Tabelle ist z.B.:

$$b \circ a = a, \quad b \circ b = b, \quad c \circ a = d, \quad d \circ d = b, \quad \text{usf.}$$

Um für spätere Anwendungen geeignete Beispiele zu haben, wollen wir den Begriff der *Restklasse* einführen.

Erklärung 6.2: Es sei n eine von 1 verschiedene natürliche Zahl. Die Teilmenge $\mathbb{R}_v(n)$ der Menge $\mathbb{Z}$ der ganzen Zahlen, deren Elemente eine Darstellung

$$r = mn + v \qquad (m \in \mathbb{Z}) \tag{8}$$

zulassen, heißt eine *Restklasse modulo n* .
Mit anderen Worten: $\mathbb{R}_v(n)$ *ist die Menge derjenigen ganzen Zahlen, die bei der Division durch n den Rest v ergeben.*
So ist etwa

$$R_1(5) = \{\cdots -9,\ -4,\ +1,\ +6,\ +11, \cdots\} \tag{9}$$

und

$$R_3(5) = \{\cdots -7,\ -2,\ +3,\ +8,\ +13, \cdots\}. \tag{10}$$

Denn wir haben ja z.B.:

$$-9 = (-2)\cdot 5 + 1, \quad +11 = (+2)\cdot 5 + 1,$$

$$-7 = (-2)\cdot 5 + 3, \quad +3 = 0\cdot 5 + 3.$$

Für den Modul $n=2$ hat man als Restklassen die Menge $\mathbb{G}$ der geraden bzw. die Menge $\mathbb{U}$ der ungeraden Zahlen:

$$R_0(2) = \{-4,\ -2, 0,\ +2,\ +4,\ +6, \ldots\} = \mathbb{G},$$

$$R_1(2) = \{-5,\ -3,\ -1,\ +1,\ +3,\ +5,\ +7, \ldots\} = \mathbb{U}.$$

Wenn für eine bestimmte Untersuchung der Modul festgelegt ist, kann man ihn weglassen und die Restklassen einfach durch Überstreichen bezeichnen. So schreibt man (bei Festlegung auf den Modul 5) statt (9) und (10) kürzer:

$$\overline{1} = \{\ldots -9,\ -4,\ +1,\ +6,\ +11, \ldots\},$$

$$\overline{3} = \{\ldots -7,\ -2,\ +3,\ +8,\ +13, \ldots\}.$$

Man kann nun leicht zeigen, daß die Summe oder das Produkt von irgend zwei Zahlen aus zwei verschiedenen Restklassen immer wieder in einer wohlbestimmten dritten Restklasse liegen.
Addiert man zu irgendeiner Zahl aus der Menge $\overline{1}$ eine Zahl aus $\overline{3}$, so erhält man eine Zahl, die zur Restklasse $\overline{4}$ gehört. Es ist z.B.

$$-9+8 = -1, \qquad +6, +8 = +14, \qquad +1+8 = +9, \qquad \text{usf.}$$

Hier liegt ein allgemeines Gesetz vor: Addiert man irgendeine Zahl aus einer Restklasse $a \pmod{n}$ zu einer Zahl aus einer Restklasse $b \pmod{n}$, so erhält man als Summe eine Zahl, die in einer wohlbestimmten Restklasse $c \pmod{n}$ liegt[1]). Diese Abbildung

$$(\bar{a}, \bar{b}) \to \bar{c}$$

beschreibt man als „*Addition*“ *der Restklassen:*

$$\bar{a} + \bar{b} = \bar{c}. \tag{11}$$

In unserem Fall haben wir also:

$$\bar{1} + \bar{3} = \bar{4}.$$

Es gilt, wie man leicht nachprüft, für die Restklassen modulo 5 weiter:

$$\bar{1} + \bar{0} = \bar{1}, \quad \bar{3} + \bar{3} = \bar{1}, \quad \bar{4} + \bar{2} = \bar{1}, \quad \bar{4} + \bar{1} = \bar{0}, \quad \text{usf.}$$

Auch für die *Multiplikation* gilt das Entsprechende. Dazu ein Beispiel: Die Produkte von irgendeiner Zahl der Restklasse $R_1(5)$ und einer Zahl aus $R_3(5)$ liegt wieder in $R_3(5)$. Wir schreiben das so:

$$\bar{1} \cdot \bar{3} = \bar{3}. \tag{11'}$$

Weiter hat man (für den Modul 5):

$$\bar{2} \cdot \bar{2} = \bar{4}, \quad \bar{4} \cdot \bar{3} = \bar{2}, \quad \bar{4} \cdot \bar{4} = \bar{1}, \quad \text{usf.}$$

Wir müssen uns versagen, die Rechenregeln für das Addieren und Multiplizieren hier allgemein zu begründen. Beschränken wir uns darauf, für die hier als Addition und Multiplikation der Restklassen modulo 5 bezeichnete Verknüpfung die unserem ersten Beispiel (7) entsprechende Tabelle aufzustellen. In diesem Fall haben wir für die Addition als Verknüpfung die Menge

$$M_5 = \{\bar{0}, \bar{1}, \bar{2}, \bar{3}, \bar{4}\}$$

mit der Tabelle

(12)

$+$	$\bar{0}$	$\bar{1}$	$\bar{2}$	$\bar{3}$	$\bar{4}$
$\bar{0}$	$\bar{0}$	$\bar{1}$	$\bar{2}$	$\bar{3}$	$\bar{4}$
$\bar{1}$	$\bar{1}$	$\bar{2}$	$\bar{3}$	$\bar{4}$	$\bar{0}$
$\bar{2}$	$\bar{2}$	$\bar{3}$	$\bar{4}$	$\bar{0}$	$\bar{1}$
$\bar{3}$	$\bar{3}$	$\bar{4}$	$\bar{0}$	$\bar{1}$	$\bar{2}$
$\bar{4}$	$\bar{4}$	$\bar{0}$	$\bar{1}$	$\bar{2}$	$\bar{3}$

[1]) Wir verzichten hier auf den Beweis dieses Satzes.

Bei der Multiplikation wollen wir uns auf die Teilmenge

$$M_5^* = \{\bar{1}, \bar{2}, \bar{3}, \bar{4}\}$$

beschränken. Hier sieht die alle durch die Multiplikation gegebenen Zuordnungen $\bar{a} \cdot \bar{b}$ notierende Tabelle so aus:

(13)

$\cdot$	$\bar{1}$	$\bar{2}$	$\bar{3}$	$\bar{4}$
$\bar{1}$	$\bar{1}$	$\bar{2}$	$\bar{3}$	$\bar{4}$
$\bar{2}$	$\bar{2}$	$\bar{4}$	$\bar{1}$	$\bar{3}$
$\bar{3}$	$\bar{3}$	$\bar{1}$	$\bar{4}$	$\bar{2}$
$\bar{4}$	$\bar{4}$	$\bar{3}$	$\bar{2}$	$\bar{1}$

Die beiden Tabellen (12) und (13) weisen eine Gesetzlichkeit auf, die für (7) nicht galt: In jeder Zeile und in jeder Spalte der Tabelle tritt jedes Element von M_5 bzw. M_5^* *genau einmal* auf.
Wir wollen uns im folgenden besonders für solche Verknüpfungen interessieren, die diese bemerkenswerte Eigenschaft haben.

Erklärung 6.3: Eine Menge G heißt eine *Gruppe*, wenn für ihre Elemente eine Verknüpfung (Zeichen: $\circ$) so definiert ist, daß die folgenden Postulate erfüllt sind:
$\mathfrak{G}_1$: Die Verknüpfung ist assoziativ: $s \circ (t \circ u) = (s \circ t) \circ u$.
$\mathfrak{G}_2$: Es gibt ein „Einselement" e, für das $s \circ e = e \circ s = s$ für alle $s \in G$ gilt.
$\mathfrak{G}_3$: Zu jedem Element $g \in G$ gibt es ein Element $g^{-1} \in G$, das der Gleichung $g^{-1} \circ g = g \circ g^{-1} = e$ genügt.
Man erkennt sofort, daß die eben eingeführten Mengen M_5 und M_5^* in bezug auf die Addition bzw. Multiplikation der Restklassen als Verknüpfung eine Gruppe bilden. Im ersten Fall ist die Restklasse $\bar{0}$, im zweiten Fall die Restklasse $\bar{1}$ das „Einselement" unserer Definition 4.3, denn es ist ja

$$\bar{a} + \bar{0} = \bar{a}, \quad b \cdot \bar{1} = \bar{b}$$

für alle $\bar{a} \in M_5$ und $\bar{b} \in M_5^*$, wie man sofort den Tabellen (12) und (13) entnimmt. Diese Tabellen lehren uns auch, daß für unsere Mengen (mit den angegebenen Verknüpfungen) die übrigen „Gruppenpostulate" $\mathfrak{G}_1$ und $\mathfrak{G}_3$ erfüllt sind.
M_5 und M_5^* waren *endliche* Mengen. Geben wir jetzt einige Beispiele von Gruppen mit *unendlich vielen* Elementen:

(A) Die Menge $\mathbb{Q}^+$ der positiven rationalen Zahlen bildet in bezug auf die gewöhnliche Multiplikation eine Gruppe. Das Einselement ist die Zahl 1.

(B) Die Menge $\mathbb{Z}$ der ganzen Zahlen ist eine „additive“ Gruppe: Sie hat Gruppencharakter für die Verknüpfung durch das Zeichen $+$, und das Einselement ist die Zahl 0.

(C) Die Menge P_2 der Zahlen von der Form 2^m (mit $m \in \mathbb{Z}$) bildet in bezug auf die Multiplikation eine Gruppe. Einselement ist $2^0 = 1$.

Erklärung 6.4: Eine Teilmenge $M^* \subset M$ einer Gruppe M heißt eine *Untergruppe*, wenn auch M (mit der Verknüpfung $\circ$) eine Gruppe bildet.
Beispiele:

(D) Die Menge

$$\mathbb{G} = \{\ldots -4, -2, 0, +2, +4, \ldots\}$$

ist eine Untergruppe von $\mathbb{Z}$ (Beispiel (B)).

(E) Die Menge P_2 der Zahlen des Typs 2^m (Beispiel C)) bildet eine Untergruppe der (multiplikativen) Gruppe $\mathbb{Q}^+$ (Beispiel (A)).

(F) Die Teilmenge

$$\mathbb{U} = \{\ldots -5, -3, -1, +1, +3, \ldots\}$$

der Menge $\mathbb{Z}$ bildet *keine* Untergruppe von $\mathbb{Z}$. Sie enthält ja nicht das Einselement 0.

In der Erklärung 2.4 haben wir den Begriff der *Ordnungsrelation* eingeführt. Wir wollen jetzt Mengen betrachten mit einer Relation, die zwar noch *transitiv*, aber nicht mehr *asymmetrisch* ist.
Beginnen wir mit einem Beispiel! Die Relation $<$ für die natürlichen Zahlen ist gewiß eine Ordnungsrelation im Sinne der Definition 2.4. Das gilt aber nicht für die Relation $\leq$. Sie ist ja *nicht asymmetrisch.* $a \leqq a$ ist sogar für alle $a \in \mathbb{N}$ richtig, und, wenn $a \leq b$ *und* $b \leq a$ erfüllt ist, können wir auf $a = b$ schließen.
Mengen, in denen eine Relation mit dieser Eigenschaft erklärt ist, nennen wir eine *Halbordnung.* Wir benutzen in der allgemeinen Definition dieses Begriffs nicht das spezielle Symbol $\leq$, sondern den Buchstaben *u.* $a\mathbf{u}b$ liest man: *a unter b.* Diese Sprechweise deutet darauf hin, daß im graphischen Bild (vgl. Abb. 13) im Falle $a\mathbf{u}b$ (für $a \neq b$) tatsächlich *a unter b* steht.

Erklärung 6.5: Eine Menge M (mit Elementen $a, b, c, \ldots$) heißt eine *Halbordnung,* wenn in M eine Relation $\mathbf{u}$ erklärt ist, die die folgenden Eigenschaften hat:

(14a) $$a\mathbf{u}a,$$

(14b) *aus* (a **u** b *und* b **u** c) *folgt* (a **u** c),

(14c) *aus* (a **u** b *und* b **u** a) *folgt* $b=a$.

Eine Relation ist ja nach der allgemeinen Definition eine *Menge R von geordneten Paaren:*

$$R=\{(a,b),(c,d)\ldots\},$$

wir können deshalb die Eigenschaften (14) der jetzt eingeführten Relation auch so beschreiben:

(15a) $(a,a)\in R$,

(15b) *aus* $(a,b)\in R$ *und* $(b,c)\in R$ *folgt* $(a,c)\in R$,

(15c) *aus* $(a,b)\in R$ *und* $(b,a)\in R$ *folgt* $a=b$.

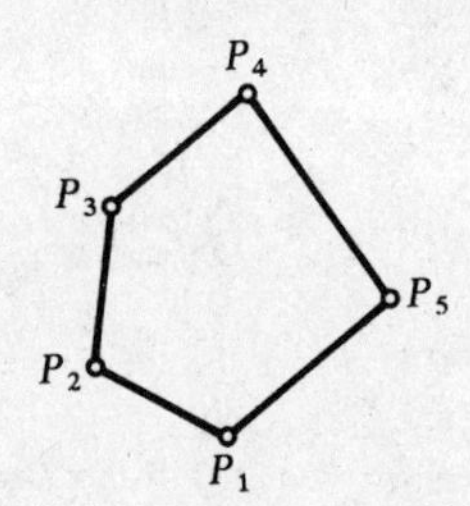

Abb. 13

Abb. 13 zeigt das Bild einer Halbordnung. Es ist so gemeint: In der Menge

$$P=\{P_1, P_2, P_3, P_4, P_5\}$$

gilt P_ν **u** P_μ, wenn P_ν im Bild unter P_μ liegt *und mit* P_μ *durch eine Strecke bzw. einen Streckenzug verbunden ist.*

Es gelten also z. B. die Relationen:

$$P_1 \,\mathbf{u}\, P_2, \quad P_2 \,\mathbf{u}\, P_3, \quad P_1 \,\mathbf{u}\, P_3, \quad P_5 \,\mathbf{u}\, P_4.$$

Die Elemente P_3 und P_5 aber sind in unserer Halbordnung *nicht vergleichbar:* Es gilt weder P_3 **u** P_5 noch P_5 **u** P_3.

Es wurde aber auch in der Definition 4.5 nicht gefordert, daß für irgend zwei Elemente a und b einer Halbordnung mindestens eine der Aussagen a **u** b, b **u** a richtig sein müsse.

Ein wichtiges Beispiel für eine solche Halbordnung liefert uns die *Teilerbeziehung* für natürliche Zahlen.

$a|b$ bedeutet: *a ist ein Teiler von b.*

Auch 1 und b sollen als Teiler von b gelten. Es sei z. B. $T(45)$ die Menge der Teiler der Zahl 45:

$$T(45)=\{1,3,5,9,15,45\}.$$

Die Teilerrelation (Zeichen: $a \mid b$) in dieser Menge ist die Menge der geordneten Paare:

$$R(45)=\{(1,1),(1,3),(1,5),(1,9),(1,15),(1,45),(3,3),(3,9),(3,15),(3,45),\\ (5,5),(5,15),(5,45),(9,9),(9,45),(15,15),(15,45),(45,45)\}.$$

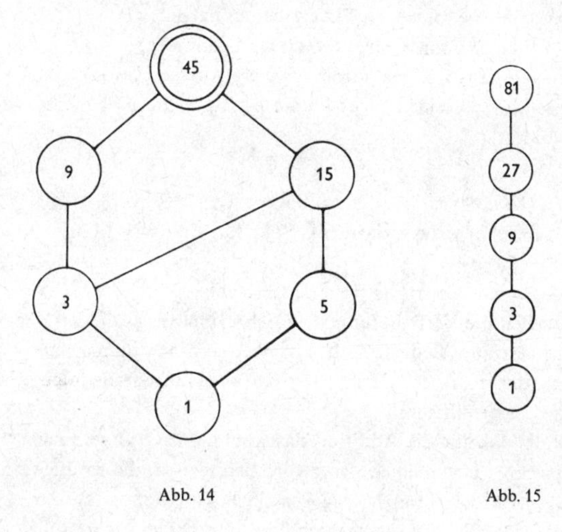

Abb. 14 Abb. 15

Man gewinnt eine bessere Übersicht über die Teilerrelation in der Menge $T(45)$, wenn man den entsprechenden Graphen zeichnet (Abb. 14). Es gilt $a \mid b$, wenn a „unter“ b steht und mit b durch einen aufsteigenden Streckenzug (bzw. eine Strecke) verbunden ist oder wenn $a=b$ gilt.

Die Abb. 15 zeigt die entsprechende Figur für die Zahl 81. In der Menge $T(81)$ sind irgend zwei Zahlen „vergleichbar“ in bezug auf die Teilerrelation, die Ordnung ist „linear“.

Ein weiteres Beispiel für eine Halbordnung im Sinne der Erklärung 6.5 ist eine Menge von Mengen mit der Relation des Enthaltenseins als Teilmenge. Es sei etwa E die Menge aller Teilmengen einer Ebene. Nach der Definition 1.2

sind dann tatsächlich die Bedingungen (14) erfüllt. Es ist ja für die Elemente $A, B, C, \ldots$ von E:

$$A \subset A,$$
$$\textit{aus } A \subset B \textit{ und } B \subset C \textit{ folgt } A \subset C,$$
$$\textit{aus } A \subset B \textit{ und } B \subset A \textit{ folgt } A = B.$$

Auch in diesem Fall gibt es offenbar „nicht vergleichbare“ Elemente: Es gibt Teilmengen U und V der Ebene, für die weder $U \subset V$ noch $V \subset U$ erfüllt ist.
Wir führen nun weitere Beispiele von Mengen mit Verknüpfungen ein:

Erklärung 6.6: Eine Menge R heißt ein *Ring*, wenn für irgend zwei Elemente $a \in R$ und $b \in R$ eine erste Verknüpfung $+$ und eine zweite Verknüpfung gegeben sind, die die folgenden Eigenschaften haben:

$\mathfrak{R}_1$: $a+b=b+a$ (kommutatives Gesetz der Addition);
$\mathfrak{R}_2$: $a+(b+c)=(a+b)+c$ (assoziatives Gesetz der Addition);
$\mathfrak{R}_3$: Zu irgend zwei Elementen $a \in R$ und $b \in R$ gibt es ein Element $x \in R$, das der Gleichung

$$a+x=b$$

genügt (Umkehrbarkeit der Addition);
$\mathfrak{R}_4$: $a \cdot (b \cdot c)=(a \cdot b) \cdot c$ (assoziatives Gesetz der Multiplikation);
$\mathfrak{R}_5$: $a \cdot (b+c)=a \cdot b+a \cdot c$,
$(b+c) \cdot a=b \cdot a+c \cdot a$ (distributive Gesetze).

Dabei brauchen die Verknüpfungen $+$ und $\cdot$ keineswegs die aus dem Rechnen mit Zahlen vertraute Bedeutung haben. Wir sprechen immer dann von einem *Ring*, wenn die in unserer Erklärung 6.6 aufgeführten Bedingungen für die Verknüpfungen erfüllt sind.
Man beachte, daß für die Addition das kommutative Gesetz nach $\mathfrak{R}_1$ erfüllt sein muß, wenn wir von einem Ring sprechen wollen; die zweite Verknüpfung (die „Multiplikation“) braucht dagegen nicht kommutativ zu sein. Deswegen haben wir ja unter $\mathfrak{R}_5$ zwei verschiedene distributive Gesetze postulieren müssen.
Gilt für die Multiplikation $a \cdot b=b \cdot a$, so heißt der Ring *kommutativ*.

Beispiele:

(I) Die Menge $\mathbb{Z}$ der ganzen Zahlen bildet einen Ring; aber auch
(II) die Menge $\mathbb{Q}$ der rationalen Zahlen hat diese Eigenschaft.
(III) Die Menge $\mathbb{G}$ der geraden Zahlen $\{\ldots -6, -4, -2, 0, 2, 4, 6, \ldots\}$ bildet ebenfalls einen Ring.

Alle drei sind *kommutativ*.

Erklärung 6.7: Ein kommutativer Ring R heißt ein *Körper*, wenn es zu jedem vom Nullelement verschiedenen $a \in R$ und zu jedem $b \in R$ genau ein Element $x \in R$ gibt mit der Eigenschaft

$$a \cdot x=b. \tag{16}$$

Man kann auch sagen: Ein kommutativer Ring heißt ein Körper, wenn in ihm die Divisionsaufgabe (17) (für $a \neq 0$) stets lösbar ist.
Als Beispiele für Körper nennen wir:
(A) Die Menge $\mathbb{Q}$ der rationalen Zahlen,
(B) die Menge $\mathbb{R}$ der reellen Zahlen,
(C) die Menge

$$R_3 = \{\overline{0}, \overline{1}, \overline{2}\}$$

der Restklassen modulo 3. Dabei ist die Addition und die Multiplikation der Restklassen in der auf S. 59 (dort für die Restklassen mod. 5) angegebenen Weise erklärt. Man kann zeigen, daß die Restklassen nach einem Modul n genau dann einen Körper bilden, wenn n eine Primzahl ist.
Die bisher gegebenen Beispiele mögen genügen, um dies zu zeigen: Die moderne Mathematik kennt Begriffsbildungen und formale Gesetzlichkeiten, die in den verschiedensten Gebieten der Mathematik anwendbar sind. Der Gruppenbegriff z.B. tritt in der Zahlentheorie auf, in der elementaren Geometrie und in der allgemeinen Theorie der Vektorräume. Wenn es gelingt, einen Satz über Gruppen aus den in der Erklärung 6.3 mitgeteilten „Gruppenaxiomen" $\mathfrak{G}_1$, $\mathfrak{G}_2$ und $\mathfrak{G}_3$ (und nur aus diesen!) herzuleiten, so gewinnt man damit Aussagen, die in verschiedenen Gebieten der Mathematik von Nutzen sind. Darin liegt die Bedeutung der modernen „Strukturen". So nennt man solche Mengen, in denen Relationen oder Verknüpfungen gegeben sind:

Erklärung 6.8: Eine Menge M heißt eine *Struktur*[1]), wenn eine der folgenden Bedingungen erfüllt ist:

(A) In M ist (mindestens) eine Relation erklärt,
(B) in M ist (mindestens) eine Verknüpfung erklärt,
(C) in M sind gewisse Systeme von Teilmengen ausgezeichnet.

In den Fällen (A) und (B) spricht man von *algebraischen* Strukturen, im Fall (C) von einer *topologischen* Struktur.
Danach sind Gruppen, Ringe, Körper, Verbände, aber auch Halbordnungen, (algebraische) Strukturen.
Auf den Fall (C) wollen wir an dieser Stelle noch nicht eingehen. Beschränken wir uns darauf, durch eine schematische Zeichnung das Wesen der Struktur zu verdeutlichen.
Abb. 16 zeigt in Feld 1 eine „amorphe" Menge mit 4 Elementen. Im Feld 2 ist dieser Menge (angedeutet durch die Richtungspfeile) eine Ordnungsstruktur „aufgeprägt". Das Feld 3 zeigt eine Tabelle für eine Verknüpfung in unserer

[1]) Man sagt auch: Die Menge M *hat* eine Struktur.

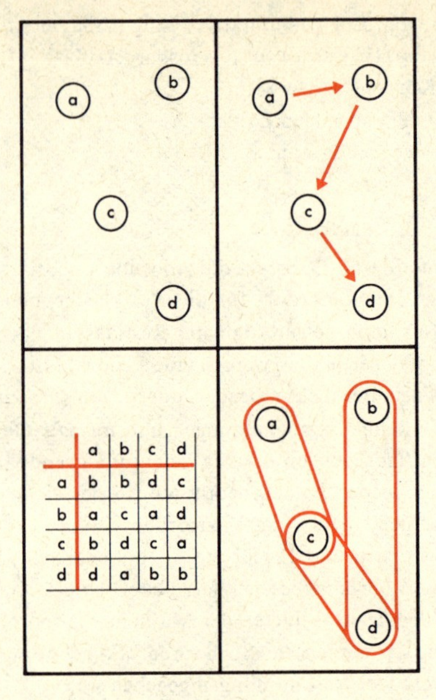

Abb. 16

Menge. Hier wird also die Menge M durch die vorgegebene Verknüpfung zu einer Struktur. Im Feld 4 ist die Möglichkeit einer Auszeichnung von Teilmengen (topologische Struktur) angedeutet.

VII. Geometrie

Die Schulmathematik unterschied früher Algebra- und Geometriestunden. *Zahl und Raum* waren Gegenstand der Mathematik, und erst in der Oberstufe schlug die analytische Geometrie eine Brücke zwischen den beiden Disziplinen der Mathematik.

Heute verstehen wir die Mathematik als *Mengenlehre*, und es bietet sich die Möglichkeit, das bisher Getrennte zusammenzufassen: Immer geht es in der Mathematik um Mengen, in denen gewisse Strukturen erklärt sind. In manchen Fällen nennt man diese Strukturen „Räume", weil sie gewisse Eigenschaften aufweisen, die auch dem physikalischen Raum zukommen. Die Theorie der für die Beschreibung unserer Welt geeigneten Räume nennt man meist „Geometrie": Erdmessung. Für die Geometrie ist schon um 325 v. Chr. in den „Elementen" Euklids ein wissenschaftliches Fundament gelegt worden. Das klassische

Werk Euklids geht aus von Definitionen der geometrischen Grundbegriffe und Postulaten und „Axiomen". Das sind unbewiesene Grundsätze, aus denen die „Lehrsätze" der Geometrie durch logische Schlüsse abgeleitet werden konnten.

Dieses System hatte gewisse Mängel. In der Neuzeit schuf David Hilbert in seinen „Grundlagen der Geometrie" ein modernes Axiomensystem für die Elementargeometrie. Wir wollen im folgenden eine moderne Fassung dieses Hilbertschen Systems mitteilen, die die Möglichkeiten der Strukturtheorie berücksichtigt.

Der Übersichtlichkeit wegen notieren wir alle Axiome hintereinander und geben dann erst die zusätzlichen Kommentare.

Dem System der Axiome schicken wir die folgende *grundsätzliche Erklärung* voraus:

Die euklidische Geometrie ist die Theorie einer Menge $\mathfrak{R}$, *deren Elemente* $(A, B, C, \ldots)$ *Punkte heißen. Die Menge* $\mathfrak{R}$ *heißt der Raum; gewisse Teilmengen von* $\mathfrak{R}$ *werden Geraden (Bezeichnung:* $g, h, k, \ldots$*), andere Ebenen (Bezeichnung:* $\Phi, \Psi, \ldots$*) genannt. Die Eigenschaften der Punkte, Geraden, Ebenen des Raumes* $\mathfrak{R}$ *werden durch gewisse Axiome festgelegt.*

Die erste Gruppe dieser Sätze nennen wir die

I. Axiome der Verknüpfung

$\mathfrak{V}_1$. *Zu jeder Geraden* $g \subset \mathfrak{R}$ *gehören mindestens zwei Punkte:* $P \in g$, $Q \in g$.

$\mathfrak{V}_2$. *Zu irgend zwei verschiedenen Punkten* $P \in \mathfrak{R}$ *und* $Q \in \mathfrak{R}$ *gehört genau eine Gerade* $g \subset \mathfrak{R}$, *für die* $P \in g$, $Q \in g$ *gilt.*

$\mathfrak{V}_3$. *Zu jeder Ebene* $\Phi \subset \mathfrak{R}$ *gehören mindestens drei verschiedene, nicht in einer Geraden gelegene Punkte* $P_\nu \in \mathfrak{R}$ $(\nu = 1, 2, 3)$: $P_\nu \in \Phi \subset \mathfrak{R}$.

$\mathfrak{V}_4$. *Drei nicht in einer Geraden gelegene Punkte* A, B, C *bestimmen genau eine Ebene* $\Phi \subset \mathfrak{R}$ $(A \in \Phi, B \in \Phi, C \in \Phi)$.

$\mathfrak{V}_5$. *Wenn zwei Punkte einer Geraden g einer Ebene* Φ *angehören, dann gehören alle Punkte von g dieser Ebene* Φ *an.*

$\mathfrak{V}_6$. *Wenn ein Punkt P zwei Ebenen* Φ *und* Ψ *angehört, so gibt es mindestens noch einen Punkt Q, der beiden Ebenen angehört.*

$\mathfrak{V}_7$. *Es gibt mindestens vier Punkte, die nicht in einer Ebene liegen.*

II. Axiome der Anordnung

$\mathfrak{A}_1$. *Die Menge der Punkte einer Geraden g ist antireflexiv geordnet.*

Das heißt ausführlicher:

$\mathfrak{A}'_1$. *In dieser Menge ist eine Relation (Zeichen:* $\prec$*) erklärt, die die beiden „Ordnungsaxiome" erfüllt:*

$\mathfrak{A}_{1a}$: *Für irgend zwei verschiedene Punkte* $P \in g$, $Q \in g$ *gilt genau eine der Aussagen* $P \prec Q$ *bzw.* $Q \prec P$.

$\mathfrak{A}_{1b}$: *Aus* $P \prec Q$ *und* $Q \prec R$ *folgt* $P \prec R$.

$\mathfrak{A}_2$. *Zu irgend zwei Punkten P und Q einer Geraden* $(P \prec Q)$ *gibt es Punkte R, S und T dieser Geraden, für die*

$$R \prec P \prec S \prec Q \prec T$$

gilt.

$\mathfrak{A}_3$. *A, B und C seien drei nicht auf einer Geraden gelegene Punkte, g eine in der durch A, B, und C bestimmten Ebene gelegene Gerade, die durch keinen der Punkte A, B oder C geht. Wenn g einen Punkt der o.Strecke (AB) trifft, dann trifft g auch einen Punkt der o.Strecke (BC) oder (AC).*

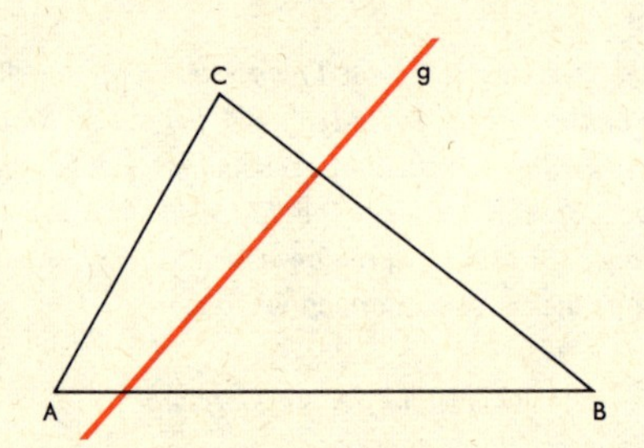

Abb. 17

Das Axiom $\mathfrak{A}_3$ wird auch „Dreiecksaxiom" genannt, weil man es auch so formulieren kann:

$\mathfrak{A}'_3$. *Trifft eine in der Ebene eines Dreiecks ABC gelegene Gerade g keinen der Eckpunkte, aber eine Seite des Dreiecks, so trifft g auch noch (mindestens) eine andere Seite des Dreiecks.*

III. Axiome der Kongruenz

$\mathfrak{C}_1$. *Die Kongruenz ist eine Äquivalenzrelation*[1]).

$\mathfrak{C}_2$. *Aus* $A_1 \prec A_2 \prec A_3$ $(A_\nu \in g, \nu = 1, 2, 3)$,
$B_1 \prec B_2 \prec B_3$ $(B_\nu \in h, \nu = 1, 2, 3)$ *und*
$A_1 A_2 \equiv B_1 B_2$, $A_2 A_3 \equiv B_2 B_3$ *folgt* $A_1 A_3 \equiv B_1 B_3$.

$\mathfrak{C}_3$. *Es seien* A_1 *und* A_2 *Punkte einer Geraden g,* B_1 *ein Punkt einer Geraden h,* h_{B_1} *ein durch* B_1 *auf h gegebener Strahl. Dann gibt es auf* h_{B_1} *genau einen Punkt* B_2, *für den* $A_1 A_2 \equiv B_1 B_2$ *gilt.*

$\mathfrak{C}_4$. A_ν, B_ν *und* C_ν *seien Punkte der Geraden* g_ν,
$A_\nu \prec B_\nu \prec C_\nu$, $D_\nu \notin g_\nu$ $(\nu = 1, 2)$.

---

[1]) Vgl. dazu S. 28.

Wenn
$A_1B_1 \equiv A_2B_2$, $B_1C_1 \equiv B_2C_2$, $A_1D_1 \equiv A_2D_2$, $B_1D_1 \equiv B_2D_2$ *ist, dann ist auch*

$$C_1D_1 \equiv C_2D_2.$$

$\mathfrak{C}_5$. *Gegeben seien ein Dreieck ABC und eine Gerade g mit einer Strecke* A_1B_1, *die zu AB kongruent ist. Dann gibt es in jeder durch g bestimmten Halbebene* Φ_g *genau einen Punkt* C_1, *für den* $AC \equiv A_1C_1$ *und* $BC \equiv B_1C_1$ *gilt.*

IV. *Axiome*[1] *der Stetigkeit*

$\mathfrak{S}_1$. *Gegeben seien zwei Strecken, AB und CD,* $\overline{CD} < \overline{AB}$. *Dann gibt es eine natürliche Zahl n von folgender Eigenschaft: Auf der Geraden AB gibt es* $n+1$ *Punkte* A_ν $(\nu = 1, 2, 3, \cdots, n+1)$, *für die*

$$CD \equiv AA_1 \equiv A_1A_2 \equiv \cdots \equiv A_nA_{n+1}$$

gilt und

$$A \prec A_1 \prec A_2 \prec \cdots \prec A_n \prec B \prec A_{n+1}.$$

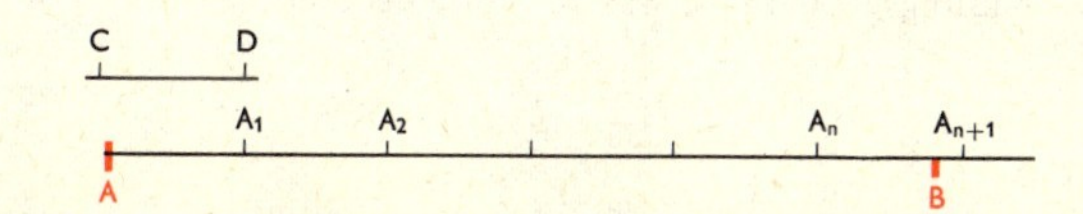

Abb. 18

$\mathfrak{S}_2$. *Es sei AB eine beliebige Strecke und* A_n *und* B_n *zwei Folgen innerer Punkte der Strecke AB, die folgende Eigenschaft haben:*
a) Die Strecke A_nB_n *liegt in der Strecke* $A_{n-1}B_{n-1}$,
b) es gibt keine Strecke, deren Endpunkte in allen Strecken A_nB_n *liegen.*
Dann gibt es einen Punkt X, der in allen Strecken A_nB_n *liegt* (Abb. 19).

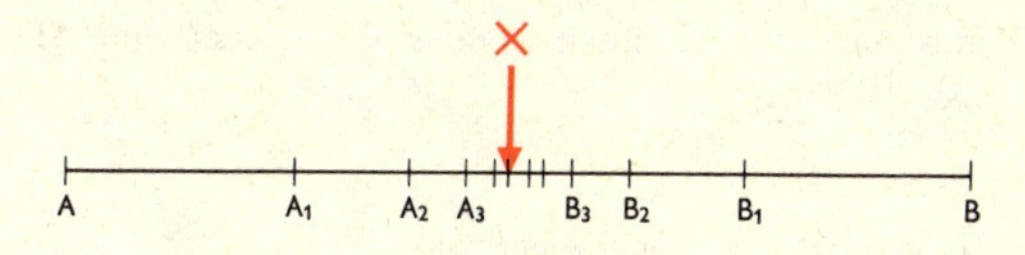

Abb. 19

[1]) Man kann auch mit *einem* Stetigkeitsaxiom auskommen, wenn man den Begriff des Dedekindschen Schnittes benutzt. Vgl. *Meyers Handbuch der Mathematik*, S. 187 ff.

V. Das Parallelenaxiom

𝔓. *In jeder Ebene Φ gibt es für jede Gerade $g \subset \Phi$ und jeden Punkt $P \notin g$ höchstens eine Gerade h, die durch P geht und g nicht trifft.*

Wir können an dieser Stelle nicht den Aufbau der Elementargeometrie aus den mitgeteilten Axiomen erschöpfend darstellen[1]). Es soll aber doch erwähnt werden, welche Aussagen der Geometrie sich aus den einzelnen Axiomengruppen begründen lassen.

Aus den Axiomen der Verknüpfung und Anordnung kann man Sätze über die Zerlegung der Ebene durch Geraden, Winkel oder geschlossene, einfache Polygone herleiten, aber auch einige bemerkenswerte Sätze über die Polyeder, z.B. den Satz über die Eulersche Charakteristik.

Weite Teile der Elementargeometrie können begründet werden, wenn man die *Kongruenzaxiome* dazunimmt. Man gewinnt damit die bekannten Kongruenzsätze, die Sätze über das gleichschenklige Dreieck, über die Eigenschaften des Lotes usw.

Nimmt man noch das Parallelenaxiom dazu, so kann man die Eigenschaften der Kongruenz*abbildungen* studieren. Während bei dem Beweis der Kongruenzsätze (und den daraus folgenden Aussagen) mit *Relationen* gearbeitet wird, benutzt die Abbildungsgeometrie *Funktionen* (oder Abbildungen).

Wir wollen auf die Grundlagen dieser in der modernen Schulmathematik wichtigen Abbildungsgeometrie etwas ausführlicher eingehen.

Erklärung 7.1:

Eine Abbildung[2]) $g(): P' = g(P)$ einer Ebene Φ auf sich heißt eine *Spiegelung* an der Geraden g, wenn sie folgende Eigenschaften hat:

1. Es ist $C = g(C)$ für $C \in g$.
2. Das Bild $P' = g(P)$ ist für $P \in \Phi \setminus g$ festgelegt durch die Vorschrift: g ist Mittellot von PP' (Abb. 20).

Ist A der Fußpunkt des Lotes von P auf g, so ist also $PA\ P'A'$, $PP' \perp g$. Entsprechend kann man die Spiegelung an einer Ebene Φ als eine Abbildung des Raumes auf sich erklären:

---

[1]) Näheres z.B. in Meyers *Handbuch* für die Mathematik.

[2]) Wir bezeichnen diese Abbildung mit $g()$, um sie einerseits von der Geraden g, andererseits vom Bildpunkt $g(P)$ zu unterscheiden. $g()$ steht also für die Abbildung $P \to P' = g(P)$, $P \in \mathfrak{R}$. Wir begnügen uns im allgemeinen mit der Ausdrucksweise ... die Abbildung $g(): P' = g(P)$..., verzichten also auf die Angabe des Definitionsbereiches, sofern keine Mißverständnisse zu befürchten sind.

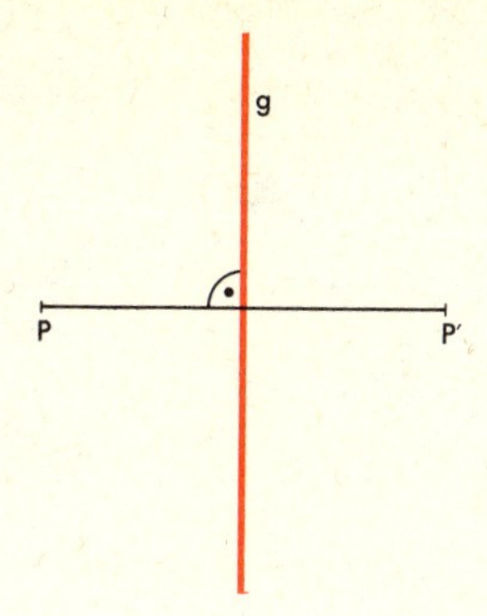

Abb. 20

Erklärung 7.2:

Eine Abbildung $\Phi(\,):P'=\Phi(P)$ des Raumes auf sich heißt eine Spiegelung an der Ebene Φ, wenn sie folgende Eigenschaften hat:

1. Es ist $C=\Phi(C)$ für $C\in\Phi$,
2. Das Bild $P'=\Phi(P)$ ist für $P\in\mathfrak{R}\setminus\Phi$ festgelegt durch die Vorschrift: Die Gerade PP' steht auf Φ senkrecht, und der Schnittpunkt A dieser Geraden mit Φ ist der Mittelpunkt von PP'.

Die Abb. 20 kann auch als Darstellung einer Ebenenspiegelung gelten. Die Ebene steht auf der Zeichenebene senkrecht und schneidet sie in der Geraden g.
Eine eineindeutige Abbildung $f(\,):P'=f(P)$ des Raumes auf sich heißt eine *Bewegung*, wenn sie die Kongruenz und die Inzidenz erhält.
Das heißt: Es sei

$$P\in(AB), \quad P'=f(P), \quad A'=f(A), \quad B'=f(B).$$

Dann ist

$$AB\equiv A'B', \quad P'\in(A'B').$$

Man übersieht sofort:

Satz 7.1: *Spiegelungen an Geraden und Ebenen sind Bewegungen.*

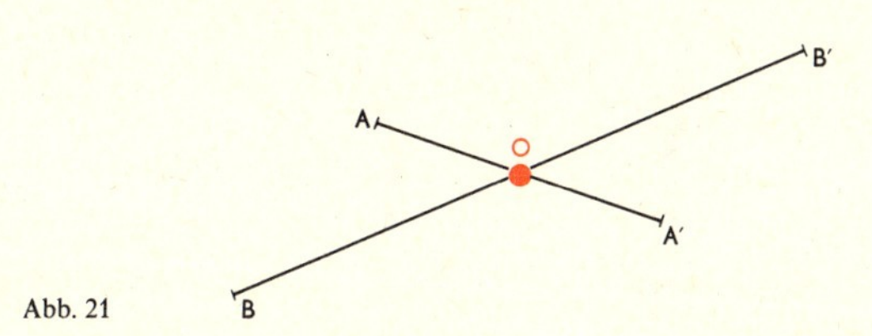

Abb. 21

Erklärung 7.3:
Eine Abbildung $O(\,)\colon A'=O(A)$ der Punkte einer Ebene mit den Eigenschaften

$$OA \equiv OA', \qquad O \in (AA')$$

heißt eine *Punktspiegelung* (Abb. 21).
Man kann die Definition leicht auf den ganzen Raum $\mathfrak{R}$ übertragen. Dann erkennt man, daß die Punktspiegelung eine Bewegung ist, die jede durch O gehende Ebene auf sich abbildet. Dabei bleibt nur der Punkt O fest.
Wir bezeichnen die Spiegelung einer Ebene Φ an einem Punkt O einfach durch diesen Punkt. Es ist also z. B. (Abb. 21):

$$A'=O(A), \qquad B'=O(B), \ldots$$

Es lohnt sich, die Gesetze dieser Bewegungen gründlich zu untersuchen. Man kann viele Sätze der Elementargeometrie besonders elegant mit Hilfe von Aussagen über Spiegelungen beweisen. Wir nennen hier nur[1]) die folgenden Sätze:

Die drei Mittelsenkrechten eines Dreiecks gehen durch einen Punkt.

Sind in einem Sehnensechseck zwei Paare einander gegenüberliegender Seiten parallel, so ist es auch das dritte Paar (kleiner Pascalscher Satz).

Die beiden Stetigkeitsaxiome sichern die Möglichkeit des Messens in der Geometrie. Das erste Axiom (es heißt auch das Archimedische Axiom) besagt, daß jede Strecke durch jede andere *meßbar* ist: Wenn man eine „Meßstrecke" ε auf irgend einer anderen Strecke AB wieder und wieder abträgt,

$$\varepsilon \equiv AA_1 \equiv A_1A_2 \equiv A_2A_3 \equiv \ldots, \qquad A \prec A_1 \prec A_2 \prec A_3 \prec \ldots,$$

so kommt man schließlich einmal zu einem Punkt A_{n+1}, der *hinter* B liegt. Das erscheint selbstverständlich, aber es ist ja gerade die Aufgabe eines Axiomensystems, solche „Selbstverständlichkeiten" klar auszusprechen und festzulegen. Übrigens: Das scheinbar Selbstverständliche erweist sich oft als keineswegs trivial. Auch das Archimedische Axiom ist es nicht. Man kann sich „Modelle" von Geometrien herstellen, die „nichtarchimedisch" sind.
Das zweite Stetigkeitsaxiom schafft dann die *Möglichkeit des Messens:* Wir können jeder Strecke AB eine nichtnegative reelle Zahl $L(AB)$ zuordnen, die wir die Länge der Strecke nennen und die folgende Eigenschaften hat:

1. $L(AB)>0$ für $A \neq B$,
2. $L(AB)=L(CD)$, wenn $AB \equiv CD$.

(1) 3. Es sei $A \prec B \prec C$. Dann ist
$L(AC)=L(AB)+L(BC)$.

4. Es ist $L(UV)=1$ für eine gewisse fest gewählte „Einheitsstrecke" UV.

Man kann dann beweisen:

[1]) Näheres in Meschkowski, Grundlagen der euklidischen Geometrie. BI-Hochschultaschenbuch 105/105 a.

Satz 7.2: *Zu jeder Strecke AB gibt es genau eine positive Zahl $L(AB)$, die die Eigenschaften* (1) *hat.*

Das Parallelenaxiom $\mathfrak{P}$ hat in der Geschichte der Mathematik eine gewichtige Rolle gespielt. Jahrtausendelang haben die Mathematiker immer wieder vergebens versucht, diesen Satz aus den übrigen Axiomen EUKLIDS zu beweisen. Alle Versuche scheiterten. Sie führten schließlich zur Entdeckung der nichteuklidischen Geometrie durch BOLYAI und LOBATSCHEWSKY. Und die Einsicht, daß eine von der klassischen euklidischen verschiedene Geometrie in sich widerspruchsfrei denkmöglich sei, hat zu tiefgehenden Untersuchungen über das Wesen der Mathematik geführt.

B. DAS ZAHLWORT IN SPRACHE UND SCHRIFT

Wenn es auch der Mathematiker weithin mit der Zahl an sich zu tun hat, so muß er sich doch der Zahlwörter bedienen, wenn er über Zahlen sprechen will oder wenn er sie aus irgendeinem Grunde in Buchstaben schreiben muß. Dies ist der Grund, weshalb wir diese kurze Betrachtung über das Zahlwort dem eigentlichen Rechenduden vorausschicken.

I. Allgemeines zum Zahlwort

Die Zahlwörter bilden eine Sachgruppe innerhalb der Wortarten unserer Sprache[1]).

Soweit sie die Zahlen von 0 bis 999 999 bezeichnen, gehören sie der Wortart der „Begleiter und Stellvertreter des Hauptwortes" an. Sie sind immer dann unentbehrlich, wenn der in einem Hauptwort enthaltene Begriff über die Einzahl oder die Mehrzahl hinaus zahlenmäßig näher bestimmt werden soll:

null Grad, *ein* Haus, *zwei* Bücher, *zehn* Jahre, *hundert* Mark.

Die Aufgabe, ein Hauptwort zahlenmäßig näher zu bestimmen, kann aber auch von Wörtern anderer Wortarten erfüllt werden:

Aus der Wortart Hauptwort: *Hunderte* von Menschen, zwei *Millionen* Einwohner, ein *Drittel* des Weges.
Aus der Wortart Eigenschaftswort: das *zweite* Mal, die *vierfache* Menge, ein *halber* Liter, in den *achtziger* Jahren.
Aus der Wortart Partikel (Umstandswort): *dreierlei* Maß.

Schließlich gibt es aber auch Zahlwörter, die ein Zeitwort oder ein Eigenschaftswort näher bestimmen. Sie gehören der Wortart Partikel (Umstandswort) an:

Er rechnete die Aufgabe *zweimal* nach. Die Stromstärke in dieser Leitung ist *dreimal* so groß.

Während die meisten Zahlwörter eine bestimmte Anzahl bezeichnen, gibt es auch einige, die eine unbestimmte Anzahl ausdrücken:

mehrere, einige, viele, etliche, manche, wenige.

II. Die Einteilung der Zahlwörter

Die Sachgruppe der Zahlwörter wird wie folgt eingeteilt:

1. die Grundzahlen (Kardinalzahlen), 2. die Ordnungszahlen (Ordinal-

[1]) Vgl. hierzu Duden-Grammatik, 1959, S. 275 ff.; 2. Auflage (1966), S. 288 ff.

zahlen), 3. die Bruchzahlen, 4. die Verteilungszahlen, 5. die Vervielfältigungszahlen, 6. die Wiederholungszahlen und 7. die Gattungszahlen.

III. Bemerkungen zur Bildung und Beugung der Zahlwörter

1. Grundzahl

a) Zur Bildung der Grundzahl

Die Grundzahlwörter von 0 bis 10 heißen:

null, eins, zwei, drei, vier, fünf, sechs, sieben, acht, neun, zehn.

Die Zahlen „elf" und „zwölf" weichen in der Bildung von den Zahlen 13 bis 19 ab, die aus den Verbindungen der Zahlen 3 bis 9 mit „zehn" bestehen:

dreizehn, vierzehn, fünfzehn, sechzehn (nicht: sechszehn), siebzehn (nicht: siebenzehn), achtzehn, neunzehn.

Die Zehnerzahlen von 20 bis 90 werden durch Anhängen der Nachsilbe -zig (got. tigus = Dekade, Zehnzahl) an die Einerzahlen gebildet:

zwanzig (althochdt.: zweinzug), dreißig (nicht: dreizig, weil das t von tigus hier nicht nach einem Mitlaut, sondern nach einem Selbstlaut stand und sich deshalb nicht zur Affrikata „z", sondern zur Spirans „ß" verschob), vierzig, fünfzig, sechzig (nicht: sechszig), siebzig (siebenzig ist veraltet), achtzig, neunzig.

Die Zahlen zwischen den Zehnern werden dadurch gebildet, daß die Einerzahl durch „und" mit der Zehnerzahl verbunden wird:

einundzwanzig (nicht: zwanzigeins, wie z. B. im Englischen), zweiundzwanzig, dreiunddreißig, vierundvierzig, sechsundsechzig, siebenundsiebzig, neunundneunzig.

Hundert ist ursprünglich ein Hauptwort, das dann beifügend gebraucht wurde. Die Hundertzahlen werden durch Verbindung der Einerzahlen mit hundert gebildet:

(ein)hundert (hundert[und]eins, hunderteinundzwanzig), zweihundert, dreihundert usw., neunhundert.

Tausend bedeutet eigentlich „großes Hundert" und ist ebenfalls ursprünglich ein Hauptwort. Die Tausenderreihe wird wie die Hunderterreihe gebildet:

(ein)tausend (tausend[und]eins, tausendeinundzwanzig), zweitausend, dreitausend usw., neuntausend, zehntausend, zwanzigtausend usw., neunzigtausend, (ein)hunderttausend, zweihunderttausend usw., neunhunderttausend;
eine *Million* (ital. milione; von lat. mille = tausend, also eigentlich: großes Tausend), zwei Millionen, zehn Millionen, hundert Millionen, neunhundert Millionen;
eine *Milliarde* (= 1000 Millionen; franz. u. amer. billion), zehn, hundert, neunhundert Milliarden;
eine *Billion* (= 1000 Milliarden; franz. u. amer. trillion), hundert Billionen;
eine *Billiarde* (= 1000 Billionen; franz. u. amer. quadrillion), hundert Billiarden;

eine *Trillion* (= 1000 Billiarden), hundert Trillionen, tausend Trillionen, neunhunderttausend Trillionen;

eine *Quadrillion* (= 1 Million Trillionen);

eine *Quinquillion* oder *Quintillion* (= 1 Million Quadrillionen; lat.);

eine *Sextillion* (= 1 Million Quintillionen; lat.);

eine *Septillion* (= 1 Million Sextillionen; lat.);

eine *Oktillion* (= 1 Million Septillionen; lat.) usw.;

eine *Myriade* (= eigentlich 10 000; griech.; heute nur noch unbestimmt im Sinne von „ungeheuer viel").

b) *Zur Beugung der Grundzahl*

Die Beugung der Grundzahlen ist mehr und mehr verkümmert. Nur „ein" hat die volle Beugung bewahren können, weil das unbestimmte Geschlechtswort gleich lautet:

ein Winkel, *eines* Winkels, *einem* Winkel, *einen* Winkel.

Die Form „eins" dient zum Rechnen und Zählen:

ein mal *eins* ist *eins*. *Eins*, zwei, drei. Zwei Komma *eins* (= 2,1).

Sie steht auch, wenn hundert, tausend usw. vorausgehen:

hundert(und)*eins*, tausend(und)*eins*.

Folgt jedoch die größere Zahl, dann wird ungebeugtes „ein" gebraucht:

einundzwanzig, eintausend.

Ungebeugtes „ein" steht ferner bei bestimmten Bruchzahlen:

ein Sechstel multipliziert mit *ein* Viertel.

Von den weiteren Grundzahlen können nur „zwei" und „drei" im Wesfall gebeugt werden:

die Multiplikation *zweier*, *dreier* Zahlen.

Die Zahlen zwei bis zwölf können im Wemfall gebeugt werden, wenn sie allein stehen:

zwei*en*, zu vier*en*.

Die auf -zehn und -zig endenden Grundzahlen werden im allgemeinen weder im Wesfall noch im Wemfall gebeugt.

„Hundert" und „tausend" werden auch als Hauptwörter gebraucht, „Million", „Milliarde" usw. treten nur als Hauptwörter auf und werden entsprechend gebeugt:

mit einer halben *Million*, vier *Millionen*, eine dreiviertel *Million*, zwei Komma eins (= 2,1) *Milliarden*, mit null Komma acht (= 0,8) *Millionen*.

2. Ordnungszahl

Die Ordnungszahlen von 1 bis 19 werden gebildet, indem an die betreffenden Grundzahlen die Endung -t tritt:

der *zweite*, der *neunte*, der *neunzehnte* [Mann im Glied].

Abweichende Bildungen sind:

Der *erste* (statt: einte), der *dritte* (statt: dreite, entstanden durch Kürzung des „ei" und nachfolgende Verdoppelung des „t"), der *achte* (statt: achtte).

Von 20 an tritt -st an die Grundzahlen:

der zwanzig*ste*, der hundert*ste*, der million*ste*.

Durch Anfügen der Endung -ens an die Ordnungszahlen entstehen Umstandswörter, die die ordnende Reihenfolge bezeichnen:

erst*ens*, zweit*ens*, dritt*ens*.

3. Bruchzahl

Die Bruchzahlen von „drei" an entstehen durch Anfügen der Endung -tel (urspr. = Teil) an die Ordnungszahl, deren t dabei wegfällt:

ein Drittel, drei Viertel, neun Zehntel, ein Zwanzigstel, ein Millionstel.

„Eintel" und „Zweitel" ist sprachlich unschön und schon aus diesem Grunde nicht zu empfehlen. Im mathematischen Sprachgebrauch sagt man präziser z. B. nicht „zwei Hunderteintel" = $\frac{2}{101}$ oder „drei Hundertzweitel" = $\frac{3}{102}$, sondern „zwei durch einhunderteins" bzw. „drei durch einhundertzwei". Für $\frac{1}{2}$, also eins durch zwei, sagt man „ein halb" oder „die Hälfte" (im Sinne: die Hälfte von ...). Also: $\frac{5}{2}$ wird gelesen „fünf Halbe" oder „fünf durch zwei" oder „die Hälfte von fünf".

„Halb" wird wie ein Eigenschaftswort gebeugt:

mit der *halben* Länge.

Steht „halb" nach der Zahl „ein", dann tritt es gebeugt und ungebeugt auf:

Gebeugt: einen und einen *halben*, zwei und ein *halber*.
Ungebeugt: zehn mit ein *halb* multipliziert, drei(und)einhalb, mit fünfein*halb* Millionen.

Für „ein(und)einhalb" sagt man auch „anderthalb" (= das andere [zweite] nur halb).

4. Verteilungszahl

Die Verteilungszahl wird durch Voranstellen des Wörtchens „je" vor die Grundzahl usw. gebildet. Sie drückt eine zahlenmäßig gleiche Verteilung aus:

je zwei dieser Linien, *je fünfmal.*

5. Vervielfältigungszahl

Die Vervielfältigungszahlen werden von der Grundzahl und der Nachsilbe -fach gebildet.

einfach, mit dreifacher Schallgeschwindigkeit, die hundertfache Menge.

6. Wiederholungszahl

Die Wiederholungszahlen werden von der Grundzahl und dem Hauptwort „Mal" gebildet. Sie kennzeichnen die Häufigkeit der Wiederholung:

einmal, dreimal, hundertmal, millionenmal.

7. Gattungszahl

Die Gattungszahlen bezeichnen nicht die Zahl der einzelnen Dinge, sondern die Zahl der Gattungen, der Arten, aus denen etwas besteht. Sie sind zusammengesetzt aus dem Wesfall der Grundzahl und der Nachsilbe -lei:

zweierlei, fünferlei, hunderterlei, tausenderlei.

IV. Zur Rechtschreibung der Zahlwörter

1. Kleinschreibung

Klein schreibt man alle Grundzahlen, soweit sie nicht Hauptwörter sind oder hauptwörtlich gebraucht werden:

null, eins, zwei, drei..., vier Parallelen, alle fünf, von eins bis acht, acht und vier ist zwölf, acht mal vier ist zweiunddreißig, in Gruppen zu dreien.

Klein schreibt man die Ordnungszahlen trotz des davorstehenden Artikels, wenn sie die Reihenfolge bezeichnen:

der erste, der zweite, der dritte...; die vierte Zahl; in Gruppen zu viert.

Klein schreibt man die Vervielfältigungszahlwörter, wenn sie nicht hauptwörtlich gebraucht werden:

zweifach, hundertfach, vielfach.

Klein schreibt man die Wiederholungszahlwörter:

zehnmal, tausendmal, millionenmal.

Klein schreibt man die Gattungszahlwörter, wenn sie nicht hauptwörtlich gebraucht werden:

zweierlei, zehnerlei, hunderterlei.

Zu kleingeschriebenen Bruchzahlen vgl. 2.

2. Großschreibung

Groß schreibt man Grundzahlen, die Hauptwörter sind:

Million, Milliarde.

Groß schreibt man Grundzahlen, wenn sie hauptwörtlich gebraucht werden:

die Null, die Zwei, die Acht, die Zehn.

Groß schreibt man im allgemeinen die Bruchzahlen:

ein Zehntel, ein Hundertstel, fünf Millionstel; ein Viertel (von acht); ein Sechstel multipliziert mit ein Viertel.

Ausnahmen: Klein schreibt man Bruchzahlen besonders in Verbindung mit Maßen und Gewichten:

ein achtel Kilo, neun zehntel Gramm, dreiviertel (zusammengeschrieben) Zentner, ein viertel Liter.

Groß schreibt man Vervielfältigungs- und Gattungszahlen, wenn sie hauptwörtlich gebraucht werden:

das Zweifache, das Hundertfache, das Hunderterlei.

3. Zusammen- oder Getrenntschreibung oder Bindestrich

a) Zusammen schreibt man Zusammensetzungen unter einer Million:

zweihundert, tausendvierundneunzig, neunhundertneunundneunzigtausendneunhundertneunundneunzig.

b) Getrennt schreibt man Zusammensetzungen über eine Million:

zwei Millionen dreitausendvierhundertneunzehn;
fünf Milliarden drei Millionen fünfhundertneunundneunzig.

c) Zusammensetzungen und Zusammenbildungen mit einer Zahl als erstem Glied:

1. Zusammen schreibt man einfache Zusammensetzungen und Zusammenbildungen, unabhängig davon, ob die Zahl ausgeschrieben oder in Ziffern gesetzt wird:

achtfach (mit Ziffer: 8fach), Achttonner (mit Ziffer: 8tonner).

2. Den Bindestrich setzt man bei Aneinanderreihungen mit Zahlen:

2-kg-Dose, 70-PS-Motor.

C. MATHEMATISCHE ZEICHEN

Allgemeine Zeichen

Zeichen	Sprechweise	Erläuterungen
a, b $a.b$	a Komma b a Punkt b	Dezimalzeichen z. B. 2,35 oder 2.35
$a \cdots b$	a und so weiter bis b	Drei Punkte in halber Höhe der Kleinbuchstaben oder auf der Zeile stehen an Stelle einer endlichen Folge von Zeichen zwischen a und b, z. B. $k = 1, 2, \ldots, n-1, n$
$a \ldots$	a und so weiter unbegrenzt	Drei Punkte rechts von a stehen an Stelle einer unendlichen Folge von Zahlzeichen, z. B. $\frac{1}{3} = 0{,}333\ldots$
$a_1, a_2, \ldots, a_n$	a eins, a zwei usw. bis a_n	Unterscheidung von Zahlen a durch Indizes $1, 2, \ldots, n$
$a', a'', a^{(n)}$	a Strich, a zwei Strich, a n Strich	Unterscheidung von Zahlen durch hochgestellte Striche

Gleichheit und Ungleichheit

Zeichen	Sprechweise	Erläuterungen
$=$	gleich	$a = b$ bedeutet, daß a und b gleich sind
$\equiv$	identisch	$a \equiv b$ bedeutet, daß a und b identisch sind
$\neq$	ungleich, nicht gleich	$a \neq b$ bedeutet, daß a und b ungleich sind
$\not\equiv$	nicht identisch	$a \not\equiv b$ bedeutet, daß a und b nicht identisch sind
$\sim$	proportional	$a \sim b$ bedeutet: a und b sind zueinander proportional

Zeichen	Sprechweise	Erläuterungen
$\approx$	angenähert, nahezu gleich, rund, etwa	$a \approx b$ bedeutet, daß a und b nahezu gleich sind
$\triangleq$	entspricht	$a \triangleq b$ bedeutet: a entspricht (etwa in einer Zeichnung) b
$<$	kleiner als	$a < b$ bedeutet: a ist kleiner als b
$>$	größer als	$a > b$ bedeutet: a ist größer als b
$\leqq$	kleiner oder gleich, höchstens gleich	$a \leqq b$ bedeutet: a ist kleiner, höchstens gleich b
$\geqq$	größer oder gleich, mindestens gleich	$a \geqq b$ bedeutet: a ist größer, mindestens gleich b
$\ll$	klein gegen	$a \ll b$ bedeutet: a ist sehr klein gegen b
$\gg$	groß gegen	$a \gg b$ bedeutet: a ist sehr groß gegen b

Elementare Rechenoperationen

$+$	plus, und	$a + b$ bedeutet: a plus b
$-$	minus, weniger	$a - b$ bedeutet: a minus b
$\times$, $\cdot$	mal	$a \cdot b$, $a \times b$ bedeutet: a mal b
$-$, $:$	durch bzw. geteilt durch	$\frac{a}{b} = a : b$ bedeutet: a durch b
$\%$	Prozent, Hundertstel	$x\,\%$ bedeutet: $\frac{x}{100}$

Zeichen	Sprechweise	Erläuterungen
‰	Promille, Tausendstel	x ‰ bedeutet: $\frac{x}{1000}$
( ), [ ], { }	runde, eckige, geschweifte Klammern	Man verwendet Klammern, um mathematische Ausdrücke zusammenzufassen: $(a+b)\,\{K\,[\sin(2x+5)+\log c]-a^x\}$

Algebra

Zeichen	Sprechweise	Erläuterungen
$\operatorname{sgn} x$	Signum x	$\operatorname{sgn} x = \begin{cases} 1, \text{ wenn } x > 0 \\ 0, \text{ wenn } x = 0 \\ -1, \text{ wenn } x < 0 \end{cases}$
$\lvert x \rvert$	Betrag von x	Absoluter Wert oder Betrag einer reellen oder komplexen Zahl x
$\operatorname{arc} z$, $\arg z$	Arcus oder Argument von z	Arcus oder Argument der komplexen Zahl z ist der zu z gehörende, im Bogen- oder Gradmaß gemessene Winkel φ, $z = \lvert z \rvert e^{i\varphi}$
$n!$	n Fakultät	$n! = 1 \cdot 2 \cdot 3 \cdots (n-1) \cdot n$ für ganze positive Zahlen n; $0! = 1$
$\binom{n}{p}$	n über p	Binomialkoeffizient, n beliebige Zahl, p natürliche Zahl $\binom{n}{p} = \frac{n(n-1)(n-2)\cdots(n-p+1)}{p!}$
$\sum$	Summe	$\sum_{i=1}^{n} x_i = x_1 + x_2 + \cdots + x_{n-1} + x_n$
$\prod$	Produkt	$\prod_{i=1}^{n} x_i = x_1 \cdot x_2 \cdots x_{n-1} \cdot x_n$
$\sqrt{x}$ $\sqrt[n]{x}$	Quadratwurzel aus x (von x), n-te Wurzel aus x (von x)	$\sqrt{x} = x^{\frac{1}{2}}$ $\sqrt[n]{x} = x^{\frac{1}{n}}$
i, j	i, j	$i = \sqrt{-1}$; auch $j = \sqrt{-1}$ üblich
π	Pi	Auch Ludolfsche Zahl $\pi = 3{,}14159265358979323846264 33\ldots$

Zeichen	Sprechweise	Erläuterungen
(a_{ik}) $\mathfrak{A}$	Matrix aik (Buchstaben getrennt sprechen) Matrix a	Abgekürzte Schreibweise für eine Matrix mit z. B. 3 Zeilen und 3 Spalten $(a_{ik}) = \mathfrak{A} = \begin{pmatrix} a_{11} & a_{12} & a_{13} \\ a_{21} & a_{22} & a_{23} \\ a_{31} & a_{32} & a_{33} \end{pmatrix}$, also $i, k = 1, 2, 3$
$\mid a_{ik} \mid$ $\mid\mid a_{ik} \mid\mid$ det (a_{ik})	Determinante aik (Buchstaben getrennt sprechen)	Abgekürzte Schreibweise für eine z. B. dreireihige Determinante $\det(a_{ik}) = \begin{vmatrix} a_{11} & b_{12} & c_{13} \\ a_{21} & b_{22} & c_{23} \\ a_{31} & b_{32} & c_{33} \end{vmatrix}$; $i, k = 1, 2, 3$
$f(x)$	f von x	**Funktionsterm (Funktion f der Variablen x)**
$x \to f(x)$	x zugeordnet f von x x Pfeil f von x	Schreibweise für die Zuordnung zwischen dem Argument x und dem zugehörigen Funktionswert $f(x)$
$x\ R\ y$	x steht in der Relation R zu y	Durch die Aussageform $x\,R\,y$ wird eine Relation R als Erfüllungsmenge dieser Aussageform erklärt
(a, b)		geordnetes Paar a, b
∞	unendlich	z. B. $x \to \infty$
$]a, b[$, früher (a, b)	offenes Intervall a, b	$]a, b[$ bedeutet: $\{x \mid a < x < b\}$
$[a, b]$ früher $\langle a, b \rangle$	abgeschlossenes Intervall a b	$[a, b]$ bedeutet: $\{x \mid a \leqq x \leqq b\}$
$\to$	gegen, nähert sich, strebt nach, konvergiert gegen	$x_n \to a$ bedeutet: Die Folge x_n hat den Grenzwert a
lim	Limes	$\lim\limits_{x \to a} f(x) = b$ bedeutet: Für jede Folge von x-Werten mit dem Grenzwert a erhält man eine Folge von $f(x)$-Werten mit dem Grenzwert b

Geometrie

Zeichen	Sprechweise	Erläuterungen
$\parallel$	parallel	Gerade g ist parallel zur Geraden h: $g \parallel h$
$\nparallel$	nicht parallel	Gerade g ist nicht parallel zur Geraden h: $g \nparallel h$
$\uparrow\uparrow$	gleichsinnig parallel	Vektor $\boldsymbol{a}$ gleichsinnig parallel Vektor $\boldsymbol{b}$: $\boldsymbol{a} \uparrow\uparrow \boldsymbol{b}$
$\uparrow\downarrow$	gegensinnig parallel	Vektor $\boldsymbol{a}$ gegensinnig parallel Vektor $\boldsymbol{b}$: $\boldsymbol{a} \uparrow\downarrow \boldsymbol{b}$
$\perp$	rechtwinklig zu, senkrecht auf	Gerade g senkrecht zur Geraden h
$\triangle$	Dreieck	z. B. $\triangle ABC$
$\equiv$	kongruent (bei einzelnen Stücken)	z. B. $\overline{AB} \equiv \overline{CD}$ $\alpha \equiv \beta$
$\cong$	kongruent, deckungsgleich (bei Figuren)	z. B. $\triangle ABC \cong \triangle DEF$
$\sim$	ähnlich	z. B. $\triangle ABC \sim \triangle DEF$
$\sphericalangle$	Winkel	z. B. $\sphericalangle ABC$
$\overline{AB}$	Strecke AB	z. B. $\overline{AB} \equiv \overline{CD}$
$\overset{\frown}{AB}$	Bogen AB	z. B. $\overset{\frown}{AB} \equiv \overset{\frown}{CD}$

Exponential- und Logarithmusfunktionen

Zeichen	Sprechweise	Erläuterungen
a^x	a hoch x	a wird zur x-ten Potenz erhoben
e	e	$\mathrm{e} = \sum_{n=0}^{\infty} \frac{1}{n!} = 2{,}7182818284590452353 6\ldots$
$\exp x$	Exponentialfunktion von x	$\exp x = \mathrm{e}^x$

Zeichen	Sprechweise	Erläuterungen
$\log_a$	Logarithmus zur Basis a	$x \to \log_a x$ ist die Umkehrfunktion von $x \to a^x$
lg	dekadischer, Briggsscher, gewöhnlicher oder Zehnerlogarithmus	$\lg x = \log_{10} x$
ln	natürlicher Logarithmus (Logarithmus naturalis)	$\ln x = \log_e x$ $x \to \ln x$ ist die Umkehrfunktion von $x \to e^x$
lb, ld	Binär-, Dual- oder Zweierlogarithmus	$\text{lb}\, x = \log_2 x$

Trigonometrische Funktionen

sin	Sinus	
cos	Kosinus	
tan, tg	Tangens	$\tan x = \frac{\sin x}{\cos x}$
cot, ctg	Kotangens	$\cot x = \frac{\cos x}{\sin x}$

Vektorrechnung

$\boldsymbol{A}$, $\boldsymbol{a}$, $\mathfrak{A}$, $\mathfrak{a}$, $\vec{A}$, $\vec{a}$	Vektor A	Es werden lateinische Buchstaben in Fettdruck od. mit darübergestelltem Pfeil verwendet, häufig auch Frakturbuchstaben

Zeichen	Sprechweise	Erläuterungen
(a_x, a_y, a_z) $\begin{pmatrix} a_x \\ a_y \\ a_z \end{pmatrix}$	Koordinaten des Vektors $\boldsymbol{a}$	Die Indizes geben die Koordinaten in einem Koordinatensystem (x, y, z) an
$\boldsymbol{a} \cdot \boldsymbol{b}$, $(\boldsymbol{a}, \boldsymbol{b})$, $(\boldsymbol{a} \cdot \boldsymbol{b})$	skalares oder inneres Produkt der Vektoren a und b	$\boldsymbol{a} \cdot \boldsymbol{b}$ ist ein Skalar. Es ist $a \cdot b = a_x b_x + a_y b_y + a_z b_z$ (im Orthonormalsystem)
$\boldsymbol{a} \times \boldsymbol{b}$, $[\boldsymbol{a}, \boldsymbol{b}]$, $[\boldsymbol{a} \times \boldsymbol{b}]$, $(\boldsymbol{a} \times \boldsymbol{b})$	äußeres oder vektorielles Produkt	$\boldsymbol{a} \times \boldsymbol{b}$ ist ein Vektor. Es ist (im Orthonormalsystem) $\boldsymbol{a} \times \boldsymbol{b} = \begin{pmatrix} a_y b_z - a_z b_y \\ a_z b_x - a_x b_z \\ a_x b_y - a_y b_x \end{pmatrix}$

Formale (mathematische) Logik

Zeichen	Sprechweise	Erläuterungen
$A \wedge B$	A und B	$A \wedge B$ ist die Aussage, die genau dann richtig ist, wenn zugleich A richtig und B richtig ist (Konjunktion)
$A \vee B$	A oder B	$A \vee B$ ist die Aussage, die genau dann falsch ist, wenn zugleich A falsch und B falsch ist (inklusives Oder; Disjunktion)
$\neg A$	nicht A	$\neg A$ ist die Aussage, die richtig ist, wenn A falsch ist, und die falsch ist, wenn A richtig ist (Negation)
$A \Rightarrow B$	A impliziert B	$A \Rightarrow B$ ist die Aussage, daß B dann richtig ist, wenn A richtig ist (Implikation)
$A \Leftrightarrow B$	A äquivalent B	$A \Leftrightarrow B$ ist die Aussage, daß $A \Rightarrow B$ genau dann richtig ist, wenn $B \Rightarrow A$ richtig ist (logische Äquivalenz)
$\bigwedge_x Fx$	Für jedes x gilt Fx. Was immer x sei, x hat die Eigenschaft F	$\bigwedge_x Fx$ ist die Aussage, daß die Aussageform Fx bei jeder Einsetzung eines Wertes für die Variable x aus einer vorgegebenen Grundmenge in eine richtige Aussage übergeht (Allquantor)

Zeichen	Sprechweise	Erläuterungen
$\bigvee_x Fx$	Es gibt ein x mit Fx. Es gibt ein x mit der Eigenschaft F	$\bigvee_x Fx$ ist die Aussage, daß für die Variable x ein Wert aus einer vorgegebenen Grundmenge gefunden werden kann, auf den F zutrifft (Existenzquantor)

Mengenalgebra

$A \cup B$	Vereinigungsmenge von A, B	$A \cup B$ ist diejenige Menge, die genau aus den zur Menge A oder zur Menge B gehörenden Elementen besteht
$A \cap B$	Durchschnittsmenge von A, B	$A \cap B$ ist diejenige Menge, die genau aus den Elementen besteht, die zugleich zur Menge A und zur Menge B gehören
$A \setminus B$	A ohne B	$A \setminus B$ ist diejenige Menge, die genau aus den Elementen besteht, die zur Menge A, aber nicht zur Menge B gehören (Differenzmenge)
$\{1, 2, 3\}$	Menge aus 1, 2, 3	$\{1, 2, 3\}$ ist diejenige Menge, die genau die Zahlen 1, 2, 3 als Elemente besitzt
$\{x \mid Fx\}$	Erfüllungsmenge von Fx	$\{x \mid Fx\}$ ist diejenige Menge, die genau aus denjenigen Elementen einer vorgegebenen Grundmenge besteht, auf die F zutrifft (Erfüllungsmenge; auch Lösungsmenge) Beispiel: $\{x \mid x^2 = 1\} = \{1, -1\}$
$\{\ \}$, $\emptyset$	leere Menge	$\emptyset$ ist die Menge ohne Element
$a \in A$	a Element von A, a gehört zu A,	$a \in A$ ist die Aussage, daß a unter den Elementen von A vorkommt

Zeichen	Sprechweise	Erläuterungen
$a \notin A$	*a* nicht Element von *A*, *a* gehört nicht zu *A*	$a \notin A$ ist die Aussage, daß *a* nicht unter den Elementen von *A* vorkommt
$A \subset B$	*A* ist Teilmenge von *B*	$A \subset B$ ist die Aussage, daß jedes Element von *A* auch zugleich Element von *B* ist
$A \cap B = \emptyset$	*A* und *B* sind elementfremd	$A \cap B = \emptyset$ ist die Aussage, daß die Mengen *A* und *B* keine Elemente gemeinsam haben
$A \times B$	A Kreuz B	kartesisches Produkt $A \times B = \{(x, y) \mid x \in A \text{ und } y \in B\}$

Griechisches Alphabet

Zeichen	Sprechweise	Zeichen	Sprechweise	Zeichen	Sprechweise
A, α	Alpha	I, ι	Jota	P, ϱ	Rho
B, β	Beta	$K, \varkappa$	Kappa	Σ, σ	Sigma
Γ, γ	Gamma	Λ, λ	Lambda	T, τ	Tau
Δ, δ	Delta	M, μ	My	Y, υ	Ypsilon
E, ε	Epsilon	N, ν	Ny	Φ, φ	Phi
Z, ζ	Zeta	Ξ, ξ	Xi	X, χ	Chi
H, η	Eta	O, o	Omikron	Ψ, ψ	Psi
Θ, ϑ	Theta	Π, π	Pi	Ω, ω	Omega

D. EINFÜHRUNG IN DAS ELEMENTARRECHNEN

I. ZAHL UND ZIFFER

Zum Rechnen benutzen wir Zahlen und Ziffern.

Ziffern sind Zeichen, mit deren Hilfe die Zahl schriftlich dargestellt wird; sie werden auch Zahlzeichen genannt.

1. Römische Zahlzeichen

Im Altertum wurden die Zahlen nach verschiedenen Regeln dargestellt. Bei vielen Völkern wurden Buchstaben dazu verwendet, so z. B. zeitweise im alten Griechenland. Die Römer schrieben ihre Zahlen ebenfalls mit Buchstaben. Sie konnten mit 7 Zeichen alle Zahlen darstellen:

I	V	X	L	C	D	M
1	5	10	50	100	500	1000

Wir finden noch heute viele Zahlenangaben, die mit Hilfe der römischen Zeichen dargestellt werden. Es handelt sich dabei vorwiegend um Zeitangaben (alte Uhren, Denkmäler und Rathäuser).

Beim Schreiben von Zahlen mit römischen Zahlzeichen werden folgende Regeln beachtet:

Die Zeichen I, X, C, M werden beim Schreiben von Zahlen wiederholt nebeneinandergesetzt, die Zeichen V, L, D nicht.

Der Zahlenwert der geschriebenen Zeichen wird je nach Stellung zusammengezählt oder voneinander abgezogen.

II bedeutet $1 + 1 = 2$
XXX bedeutet $10 + 10 + 10 = 30$
CC bedeutet $100 + 100 = 200$

1. *Regel*: für I, X und C.
Es werden nicht mehr als 3 gleiche Zeichen hintereinandergesetzt.

In den drei oben angeführten Fällen handelt es sich um verbundene gleiche Zeichen. Es werden auch ungleiche Zeichen zusammengesetzt, dabei sind folgende Regeln zu beachten:

VI bedeutet $5 + 1 = 6$
XII bedeutet $10 + 1 + 1 = 12$
XXXVII bedeutet $10 + 10 + 10 + 5 + 1 + 1 = 37$

2. *a*) *Regel* für die Zusammensetzung ungleicher Zeichen.
Steht das Zeichen für eine kleinere Einheit rechts neben dem Zeichen einer größeren Einheit, so wird die kleinere zur größeren hinzugezählt.

IV bedeutet $5 - 1 = 4$
IX bedeutet $10 - 1 = 9$
XIX bedeutet $10 + 10 - 1 = 19$
MCMLIX bedeutet 1959

2. *b*) *Regel* für die Zusammensetzung ungleicher Zeichen.
Steht das Zeichen für eine kleine Einheit links neben dem Zeichen einer größeren Einheit, so wird die kleinere von der größeren abgezogen.

MCX bedeutet 1110 richtig geschrieben
(MLLVV falsch geschrieben)

3. *Regel* für V, L, D.
Diese Zahlzeichen kommen in einer Zahl nur einmal vor.

MMMM bedeutet 4000

4. *Regel* für M.
Dieses Zahlzeichen darf in einer Zahl beliebig oft vorkommen.

Tabelle römischer Zahlen

I	II	III	IV	V	VI	VII	VIII	IX	
1	2	3	4	5	6	7	8	9	
X	XX	XXX	XL	L	LX	LXX	LXXX	XC	
10	20	30	40	50	60	70	80	90	
C	CC	CCC	CD	D	DC	DCC	DCCC	CM	M
100	200	300	400	500	600	700	800	900	1000

MCDXCVIII = 1498; MCMXVII = 1917; MIII = 1003.

2. Arabische Zahlzeichen

Arabische Zeichen, mit denen wir Zahlen schriftlich darstellen, sind allgemein bekannt. Sie stammen von den Indern, die vor etwa 1500 Jahren auch die Null (0) erfunden haben. Seit dieser Zeit wird außer den Zeichen 1, 2, 3, 4, 5, 6, 7, 8, 9 auch die Null als Zahlzeichen verwendet. Diese zehn Zeichen (Ziffern) haben die Araber, die vor etwa 1200 Jahren in Europa eindrangen, von den Indern übernommen. Mit den Arabern kamen die Ziffern auch nach Europa, obwohl es noch einige hundert Jahre dauerte, bis sie sich allgemein durchsetzten. Wir nennen sie noch heute „arabische Ziffern“. Mit diesen Ziffern wurde ein neuartiger Aufbau der Zahlen geschaffen. Die heute bei uns gebräuchliche Bezeichnung Null kommt aus dem Lateinischen (nullus = keiner, nicht einer). Eine geschriebene Null taucht zum erstenmal in einer indischen Inschrift aus dem Jahre 870 unserer Zeitrechnung auf. In der Zahl 270 ist dort die Einerstelle durch einen kleinen Kreis ausgefüllt. Der Kreis füllte also die Leerstelle. Wo „nichts" zu stehen hatte, wurde der Platz durch einen Kreis — mitunter auch einen Punkt — gekennzeichnet.

Während die Römer die Zahlwerte der nebeneinandergesetzten Zeichen zusammenzählten, bekam jede Ziffer einer mit arabischen Zeichen geschriebenen Zahl einen Wert, der durch die *Stellung* der Ziffer in dieser Zahl bestimmt wurde. Man sagt deshalb, die Ziffer hat einen bestimmten *Stellenwert* in der Zahl.

In der Zahl 444 sehen wir dreimal die gleiche Ziffer. Dadurch, daß sie jedoch jedesmal eine andere Stelle einnimmt, erhält sie jedesmal einen anderen Wert.

In dem angeführten Beispiel der Zahl 444 stellt die 4, die am weitesten rechts steht, die Einer dar. Wir sagen, es sind 4 Einer. In der mittleren Stelle stehen die Zehner, es sind 4 Zehner. Danach folgen die Hunderter, es sind 4 Hunderter.

Die kleinste Einheit in einer mit arabischen Ziffern dargestellten Zahl nennen wir Einer (E). Der Stellenwert erhöht sich nach links; somit steht der kleinste Stellenwert am weitesten rechts. Nach den Einern stehen, nach links folgend, die

Zehner (Z)
Hunderter (H)
Tausender (T)
Zehntausender (ZT)
Hunderttausender (HT)
Millionen (M)
Zehnmillionen (ZM)
Hundertmillionen (HM)
Milliarden (Md)
Zehnmilliarden (ZMd)
Hundertmilliarden (HMd) . . . usw.

Dies läßt sich in einer sogenannten Stellentafel übersichtlich darstellen.

HMd	ZMd	Md	HM	ZM	M	HT	ZT	T	H	Z	E
5	2	4	3	7	9	4	8	1	4	2	3

Durch die von den Indern entdeckte Null ist es uns möglich, das sogenannte dekadische System konsequent durchzuführen. Dieses ist folgendermaßen aufgebaut: Zehn Einheiten einer Stufe bilden eine Einheit der nächsthöheren Stufe.

Das bedeutet:

1 Einer	kleinste ganze Einheit
10 Einer	bilden einen Zehner
10 Zehner	bilden einen Hunderter, 10^2
10 Hunderter	bilden einen Tausender, 10^3
10 Tausender	bilden einen Zehntausender, 10^4
10 Zehntausender	bilden einen Hunderttausender, 10^5
10 Hunderttausender	bilden eine Million, 10^6
10 Millionen	bilden eine Zehnmillion, 10^7
10 Zehnmillionen	bilden eine Hundertmillion, 10^8
1000 Millionen	bilden eine Milliarde, 10^9
10 Milliarden	bilden eine Zehnmilliarde, 10^{10}
10 Zehnmilliarden	bilden eine Hundertmilliarde, 10^{11}
1000 Milliarden	bilden eine Billion, 10^{12}
1000 Billionen	bilden eine Billiarde, 10^{15}
1000 Billiarden	bilden eine Trillion, 10^{18}
1 Million Trillionen	bilden eine Quadrillion, 10^{24}
1 Million Quadrillionen	bilden eine Quintillion, 10^{30}
1 Million Quintillionen	bilden eine Sextillion, 10^{36}
1 Million Sextillionen	bilden eine Septillion, 10^{42}

Abweichend vom deutschen und englischen heißt im amerikanischen und französischen Zahlensystem

1 Tausendmillion	1 billion, 10^9
1 Tausendmilliarde	1 trillion, 10^{12}
1 Tausendbillion	1 quadrillion, 10^{15}

Der besseren Übersicht halber schreibt man allgemein Zahlen, die mehr als drei Stellen umfassen, in Dreiergruppen. Jeweils drei Ziffern bilden eine Gruppe. Die Zahl 3 275 (in Worten: dreitausendzweihundertfünfundsiebzig) wird in zwei Gruppen geschrieben. Es handelt sich hier um die erste und zweite Gruppe. Die erste Gruppe umfaßt die Einer, Zehner und Hunderter, die zweite Gruppe wird in dieser Zahl nur aus den Tausendern gebildet.

Die Zahl 4 315 798 besteht aus 3 Gruppen. Die erste Gruppe umfaßt wiederum die Einer, Zehner und Hunderter, die zweite Gruppe umfaßt die

Tausender, Zehntausender und Hunderttausender, die dritte Gruppe besteht hier nur aus einer Millionenstelle.

Unser dekadisches Zahlensystem läßt außerdem die Erweiterung der Stellentafel nach rechts zu.

Dies betrifft die Zahlen, die zwischen den bisher genannten Zahlen stehen. Es handelt sich um gebrochene Zahlen oder Brüche. Über die Erweiterung der Stellen nach rechts und über die Brüche wird später noch zu reden sein.

Das dekadische Zahlensystem ist also ein Positionssystem, das auf der Zählreihe 1, 10, 100 usw. aufgebaut ist. 1 = kleinste ganze Einheit, 10 = die nächstgrößere Einheit.

Als Anschauung mögen die Gliedmaßen des Menschen gedient haben: **1** Finger, die Hände haben **10** Finger. Auch **5** (die Finger einer Hand) und **20** (10 Finger und 10 Zehen) haben vermutlich beim Entstehen der Zahlen eine große Bedeutung gehabt.

Zusammenfassung

Zum Rechnen werden Zahlen verwendet. Zahlen werden durch Zeichen, die sogenannten Ziffern, dargestellt. Unser heute angewendetes Zahlensystem ist das dekadische oder Zehnersystem. Mit den 9 Ziffern und der 0 können alle Zahlen geschrieben werden. Jede Ziffer hat innerhalb einer Zahl einen bestimmten Wert, der durch die Stellung innerhalb dieser Zahl bestimmt wird. Jede Stelle stellt in einer Zahl eine Zehnerstufe dar, weil jeweils 10 Einheiten einer Stufe die nächsthöhere Stufe bilden.

Jeweils drei dieser Stufen werden der Übersichtlichkeit halber beim Schreiben zu einer Gruppe zusammengefaßt (von rechts her).

Die mit den Zahlzeichen gebildeten ganzen Zahlen nennen wir *natürliche* Zahlen.

Diese natürlichen Zahlen haben zunächst die Aufgabe, Gegenständliches zu zählen.

Man stelle sich die natürlichen Zahlen auf einem Zahlenstrahl aufgereiht vor, der nach einer Seite unbegrenzt ist und an dessen Anfangspunkt die Null (0) steht. Die größere der Zahlen folgt immer der kleineren. Das sieht dann so aus:

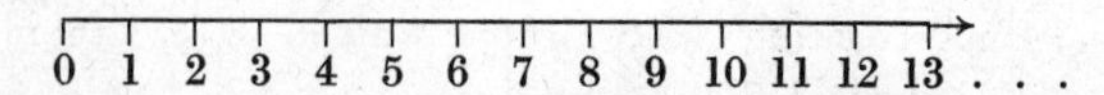

Der Zahlenstrahl läßt sich außerdem nach links fortsetzen. In diesem Falle handelt es sich um *negative* Zahlen. Diese negativen Zahlen werden mit dem negativen Vorzeichen versehen, während wir die natürlichen Zahlen mit dem positiven Vorzeichen versehen. Steht eine Zahl ohne Vorzeichen, so handelt es sich laut Verabredung um eine positive Zahl. Das negative Vorzeichen dagegen muß stets gesetzt werden. Die natürlichen Zahlen nennt man auch *positive ganze Zahlen.*

Der Zahlenstrahl ist durch diese Erweiterung zu einer Zahlengeraden geworden und sieht dann so aus:

$$\ldots -8 \quad -7 \quad -6 \quad -5 \quad -4 \quad -3 \quad -2 \quad -1 \quad 0 \quad +1 \quad +2 \quad +3 \quad +4 \quad +5 \quad +6 \quad +7 \quad +8 \ldots$$

Die natürlichen und die ganzen negativen Zahlen bilden mit der Null zusammen die Menge der *ganzen* Zahlen. Daneben gibt es noch weitere Zahlenarten (s. d.).

3. Begriff der Zahl

Ehe wir uns nun mit der Technik des Rechnens beschäftigen, wollen wir versuchen, über den Zahlbegriff Klarheit zu gewinnen.

a) *Die Zahl*
Die meistens mit verschiedenen Gegenständen gebrauchte Zahlziffer (5 Äpfel, 5 Birnen) meint die je nach Sprache und Alphabet (römisch, griechisch, arabisch) verschiedene Abkürzung für mehrfach Vorhandenes. Anstatt 5 Kreuze +++++ nebeneinander zu setzen, schreibt man die Ziffer (das Zahlzeichen 5, V, ε).

b) *Die Einheit der Zahl*
Man hat sich auf bestimmte Zahlzeichen geeinigt, und es ist leicht ersichtlich, daß bereits das Zahlzeichen (die Ziffer) gegenüber der Vielfalt der Gegenstände die Tendenz zur Vereinheitlichung in sich trägt. Man sagt nicht: ein Apfel und ein Apfel und ein Apfel; sondern auf einmal: 3 Äpfel. Jedes Zahlzeichen ist also ein Zusammenfassen und ein Vereinheitlichen.

II. DIE 4 GRUNDRECHNUNGSARTEN

Rechnen heißt allgemein, zu zwei oder mehr Zahlen nach bestimmten Regeln eine neue finden. In der geschichtlichen Entwicklung läßt sich eine Abfolge von Rechenarten beobachten, die aus praktischen Bedürfnissen entstanden und als die Grundlage aller weiteren komplizierteren Rechenarten angesehen werden. Sie heißen daher die Grundrechenarten Addition, Subtraktion, Multiplikation und Division.

Zu jeder der vier Grundrechenarten gehört eine Gleichung, die aus den Gliedern der Gleichung und den Rechenzeichen gebildet wird (s. Tabelle der vier Grundrechenarten). Die Rechenzeichen stehen zwischen den Gliedern. Jedes der vier Rechenzeichen $+$, $-$, $\cdot$, : legt eine bestimmte Vorschrift fest, nach der man zwei gegebenen Zahlen eine dritte zuordnet. Ist diese Zuordnung bei beliebigen natürlichen Zahlen möglich, so spricht man auch von einer Verknüpfung. Im Bereich der natürlichen Zahlen sind Addition und Multiplikation Verknüpfungen. Es gilt der

Summensatz: Zu je zwei natürlichen Zahlen gibt es eindeutig eine natürliche Zahl, die ihre Summe darstellt. Ebenso gilt der

Multiplikationssatz: Zu je zwei natürlichen Zahlen gibt es eindeutig eine natürliche Zahl, die ihr Produkt darstellt. Entsprechende Sätze gelten für die Subtraktion und die Division nicht.

Das Gleichheitszeichen

Das Gleichheitszeichen zwischen Zahltermen (s. *Term*) behauptet die Gleichheit der Werte der links und rechts vom Gleichheitszeichen stehenden Terme. Eine solche Behauptung kann richtig oder falsch sein. $2 + 3 = 5$ ist eine richtige Gleichung, $2 + 3 = 6$ eine falsche Gleichung. In der falschen Gleichung bedeutet das Gleichheitszeichen genau dasselbe wie in einer richtigen.

Tabelle der vier Grundrechenarten

Rechenart	Bezeichnungen	Gelesen
1. Addition (Zusammenzählen)	$5 + 4 = 9$ „5 + 4" Summenterm „5", „4" Summanden „9" Summe, Wert des Summenterms	5 plus 4 ist gleich 9, 5 plus 4 gleich 9, 5 plus 4 ist 9
2. Subtraktion (Abziehen; Umkehrung der Addition)	$9 - 4 = 5$ „9 – 4" Differenzterm „9" Minuend „4" Subtrahend „5" Differenz, Wert des Differenzterms	9 minus 4 ist gleich 5, 9 minus 4 gleich 5, 9 minus 4 ist 5

3. Multiplikation (Malnehmen)	$5 \cdot 4 = 20$ „5 · 4“ Produktterm „5“, „4“ Faktoren „5“ Multiplikand „4“ Multiplikator „20“ Produkt, Wert des Produktterms	5 mal 4 ist gleich 20, 5 mal 4 gleich 20, 5 mal 4 ist 20
4. Division (Teilen; Umkehrung der Multiplikation)	$20 : 5 = 4$ „20 : 5“ Quotiententerm „20“ Dividend „5“ Divisor „4“ Quotient, Wert des Quotiententerms	20 dividiert durch 5 ist gleich 4, 20 durch 5 ist 4 20 durch 5 gleich 4

Anmerkung: Statt „Summenterm“ wird auch oft von „unausgerechneter Summe“ gesprochen, auch kurz einfach „Summe“. Entsprechendes gilt für die anderen Grundrechenarten.

1. Addition natürlicher Zahlen

Für die Addition gelten folgende Regeln:

1. Das Addieren mehrstelliger Zahlen wird meistens schriftlich ausgeführt und beginnt mit der Addition der Einer, es folgt die Addition der Zehner, Hunderter usw. Dabei werden im allgemeinen die zu addierenden Zahlen untereinandergeschrieben. Dabei ist darauf zu achten, daß Einer unter Einern, Zehner unter Zehner usw. – also Stelle unter gleichnamiger Stelle – stehen. Das Ergebnis wird doppelt unterstrichen.
2. Die Glieder einer Summe (Summanden) können vertauscht werden.

Aufgabe:

4273 + 597 + 3759;

Lösung:

$$\begin{array}{rl} 4273 & \text{(Summand)} \\ 597 & \text{(Summand)} \\ +\,3759 & \text{(Summand)} \\ \hline 8629 & \text{(Summe).} \\ \hline\hline \end{array}$$

Erläuterung:

Wir beginnen mit der Addition der Einer, das heißt 3 plus 7 plus 9 gleich 19; die 9 Einer der erhaltenen 19 schreiben wir unter den Additionsstrich unter die Einer, den einen Zehner addieren wir zu den Zehnern der Summanden und rechnen 1 plus 7 plus 9 plus 5 Zehner gleich 22 Zehner (das sind 2 Zehner und 2 Hunderter); die 2 Zehner werden neben die 9 Einer geschrieben, die 2 Hunderter addiert man zu den Hundertern der Summanden und rechnet 2 plus 2 plus 5 plus 7 gleich 16; hier handelt es sich um 6 Hunderter und 1 Tausender, die 6 Hunderter werden neben die 2 Zehner geschrieben, den 1 Tausender rechnet man zu den Tausendern der Summanden und erhält 1 plus 4 plus 3 gleich 8.

Das Addieren läßt sich auch so durchführen, daß die zu addierenden Zahlen nebeneinander in Form einer Gleichung geschrieben werden: $4273 + 597 + 3759 = \underline{\underline{8629}}$.

Bei dieser Schreibweise wird die Addition genauso ausgeführt wie in der obigen Erläuterung angegeben.

2. Subtraktion natürlicher Zahlen

Für die Subtraktion gelten folgende Regeln:

1. Wie bei der schriftlichen Addition muß auch bei der schriftlichen Subtraktion darauf geachtet werden, daß die Ziffern richtig untereinandergeschrieben werden (gleiche Stellenwerte untereinander). Das heißt, die Einer, Zehner, Hunderter usw. bilden je eine senkrechte Kolonne.
2. Das Subtrahieren mehrstelliger Zahlen beginnt mit den Einern, dann werden die Zehner, dann die Hunderter usw. subtrahiert. Das Ergebnis (Differenz) wird doppelt unterstrichen.
3. Die Glieder einer Differenz (Minuend und Subtrahend) dürfen nicht vertauscht werden.

Die Ausführung der Subtraktion zweier mehrstelliger Zahlen

a) 1. *Methode* (*Ergänzungsverfahren*)

Aufgabe: 5352 — 2241;

Lösung:

$$\begin{array}{r} 5352 \\ -\,2241 \\ \hline 3111\,. \\ \hline\hline \end{array}$$

Erläuterung:

Bei dieser Methode wird von unten nach oben gerechnet. Das heißt: Einer: von 1 bis 2 ist 1 (1 Einer wird unter den Strich geschrieben); Zehner: von 4 bis 5 Zehnern ist 1 Zehner (1 Zehner wird unter den Strich geschrieben); Hunderter: von 2 bis 3 Hundertern ist 1 Hunderter (1 Hunderter wird unter den Strich geschrieben); Tausender: von 2 bis 5 Tausender sind 3 Tausender (die 3 Tausender werden unter den Strich geschrieben). Die Lösung der gestellten Aufgabe lautet: Die Ergänzung von 2241 bis 5352 beträgt 3111.

Aufgabe: 6437 — 3769;

Lösung:

$$\begin{array}{r} 6437 \\ -3769 \\ \hline 2668. \\ \hline\hline \end{array}$$

Erläuterung:

	Tausender	Hunderter	Zehner	Einer
	6	**4**	**3**	**7**
	6	*14*	*13*	*17*
—	**3**	**7**	**6**	**9**
	4	*8*	*7*	
	2	**6**	**6**	**8**

Wir rechnen wiederum von unten nach oben, das heißt, vom Subtrahenden zum Minuenden:

Einer: von 9 bis 7 kann mit positiven Zahlen nicht gerechnet werden, wir nehmen also einen Zehner zu Hilfe, den wir in 10 Einer umwandeln. Somit rechnen wir: Die Differenz von 9 bis 17 beträgt 8, sie wird unter den Strich geschrieben.

Zehner: Beim Ergänzen der Einer ist bereits ein Zehner umgewandelt worden. Wir rechnen diesen umgewandelten Zehner zu den 6 Zehnern im Subtrahenden, so daß wir sprechen: Von 7 bis 3 läßt sich nicht ergänzen, also ergänzen wir von 7 bis 13, indem wir einen Hunderter zu Hilfe nehmen. Die Differenz beträgt 6 Zehner. Die errechneten 6 Zehner werden unter den Strich geschrieben.

Hunderter: Beim Ergänzen der Zehner haben wir bereits einen Hunderter verwendet. Er wurde in Zehner umgewandelt, diesen Hunderter müssen wir jetzt zum Subtrahenden schlagen und ergänzen von 8 statt von 7 bis 14, die Differenz beträgt 6, sie wird unter den Strich geschrieben.

Tausender: Es ist wiederum ein Tausender mitverwendet worden beim Ergänzen der Hunderter, so daß wir statt von 3 von 4 Tausendern bis 6 Tausender ergänzen müssen. Die Differenz beträgt 2 Tausender.

Aufgabe:	Lösung:
8065 — 3683;	8065 — 3683 4382.

Erläuterung:

Einer: Von 3 bis 5 sind 2 Einer, die 2 Einer werden unter den Strich geschrieben.

Zehner: Von 8 bis 16 sind 8 Zehner, die 8 Zehner werden unter den Strich geschrieben.

Hunderter: Es ist ein Hunderter zu Hilfe genommen worden. Er muß jetzt mit in Abzug gebracht werden, also dem Subtrahenden zugeschlagen werden. Man spricht: Von 7 bis 10 sind 3 Hunderter, die 3 Hunderter werden unter den Strich geschrieben.

Tausender: Bei den Hundertern ist bis 10 ergänzt worden, es stand jedoch eine Null im Minuenden, so daß jetzt bei den Tausendern der eine umgewandelte Tausender berücksichtigt werden muß. Es heißt also, von 4 bis 8 Tausendern bleiben 4 Tausender. Sie werden unter den Strich geschrieben.

b) 2. *Methode* (*additives Subtraktionsverfahren, Subtraktion durch Hinaufaddieren*)

Auch bei diesem Verfahren rechnen wir von unten nach oben. Wir ergänzen jedoch nicht im eigentlichen Sinne, sondern addieren zum Subtrahenden die fehlende Differenz und erhalten den Minuenden, der allerdings bereits da steht.

Aufgabe:	Lösung:
358 — 243;	358 — 243 115.

Erläuterung:

Einer: 3 E[1]) plus 5 E gleich 8 E
Zehner: 4 Z plus 1 Z gleich 5 Z
Hunderter: 2 H plus 1 H gleich 3 H.

Die Differenz beträgt also 115.

[1]) Für die Bezeichnungen Einer, Hunderter, Tausender usw. (also die Stellenwertbezeichnungen) können auch die Anfangsbuchstaben E, H, T, ... gesetzt werden.

Aufgabe: Lösung:

473 — 249;

$$\begin{array}{r} 473 \\ -\,249 \\ \hline 224. \\ \hline\hline \end{array}$$

Erläuterung:

Einer: 9 plus 4 gleich 13 (die 4 Einer werden unter den Strich geschrieben). Wir haben 13 erhalten, das sind 3 Einer (sie stehen bereits im Minuenden) und 1 Zehner. Den einen Zehner rechnen wir zu den 4 Zehnern im Subtrahenden, so daß es bei den Zehnern heißen muß:

Zehner: 5 Z plus 2 Z gleich 7 Z
Hunderter: 2 H plus 2 H gleich 4 H.

Aufgabe: Lösung:

6437 — 3769;

$$\begin{array}{r} 6437 \\ -\,3769 \\ \hline 2668. \\ \hline\hline \end{array}$$

Erläuterung:

$$\begin{array}{r} 6437 \\ -\,3769 \\ \hline 8 \end{array}$$

Einer: 9 E plus **8** E gleich 17 E, das sind 7 E + 1 Z.

$$\begin{array}{r} 6437 \\ -\,3769 \\ \hline 6 \end{array}$$

Zehner: 6 Z plus 1 Z (der bei den Einern ermittelt wurde) plus **6** Z (die noch bis zu 13 Z im Minuenden fehlen) gleich 13 Z.

$$\begin{array}{r} 6437 \\ -\,3769 \\ \hline 6 \end{array}$$

Hunderter: 7 H plus 1 H (aus den vorhergegangenen 13 Z) plus **6** H gleich 14 Hunderter. Diese 14 H bestehen aus 4 H und 1 T.

$$\begin{array}{r} 6437 \\ -\,3769 \\ \hline 2 \end{array}$$

Tausender: 3 T plus 1 T (aus den errechneten 14 Hundertern) plus **2** T gleich 6 T.

Dieses Verfahren ist ausführlicher gezeigt worden, weil es in den meisten Schulen angewandt wird. Es bietet gegenüber dem früheren Abziehverfahren verschiedene Vorteile. Ein großer Vorteil ist, daß mehrere Subtrahenden von einem Minuenden ohne viel Mühe subtrahiert werden können.

Aufgabe:

5627 — 1347 — 1569 — 853

Lösung und Erläuterung:

5627 — 1347 — 1569 — 853 8	Einer: Zunächst werden alle Einer der Subtrahenden addiert, wir erhalten 3 + 9 + 7 gleich 19 und addieren **8**, um auf 27 Einer zu kommen; von den 27 steht die 7 als Minuend in den Einern, die 20 werden als 2 Zehner zu den Zehnersubtrahenden gerechnet (addiert);
5627 — 1347 — 1569 — 853 5	Zehner: 2 (aus der Einerrechnung) + 5 + 6 + 4 = 17 und 5 gleich 22 Zehner, wobei die 2 wiederum in der Zehnerstelle des Minuenden steht, die 2 H werden anschließend zu den Hundertern in den Subtrahenden addiert.
5627 — 1347 — 1569 — 853 8	Hunderter: 2 (aus der Zehnerrechnung) + 8 + 5 + 3 = 18 und 8 gleich 26 Hunderter, wobei die 6 als Hunderterstelle im Minuenden steht, die 2 T werden zu den Tausendern in den Subtrahenden addiert.
5627 — 1347 — 1569 — 853 1	Tausender: 2 (aus der Hunderterrechnung) + 1 + 1 = 4 und 1 gleich 5 T, wobei wieder die 5 in der Tausenderstelle des Minuenden steht, die 1 wird unter den Strich (Rechenstrich) geschrieben.

Somit beträgt die Differenz: 1858.

c) *Zur Subtraktion und Addition sei abschließend gesagt:*

1. Um richtige Ergebnisse zu erhalten soll zweimal gerechnet werden!
2. Vor dem Rechnen soll man das Ergebnis schätzen!
3. Eine gute Probe ist immer: Subtrahend + Differenz = Minuend, bei Additionsaufgabe: Summe — Summand = Summand.

3. Multiplikation natürlicher Zahlen

Voraussetzung für das Multiplizieren (Vervielfachen oder Malnehmen) ist die Kenntnis des kleinen Einmaleins. Es umfaßt die Multiplikationsaufgaben mit Faktoren von 1–10.

Grundsätzliches zur Multiplikation:

1. Die Multiplikation natürlicher Zahlen kann als abgekürzte Schreibweise für die Addition gleicher Summanden aufgefaßt werden.
2. Bei der Multiplikation können die Faktoren vertauscht werden. 4 mal 3, geschrieben $4 \cdot 3$, bedeutet soviel wie $3 + 3 + 3 + 3$. Oft deutet man 4 mal 3 auch als Abkürzung von $4 + 4 + 4$. Für das praktische Rechnen ist der Unterschied ohne Bedeutung.
3. Aufbau einer Multiplikationsaufgabe:

$423 \cdot 6 = 2538$ Multiplikand . Multiplikator = Wert des Produktes oder
Faktor . Faktor = Wert des Produktes

a) *Multiplikationstabelle*

Die Tabelle wird mit Hilfe von zwei Fingern abgetastet. Der linke Zeigefinger sucht den einen Faktor in der ersten senkrechten Spalte, der rechte Zeigefinger sucht den anderen Faktor in der oberen ersten Zeile; der linke Zeigefinger fährt die Zeile entlang nach rechts, der rechte Zeigefinger fährt die Spalte hinunter bis er auf den anderen Zeigefinger trifft. Die im Schnittpunkt liegende Zahl ist das Produkt.

1	2	3	4	5	6	7	8	9	10	11	12	13	14	15	16	17
2	4	6	8	10	12	14	16	18	20	22	24	26	28	30	32	34
3	6	9	12	15	18	21	24	27	30	33	36	39	42	45	48	51
4	8	12	16	20	24	28	32	36	40	44	48	52	56	60	64	68
5	10	15	20	25	30	35	40	45	50	55	60	65	70	75	80	85
6	12	18	24	30	36	42	48	54	60	66	72	78	84	90	96	102
7	14	21	28	35	42	49	56	63	70	77	84	91	98	105	112	119
8	16	24	32	40	48	56	64	72	80	88	96	104	112	120	128	136
9	18	27	36	45	54	63	72	81	90	99	108	117	126	135	144	153
10	20	30	40	50	60	70	80	90	100	110	120	130	140	150	160	170
11	22	33	44	55	66	77	88	99	110	121	132	143	154	165	176	187
12	24	36	48	60	72	84	96	108	120	132	144	156	168	180	192	204
13	26	39	52	65	78	91	104	117	130	143	156	169	182	195	208	221
14	28	42	56	70	84	98	112	126	140	154	168	182	196	210	224	238
15	30	45	60	75	90	105	120	135	150	165	180	195	210	225	240	255
16	32	48	64	80	96	112	128	144	160	176	192	208	224	240	256	272
17	34	51	68	85	102	119	136	153	170	187	204	221	238	255	272	289
18	36	54	72	90	108	126	144	162	180	198	216	234	252	270	288	306
19	38	57	76	95	114	133	152	171	190	209	228	247	266	285	304	323
20	40	60	80	100	120	140	160	180	200	220	240	260	280	300	320	340

Es empfiehlt sich, die Teiltabelle des kleinen Einmaleins auswendig zu lernen. Großen Rechenvorteil hat der, der die ganze Tabelle beherrscht.

Die schriftliche Multiplikation:
Das Rechenzeichen der Multiplikation ist · (gelesen: mal). Verschiedentlich wird auch noch das Andreaskreuz (×) verwendet.

b) *Schriftliche Multiplikation mit einstelligem Multiplikator*

Anhand der Aufgabe $423 \cdot 6$ soll die schriftliche Lösung vollzogen werden. Es handelt sich um eine Aufgabe mit dem dreistelligen Multiplikanden 423 und dem einstelligen Multiplikator 6.

Aufgabe: $423 \cdot 6$

Lösung:

$$\begin{array}{r} 423 \cdot 6 \\ \hline 8 \end{array}$$

Erläuterung:

Einer: Man spricht: $6 \cdot 3$ E gleich 18 E, die 8 wird unter den Strich geschrieben, die 10 wird als 1 Z zu den Zehnern addiert, nachdem diese mit 6 multipliziert worden sind.

$$\begin{array}{r} 423 \cdot 6 \\ \hline 3 \end{array}$$

Zehner: Man spricht: $6 \cdot 2$ Z gleich 12 Z plus 1 Z gleich 13 Z, die 3 Z werden unter den Strich geschrieben, der Hunderter (aus den 13 Z) wird zu den Hundertern addiert, nachdem diese mit 6 multipliziert worden sind.

$$\begin{array}{r} 423 \cdot 6 \\ \hline 25 \end{array}$$

Hunderter: Man spricht: $6 \cdot 4$ H gleich 24 H plus 1 H gleich 25 Hunderter, die vollständig unter den Strich geschrieben werden, weil die Multiplikation beendet ist.

$$\begin{array}{r} 423 \cdot 6 \\ \hline 2538. \\ \hline\hline \end{array}$$

c) *Schriftliche Multiplikation mit zweistelligem Multiplikator*

Aufgabe: $423 \cdot 68$;

Lösung:

$$\begin{array}{r} 423 \cdot 68 \\ \hline 2538 \\ 3384 \\ \hline 28764. \\ \hline\hline \end{array}$$

Erläuterung:

Der Multiplikand muß zunächst mit den 6 Zehnern multipliziert werden, danach wird 423 mit 8 Einern multipliziert. Die aus den Multiplikationen erhaltenen Teilprodukte werden ihrem Stellenwert entsprechend unter den zweiten Faktor (Multiplikator) gesetzt und addiert.

Die Schritte nochmals im einzelnen:

```
423 · 68
--------
2538
```

Zehner: Multipliziert wird zunächst mit 6 Zehnern (60 Einern). Würden wir 423 · 60 rechnen, so erhielten wir 25380. Wir lassen jedoch beim Aufschreiben die Null weg, so daß nur 2538 unter den waagerechten Strich geschrieben wird. Dabei verfahren wir so, daß der Multiplikator (2. Faktor) den Stellenwert angibt, die 8 Zehner des Teilproduktes also unter den 6 Zehnern des Multiplikators stehen müssen.

```
423 · 68
--------
 2538
  3384
--------
 28764
========
```

Einer: Multipliziert wird jetzt mit 8 Einern. Wir erhalten daraus 3384. Dieses Teilprodukt wird dem Stellenwert gemäß unter das bereits vorhandene Zehnerteilprodukt geschrieben. (Es wird also nach rechts herausgerückt.) Es folgt noch die Addition der beiden Teilprodukte. Das Endergebnis heißt 28764.

d) *Schriftliche Multiplikation mit dreistelligem Multiplikator*

Aufgabe: 423 · 684;

Erläuterung und Aufbau der Lösung:

```
423 · 684
---------
2538
```

Zunächst wird mit 6 Hundertern multipliziert, wir erhalten 253800. Beim Aufschreiben lassen wir jedoch die beiden Nullen (Einer- und Zehnerstellen) weg, so daß diese beiden Stellen unter dem Multiplikator frei bleiben, der wiederum die Stellenwerte der Teilprodukte bestimmt.

```
423 · 684
---------
2538
 3384
```

Zehner: Die Multiplikation mit 8 Zehnern ergibt 33840. Beim Aufschreiben lassen wir jedoch die Null wiederum fort, so daß die 4 Zehner dieses Teilproduktes unter dem Zehnerstellenwert des Multiplikators erscheinen müssen.

423 · 684	
2538	Einer: Die Multiplikation der Einer ergibt 1692. Dieses Teilprodukt erscheint ebenfalls unter den anderen Teilprodukten gemäß dem Stellenwert. Abschließend werden die drei Teilprodukte addiert.
3384	
1692	
289332	

Empfehlung:

Es ist angebracht, bei der schriftlichen Multiplikation die Faktoren so aufzuschreiben, daß der Multiplikator die Zahl mit dem kleineren Stellenwert ist. Nach dem Gesetz über die Vertauschung der Faktoren ändert sich hierbei das Resultat der Multiplikation nicht (s. S. 103).

4. Division natürlicher Zahlen

Grundsätzliches zur Division:

1. Die Division ist die Umkehrung der Multiplikation.
2. Form der Divisionsgleichung: $42 : 7 = 6$; Dividend : Divisor = Wert des Quotienten.

In diesem Beispiel sieht man, daß das Rechenzeichen durch den Doppelpunkt dargestellt wird (gesprochen: 42 geteilt durch 7 gleich 6). Dividend und Divisor stehen nebeneinander und sind durch den Doppelpunkt getrennt.

3. Es gibt zwei Deutungen einer Divionsaufgabe, nämlich die als Teilungsaufgabe und die als Messungsaufgabe (Enthaltensein).
4. Teilungsaufgaben: Wie groß ist ein Teil, wenn ich 20 in 5 gleiche Teile teile?
5. Messungsaufgaben: In wieviel gleiche Teile kann ich 20 teilen, wenn ein Teil 5 sein soll? Oder: Wie oft ist 5 in 20 enthalten?
6. Bei der Division dürfen die Glieder nicht vertauscht werden.

Hinweis auf die Anwendung der Multiplikationstabelle bezüglich der Division:

Auch bei der Division läßt sich die Multiplikationstabelle anwenden. Bei der Aufgabe 42 : 6 sucht man in der obersten Reihe zunächst den Divisor auf (6), verfolgt dann die Spalte nach unten bis zur Zahl 42; von dort aus verfolgt man die gefundene Reihe nach links bis zum Rand, also bis zur ersten Spalte. Dort steht der Quotient (7). Voraussetzung für eine sichere schriftliche Division ist die Kenntnis mindestens des kleinen Einmaleins.

Die Lösung einer Divisionsaufgabe kann auf Richtigkeit geprüft werden durch Multiplikation des Divisors mit dem Wert des Quotienten. Wenn dieses Produkt denselben Wert wie der Dividend hat, so wurde richtig dividiert. Diesen Umkehrungsvorgang nennt man Probe. Es empfiehlt sich, diese Probe bei jeder Division durchzuführen, um die Richtigkeit der Rechnung zu kontrollieren: **Divisor mal Quotient = Dividend.**

a) *Schriftliche Division mit einstelligem Divisor*

Die Aufgabe wird beim schriftlichen Lösungsweg stets mit dem Doppelpunkt geschrieben (Also: 864 : 9.) An einigen Beispielen soll die schriftliche Division erläutert werden.

Aufgabe:
864 : 9;

Lösung:

$$\begin{array}{l} 864 : 9 = \underline{\underline{96}}\,. \\ \underline{81} \\ \ \ 54 \end{array}$$

Erläuterung:

$$\begin{array}{l} 864 : 9 = \mathbf{9} \\ \underline{81} \\ \ \ 5 \end{array}$$

Da 8 kleiner ist als 9, beginnen wir nicht mit 8 durch 9, sondern mit 86 : 9 = **9** Rest 5.

Diese fettgedruckte **9** erscheint hinter dem Gleichheitszeichen als Teilquotient: 9 · 9 = 81. Diese 81 erscheint unter der 86 und wird subtrahiert, es verbleiben 5. Die 5 des Restes sind Zehner, der tatsächliche Rest ist also nicht 5, sondern 50.

$$\begin{array}{l} 864 : 9 = \underline{\underline{96}} \\ \underline{81} \\ \ \ 54 \\ \ \ \underline{54} \\ \ \ \ \ 0 \end{array}$$

Diese 5 Zehner sind weiterhin Teildividend. Dazu kommen die 4 Einer aus dem Dividenden; so daß jetzt dividiert werden muß 54 : 9. Der Teilquotient daraus sind **6** Einer, die hinter die bereits ermittelten 9 Zehner geschrieben werden.

6 · 9 = 54, diese 54 werden unter die 54 im Dividenden geschrieben und subtrahiert, es verbleibt 0. Der Quotient ist also 96.

Von dieser Division sagt man, sie geht auf, d. h., es verbleibt kein Rest.

Probe: 96 · 9 = 864
Quotient mal Divisor gleich Dividend

Die Probe kann schriftlich durchgeführt werden.

b) *Schriftliche „Division mit Rest“*

Aufgabe: 858 : 7;

Lösung:

$$\begin{array}{l} 858 : 7 = \underline{\underline{122, \text{Rest } 4.}} \\ \underline{7} \\ 15 \\ \underline{14} \\ 18 \\ \underline{14} \\ 4 \end{array}$$

Erläuterung:

Man spricht: 8 : 7 gleich 1, die 1 erscheint im Quotienten, 1 · 7 gleich 7, diese 7 erscheint unter den 8 Hundertern des Dividenden. Es wird subtrahiert, und es verbleibt 1, dazu kommen die 5 Zehner aus dem Dividenden. Wir teilen 15 : 7 gleich 2, die 2 erscheint im Quotienten. 2 · 7 gleich 14, die 14 erscheint unter der 15. Es wird subtrahiert, und es verbleibt 1, dazu kommen die 8 Einer aus dem Dividenden. Wir teilen nun 18 : 7 gleich 2, die 2 erscheint im Quotienten. Sie wird mit dem Divisor multipliziert. Die sich daraus ergebenden 14 werden unter die 18 geschrieben und subtrahiert, es verbleiben 4. Das ist der Rest.

Der Rest müßte eigentlich auch noch durch 7 geteilt werden. Weil das Ergebnis kleiner als 1 wäre, wird auf die Ausrechnung verzichtet, wenn nicht auf Dezimalstellen berechnet werden soll. Für genaue Rechnungen empfiehlt es sich, die nicht mehr dividierte Zahl als Bruch mit in den Quotienten zu nehmen. Wir schreiben in diesem Falle den Quotienten folgendermaßen:

$122\frac{4}{7}$ (gesprochen: 122 vier Siebtel).

Die Darstellung 858 : 7 = 122 Rest 4 ist veraltet und mathematisch nicht korrekt, weil hier das Gleichheitszeichen mißbraucht wird.
Behauptet man z. B. 16 : 3 = 5 Rest 1 und 21 : 4 = 5 Rest 1, so müßte man auch gelten lassen 16 : 3 = 21 : 4, was falsch ist. Die Angabe „5 Rest 1“ kennzeichnet die Division nicht eindeutig. Die einfachste und korrekte Darstellung des Sachverhaltens liefert hier die

Probe: $122 \cdot 7 + 4 = 858$

Quotient mal Divisor plus Rest gleich Dividend.

c) *Division mit mehrstelligem Divisor*

Aufgabe:

75493 : 425 ;

Lösung:

75493 : 425 = 177, Rest 268
425
3299
2975
3243
2975
268

$\left(\text{oder } 177 \frac{268}{425}\right)$

Erläuterung:

75493 : 425 = 1
425
329

Man spricht 754 : 425 gleich 1, die 1 steht an der höchsten Stelle im Quotienten. 1 · 425 gleich 425. Diese Zahl wird unter die ersten 3 Stellen des Dividenden geschrieben. Es folgt die Subtraktion, und als neuer Teildividend verbleibt 329.

75493 : 425 = 17
425
3299
2975
324

75493 : 425 = 177
425
3299
2975
3243
2975
268

Zu den 329 kommen die 9 Zehner aus dem Dividenden, so daß jetzt 3299 durch 425 dividiert wird. Als weiterer Teilquotient ergibt sich 7. Man multipliziert jetzt 7 · 425 gleich 2975. Dieses Produkt erscheint unter 3299 und wird subtrahiert, es verbleibt als neuer Teildividend 324. Zu den 324 werden die 3 Einer aus dem Dividenden geschrieben, so daß jetzt 3243 : 425 zu teilen ist. Das ergibt 7; 7 · 425 gleich 2975. Dieses Produkt wird unter den Teildividenden geschrieben und subtrahiert. Somit verbleibt ein Rest von 268.

Probe: 177 · 425 = 75225; 75225 + 268 = 75493.

Es gibt eine verkürzte Art der schriftlichen Division. Dabei subtrahiert man in der Ausrechnung im Kopf und schreibt jedesmal gleich den neuen Teildividenden auf, statt die Subtraktion schriftlich durchzuführen.

Dazu ein Beispiel:

Aufgabe:

75493 : 425;

Lösung:

75493 : 425 = 177, Rest 268.
3299
3243
268

Erläuterung:	
75493 : 425 = 1 329	Man spricht: 754 : 425 gleich 1, die Differenz von 425 bis 754 beträgt 329 (Subtraktion wird im Kopfe ausgeführt), 329 wird jetzt unter den Dividenden geschrieben.
75493 : 425 = 17 3299 **4**	Zu den 329 kommen 9 Zehner aus dem Dividenden, jetzt kann 3299 durch 425 dividiert werden, was 7 ergibt, die 7 erscheint im Quotienten. Die Multiplikation 7 · 425 läßt sich im Kopfe schwierig bewältigen, deshalb wird hier wie beim schriftlichen Multiplizieren verfahren. Man spricht: Einer: 7 · 5 gleich 35, von 5 bis 9 sind **4**.
75493 : 425 = 17 3299 **24**	Zehner: 7 · 2 gleich 14 plus 3 (Überhang aus der Einermultiplikation) gleich 17, von 7 bis 9 gleich **2**
75493 : 425 = 17 3299 **3**24	Hunderter: 7 · 4 gleich 28 plus 1 (Überhang aus der Zehnermultiplikation) gleich 29, von 29 bis 32 verbleiben **3**. Wir nehmen die im Dividenden befindlichen 3 Einer dazu und haben nun den neuen Divisor. Es folgt die Division 3243 : 425. Das ergibt wiederum
75493 : 425 = 177 3299 3243 **8**	7. Der mit dem Multiplikationsvorgang gekoppelte Subtraktionsvorgang wird wiederholt. Man spricht: Einer: 7 · 5 gleich 35, von 5 bis 13 verbleiben **8**.
75493 : 425 = 177 3299 3243 **68**	Zehner: 7 · 2 gleich 14 plus 3 gleich 17 plus 1 Zehner (der aus der Einersubtraktion hinzukommt), gleich 18, von 8 bis 14 gleich **6**.
75493 : 425 = 177 3299 3243 268 Rest.	Hunderter: 7 · 4 gleich 28 plus 1 gleich 29 plus 1 gleich 30, von 30 bis 32 verbleiben **2**. Somit erhalten wir gleich als Rest 268.

Probe: $177 \cdot 425 = 75225$; $75225 + 268 = \underline{\underline{75493}}$.

Für schwache Rechner empfiehlt sich die vollschriftliche Methode. Abschließend sei zur Division mit ganzen Zahlen grundsätzlich empfohlen, vor jeder schriftlichen Division das ungefähre Ergebnis zu schätzen. Dabei verfährt man am besten so, daß Dividend und Divisor vor dem Schätzen gerundet werden (s. *Aufrunden und Abrunden*).

5. Rechenhilfen und Vorteile beim mündlichen und schriftlichen Rechnen mit natürlichen Zahlen

a) Addition

Wenn Zahlen zu addieren sind, die nahe bei vollen Hundertern oder Tausendern liegen, so verfährt man vorteilhafterweise folgendermaßen:

1. *Beispiel* für die mündliche Addition:

Aufgabe: $256 + 299$;

Lösung: $256 + 300 = 556$; $556 - 1 = \underline{\underline{555}}$.

Erläuterung: Wir haben hier die Zahl 299, die sich nahe an 300 befindet, auf den vollen Hunderter erhöht, somit also bei der Ausführung der Addition 1 zuviel addiert. Diese 1 wird wieder subtrahiert.

2. *Beispiel* für die mündliche Addition:

Aufgabe: $1435 + 3004$;

Lösung: $1435 + 3000 = 4435$; $4435 + 4 = \underline{\underline{4439}}$.

Beispiel für die schriftliche Addition:

Aufgabe: $4526 + 3414 + 5173 + 2647 + 7346$;

Lösung:

$$\begin{array}{r} \left.\begin{array}{r} 4526 \\ +\ 3414 \end{array}\right] 10 \\ \left.\begin{array}{r} +\ 5173 \\ +\ 2647 \end{array}\right] 10 \\ +\ 7346 \\ \hline \underline{\underline{23106}}\,. \end{array}$$

Erläuterung: Am Beispiel der Einerkolonne soll der hier mögliche Rechenvorteil erklärt werden:

Man erkennt sofort: $6 + 4 = 10$;
$3 + 7 = 10$;
$20 + 6 = 26$.

b) Subtraktion

Für die mündliche Subtraktion gibt es ebenfalls Rechenhilfen. Sie sind denen der Addition ähnlich.

Beispiel für die mündliche Subtraktion:

Aufgabe:	Lösung:
768 — 297;	768 — 300 = 468; 468 + 3 = $\underline{\underline{471}}$.

Erläuterung: Bei der Erhöhung des Subtrahenden 297 auf 300 und der anschließenden Ausrechnung mit diesem Subtrahenden haben wir 3 zuviel subtrahiert. Sie müssen anschließend wieder addiert werden.
Bei der schriftlichen Subtraktion bieten sich eigentlich nur Vorteile, wenn wir mehrere Subtrahenden von einem größeren Minuenden zu subtrahieren haben. Dabei trifft dasselbe zu, was bereits oben über die Vorteile bei der schriftlichen Addition gesagt worden ist.

c) Multiplikation

α) *Mündliche und halbschriftliche Multiplikation*

Eine Multiplikation läßt sich am einfachsten durchführen, wenn Multiplikand oder Multiplikator (also einer der Faktoren der linken Seite der Gleichung) 10, 100, 1000, 10000 usw. heißt, d.h., wenn einer der Faktoren eine 1 mit einer oder mehreren Nullen ist. Den Wert des Produktes erhält man, indem man an den anderen Faktor soviel Nullen anhängt, wie der eine Faktor hinter der 1 stehen hat. Das bedeutet:

$$78 \cdot 10 = 780$$
$$78 \cdot 100 = 7800$$
$$78 \cdot 1000 = 78000$$
$$78 \cdot 10000 = 780000 \text{ usw.}$$

Bringen wir nun eine auszuführende Multiplikation auf eine dieser gezeigten Formen, so lassen sich die Nebenrechnungen ohne viel Mühe durchführen.

Beispiele:

Aufgabe:	Lösung:
16 · 9;	16 · 9 = 16 · 10 — 16 · 1.

Erläuterung: Es wird zunächst die Multiplikation 16 · 10 ausgeführt. Da wir nur mit 9 multiplizieren sollen, haben wir 16 · 1 zuviel gerechnet. Dieses Zuviel muß vom Produkt 16 · 10 wieder subtrahiert werden, so daß zu rechnen bleibt: 160 — 16 = 144.

Aufgabe:
$98 \cdot 24$;

Lösung:
$24 \cdot 98$ (Faktoren sind vertauscht worden, um mit einer Zehnerpotenz als Multiplikator rechnen zu können.)
$24 \cdot 98 = 24 \cdot 100 - 24 \cdot 2$.

Erläuterung: $24 \cdot 100 = 2400$; $24 \cdot 2 = 48$; $2400 - 48 = 2352$.

Aufgabe:
$256 \cdot 89$;

Lösung:
$256 \cdot 89 = 256 \cdot 100 - 256 \cdot 10 - 256 \cdot 1$.

Erläuterung: Es ist zuerst mit 11 zuviel multipliziert worden, deshalb subtrahieren wir von 25600 die Produkte aus $256 \cdot 10$ und $256 \cdot 1$, indem wir sie gleich als Subtrahenden unter den Minuenden 25600 schreiben:

$$\begin{array}{r} 25600 \\ -\ 2560 \\ -\ 256 \\ \hline 22784. \end{array}$$

Aufgabe: $3273 \cdot 991$;

Lösung: $3273 \cdot 991 = 3273 \cdot 1000 - 3273 \cdot 10 + 3273 \cdot 1$.

Erläuterung: Statt mit 991 multiplizieren wir zunächst mit 1000, subtrahieren danach die Multiplikation mit 10 und addieren zuletzt wieder die Multiplikation mit 1.

$$\begin{array}{r} 3273000 \\ -\ 32730 \\ \hline 3240270 \\ +\ 3273 \\ \hline 3243543 \end{array}$$

Beträgt einer der Faktoren 5, 50, 500, 5000 oder eine 5 mit noch mehr Nullen, so läßt sich diese Rechnung vereinfachen, indem zunächst mit 10, 100, 1000, 10000 usw. multipliziert und das Produkt dann halbiert (durch 2 dividiert) wird.

Aufgabe:
$765 \cdot 500$;

Lösung:
$765 \cdot 500 = 765 \cdot 1000 : 2$.

Erläuterung: $765 \cdot 1000 = 765000$; $765000 : 2 = \underline{\underline{382500}}$.

Beträgt einer der Faktoren 25, so läßt sich die Rechnung so durchführen, daß man zunächst mit 100 multipliziert und anschließend durch 4 dividiert.

Aufgabe:	Lösung:
$828 \cdot 25$;	$828 \cdot 100 = 82800$; $82800 : 4 = \underline{\underline{20700}}$.

Erläuterung: Da der Multiplikand 828 mit 100 multipliziert wird und 25 der vierte Teil von 100 ist, muß auch vom Produkt zum Schluß der vierte Teil errechnet werden. Der Divisionsvorgang kann auch vor dem Multiplizieren ausgeführt werden (s. nachfolgende Aufgabe):

Aufgabe:	Lösung:
$828 \cdot 25$;	$\frac{828}{4} \cdot 100$.

Erläuterung: Zunächst wird also $\frac{828}{4}$ errechnet, das ergibt 207. Dieser Quotient wird dann mit 100 multipliziert, das Endprodukt ist 20700. Hier taucht die Frage auf, ob man innerhalb dieser Gleichung sowohl mit $\frac{100}{4}$ als auch mit $\frac{828}{4}$ rechnen kann. Die Probe beweist, daß beides möglich ist:

$$\frac{100}{4} \cdot 828 = 25 \cdot 828 = 20700$$

$$\frac{828}{4} \cdot 100 = 207 \cdot 100 = 20700.$$

In diesem Fall, und in allen ähnlichen Fällen, wählt man immer die bequemste Rechenmethode.

Bei der Division durch 4 kann nur ein Rest von 1, 2 oder 3 bleiben. Bleibt bei der Division durch 4 ein Rest von 1, so muß die Zahl 25 statt der zwei Nullen an den aus der Division ermittelten Quotienten angefügt werden.

Bleibt bei der Division durch 4 ein Rest von 2, so wird an den aus der Division ermittelten Quotienten die Zahl 50 angehängt statt der beiden Nullen einer Multiplikation mit 100

Bleibt ein Rest von 3, so wird an den Quotienten statt der beiden Nullen einer Multiplikation mit 100 eine 75 angehängt.

Eine weitere Art der halbschriftlichen Multiplikation ist möglich, wenn einer der Faktoren 125 heißt. Man hat dabei zu bedenken, daß 125 der achte Teil von 1000 ist.

Beispiel:

Aufgabe:

$232 \cdot 125;$

Lösung:

$$\frac{232}{8} \cdot 1000; \quad \frac{232}{8} = 29;$$

$$29 \cdot 1000 = 29000.$$

Erläuterung: Der Multiplikand wurde durch 8 dividiert, der errechnete ganzzahlige Quotient wurde mit 1000 multipliziert.

Das gilt für einen Faktor, der ohne Rest durch 8 teilbar ist. Auch bei Zahlen, die nur mit Rest teilbar sind, ist dieses Verfahren möglich. Statt mit 1000 zu multiplizieren, müssen an den durch die Division durch 8 gefundenen Quotienten dreistellige Zahlen angehängt werden.

Bleibt beim Dividieren durch 8

$$\text{ein Rest von} \left\{\begin{array}{c} 1 \\ 2 \\ 3 \\ 4 \\ 5 \\ 6 \\ 7 \end{array}\right\}, \text{ so wird dem Quotienten} \left\{\begin{array}{c} 125 \\ 250 \\ 375 \\ 500 \\ 625 \\ 750 \\ 875 \end{array}\right\} \text{angehängt.}$$

β) Rechenhilfen bei der schriftlichen Multiplikation

Eine sehr bequeme Art der Multiplikation ergibt sich bei Aufgaben, in denen im Multiplikator die Zahl 1 häufig auftritt.

Aufgabe:

$487 \cdot 111;$

Lösung:

$$\begin{array}{l} 487 \cdot 111 \\ 487 \\ 487 \\ \hline 54057. \end{array}$$

Erläuterung:

Die Multiplikation mit dem Hunderter wird nicht ausgeführt, dafür bleibt gleich der Multiplikand stehen. Die Zehner- und Einermultiplikationen werden ausgeführt und in der üblichen Weise untereinander geschrieben. Genauso wird verfahren, wenn der Multiplikator 1111, 11111 ist oder aus noch mehr Einsen besteht.

Aufgabe: 385 · 241;

Lösung:

```
 385 · 241
1540
770
92785.
```

Erläuterung:

Bei der Multiplikation wird der Multiplikand als Teillösung der Multiplikation mit dem Einer verwendet. Die Zehner- und Hundertermultiplikationen werden in der üblichen Weise ausgeführt.

Aufgabe: 385 · 214;

Lösung:

```
 385 · 214
 1540
770
82390.
```

Erläuterung:

Die Multiplikation mit dem Zehner (1) wird zuerst durchgeführt, indem einfach der Multiplikand oben stehenbleibt. Als nächstes ist die Einermultiplikation ausgeführt worden, d. h. 4 · 385. Da aus der Zehnermultiplikation eigentlich 3850 herauskommt, wir die Einerstelle jedoch nicht mit aufschreiben, muß das Produkt aus der Einermultiplikation um eine Stelle nach rechts gerückt werden.
Bei der Multiplikation mit den 2 Hundertern fehlen beim Aufschreiben 2 Nullen. Das daraus errechnete Produkt muß also gegenüber dem Einerprodukt um 2 Stellen nach links gerückt werden. Es folgt die Addition.

Aufgabe: 385 · 124;

Lösung:

```
385 · 124
 770
 1540
47740.
```

Erläuterung:

In diesem Beispiel ist die Multiplikation mit dem Hunderter zuerst ausgeführt worden. Das Produkt daraus müßte eigentlich 38500 heißen, die 2 Nullen bleiben jedoch weg, so daß durch die Stellenverschiebung das Produkt aus der Zehnermultiplikation um eine Stelle nach rechts verschoben werden muß. Das Produkt aus der Einermultiplikation muß demnach im Verhältnis zum Multiplikanden um 2 Stellen nach rechts verschoben werden. Es folgt die Addition.

In ähnlicher Weise kann man verfahren, wenn im Multiplikator eine oder mehrere Nullen auftreten.

Aufgabe:

637 · 207;

Lösung:

```
637 · 207
---------
     4459
  1274
---------
  131859.
=========
```

Erläuterung:
Wir haben mit den Einern des Multiplikators begonnen. Da die Multiplikation mit der Zehnerstelle 0 ergibt, braucht nichts aufgeschrieben zu werden. Das Produkt aus der Hundertermultiplikation muß jedoch dann um 2 Stellen nach links gerückt werden, denn die 4 dieses Produktes bildet ja die Hunderterstelle.

Aufgabe:

4586 · 2007;

Lösung:

```
4586 · 2007
-----------
      32102
  9172
-----------
  9204102.
===========
```

Erläuterung:
In diesem Beispiel wurde weder mit dem Zehner noch mit dem Hunderter multipliziert. Wir müssen also das Produkt aus der Multiplikation mit dem Tausender um 3 Stellen nach links rücken. Nur richtiges Untereinanderschreiben ermöglicht ein richtiges Ergebnis.

Aufgabe:

35746 · 27000;

Lösung:

```
35746 · 27000
-------------
  250222
 71492
-------------
 965142000.
=============
```

Erläuterung:
Die Multiplikation mit 1000 wird zum Schluß ausgeführt.

Eine weitere Rechenhilfe bei der schriftlichen Multiplikation ist die folgende Art der halbschriftlichen Multiplikation.
Anhand von 2 Beispielen soll sie schrittweise durchgeführt und erläutert werden.

Aufgabe: $24 \cdot 36$;

Lösung und Erläuterung:

Die Faktoren werden untereinander geschrieben.

Der Verlauf der Rechnung im Schema:

$$\begin{array}{r} 24 \\ \times\ 36 \\ \hline \end{array}$$

1.
$$\begin{array}{r} 24 \\ \times\ 36 \\ \hline 4 \end{array}$$

Die Einer werden miteinander multipliziert, das ergibt 24, davon wird die 4 aufgeschrieben, die 2 merkt man sich.

2.
$$\begin{array}{r} 24 \\ \times\ 36 \\ \hline 6 \end{array}$$

Jetzt wird über Kreuz multipliziert, d. h. $6 \cdot 2 = 12$ und $3 \cdot 4 = 12$; diese zwei Produkte werden addiert, das sind 24. Addiert werden dann die bei der Einermultiplikation übriggebliebenen 2 Zehner, das sind zusammen 26.

Die 6 wird in die nächstfolgende Stelle geschrieben, die 2 wird bei der folgenden Zehnermultiplikation verrechnet.

3.
$$\begin{array}{r} 24 \\ \times\ 36 \\ \hline 8 \end{array}$$

Nun werden die Zehner multipliziert, d. h. $3 \cdot 2 = 6$; dazu kommt die 2 aus der Multiplikation über Kreuz. Das sind dann 8, die in die nächstfolgende Stelle geschrieben werden.

Das Gesamtprodukt beträgt damit 864.

Aufgabe: $223 \cdot 456$;

Lösung und Erläuterung:

1.
$$\begin{array}{r} 223 \\ \times\ 456 \\ \hline 8 \end{array}$$

Multiplikation der Einer $6 \cdot 3 = 18$; 8 wird hingeschrieben, 1 merkt man sich für die Kreuzmultiplikation der Einer und Zehner.

2. 
$$\begin{array}{r} 223 \\ \times\ 456 \\ \hline 8 \end{array}$$

Kreuzmultiplikation der Einer u. Zehner, d. h. $6 \cdot 2 = 12$ und $5 \cdot 3 = 15$. Addition der Produkte: $12 + 15 = 27$; $27 + 1 = 28$. Man schreibt 8 hin, 2 merkt man sich für die Kreuzmultiplikation der Einer und Hunderter.

3. 
$$\begin{array}{r} 223 \\ \times\ 456 \\ \hline 6 \end{array}$$

Multiplikation der Zehner, anschließend Kreuzmultiplikation der Hunderter mit den Einern: $5 \cdot 2 = 10$; $4 \cdot 3 = 12$; $6 \cdot 2 = 12$; jetzt Addition der 3 Produkte plus 2, $10 + 12 + 12 + 2 =$

36; 6 wird hingeschrieben, 3 merkt man sich für die Kreuzmultiplikation der Hunderter und Zehner.

4. $\begin{array}{ccc} \cdot & \cdot & \cdot \\ & \times & \\ \cdot & \cdot & \cdot \end{array}$ $\begin{array}{r} 223 \\ \times\ 456 \\ \hline 1 \end{array}$ Kreuzmultiplikation der Hunderter mit den Zehnern: $4 \cdot 2 = 8$; $5 \cdot 2 = 10$; Addition der Produkte: $8 + 10 + 3 = 21$; 1 wird hingeschrieben, 2 merkt man sich für die Multiplikation der Hunderter.

5. $\begin{array}{ccc} \cdot & \cdot & \cdot \\ | & & \\ \cdot & \cdot & \cdot \end{array}$ $\begin{array}{r} 223 \\ \times\ 456 \\ \hline 10 \end{array}$ Zum Schluß Multiplikation der Hunderterstellen: $4 \cdot 2 = 8$; $8 + 2 = 10$. Diese 10 wird aufgeschrieben.

Das Gesamtprodukt beträgt $\underline{\underline{101\,688}}$.

γ) *Neunerprobe*

Als letzte und sehr wichtige Rechenhilfe bei der Multiplikation führen wir noch die Neunerprobe an, die die Kontrolle der Richtigkeit der Rechnung ermöglicht. Man rechnet dabei statt mit den gegebenen Zahlen mit ihren Neunerresten bzw. ihren Endquersummen.

Voraussetzung für die Anwendung der Neunerprobe ist die Kenntnis des Begriffs der Quersumme. Diese wird ermittelt, indem man alle Ziffern einer Zahl ohne Rücksicht auf ihren Stellenwert addiert. Die Quersumme aus 24 z. B. beträgt $2 + 4 = 6$; die Quersumme aus 35 637 beträgt $3 + 5 + 6 + 3 + 7 = 24$, daraus die Quersumme $2 + 4 = 6$ (Endquersumme, einstellige Zahl).

Aufgabe:

$36\,284 \cdot 4\,829$;

Lösung:

$$\begin{array}{r} 36\,284 \cdot 4\,829 \\ \hline 145136 \\ 290272 \\ 72568 \\ 326556 \\ \hline 175\,215\,436. \\ \hline\hline \end{array}$$

Erläuterung der Neunerprobe:

1. Neunerrest der Faktoren:
   1. Faktor: $36\,284 = 431 \cdot 9 + \underline{\underline{5}}$
   2. Faktor: $4\,829 = 536 \cdot 9 + \underline{\underline{5}}$

Oder:

2. Endquersummen der Faktoren:
   1. Faktor: $3 + 6 + 2 + 8 + 4 = 23,\ 2 + 3 = \underline{\underline{5}}$
   2. Faktor: $4 + 8 + 2 + 9 = 23,\ 2 + 3 = \underline{\underline{5}}$
3. Die Neunerreste (Endquersummen) miteinander multiplizieren: $5 \cdot 5 = 25$.
4. Neunerrest (Endquersumme) dieses Produkts: $25 = 2 \cdot 9 + \underline{\underline{7}}$
5. Neunerrest der Lösung der Multiplikationsaufgabe: $1 + 7 + 5 + 2 + 1 + 5 + 4 + 3 + 6 = 34,\ 3 + 4 = \underline{\underline{7}}$.
6. Vergleich der beiden Endreste miteinander (unterstrichen). Stimmt der Rest der Division bei 4. mit dem Rest der Division bei 6. überein, so ist das Ergebnis der Aufgabe vermutlich richtig.

Anhand eines zweiten Beispiels soll die Neunerprobe noch einmal durchgeführt werden. Statt der 7 Schritte soll jetzt ein Schema benutzt werden, das das Merken des Vorganges erleichtern wird.

Aufgabe:

$528 \cdot 74$;

Lösung:

$$\begin{array}{r} 528 \cdot 74 \\ \hline 3696 \\ 2112 \\ \hline 39\,072. \\ \hline\hline \end{array}$$

Erläuterung der Neunerprobe bei der Multiplikation:

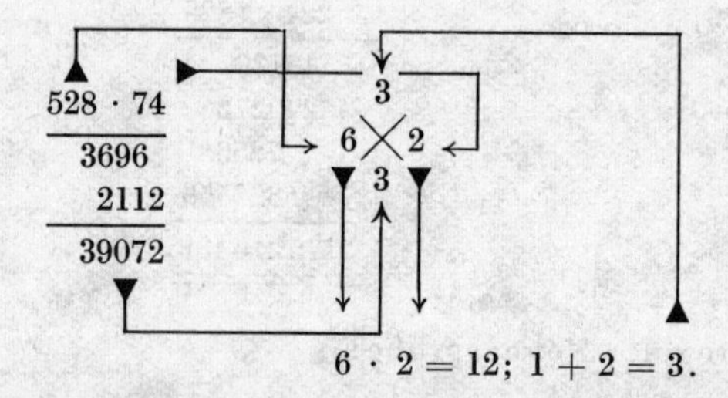

Stimmen die beiden Reste (Endquersummen) überein, so ist die Aufgabe vermutlich richtig gelöst.

In das schrägliegende Kreuz werden die Reste geschrieben. Dabei beginnt man mit dem linken freien Quadranten, in den der Neunerrest aus dem ersten Faktor geschrieben wird. Der Neunerrest aus dem zweiten Faktor kommt gegenüber in den rechten freien Quadranten (erster Neunerrest ist 6, zweiter Neunerrest ist 2). Die nebeneinander stehenden Zahlen werden multipliziert ($6 \cdot 2 = 12$). Der daraus sich ergebende Neunerrest beträgt 3, er kommt in einen der noch freien Quadranten (oben oder unten). Zuletzt wird der Neunerrest des Ergebnisses festgestellt, er beträgt ebenfalls 3; man schreibt ihn in den noch freien Quadranten. Weil nun der Neunerrest des Ergebnisses mit dem Neunerrest im oberen oder unteren Raum übereinstimmt, ist anzunehmen, daß die Aufgabe richtig gelöst ist. Schlußbemerkung zur Neunerprobe bei der Multiplikation: Manchmal bleibt bei den Divisionen durch 9 kein Rest, dann wird eine Null (denn der Rest beträgt ja 0) in den betreffenden freien Quadranten geschrieben.

Wenn die Neunerprobe nicht stimmt, ist die Rechnung falsch!

Es kann vorkommen, daß das Produkt falsch ist, die Neunerprobe aber doch auf ein richtiges Ergebnis schließen läßt. Dies kann dann sein, wenn das falsch errechnete Produkt dieselbe Quersumme ergibt wie das richtige Produkt. (Beispiel: Jemand errechnet aus der Aufgabe $528 \cdot 74$ statt 39 072 das Produkt 32 907. Die Quersumme ist in jedem Fall 21, der Neunerrest in jedem Fall 3.)

d) Division

Bei Divisionen ist es wertvoll, wenn man weiß, ob eine Zahl ohne Rest durch eine andere geteilt werden kann oder nicht. Dafür gibt es die Teilbarkeitsregeln. Sie ersparen zwar nicht die eigentliche Division, man kann jedoch bei Kenntnis der Teilbarkeitsregeln feststellen, ob die Division ohne Rest ausgeführt werden kann.

α) *Allgemeine Teilbarkeitsregeln*

Teilbarkeit durch 2:

Eine Zahl ist durch 2 ohne Rest teilbar, wenn in der letzten Stelle (der Einerstelle) eine gerade Zahl steht, also eine 0, 2, 4, 6 oder 8.

Teilbarkeit durch 3:

Eine Zahl ist durch 3 ohne Rest teilbar, wenn ihre Quersumme durch 3 ohne Rest teilbar ist, z. B. 648; Quersumme ist 18; 18 ist ohne Rest durch 3 teilbar.

Teilbarkeit durch 4:

Eine Zahl ist durch 4 ohne Rest teilbar, wenn die letzten beiden Ziffern (die Einer und Zehner) eine Zahl bilden, die ohne Rest durch 4 teilbar ist. Beispiel: 1528; die letzten beiden Stellen ergeben 28, und diese Zahl ist ohne Rest durch 4 teilbar, somit ist es auch die ganze Zahl.

Teilbarkeit durch 5:

Eine Zahl ist durch 5 ohne Rest teilbar, wenn ihre letzte Ziffer eine 0 oder eine 5 ist.

Teilbarkeit durch 6:

Eine Zahl ist durch 6 ohne Rest teilbar, wenn ihre letzte Ziffer eine gerade Zahl und ihre Quersumme ohne Rest durch 3 teilbar ist (Begründung: $2 \cdot 3 = 6$).

Teilbarkeit durch 8:

Eine Zahl ist durch 8 ohne Rest teilbar, wenn die Zahl aus den letzten 3 Ziffern dieser Zahl ohne Rest durch 8 teilbar ist.

Teilbarkeit durch 9:

Eine Zahl ist durch 9 ohne Rest teilbar, wenn ihre Quersumme ohne Rest durch 9 teilbar ist.

Teilbarkeit durch 10:

Eine Zahl ist durch 10 ohne Rest teilbar, wenn ihre letzte Ziffer eine 0 ist.

Teilbarkeit durch 12:

Eine Zahl ist durch 12 ohne Rest teilbar, wenn sie durch 3 und durch 4 ohne Rest teilbar ist (Begründung: $3 \cdot 4 = 12$).

Teilbarkeit durch 15:

Eine Zahl ist durch 15 ohne Rest teilbar, wenn sie durch 3 und durch 5 ohne Rest teilbar ist (Begründung: $3 \cdot 5 = 15$).

Teilbarkeit durch 18:

Eine Zahl ist durch 18 ohne Rest teilbar, wenn sie durch 2 und durch 9 ohne Rest teilbar ist (Begründung: $2 \cdot 9 = 18$).

β) Besondere Teilbarkeitsregeln

Bei einer Regel für die Teilbarkeit durch 11 zieht man die Zahl aus den letzten 3 Stellen der Zahl von der Zahl aus den übrigbleibenden Stellen ab oder umgekehrt. Ist die Differenz 11 oder ein Vielfaches von 11, so ist die ganze Zahl ohne Rest durch 11 teilbar. Beispiel: 62403; durch die Subtraktion 403 — 62 wird die Differenz gebildet, sie heißt 341; 341 ist ohne Rest durch 11 teilbar, also ist es auch die ganze Zahl. Diese Regel gilt auch für die Teilbarkeit durch 7 und 13. Beispiel für die Teilbarkeit einer Zahl durch 7: 34223; 223 — 34 = 189; 189 ist ohne Rest durch 7 teilbar, also ist die ganze Zahl durch 7 teilbar. Beispiel für die Teilbarkeit einer Zahl durch 13: 67132. 132 — 67 = 65; 65 ist ohne Rest durch 13 teilbar, also ist die ganze Zahl durch 13 teilbar.

γ) Rechenvorteil bei zweistelligem Divisor

Bei einem zweistelligen Divisor läßt sich noch ein Rechenvorteil herausstellen. Bei der Erklärung soll von einem Beispiel ausgegangen werden. Der Divisor heißt 42. Er läßt sich zerlegen in $6 \cdot 7$. Wir können nun den Dividenden zunächst durch 6 teilen und dann dieses Resultat durch 7 teilen oder umgekehrt.

δ) Neunerprobe bei der Division

Auch bei der Division kann die Neunerprobe zur Kontrolle angewendet werden, und zwar bei der Probe.

Aufgabe:	Lösung:
96799 : 2346;	96799 : 2346 = 41, Rest 613.
	2959
	613 Rest

Die Probe ergibt:

$$96\,799 = 2\,346 \cdot 41 + 613$$

Neunerreste:

linke Seite $9 + 6 + 7 + 9 + 9 = 40 \rightarrow 4$

rechte Seite $(2 + 3 + 4 + 6) \cdot (4 + 1) + (6 + 1 + 3)$

$= 15 \cdot 5 + 10$

$\rightarrow \; 6 \cdot 5 + \; 1 = 30 + 1$

$= 31 \rightarrow 4.$

6. Bruchrechnung

a) Dezimalzahlen

Brüche sind Teile von Ganzen. Wir kennen zwei Arten, einen Bruch schriftlich darzustellen: als Dezimalzahl und als gemeinen Bruch;

1. Form: 0,5 (Dezimalzahl),
2. Form: $\frac{1}{2}$ (gemeiner Bruch: Schreibweise mit Bruchstrich)

(s. II, 6, c, gemeine oder gewöhnliche Brüche).

Bei einer Dezimalzahl werden die Ganzen von den Dezimalstellen durch das Komma getrennt, z. B. 3,75. Das bedeutet, daß die bereits besprochene Stellentafel nicht nur nach links, sondern auch nach rechts erweitert werden kann.

Somit stehen in Dezimalzahlen nicht mehr die Einer am weitesten rechts, sondern dort stehen Werte, die kleiner sind als 1 (aber größer als Null). Da wir innerhalb der Stellentafel den Zehneraufbau vollziehen, muß eine 1, die rechts vom Komma, also rechts von der Einerstelle, steht, den zehnten Teil eines Einers darstellen.

Die erste Stelle rechts vom Komma trägt daher die Bezeichnung Zehntel und wird innerhalb der Stellentafel mit einem kleinen *z* bezeichnet. Eine 1 in der zweiten Stelle rechts vom Komma stellt den zehnten Teil eines Zehntels, also den hundertsten Teil eines Einers dar. Diese Stelle trägt die Bezeichnung Hundertstel und wird innerhalb der Stellentafel mit einem kleinen *h* bezeichnet.

Eine 1 in der dritten Stelle rechts vom Komma stellt den zehnten Teil eines Hundertstels, also den hundertsten Teil eines Zehntels oder den tausendsten Teil eines Einers dar. Diese Stelle trägt die Bezeichnung Tausendstel und wird innerhalb der Stellentafel durch ein kleines *t* bezeichnet.

Eine 1 in der 4. Stelle rechts vom Komma stellt den zehnten Teil eines Tausendstels, also den hundertsten Teil eines Hundertstels oder den tausendsten Teil eines Zehntels bzw. den zehntausendsten Teil eines Einers dar. Diese Stelle trägt die Bezeichnung Zehntausendstel und wird innerhalb der Stellentafel durch ein kleingeschriebenes *zt* gekennzeichnet. Es folgen an 5. Stelle die Hunderttausendstel, welche den hunderttausendsten Teil eines Einers darstellen. Sie werden durch ein kleingeschriebenes *ht* gekennzeichnet. In der 6. Stelle folgen die Millionstel (*m*).

Wir stellen fest: Je weiter wir die Stellentafel nach rechts erweitern, um so kleiner wird der Wert der geschriebenen Zahl. Wir erkennen auch hier wieder den Zehneraufbau unseres Zahlensystems.

10 Einheiten eines Stellenwertes können durch 1 Einheit des nächsthöheren Stellenwertes ersetzt werden. Links vom Komma stehen nur ganze Zahlen (Null gehört mit zu den ganzen Zahlen).

Stellentafel:

E	*z*	*h*	*t*	*zt*	*ht*	*m*
0	4	8	2	5	6	9

Die Zahl in der Stellentafel zeigt null Einer, sie ist also kleiner als 1. Sie wird normalerweise mit Komma geschrieben:

0,482569.

b) Das Rechnen mit Dezimalzahlen

Beim schriftlichen Rechnen mit Dezimalzahlen sind folgende Regeln zu beachten.

α) *Schriftliche Addition*

Die Summanden sind stets so untereinander zu schreiben, daß Komma unter Komma steht. Man achte außerdem darauf, daß die Stellenwerte richtig untereinander stehen.

Aufgabe:

45,389 + 17,261 + 4,1 + 0,1746 + 0,0705 + 325,739;

Lösung und Erläuterung:

$$\begin{array}{r} 45{,}389 \\ 17{,}261 \\ 4{,}1 \\ 0{,}1746 \\ 0{,}0705 \\ +325{,}739 \\ \hline 392{,}7341 \\ \hline\hline \end{array}$$

Komma steht unter Komma. Wenn eine Stelle keine Ziffer aufweist, so bleibt sie entweder frei oder es werden Nullen hingeschrieben. Es wird wie mit ganzen Zahlen addiert.

β) *Schriftliche Subtraktion*

Was bei der schriftlichen Addition mit Dezimalzahlen gesagt wurde, gilt auch für die Subtraktion. Man beachte, daß Komma unter Komma steht, schreibe die Stellenwerte richtig untereinander und subtrahiere nach den bekannten Regeln und Methoden.

γ) *Schriftliche Multiplikation*

Man multipliziert die beiden Zahlen (Faktoren) miteinander, als ob kein Komma vorhanden wäre. Das Ergebnis muß dann so viele Stellen rechts vom Komma haben wie beide Faktoren zusammen. Zu beachten ist, daß eine bei der Multiplikation entstandene 0 an letzter Stelle mitzählt.

Aufgabe:
24,59 · 7,5;

Lösung:

$$\begin{array}{r} 24{,}59 \cdot 7{,}5 \\ \hline 12\,295 \\ 172\,13 \\ \hline 184{,}425. \end{array}$$

Aufgabe:
74,3805 · 0,72;

Lösung:

$$\begin{array}{r} 74{,}3805 \cdot 0{,}72 \\ \hline 1\,487610 \\ 52\,06635 \\ \hline 53{,}553960. \end{array}$$

Zur Kontrolle kann die Neunerprobe hier ebenso angewendet werden wie bei der Multiplikation mit ganzen Zahlen (s. II, 5, c, γ).

Multiplikation mit 10 (das Komma rückt um eine Stelle nach rechts, bzw. aus einer einstelligen Dezimalzahl wird eine ganze Zahl):

$0{,}6 \cdot 10 = 6$; $0{,}9 \cdot 10 = 9$; $0{,}15 \cdot 10 = 1{,}5$; $0{,}475 \cdot 10 = 4{,}75$;
$25{,}3 \cdot 10 = 253$; $47{,}38 \cdot 10 = 473{,}8$; $783{,}569 \cdot 10 = 7835{,}69$.

Multiplikation mit 100 (das Komma rückt um zwei Stellen nach rechts, bzw. aus einer zweistelligen Dezimalzahl wird eine ganze Zahl).

$0{,}367 \cdot 100 = 36{,}7$; $0{,}45 \cdot 100 = 45$; $953{,}6 \cdot 100 = 95360$;
$74{,}386 \cdot 100 = 7438{,}6$; $267{,}6481 \cdot 100 = 26764{,}81$.

Ist nur eine Dezimalstelle vorhanden, so muß bei der Multiplikation mit 100 das Komma wegfallen und der Zahl eine Null angehängt werden.
Multiplikation mit 1000 (das Komma rückt drei Stellen nach rechts, bzw. aus einer dreistelligen Dezimalzahl wird eine ganze Zahl).

$0{,}126 \cdot 1000 = 126$; $0{,}46 \cdot 1000 = 460$;
$6{,}45784 \cdot 1000 = 6457{,}84$.

δ) Schriftliche Division

1. *Division einer Dezimalzahl durch eine natürliche Zahl*

Aufgabe:

0,84 : 7;

Lösung:

$$\begin{array}{l} 0{,}84 : 7 = \underline{\underline{0{,}12.}} \\ \underline{0} \\ 8 \\ \underline{7} \\ 14 \\ \underline{14} \\ 0 \end{array}$$

Erläuterung:

Die Division ist mit ungekürzter Rechenfahne durchgeführt worden, damit der Gang besser verfolgt werden kann. Die 0 Einer sind so behandelt worden, als handele es sich hier um eine ganze Zahl. Die Division 0 : 7 ergibt 0, also muß auch im Quotienten als ganze Zahl eine Null erscheinen.

2. *Division einer Dezimalzahl durch eine Dezimalzahl*

Grundsatzregel: Durch Erweiterung mit einer geeigneten Zehnerpotenz (10, 100, 1000 . . .) ist die Aufgabe in eine gleichwertige zu überführen, bei der der Divisor eine (möglichst kleine) natürliche Zahl ist; die Erweiterungszahl ist dabei durch die Anzahl der Dezimalstellen des Divisors bestimmt.

Beispiel: 64,068 : 0,12 = 6406,8 : 12 = 533,9

Erläuterung: Die Divisionsaufgabe 64,068 : 0,12 wurde mit 100 erweitert, weil dies die kleinste Zehnerpotenz ist, die den Divisor ganzzahlig werden läßt. Dann wurde nach 1. dividiert.

c) Gemeine oder gewöhnliche Brüche

Eine rationale Zahl (s. *rationale Zahlen*) läßt sich auch als Bruch mit einem Bruchstrich schreiben.

Aufbau eines Bruches

Zwischen zwei Zahlen steht der Divisions- oder Bruchstrich. Die Zahl oberhalb des Bruchstriches wird Zähler, die Zahl unterhalb des Bruchstriches wird Nenner genannt. Diese Bezeichnungen gelten für jede Division, die als Bruch mit dem Bruchstrich geschrieben wird.

Form des Bruches: $\frac{3}{4} \left(\frac{\text{Zähler}}{\text{Nenner}} \right).$

In diesem Bruch heißt der Zähler 3
und der Nenner 4 (gesprochen: „drei Viertel").

α) *Einteilung der gemeinen Brüche* (Zähler und Nenner sollen bei den folgenden Ausführungen natürliche Zahlen sein)

1. Echte Brüche

Echte Brüche sind Brüche, bei denen der Zähler kleiner ist als der Nenner (ihr Wert ist also kleiner als 1). Insbesondere heißen echte Brüche mit dem Zähler 1 *Stammbrüche*:

$$\frac{1}{3};\ \frac{1}{5};\ \frac{1}{9};\ \frac{1}{12}.$$

2. Unechte Brüche

a) Unechte Brüche:

Unechte Brüche sind Brüche, bei denen der Zähler größer ist als der Nenner (ihr Wert ist also größer als 1): $\frac{7}{4};\ \frac{9}{5};\ \frac{14}{8};\ \frac{45}{17}.$

b) Uneigentliche Brüche:

Bei uneigentlichen Brüchen läßt sich der Zähler durch den Nenner ohne Rest dividieren:

$$\frac{3}{3};\ \frac{8}{4};\ \frac{25}{5};\ \frac{36}{9};\frac{72}{12};\ \frac{100}{50}.$$

Für Brüche der Form $\frac{n}{1}$ schreibt man auch einfach n, man identifiziert also die rationalen Zahlen, die durch uneigentliche Brüche dargestellt werden, mit den entsprechenden ganzen Zahlen.

3. Gemischte Zahlen

Gemischte Zahlen sind Summen aus einer natürlichen (auch ganzen) Zahl – oft die „Ganzen" genannt – und einem Bruch:

$$1\frac{1}{2};\ \ 9\frac{5}{6};\ \ 24\frac{7}{8};\ \ 156\,\frac{27}{61}\ \ \left(1\,\frac{1}{2} = 1 + \frac{1}{2}\ \text{usw.}\right).$$

β) Verschiedene Darstellungen derselben rationalen Zahl (Formänderung von Brüchen)

Durch Einführung der rationalen Zahlen wird jede Division zwischen natürlichen Zahlen ausführbar, z. B. $4:7 = \frac{4}{7}$; $7:4 = \frac{7}{4}$. Man kann dann wirklich dividieren und erhält so $\frac{7}{4} = 1\frac{3}{4}$. Man spricht von der Verwandlung des unechten Bruches in eine gemischte Zahl.

Beispiel: $\frac{45}{17} = 45 : 17 = 2\frac{11}{17}$

Speziell lassen sich uneigentliche Brüche in natürliche Zahlen umwandeln.

Beispiel: $\frac{72}{12} = \frac{6}{1} = 6$.

d) Erweitern von Brüchen

Beim Rechnen mit Brüchen und gemischten Zahlen ist es manchmal notwendig, den Zähler oder Nenner so zu verändern, daß der Wert des Bruches erhalten bleibt. Das kann man tun, indem man Zähler *und* Nenner mit der gleichen Zahl multipliziert. Diesen Vorgang nennt man Erweitern. Beim Erweitern eines Bruches verändert sich sein Wert nicht. Die Zahl, mit der erweitert wird, also Zähler und Nenner multipliziert werden, nennt man Erweiterungszahl.

Beispiel: $\frac{7}{8}$ soll erweitert werden mit der Erweiterungszahl 4.

Neuer Zähler: $7 \cdot 4 = 28$,

Neuer Nenner: $8 \cdot 4 = 32$,

Der neue Bruch heißt $\frac{28}{32}$.

Das bedeutet: $\frac{7}{8}$ mit 4 erweitert, ergibt $\frac{28}{32}$.

Da sich der Wert des Bruches nicht verändert hat, bedeutet das

$$\frac{7}{8} = \frac{28}{32}.$$

Merke: Erweitern eines Bruches heißt Zähler und Nenner mit der gleichen Zahl multiplizieren.

e) Kürzen von Brüchen

Wenn Zähler und Nenner eines Bruches einen gemeinsamen Teiler haben, so läßt sich dieser Bruch umwandeln, indem man Zähler und Nenner durch diesen gemeinsamen Teiler dividiert. Der Wert des Bruches verändert sich dabei nicht. Diesen Vorgang nennt man Kürzen.

Die Zahl, mit der gekürzt wird, durch die man also Zähler und Nenner dividiert, nennt man Kürzungszahl. Der Kürzungsvorgang ist die genaue Umkehrung des Erweiterungsvorganges.

Beispiel: $\frac{2}{4}$ kann mit der Kürzungszahl 2 gekürzt werden, denn wir können sowohl den Zähler als auch den Nenner durch 2 dividieren.

Neuer Zähler: $2 : 2 = 1$,
Neuer Nenner: $4 : 2 = 2$.

Das bedeutet: $\frac{2}{4}$, mit 2 gekürzt, ergibt $\frac{1}{2}$.

Da sich der Wert des Bruches nicht verändert hat, bedeutet das:

$$\frac{2}{4} = \frac{1}{2}.$$

Regel: Beim Kürzen ist es zweckmäßig, den größten gemeinsamen Teiler von Zähler und Nenner zu verwenden! Kürzen eines Bruches heißt, Zähler und Nenner durch die gleiche Zahl teilen.

Dazu ein Beispiel zur Erläuterung:

Bei der Zahlenangabe $\frac{72}{96}$ können wir viele gemeinsame Teiler zwischen Zähler und Nenner feststellen. Man kann $\frac{72}{96}$ mit 2; 3; 4; 6; 8; 12; 24 kürzen (s. Teilbarkeitsregeln, Seite 121 ff.). Nach der obengenannten Regel soll mit dem größtmöglichen gemeinsamen Teiler gekürzt werden.

Das ist hier 24: Im Zähler heißt es $72 : 24 = 3$,
im Nenner heißt es $96 : 24 = 4$.

Das bedeutet: $\frac{72}{96} = \frac{3}{4}$.

Würden wir nicht mit dem größten gemeinsamen Teiler kürzen, so erhielten wir einen Bruch, der noch einmal – mit einer anderen Kürzungszahl – gekürzt werden kann.

f) Das Rechnen mit gemeinen Brüchen und gemischten Zahlen

Gleichnamige Brüche sind Brüche, die den gleichen Nenner haben.

$\frac{3}{8}, \frac{5}{8}, \frac{7}{8}; \frac{3}{13}, \frac{5}{13}, \frac{7}{13}, \frac{11}{13}.$

α) *Addition gleichnamiger Brüche*

Sollen Brüche mit gleichem Nenner addiert werden, so werden nur die Zähler addiert; der Nenner bleibt unverändert. Ist die Summe ein unechter Bruch, so wird er in eine gemischte Zahl umgewandelt. Wenn es möglich ist, wird zum Schluß gekürzt.

Aufgabe: $\frac{3}{8} + \frac{5}{8} + \frac{7}{8}$;

Lösung: $\frac{3+5+7}{8} = \frac{15}{8} = 1\frac{7}{8}$.

Erläuterung:

Wir addieren die Zähler 3, 5 und 7 und behalten den Nenner bei. Wir erhalten $\frac{15}{8}$. Dieser unechte Bruch wird in eine gemischte Zahl umgewandelt.

Addition gemischter Zahlen mit gleichem Nenner:

Aufgabe: $4\frac{1}{6} + 3\frac{5}{6} + 7\frac{1}{6}$;

Lösung: $4\frac{1}{6} + 3\frac{5}{6} + 7\frac{1}{6} = 14\frac{7}{6} = 15\frac{1}{6}$.

Erläuterung:

Es werden zunächst die Ganzen addiert. Die Summe daraus ist 14; danach werden die Zähler der Brüche addiert, die Summe beträgt 7; wir erhalten die gemischte Zahl $14\frac{7}{6}$. Der unechte Bruch dieser gemischten Zahl wird umgewandelt in $1\frac{1}{6}$. Wir addieren jetzt

$14 + 1\frac{1}{6} = 15\frac{1}{6}$.

β) *Subtraktion bei gleichnamigen Brüchen*

Bei der Subtraktion von gleichnamigen Brüchen wird der Zähler des Subtrahenden vom Zähler des Minuenden abgezogen. Der Nenner bleibt unverändert.

Aufgabe: $\frac{5}{7} - \frac{2}{7}$;

Lösung: $\frac{5-2}{7} = \frac{3}{7}$.

Erläuterung: s. Erläuterung Addition.

Subtraktion bei gemischten Zahlen mit gleichem Nenner: Soll eine gemischte Zahl mit gleichem Nenner subtrahiert werden, so werden zuerst die Ganzen subtrahiert, danach wird der Bruch subtrahiert.

Aufgabe:

$7\frac{9}{13} - 4\frac{5}{13}$;

Lösung:

$7\frac{9}{13} - 4\frac{5}{13} = 3\frac{4}{13}$.

Erläuterung:

Die Subtraktion der Ganzen ergibt 3. Danach wird der Zähler des Subtrahenden von dem des Minuenden subtrahiert, das ergibt 4, so daß die Differenz $3\frac{4}{13}$ beträgt.

Bei der Subtraktion von gemischten Zahlen kommt es häufig vor, daß der Bruch im Minuenden kleiner ist als der im Subtrahenden. In diesem Fall muß ein Ganzes des Minuenden in einen uneigentlichen Bruch verwandelt werden, damit die Subtraktion ausgeführt werden kann.

Aufgabe:

$15\frac{4}{21} - 5\frac{9}{21}$;

Lösung:

$15\frac{4}{21} - 5\frac{9}{21} = 14\frac{25}{21} - 5\frac{9}{21} = 9\frac{16}{21}$.

Erläuterung:

Zuerst muß geprüft werden, ob sich die Brüche subtrahieren lassen. Ist der Bruch im Minuenden kleiner als im Subtrahenden, so wird – wie in vorstehender Aufgabe – von den 15 Ganzen 1 Ganzes in einen uneigentlichen Bruch verwandelt und zum echten Bruch addiert. Damit hätten wir statt der $\frac{4}{21}$ dann $\frac{21}{21} + \frac{4}{21} = \frac{25}{21}$; an Ganzen bleiben im Minuenden nur noch 14. Die Aufgabe kann nun in der in der Lösung vorgezeigten Form aufgeschrieben werden. Jetzt kann wie beim vorhergehenden Beispiel verfahren werden. Zunächst werden die Ganzen subtrahiert, danach der Bruch.

γ) Ungleichnamige Brüche und gemischte Zahlen mit Brüchen mit verschiedenem Nenner

Ungleichnamige Brüche sind Brüche, die verschiedene Nenner haben.

$\frac{5}{6}, \frac{3}{7}, \frac{1}{2}, \frac{6}{11}, \frac{9}{16}$.

Wenn in einer Additions- oder Subtraktionsaufgabe Brüche mit verschiedenen Nennern vorkommen, so muß ihre Form zunächst durch Er-

weitern oder Kürzen so verändert werden, daß sie einen gemeinsamen Nenner bekommen. Diesen gemeinsamen Nenner nennen wir Hauptnenner oder auch Generalnenner.
Bevor das Rechnen mit ungleichnamigen Brüchen behandelt wird, flechten wir ein Kapitel ein, das uns das Bestimmen der Hauptnenner verstehen und erleichtern hilft.

δ) *Primzahlen und Primfaktoren*

Die natürliche Zahl 24 besitzt den Teiler 4 und kann demnach folgendermaßen in Faktoren zerlegt werden: $24 = 4 \cdot 6$. Die Zahl 24 bietet uns noch mehr Möglichkeiten der Zerlegung in Faktoren, wenn wir statt der Faktoren 4 und 6 andere verwenden:

$$24 = 2 \cdot 12; \quad 24 = 3 \cdot 8.$$

Eine Zahl, die sich in 2 oder mehr Faktoren $\neq 1$ zerlegen läßt, wird als zusammengesetzte Zahl bezeichnet. Es gibt viele zusammengesetzte Zahlen, die sich in mehr als 2 Faktoren zerlegen lassen.

Beispiel: $36 = 2 \cdot 2 \cdot 3 \cdot 3.$

Ob sich eine Zahl in 2 oder mehr Faktoren $\neq 1$ zerlegen läßt, kann man anhand der in II, 5, d, α aufgeführten Teilbarkeitsregeln überprüfen.
Demnach gibt es auch Zahlen, die sich nicht in Faktoren $\neq 1$ zerlegen lassen. Sie sind nur durch sich selbst und durch 1 teilbar und werden Primzahlen genannt. Die Zahl 1 wird nicht als Primzahl bezeichnet. Alle Primzahlen außer 2 sind ungerade Zahlen.

Beispiel:

3 ist eine Primzahl, weil sie nur durch 1 und durch sich selbst teilbar ist. Sie läßt sich nicht in Faktoren zerlegen.
19 ist eine Primzahl, weil sie nur durch sich selbst und durch 1 teilbar ist.
59 ist eine Primzahl, weil sie nur durch 1 und durch sich selbst teilbar ist.
In der folgenden Zahlentafel von 1-140 sind die Primzahlen unterstrichen

1	***11***	21	***31***	***41***	51	***61***	***71***	81	91	***101***	111	121	***131***
2	12	22	32	42	52	62	72	82	92	102	112	122	132
3	***13***	***23***	33	***43***	***53***	63	***73***	***83***	93	***103***	***113***	123	133
4	14	24	34	44	54	64	74	84	94	104	114	124	134
5	15	25	35	45	55	65	75	85	95	105	115	125	135
6	16	26	36	46	56	66	76	86	96	106	116	126	136
7	***17***	27	***37***	***47***	57	***67***	77	87	***97***	***107***	117	***127***	***137***
8	18	28	38	48	58	68	78	88	98	108	118	128	138
9	***19***	***29***	39	49	***59***	69	***79***	***89***	99	***109***	119	129	***139***
10	20	30	40	50	60	70	80	90	100	110	120	130	140

Wenn eine zusammengesetzte Zahl so zerlegt wird, daß die Faktoren Primzahlen sind, so sprechen wir von der Zerlegung in **Primfaktoren.** Beispiel für die Zerlegung einer Zahl in Primfaktoren:

Die Primfaktoren sind unterstrichen.

$$8 = \underline{2} \cdot 4 \qquad 4 = \underline{2} \cdot \underline{2} \qquad 8 = \underline{2} \cdot \underline{2} \cdot \underline{2} = 2^3$$

$$72 = \underline{2} \cdot 36 \qquad 36 = \underline{2} \cdot 18 \qquad 18 = \underline{2} \cdot 9 \qquad 9 = \underline{3} \cdot \underline{3}$$

$$72 = \underline{2} \cdot \underline{2} \cdot \underline{2} \cdot \underline{3} \cdot \underline{3} = 2^3 \cdot 3^2$$

Neben der ausführlichen Schreibweise der Primfaktoren gibt es die verkürzte Schreibweise, die Potenzschreibweise, die am Schluß angegeben ist.

ε) *Bestimmung des Hauptnenners*

Wenn ungleichnamige Brüche addiert oder subtrahiert werden sollen, so müssen sie zunächst gleichnamig gemacht werden. Das heißt, es muß ein gemeinsamer Nenner gefunden werden. In diesem gemeinsamen Nenner (dem sogenannten Haupt- oder Generalnenner) müssen die Nenner sämtlicher zu addierender oder zu subtrahierender Brüche als Teiler enthalten sein.

Beispiel:
Zu den Brüchen $\frac{1}{4}$ und $\frac{1}{3}$ soll ein Nenner gefunden werden, in dem die Nenner dieser beiden Brüche enthalten sind. 4 und 3 haben als kleinstes gemeinsames Vielfaches 12, denn 12 ist die kleinste Zahl, in der sowohl 3 als auch 4 enthalten sind. Beide Nenner haben natürlich auch noch viele andere gemeinsame Vielfache (z. B. 24 oder 36).

Merksatz:
Als Hauptnenner benutzen wir stets das **kleinste gemeinsame Vielfache.** Wir finden es durch Zerlegen in Primfaktoren.

Beispiel:
Zu den Nennern 4, 6 und 8 soll das kleinste gemeinsame Vielfache gesucht werden.

1. Nenner: $4 = 2 \cdot 2 = 2^2$
2. Nenner: $6 = 2 \cdot \underline{3}$
3. Nenner: $8 = \underline{2} \cdot \underline{2} \cdot \underline{2} = \underline{2^3}$

$2 \cdot 2 \cdot 2 \cdot 3 = 2^3 \cdot 3 = \mathbf{24}$ ist das kleinste gemeinsame Vielfache

Erläuterung: Die jeweils vorhandenen höchsten Potenzen der vorkommenden Primfaktoren, d. h. die Potenzen, deren Hochzahl am größten ist (unterstrichen), werden miteinander multipliziert und ergeben das kleinste gemeinsame Vielfache (= Hauptnenner). Die höchste Potenz der 2 ist innerhalb der drei Nenner 2^3; die höchste Potenz der 3 ist innerhalb der drei Nenner 3. Die Multiplikation der höchsten Potenzen ergibt den Hauptnenner, also das kleinste gemeinsame Vielfache.
Nun werden die vorhandenen verschiedenen Nenner auf den gemeinsamen Hauptnenner gebracht. Das geschieht durch Erweitern.

ζ) Addition und Subtraktion von ungleichnamigen Brüchen und gemischten Zahlen

Beim Erweitern multiplizieren wir Zähler und Nenner des Bruches mit der Erweiterungszahl. Sie ist in dem Augenblick gegeben, in dem das kleinste gemeinsame Vielfache gefunden ist.
Mit den folgenden Beispielen soll das Erweitern auf den gemeinsamen Hauptnenner gezeigt werden.

Beispiel:

$$\frac{1}{12} + \frac{1}{15} + \frac{1}{18}.$$

1. Schritt: Hauptnenner suchen:

$$\begin{aligned} 12 &= \underline{2^2} \cdot 3 \\ 15 &= 3 \cdot \underline{5} \\ 18 &= 2 \cdot \underline{3^2} \end{aligned}$$

$2^2 \cdot 3^2 \cdot 5 = 180$ kleinstes gemeinsames Vielfaches.

2. Schritt: Gleichnamigmachen:

$\frac{1}{12} = \frac{15}{180}$ (Erweiterungszahl ist 15, weil der Nenner 12 mit 15 multipliziert worden ist),

$\frac{1}{15} = \frac{12}{180}$ (Erweiterungszahl ist 12, weil der Nenner 15 mit 12 multipliziert worden ist),

$\frac{1}{18} = \frac{10}{180}$ (Erweiterungszahl ist 10, weil der Nenner 18 mit 10 multipliziert worden ist).

3. Schritt: Addition der gleichnamigen Brüche: $\frac{15}{180} + \frac{12}{180} + \frac{10}{180} = \frac{37}{180}$.

Zusammenfassung:

Als Gang der Lösung ist zu merken:

1. Jeder Nenner muß in seine Primfaktoren zerlegt werden, damit daraus der Hauptnenner (das kleinste gemeinsame Vielfache) ermittelt werden kann.

2. Für jeden Bruch wird die Erweiterungszahl festgestellt, um mit ihr die Brüche zu gleichnamigen Brüchen zu erweitern.

3. Addition oder Subtraktion – je nach Aufgabe – wird ausgeführt. (Zähler addieren oder subtrahieren, Ergebnis gegebenenfalls kürzen.)

Es folgt eine Aufgabe, die die Addition und die Subtraktion ungleichnamiger Brüche und gemischter Zahlen mit ungleichnamigen Brüchen zeigt.

Aufgabe: $34\frac{7}{10} - 14\frac{5}{7} + 56\frac{4}{5} - 16\frac{3}{4} + 186\frac{13}{14}$;

Lösung:

1. Addition der ganzen Zahlen: $34 - 14 + 56 - 16 + 186 = 246$.

2. Zerlegung der Nenner in Primfaktoren:

$$\begin{aligned} 10 &= 2 \cdot \underline{5} \\ 7 &= \underline{7} \\ 5 &= 5 \\ 4 &= \underline{2^2} \\ 14 &= 2 \cdot 7 \\ \hline & 2^2 \cdot 5 \cdot 7 = 140 \end{aligned}$$

kleinstes gemeinsames Vielfaches.

3. Erweiterungsvorgang:

$\frac{7}{10} = \frac{98}{140}$ (Erweiterungszahl ist 14)

$\frac{5}{7} = \frac{100}{140}$ (Erweiterungszahl ist 20)

$\frac{4}{5} = \frac{112}{140}$ (Erweiterungszahl ist 28)

$\frac{3}{4} = \frac{105}{140}$ (Erweiterungszahl ist 35)

$\frac{13}{14} = \frac{130}{140}$ (Erweiterungszahl ist 10).

4. Additionsvorgang:

$$246\,\frac{98 - 100 + 112 - 105 + 130}{140} = 246\,\frac{135}{140} = \underline{\underline{246\,\frac{27}{28}}}.$$

η) *Multiplikation von Brüchen und gemischten Zahlen*

Bei der Multiplikation in der Bruchrechnung können insgesamt 8 Fälle auftreten:

1. Fall: Natürliche Zahl mal Bruch: $7 \cdot \frac{4}{5}$;

2. Fall: Natürliche Zahl mal gemischte Zahl: $5 \cdot 3\frac{4}{5}$;

3. Fall: Bruch mal natürliche Zahl: $\frac{4}{5} \cdot 7$;

4. Fall: Bruch mal gemischte Zahl: $\frac{4}{5} \cdot 5\frac{3}{8}$;

5. Fall: Bruch mal Bruch: $\frac{7}{8} \cdot \frac{4}{5}$;

6. Fall: Gemischte Zahl mal natürliche Zahl: $5\frac{3}{8} \cdot 9$;

7. Fall: Gemischte Zahl mal Bruch: $5\frac{4}{9} \cdot \frac{3}{7}$;

8. Fall: Gemischte Zahl mal gemischte Zahl: $8\frac{7}{9} \cdot 3\frac{1}{2}$.

Alle diese Fälle lassen sich nach einer einzigen Regel behandeln:

Merksatz für die Multiplikation von Brüchen:

$$\frac{\text{Zähler d. 1. Bruches}}{\text{Nenner d. 1. Bruches}} \cdot \frac{\text{Zähler d. 2. Bruches}}{\text{Nenner d. 2. Bruches}} =$$

$$= \frac{\text{Zähler d. 1. Bruches mal Zähler d. 2. Bruches}}{\text{Nenner d. 1. Bruches mal Nenner d. 2. Bruches}}$$

Vor der Multiplikation kürzen!

Der Merksatz bezieht sich unmittelbar auf den 5. Fall (Hauptfall). Alle anderen Fälle lassen sich darauf zurückführen, wenn man natürliche Zahlen als Brüche mit dem Nenner 1 (2. Beispiel) und gemischte Zahlen als unechte Brüche (3. Beispiel) schreibt.

1. Beispiel:

Aufgabe:

$$\frac{48}{65} \cdot \frac{13}{32} =$$

Lösung:

$$\frac{\overset{6}{\cancel{48}}}{\underset{5}{\cancel{65}}} \cdot \frac{\overset{1}{\cancel{13}}}{\underset{4}{\cancel{32}}} = \frac{\overset{3}{\cancel{6}}}{5} \cdot \frac{1}{\underset{2}{\cancel{4}}} = \frac{3}{5} \cdot \frac{1}{2} = \underline{\underline{\frac{3}{10}}}.$$

Erläuterung: In diesem Beispiel sehen wir, daß das Kürzen eine große Hilfe ist. Hätten wir die Kürzungen nicht durchgeführt, so wären große Zahlen entstanden.

$$\frac{48 \cdot 13}{65 \cdot 32} = \frac{624}{2080} = \frac{3}{10}.$$

2. Beispiel: $6 \cdot 3\frac{3}{4} = \frac{\overset{3}{\cancel{6}}}{1} \cdot \frac{15}{\underset{2}{\cancel{4}}} = \frac{45}{2} = \underline{\underline{22\frac{1}{2}}}.$

Erläuterung:

Die natürliche Zahl 6 wurde in der Form $\frac{6}{1}$, die gemischte Zahl $3\frac{3}{4}$ als unechter Bruch $\frac{15}{4}$ notiert, dann (mit vorherigem Kürzen) die Multiplikation ausgeführt.

3. Beispiel:

$$8\frac{7}{9} \cdot 3\frac{1}{2} = \frac{79}{9} \cdot \frac{7}{2} = \frac{553}{18} = \underline{\underline{30\frac{13}{18}}}.$$

Erläuterung: Die gemischten Zahlen wurden in unechte Brüche verwandelt, so daß jetzt nach der Regel für die Multiplikation von Brüchen verfahren werden kann. Ein Kürzen vor der Multiplikation war nicht möglich.
Wir erhalten als Produkt wieder einen unechten Bruch, der anschließend durch Division in eine gemischte Zahl umgewandelt wird.

ϑ) Division in der Bruchrechnung

Bei der Division von Brüchen können wieder 8 Fälle auftreten.

1. Fall: Bruch durch natürliche Zahl $\frac{4}{5} : 2$;

2. Fall: Bruch durch gemischte Zahl $\frac{2}{3} : 2\frac{2}{3}$;

3. Fall: Bruch durch Bruch $\frac{6}{7} : \frac{1}{2}$;

4. Fall: Natürliche Zahl durch Bruch $4 : \frac{3}{7}$;

5. Fall: Natürliche Zahl durch gemischte Zahl $9 : 5\frac{2}{3}$;

6. Fall: Gemischte Zahl durch Bruch $8\frac{4}{9} : \frac{6}{7}$;

7. Fall: Gemischte Zahl durch natürliche Zahl $5\frac{5}{8} : 5$;

8. Fall: Gemischte Zahl durch gemischte Zahl $6\frac{3}{4} : 2\frac{1}{6}$.

Die 8 Fälle können ebenfalls nach einer einzigen Regel behandelt werden, indem man natürliche Zahlen als uneigentliche Brüche, gemischte Zahlen als unechte Brüche schreibt und damit alles auf den 3. Fall (Hauptfall) zurückführt. Die Regel lautet:

> Man dividiert durch einen Bruch, indem man mit seinem Kehrbruch multipliziert.

Beispiel 1 (Hauptfall): $\frac{6}{7} : \frac{1}{2}$; $\frac{6}{7} : \frac{1}{2} = \frac{6}{7} \cdot \frac{2}{1} = \frac{12}{7} = \underline{\underline{1\frac{5}{7}}}$.

Beispiel 2 (7. Fall): $5\frac{5}{8} : 5 = \frac{\overset{9}{\cancel{45}}}{8} \cdot \frac{1}{\underset{1}{\cancel{5}}} = \frac{9 \cdot 1}{8 \cdot 1} = \frac{9}{8} = 1\frac{1}{8}$.

Beispiel 3 (8. Fall): $6\frac{3}{4} : 2\frac{1}{6} = \frac{27}{4} : \frac{13}{6} = \frac{27 \cdot \overset{3}{\cancel{6}}}{\underset{2}{\cancel{4}} \cdot 13} = \frac{81}{26} = 3\frac{3}{26}$.

g) Gemeine Brüche und Dezimalzahlen

Es ist bereits gesagt worden, daß wir Brüche auf 2 Arten schreiben können. Es soll nun der Zusammenhang gezeigt werden, der zwischen diesen beiden Schreibweisen besteht.

Bei den Dezimalzahlen stehen rechts vom Komma nacheinander die Zehntel (z), Hundertstel (h), Tausendstel (t), Zehntausendstel (zt) usw. Schreiben wir also die Dezimalzahl 0,1, so haben wir rechts vom Komma 1 Zehntel ($1\,z$);

$$0{,}1 = \frac{1}{10}\,;\quad 0{,}5 = \frac{5}{10}\,.$$

Auch Dezimalzahlen mit mehreren (endlich vielen) Stellen rechts vom Komma können als gemeine Brüche geschrieben werden:

$$0{,}01 = \frac{1}{100}\,;\qquad 0{,}0001 = \frac{1}{10\,000}\,;\qquad 0{,}003 = \frac{3}{1000}$$

$$0{,}375 = \frac{3}{10} + \frac{7}{100} + \frac{5}{1000} = \frac{375}{1000} = \frac{3}{8} \text{ (gekürzt mit 125)}$$

$$4{,}9851 = 4 + \frac{9}{10} + \frac{8}{100} + \frac{5}{1000} + \frac{1}{10000} = 4\frac{9851}{10000} \text{ (ungekürzt).}$$

Soll ein Bruch in eine Dezimalzahl verwandelt werden, so fasse man den Bruch als Divisionsaufgabe auf, die auch als solche geschrieben und dann ausgeführt werden kann.

Somit wäre also $\frac{1}{10} = 1 : 10$, d. h., $\frac{1}{10}$ ist der zehnte Teil von 1.

Wenn wir die Division ausführen, so bedeutet das

$\frac{1}{10} = 1 : 10$

1 : 10 = 0,1
0
—
10
10
—
0

$\frac{1}{4} = 1 : 4$

1 : 4 = 0,25
0
—
10
8
—
20
20
—
0

$\frac{5}{6} = 5 : 6 = 0{,}83\ldots$
0
—
50
48
—
20
18
—
2

Als Quotienten erhalten wir Dezimalzahlen. Bei Fortführung der Division solcher Dividenden, die nicht ohne Rest durch den Divisor teilbar sind, wiederholt sich bei manchen Brüchen im Quotienten immer dieselbe Zahlengruppe (Periode). Wir nennen diese Brüche *unendliche periodische Dezimalzahlen*. Man kennzeichnet sie durch einen Strich über der sich wiederholenden Zahlengruppe (z. B. $0{,}\overline{73}$ bedeutet 0,737373...; $0{,}\overline{3}$ bedeutet 0,3333...). Beim Schreiben einer unendlich periodischen (oder nicht periodischen) Dezimalzahl ist man gezwungen, nach einer endlichen Anzahl von Stellen nach dem Komma abzubrechen. Der Wert der notierten Zahl entspricht also nicht exakt dem Wert des gegebenen Bruches.

Es gibt auch Dezimalzahlen, die unendlich viele Stellen haben, ohne daß eine Periode auftritt. Diese Zahlen nennen wir *unendliche nichtperiodische* Dezimalzahlen (irrationale Zahlen).

Ist die Division in einer Stelle rechts vom Komma beendet (es bleibt kein Rest), so haben wir eine *endliche Dezimalzahl*.

Soll ein gemeiner Bruch in eine Dezimalzahl umgewandelt werden, so muß die Division durchgeführt werden, bis diese aufgeht oder bis im

Quotienten immer wieder die gleiche Zahlengruppe auftritt (Periode). Die gewünschte Genauigkeit des Ergebnisses entscheidet, wieviel Stellen rechts vom Komma ausgerechnet werden müssen.

Der Wert ist nur angenähert. Bei genauem Rechnen empfiehlt sich daher, die Zahl – soweit möglich – als Bruch zu schreiben. Unendliche nichtperiodische Dezimalzahlen lassen sich nicht durch gemeine Brüche darstellen. Bei Aufgaben, aus denen nur ein angenäherter Wert errechnet wird, darf kein Gleichheitszeichen stehen; statt dessen steht das Zeichen $\approx$.

$$\frac{671}{1024} = 671 : 1024 \approx 0{,}66; \quad \frac{1}{7} = 1 : 7 \approx 0{,}143.$$

Es können Aufgaben auftreten, in denen sowohl Dezimalzahlen als auch gemeine Brüche und gemischte Zahlen vorkommen.

Für diese Fälle gibt es dann jeweils zwei Lösungsmöglichkeiten. Einmal können die endlichen und die periodischen Dezimalzahlen in gemeine Brüche und gemischte Zahlen umgewandelt werden, und zum andern können die gemeinen Brüche und gemischten Zahlen in Dezimalzahlen umgewandelt werden.

Aufgabe: $\left(3{,}5 + 7\frac{2}{3}\right) \cdot \left(8{,}4 - 6\frac{5}{8}\right)$

Lösung 1 (Umwandlung der Dezimalzahlen in gemischte Zahlen):

$$\left(3\frac{5}{10} + 7\frac{2}{3}\right) \cdot \left(8\frac{4}{10} - 6\frac{5}{8}\right) = 11\frac{5}{30} \cdot 1\frac{31}{40} = \frac{67}{6} \cdot \frac{71}{40} = \frac{4757}{240} = \underline{\underline{19\frac{197}{240}}}.$$

Lösung 2 (Umwandlung der gemischten Zahlen in Dezimalzahlen):

$$(3{,}5 + 7{,}67) \cdot (8{,}4 - 6{,}625) = 11{,}17 \cdot 1{,}775 = \underline{\underline{19{,}82(675)}}.$$

(Die letzten drei, in Klammern gesetzten Stellen haben hier keinen Sinn, da die Dezimalzahlen für $\frac{2}{3}$ und $\frac{5}{8}$ nur auf 2 bzw. 3 Stellen hinter dem Komma genau sind.)

Erläuterung: Während wir im ersten Lösungsweg nur mit gemischten Zahlen rechnen, haben wir im zweiten Lösungsweg nur Dezimalzahlen verwendet.

Es zeigt sich bei Lösung 2 bereits in der ersten Klammer, daß die gemischte Zahl $\left(7\frac{2}{3}\right)$ ungenau dargestellt wird, wenn man $\frac{2}{3}$ in eine Dezimalzahl verwandelt. Wir müssen die Hundertstelstelle (oder auch eine kleinere Stelle) aufrunden.

Durch diese Ungenauigkeit tritt im Endergebnis ein geringfügiger Unterschied zwischen der Dezimalzahl (0,82675) und dem echten Bruch $\left(\frac{197}{240}\right)$ auf. Würde man nämlich den gemeinen Bruch wiederum in eine Dezimalzahl umwandeln, so zeigte sich eine Differenz von etwa $\frac{6}{1000}$.

Zum Abschluß der Einführung in die Bruchrechnung soll noch einmal eindringlich der Hinweis wiederholt werden:

Vor dem Rechnen soll das Ergebnis überschlagen (geschätzt) werden!!!

h) Regeln für die Bruchrechnung

1. Addition und Subtraktion von Brüchen und gemischten Zahlen:

   1. Schritt: Bestimmen des Hauptnenners (des kleinsten gemeinsamen Vielfachen) und gleichnamigmachen.

   2. Schritt: a) addieren
      oder
      b) subtrahieren.

   Im Ergebnis kürzen (wenn möglich)

2. Multiplikation und Division von Brüchen und gemischten Zahlen:

   1. Schritt: Umwandeln der gemischten Zahlen zu unechten Brüchen.

   2. Schritt: a) (bei der Multiplikation) $\frac{\text{Zähler} \cdot \text{Zähler}}{\text{Nenner} \cdot \text{Nenner}}$,
      b) (bei der Division) den 2. Bruch umkehren und darauf erst $\frac{\text{Zähler} \cdot \text{Zähler}}{\text{Nenner} \cdot \text{Nenner}}$
      Vor Ausführung der Multiplikationen kürzen!

E. LEXIKON

Abbildung (s. A. II). Der Begriff der Abbildung wurde ursprünglich in der Geometrie gebraucht. In der heutigen Mathematik wird er jedoch in einem viel weiteren Sinn verwendet. Insbesondere werden in der neueren mathematischen Literatur die Wörter „Abbildung“ und „Funktion“ als Bezeichnungen für denselben Sachverhalt verwendet; im folgenden wollen wir ebenso verfahren.

A und B seien zwei nichtleere Mengen (s. d.). Eine Abbildung f der Menge A in die Menge B ist eine Zuordnung, die für jedes Element von A genau ein Element von B festlegt. Dabei kann verschiedenen Elementen von A durchaus dasselbe Element von B zugeordnet sein.

Beispiel 1: $A = \{a, b, c, d\}$, $B = \{u, v, w\}$, wobei a, b, c, d bzw. u, v, w verschiedene Elemente seien. Das Pfeildiagramm (Abb. 22) stellt eine Abbil-

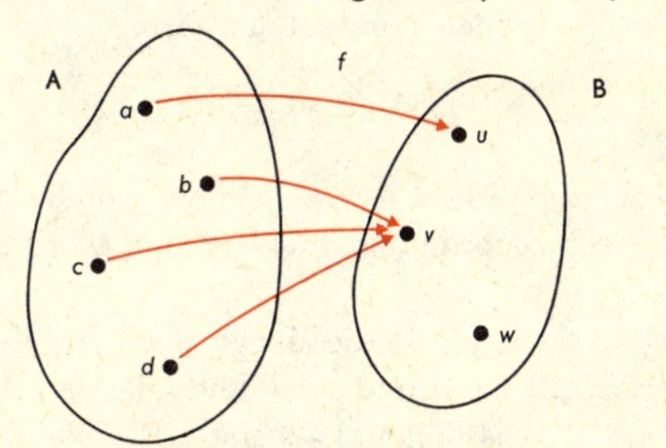

Abb. 22

dung von A in B dar; jedem Element von A wird nämlich durch den von ihm ausgehenden Pfeil genau das Element von B zugeordnet, auf das der Pfeil hinweist. In Anlehnung an dieses Pfeildiagramm schreibt man diese Abbildung auch $f\colon A \to B$. Das dem Element $a \in A$ durch die Abbildung f eindeutig zugeordnete Element aus B nennt man das *Bild* von a bei der Abbildung f und benutzt als Zeichen dafür $f(a)$. Wie man aus dem Pfeildiagramm abliest, ist für die dort angegebene Abbildung $f(a) = u$, $f(b) = v, f(c) = v, f(d) = v$. Diese Abbildung kann man noch auf andere Weise übersichtlich darstellen:

in Tabellenform

$x \in A$	$f(x) \in B$
a	u
b	v
c	v
d	v

im Koordinatensystem

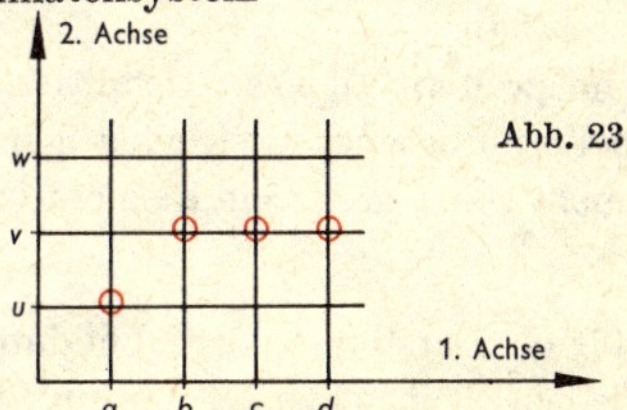

Abb. 23

In der Tabellendarstellung der Abbildung ist jede Zeile ein geordnetes Paar; z. B. ist die erste Zeile das geordnete Paar (a, u) aus den beiden Elementen $a \in A$ und $u \in B$. Bei einem geordneten Paar kommt es (im Unterschied zu der Menge mit den Elementen a und u) auf die Reihenfolge der Elemente an, so daß man a das erste und u das zweite Element des geordneten Paars (a, u) nennen kann (s. *Ordnungsrelation*). Zwei geordnete Paare heißen nämlich genau dann gleich, wenn sie in ihren ersten und in ihren zweiten Elementen übereinstimmen. Man kann dies durch die folgende Formel ausdrücken:

$$(a, u) = (x, y) \text{ genau dann, wenn } a = x \text{ und } u = y.$$

Die im Beispiel 1 betrachtete Abbildung f wird somit auch vollständig beschrieben durch die Menge der aus der Wertetabelle oder aus dem Pfeildiagramm zu entnehmenden geordneten Paare:

$$f = \{(a, u), (b, v), (c, v), (d, v)\}.$$

Dieses Beispiel zeigt, daß man den Begriff der Abbildung auch ohne den undefinierten Begriff „Zuordnung“ mit Hilfe der geordneten Paare erklären kann:
Eine Abbildung der Menge A in die Menge B ist eine Menge f von geordneten Paaren (x, y) mit $x \in A$ und $y \in B$ und mit der Bedingung, daß in f jedes Element aus A genau einmal als erstes Element vorkommt.
Als Menge der soeben beschriebenen geordneten Paare ist f eine Teilmenge des kartesischen Produkts (s. d.) $A \times B$. Daher kann man die vorstehende Definition auch so formulieren: Eine Abbildung f der Menge A in die Menge B ist eine Teilmenge des kartesischen Produkts $A \times B$ mit der Bedingung, daß jedes Element aus A in f genau einmal als erstes Element vorkommt.
Beachtet man ferner, daß jede Teilmenge des kartesischen Produkts $A \times B$ eine Relation ist (s. d.), so kann man auch sagen:
Eine Abbildung $f\colon A \to B$ ist eine Relation zwischen Elementen aus den Mengen A und B, in der verschiedene Elemente verschiedene erste Koordinaten haben.
Die im zweiten Teil dieser Definitionen angegebene Bedingung ist eine andere Formulierung der Eindeutigkeitsforderung; sie besagt, daß jedem Element von A genau ein Element von B zugeordnet wird, und sie bedeutet

a) für die Darstellung der Abbildung durch ein Pfeildiagramm, daß von jedem Element von A nur ein Pfeil ausgeht;

b) für die Tabellendarstellung der Abbildung, daß in der ersten Spalte der Tabelle jedes Element von A genau einmal vorkommt;
c) für die Koordinatendarstellung der Abbildung, daß auf jeder Parallelen zur 2. Achse genau ein Punkt von f liegt, wenn diese Parallele durch ein auf der 1. Achse als Punkt dargestelltes Element von A geht.

Die Menge der in der Abbildung f auftretenden ersten Koordinaten heißt der *Definitionsbereich* oder auch der *Urbildbereich* der Abbildung f:

$$D_f = \{x \mid x \in A \text{ und es gibt } y \in B, \text{ so daß } (x, y) \in f\}.$$

Die Menge der in der Abbildung f auftretenden zweiten Koordinaten nennt man den *Wertebereich* oder auch den *Bildbereich* der Abbildung f:

$$W_f = \{y \mid y \in B \text{ und es gibt } x \in A, \text{ so daß } (x, y) \in f\}.$$

D_f ist also die Menge der Elemente, von denen bei der Pfeildarstellung der Abbildung f Pfeile ausgehen, während W_f die Menge der Elemente ist, auf die diese Pfeile hinweisen. Im Beispiel 1 ist $D_f = A$, $W_f = \{u, v\} \subset B$ (s. *Teilmenge*).
Ist der Definitionsbereich D_f einer Abbildung f eine unendliche Menge, so kann man f nicht mehr durch Aufzählung aller Paare zugeordneter Elemente angeben. Pfeildiagramm und Wertetabelle können dann nur noch zur Darstellung endlicher Teilmengen dieser Abbildung verwendet werden. In diesem Fall schreibt man die Abbildung f mit Hilfe des sogenannten Abbildungsterms $f(x)$ in der Form

$$f = \{(x, y) \mid x \in D_f \text{ und } y = f(x)\}.$$

Beispiel 2: Der Definitionsbereich sei die Menge $\mathbb{N}$ der natürlichen Zahlen einschließlich der Null; dann ist

$$g = \{(x, y) \mid x \in \mathbb{N} \text{ und } y = x^2\}$$

die Menge aller Zahlenpaare, deren erste Koordinate eine natürliche Zahl und deren zweite Koordinate das Quadrat der ersten Koordinate ist. Diese Menge ist offenbar eine Abbildung von $\mathbb{N}$ in $\mathbb{N}$, $g\colon \mathbb{N} \to \mathbb{N}$; denn jedem Element von $\mathbb{N}$ ist genau ein Element von $\mathbb{N}$ zugeordnet. Diese Abbildung, die „Quadratfunktion“, schreibt man auch in leichtverständlicher Weise

$$g\colon x \to x^2,\ x \in \mathbb{N}.$$

Die Menge der geordneten Paare $\{(0, 0), (1, 1), (2, 4), (7, 49)\}$ ist eine endliche Teilmenge von g; sie ist neben der Abb. 24, in der drei Punkte von g im Koordinatensystem eingezeichnet sind, auch in Tabellenform angegeben.

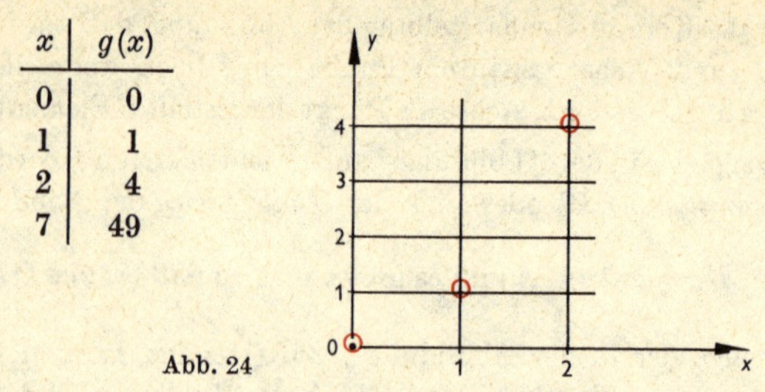

x	$g(x)$
0	0
1	1
2	4
7	49

Abb. 24

Beispiel 3: Die Abbildung $h = \{(x, y) \mid x \in \mathbb{R} \text{ und } y = x^2\}$ ist ebenfalls eine „Quadratfunktion“, der Definitionsbereich ist jetzt aber die Menge $\mathbb{R}$ der reellen Zahlen. h ist offenbar eine Abbildung von $\mathbb{R}$ in $\mathbb{R}$, $h\colon \mathbb{R} \to \mathbb{R}$; man schreibt sie auch: $h\colon x \to x^2$, $x \in \mathbb{R}$. Die in Beisp. 2 angegebenen Zahlenpaare sind auch Elemente von h; es ist aber auch

$$\left(\frac{1}{2}, \frac{1}{4}\right) \in h, \text{ andere Schreibweise: } h\left(\frac{1}{2}\right) = \frac{1}{4},$$

$$\left(-\frac{7}{8}, \frac{49}{64}\right) \in h \text{ oder: } h\left(-\frac{7}{8}\right) = \frac{49}{64},$$

$$(\pi, \pi^2) \in h \text{ oder: } h(\pi) = \pi^2, \ \pi = 3{,}14159\ldots$$

Die Abb. 25 zeigt die graphische Darstellung einer unendlichen Teilmenge von h, genauer: die graphische Darstellung von h über dem Intervall

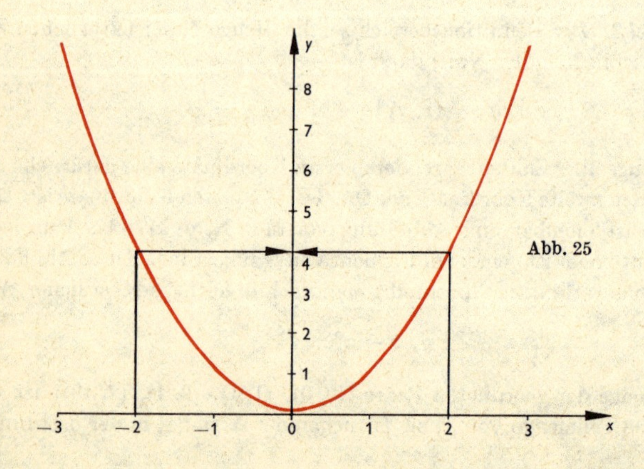

Abb. 25

(s. d.) $[-3{,}3]$. Das Bild dieses Intervalls ist das Intervall $[0{,}9]$. Jede von Null verschiedene Zahl dieses Intervalls hat genau zwei Urbilder; z. B. sind 2 und -2 die beiden Urbilder von 4.
Die beiden Abbildungen der Beispiele 2 und 3 sind Quadratfunktionen: sie ordnen jeder Zahl ihres Definitionsbereiches das Quadrat dieser Zahl zu. Als Abbildungen sind sie aber gewiß nicht gleich; da nämlich Abbildungen Mengen von Elementepaaren sind, ist über die *Gleichheit von Abbildungen* nach der Gleichheitsdefinition von Mengen zu entscheiden: Zwei Abbildungen f und g sind genau dann gleich, in Zeichen $f = g$, wenn 1. der Definitionsbereich von f gleich dem von g ist, $D_f = D_g$, und wenn 2. für alle $x \in D_f$ gilt: $f(x) = g(x)$. Diese Definition stellt sicher, daß jedes Elementepaar aus f auch in g vorkommt und umgekehrt.
Die beiden folgenden Beispiele sollen zeigen, daß wichtige in der Geometrie betrachtete Abbildungen auch Abbildungen im Sinne unserer Definition sind. Solche Abbildungen haben ja den Anstoß zum Studium von Zuordnungen dieser Art gegeben.

Beispiel 4: A sei die Menge der Punkte auf den Kanten des in Abb. 53, (s. *darstellende Geometrie*) dargestellten Würfels, B sei die sogenannte Bildebene, die dort mit π bezeichnet ist. Durch das im Text zu Abb. 53 angegebene Verfahren der Zentralprojektion wird jedem Punkt der Würfelkanten genau ein Punkt der Bildebene zugeordnet; der Würfel wird dadurch in die Ebene B abgebildet.

Beispiel 5: Spiegelung an einer Geraden (s. d.). A sei die Menge der Punkte der euklidischen Ebene, g die in A liegende Spiegelachse. Durch die dort angegebene Konstruktionsvorschrift wird jedem Punkt P der Ebene genau ein Punkt P' derselben Ebene als Bildpunkt zugeordnet. Durch diese Spiegelung an der Geraden g wird die Ebene auf sich selbst abgebildet.
Man unterscheidet häufig zwischen Abbildungen *in* eine Menge und Abbildungen *auf* eine Menge. Dabei wird der Begriff der Abbildung in eine Menge im Sinne der oben gegebenen Definitionen der Abbildung als der allgemeinere Begriff benutzt. Eine Abbildung $f\colon A \to B$ heißt genau dann eine Abbildung der Menge A *auf* die Menge B, wenn jedes Element von B Bild wenigstens eines Elements aus A ist. Im Pfeildiagramm bedeutet das, daß auf jeden Punkt von B wenigstens ein Pfeil hinweist. Eine solche Abbildung heißt auch *surjektiv* (*Surjektion*).
Hat eine Abbildung der Menge A auf die Menge B noch die zusätzliche Eigenschaft, daß jedes Element von B das Bild höchstens eines Elements von A ist (injektive Abbildung), so heißt die Abbildung *eineindeutig* oder

bijektiv (*Bijektion*). Im Pfeildiagramm bedeutet das, daß bei einer eineindeutigen Abbildung von A auf B von jedem Punkt von A genau ein Pfeil ausgeht und auf jeden Punkt von B genau ein Pfeil hinweist. Anschaulich läßt sich sagen, daß in diesem Fall die Mengen A und B gleich viele Elemente haben (s. *Mächtigkeit*, s. *Kardinalzahl*).

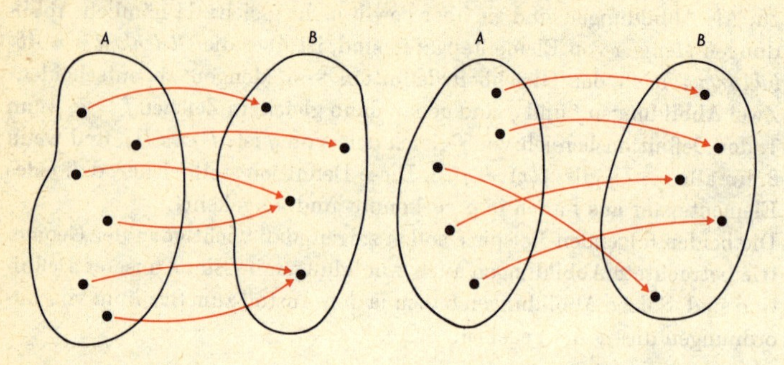

Abb. 26 Abbildung von A auf B (Surjektion)

Abb. 27 Eineindeutige Abbildung von A auf B (Bijektion)

Beispiel 6: Die Abbildung der reellen Zahlen in die Menge $\mathbb{R}_0^+$ der positiven reellen Zahlen einschließlich der Null, die jeder Zahl ihr Quadrat zuordnet, ist offenbar eine Surjektion, also eine Abbildung auf $\mathbb{R}_0^+$; jede Zahl von $\mathbb{R}_0^+$ ist nämlich Quadrat von Zahlen aus $\mathbb{R}$. Diese Abbildung ist jedoch nicht eineindeutig (bijektiv): die Zahl $4 \in \mathbb{R}_0^+$ z. B. ist Bild der Zahlen 2 und -2 des Definitionsbereichs.

Beispiel 7: Die Abbildung der positiven reellen Zahlen auf sich, die jeder Zahl ihr Quadrat zuordnet, ist dagegen eine eineindeutige Abbildung (eine Bijektion), weil jede positive reelle Zahl Quadrat von genau einer positiven reellen Zahl ist.

Vgl. auch: *eindeutig*
Funktion
Umkehrfunktion
Verknüpfung

Geometrische Abbildungen vgl.
Abbildung, affine
Abbildung, ähnliche
flächentreue Abbildung
längentreue Abbildung
Bewegung
darstellende Geometrie
Drehung
Parallelprojektion
Parallelverschiebung
Scherung
Spiegelung, affine
Spiegelung an einem Punkt
Spiegelung an einer Ebene
Spiegelung an einer Geraden

Abbildung, affine (Affinität). Affine Abbildungen sind solche Abbildungen, deren Konstruktionsvorschrift im wesentlichen aus einer Parallelprojektion besteht (s. d.). Projiziert man die Punkte einer Ebene (der Urbildebene) auf eine andere Ebene (Bildebene) durch parallele Projektionsstrahlen, so nennt man diese Abbildung eine *perspektive Affinität.* Führt man perspektive Affinitäten und zentrische Streckungen in beliebiger Reihenfolge nacheinander aus, so erhält man nicht unbedingt wieder eine perspektive Affinität. Man nennt die Abbildungen, die dabei entstehen, *allgemeine Affinitäten.*
(Über die Darstellung der allgemeinen Affinitäten mittels Gleichungssystemen siehe Der Große Rechenduden.)
Zu den affinen Abbildungen gehören alle kongruenten Abbildungen (Bewegungen: Parallelverschiebung, Spiegelung, Drehung) und die Ähnlichkeitsabbildungen (siehe Abbildungen, ähnliche). Andere Beispiele von affinen Abbildungen, die nicht zu den eben genannten Abbildungsarten gehören, sind die senkrechte (oder schiefe) Achsenaffinität und die Scherung.

Achsenaffinitäten

Konstruktionsvorschrift:
Gegeben sind zwei Ebenen, die sich in einer Geraden a, der Affinitätsachse, schneiden sollen, und eine Richtung, die Projektionsrichtung. Die eine Ebene π soll Urbildebene, die andere Bildebene π' heißen. Ist nun ein Punkt P der Ebene π gegeben, so konstruiert man das Bild P' von P, indem man den durch P hindurchgehenden Projektionsstrahl mit der Ebene π' zum Schnitt bringt (siehe Abb. 28).

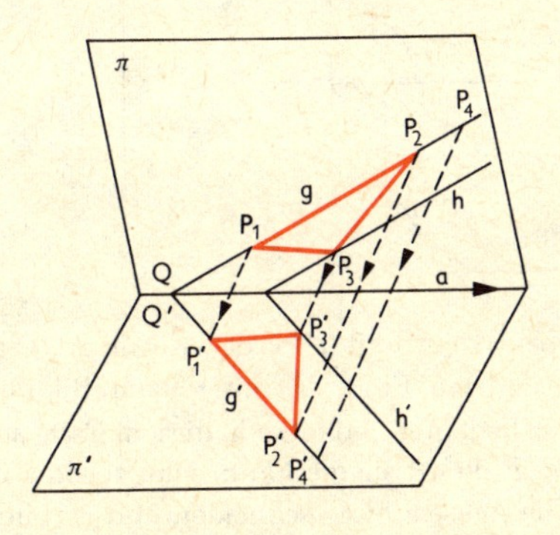

Abb. 28

Eigenschaften der Achsenaffinitäten:

1. Jeder Punkt P von π hat ein Bild P' in π'.
   Jeder Punkt P' von π' kommt als Bild eines Punktes P von π vor. (Die Vorschrift ist umkehrbar eindeutig.)
2. Die Punkte Q der Affinitätsachse a sind mit ihrem Bild Q' identisch. Die Affinitätsachse a ist Fixpunktgerade (s.d.).
3. Eine in der Ebene π liegende Gerade g hat eine Gerade g' von π' als Bild. Schneidet g die Affinitätsachse a in einem Punkt Q, so geht g' durch denselben Punkt Q. Ist g parallel zur Affinitätsachse, so ist es auch g'.
4. Parallele Geraden g und h haben parallele Bilder g' und h'.
5. Das Teilverhältnis von drei in gerader Linie liegenden Punkten P_1, P_2 und P_4 ist gleich dem Teilverhältnis der Bildpunkte (s. Abb. 7 und *Teilverhältnis*).
6. Eine Figur und die aus ihr durch affine Abbildung hervorgehende Bildfigur heißen affin zueinander.
   Die Flächeninhalte affiner Figuren haben ein festes Verhältnis.

Die perspektive Affinität in der Ebene

Man kann die Bildebene π' durch Drehung um die Affinitätsachse a mit der Urbildebene π vereinigt denken. Es entsteht dann in den vereinigten Ebenen $\pi = \pi'$ (Abb. 29 und 30) eine ebene perspektive Affinität.

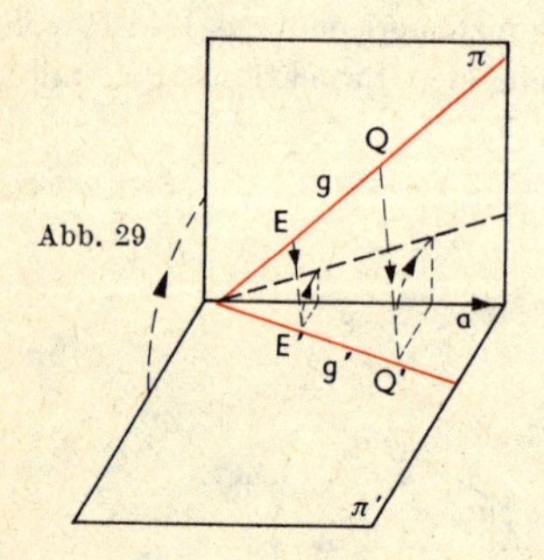

Abb. 29

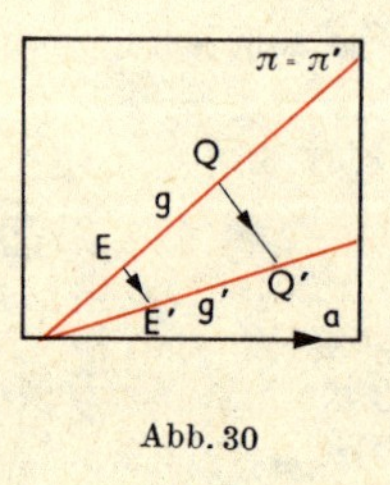

Abb. 30

Eine solche perspektive Affinität in der Ebene ist gegeben, wenn die Affinitätsachse a und ein Punkt E mit seinem Bildpunkt E' bekannt sind (Abb. 31). Das bedeutet, daß man in diesem Falle zu jedem weiteren Punkt P das Bild P' konstruieren kann. Man zeichne nämlich durch E eine Gerade, die die Achse a in E_0 schneidet, und verbinde E' mit E_0 und E. Anschließend zeichne man durch P die Parallele zu EE_0, diese schneidet a in P_0. Die Parallele zu EE' durch P und die Parallele zu E_0E' durch P_0 schneiden sich im Bildpunkt P' von P.

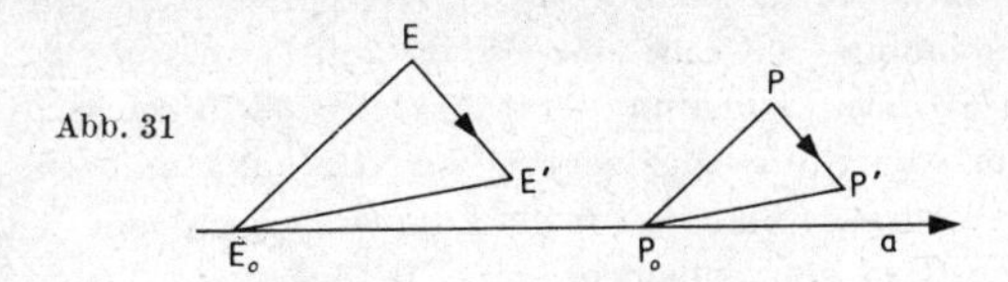

Abb. 31

Spezialfälle der perspektiven Affinität in der Ebene;

a) Senkrechte Achsenaffinität

Affinitätsachse a und Affinitätsrichtung EE' sind senkrecht zueinander (Abb. 32).

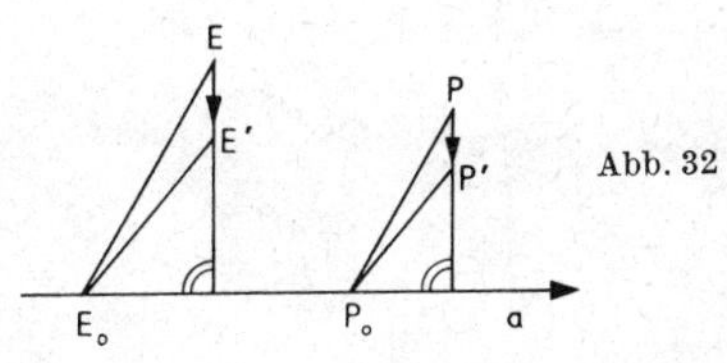

Abb. 32

b) Die Scherung

Affinitätsachse a und Affinitätsrichtung EE' sind parallel zueinander (Abb. 33). Bei der Scherung haben Figur und Bild gleichen Flächeninhalt.

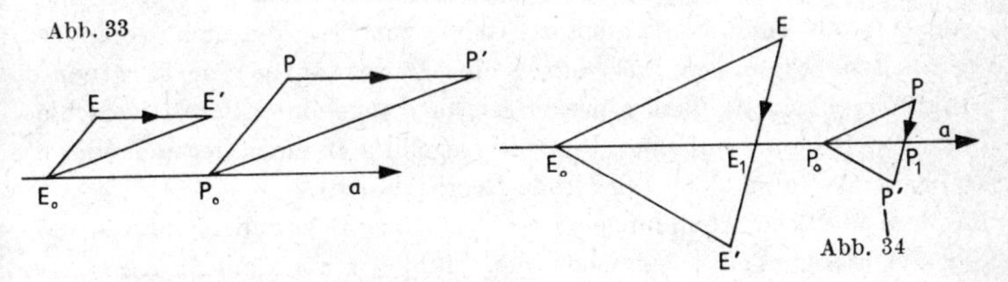

Abb. 33

Abb. 34

c) Die Affinspiegelung

Affinitätsachse und Affinitätsrichtung bilden einen beliebigen Winkel ε miteinander, die Verbindungsstrecke je zweier zueinander gehörender Punkte P und P' wird durch die Affinitätsachse a halbiert. Wenn $\varepsilon = 90°$ ist, hat man es mit der gewöhnlichen Spiegelung zu tun (Abb. 34). Bei der Affinspiegelung haben Figur und Bild gleichen Flächeninhalt.

d) Die ähnlichen Abbildungen (siehe Abbildung, ähnliche).

Abbildung, ähnliche. Die ähnlichen Abbildungen (Ähnlichkeitsabbildungen) gehören zu den affinen Abbildungen (s. *Abbbildung, affine*).

Es sind diejenigen affinen Abbildungen, bei denen aus einer Figur oder einem Körper durch die Abbildung eine ähnliche Figur oder ein ähnlicher Körper entsteht (s. *Ähnlichkeit*). Insbesondere wird durch eine Ähnlichkeitsabbildung die Größe eines Winkels nicht verändert.
Eine spezielle ähnliche Abbildung ist die *zentrische Streckung* (in der Ebene oder im Raum). Bei der zentrischen Streckung muß ein fester Punkt, das Zentrum Z, und eine reelle Zahl k gegeben sein. Man bekommt dann das Bild zu irgendeinem Punkt P, indem man P mit Z verbindet und die Strecke $\overline{ZP}$ über P hinaus auf das k-fache vergrößert (s. Abb. 35).

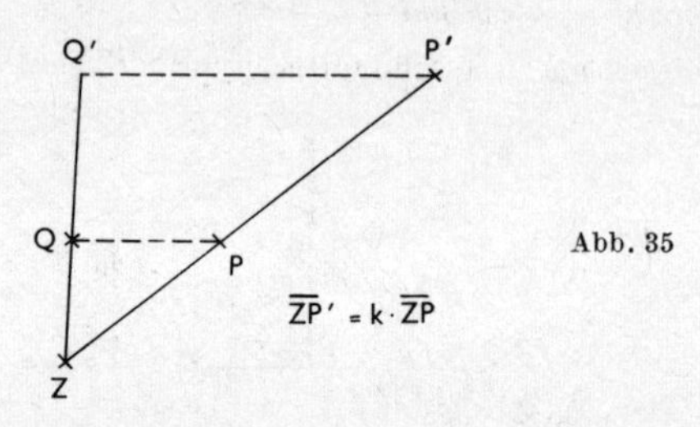

Abb. 35

Das Bild eines weiteren Punktes Q bekommt man dann als Schnittpunkt Q' der Geraden ZQ mit der Parallelen zu QP durch P'.
Weitere ähnliche Abbildungen sind die *Bewegungen* (Kongruenzabbildungen). Das sind diejenigen ähnlichen Abbildungen, bei denen außer den Winkeln einer Figur auch die Größe von Strecken nicht verändert wird. Jede Figur geht also durch eine Bewegung in eine kongruente Bildfigur über. Zu den Bewegungen (s. d.) gehören Parallelverschiebungen, Drehung um einen Punkt, Spiegelung an einer Geraden (Bewegungen im Raum siehe Der Große Rechenduden).
Andere ähnliche Abbildungen kann man aus Bewegungen und zentrischen Streckungen zusammensetzen. Bildet man nämlich irgendeine Figur erst durch eine Bewegung ab, so erhält man eine kongruente Bildfigur. Führt man nun mit dieser Bildfigur eine zentrische Streckung durch, so erhält man von ihr eine zweite Bildfigur, die zu ihr und damit auch zur ursprünglichen Figur ähnlich ist. Damit hat man eine neue Konstruktionsvorschrift für eine ähnliche Abbildung, die sich aus bereits bekannten Konstruktionsvorschriften für ähnliche Abbildungen zusammensetzt. Diesen Sachverhalt, nämlich Zusammensetzung von ähnlichen Abbildungen ergibt wieder ähnliche Abbildungen, faßt man in der Ausdrucksweise zusammen: Die ähnlichen Abbildungen bilden eine Gruppe (s. d.).

absoluter Betrag. Der absolute Betrag einer reellen Zahl a, in Zeichen $|a|$ (lies: Betrag von a oder a absolut), ist gleich a, wenn a positiv ist und gleich $-a$, wenn a negativ ist, er ist gleich 0, wenn $a = 0$ ist, z. B.: $|-2| = 2$, $|+2| = 2$.
Der absolute Betrag einer komplexen Zahl $z = a + ib$ ist $|z| = +\sqrt{a^2 + b^2}$. Der Betrag einer komplexen Zahl bedeutet die Maßzahl der Entfernung des Nullpunktes vom Bildpunkt der Zahl in der Gaußschen Zahlenebene.
Der absolute Betrag $|\boldsymbol{a}|$ eines Vektors $\boldsymbol{a}$ ist die Maßzahl der gemeinsamen Länge der ihn darstellenden Strecken (Pfeile; s. *Vektor*).

Abstand (Entfernung). In der ebenen und räumlichen (euklidischen) Geometrie begrenzen zwei Punkte stets genau eine Strecke. Die Länge dieser Strecke heißt Entfernung (Abstand) der beiden Punkte.
Der Abstandsbegriff läßt sich verallgemeinern, indem man nur auf folgende Eigenschaften des üblichen Abstands zweier Punkte achtet: Jedem Punktepaar ist eindeutig eine nicht negative reelle Zahl als Abstand zugeordnet. Die Reihenfolge der Punkte spielt dabei keine Rolle. Der Abstand ist genau dann Null, wenn die beiden Punkte zusammenfallen. Schließlich soll die in der euklidischen Geometrie grundlegende Tatsache, daß die Summe zweier Dreiecksseiten nicht kürzer sein kann als die dritte, festgehalten werden.
Damit hat man aber auf der Menge aller Punktepaare (P, Q) eine Funktion d erklärt mit folgenden Eigenschaften:

(1) $d(P, Q) \geqq 0$,

(2) $d(P, Q) = 0$ genau dann, wenn $P = Q$,

(3) $d(P, Q) = d(Q, P)$,

(4) $d(P, Q) + d(Q, R) \geqq d(P, R)$ (Dreiecksaxiom).

Eine Menge von Punkten, in der eine derartige Abstandsfunktion erklärt ist, nennt man einen *metrischen Raum.*

abzählbar (s. auch *Mächtigkeit*). Eine Menge M heißt *abzählbar unendlich,* kurz abzählbar, wenn sie sich umkehrbar eindeutig auf die Menge $\mathbb{N}$ der natürlichen Zahlen abbilden läßt. Sie ist also genau dann abzählbar, wenn man sie als unendliche Folge (s. d.) schreiben kann; z. B. ist die Menge der Potenzen von 10, $\{10, 100, 1000, \ldots\}$, abzählbar: durch $10^n \to n$ wird jeder Zehnerpotenz eineindeutig eine natürliche Zahl zugeordnet. Es können aber auch Mengen abzählbar sein, die $\mathbb{N}$ als echte Teilmenge enthalten.

Beispiel 1: Die Menge $\mathbb{Z}$ der ganzen Zahlen ist abzählbar:

$$\begin{array}{l} \mathbb{Z} = \{0, 1, -1, 2, -2, 3, -3, \ldots\}, \\ \quad\ \ \updownarrow\ \updownarrow\ \ \ \updownarrow\ \updownarrow\ \ \ \updownarrow\ \updownarrow\ \ \ \updownarrow \\ \mathbb{N} = \{1, 2, \ \ 3, 4, \ \ 5, 6, \ \ 7, \ldots\}. \end{array}$$

Beispiel 2: Die Menge $\mathbb{Q}^+$ der positiven rationalen Zahlen ist abzählbar. Zum Beweis schreiben wir sie so in einem Schema auf, daß wir sicher keines ihrer Elemente auslassen:

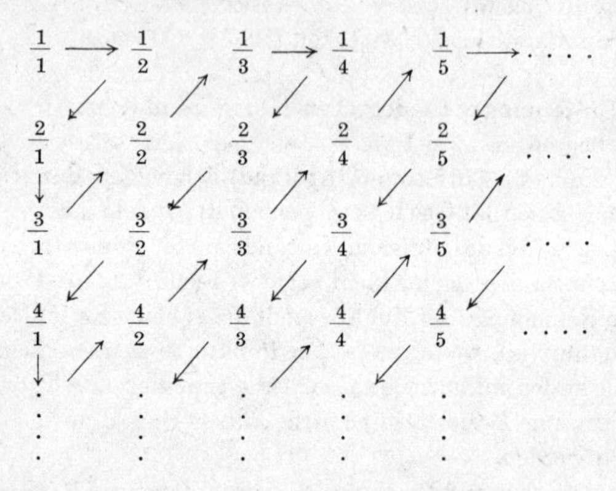

Die rationale Zahl $\frac{m}{n}$ steht in der m-ten Zeile und in der n-ten Spalte. Sodann werden alle nicht gekürzten Brüche gestrichen, da jede rationale Zahl nur einmal auftreten soll. Schließlich schreiben wir die Elemente von $\mathbb{Q}^+$ als Folge, indem wir das Schema auf dem eingezeichneten Weg durchlaufen.

Nicht alle unendlichen Mengen sind abzählbar; die Menge der reellen Zahlen zwischen 0 und 1 ist von größerer Mächtigkeit als die Menge $\mathbb{N}$ der natürlichen Zahlen. Unendliche Mengen von kleinerer Mächtigkeit als $\mathbb{N}$ gibt es dagegen nicht.

Achsensymmetrie (s. A. VII). Eine ebene Figur heißt *achsensymmetrisch* oder *axialsymmetrisch* (Abb. 36), wenn zu der Figur eine Gerade s, die *Symmetrieachse*, angegeben werden kann, so daß die Figur durch *Umklappen* um die Symmetrieachse oder durch orthogonale *Spiegelung* an der Symmetrieachse mit sich selbst zur Deckung gebracht werden kann.

Beispiel (Abb. 37): Ein gleichseitiges Dreieck ist achsensymmetrisch zu jeder seiner Höhen.

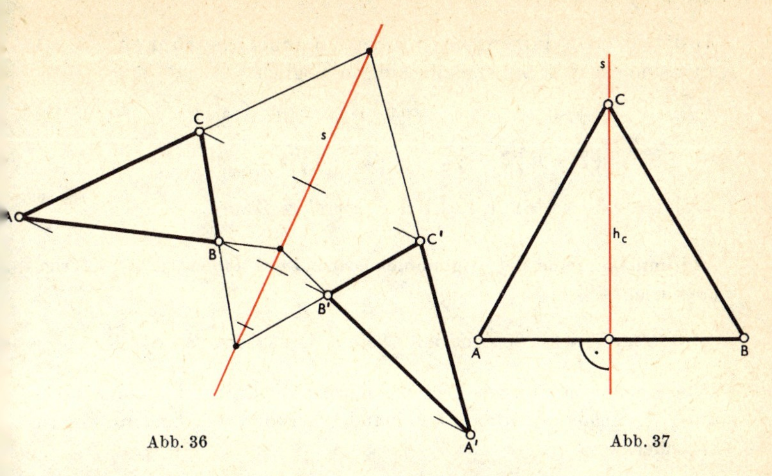

Abb. 36 Abb. 37

Addition (s. A. VI). Die Addition (das Zusammenzählen) ist eine der 4 Grundrechnungsarten (s. d.). Das Additionszeichen ist „+" (lies: plus). Die Zahlen, die addiert werden sollen, heißen Summanden.

$$\underbrace{\underset{\text{Summand}}{4} \;\underset{\text{plus}}{+}\; \underset{\text{Summand}}{3}}_{\text{Summe}} \;\underset{\text{gleich}}{=}\; \underset{\text{Wert der Summe.}}{7}$$

Addition von Brüchen (s. *Grundrechnungsarten*, s. *Bruch*)

Addition von Termen

Allgemein kann aus Termen der Summenterm gebildet werden, indem man zwischen die Terme das Pluszeichen setzt. Vereinfachungen solcher Summenterme im Sinne der Termäquivalenz (s. *Term*) sind in bestimmten Fällen möglich, z. B. im Falle von Termen mit Zahlfaktor (Koeffizient).

$$2a + 3b + a + 4b = 3a + 7b.$$

Wegen des Assoziativgesetzes der Addition (s. *Algebra*) kann man auch aus mehr als zwei Termen einen Summenterm bilden, z. B. $a + b + c$. Dieser Term kann $(a + b) + c$ oder $a + (b + c)$ bedeuten. Beide Terme sind äquivalent.

Addition von ganzen Zahlen

Für die Addition von ganzen Zahlen gelten folgende aus den Beispielen erhellende Regeln:

$$(+3) + (+5) = +(3 + 5) = +8$$
$$(+3) + (-5) = -(5 - 3) = -2,$$
$$(-3) + (+5) = +(5 - 3) = +2,$$
$$(-3) + (-5) = -(3 + 5) = -8.$$

Addition von Potenzen und von Wurzelausdrücken
Hier sind ebenfalls oft Vereinfachungen möglich:

z. B.: $a^2 + 4 \cdot b^3 + 4 \cdot c^3 + 4 \cdot a^2 = 5 \cdot a^2 + 4 \cdot (b^3 + c^3)$;

$$3\sqrt{2} + 5\sqrt{3} + \sqrt{2} = 4\sqrt{2} + 5\sqrt{3}.$$

Addition komplexer Zahlen s. *komplexe Zahlen.*

Additionstheoreme der trigonometrischen Funktionen (L 39) s. Trigonometrie.

Adjunktion gleichbedeutend mit Disjunktion s. *formale Logik.*

affin. Zwei ebene Figuren oder zwei Körper, die durch eine affine Abbildung (s. *Abbildung, affine*) auseinander hervorgehen, heißen affin zueinander.

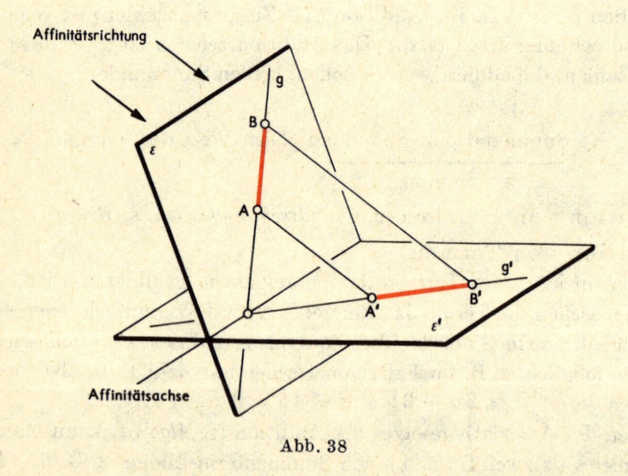

Abb. 38

Perspektive Affinität: Darunter versteht man eine umkehrbare eindeutige Punktverwandtschaft zwischen zwei Ebenen ε und ε' (Abb. 38).

Grundeigenschaften perspektiv affiner Felder:

1. Entsprechende Punkte $A \to A'$, $B \to B'$ usw. liegen auf parallelen Strahlen, den sogenannten Affinitätsstrahlen.
2. Entsprechende Geraden $g \to g'$ schneiden sich auf der Affinitätsachse. Sie ist die Schnittgerade der Ebenen ε und ε'.

3. Parallele Geraden gehen wieder in parallele Geraden über.

4. Tangenten gehen in Tangenten über.

5. Das Teilverhältnis dreier Punkte einer Geraden bleibt auch im Bild erhalten.

Durch die Angabe der Affinitätsachse und eines Paares entsprechender Punkte $A \to A'$ ist eine perspektive Affinität bestimmt.

Beispiel: Die Ellipse E' kann als affines Bild ihres Hauptscheitelkreises E aufgefaßt werden. Die Ellipse und ihr Hauptscheitelkreis sind affin zueinander (Abb. 39).

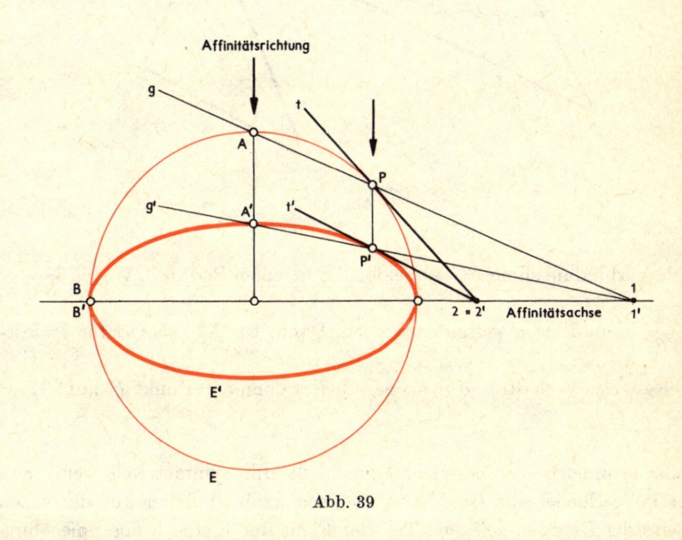

Abb. 39

Allgemeine Affinität: Eine solche liegt z. B. dann vor, wenn die beiden affinen Felder ε und ε' aus Abb. 16 nicht mehr in perspektiver Lage sind, d. h., daß entsprechende Punkte nicht mehr auf parallelen Strahlen liegen. Zwei solche allgemeine affine Felder $\varepsilon \to \varepsilon'$ werden durch Vorgabe von zwei Dreiecken ABC und $A'B'C'$ festgelegt, deren Punkte einander zugeordnet werden. In dieser allgemeinen Lage gibt es also keine Affinitätsstrahlen und keine Affinitätsachse. Das Bild jedes weiteren Punktes P aus ε kann dann — wegen der Invarianz der Teilverhältnisse — in ε' konstruiert werden (Abb. 40).

Beispiel: Gegeben: Feld ε durch A, B, C,

Feld ε' durch A', B', C',

ferner Punkt P in ε.

Gesucht: P' in ε'.

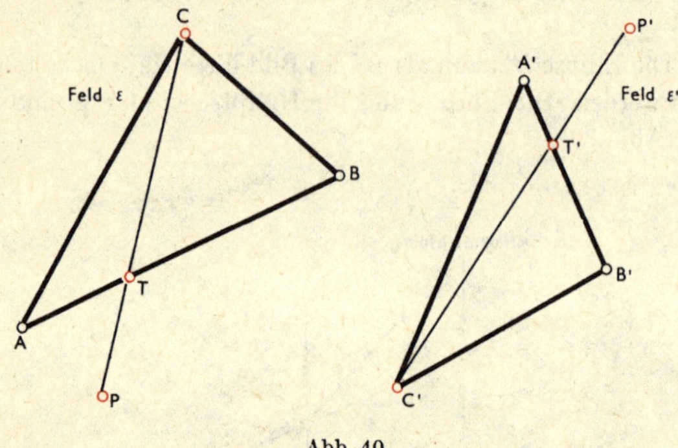

Abb. 40

Die Verbindungslinie PC schneidet AB in einem Punkt T. Wegen $\frac{\overline{AT}}{\overline{BT}} = \frac{\overline{A'T'}}{\overline{B'T'}}$ kann T' in ε' gefunden werden. Damit ist $C'T'$ als Ort für P' festgelegt. Das Verhältnis $\frac{\overline{CT}}{\overline{PT}} = \frac{\overline{C'T'}}{\overline{P'T'}}$ liefert dann den Punkt P' auf $C'T'$.

affin-symmetrisch. Eine ebene Figur heißt affin-symmetrisch, wenn man in ihrer Ebene eine Gerade so zeichnen kann, daß der auf der einen Seite der Geraden gelegene Teil der Figur durch eine affine Spiegelung (s. *Spiegelung, affine*) in den auf der anderen Seite gelegenen Teil übergeht;

Beispiele: Der schiefe Drachen ist affin-symmetrisch in bezug auf eine Diagonale, z. B. AC (Abb. 41). Die andere Diagonale, BD, liefert die Spiegelungsrichtung.

Die Ellipse (Abb. 42) ist affin-symmetrisch zu irgendeinem ihrer Durchmesser d_1. Der zu d_1 konjugierte Durchmesser d_2 liefert die Spiegelungsrichtung.

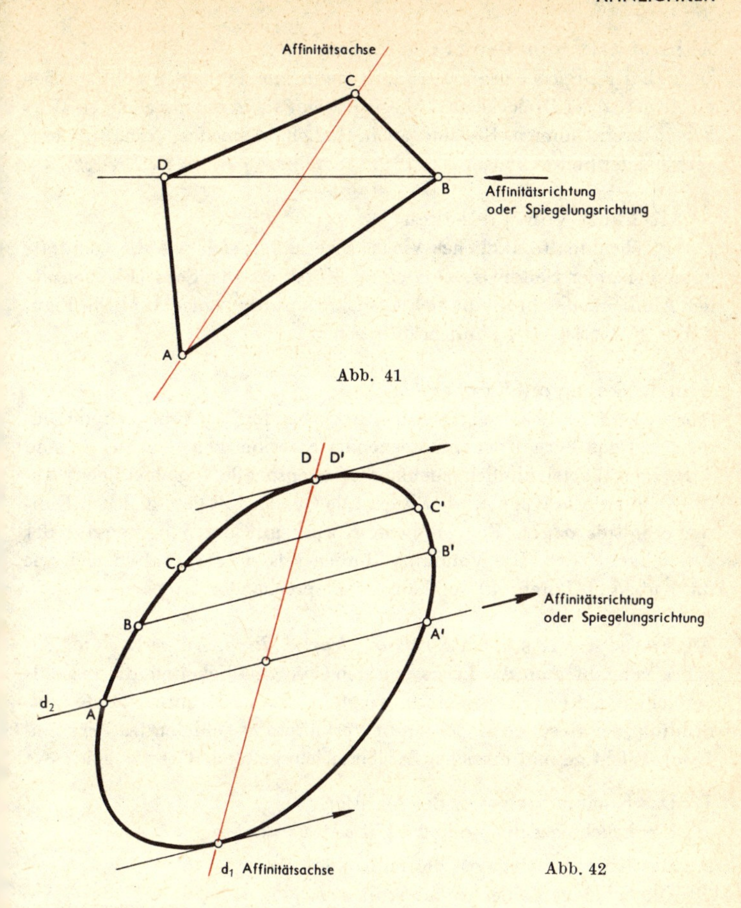

Abb. 41

Abb. 42

Ähnlichkeit (L 39). Zwei ebene Figuren heißen ähnlich, wenn sie durch eine Ähnlichkeitsabbildung (s. *Abbildung, ähnliche*), z. B. eine zentrische Streckung, auseinander entstehen. Insbesondere ist dann das Verhältnis entsprechender Seiten konstant, entsprechende Winkel sind gleich. Ist umgekehrt das Verhältnis entsprechender Seiten konstant und sind entsprechende Winkel gleich, so sind die Figuren ähnlich, d. h. es kann eine Ähnlichkeitsabbildung gefunden werden, die die eine Figur in die andere abbildet. Beide Bedingungen sind im allgemeinen nötig: Gleichheit entsprechender Winkel genügt z. B. nicht immer, sonst wären Rechteck und Quadrat ähnliche Figuren.

Ähnlichkeit von Dreiecken

Im Fall der Dreiecke genügt es schon, wenn eine der beiden Bedingungen erfüllt ist. Zwei Dreiecke sind ähnlich, wenn sie in entsprechenden Winkeln übereinstimmen. Sie sind auch ähnlich, wenn das Verhältnis entsprechender Seiten konstant ist. Man schreibt $\triangle_1 \sim \triangle_2$ (s. *Dreieck*).

Ähnlichkeit von Vielecken

Die Flächeninhalte ähnlicher Vielecke verhalten sich wie die Quadrate entsprechender Seiten (s. *Dreieck*, s. *Vielecke*). Der Satz (Flächensatz der Ähnlichkeitslehre) läßt sich ausdehnen auf beliebige ähnliche Figuren, z. B. Kreise oder ähnliche Ellipsen.

Ähnlichkeit von Körpern

Körper sind ähnlich, wenn sie in entsprechenden Winkeln übereinstimmen und das Verhältnis entsprechender Strecken konstant ist. So sind z. B. alle Würfel ähnlich zueinander, ebenso alle (regelmäßigen) Tetraeder und alle Kugeln, aber auch alle Quader mit dem gleichen Kantenverhältnis $a:b:c$. Für ähnliche Körper gilt der Volumensatz der Ähnlichkeitslehre: Die Volumina ähnlicher Körper verhalten sich wie die Kuben (3. Potenzen) der Längen entsprechender Strecken.

Algebra (s. A. VI; s. auch *Struktur*, *Gruppe*, *Ring*, *Körper*). Unter Algebra versteht man die Lehre von den Gesetzmäßigkeiten, die in Zahlbereichen gelten. Allgemeiner versteht man darunter heute das Studium der Gesetzmäßigkeiten in Verknüpfungsgebilden (s. *Verknüpfung*). Wichtige und in vielen Zahlbereichen geltende Gesetze sind:

1. Das Kommutativgesetz der Addition:
   Für beliebige Zahlen a und b gilt $a + b = b + a$.
2. Das Kommutativgesetz der Multiplikation:
   Für beliebige Zahlen a und b gilt $a \cdot b = b \cdot a$.
3. Das Assoziativgesetz der Addition:
   Für beliebige Zahlen a, b, c gilt: $(a + b) + c = a + (b + c)$
4. Das Assoziativgesetz der Multiplikation:
   Für beliebige Zahlen a, b, c gilt: $(a \cdot b) \cdot c = a \cdot (b \cdot c)$.
5. Die Distributivgesetze:
   Für beliebige Zahlen a, b, c gilt $a \cdot (b + c) = a \cdot b + a \cdot c$ und
   $(a + b) \cdot c = a \cdot c + b \cdot c$.

Aus diesen Gesetzen lassen sich viele andere häufig benutzte Gesetze herleiten, z. B.:

Für beliebige Zahlen a und b gilt $(a+b)^2 = a^2 + 2ab + b^2$ (s. *binomischer Lehrsatz*), oder:
Für beliebige Zahlen a und b gilt $(a+b)\cdot(a-b) = a^2 - b^2$, und entsprechend $x^n - y^n = (x-y)(x^{n-1} + x^{n-2}y + \ldots + xy^{n-2} + y^{n-1})$.
Diese Gesetze werden in der Gleichungslehre (s. *Gleichung*) für Termumformungen verwendet.

algebraische Gleichung. Algebraische Gleichungen in einer Variablen sind Gleichungen, die sich auf die Form

$$a_0 x^n + a_1 x^{n-1} + a_2 x^{n-2} + \ldots + a_{n-1} x + a_n = 0$$

bringen lassen. Dabei ist x die Lösungsvariable, $a_0, a_1, \ldots, a_{n-1}, a_n$ sind Formvariable, deren Grundmenge im folgenden die Menge der reellen Zahlen sein soll. Für n ist eine natürliche Zahl einzusetzen. Man nennt n den Grad der Gleichung und spricht von algebraischen Gleichungen

1. Grades (*lineare Gleichungen*)	$3x - 5 = 0$,
2. Grades (*quadratische Gleichungen*)	$2x^2 - 3x + 5 = 0$,
3. Grades (*kubische Gleichungen*)	$3x^3 - 2x^2 + 2x - 1 = 0$,
4. Grades (*biquadratische Gleichungen*)	$5x^4 - x^3 + 2x^2 - x + 1 = 0$

und allgemein von Gleichungen n-ten Grades.

Mit mehreren Unbekannten

Im allgemeinen Fall besteht eine solche Gleichung aus Gliedern der Form

$$a_k x^n y^m \ldots z^p (n, m, \ldots, p \in \mathbb{N}_0)$$

Dabei ist a_k eine feste Zahl, $x, y, z, \ldots$ sind Variable. Man nennt die Summe der Exponenten eines Gliedes $n + m + \ldots + p$ den Grad dieses Gliedes;

z. B.: $x^2 y^2 z^2 + x^3 + yx^4 + z^6 + 5 = 0$.

Das erste Glied hat den Grad 6, das 2. den Grad 3 usw. Die Gleichung selbst hat den Grad 6.
Gleichungen, in denen alle Glieder den gleichen Grad haben, heißen homogen,

z. B.: $x^4 + x^3 y + y^4 = 0$

ist homogen vom 4. Grad.

Besonders wichtig sind die Gleichungen 1. Grades mit mehreren Variablen:

z. B.: $5x + 6y - 7z + 3u = 15.$

Man nennt sie lineare Gleichungen.

Systeme von algebraischen Gleichungen

Sind mehrere Gleichungen zur Bestimmung der Lösungsmenge gegeben, so spricht man von einem Gleichungssystem.
Wichtig sind die Systeme von Gleichungen 1. Grades (lineare Gleichungen) mit n Variablen.

z. B.: $3x + 4y = 3$ (2 Gleichungen mit 2 Variablen)
$4x - 3y = 0.$

In der analytischen Geometrie werden manchmal Systeme von 2 Gleichungen 2. Grades mit 2 Variablen benötigt (Schnittpunkte von Kegelschnitten mit *Kegelschnitten*).

Allgemeine Lehrsätze über die algebraischen Gleichungen n-ten Grades

1. Die allgemeine Gleichung n-ten Grades

$$A_0 x^n + A_1 x^{n-1} + A_2 x^{n-2} + \ldots + A_n = 0; \; A_0 \neq 0$$

läßt sich durch Division mit A_0 auf die Normalform

$$f(x) = x^n + a_1 x^{n-1} + a_2 x^{n-2} + \ldots + a_n = 0$$

bringen (dabei ist $a_i = \frac{A_i}{A_0}$).

2. Hat die gegebene Gleichung $f(x) = 0$ die Wurzel x_1, so kann $f(x)$ durch den Linearfaktor $(x - x_1)$ ohne Rest dividiert werden. Dabei entsteht eine Funktion $g(x)$, deren Grad um 1 niedriger ist als der von $f(x)$.

3. Jede algebraische Gleichung mit komplexen Koeffizienten

$$x^n + a_1 x^{n-1} + \ldots + a_n = 0$$

hat mindestens eine reelle oder komplexe Wurzel x_1 (Fundamentalsatz der Algebra).

4. Ist $f(x)$ durch $(x - x_1)^r$, aber nicht durch $(x - x_1)^{r+1}$ teilbar, so nennt man x_1 eine r-fache Wurzel.

5. Als Folgerung aus 2., 3. und 4. ergibt sich:
Jede Gleichung n-ten Grades hat genau n Wurzeln, dabei ist jede Wurzel entsprechend ihrer Vielfachheit zu zählen.

6. Wenn $x_1, x_2, x_3, \ldots, x_n$ die Wurzeln der Gleichung $f(x) = 0$ (vgl. 1) sind, so ist
$$f(x) = (x - x_1)(x - x_2)(x - x_3) \ldots (x - x_n)$$
(Zerlegung in Linearfaktoren).

7. Zwischen den Koeffizienten und den Wurzeln der Gleichung $f(x) = 0$ bestehen die Vietaschen Beziehungen (F. Vieta, 1540–1603):
$$a_1 = -(x_1 + x_2 + x_3 + \ldots + x_n)$$
$$a_2 = +(x_1 x_2 + x_1 x_3 + \ldots + x_2 x_3 \ldots + x_{n-1} x_n)$$
$$a_3 = -(x_1 x_2 x_3 + x_1 x_2 x_4 + \ldots + x_2 x_3 x_4 + \ldots + x_{n-2} x_{n-1} x_n)$$
$$\vdots$$
$$a_n = (-1)^n x_1 x_2 x_3 \ldots x_n$$
in Worten: Ist der Koeffizient von x^n gleich 1, dann gilt:
Der Koeffizient von x^{n-1} ist gleich der negativen Summe der Wurzeln.
Der Koeffizient von

x^{n-2} ist gleich der positiven Summe der Produkte der Wurzeln zu je 2;
x^{n-3} ist gleich der negativen Summe der Produkte der Wurzeln zu je 3;
x^{n-4} ist gleich der positiven Summe der Produkte der Wurzeln zu je 4;
x^{n-k} ist gleich dem $(-1)^k$-fachen der Summe der Produkte der Wurzeln zu je k usw.

Das Absolutglied ist das Produkt aller Wurzeln mit dem Vorzeichen $(-1)^n$.

8. Hat eine Gleichung $f(x) = 0$ mit reellen Koeffizienten die komplexe Wurzel $x_1 = a + ib$, so hat sie auch die dazu konjugiert komplexe Zahl $x_2 = a - ib$ als Lösung.

9. Die *allgemeine* Gleichung n-ten Grades ist für $n > 4$ nicht durch Radikale lösbar, d. h., es gibt für diese Gleichungen keine Lösungsformeln, nach denen sich die Lösungen aus den Koeffizienten durch die rationalen Rechenoperationen und durch Radizieren berechnen lassen. Für die Gleichungen 1., 2., 3. und 4. Grades gibt es solche allgemeinen Lösungsverfahren.
Spezielle Formen der Gleichung n-ten Grades lassen sich durch Radikale lösen, z. B. *binomische Gleichungen* und *symmetrische Gleichungen* 5. und 7. Grades.

algebraische Summe. Bezeichnung für einen Term, der aus Summen- und Differenzbildung in beliebiger Reihenfolge entstanden ist, z. B. $5 - 3 + 4$ oder $5 + 3a - 4b^2 - 0,6 + 5ab$.

algebraische Zahl. Eine Zahl heißt algebraische Zahl, wenn sie die Lösung einer algebraischen Gleichung (s. d.) n-ten Grades ($n > 0$) mit ganzen Koeffizienten $a_0, a_1, \ldots, a_n$ ist.

Algebraische Zahlen sind

z. B.: $x = 2$, $x = \frac{3}{4}$, $x = \sqrt{2 + \sqrt{3}}$, $x = \sqrt[4]{2 + \sqrt{2}}$.

$x = 2$ ist Lösung von: $x - 2 = 0$,

$x = \frac{3}{4}$ ist Lösung von: $4x - 3 = 0$,

$x = \sqrt{2 + \sqrt{3}}$ ist Lösung von: $x^4 - 4x^2 + 1 = 0$,

$x = \sqrt[4]{2 + \sqrt{2}}$ ist Lösung von: $x^8 - 4x^4 + 2 = 0$.

Einteilung der algebraischen Zahlen:

algebraische Zahlen
rationale Zahlen — algebraisch irrationale Zahlen
ganze Zahlen — gebrochene Zahlen

Viele algebraische Zahlen sind durch Wurzelausdrücke darstellbar,

z. B.: $x = \sqrt{2 + \sqrt{3}}$, $\sqrt[4]{2 + \sqrt{2}}$.

Es gibt aber auch algebraische Zahlen, die nicht durch Wurzelausdrücke darstellbar sind. Die algebraischen Gleichungen von höherem als 4. Grad können nämlich im allgemeinen nicht durch Wurzelausdrücke gelöst werden.

allgemeine Zahl. Veraltete Bezeichnung für Variable (s. d.), deren Grundmenge eine Menge von Zahlen ist.

Allquantor s. *formale Logik.*

Analysis. Analysis ist der Teil der Mathematik, der sich mit der Untersuchung der Funktionen beschäftigt.

Meist versteht man heute unter Analysis (man sagt auch höhere Analysis) die Differential- und Integralrechnung und die Zweige der Mathematik, die sich aus diesen entwickelt haben. Grundlage für die gesamte Analysis ist die Arithmetik und die Algebra (die sogenannte niedere Analysis) sowie das, was man als mathematisches Gedankengut in den Elementen des Euklid (300 v. Chr.) niedergelegt findet. Diese Grundlage enthält in sich alle Elemente, die zur Einführung in die infinitesimale Denkweise gebraucht werden.

In der Schulgeometrie versteht man unter Analysis eine gewisse Vorbetrachtung beim Lösen geometrischer Aufgaben (s. *Geometrie*). Diese Arbeitsweise geht auf Plato (427 bis 347 v. Chr.) zurück.

analytische Geometrie. Analytische Geometrie nennt man denjenigen Teil der Mathematik, in dem Punkte, Geraden, Ebenen und andere geometrische Gebilde durch Zahlen und die zwischen diesen Gebilden bestehenden Beziehungen durch Gleichungen und Ungleichungen dargestellt werden, was eine Zurückführung der Aufgaben der Geometrie auf Aufgaben der Algebra bedeutet.

Die Zurückführung der Aufgaben der Geometrie auf die Aufgaben der Algebra gelingt z. B. mittels der von Descartes eingeführten Koordinaten (s. *Koordinatensystem*).

Ankreis s. *Dreieck*.

Anordnung (s. A. II). Die ganzen Zahlen ... $-3, -2, -1, 0, 1, 2, 3, 4, \ldots$ haben eine natürliche Ordnung: es ist $m < n$, gelesen „m kleiner als n“, wenn man von m aus durch „Weiterzählen“ n erreichen kann. Genauer definiert man:

$m < n$ genau dann, wenn eine natürliche Zahl p existiert, so daß $m + p = n$ ist.

Sind m und n beliebige ganze Zahlen, so gilt genau eine der drei Beziehungen

(1) $$m = n, m < n, n < m .$$

Statt $m < n$ schreibt man auch $n > m$ (gelesen „n größer als m“; die Spitze zeigt auf die kleinere Zahl!). Die Relation $<$ (s. *Ordnungsrelation*) ist transitiv, d. h. es gilt.

(2) $$\text{wenn } m < n \text{ und } n < l, \text{ so } m < l.$$

In der Menge der ganzen Zahlen sind die beiden Rechenarten Addition und Multiplikation erklärt und stets ausführbar; ferner gelten die Monotoniegesetze:

(3) Wenn $a < b$, so $a + c < b + c$.

(4) Wenn $a < b$ und $c > 0$, so $ac < bc$.

Die Eigenschaften (1) bis (4) kann man leicht unter Beachtung der oben angegebenen Definition beweisen; man muß dabei nur voraussetzen, daß im „Positivbereich" $\mathbb{N}$ (Menge der natürlichen Zahlen) die Addition und die Multiplikation stets ausführbar sind, d. h., daß mit $p, q \in \mathbb{N}$ stets auch $p + q \in \mathbb{N}$ und $p\,q \in \mathbb{N}$ ist.
Die Menge der ganzen Zahlen mit ihrer natürlichen Ordnung ist ein Beispiel für einen *angeordneten Zahlenbereich*. Allgemein versteht man darunter einen Ring (s. d.) oder einen Körper (s. d.) mit einer Ordnung, die die Eigenschaften (1) bis (4) hat.
Weitere Beispiele angeordneter Bereiche sind der Körper der rationalen Zahlen mit der Ordnung $<$ und der Körper der reellen Zahlen mit der Ordnung $<$. Bei den Erweiterungen des Bereichs der ganzen Zahlen zum Körper der rationalen Zahlen und zum Körper der reellen Zahlen läßt sich nämlich die in $\mathbb{Z}$ definierte Anordnung auf die neuen Bereiche ausdehnen (s. *Bruch*). Aus (1) bis (4) und den Körpergesetzen ergeben sich weitere oft benutzte Ungleichungen (s. d.).
Durch die Veranschaulichung der Zahlen auf der Zahlengeraden (s. d.) wird die Anordnung besonders durchsichtig gemacht. Ist die Zahlengerade so orientiert, daß 0 links von 1 liegt, so bedeutet $m < n$ nach obiger Definition, daß m links von n liegt. Mit dieser Deutung werden die Eigenschaften (1) und (2) fast selbstverständlich. Die Monotoniegesetze (3) und (4) ergeben sich anschaulich, wenn man die Addition als Verschiebung und die Multiplikation als Streckung deutet.

Antragen eines Winkels s. *Grundkonstruktionen*.

Apollonische Berührungsaufgabe. Apollonische Berührungsaufgabe oder das Problem des Apollonios nennt man die Aufgabe, zu drei gegebenen Kreisen die sämtlichen (acht) Berührungskreise zu konstruieren.

Apollonios (Apollonios von Perge, um 200 v. Chr.); Kreis des Apollonios
Der geometrische Ort aller Punkte, für die das Verhältnis der Abstände von zwei festen Punkten A und B konstant und positiv ist, ist ein Kreis. Seine Mitte M liegt auf der Trägergeraden der Strecke $\overline{AB}$; er geht ferner durch jene beiden Punkte D und E, die die Strecke $\overline{AB}$ im Verhältnis λ teilen (D innerer, E äußerer Teilpunkt). Dieser Kreis des Apollonios kann zur Konstruktion eines Dreiecks dienen, wenn von dem Dreieck das Verhältnis λ zweier Seiten, die dritte Seite und ein weiteres unab-

hängiges Stück gegeben sind. Der Kreis des Apollonios geht durch den Schnittpunkt C der beiden Dreiecksseiten, deren Verhältnis λ bekannt ist. Sein Mittelpunkt M liegt auf der dritten Seite. Außerdem schneidet er die dritte Dreiecksseite in zwei Punkten D, E, die zusammen mit den Endpunkten A, B der Seite vier harmonische Punkte bilden (Abb. 43).

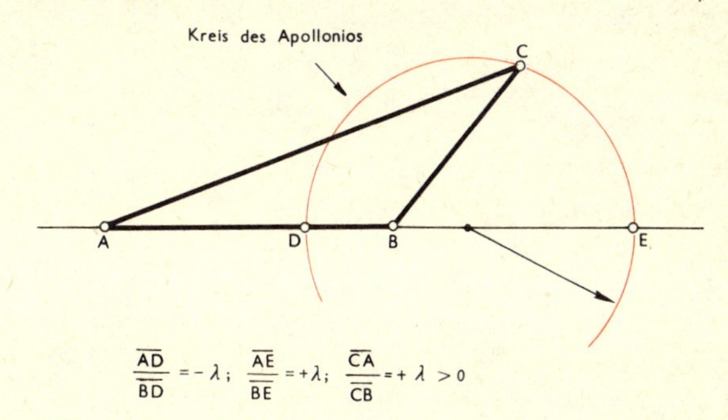

Abb. 43

Äquivalenz

1. Äquivalenz von Aussageformen *s. formale Logik*

2. Äquivalenz von Termen

Zwei Terme T_1 und T_2 heißen äquivalent, wenn die Gleichung $T_1 = T_2$ allgemeingültig ist. Die Terme $(a + b)\,c$ und $a\,c + b\,c$ sind z. B. äquivalent, da $(a + b)\,c = a\,c + b\,c$ eine allgemeingültige Gleichung ist.

Äquivalenzklasse s. *Äquivalenzrelation.*

Äquivalenzrelation (s. A. II). Eine in einer Menge M definierte zweistellige Relation R (s. *Relation*) nennt man eine Äquivalenzrelation, wenn die folgenden drei Bedingungen erfüllt sind:

1. Die Relation R ist *reflexiv*, d. h.
   für alle $x \in M$ gilt $(x, x) \in R$ (andere Schreibweise: $x\,R\,x$).
2. Die Relation R ist *symmetrisch*, d. h.
   aus $(x, y) \in R$ folgt $(y, x) \in R$ (anders: aus $x\,R\,y$ folgt $y\,R\,x$).
3. Die Relation R ist *transitiv*, d. h.
   aus $(x, y) \in R$ und $(y, z) \in R$ folgt $(x, z) \in R$ (anders: aus $x\,R\,y$ und $y\,R\,z$ folgt $x\,R\,z$).

Beispiel 1: M sei die Menge der Einwohner eines Dorfes, und jeder Dorfbewohner habe höchstens eine Wohnung. Die Aussageform „x wohnt mit y im gleichen Haus" definiert in M eine Äquivalenzrelation.

Beispiel 2: M sei die Menge aller Dreiecke in der Ebene. Die Aussageform „x und y sind ähnlich" definiert eine Äquivalenzrelation in M.

Beispiel 3: $M = \{1, 2, 4, 5, 6, 9\}$; dann ist
$R = \{(x, y) \mid (x, y) \in M \times M$ und x läßt bei Division durch 4 denselben Rest wie $y\}$ eine Äquivalenzrelation. In aufzählender Form geschrieben:

$$R = \{(1, 1), (2, 2), (4, 4), (5, 5), (6, 6), (9, 9), (1, 5), (5, 1), (1, 9), (9, 1), (5, 9), (9, 5), (2, 6), (6, 2)\}$$

In Abb. 44 ist diese Relation als Pfeildiagramm dargestellt.

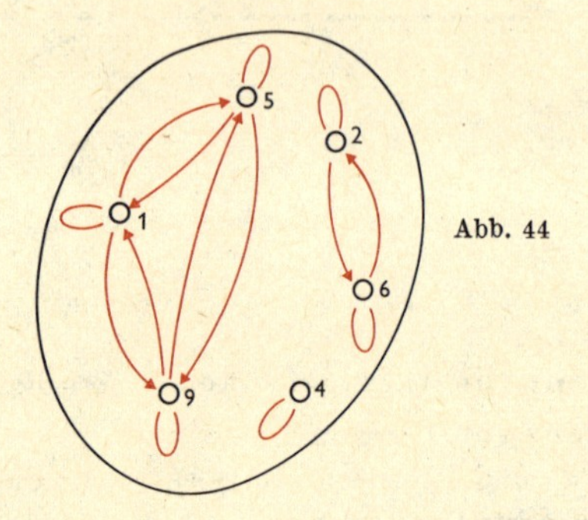

Abb. 44

Mit jeder Äquivalenzrelation R in einer Menge M ist eine *Klasseneinteilung* (s. *Klasse*) der Menge M gegeben, d. h. eine vollständige Zerlegung der Menge M in nichtleere, paarweise elementfremde Teilmengen. Diese Zerlegung entsteht dadurch, daß man alle bezüglich R untereinander äquivalenten Elemente zu Teilmengen zusammenfaßt. Die so erhaltenen Teilmengen von M heißen Äquivalenzklassen bezüglich R.

Beispiel 4: In der Menge $\mathbb{N}$ der natürlichen Zahlen sei die folgende Relation R erklärt:
$R = \{(x, y) \mid x \in \mathbb{N}$ und $y \in \mathbb{N}$ und x läßt bei Division durch 5 denselben Rest wie $y\}$.
Diese Relation ist reflexiv, symmetrisch und transitiv, also eine Äquivalenzrelation in M. In bezug auf R sind alle natürlichen Zahlen der Fünferreihe äquivalent, weil sie bei der Division durch 5 alle den Rest 0 lassen. Sie bilden eine Teilmenge von $\mathbb{N}$, die Äquivalenzklasse $K_0 = \{0, 5, 10, 15, \ldots\}$. Eine weitere Äquivalenzklasse wird von den Zahlen aus $\mathbb{N}$ gebildet, die bei Division durch 5 den Rest 1 lassen,

$K_1 = \{1, 6, 11, 16, \ldots\}$. Analog erhält man die Klassen $K_2 = \{2, 7, 12, 17, \ldots\}$, $K_3 = \{3, 8, 13, 18, \ldots\}$ und $K_4 = \{4, 9, 14, 19, \ldots\}$. Jede natürliche Zahl kommt in einer dieser Klassen vor, es gilt also $\mathbb{N} = K_0 \cup K_1 \cup K_2 \cup K_3 \cup K_4$, und je zwei verschiedene dieser Klassen sind elementfremd, d. h., es ist $K_i \cap K_j = \emptyset$ für $i \neq j$ und $i, j \in \{0, 1, 2, 3, 4\}$. Die angegebene Äquivalenzrelation R führt also zu einer Klasseneinteilung von $\mathbb{N}$ in fünf Äquivalenzklassen, die man in diesem speziellen Fall auch Restklassen modulo 5 nennt.
Jedes Element aus einer Äquivalenzklasse heißt ein *Repräsentant* dieser Klasse. Wählt man aus jeder Äquivalenzklasse nach R ein Element aus, so bildet die Menge dieser Repräsentanten ein *vollständiges Repräsentantensystem.*
Im Beispiel 1 sind die Äquivalenzklassen in der Menge der Dorfbewohner die verschiedenen Hausgemeinschaften.
Im Beispiel 2 ist eine Äquivalenzklasse die Menge aller Dreiecke, die einem bestimmten Dreieck ähnlich sind; z. B. bilden alle gleichseitigen Dreiecke eine Klasse.
Das zum Beispiel 3 gehörige Pfeildiagramm läßt die Äquivalenzklassen besonders deutlich hervortreten: $K_0 = \{4\}$, $K_1 = \{1, 5, 9\}$, $K_2 = \{2, 6\}$; $\{1, 2, 4\}$ ist ein vollständiges Repräsentantensystem, $\{4, 5, 6\}$ ist ein anderes.

Äquivalenzumformung. Eine Umformung einer Gleichung in eine andere, die dieselbe Lösungsmenge hat, heißt Äquivalenzumformung (im Zeichen: $\Leftrightarrow$). Äquivalenzumformungen sind:

1. Ersetzen eines Terms durch einen äquivalenten Term, z. B.

$$3(x - 2) = 4 \Leftrightarrow 3x - 6 = 4\,.$$

2. Addition oder Subtraktion gleicher Zahlen auf beiden Seiten der Gleichung, z. B.

$$x - 2 = 4 \Leftrightarrow x = 4 + 2 \Leftrightarrow x = 6\,,$$
$$x + 6a = 8a \Leftrightarrow x = 8a - 6a \Leftrightarrow x = 2a\,.$$

3. Multiplikation oder Division beider Seiten mit demselben Term, wenn dieser Term bei keiner zulässigen Einsetzung den Wert Null annimmt, z. B.

$$\frac{x}{4} = 3 \Leftrightarrow x = 3 \cdot 4 \Leftrightarrow x = 12\,,$$
$$7x = 63 \Leftrightarrow x = 63 : 7 \Leftrightarrow x = 9\,,$$
$$a\,x = 3a \Leftrightarrow x = 3 \text{ nur, wenn } a \neq 0\,.$$

4. Zieht man aus den beiderseits des Gleichheitszeichens stehenden Termen die Wurzel, so erhält man als äquivalente Aussageform die Disjunktion (s. *formale Logik*) zweier Gleichungen:

$$x^2 = 4 \Leftrightarrow x = +2 \text{ oder } x = -2.$$

Daraus folgt, daß das Quadrieren (das bei Wurzelgleichungen gebraucht wird) keine Äquivalenzumformung ist.

5. Logarithmieren beider Seiten der Gleichung, z. B.

$$3^x = 5 \Leftrightarrow x \lg 3 = \lg 5 \Leftrightarrow x = \frac{\lg 5}{\lg 3}.$$

Arithmetik. Lehre von den Zahlen, speziell von den natürlichen Zahlen. Diese lassen sich am einfachsten als Kardinalzahlen (s. d.) endlicher Mengen verstehen. So ist die natürliche Zahl 2 die Klasse aller Mengen, die genau zwei Elemente haben.

Im Bereich der natürlichen Zahlen ergeben sich auf einfache Weise die elementaren Verknüpfungen (s. d.) der Addition und Multiplikation. Im Laufe der Entwicklung hat man den Bereich der natürlichen Zahlen zu anderen Zahlbereichen erweitert. So entstehen die ganzen Zahlen als ein Bereich, in dem man auch unbeschränkt subtrahieren kann und die rationalen Zahlen als erster Zahlkörper (s. *Körper*). Das Studium der Gesetzmäßigkeiten solcher Zahlbereiche erfolgt mit den Methoden der Algebra (s. d.).

arithmetisches Mittel. Das arithmetische Mittel x zweier Zahlen a und b wird gebildet nach der Vorschrift $x = \frac{a+b}{2}$.

Beispiel: Das arithmetische Mittel der Zahlen 2 und 4 ist

$$x = \frac{2+4}{2} = \frac{6}{2} = 3.$$

Für n Zahlen $a_1, a_2, \ldots, a_n$ ist das arithmetische Mittel

$$x = \frac{a_1 + a_2 + \ldots + a_n}{n}.$$

Assoziativgesetz s. *Algebra.*

Aufrunden und Abrunden. Besonders wichtig ist das Runden bei Dezimalzahlen, die nicht abbrechen.

$\sqrt{2} = 1{,}414213562\ldots$ ist z. B. eine solche nicht abbrechende Dezimalzahl. In der Praxis bricht man die Rechnung nach einer bestimmten Anzahl von Stellen ab. Die Zahl der Stellen ist durch das Problem gegeben, in dem diese Zahl vorkommt. Man sagt: „Es ist auf n Stellen vor oder nach dem Komma genau zu rechnen."

So ist z. B. auf drei Stellen nach dem Komma genau $\sqrt{2} = 1{,}414$. Schreibt man von den unendlich vielen Stellen der Dezimalzahl nur eine begrenzte Anzahl hin, so macht man natürlich einen Fehler. Dieser Fehler soll möglichst klein sein. Das wird er sicher dann, wenn man folgende Regeln beachtet:

1. Abrunden: Steht an der $(n + 1)$-ten Stelle eine der Ziffern 0, 1, 2, 3 oder 4, so bleiben die Ziffern vor der $(n + 1)$-ten Stelle, wie sie sind.

2. Aufrunden: Steht dagegen an der $(n + 1)$-ten Stelle eine der Ziffern 6, 7, 8 oder 9, so wird die Ziffer an der n-ten Stelle um 1 erhöht.

Beispiel: $\sqrt{2}$ auf 3 Stellen nach dem Komma genau:
die 4. Stelle von $\sqrt{2}$ nach dem Komma ist 2, also $\sqrt{2} = 1{,}414$;

$\sqrt{2}$ auf 7 Stellen nach dem Komma genau:
die 8. Stelle v. $\sqrt{2}$ nach d. Komma ist 6, also $\sqrt{2} = 1{,}4142136$.

3. Behandlung einer „5" an der $(n+1)$-ten Stelle

Folgt vor dem Runden auf die letzte Stelle, die noch angegeben werden soll

α) eine 5 mit noch mindestens einer von Null verschiedenen Zahl dahinter, so wird diese Stelle um 1 erhöht (aufgerundet):

$3{,}14156 \approx 3{,}1416,$
$2{,}350001 \approx 2{,}4.$

β) eine 5, von der bekannt ist, wie sie durch Runden entstanden ist, so wird

abgerundet, wenn die 5 aufgerundet war,
und aufgerundet, wenn die 5 abgerundet war.

Beispiel: aus 6,3149 wird 6,315, und dies wird zu 6,31 abgerundet,
aus 3,12952 wird 3,1295, und dies wird zu 3,130 aufgerundet.

γ) eine g e n a u e 5, so wäre an sich Abrundung ebenso berechtigt wie Aufrundung. Muß jedoch gerundet werden, dann wird so gerundet, daß die letzte Stelle zu einer geraden Zahl wird:

$$\frac{1}{4} = 0{,}25 \approx 0{,}2,$$
$$\frac{3}{4} = 0{,}75 \approx 0{,}8.$$

δ) eine 5 unbekannter Herkunft, so ist genau so wie bei der genauen 5 zu verfahren.

Aussage s. *formale Logik.*

Aussageform s. *formale Logik.*

Aussagenlogik. Die Aussagenlogik hat die Aufgabe, allein aus der Form einer Aussage (d. h. ohne Kenntnis des Inhaltes der Aussage) auf ihren Wahrheitswert (s. d.) zu schließen. Bei einfachen Aussagen ist dies selbstverständlich nicht möglich, wohl aber bei zusammengesetzten Aussagen. So ist z. B. jede Aussage der Form $A \vee \neg A$ (s. Negation) wahr, unabhängig davon, was man für die Aussagenvariable A einsetzt (z. B. es regnet oder es regnet nicht; der Baum ist grün oder der Baum ist nicht grün). Näheres s. *formale Logik.*

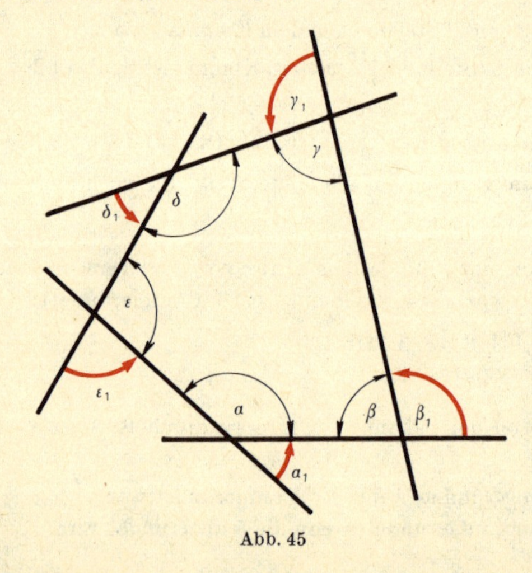

Abb. 45

Außenwinkel. Außenwinkel eines Polygons sind die im Äußeren des Polygons gelegenen Winkel zwischen den Seiten des Polygons (bzw. den

Verlängerungen der Seiten), die Nebenwinkel eines Innenwinkels des Polygons sind. Es gibt demnach zu einem Innenwinkel immer zwei kongruente Außenwinkel. Addiert man die Außenwinkel (s. Abb. 45) eines Polygons, so erhält man als Summe $\alpha_1 + \beta_1 + \gamma_1 + \ldots + \varepsilon_1$ immer 360°. In dieser Summe ist zu jeder Ecke nur ein Außenwinkel genommen!

Axiom (s. A. IV). Ein Axiom (Grundsatz) ist eine Aussage oder Aussageform, die beweislos vorausgesetzt wird. Aus mehreren Axiomen (einem Axiomensystem) können Lehrsätze nach den Regeln der Logik hergeleitet werden.

Bestimmungsgleichung s. *Gleichungen.*

Bewegung (s. A. VII)
Die Bewegungen sind Abbildungen (s. d.) im Raum oder in der Ebene, bei denen die Originalfigur und die Bildfigur kongruent sind. Insbesondere gilt: Eine Strecke und ihr Bild sind gleich lang, ein Winkel und sein Bild sind gleich groß, ein Flächenstück und das zugehörige Bild sind kongruent und haben also gleichen Flächeninhalt, ein Körper und sein Bildkörper sind kongruent und haben gleiches Volumen. Wegen dieser Eigenschaften nennt man die Bewegungen auch kongruente Abbildungen. Bei manchen Bewegungen in der Ebene haben die Originalfigur und die Bildfigur verschiedenen Umlaufsinn. Das ist z. B. der Fall bei der Spiegelung an einer Geraden. Man nennt Bewegungen, bei denen Urbild und Bild gleichen Umlaufsinn haben, *eigentliche Bewegungen* und solche, bei denen der Umlaufsinn umgekehrt wird, *uneigentliche Bewegungen.*

Bewegungen in der Ebene

1. *Die Parallelverschiebung oder Translation*

Bei der Parallelverschiebung muß man ein einander entsprechendes Punktepaar P und P' (Punkt mit Bildpunkt) kennen, dann kann man zu jedem weiteren Punkt Q den Bildpunkt Q' konstruieren (s. Abb. 46).

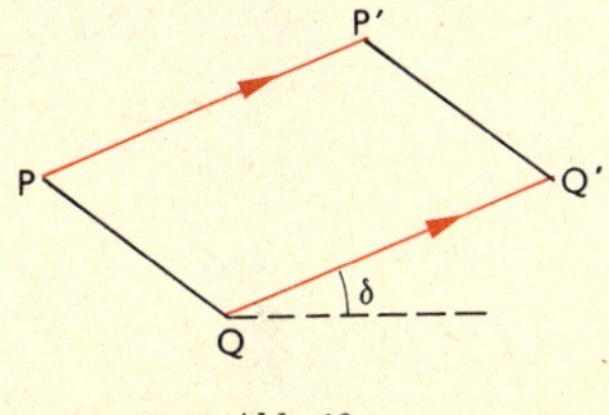

Abb. 46

Man verbindet Q mit P und zeichnet dann durch P' die Parallele zu PQ und durch Q die Parallele zu PP'. Der Schnittpunkt der beiden Parallelen ist Q'.

PP' ist die Verschiebungsrichtung, man kann sie gegen eine Nullrichtung durch einen Winkel δ festlegen; $\overline{PP'}$ ist die Verschiebungsstrecke. **Beides kann man zusammenfassen zum Verschiebungsvektor $\overrightarrow{PP'}$ (s. *Vektor*).**

Die Parallelverschiebung ist eine *eigentliche* Bewegung.

2. *Die Drehung um einen Punkt*

Kennt man das Drehzentrum Z und den Drehwinkel φ, so kann zu jedem Punkt P der Bildpunkt P' angegeben werden (Abb. 47). Man verbindet P mit einem Punkt Z und trägt an PZ mit dem Scheitel Z den Winkel φ im Gegenuhrzeigersinn an. (Es ist üblich, diesen Umlaufsinn als positive Richtung der Drehung zu nehmen.) Der freie Schenkel dieses Winkels schneidet den Kreis um Z mit dem Radius $\overline{ZP}$ im Bildpunkt P' von P. Die Drehung ist eine *eigentliche* Bewegung.

3. *Spiegelung an einer Geraden*

Kennt man die Spiegelungsachse s (die Gerade, an der gespiegelt werden soll), so kann man zu jedem Punkt P sein Bild (spiegelbildlicher Punkt)

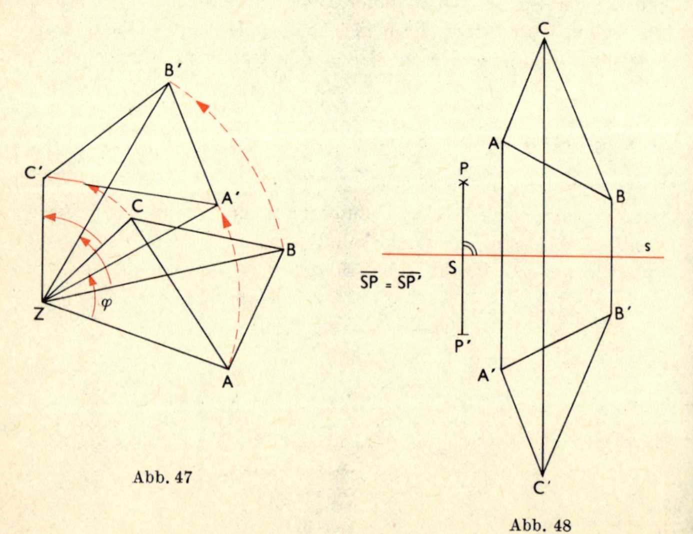

Abb. 47

Abb. 48

P' konstruieren. Man hat nur (Abb. 48) von P das Lot auf die Spiegelungsachse s zu fällen, bekommt damit auf der Achse einen Fußpunkt S und verlängert dann die Strecke $\overline{PS}$ über S hinaus um sich selbst. Der Endpunkt der Verlängerung ist P'. Die Spiegelung ist eine *uneigentliche* Bewegung. Man entnimmt dies aus der Abb. 48, in der ein Dreieck und sein kongruentes Spiegelbild gezeichnet sind. A', B', C' werden im Uhrzeigersinn durchlaufen, wenn A,B,C im Gegenuhrzeigersinn angeordnet waren.

4. *Zusammensetzung* von Translationen, Spiegelungen und Drehungen.

Beispiele:

1. Spiegelt man eine Figur zuerst an einer Achse s_1 und dann ihr Bild an einer Achse s_2, so kann man aus der ursprünglichen Figur die Endfigur auch dadurch bekommen, daß man die ursprüngliche Figur um den Schnittpunkt Z der beiden Spiegelungsachsen mit dem Drehwinkel $\varphi = 2\,\delta$ dreht, der doppelt so groß ist wie der Winkel δ der beiden Spiegelungsachsen (Abb. 49).
2. Sind die eben genannten Spiegelungsachsen parallel, so kann man die beiden Spiegelungen ersetzen durch eine Translation senkrecht zu den Spiegelungsachsen, bei der alle Punkte um den doppelten Abstand der beiden Achsen weiterrücken (Abb. 50).

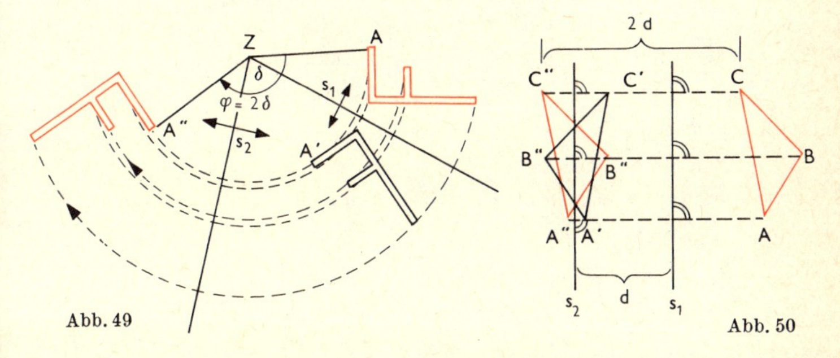

Abb. 49

Abb. 50

3. Mehrere Drehungen um einen Punkt ergeben eine Drehung um denselben Punkt, dabei addieren sich die Drehwinkel, wenn man die Winkel positiv nimmt, die zu Drehungen im Gegenuhrzeigersinn gehören, und die anderen negativ.
4. Mehrere Translationen nacheinander ausgeführt, kann man sich zusammengesetzt denken zu einer Translation.

Allgemein: Führt man nacheinander mehrere Bewegungen aus, so kommt man immer wieder zu Figuren, die zur ursprünglichen kongruent sind.

Genauere Untersuchung zeigt, daß die Menge aller Bewegungen mit der Hintereinanderausführung als Verknüpfung eine Gruppe (s. d.) bildet.
Wichtig für den Aufbau der Bewegungen ist noch der folgende Satz: Jede Bewegung ist darstellbar als Zusammensetzung von höchstens drei Spiegelungen.

Bewegungen im Raum

Dazu gehören:

1. Die Translationen oder Parallelverschiebungen.
2. Die Drehungen um eine Gerade.
3. Alle Abbildungen, die man durch Nacheinanderausführen von Abbildungen der Arten 1. und 2. erhält.

Darstellung der Bewegungen durch Gleichungssysteme siehe Der Große Rechenduden.

Beweis. Beweisen heißt, einen Satz aus den Voraussetzungen und bereits bekannten Sätzen durch logische Schlüsse herleiten.
Die meisten Sätze haben die Form einer Implikation, d. h. eines Wenn-dann-Satzes, auch wenn diese Form im Wortlaut nicht immer sofort zu sehen ist. Es ist zweckmäßig, den Satz zunächst so umzuformen, daß Voraussetzung und Folgerung klar erkennbar werden.

Beispiel:
Satz: Die Gegenseiten im Parallelogramm sind gleich lang. Ausführlich geschrieben heißt dieser Satz: Wenn ein Viereck ein Parallelogramm ist, dann sind die Gegenseiten gleich lang (Abb. 51). In formaler Schreibweise:

Aus $AB \parallel CD$ und $BC \parallel AD$ folgt $\overline{AB} = \overline{CD}$ und $\overline{BC} = \overline{AD}$.

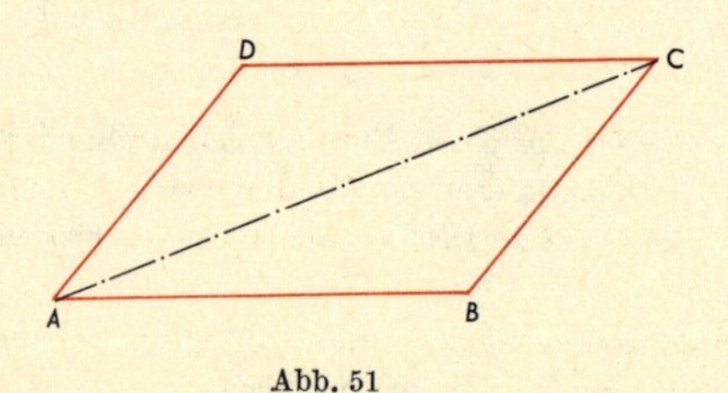

Abb. 51

Voraussetzung: $AB \parallel CD$ und $BC \parallel AD$.

Behauptung (Folgesatz): $\overline{AB} = \overline{CD}$ und $\overline{BC} = \overline{AD}$.

Beweis: $\overline{AC} = \overline{AC}$ (Reflexivität der Gleichheit),
$\sphericalangle\, CAB = \sphericalangle\, ACD$ (Wechselwinkel an Parallelen),
$\sphericalangle\, BCA = \sphericalangle\, DAC$ (Wechselwinkel an Parallelen),
$\triangle\, ABC \cong \triangle\, CDA$ (Kongruenzsatz wsw)
$\overline{AB} = \overline{CD}$ (gleichliegende Seiten in
$\overline{BC} = \overline{DA}$ kongruenten Dreiecken).

bijektiv s. *Abbildung*.

Bildbereich s. *Wertebereich, Abbildung*.

Binom s. *Polynom*. Einen zweigliedrigen Ausdruck von der Form $a + b$ oder $a - b$ nennt man ein Binom. Über die Potenzen $(a + b)^n$ oder $(a - b)^n$ s. *binomischer Lehrsatz*.

Binomialkoeffizienten s. *binomischer Lehrsatz*.

binomische Formeln. Einige Potenzen der Binome $(a + b)$ und $(a - b)$:

$$(a + b)^0 = 1,$$
$$(a + b)^1 = a + b,$$
$$(a + b)^2 = a^2 + 2ab + b^2,$$
$$(a + b)^3 = a^3 + 3a^2 b + 3ab^2 + b^3,$$
$$(a - b)^0 = 1,$$
$$(a - b)^1 = a - b,$$
$$(a - b)^2 = a^2 - 2ab + b^2,$$
$$(a - b)^3 = a^3 - 3a^2 b + 3ab^2 - b^3.$$

Allgemein: s. *binomischer Lehrsatz*.

binomischer Lehrsatz. Der binomische Lehrsatz lautet:

$$(a+b)^n = a^n + \binom{n}{1} a^{n-1} b + \binom{n}{2} a^{n-2} b^2 + \ldots + \binom{n}{n-1} ab^{n-1} + b^n.$$
$$(n \in \mathbb{N}_0)$$

Dabei sind die Koeffizienten $\binom{n}{1}, \binom{n}{2}, \ldots, \binom{n}{n-1}$ die *Binomialkoeffizienten*. Man berechnet sie nach der Formel:

$$\binom{n}{k} = \frac{n\,(n-1)\,(n-2)\,\ldots\,(n-k+1)}{1 \cdot 2 \cdot 3 \ldots k} \quad \text{(gelesen: „}n\text{ über }k\text{“).}$$

Es wird festgesetzt: $\binom{n}{0} = 1$, $\binom{0}{0} = 1$

Es ist z. B. $\binom{6}{5} = \frac{6 \cdot 5 \cdot 4 \cdot 3 \cdot 2}{1 \cdot 2 \cdot 3 \cdot 4 \cdot 5} = 6$, $\binom{6}{4} = \frac{6 \cdot 5 \cdot 4 \cdot 3}{1 \cdot 2 \cdot 3 \cdot 4} = 15$,

$\binom{6}{3} = \frac{6 \cdot 5 \cdot 4}{1 \cdot 2 \cdot 3} = 20$, $\binom{6}{2} = \frac{6 \cdot 5}{1 \cdot 2} = 15$, $\binom{6}{1} = \frac{6}{1} = 6$, also

$$(a + b)^6 = a^6 + 6a^5b + 15a^4b^2 + 20a^3b^3 + 15a^2b^4 + 6ab^5 + b^6,$$

$$(a - b)^6 = (a + [-b])^6 = a^6 - 6a^5b + 15a^4b^2 - 20a^3b^3 + 15a^2b^4 - 6ab^5 + b^6.$$

Für natürliche Zahlen n gelten folgende Formeln:

1. $\binom{n}{k} = 0$, wenn k eine natürliche Zahl bedeutet, die größer als n ist.
2. $\binom{n}{n} = 1$.
3. $\binom{n}{k} = \binom{n}{n-k} = \frac{n!}{(n-k)!\,k!}$

   für alle natürlichen Zahlen k, die kleiner als n sind.
   Dabei versteht man unter $n!$ (lies: n-Fakultät; s. *Fakultät*) das Produkt $1 \cdot 2 \cdot 3 \ldots n$. Entsprechend: $k! = 1 \cdot 2 \cdot 3 \ldots k$;
   $(n - k)! = 1 \cdot 2 \cdot 3 \ldots (n - k)$.
4. $\binom{n+1}{k+1} = \binom{n}{k} + \binom{n-1}{k} + \binom{n-2}{k} + \ldots + \binom{k}{k}$.
5. $\binom{n+1}{k} = \binom{n}{k} + \binom{n}{k-1}$.

Ist auch m eine natürliche Zahl, so gilt:

$$\binom{m+n}{k} = \binom{m}{k}\binom{n}{0} + \binom{m}{k-1}\binom{n}{1} + \binom{m}{k-2}\binom{n}{2} + \ldots + \binom{m}{1}\binom{n}{k-1} + \binom{m}{0}\binom{n}{k}.$$

Man kann die Binomialkoeffizienten formal auch für negative ganze Zahlen n und auch für gebrochene Zahlen n berechnen.

	ausgerechnet:
$\binom{0}{0}$	1
$\binom{1}{0}$ $\binom{1}{1}$	1 1
$\binom{2}{0}$ $\binom{2}{1}$ $\binom{2}{2}$	1 2 1
$\binom{3}{0}$ $\binom{3}{1}$ $\binom{3}{2}$ $\binom{3}{3}$	1 3 3 1
. . . .	. . . .

Die Binomialkoeffizienten kann man im *Pascalschen Dreieck* (s. d.) anordnen. Dabei stehen in der 1. Zeile des Dreiecks die Koeffizienten von $(a + b)^0$, in der 2. die von $(a + b)^1$, in der dritten die von $(a + b)^2$, in der vierten die von $(a + b)^3$ usw.

Im binomischen Lehrsatz ist der Exponent n eine natürliche Zahl. Über die Berechnung der Potenzen $(a + b)^n$ für den Fall, daß n eine ganze negative oder eine gebrochene Zahl ist, s. Meyers Großer Rechenduden, ebenso über die Potenzen von Polynomen.

biquadratische Gleichung s. *Gleichungen.*

Bogen. Als Bogen (Kreisbogen) bezeichnet man ein durch zwei Punkte begrenztes Stück einer Kreislinie. Verbindet man die beiden Endpunkte des Bogens geradlinig, so erhält man die zu dem Bogen gehörige Sehne. Zeichnet man durch die Endpunkte des Bogens die Radien, so entsteht mit dem Mittelpunkt des Kreises als Scheitel ein Winkel, der zu dem Bogen gehörige Mittelpunktswinkel oder Zentriwinkel. Wenn ein Bogen der Länge b in einem Kreis vom Radius r zum Zentriwinkel α gehört, so gilt die Gleichung:

$$b = 2\pi r \cdot \frac{\alpha}{360}; \quad \alpha \text{ wird dabei im Gradmaß gemessen.}$$

S. auch *Kreis.*

Bogenmaß s. *Winkel, Winkelmessung.*

Bruch (s. D. II und *rationale Zahlen*). Mit Hilfe von Brüchen kann man zahlenmäßige Beziehungen zwischen Größen, z. B. Längen, oder Massen, oder Zeiten usw. ausdrücken.

Beispiel: Seien a und b zwei Strecken. Dann sagt man, die Strecke a ist $\frac{2}{3}$ so lang wie die Strecke b, wenn man durch Verdoppeln eines Drittels von b eine zu a gleich lange Strecke erhält. Ausdrücke der Art $\frac{2}{3}$ nennt man Brüche. 2 heißt Zähler, 3 Nenner des Bruches.

Nun hat man bald bemerkt, daß die zahlenmäßige Beziehung zwischen zwei Größen auf verschiedene Weisen beschrieben werden kann. Strecken von $\frac{2}{3}$ m Länge sind kongruent mit Strecken von $\frac{4}{6}$ m Länge. Aus derartigen Beobachtungen entstand die *Bruchrechnung*. Man findet etwa $\frac{2}{3}\text{ m} = \frac{4}{6}\text{ m} = \frac{6}{9}\text{ m} \ldots$, oder $\frac{2}{3}\text{ kg} = \frac{4}{6}\text{ kg} = \frac{6}{9}\text{ kg}$ usw.

Wenn man einen Bruch wie $\frac{2}{3}$ als Zeichen für eine Zuordnungsvorschrift zwischen Größen auffaßt – als Beschreibung der Art, wie man zu irgendeiner gegebenen Strecke eine andere konstruiert, die $\frac{2}{3}$ mal so lang ist –, so bewirkt $\frac{2}{3}$ dieselbe Zuordnung wie $\frac{4}{6}$, sie ordnet also jeder Strecke dieselben Strecken als $\frac{2}{3}$ faches bzw. als $\frac{4}{6}$ faches zu. Die Zuordnungsvorschriften $\frac{2}{3}$ und $\frac{4}{6}$ sind gleichwertig oder äquivalent. Die Menge aller Brüche zerfällt dann in Klassen äquivalenter Brüche (s. *Äquivalenzrelation*). Es ist oft einfacher, einen Bruch wie $\frac{2}{3}$ nicht als Zeichen für eine Zuordnungsvorschrift, sondern als Zeichen für die Zuordnung selbst anzusehen (s. *Relation, Funktion*). Dann kann man nämlich schreiben: $\frac{2}{3} = \frac{4}{6} = \frac{6}{9} = \ldots$.

Den Übergang von $\frac{2}{3}$ zu $\frac{4}{6}$ nennt man *Erweitern*, den Übergang von $\frac{4}{6}$ zu $\frac{2}{3}$ *Kürzen* des Bruches. Einen Bruch erweitern heißt, Zähler und Nenner mit derselben Zahl multiplizieren. Einen Bruch kürzen heißt, Zähler und Nenner durch dieselbe Zahl dividieren.

Arten von Brüchen:

Genaugenommen muß man den Bruch $\frac{2}{1}$ von der natürlichen Zahl 2 unterscheiden. $\frac{2}{1}$ bedeutet „das Zweifache von", was begrifflich von der Anzahl 2 zu unterscheiden ist. Im praktischen Rechnen läßt man den Unterschied meist unbeachtet. Das ist möglich, weil sich, wie noch zu zeigen ist, die Brüche mit dem Nenner 1 hinsichtlich der Addition und der Multiplikation verhalten wie die natürlichen Zahlen. Brüche, die auf solche Weise mit natürlichen Zahlen verwandt sind, wie $\frac{2}{1}, \frac{4}{2}, \ldots$ heißen *uneigentliche Brüche*. Sie drücken nur ein Vielfaches aus. Brüche, bei

denen der Zähler kleiner als der Nenner ist, heißen *echte Brüche*. Brüche, bei denen der Zähler größer ist als der Nenner, heißen *unechte Brüche*. $\frac{2}{3}$ ist ein echter, $\frac{3}{2}$ ist ein unechter Bruch.
Brüche, deren Nenner eine Potenz von 10 ist, heißen *Zehnerbrüche*. Man hat für sie eine besondere, dem Stellenwertsystem angepaßte Schreibweise, die *Dezimalschreibweise*. Beispiel: $\frac{3}{10}$ ist ein Zehnerbruch. Man schreibt ihn auch in der Dezimalschreibweise als 0,3. Ebenso ist $\frac{46}{1000}$ $= 0{,}046$.
Dezimalzahlen wie 2,3 stellen die Dezimalschreibweise für *gemischte Zahlen* dar. Eigentlich handelt es sich um den unechten Bruch $\frac{23}{10}$, der aber in der Form $\frac{2}{1} + \frac{3}{10}$ oder kurz $2 + \frac{3}{10}$ oder noch kürzer in der Form $2\frac{3}{10}$ geschrieben werden kann.
Häufig unterscheidet man Brüche der Art $\frac{2}{3}$ als gewöhnliche Brüche von Brüchen der Form 0,3 als Dezimalbrüche. Diese Unterscheidung ist veraltet. Die Dezimalbrüche sind eine Teilmenge der gewöhnlichen Brüche. 0,3 ist keine andere Zahl als $\frac{3}{10}$, sondern nur eine andere Schreibweise. Daher sind auch Dezimalbrüche „gewöhnlich".

Addition und Subtraktion von Brüchen s. D. II.

Multiplikation von Brüchen s. D. II.

Division von Brüchen s. D. II.

Anordnung der Brüche:
Die Brüche lassen sich linear ordnen durch eine Größer-kleiner-Relation. Von zwei gleichnamigen Brüchen wird der als der größere bezeichnet, der den größeren Zähler hat:

$$\frac{a}{b} > \frac{c}{b} \text{ genau dann, wenn } a > c\,.$$

Zwei ungleichnamige Brüche vergleicht man, indem man sie gleichnamig macht und vergleicht.
Die Menge der Brüche ist im Sinne dieser linearen Ordnung *dicht*, d. h., zwischen je zwei verschiedenen Brüchen liegt mindestens ein weiterer Bruch.

Da die Monotoniegesetze der natürlichen Zahlen gelten, ist diese Ordnung zugleich eine Anordnung, d. h.,es gilt für drei Brüche a, b, c:

(1) aus $a > b$ folgt $a + c > b + c$,

(2) aus $c > 0$ und $a > b$ folgt $ac > bc$.

Cavalieri (1598–1647). Satz von Cavalieri: Haben zwei Körper gleiche Höhe und gleiche Grundflächen und sind alle zur Grundfläche parallelen ebenen Schnittfiguren, die in denselben Entfernungen von den

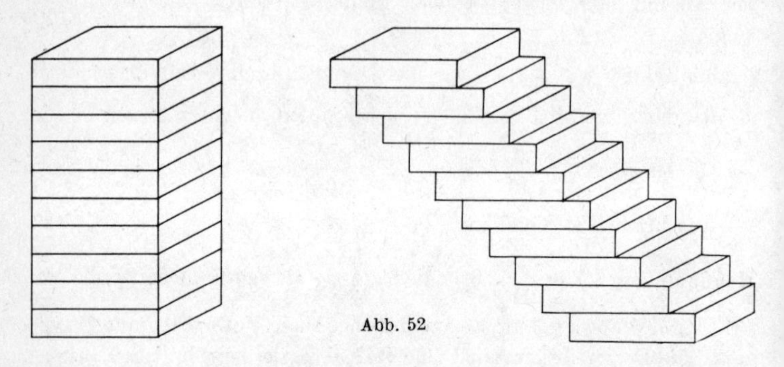

Abb. 52

entsprechenden Grundflächen gelegt sind, flächengleich, so sind die Körper selbst inhaltsgleich. Der Satz von Cavalieri kann mit den Hilfsmitteln der elementaren Mathematik nicht bewiesen werden. An den Figuren der Abb. 52 kann man sich die Richtigkeit des Satzes verständlich machen.

Chordale s. *Kreis*.

darstellende Geometrie. Unter darstellender Geometrie versteht man im allgemeinen jenen Zweig der angewandten Mathematik, der die Abbildung des dreidimensionalen Raumes in eine Zeichenebene zum Gegenstand hat. Es werden dort Verfahren bereitgestellt, um eineindeutige Abbildungen zu erreichen. Der Zweck solcher Abbildungen besteht nicht nur im Herstellen anschaulicher Bilder von Raumobjekten, sondern auch in der Interpretation vorliegender Bilder. Aus ihnen soll – möglichst einfach – das Raumobjekt wieder rekonstruierbar sein; d. h., man will der Zeichnung die wahren Größen des dargestellten Objektes, also Streckenlängen, Winkel und Flächen, rasch entnehmen können. In diesem Sinn vertritt die Zeichnung ein Modell des Raumobjektes.
Das Verfahren, dessen sich die darstellende Geometrie bedient, ist die *Projektion*, d. h.. durch die Raumpunkte werden gerade Linien (Projek-

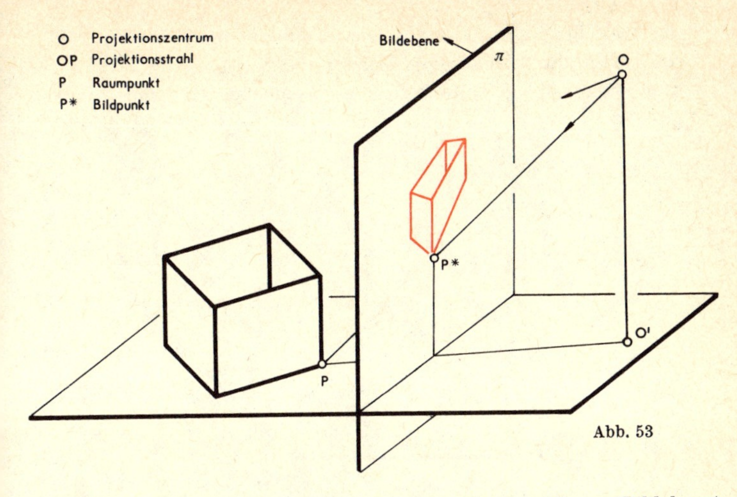

Abb. 53

tionsstrahlen) gelegt, deren Schnittpunkte mit einer Ebene (Bildebene) die Bilder dieser Raumpunkte sein sollen.

1) Zentralprojektion
   Alle Projektionsstrahlen gehen durch einen festen Punkt 0, das Projektionszentrum (Abb. 53).

2) Parallelprojektion
   Alle Projektionsstrahlen sind parallel. Sie können dann entweder (Abb. 54) gegen die Bildebene geneigt sein (schiefe Parallelprojektion) oder (Abb. 55) auf ihr senkrecht stehen (senkrechte oder orthogonale Parallelprojektion).

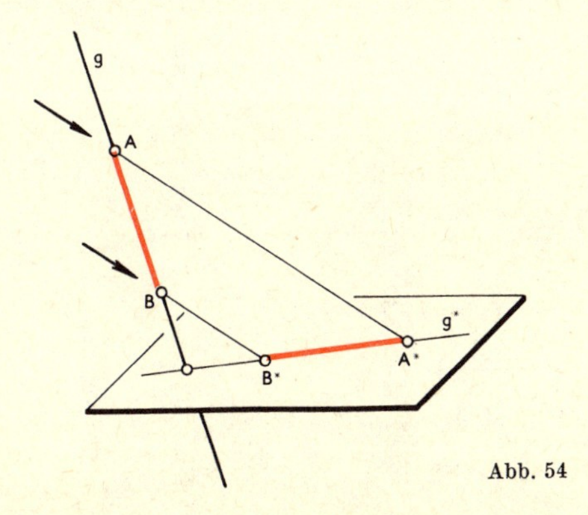

Abb. 54

Die spezielleren parallelprojektiven Abbildungsverfahren unterscheiden sich in ihrer Anordnung, in ihrer Handhabung und in ihrer Leistungsfähigkeit. Sie wurden für die verschiedensten Anliegen bereitgestellt.

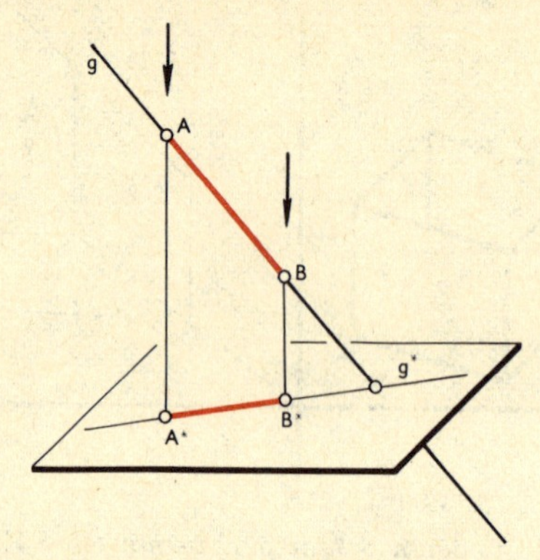

Abb. 55

Bei allen parallelprojektiven Verfahren bleiben die Parallelität von Raumgeraden und das Teilverhältnis dreier Punkte einer Raumgeraden auch im Bild erhalten.
Die Eineindeutigkeit der Abbildung wird durch die sogenannte *axonometrische Methode* gewährleistet oder dadurch, daß zwei verschiedene parallelprojektive Bilder hergestellt werden.

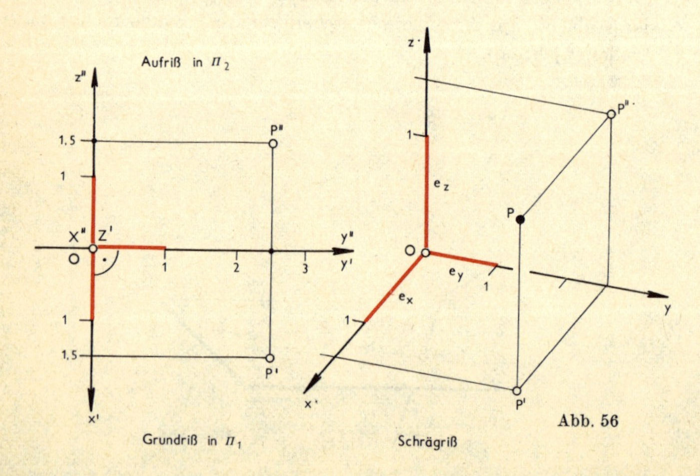

Abb. 56

Bei der *axonometrischen Methode* wird das darzustellende Objekt zunächst in ein räumliches kartesisches Koordinatensystem eingebettet. Nach der Abbildung dieses Koordinatensytems, d. h. nach Festlegung der Bilder der drei Achsen x, y, z und der im Bild vorliegenden Verkürzungen e_x, e_y, e_z der drei Einheitsstrecken auf ihnen, läßt sich

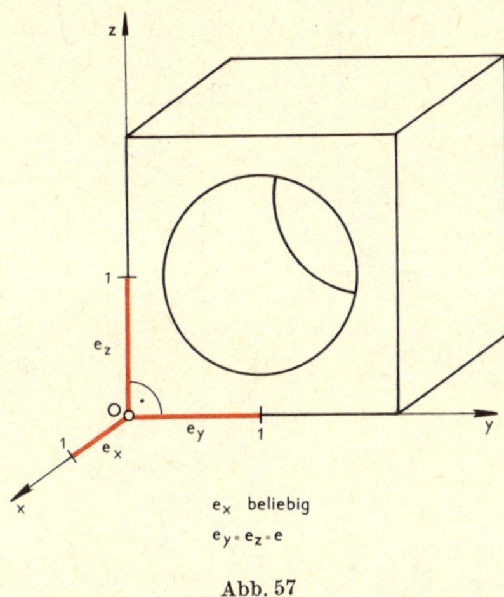

Abb. 57

jeder Raumpunkt $P(a, b, c)$ koordinatenmäßig im Bild eintragen (Abb. 56). Zu dieser schiefaxonometrischen Darstellungsart gehört z. B. die *Kavalierprojektion* (Abb. 57) und die *Militärprojektion* (Abb. 58). Beide Projektionsarten gehen von Koordinatensystemen aus, die eine besondere Lage zur Bildebene haben.

Setzt man eine *senkrechte Parallelprojektion* voraus, dann dürfen nur die Bilder der drei Achsen x, y, z – in gewissem Rahmen – beliebig vorgegeben werden. Nach ihrer Wahl sind die Bilder der drei Achseneinheitsstrecken bereits bestimmt. Unter dieser Voraussetzung erhält man ein sog. *orthogonal-axonometrisches Bild* eines Objektes.
Beim *Grund- und Aufrißverfahren* wählt man zwei aufeinander senkrecht stehende Bildebenen π_1 und π_2, auf die die Raumpunkte jeweils senkrecht projiziert werden. Um die notwendigen Konstruktionen in einer Zeichenebene ausführen zu können, denkt man sich die eine Bildebene (z. B. π_2) in die Zeichenebene gelegt; die andere Bildebene (also π_1) wird dann im verabredeten Sinn in die Zeichenebene gedreht (Abb. 59).

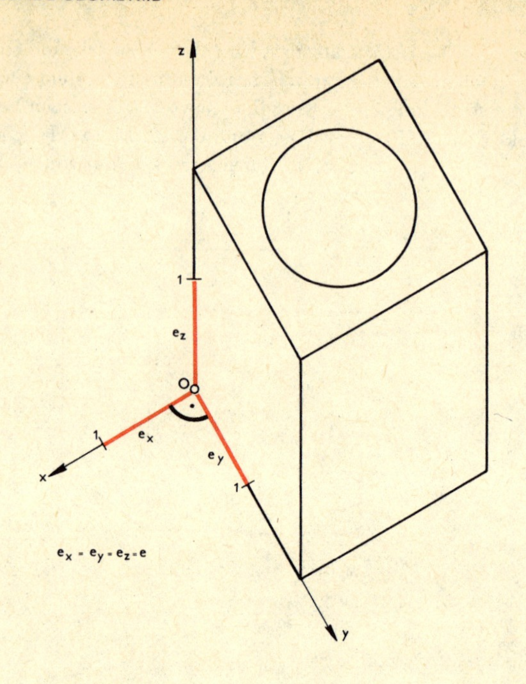
z
1
e_z
O
1
e_x
x
e_y
1
y
$e_x = e_y = e_z = e$

Abb. 58

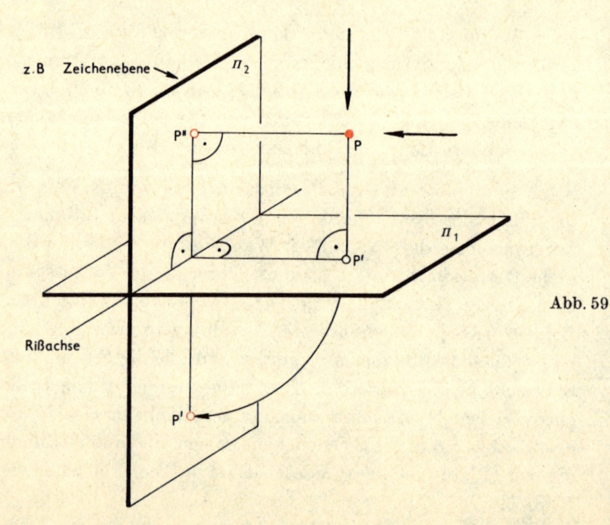
z.B Zeichenebene
Π_2
P''
P
Π_1
P'
Rißachse
P'

Abb. 59

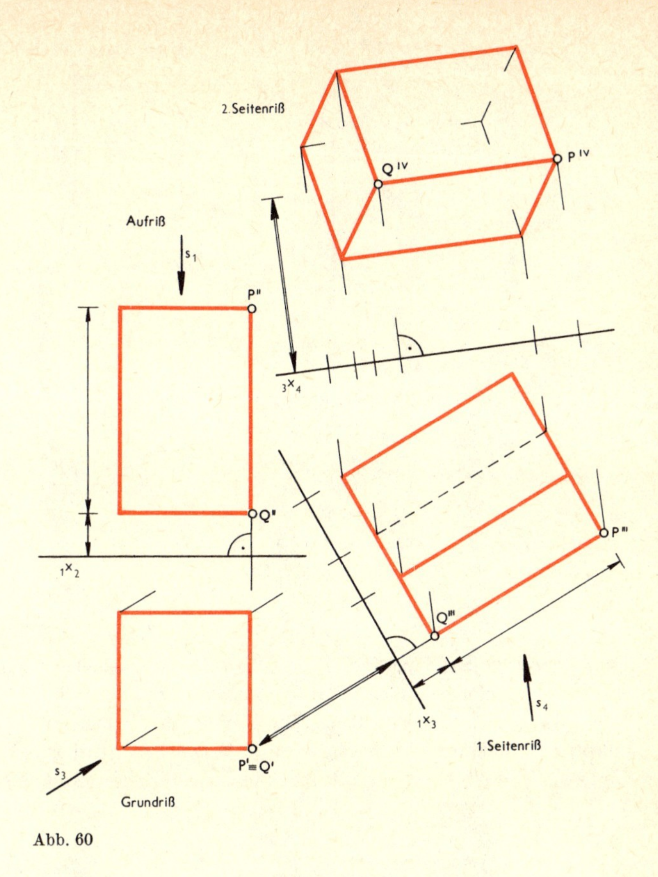

Abb. 60

Aus dem Grund- und Aufriß eines Objektes lassen sich mit Hilfe des sog. *Seitenrißverfahrens* (Abb. 60) neue senkrechte und parallelprojektive Bilder des gegebenen Objektes herstellen.

Beim *Einschneideverfahren* werden Grund- und Aufriß eines Objektes voneinander getrennt und dann beliebig in der Zeichenebene angebracht. Zu jedem solchen Riß wählt man dann eine beliebige Richtung s_1 bzw. s_2 und legt durch alle Punkte der Risse Parallele zu der zum jeweiligen Riß gehörenden Richtung s_1 oder s_2. Die Schnittpunkte der Parallelen durch entsprechende Punkte liefern ein (im allgemeinen) schief-axonometrisches Bild des Objektes (Abb. 61).

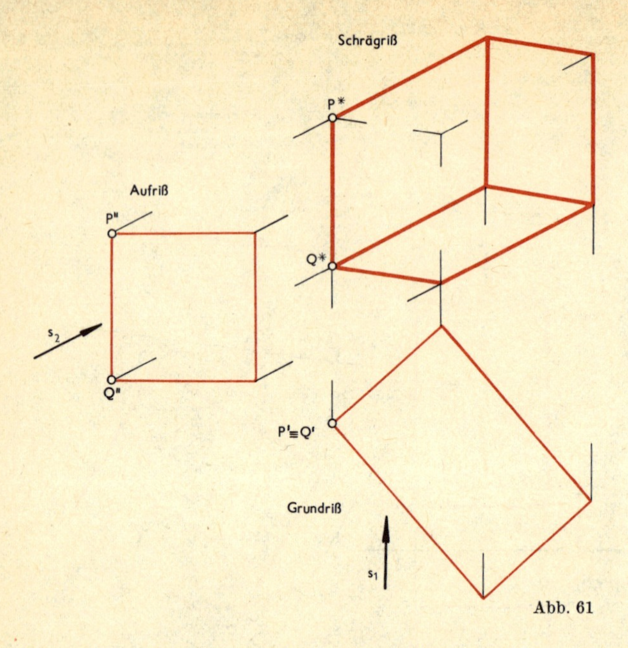

Abb. 61

Besonderen Zwecken dient ferner die *kotierte Projektion.* Dabei handelt es sich um eine senkrechte Parallelprojektion auf eine – horizontal liegend gedachte – Bildebene. Zur Projektion P' eines Raumpunktes P wird dann ziffernmäßig der (mit Vorzeichen versehene) Abstand des P-Punktes von der Bildebene hinzugeschrieben (Abb. 62).

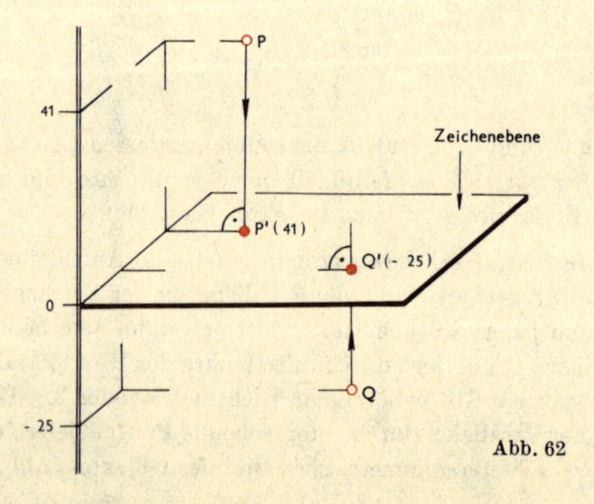

Abb. 62

Der Grundgedanke beim *Herstellen von Landkarten* ist das Abbilden der Kugeloberfläche auf eine Ebene. Hierfür sind in großer Zahl besondere Projektions- und Abbildungsverfahren entwickelt worden.

Definitionsbereich

1. T sei ein Term (s. d.) mit Variablen und G die vorgegebene Grundmenge (s. d.). Bei Einsetzungen von Elementen aus G für die Variablen in T können manchmal sinnlose Zeichen entstehen. Als Definitionsbereich des Terms T bezeichnet man die Menge aller Elemente des Grundbereichs G, die den Term zu einer Zahl machen.

Beispiel: $T(x) = \frac{3x+7}{1-x}$, $G = \mathbb{N}$ (Menge der natürlichen Zahlen); dann ist der Definitionsbereich $D_T = \mathbb{N}\setminus\{1\}$; denn die Einsetzung der Zahl 1 führt zu dem sinnlosen Zeichen $\frac{3\cdot 1+7}{1-1}$.

2. Ist R eine zweistellige Relation (s. d.), so ist der Definitionsbereich D_R dieser Relation die Menge der ersten Koordinaten aller in der Relation vorkommenden Elementepaare:

$$D_R = \{\, x \mid (x, y) \in R\}$$

(s. auch *Funktion* und *Abbildung*).

Desargues, Satz des. Lehrsatz der projektiven Geometrie. Gegeben seien zwei Dreiecke ABC und $A'B'C'$ im Raum. Man sagt, die Dreiecke liegen *perspektiv*, wenn die drei Verbindungsgeraden entsprechender Ecken, z. B. AA', BB', CC' durch einen Punkt S gehen. Und man sagt, zwei Dreiecke liegen *axial*, wenn die drei Schnittpunkte der Verlängerungen entsprechender Seiten, wie AB mit $A'B'$, AC mit $A'C'$, BC mit $B'C'$ auf einer Geraden liegen, der sogenannten Achse. Der Satz des Desargues besagt dann: Zwei Dreiecke liegen axial, wenn sie perspektiv liegen.

Die Tatsache, daß zwei nicht in einer Ebene liegende Dreiecke perspektiv liegen, bedeutet nichts anderes, als daß sie zwei verschiedene ebene Schnittfiguren an derselben Dreikantpyramide sind. Die beiden Schnittebenen aber schneiden sich in einer Spurgeraden g, auf der die Schnittpunkte der in einer Seitenebene der Pyramide liegenden Seitengeraden wie AC und $A'C'$ liegen müssen (s. Abb. 63). Es gilt aber auch die Umkehrung des Desarguesschen Satzes: Zwei Dreiecke liegen perspektiv, wenn sie axial liegen. Denn axiale Lage zweier Dreiecke, die nicht in einer Ebene liegen, bedeutet, daß entsprechende Seiten jeweils in einer Ebene liegen. Drei solcher Ebenen sind dann durch die Dreiecksseiten bestimmt und schneiden sich in genau einem Punkt, falls sie nicht eine gemeinsame Achse haben. Das letzte kann aber ausgeschlossen werden, weil sonst die Dreiecke zu Punkten entartet sein müßten. Also liegen die Dreiecke perspektiv. Den Fall zweier Dreiecke, die in derselben Ebene liegen, kann man durch Projektion auf den räumlichen Fall zurückführen.

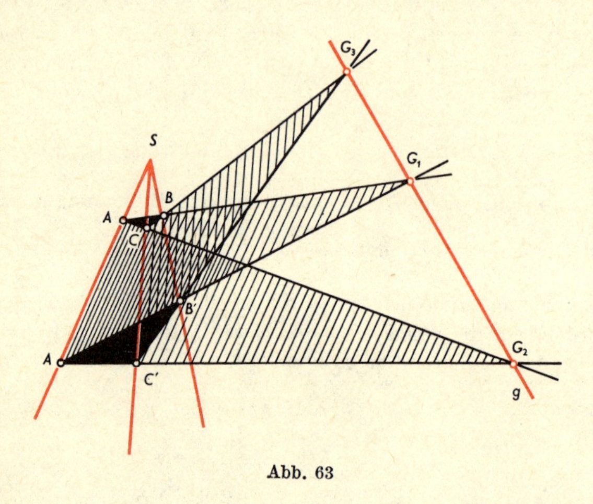

Abb. 63

Bei den Überlegungen wurden die Tatsachen der *projektiven Geometrie* zugrundegelegt. In dieser Geometrie schneiden sich zwei Ebenen ausnahmslos in einer Geraden, zwei in einer Ebene liegende Geraden ausnahmslos in einem Punkt. Es gibt mit anderen Worten in der projektiven Geometrie keine Parallelität. Der projektive Satz des Desargues ist das Musterbeispiel eines geometrischen Sachverhalts, der nichts mit Größen, z. B. Streckenlängen oder Winkelgrößen zu tun hat. Es werden nur die qualitativen geometrischen Beziehungen, die mit dem Verbinden und Schneiden zu tun haben, benutzt.

In bezug auf die gewöhnliche (affine) Geometrie hat der Satz eine Reihe von Spezialfällen, indem man nämlich berücksichtigt, daß die Geraden und Ebenen auch parallel sein können. So können z. B. die Verbindungsgeraden entsprechender Ecken parallel sein. Oder es kann mindestens ein Paar entsprechender Seiten parallel laufen. Der Grundgedanke des Beweises ist jedoch in allen Fällen derselbe. Im Falle paralleler Verbindungslinien entsprechender Ecken muß man z. B. statt einer Dreikantpyramide ein Dreikantprisma betrachten und die möglichen Lagen der Schnittebenen in bezug auf die Seitenebenen des Prismas und zueinander berücksichtigen (s. Abb. 64).

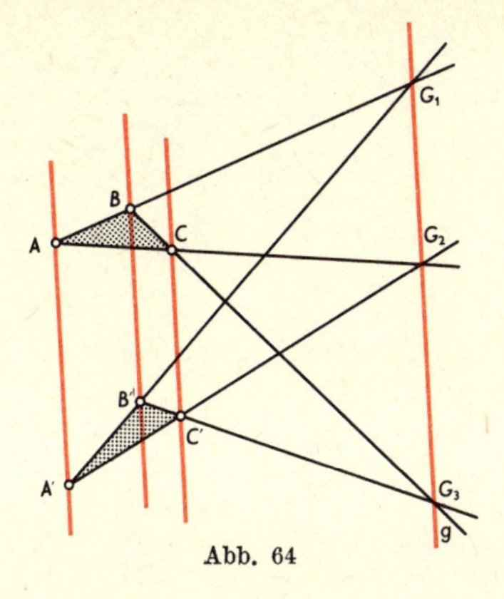

Abb. 64

Determinanten. Die Determinanten sind mathematische Ausdrücke, die zur Lösung von Gleichungssystemen nützlich sind. So können z. B. die zweireihigen Determinanten zum Lösen eines Gleichungssystems mit zwei Variablen verwendet werden.

Sind a, b, c, d vier Zahlen, so ist die zweireihige Determinante

$\begin{vmatrix} a & b \\ c & d \end{vmatrix}$ erklärt durch $\begin{vmatrix} a & b \\ c & d \end{vmatrix} = ad - bc.$ Z. B.

$$\begin{vmatrix} 2 & 3 \\ 0 & 1 \end{vmatrix} = 2 \cdot 1 - 3 \cdot 0 = 2; \quad \begin{vmatrix} 5 & 6 \\ 2 & 1 \end{vmatrix} = 5 \cdot 1 - 6 \cdot 2 = -7$$

Man nennt a, b, c, d die Elemente der Determinante. a, b bilden die erste Zeile, c, d die zweite Zeile. $\begin{smallmatrix} a \\ c \end{smallmatrix}$ nennt man erste Spalte, $\begin{smallmatrix} b \\ d \end{smallmatrix}$ die zweite Spalte (Zeilen waagerecht, Spalten senkrecht).

Dreireihige, vierreihige, allgemein n-reihige Determinanten siehe unter Determinanten im Großen Rechenduden.

Lösung eines Systems von zwei Gleichungen mit zwei Variablen mittels Determinanten:

Beispiel: I. $x + 7y = 21$
II. $4x - 3y = 22$

Es ist:
$$x = \frac{\begin{vmatrix} 21 & 7 \\ 22 & -3 \end{vmatrix}}{\begin{vmatrix} 1 & 7 \\ 4 & -3 \end{vmatrix}} = \frac{-217}{-31} = 7; \quad y = \frac{\begin{vmatrix} 1 & 21 \\ 4 & 22 \end{vmatrix}}{\begin{vmatrix} 1 & 7 \\ 4 & -3 \end{vmatrix}} = \frac{-62}{-31} = 2.$$

Allgemein: I. $ax + by = e$
II. $cx + dy = f$ hat die Lösung

$$x = \frac{\begin{vmatrix} e & b \\ f & d \end{vmatrix}}{\begin{vmatrix} a & b \\ c & d \end{vmatrix}}, \qquad y = \frac{\begin{vmatrix} a & e \\ c & f \end{vmatrix}}{\begin{vmatrix} a & b \\ c & d \end{vmatrix}},$$

falls die Determinante $\begin{vmatrix} a & b \\ c & d \end{vmatrix} \neq 0$ ist.

Wenn die Determinante $\begin{vmatrix} a & b \\ c & d \end{vmatrix} = 0$ ist, so ist das Gleichungssystem nicht eindeutig oder überhaupt nicht lösbar.

Determination s. *Dreieck.*

Dezimalbrüche. Brüche mit dem Nenner 10, 100, 1000, ... nennt man Dezimalbrüche,

z. B.: $\frac{573}{1000}$, $\frac{3578}{1000}$.

Man kann diese Brüche auch in Dezimalschreibweise angeben,

z. B.: $\frac{573}{1000} = 0{,}573$; $\frac{3578}{1000} = 3{,}578$; $\frac{5017}{1000} = 5{,}017$.

Falls man einen echten Dezimalbruch hat, so ist links vom Komma 0 zu setzen. 0,573 wird gelesen: „Null–Komma–fünf–sieben–drei".

Dezimalsystem (*dekadisches System, Zehnersystem*). Das Dezimalsystem stammt von den Indern und kam durch die Araber nach Europa. Im Dezimalsystem werden die Zahlen mit Hilfe der zehn Zahlzeichen:

0, 1, 2, 3, 4, 5, 6, 7, 8 und 9

geschrieben. Diese Zeichen haben verschiedene Bedeutung, je nachdem, an welcher Stelle sie in der geschriebenen Zahl stehen (s. *Stellenwertsystem*).

Das Zehnfache einer Einheit ist immer die nächsthöhere Einheit. Am weitesten rechts schreibt man die Einer, links davon folgen die Zehner, die Hunderter usw., *z. B.:* 20349 = 9 Einer + 4 Zehner + 3 Hunderter + 0 Tausender + + 2 Zehntausender.

Die dezimale Schreibweise der Zahlen ist deshalb möglich, weil sich jede Zahl als Summe

$$x = a_0 \cdot 10^n + a_1 \cdot 10^{n-1} + a_2 \cdot 10^{n-2} \ldots + a_n \cdot 10^0$$

schreiben läßt,

z. B.: $3059 = 3 \cdot 10^3 + 0 \cdot 10^2 + 5 \cdot 10^1 + 9 \cdot 10^0 = 3000 + 50 + 9.$

Der Exponent n und die auftretenden Koeffizienten sind dabei eindeutig bestimmt. Die dezimale Schreibweise kann man ausdehnen auf alle reellen Zahlen,

z. B.: 3,01 = 3 Einer + 0 Zehntel + 1 Hundertstel.

Diametralpunkte. Die Endpunkte z. B. eines Kreis- oder Kugeldurchmessers heißen Diametralpunkte.

Differenzmenge (s. A. I). Sind A und B beliebige Mengen, so ist die Differenzmenge $A \setminus B$ (gelesen „A minus B“ oder auch „A ohne B“) die Menge aller Elemente von A, die nicht Elemente von B sind:

$$A \setminus B = \{ x \mid x \in A \text{ und } x \notin B \}.$$

Allgemein gilt:

1. Die Bildung der Differenzmenge $A \setminus B$ setzt nicht voraus, daß B eine Teilmenge von A ist.
2. Sind A und B Mengen, so gilt $A \setminus B \subseteq A$.
3. Ist $A \subseteq B$, so gilt $A \setminus B = \emptyset$ und umgekehrt.
4. Sind A und B elementfremde Mengen (ist also $A \cap B = \emptyset$), so ist $A \setminus B = A$, $B \setminus A = B$ und umgekehrt.

Dimension. Die Dimension ist eine Eigenschaft der *geometrischen Grundgebilde* (s. d.) und der aus den Grundgebilden abgeleiteten geometrischen Gebilde (s. auch *Vektorraum*).

Der Punkt ist ein *nulldimensionales* Gebilde (er hat die Dimension Null). Die Gerade ist ein *eindimensionales* Gebilde (sie hat die Dimension 1). Man kann auf Geraden Strecken (Längen) messen. Alle ebenen oder räumlichen Kurven (oder Teile von solchen), die man sich durch eine umkehrbare Abbildung aus einer Geraden (Strecke) hergestellt denken kann, haben die Dimension 1.

Die Ebene ist ein *zweidimensionales* Gebilde (sie hat die Dimension 2). Die ebenen oder gekrümmten Flächen des Raumes (oder Teile von solchen) haben die Dimension 2. Man kann sie sich durch umkehrbare Abbildungen einer Ebene oder eines Teiles einer Ebene hergestellt denken.

Der Raum hat die Dimension 3, er ist ein *dreidimensionales* Gebilde. Alle Teile des Raumes, die nicht in einer Ebene oder einem sonstigen zweidimensionalen Gebilde liegen, bezeichnet man als dreidimensional. In der Physik versteht man unter Dimensionen die Benennungen physikalischer Maßangaben, z. B. ist *Länge/Zeit* die Dimension für eine Geschwindigkeit.

disjunkt (s. A. I). Zwei Mengen heißen disjunkt, wenn sie keine Elemente gemeinsam haben; sie werden dann auch elementefremd genannt. Kennzeichen disjunkter Mengen A, B:

$$A \cap B = \emptyset .$$

Disjunktion s. *Adjunktion, formale Logik.*

Diskont, kaufmännischer. Der kaufmännische Diskont ist ein vom Zeitpunkt der Zahlung irgendeines Geldbetrags (Einlösung eines Wechsels, vorzeitige Zahlung eines Warenpreises) abhängiger Preisnachlaß. Vom Nennbetrag werden die einfachen Zinsen für die Zeit der Vorauszahlung abgezogen.

I. Die Berechnung des Barwertes

Der Diskontsatz im öffentlichen Leben richtet sich nach dem Diskontsatz, den die führenden Banken gewähren.

Beispiel: Die Firma Max Maier, Bonn, hat von der Firma Franz Bez, Frankfurt/Main, zur Begleichung einer Rechnung einen Wechsel erhalten.

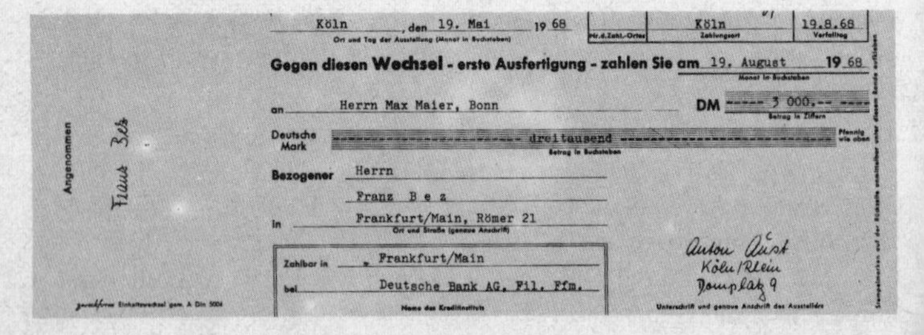

Köln, den 19. Mai 1968
Ort und Tag der Ausstellung (Monat in Buchstaben)
Köln — Zahlungsort
19.8.68 — Verfalltag
Gegen diesen Wechsel - erste Ausfertigung - zahlen Sie am 19. August 1968
Monat in Buchstaben
an Herrn Max Maier, Bonn
DM ----- 3 000,-- ----
Betrag in Ziffern
Deutsche Mark ------------------------ dreitausend ---------------------------- Pfennig wie oben
Betrag in Buchstaben
Bezogener Herrn
Franz B e z
in Frankfurt/Main, Römer 21
Ort und Straße (genaue Anschrift)
Zahlbar in Frankfurt/Main
bei Deutsche Bank AG, Fil. Ffm.
Name des Kreditinstituts
Angenommen Franz Bez
Anton Rüst
Köln/Rhein
Domplatz 9
Unterschrift und genaue Anschrift des Ausstellers

Der Wechsel hat einen Zeitwert (das ist der Wert des Wechsels am 19.8.1968) von 3000,— DM. Da der Wechselinhaber, Max Maier, Bonn, aber dringend Bargeld benötigt, verkauft er den Wechsel am 3.8.1968 an eine Bank. Welchen Betrag zahlt ihm die Bank dafür?
Der Wechsel wurde also 15 Tage vor dem Fälligkeitsdatum verkauft. Die Bank zieht für diese Zeit 5% Zinsen ab. Somit ergibt sich folgende Rechnung:

$$\text{Zinsen} = \frac{\text{Kapital} \cdot \text{Zinssatz} \cdot \text{Tage}}{100 \cdot 360}$$

$$= \frac{3000 \cdot 5 \cdot 15}{100 \cdot 360} = \underline{\underline{6{,}25 \text{ DM.}}}$$

Rechnung der Bank

Berlin, den 3. 8.1968

Wechsel über	3000,— DM	per 19. 8. 1968
./. Diskont 15/5[1])	6,25 DM	
Wert am 3. 8. 1961	2993,75 DM.	

Der Barwert des Wechsels beträgt also am 3.8. 1968 2993,75 DM.

II. Der kaufmännische Wechseldiskont

Wird ein Wechsel bei einer Bank in Zahlung gegeben, der erst zu einem späteren Zeitpunkt fällig ist, so zieht die Bank sofort von dem Tage der Diskontierung bis zum Verfalltage Zinsen (den Diskont) ab. Weiterhin muß jeder Wechsel versteuert werden (–,15 DM Wechselstempelsteuer pro angefangene 100,– DM Wechselsumme).

Beispiel: Eine Bank diskontiert am 20.4. einen Wechsel von 3600,— DM. Der Wechsel wird fällig am 8. 6.; $4\frac{1}{2}$ % Diskont. Wieviel DM beträgt der Barwert des Wechsels am 20. 4.?

Lösung: $\text{Zinsen} = \frac{3600 \cdot 4\frac{1}{2} \cdot 48}{100 \cdot 360} = \underline{\underline{21{,}60 \text{ DM.}}}$

Rechnung der Bank

20. 4.

Wechsel über	3600,— DM,	fällig am 8. 6.
./. Diskont 48/$4\frac{1}{2}$	21,60 DM	
Wechselstempelsteuer	5,40 DM	
Barwert am 20. 4.	3573,– DM.	

[1]) 15/5 ist die übliche Schreibweise für: 15 Tage zu 5%.

III. Die Errechnung der Zinstage

Die am häufigsten vorkommende Zinsberechnung im kaufmännischen Geschäftsverkehr ist die Berechnung der Zinsen nach Tagen, wobei man das Jahr zu 360 Tagen und den Monat zu 30 Tagen rechnet. Dagegen wird der amtliche Diskont, entsprechend den Bestimmungen des Bürgerlichen Gesetzbuches (BGB), nach Kalendertagen berechnet. Eine einheitliche Errechnung der Tage auf internationaler Ebene gibt es nicht.
In Dänemark, Norwegen, Schweden und der Schweiz errechnet man die Tage ebenso wie in Deutschland. In Holland, Belgien, Frankreich, Spanien, Italien, der Tschechoslowakei und Polen rechnet man das Jahr zu 360 Tagen und die Monate – entsprechend den Kalendertagen – genau. In vielen anderen Staaten wird das Jahr zu 365 Tagen und der Monat entsprechend den Kalendertagen gerechnet.

IV. Die Errechnung der Diskontprovision

Provision ist eine Vergütung für Geschäftsbesorgungen verschiedener Art. Die Diskontprovision wird für Kreditgewährungen von den Banken erhoben. Die Errechnung der Diskontprovision ist in folgenden drei Formen möglich:

1. Die Berechnung erfolgt vom Kreditbetrag ohne Berücksichtigung der Laufzeit (Nettoprovision).

Beispiel: Für einen Kredit von 2000,— DM berechnet die Bank $\frac{1}{6}$% für Provision. $\frac{1}{6}$% von 2000,— DM = <u>3,33 DM.</u>

2. Die Provision wird nach der Laufzeit berechnet, wobei der kleinste berechnete Zeitraum ein Monat ist. Bei einer Laufzeit von 15 Tagen wird ein Monat berechnet. Bei einer Laufzeit von 54 Tagen werden also 2 Monate berechnet. (1–30 Tage 1 angef. Monat, 31–60 Tage 2 angef. Monate, 61–90 Tage 3 angef. Monate usw.; Provision je angefangener Monat.)

Beispiel: Für einen Kredit von 2000,— DM und eine Laufzeit von 54 Tagen berechnet die Bank $\frac{1}{6}$% Provision je angefangener Monat.
$\frac{1}{6}$% je angefangener Monat von 2000,— DM für 54 Tage = 2 Monate = $\frac{1}{6}$% Provision = <u>6,67 DM.</u>

3. Bei der 3. Möglichkeit erfolgt die Berechnung der Provision nach der wirklichen Laufzeit, umgerechnet auf den Jahreszins (s. Provisionsberechnung bei Kontokorrentrechnen).

Einem Provisionssatz von $\frac{1}{6}\%$ je Monat entspricht ein Satz von 2% im Jahr.

Beispiel: Für einen Kredit von 2000,— DM und eine Laufzeit von 54 Tagen berechnet die Bank $\frac{1}{6}\%$ Provision je Monat.

$$\text{Zinsen} = \frac{\text{Kapital} \cdot \text{Zinssatz} \cdot \text{Tage}}{100 \cdot 360},$$

$$\text{also } \frac{2000 \cdot 2 \cdot 54}{100 \cdot 360} = 6$$

$\frac{1}{6}\%$ Provision je Monat von 2000,— DM für 54 Tage ergibt 6,— DM.

Diskontierung. Aus dem gegebenen Endkapital K_n, dem Zinssatz und der Laufzeit ist das Anfangskapital K_0 zu berechnen. Mit welchem Barwert (diskontiertem Wert oder gegenwärtigem Wert) kann *jetzt* eine Schuld K_n, die erst in n Jahren fällig ist, bei $p\%$ abgefunden werden?

K_0 läßt sich aus der *Zinseszinsformel* $K_n = K_0 q^n$ berechnen.

$$K_0 = \frac{K_n}{q^n} = K_n \cdot \frac{1}{q^n}.$$

Statt $\frac{1}{q}$ schreibt man auch $v = \frac{1}{q}$ und nennt v den *Diskontierungsfaktor* oder *Abzinsungsfaktor*. Es wird damit $K_0 = K_n \cdot \frac{1}{q^n} = K_n \cdot v^n$.

v^n ist der Barwert eines in n Jahren fälligen Kapitals von 1 DM.

Beispiel: Mit welcher Summe kann eine nach 5 Jahren fällige Schuld von 30000 DM bei $3\frac{1}{2}\%$ Zinsen jetzt abgefunden werden?

$K_n = 30000$ DM, $n = 5$, $p = 3\frac{1}{2}\%$.

Mit Hilfe einer Tabelle über Aufzinsungsfaktoren erhält man

$$v^5 = \frac{1}{p^5} = \frac{1}{1{,}18769}, \text{ also } K_0 = 30000 \cdot 0{,}84197 \text{ DM}$$

$K_0 = 25259{,}10$ DM ist der Barwert.

Die hier beschriebene Diskontierung wird z. B. im Versicherungswesen gebraucht. Die *kaufmännische Diskontierung* dagegen rechnet nur mit einfachen Zinsen.

Distributivgesetz *s. Algebra.*

Division (s. A. VI). Die Division ist die vierte Grundrechnungsart (s. d.). Sie ist die Umkehrung der Multiplikation. Aus der Gleichung $3 \cdot 4 = 12$ folgt umgekehrt $12 : 4 = 3$. Häufig unterscheidet man Aufgaben des Teilens von Aufgaben des Messens, die beide auf dieselbe Grundrechenart der Division führen. Eine Teilaufgabe ist: Wieviel DM erhält jedes von 5 Kindern, wenn 15 DM gleichmäßig verteilt werden sollen? Antwort: 15 DM : 5 = 3 DM. Eine Aufgabe des Messens ist: Wie oft gehen 5 l in 20 l? Antwort: 20 l : 5 l = 4.

Es gelten folgende Bezeichnungen:

Dividend	dividiert durch	Divisor	gleich	Wert des Quotienten
12	:	4	=	3

$$\underbrace{12 \quad : \quad 4}_{\text{Quotient}} = 3$$

Die Division ganzer Zahlen führt nicht immer wieder zu ganzzahligen Ergebnissen. Im Bereich der ganzen Zahlen ist die Division (ohne Rest) nicht immer ausführbar. Im Bereich der rationalen Zahlen dagegen sind alle vier Grundrechnungsarten uneingeschränkt ausführbar (über die Division durch Null s. unten), d. h., wenn man mit irgendzwei rationalen Zahlen eine der Grundrechnungsarten ausführt, so erhält man wieder eine rationale Zahl. Einen Zahlenbereich mit dieser Eigenschaft (uneingeschränkte Ausführbarkeit der rationalen Rechenoperationen im Bereich) nennt man einen Körper, z. B.: Körper der rationalen Zahlen, Körper der komplexen Zahlen.

Einen Quotienten kann man auch als Bruch schreiben,

z. B.: $\quad a : b = \frac{a}{b}, \qquad 12 : 4 = \frac{12}{4}.$

Vertauscht man Dividend und Divisor, so erhält man den Kehrwert (reziproken Wert) des Quotienten,

z. B.: $\quad 4 : 12 = \frac{4}{12}$ ist der Kehrwert von $\frac{12}{4}$.

Die Aufgabe $a : 0 = x$ wäre die Umkehrung der Multiplikationsaufgabe $0 \cdot x = a$. Wenn a eine von Null verschiedene Zahl ist, müßte also $0 \cdot x = a \neq 0$ sein, im Widerspruch zu dem Satze, daß stets $0 \cdot x = 0$ ist. Wenn $a = 0$ wäre, so könnte man für x irgendeine Zahl nehmen, d. h., die Division durch 0 wäre nicht eindeutig. Um Widersprüche zu vermeiden, ist daher die Division durch Null unzulässig.

Division ganzer Zahlen

Man dividiert ganze Zahlen $\neq 0$ unter Berücksichtigung folgender Vorzeichenregeln:

1. Haben Dividend und Divisor gleiche Vorzeichen, so ist der Quotient positiv:

$$\frac{-6}{-2} = +3, \qquad \frac{8a}{2a} = 4.$$

2. Haben Dividend und Divisor ungleiche Vorzeichen, so ist der Quotient negativ:

$$\frac{-6}{+2} = -3, \qquad \frac{6a}{-2a} = -3.$$

Behandlung von Quotiententermen

Allgemein kann man aus zwei Termen den Quotiententerm bilden, z. B. aus $3abc$ und $3b$ den Term $\frac{3abc}{3b}$. Der Term ist nur für $b \neq 0$ definiert (s. *Term*). Im Definitionsbereich des Terms kann man oft Vereinfachungen vornehmen, z. B.

1. Man darf Quotiententerme (Brüche) kürzen und erweitern,

z. B.. $\frac{3abc}{3b} = ac$ (gekürzt mit $3b$), $\frac{a}{b} = \frac{ad}{bd}$ (erweitert mit d).

2. Man kann Quotiententerme (Brüche) addieren, wenn sie gleichnamig sind, *z. B.*

$$\frac{a}{c} + \frac{b}{c} = \frac{a+b}{c}.$$

Ungleichnamige Brüche müssen vor der Addition durch Erweitern auf einen gemeinsamen Nenner gebracht werden:

$$\frac{a}{b} + \frac{c}{d} = \frac{ad}{bd} + \frac{bc}{bd} = \frac{ad+bc}{bd}.$$

3. Man kann aus Quotiententermen wieder Produktterme bilden und vereinfachen, z. B.

$$\frac{a}{b} \cdot \frac{c}{d} = \frac{ac}{bd}.$$

4. Aus zwei Quotiententermen kann man erneut einen Quotiententerm bilden. Nach den Regeln der Bruchrechnung kann man auch diese Bildungen vereinfachen:

$$\frac{a}{b} : \frac{c}{d} = \frac{a}{b} \cdot \frac{d}{c} = \frac{ad}{bc}.$$

Division einer algebraischen Summe durch eine Zahl

Eine algebraische Summe (Polynom) wird durch eine Zahl dividiert, indem alle Glieder durch die Zahl dividiert und die erhaltenen Quotienten addiert werden.

Beispiel: $(54xz - 72yz - 25) : 9z = 6x - 8y - \frac{25}{9z}$.

Division algebraischer Summen durch algebraische Summen

Man wendet folgendes Verfahren an:

Man ordnet zunächst die Glieder des Dividenden und Divisors nach demselben Gesichtspunkt, und zwar hinsichtlich der vorkommenden Variablen in alphabetischer Reihenfolge und gegebenenfalls nach fallenden oder steigenden Potenzen der einzelnen Variablen.

Beispiel: $(12ac - 7b^2 - 23ab + 3bc + 20a^2) : (4a + b)$

wird geordnet zu

$$(20a^2 - 23ab + 12ac - 7b^2 + 3bc) : (4a + b).$$

Dann dividiert man, ähnlich wie bei der Division einer mehrstelligen Zahl durch eine andere, das erste Glied des Dividenden durch das erste Glied des Divisors, multipliziert mit dem erhaltenen Teilquotienten den ganzen Divisor und subtrahiert das entstandene Produkt vom Dividenden. Wenn nötig, ordnet man den verbleibenden Rest des Dividenden von neuem und dividiert das erste Glied des Restes durch das erste Glied des Divisors, multipliziert den ganzen Divisor mit dem zweiten Teilquotienten, subtrahiert das Produkt von dem Rest und fährt in dieser Weise fort, bis entweder kein Rest mehr bleibt, die Division also aufgeht, oder bis der Rest nicht mehr durch das erste Glied des Divisors teilbar ist; in diesem Fall geht die Division nicht auf.

Beispiel 1:

$$\begin{array}{l}
(20a^2 - 23ab + 12ac - 7b^2 + 3bc) : (4a + b) = 5a - 7b + 3c \\
\underline{-(20a^2 + 5ab)} \\
\qquad -28ab + 12ac - 7b^2 + 3bc \\
\qquad \underline{-(-28ab \qquad\quad - 7b^2)} \\
\qquad\qquad + 12ac \qquad + 3bc \\
\qquad\qquad \underline{-(+ 12ac \qquad + 3bc)} \\
\qquad\qquad\qquad\qquad 0
\end{array}$$

Beispiel 2:

$$
\begin{array}{l}
(2x^2 + 7xy + 4y^2) : (x + 3y) = 2x + y + \dfrac{y^2}{x + 3y} \\
\underline{-(2x^2 + 6xy)} \\
\qquad xy + 4y^2 \\
\qquad \underline{-(+xy + 3y^2)} \\
\qquad\qquad y^2
\end{array}
$$

Division von Potenzen s. *Potenz.*

Division von Wurzeln

Wurzeln lassen sich als Potenzen mit gebrochenen Exponenten schreiben. Für das Dividieren von Wurzeln kann man das ausnützen und die entsprechenden Potenzregeln anwenden;

z. B.:

a) $\dfrac{\sqrt[n]{a}}{\sqrt[n]{b}} = \dfrac{a^{\frac{1}{n}}}{b^{\frac{1}{n}}} = \left(\dfrac{a}{b}\right)^{\frac{1}{n}}, \quad \dfrac{\sqrt[4]{8}}{\sqrt[4]{9}} = \dfrac{8^{\frac{1}{4}}}{9^{\frac{1}{4}}} = \left(\dfrac{8}{9}\right)^{\frac{1}{4}},$

b) $\dfrac{\sqrt[n]{a}}{\sqrt[m]{a}} = \dfrac{a^{\frac{1}{n}}}{a^{\frac{1}{m}}} = a^{\frac{1}{n} - \frac{1}{m}}, \quad \dfrac{\sqrt[4]{8}}{\sqrt[3]{8}} = \dfrac{8^{\frac{1}{4}}}{8^{\frac{1}{3}}} = 8^{\frac{1}{4} - \frac{1}{3}} = 8^{-\frac{1}{12}} = \dfrac{1}{\sqrt[12]{8}}.$

Division komplexer Zahlen s. *komplexe Zahlen.*

Dodekaeder. Dodekaeder sind Körper, die von zwölf Flächen begrenzt werden. Beim Rhombendodekaeder sind es zwölf Rhomben, beim Pentagondodekaeder zwölf regelmäßige Fünfecke. Das Pentagondodekaeder ist einer der sog. *platonischen Körper* (s. dort).

Drachenviereck s. *Viereck.*

Drehstreckung. Eine Drehstreckung ist eine Abbildung, bei der auf eine Figur eine Drehung um einen Punkt O und dann von demselben Punkt aus eine ähnliche Abbildung (Streckung) ausgeübt wird. Die Reihenfolge von Drehung und Streckung ist beliebig.

Konstruktion: Die Figur ABC (Abb. 65) wird zuerst mit dem Winkel $\delta = \measuredangle AOA_1$ um den Punkt O gedreht (s. *Drehung*) und dann von O aus gestreckt. Nach der Drehung erhält man die Figur $A_1B_1C_1$ und nach der Streckung die Figur $A_2B_2C_2$.

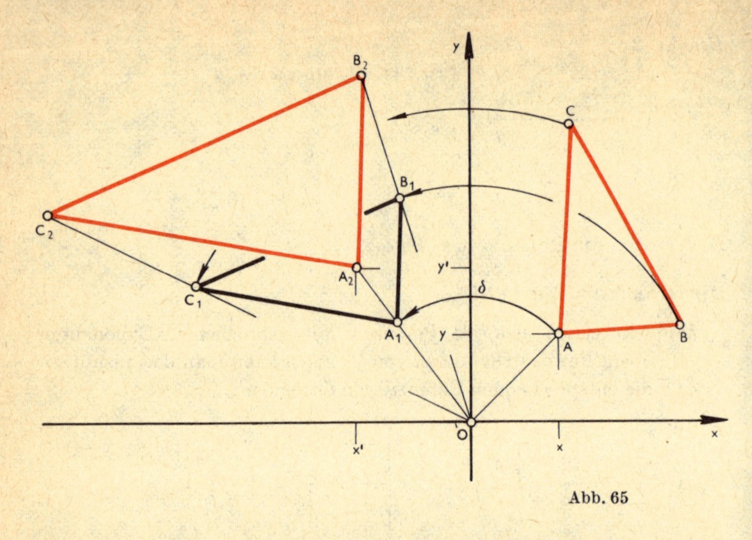

Abb. 65

Die Drehstreckung gehört zur Gruppe der ähnlichen Abbildungen. Figuren, die durch eine Drehstreckung auseinander hervorgehen, sind gleichsinnig (*s. gleichsinnig*) ähnlich. Die Winkel, die an der Originalfigur und an ihrem Bild auftreten, sind gleich. Die Drehstreckungen sind „winkeltreu".

Drehung. Die Drehungen in der Ebene um einen Punkt und im Raum um eine Gerade gehören zu den *Bewegungen* (s. d.). Sie bilden jeweils eine Gruppe (s. d.).

Drehungen in der Ebene

Die Drehungen in der Ebene sind festgelegt durch den bei der Drehung festbleibenden Punkt P der Ebene (Zentrum der Drehung) und durch den Drehwinkel δ (mit Drehsinn).

Ist ein Punkt A gegeben, so kann man den Bildpunkt A_1 von A konstruieren. Man zeichnet um P (Drehzentrum) einen Kreis mit dem Radius PA und trägt an der Geraden PA im verabredeten Sinn den Drehwinkel δ mit dem Scheitel P ab. Der Schnittpunkt des freien Schenkels von δ und des Kreises ist der gesuchte Bildpunkt A_1.

Beispiel: Drehung eines Dreiecks ABC um den Punkt O mit dem Drehwinkel δ im positiven Sinn, d. h. entgegen dem Uhrzeigersinn. Das Bild des Dreiecks ist $A_1B_1C_1$ (Abb. 65).

Dreieck

Definition und Bezeichnungen

Verbindet man drei Punkte ABC, die nicht auf einer Geraden liegen, paarweise durch Strecken, so erhält man ein ebenes Dreieck (Abb. 66). Die drei gegebenen Punkte heißen *Ecken* (Eckpunkte) des Dreiecks. Die Ecken eines Dreiecks werden mit großen lateinischen Buchstaben bezeichnet: A, B, C. Die Reihenfolge der Bezeichnung ist gleichgültig. Im allgemeinen wird aber die Bezeichnung so gewählt, daß die Ecken alphabetisch entgegen dem Uhrzeigersinn durchlaufen werden.
Die drei Verbindungsstrecken der Ecken werden *Seiten* des Dreiecks genannt. Die Seiten des Dreiecks werden mit den kleinen lateinischen Buchstaben a, b, c so benannt, daß die Seite mit der Bezeichnung a der Ecke A, die Seite b der Ecke B und die Seite c der Ecke C gegenüberliegt.
Je zwei benachbarte Seiten eines Dreiecks bilden die Schenkel eines *Innenwinkels* des Dreiecks. Die Innenwinkel des Dreiecks werden mit den kleinen griechischen Buchstaben α, β, γ bezeichnet, und zwar so, daß an der Ecke A der Winkel α, an der Ecke B der Winkel β, und an der Ecke C der Winkel γ liegt. Verlängert man die Dreiecksseiten über die Eckpunkte hinaus, so entstehen an jeder Dreiecksecke drei weitere Winkel. Einer dieser drei neuen Winkel ist Scheitelwinkel zu dem an der Ecke liegenden Innenwinkel des Dreiecks. Die beiden anderen Winkel sind Nebenwinkel zu dem Innenwinkel an der Ecke und werden *Außenwinkel* des Dreiecks genannt. An jeder Dreiecksecke gibt es zwei verschieden liegende Außenwinkel von gleicher Größe (Scheitelwinkel). Man kann die Außenwinkel an der Ecke A mit α_1 und α_2, an der Ecke B mit β_1 und β_2 und an der

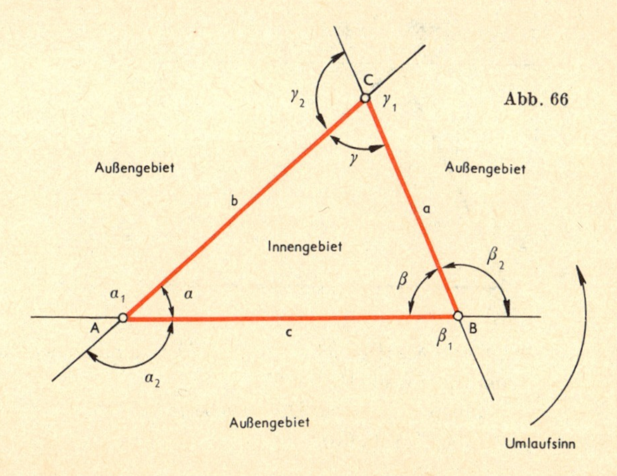

Abb. 66

Ecke C mit γ_1 und γ_2 bezeichnen. Es werden also dieselben Buchstaben wie für die Innenwinkel verwendet, nur werden diese mit Indizes versehen. Selbstverständlich sind auch andere Bezeichnungen möglich. Denkt man sich das Dreieck bei der obigen Bezeichnung der Ecken entgegen dem Uhrzeigersinn umschritten, so liegt zur Linken das *Innengebiet* und zur Rechten das *Außengebiet* des Dreiecks (Abb. 66).

Größenbeziehungen der Dreiecksseiten

Zwei Dreiecksseiten sind zusammen stets länger als die dritte Dreiecksseite.

$$a + b > c \quad (\text{„>" bedeutet größer als})$$
$$b + c > a$$
$$c + a > b.$$

Größenbeziehungen zwischen den Dreieckswinkeln

1. Die Summe der Innenwinkel eines Dreiecks beträgt 180°.

$$\alpha + \beta + \gamma = 180° \quad \text{(Abb. 67).}$$

2. Folgerungen aus 1. Durch zwei Winkel eines Dreiecks ist der dritte bestimmt. $\gamma = 180 - (\alpha + \beta)$.
Ein Dreieck kann höchstens einen rechten Winkel besitzen (rechtwinkliges Dreieck). Ein Dreieck kann höchstens einen stumpfen Winkel haben (stumpfwinkliges Dreieck). Ein Dreieck hat stets zwei spitze Winkel.

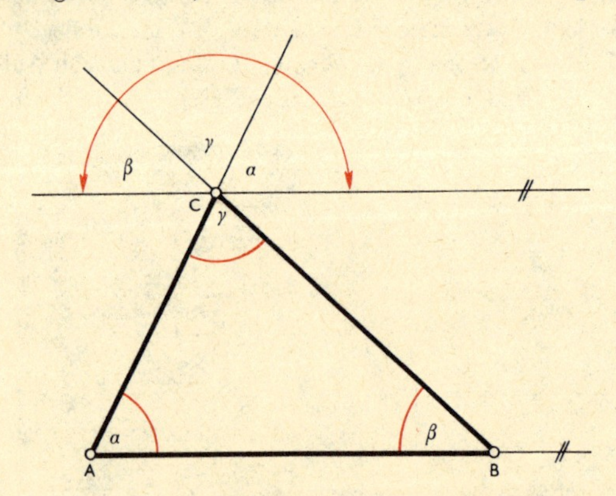

Abb. 67

3. Jeder Außenwinkel eines Dreiecks ist gleich der Summe der beiden nicht anliegenden Innenwinkel (Abb. 67).
4. Die Summe der Außenwinkel eines Dreiecks beträgt 360°.
$\alpha_2 + \beta_2 + \gamma_2 = 360°$ (Abb. 66).

Größenbeziehungen zwischen Dreiecksseiten und Dreieckswinkeln

1. Im Dreieck liegt der größeren von zwei Seiten der größere Winkel gegenüber.
   Aus $a > b$ folgt $\alpha > \beta$.

2. Im Dreieck liegt dem größeren von zwei Winkeln des Dreiecks die größere Seite gegenüber.
   Aus $\alpha > \beta$ folgt $a > b$.

3. Folgerungen aus 1. und 2.

   a) Der größten Seite eines Dreiecks liegt der größte Winkel des Dreiecks gegenüber.

   b) Dem größten Winkel eines Dreiecks liegt die größte Seite gegenüber.

   c) Ein Dreieck, das drei gleiche Winkel besitzt, hat auch drei gleichgroße Seiten, und umgekehrt besitzt das gleichseitige Dreieck auch drei gleiche Winkel (von 60°).

   d) Ein Dreieck, das zwei gleichgroße Winkel besitzt, besitzt auch zwei gleichgroße Seiten. Diese werden Schenkel des Dreiecks genannt, das Dreieck heißt gleichschenklig. Die dritte Seite des Dreiecks heißt dann Basis oder Grundseite, die an der Basis liegenden Winkel Basiswinkel. Umgekehrt besitzt ein gleichschenkliges Dreieck zwei gleiche Winkel.

   e) Im stumpfwinkligen Dreieck liegt dem stumpfen Winkel die größte Seite des Dreiecks gegenüber.

   f) Im rechtwinkligen Dreieck wird die dem rechten Winkel gegenüberliegende Seite Hypotenuse genannt. Die Hypotenuse ist die größte Seite des rechtwinkligen Dreiecks. Die dem rechten Winkel anliegenden Seiten werden Katheten genannt.

   g) Die der größten Seite eines Dreiecks anliegenden Winkel müssen spitz sein.

Einteilung der Dreiecke

1. Einteilung nach der Größe der Winkel

Spitzwinklige Dreiecke	Dreiecke mit drei spitzen Winkeln heißen spitzwinklig (Abb. 68).

Rechtwinklige Dreiecke	Dreiecke mit einem rechten Winkel heißen rechtwinklig. Die anderen beiden Winkel müssen spitz sein (Abb. 69).
Stumpfwinklige Dreiecke	Dreiecke mit einem stumpfen Winkel heißen stumpfwinklig. Die anderen beiden Winkel müssen spitz sein (Abb. 70).

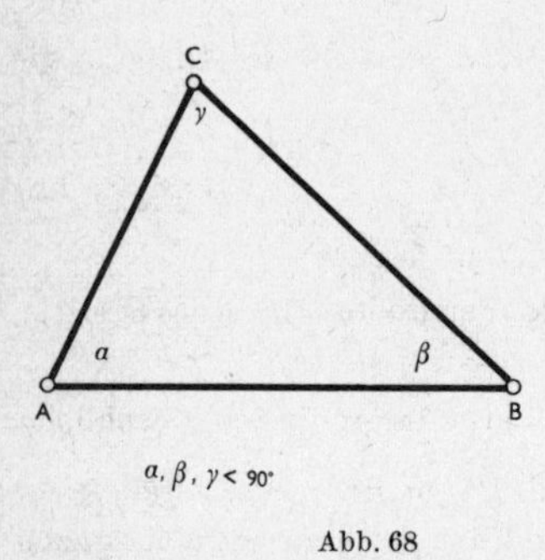

Abb. 68

$\alpha, \beta < 90°$
$\gamma = 90°$

Abb. 69

2. Einteilung nach der Größe der Seiten

Gleichseitige Dreiecke	Dreiecke mit drei gleich großen Seiten heißen gleichseitig (Abb. 71).
Gleichschenklige Dreiecke	Dreiecke mit zwei gleich großen Seiten heißen gleichschenklig (Abb. 72).
Ungleichseitige Dreiecke	Dreiecke mit drei verschieden großen Seiten heißen ungleichseitig (Abb. 73).

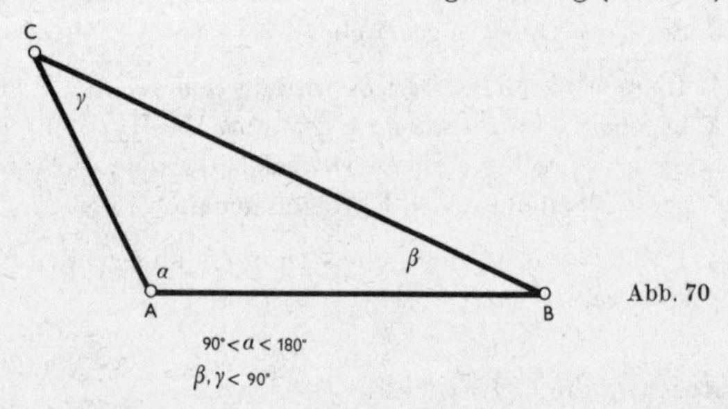

Abb. 70

3. Einteilung nach der Zahl der Symmetrieachsen

Keine Symmetrieachse	Dreiecke ohne Symmetrieachse sind ungleichseitig (Abb. 73).

Eine Symmetrieachse Dreiecke mit einer Symmetrieachse sind gleichschenklig (Abb. 72).

Mehr als eine Symmetrieachse Dreiecke mit zwei Symmetrieachsen haben auch noch eine dritte Symmetrieachse; solche Dreiecke sind gleichseitig (Abb. 71).

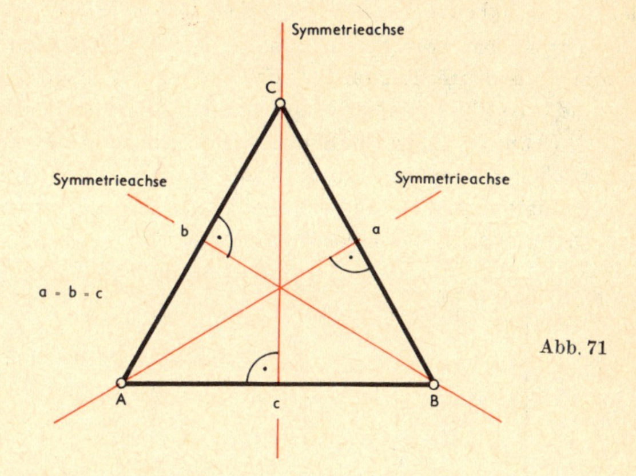

Abb. 71

Konstruktion aus Seiten und Winkeln, Kongruenzsätze

Grundkonstruktionen des Dreiecks

Grundkonstruktionen des Dreiecks sind die Konstruktionen des Dreiecks aus Seiten und Winkeln.

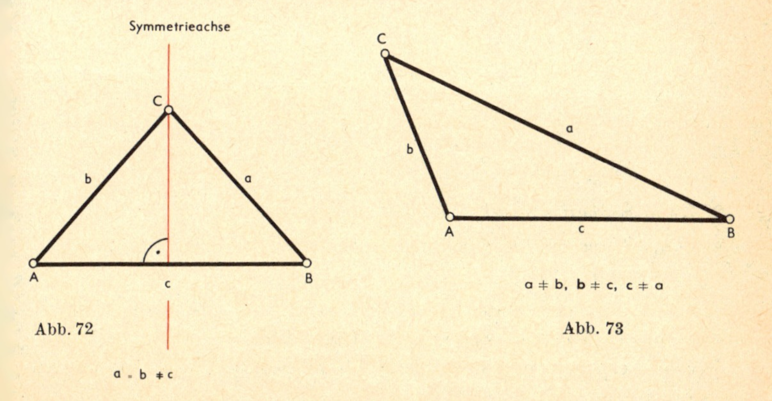

Abb. 72

Abb. 73

1. Drei Seiten sind gegeben. Abkürzung: (SSS)

Ist die eine Seite c gegeben, so sind durch sie die beiden Eckpunkte A und B bestimmt. Zur Lage der Ecke C weiß man, daß sie von der Ecke A die Entfernung b und von der Ecke B die Entfernung a haben muß. Folglich liegt die Ecke C auf dem Kreis mit dem Radius b und dem Mittelpunkt A und auf dem Kreis mit dem Radius a und dem Mittelpunkt B. Diese beiden Kreise haben unter der Bedingung, daß $a + b > c$, $c + a > b$ und $b + c > a$ ist, zwei Schnittpunkte. Beide Schnittpunkte C_1 und C_2 kommen als dritter Eckpunkt C des Dreiecks in Frage. Die Dreiecke ABC_1 und ABC_2 liegen spiegelbildlich zueinander mit der Spiegelungsachse AB (Abb. 74). Durchläuft man die Seiten der Dreiecke jeweils in alphabetischer Reihenfolge, so wird das Dreieck ABC_1 entgegen dem Uhrzeigersinn durchlaufen und das Dreieck ABC_2 im Uhrzeigersinn. Die beiden Dreiecke sind verschieden „orientiert".

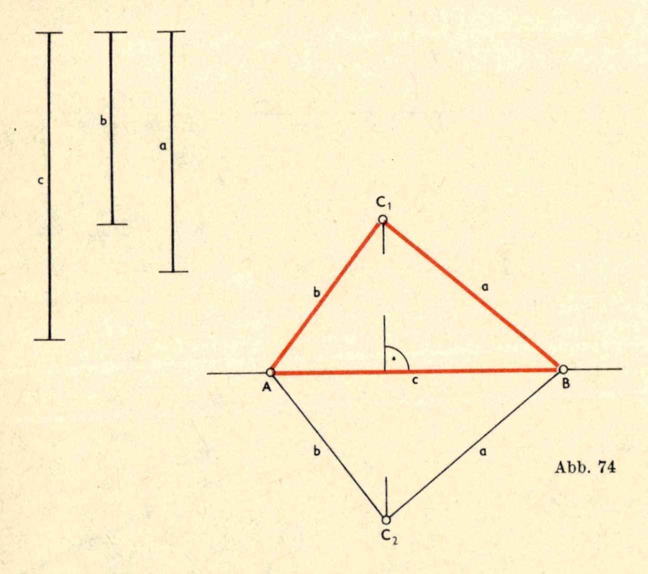

Abb. 74

2. Zwei Seiten und ein Winkel sind gegeben

a) Zwei Seiten und der von ihnen eingeschlossene Winkel sind gegeben. Abkürzung: (SWS)

Wenn die gegebenen Seiten b und c sind, so ist der eingeschlossene Winkel der Winkel α. Durch die Seite c ist die Lage der Ecken A und B bestimmt. Der Winkel α wird nun an der Seite $\overline{AB}$ mit dem Scheitel A angetragen.

Auf dem freien Schenkel von α wird von A aus die Seite b abgetragen. Damit ist auch der Eckpunkt C festgelegt (Abb. 75). Beim Antragen des Winkels α gibt es zwei Möglichkeiten. Der Winkel kann auf verschiedenen Seiten der Geraden AB angetragen werden. Bei beiden Möglichkeiten erhält man Dreiecke. Die Dreiecke sind symmetrisch zur Achse AB und unterscheiden sich durch den Umlaufsinn. Im folgenden wird diese durch die Symmetrie bedingte Zweideutigkeit in der Konstruktion nicht mehr erwähnt. Sie tritt nicht auf, wenn man eine bestimmte Orientierung des Dreiecks fordert.

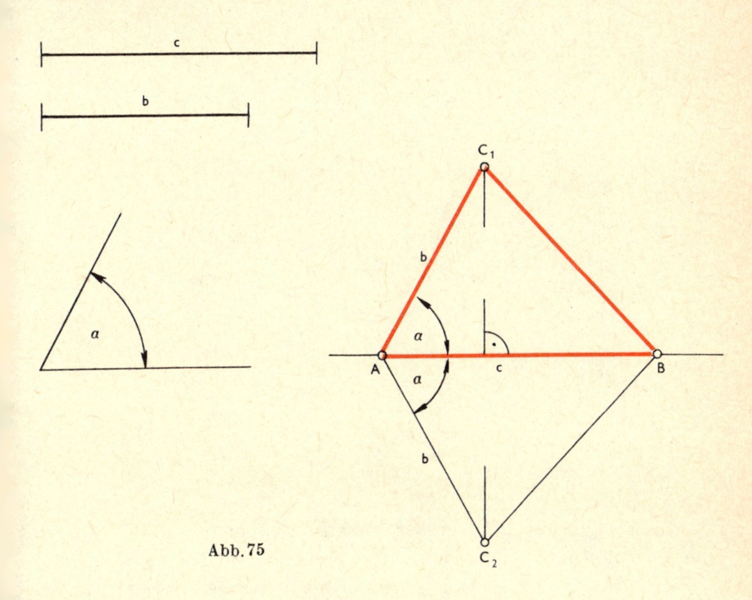

Abb. 75

b) Zwei Seiten und der der einen gegenüberliegende Winkel sind gegeben. Abkürzung: (SSW) (Abb. 76)

Wenn die gegebenen Seiten b und c und der gegebene Winkel β sind, so ist durch die Seite c die Lage der Ecken A und B bestimmt. An die Seite c kann man mit dem Scheitel B den Winkel β antragen. Auf dem freien Schenkel von β muß die Ecke C liegen; außerdem soll die Ecke C vom Punkt A die Entfernung b haben, muß also auf dem Kreis mit dem Radius b und dem Mittelpunkt A liegen. Dieser Kreis und der freie Schenkel von β haben unter gewissen Bedingungen gemeinsame Punkte, die als Eckpunkte C in Frage kommen.

I. Der Radius $b = b_1$ ist kleiner als das Lot von A auf den freien Schenkel von β. In diesem Fall gibt es keinen Schnittpunkt des Kreises mit dem Schenkel von β. Also gibt es auch kein Dreieck der gesuchten Art.

II. Der Radius $b = b_2$ ist genauso groß wie das Lot von A auf den freien Schenkel von β. In diesem Fall ist C_2 die dritte Ecke des Dreiecks. Das Dreieck ist rechtwinklig bei C_2.

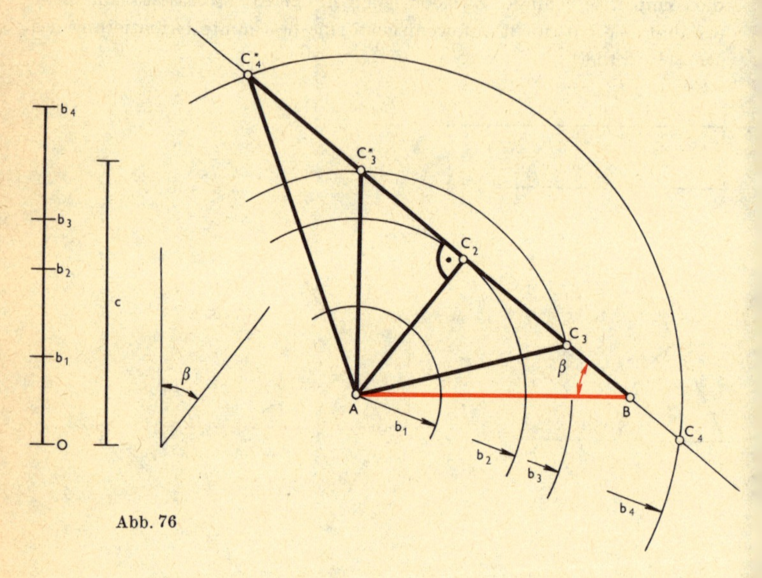

Abb. 76

III. Der Radius $b = b_3$ ist größer als das Lot von A auf den freien Schenkel von β, aber kleiner als c. Der Kreis schneidet in zwei Punkten C_3 und C_3^* den freien Schenkel von β. Dementsprechend ergeben sich in diesem Fall zwei verschiedene Dreiecke ABC_3 und ABC_3^*, die sich durch die Größe von a unterscheiden. Ist $b = c$, dann ist $C_3 \equiv B$ und das Dreieck ABC_3 artet in die Strecke $\overline{AB}$ aus. Es bleibt dann als einzige Lösung das Dreieck ABC_3^*.

IV. Der Radius $b = b_4$ ist größer als c. Auch in diesem Fall hat der Kreis zwei Schnittpunkte C_4 und C_4^* mit dem freien Schenkel von β. Diese beiden Schnittpunkte werden durch B voneinander getrennt. Es kommt nur der eine Schnittpunkt C_4 in Betracht, da das Dreieck den Winkel β als Innenwinkel haben soll (falls nicht gerade $\beta = 90°$ ist). Diesmal gibt es genau ein Dreieck der verlangten Art.

3. Eine Seite und zwei Winkel sind gegeben

a) Eine Seite und die beiden ihr anliegenden Winkel sind gegeben. Abkürzung: (WSW)

Wenn die Seite c mit den Eckpunkten A und B des Dreiecks gegeben ist, so liefert ein Winkel, der dieser Seite anliegt, einen geometrischen Ort,

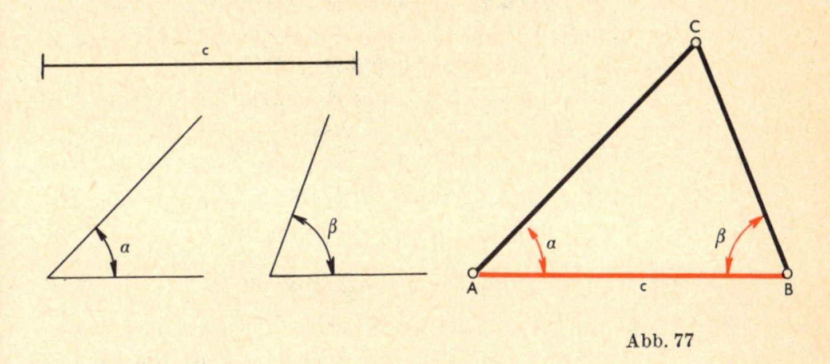

Abb. 77

auf dem der dritte Eckpunkt C liegen muß. Der andere anliegende Winkel liefert einen weiteren geometrischen Ort für den Eckpunkt C. Also ist der Schnittpunkt der beiden freien Schenkel der Winkel der dritte Eckpunkt. Es gibt immer einen Schnittpunkt C, wenn die Summe der beiden gegebenen Winkel kleiner ist als 180° (Abb. 77).

b) Eine Seite, ein anliegender und der gegenüberliegende Winkel sind gegeben. Abkürzung: (SWW) (Abb. 78).

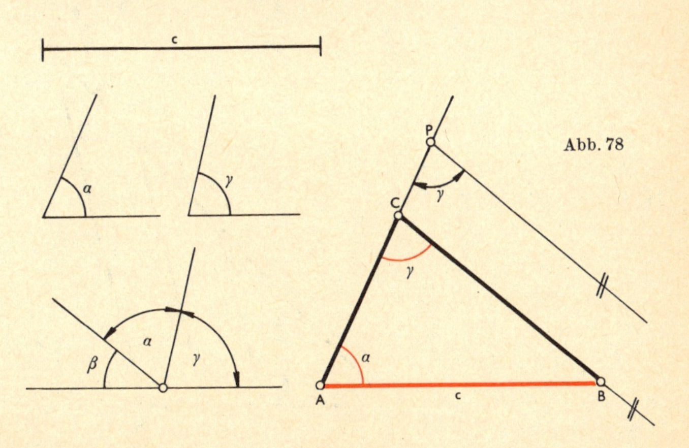

Abb. 78

Mit Hilfe der beiden Winkel α und γ kann der dritte Winkel β des Dreiecks konstruiert werden, da ja die Summe aller Innenwinkel des Dreiecks 180° betragen muß. Die Summe der beiden gegebenen Winkel muß kleiner als 180° sein. Wenn das der Fall ist, kann das Dreieck, wie unter a) beschrieben, konstruiert werden.
Die Konstruktion kann aber auch so erfolgen: Die Seite c mit den Endpunkten A und B wird gezeichnet. Im Punkt A wird der Winkel α an c angetragen. Auf dem freien Schenkel von α wird dann ein Punkt P frei gewählt und der Winkel γ mit dem Scheitel P an die Strecke $\overline{PA}$ angetragen. Es ist dabei zu beachten, daß γ auf derselben Seite von AP abzutragen ist wie α. Der freie Schenkel des Winkels γ geht im allgemeinen nicht durch B. Durch B wird eine Parallele zu dem freien Schenkel von γ gezeichnet. Diese Gerade schneidet AP in dem dritten Eckpunkt C des Dreiecks.

4. Drei Winkel sind gegeben. Abkürzung: (WWW)

Wenn zwei der Dreieckswinkel, etwa α und β, gegeben sind, so ist der dritte durch die Gleichung $\gamma = 180° - (\alpha + \beta)$ bestimmt. Die Kenntnis der drei Winkel ist also nur einer Kenntnis von zwei voneinander unabhängigen Stücken des Dreiecks gleichwertig. Wenn α und β gegeben sind, so kann zuerst α gezeichnet werden. In einem beliebigen Punkt B des einen Schenkels von α kann nun β angetragen werden. Es können auf diese Weise beliebig viele Dreiecke $A B_i C_i$ gezeichnet werden (Abb. 79). Alle so gezeichneten Dreiecke haben die drei gewünschten Winkel. Zur eindeutigen Konstruktion eines Dreiecks kommen die drei Winkel α, β, γ als Bestimmungsstücke allein nicht in Betracht.

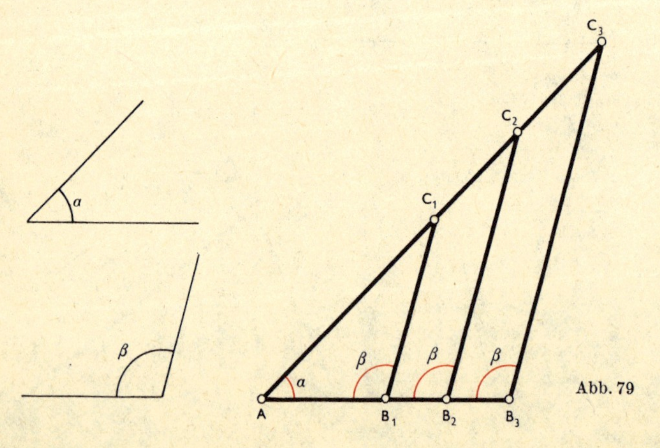

Abb. 79

Für die Konstruktion eines allgemeinen Dreiecks aus Seiten und Winkeln müssen drei voneinander unabhängige Stücke gegeben sein. Die fünf Hauptfälle, die zu eindeutigen Lösungen (abgesehen von jenen, die sich durch Spiegelung ergeben) führen, sind aus der Übersicht zu ersehen:

		gegeben	Bedingungen
1.	SSS	3 Seiten, a, b, c (Abb. 74)	$a + b > c,\ b + c > a,$ $c + a > b$
2.	SWS	2 Seiten und der eingeschlossene Winkel, z. B. b, c, α (Abb. 75)	$\alpha < 180°$
3.	SSW	2 Seiten und der der größeren Seite gegenüberliegende Winkel, z. B. b, c, β (Abb. 76)	$\beta < 180°$ $b \geqq c$
4.	WSW	1 Seite und 2 anliegende Winkel, z. B. c, α, β (Abb. 77)	$\alpha + \beta < 180°$
5.	SWW	1 Seite, 1 anliegender und 1 gegenüberliegender Winkel, z. B. c, α, γ (Abb. 78)	$\alpha + \gamma < 180°$

Kongruenz der Dreiecke

Ein Dreieck ABC heißt einem Dreieck $A_1B_1C_1$ kongruent, wenn diese beiden Dreiecke durch eine Bewegung in der Ebene zur Deckung gebracht werden können (vgl. *kongruent*). Entsprechende Seiten und Winkel der beiden Dreiecke stimmen dann überein.

$$\overline{AB} = \overline{A_1B_1},\ \overline{AC} = \overline{A_1C_1},\ \overline{BC} = \overline{B_1C_1},\ \alpha = \sphericalangle CAB = \alpha_1 = \sphericalangle C_1A_1B_1,$$
$$\beta = \sphericalangle ABC = \beta_1 = \sphericalangle A_1B_1C_1,$$
$$\gamma = \sphericalangle BCA = \gamma_1 = \sphericalangle B_1C_1A_1.$$

In Zeichen: $\triangle ABC \cong \triangle A_1B_1C_1$; gelesen: „Dreieck ABC kongruent Dreieck $A_1B_1C_1$".

Über die Kongruenz von Dreiecken gelten die folgenden Sätze:

Erster Kongruenzsatz für Dreiecke (*SSS*)

Zwei Dreiecke ABC und $A_1B_1C_1$ sind kongruent, wenn jeweils entsprechende Seiten übereinstimmen.

$\triangle ABC \cong \triangle A_1B_1C_1$, falls $\overline{AB} = \overline{A_1B_1}$, $\overline{AC} = \overline{A_1C_1}$ und $\overline{BC} = \overline{B_1C_1}$.

Zweiter Kongruenzsatz für Dreiecke (*SWS*)

Zwei Dreiecke ABC und $A_1B_1C_1$ sind kongruent, wenn zwei entsprechende Seiten und der von diesen Seiten eingeschlossene Winkel übereinstimmen.

$\triangle ABC \cong \triangle A_1B_1C_1$, falls $\overline{AB} = \overline{A_1B_1}$, $\overline{AC} = \overline{A_1C_1}$ und $\alpha = \alpha_1$.

Dritter Kongruenzsatz für Dreiecke (*SSW*)

Zwei Dreiecke ABC und $A_1B_1C_1$ sind kongruent, wenn zwei entsprechende Seiten und diejenigen entsprechenden Winkel übereinstimmen, die der größeren der zwei Seiten gegenüberliegen:

$\triangle ABC \cong \triangle A_1B_1C_1$, falls $\overline{AB} = \overline{A_1B_1}$, $\overline{AC} = \overline{A_1C_1}$ und (wenn $\overline{AC} > \overline{AB}$) $\beta = \beta_1$.

Vierter Kongruenzsatz für Dreiecke (*WSW*)

Zwei Dreiecke ABC und $A_1B_1C_1$ sind kongruent, wenn die Dreiecke in einer Seite und den beiden anliegenden Winkeln übereinstimmen.

$\triangle ABC \cong \triangle A_1B_1C_1$, falls $\overline{AB} = \overline{A_1B_1}$, $\alpha = \alpha_1$ und $\beta = \beta_1$.

Fünfter Kongruenzsatz für Dreiecke (*SWW*)

Zwei Dreiecke ABC und $A_1B_1C_1$ sind kongruent, wenn sie in einer Seite, einem anliegenden Winkel und dem der Seite jeweils gegenüberliegenden Winkel übereinstimmen.

$\triangle ABC \cong \triangle A_1B_1C_1$, falls $\overline{AB} = \overline{A_1B_1}$, $\alpha = \alpha_1$ und $\gamma = \gamma_1$.

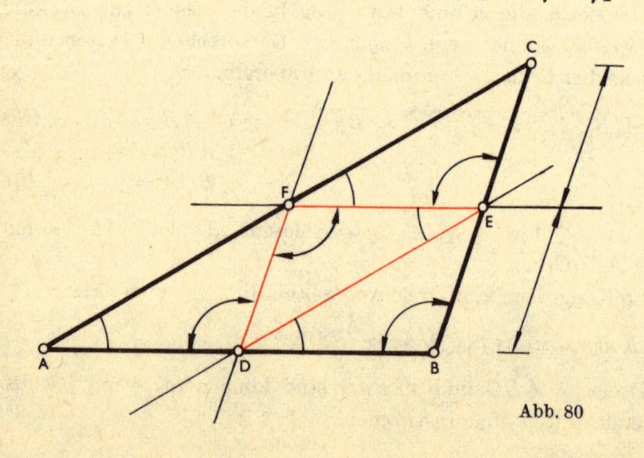

Abb. 80

Satz über die Verbindungen der Seitenmitten im Dreieck

Zeichnet man durch den Mittelpunkt einer Dreiecksseite eine Parallele zu einer zweiten Dreiecksseite, so geht die Parallele durch den Mittelpunkt der dritten Dreiecksseite und ist halb so lang wie die zweite Seite.
Verbindet man die Mittelpunkte zweier Dreiecksseiten durch eine Gerade, so ist diese Gerade parallel zur dritten Dreiecksseite. Die Verbindungsstrecke ist halb so lang wie die dritte Dreiecksseite (Abb. 80; Beweis mit Hilfe ähnlicher oder kongruenter Dreiecke).

Eulersche Gerade

In einem Dreieck liegen der Höhenschnittpunkt H (s. *Höhen*) der Schwerpunkt S (Schnittpunkt der Seitenhalbierenden, s. d.) und der Umkreismittelpunkt M (s. *Mittelsenkrechten*) auf einer Geraden, der Eulerschen Geraden. Es gilt das Teilverhältnis:

$\overline{SH} : \overline{SM} = -(2 : 1)$ (Abb. 81).

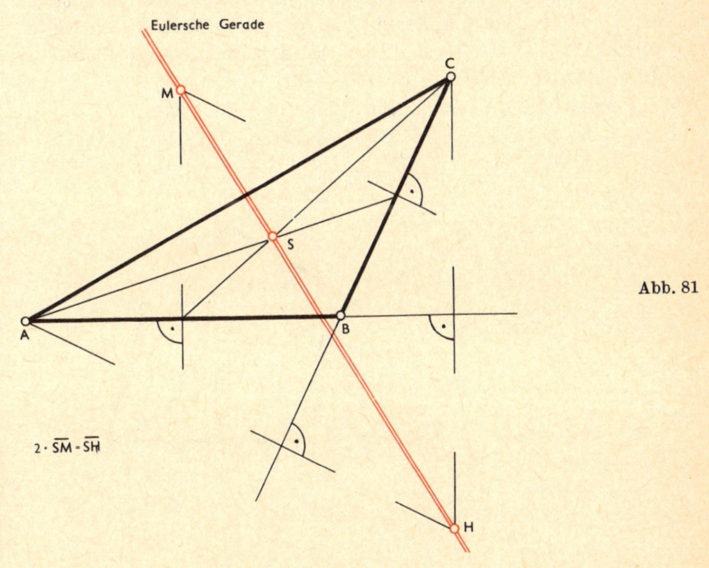

Abb. 81

Mittelsenkrechte im Dreieck

Mittelsenkrechte in einem Dreieck ist die Gerade, die auf einer Dreiecksseite senkrecht steht und durch den Mittelpunkt derselben Dreiecksseite geht.

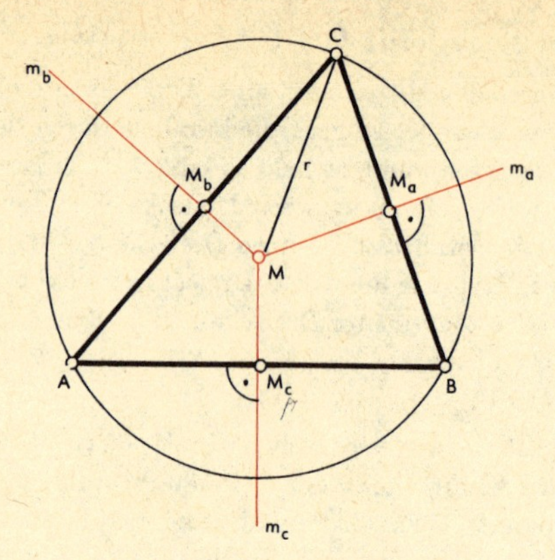

Abb. 82

Ein Dreieck besitzt drei Mittelsenkrechten m_a, m_b, m_c, zu jeder Seite eine (Abb. 82). Die Mittelsenkrechten eines Dreiecks schneiden einander in einem Punkt. Der Schnittpunkt M der Mittelsenkrechten ist der Mittelpunkt des *Umkreises* des Dreiecks, d. h. des Kreises (Radius r), der durch die drei Ecken des Dreiecks geht.
Für das spitzwinklige Dreieck liegt M innerhalb, für das stumpfwinklige außerhalb des Dreiecks.

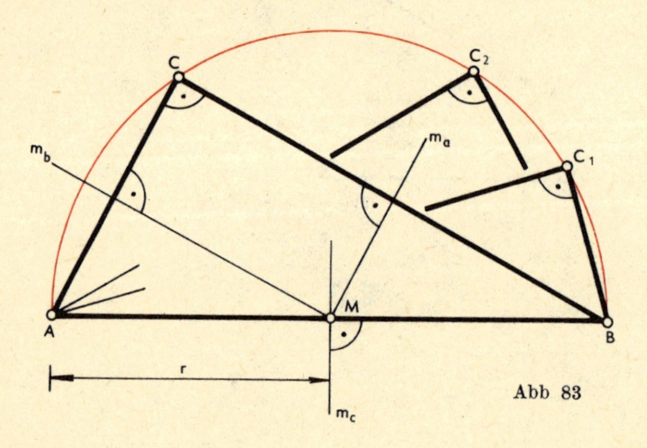

Abb 83

Thaleskreis

Der Umkreis eines rechtwinkligen Dreiecks hat als Mittelpunkt M den Mittelpunkt der Hypotenuse und als Radius r die halbe Hypotenuse. Er heißt *Thaleskreis* (Thales von Milet, etwa 600 v. Chr.). Der Thaleskreis

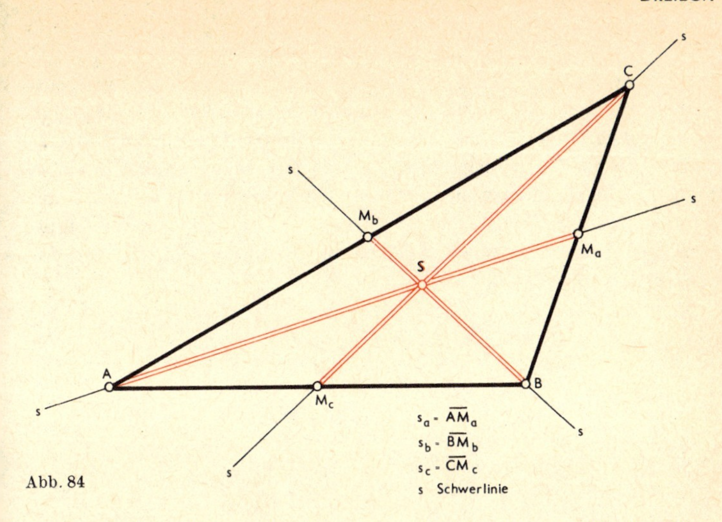

Abb. 84

(Halbkreis des Thales) gibt die Lage aller Punkte an, die als Ecken $C_1, C_2, \ldots$ von rechtwinkligen Dreiecken mit derselben Hypotenuse c in Betracht kommen (Abb. **83**).

Seitenhalbierende im Dreieck

Seitenhalbierende einer Dreiecksseite ist die Strecke vom Mittelpunkt der Dreiecksseite bis zur gegenüberliegenden Dreiecksecke. Ein Dreieck besitzt drei Seitenhalbierende s_a, s_b, s_c (Abb. 84).
Die drei Trägergeraden der Seitenhalbierenden eines Dreiecks schneiden einander in einem Punkt S, dem Schwerpunkt des Dreiecks; diese Geraden werden deshalb auch Schwerlinien genannt. Der Schwerpunkt teilt die Seitenhalbierenden im Verhältnis — (2:1).

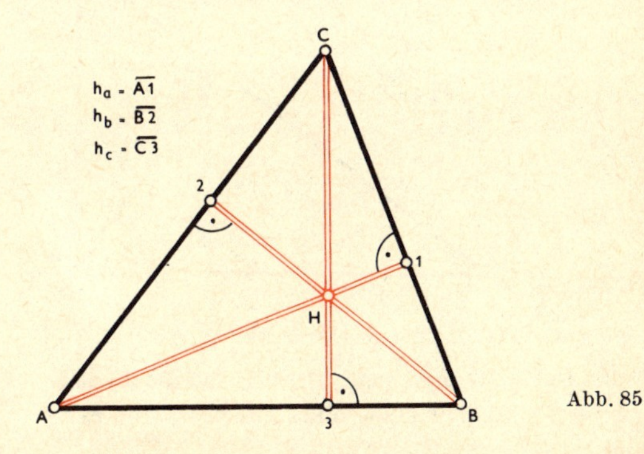

Abb. 85

Höhen im Dreieck

Die Höhen h_a, h_b, h_c im Dreieck stehen senkrecht auf den Dreiecksseiten (bzw. deren Verlängerungen) und gehen durch die der Seite gegenüberliegende Dreiecksecke. Jedes Dreieck besitzt drei Höhen. Die Trägergeraden der drei Höhen eines Dreiecks schneiden einander in einem Punkt H. Beim spitzwinkligen Dreieck (Abb. 85) liegen die Höhen und der Schnittpunkt H der Höhen im Innern des Dreiecks. Beim stumpfwinkligen Dreieck liegen zwei Höhen außerhalb des Dreiecks und damit auch H (Abb. 86). Beim rechtwinkligen Dreieck fallen die zu den Katheten gehörigen Höhen mit den Katheten zusammen, und nur die zur Hypotenuse gehörige Höhe h_c fällt in das Innere des Dreiecks. Der Schnittpunkt der Höhen ist beim rechtwinkligen Dreieck der Scheitel des rechten Winkels C (Abb. 87).

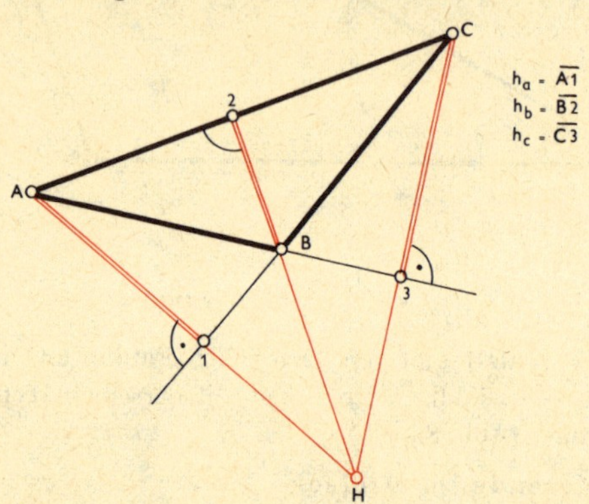

Abb. 86

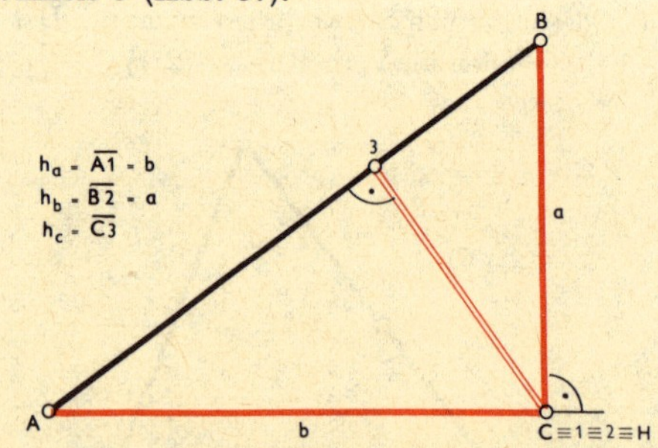

Abb. 87

Winkelhalbierende im Dreieck

Winkelhalbierende in einem Dreieck ist die Strecke auf der Halbierungslinie des Innenwinkels eines Dreiecks vom Scheitel des Dreieckswinkels bis zur Gegenseite. Ein Dreieck besitzt drei Winkelhalbierende, w_α, w_β, w_γ, zu jedem Winkel eine. Die Winkelhalbierenden eines Dreiecks schneiden einander in einem Punkt O. Der Schnittpunkt O der Winkelhalbierenden eines Dreiecks ist der Mittelpunkt des *Inkreises* des Dreiecks, d. h. des Kreises, der die drei Seiten des Dreiecks berührt (Radius ϱ) (Abb. 88).

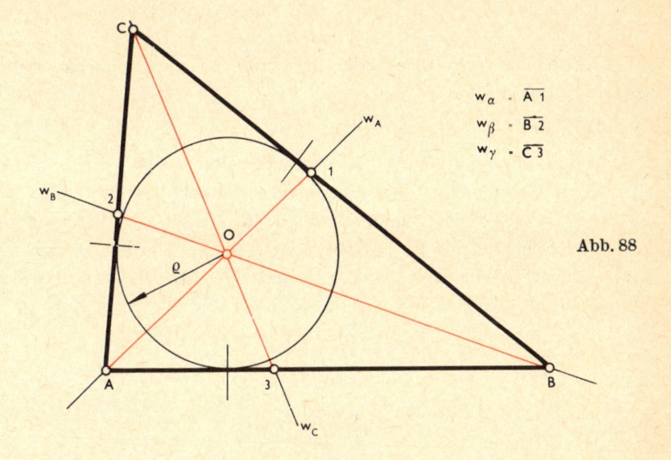

Abb. 88

Die Winkelhalbierende eines Dreieckswinkels teilt die gegenüberliegende Dreiecksseite i n n e n im Verhältnis der anliegenden Dreiecksseiten (Abb. 88).

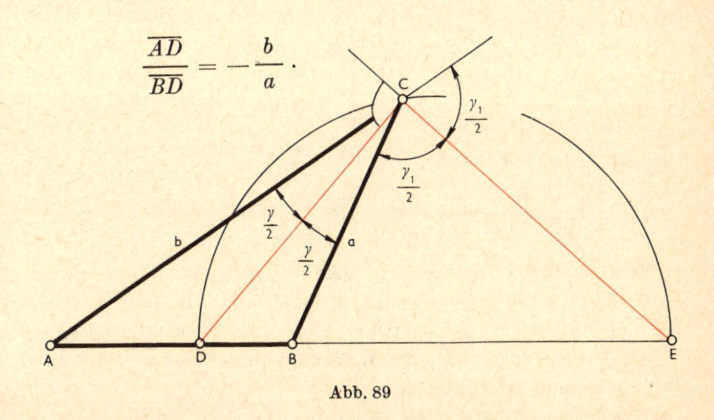

Abb. 89

Die Winkelhalbierende eines Außenwinkels des Dreiecks (Abb. 89) teilt die gegenüberliegende Dreiecksseite außen im Verhältnis der anliegenden Seiten (s. *Kreis des Apollonios*).

$$\frac{\overline{AE}}{\overline{BE}} = \frac{b}{a}\,.$$

Die Winkelhalbierenden eines Dreieckswinkels und seines Außenwinkels teilen die gegenüberliegende Seite harmonisch (s. *harmonische Teilung*).

Gleichschenkliges Dreieck, gleichseitiges Dreieck, rechtwinkliges Dreieck

Das gleichschenklige Dreieck

Ein Dreieck, das zwei gleich große Seiten besitzt, heißt gleichschenklig. Die gleichen Seiten dieses Dreiecks heißen Schenkel. Die dritte Seite des Dreiecks nennt man Basis oder Grundseite. Der Schnittpunkt der Schenkel ist die Spitze des Dreiecks. Die beiden der Basis anliegenden Winkel nennt man Basiswinkel (Abb. 90). Die Basiswinkel sind gleich groß.

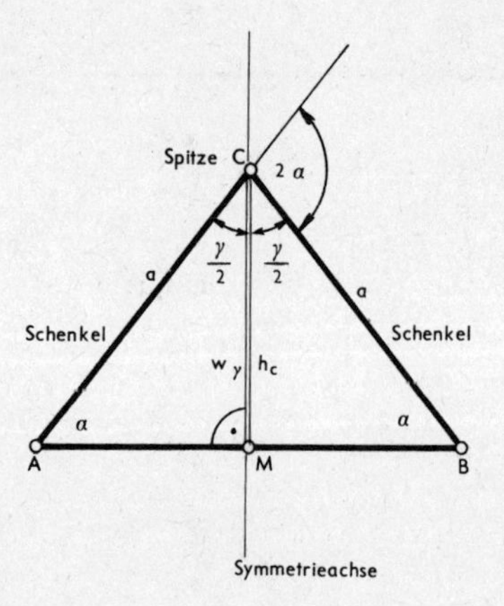

Abb. 90

Der Außenwinkel an der Spitze des gleichschenkligen Dreiecks ist doppelt so groß wie ein Basiswinkel.

Der Fußpunkt des Lotes von der Spitze des gleichschenkligen Dreiecks auf die Basis ist der Mittelpunkt M der Basis. Die Lotlinie von der Spitze auf die Basis ist Symmetrieachse des gleichschenkligen Dreiecks, sie ist Winkelhalbierende w_γ des Winkels γ an der Spitze, Höhe h_c und Seitenhalbierende zur Basis.

Das Lot von der Spitze eines gleichschenkligen Dreiecks auf die Basis zerlegt das gleichschenklige Dreieck in zwei gegensinnig kongruente rechtwinklige Dreiecke.

Das gleichseitige Dreieck

Ein Dreieck, das drei gleich große Seiten hat, heißt gleichseitig (Abb. 91). Die Innenwinkel des gleichseitigen Dreiecks sind je 60°, die Außenwinkel je 120°. Der Fußpunkt des Lotes von einer Ecke des gleichseitigen Dreiecks auf die gegenüberliegende Seite ist der Mittelpunkt dieser Seite. Jede Lotlinie ist eine Symmetrieachse des Dreiecks und zerlegt das Dreieck in zwei gegensinnig kongruente rechtwinklige Dreiecke. Jede Lotlinie von einer Ecke auf die gegenüberliegende Seite halbiert den an der Ecke liegenden Winkel, ist Seitenhalbierende, Höhe und Mittelsenkrechte zur Gegenseite.

Das gleichseitige Dreieck besitzt drei Symmetrieachsen, nämlich die Winkelhalbierenden der drei Innenwinkel des Dreiecks. Das gleichseitige Dreieck ist dreistrahlig symmetrisch. D. h., bei einer Drehung des Dreiecks um den Schnittpunkt S seiner Winkelhalbierenden mit dem Winkel 120° kommt das Dreieck mit sich selbst zur Deckung.

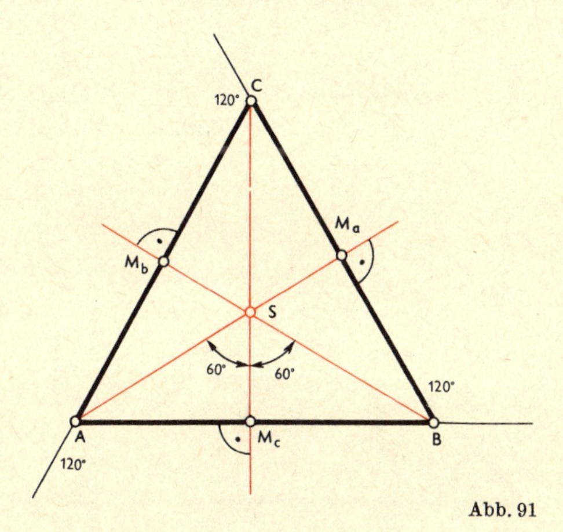

Abb. 91

Das rechtwinklige Dreieck

Ein Dreieck, das einen rechten Winkel besitzt, heißt rechtwinkliges Dreieck (Abb. 92). Die Seite des Dreiecks, die dem rechten Winkel gegenüberliegt, heißt Hypotenuse. Die beiden anderen Seiten, die Schenkel des rechten Winkels, heißen Katheten.

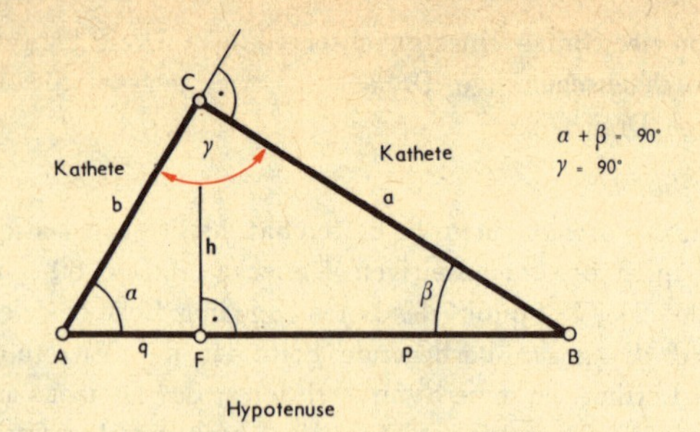

Abb. 92

Die Hypotenuse ist stets die größte Seite des rechtwinkligen Dreiecks. Da ein Winkel des rechtwinkligen Dreiecks 90° ist, so müssen die beiden übrigen Winkel zusammen auch 90° sein, sie sind Komplementwinkel.

Das Lot $\overline{CF}$ vom Scheitel C des rechten Winkels auf die Hypotenuse des rechtwinkligen Dreiecks, die Höhe h, zerlegt die Hypotenuse in zwei Abschnitte, die Hypotenusenabschnitte p und q. An Stelle von Hypotenusenabschnitt ist auch die Bezeichnung *Projektion* der Kathete a bzw. b auf die Hypotenuse gebräuchlich.

Das gleichschenklig-rechtwinklige Dreieck

Ein Dreieck, das einen rechten Winkel besitzt und gleichschenklig ist, heißt gleichschenklig-rechtwinklig. Der Winkel γ an der Spitze ist der rechte Winkel des Dreiecks (Abb. 93).

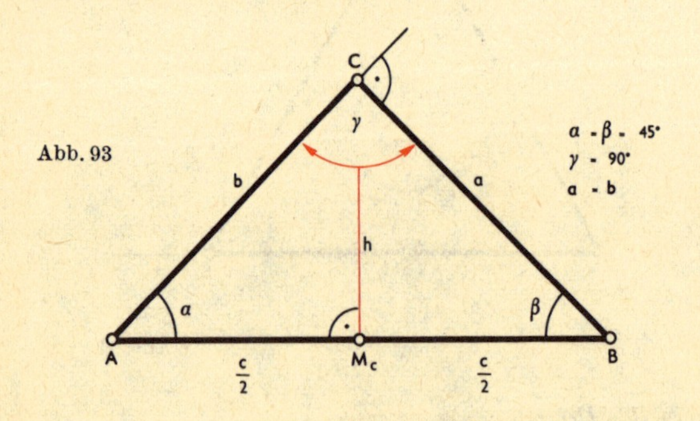

Abb. 93

Der Fußpunkt M_c des Lotes von der Spitze auf die Hypotenuse des Dreiecks halbiert die Hypotenuse. Das Lot (die Höhe h) ist halb so groß wie die Hypotenuse des Dreiecks. Das Lot zerlegt das Dreieck in zwei neue, ebenfalls gleichschenklig-rechtwinklige Dreiecke.

Die Ankreise (Abb. 94)

Ein Kreis, der eine Seite eines Dreiecks und die Verlängerungen der beiden anderen Dreiecksseiten berührt, heißt Ankreis des Dreiecks. Jedes Dreieck besitzt drei Ankreise.

Die Bezeichnungen sind	Der Kreis berührt von außen die Seite	Mittelpunkt	Radius
K_a	a	O_a	ϱ_a
K_b	b	O_b	ϱ_b
K_c	c	O_c	ϱ_c

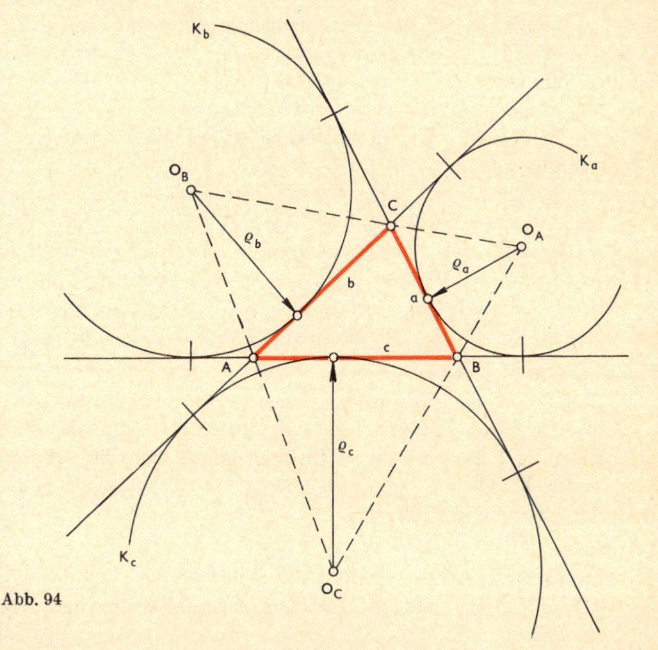

Abb. 94

Konstruktion des Dreiecks aus

Seiten, Winkeln, Höhen, Seitenhalbierenden, Winkelhalbierenden, Inkreis- und Umkreisradius, Summen von Seiten und Summen von Winkeln. Außer den Seiten und Winkeln des Dreiecks gibt es noch weitere Stücke, die für seine Konstruktion verwendet werden können. Man benutzt das folgende allgemeine Verfahren:

I. a) Herstellen einer Überlegungsfigur (Übersichtsfigur, Planfigur)

Die Überlegungsfigur soll der gesuchten Figur in der Anordnung der gegebenen und der gesuchten Stücke entsprechen. In der Größe der gegebenen Stücke braucht die Überlegungsfigur der gesuchten Figur nicht zu entsprechen. Die Überlegungsfigur soll so allgemein wie möglich gehalten werden, sie soll keine Bedingungen enthalten, die an die gesuchte Figur nicht gestellt werden. Die Überlegungsfigur kann nachträglich noch durch Hilfslinien, die sich bei der folgenden Überlegung als notwendig erweisen, ergänzt werden.

I. b) Überlegung, Konstruktionsplan, Analysis

An Hand der Überlegungsfigur kann man ersehen, wie sich die gesuchte Figur (eventuell unter Einfügung von Hilfslinien) in Teildreiecke (Hilfsdreiecke) zerlegen läßt, die nacheinander in einer bestimmten aus der Aufgabe ersichtlichen Reihenfolge nach einer der fünf Grundkonstruktionen für Dreiecke (s. d.) gefunden werden können. Die Teildreiecke, Hilfslinien, die verwendeten Grundkonstruktionen und die Reihenfolge der Konstruktion der Hilfsdreiecke werden in dem Konstruktionsplan festgelegt.

In manchen Fällen brauchen die Grundkonstruktionen für Dreiecke nicht herangezogen zu werden, sondern man benutzt, von einem gegebenen Stück ausgehend, Lehrsätze über *geometrische Örter* (s. d.), um die anderen Punkte der Figur nacheinander zu konstruieren. Auch in diesen Fällen legt man im Konstruktionsplan die Reihenfolge der einzelnen Konstruktionsschritte und die zu verwendenden Lehrsätze fest.

II. Konstruktion

In dem 2. Teil des Verfahrens wird unter alleiniger Benutzung von Zirkel und Lineal, ausgehend von den gegebenen Stücken, nach dem Konstruktionsplan die Figur gezeichnet. Die Reihenfolge und die Art der auszuführenden Tätigkeiten mit Zirkel und Lineal werden in der Konstruktionsbeschreibung festgelegt.

III. Beweis

Nach der Konstruktion des Dreiecks ist nun zu beweisen, daß das gezeichnete Dreieck die gegebenen Stücke in richtiger Größe und Bedeutung enthält.

IV. Die Determination

Die Determination soll eine Betrachtung darüber enthalten, ob eine Lösung der Aufgabe für jede beliebige Größe der gegebenen Stücke möglich ist oder ob Einschränkungen in dieser Hinsicht zu machen sind. Ferner ist darzulegen, ob und unter welchen Bedingungen (an die Größe der gegebenen Stücke) ein oder mehrere (nicht kongruente oder kongruente) Dreiecke durch die Konstruktion entstehen können. Außerdem kann die Frage beantwortet werden, ob und bei welcher Größe der gegebenen Stücke besondere Dreiecke, gleichschenklige, rechtwinklige oder gleichseitige Dreiecke entstehen.

Ähnlichkeit der Dreiecke

Zwei Dreiecke $A_1B_1C_1$ und $A_2B_2C_2$ mit den Seiten a_1, b_1, c_1 bzw. a_2, b_2, c_2 heißen ähnlich, wenn sie durch eine Ähnlichkeitstransformation auseinander hervorgehen. Sie stimmen dann in den Winkeln und in den Verhältnissen entsprechender Seiten überein. In der Aussage „zwei Dreiecke sind ähnlich" sind also die folgenden sechs Beziehungen enthalten:

$$\alpha_1 = \alpha_2, \quad \beta_1 = \beta_2, \quad \gamma_1 = \gamma_2,$$
$$a_1 : b_1 = a_2 : b_2, \quad b_1 : c_1 = b_2 : c_2, \quad c_1 : a_1 = c_2 : a_2.$$

Man schreibt: $A_1B_1C_1 \sim A_2B_2C_2$.
Man liest: Dreieck $A_1B_1C_1$ ähnlich Dreieck $A_2B_2C_2$.
Die Kongruenz der Dreiecke ist ein Spezialfall der Ähnlichkeit der Dreiecke. Bei der Kongruenz ist das Verhältnis entsprechender Seiten 1 : 1, d. h., die Dreiecke sind gleich groß, während sie bei der Ähnlichkeit nur gleiche Form haben.

Sätze über die Ähnlichkeit der Dreiecke:
Zieht man in einem Dreieck eine Parallele zu einer Seite, so ist das abgeschnittene Dreieck dem ganzen ähnlich (Abb. 95).

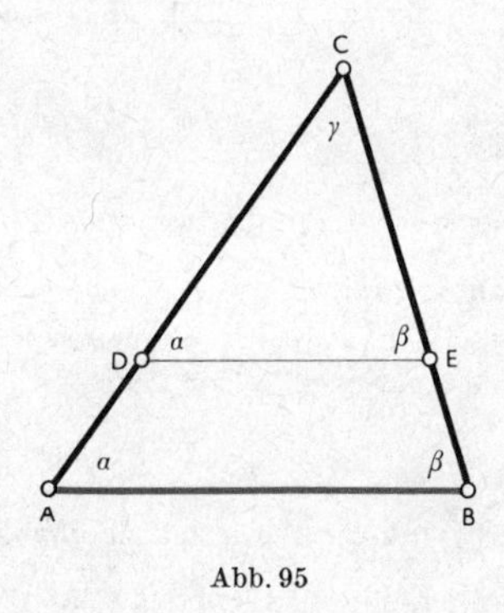

Abb. 95

1. Ähnlichkeitssatz

   Zwei Dreiecke $A_1B_1C_1$ und $A_2B_2C_2$ sind ähnlich, wenn sie in zwei Winkeln übereinstimmen.

   $\triangle A_1B_1C_1 \sim \triangle A_2B_2C_2$, falls $\alpha_1 = \alpha_2$ und $\beta_1 = \beta_2$.

2. Ähnlichkeitssatz

Zwei Dreiecke $A_1B_1C_1$ und $A_2B_2C_2$ sind ähnlich, wenn sie im Verhältnis zweier Seiten und in dem von diesen Seiten eingeschlossenen Winkel übereinstimmen.

$\triangle A_1B_1C_1 \sim \triangle A_2B_2C_2$, falls $\overline{A_1C_1} : \overline{A_1B_1} = \overline{A_2C_2} : \overline{A_2B_2}$ und $\alpha_1 = \alpha_2$.

3. Ähnlichkeitssatz

Zwei Dreiecke $A_1B_1C_1$ und $A_2B_2C_2$ sind ähnlich, wenn sie in den Verhältnissen der drei Seiten übereinstimmen.

$\triangle A_1B_1C_1 \sim \triangle A_2B_2C_2$, falls
$\overline{A_1B_1} : \overline{A_1C_1} = \overline{A_2B_2} : \overline{A_2C_2}$,
$\overline{B_1C_1} : \overline{A_1C_1} = \overline{B_2C_2} : \overline{A_2C_2}$ und $\overline{A_1B_1} : \overline{B_1C_1} = \overline{A_2B_2} : \overline{B_2C_2}$.

4. Ähnlichkeitssatz

Zwei Dreiecke $A_1B_1C_1$ und $A_2B_2C_2$ sind ähnlich, wenn sie im Verhältnis zweier Seiten und dem Gegenwinkel der größeren von diesen Seiten übereinstimmen.

Wenn $\overline{A_1B_1} > \overline{A_1C_1}$, $\gamma_1 = \gamma_2$ und $\overline{A_1B_1} : \overline{A_1C_1} = \overline{A_2B_2} : \overline{A_2C_2}$, so gilt $\triangle A_1B_1C_1 \sim \triangle A_2B_2C_2$.

Ähnlichkeit der gleichseitigen Dreiecke

Alle gleichseitigen Dreiecke sind ähnlich, denn sie stimmen in den drei Winkeln überein.

Ähnlichkeit der gleichschenkligen Dreiecke

Gleichschenklige Dreiecke sind ähnlich, wenn sie übereinstimmen

a) im Winkel an der Spitze
oder b) im Basiswinkel
oder c) im Verhältnis von Schenkel zur Basis.

Ähnlichkeit der rechtwinkligen Dreiecke

Rechtwinklige Dreiecke sind ähnlich, wenn sie übereinstimmen

a) in einem Winkel, der der Hypotenuse anliegt
oder b) im Verhältnis der beiden Katheten
oder c) im Verhältnis der Hypotenuse zu einer Kathete.

Alle gleichschenklig-rechtwinkligen Dreiecke sind ähnlich, denn sie stimmen in den drei Winkeln überein.

Ähnlichkeit im rechtwinkligen Dreieck

Im rechtwinkligen Dreieck teilt die Höhe das Dreieck in zwei Teildreiecke, die einander und dem ganzen Dreieck ähnlich sind (Abb. 96). Aus der Ähnlichkeit dieser Dreiecke ergeben sich die folgenden Proportionen:

I. Höhensatz: Im rechtwinkligen Dreieck ist die Höhe mittlere Proportionale (geometrisches Mittel) zwischen den beiden Hypotenusenabschnitten (oder zwischen den Projektionen der Katheten auf die Hypotenuse). $q : h = h : p$, $h^2 = p \cdot q$ (Abb. 96).
Diese Behauptung ergibt sich aus der Ähnlichkeit der Dreiecke AFC und CFB.

II. Kathetensatz: Im rechtwinkligen Dreieck ist jede Kathete mittlere Proportionale (geometrisches Mittel, s. d.) zwischen der Hypotenuse und der Projektion der Kathete auf die Hypotenuse (dem anliegenden Hypotenusenabschnitt). $a^2 = c \cdot p$, $b^2 = c \cdot q$. Dieser Satz ergibt sich aus der Ähnlichkeit der Dreiecke ABC und ACF (bzw. CBF; Abb. 96).

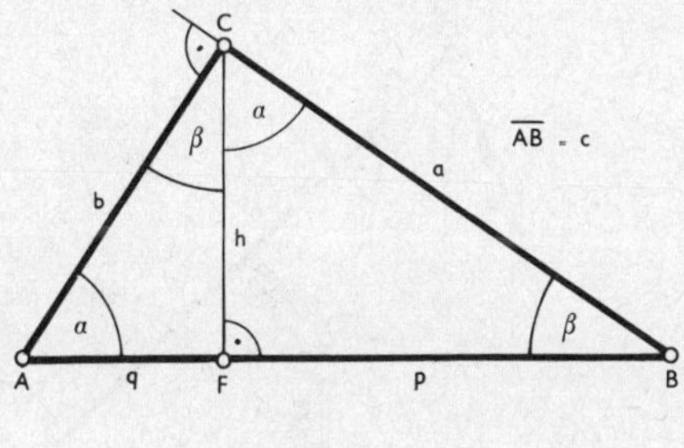

Abb. 96

Transversalen in ähnlichen Dreiecken

In ähnlichen Dreiecken ist das Verhältnis zweier entsprechender Höhen, Seitenhalbierenden, Winkelhalbierenden, Radien des In- und Umkreises, Mittelsenkrechten gleich dem Verhältnis zweier entsprechender Seiten.

Umfangs- und Flächenverhältnis ähnlicher Dreiecke

Die Umfänge ähnlicher Dreiecke verhalten sich wie zwei entsprechende Seiten. $u_1 : u_2 = a_1 : a_2 = b_1 \cdot b_2 = c_1 : c_2$.
Die Flächeninhalte ähnlicher Dreiecke verhalten sich wie die Quadrate entsprechender Seiten. $F_1 : F_2 = a_1{}^2 : a_2{}^2 = b_1{}^2 : b_2{}^2 = c_1{}^2 : c_2{}^2$.

Streckenverhältnisse im Dreieck

Jede *Seitenhalbierende* eines Dreiecks wird durch den Schwerpunkt im Verhältnis 1 : 2 (negativ) geteilt (d. h., der Abschnitt an der Ecke ist doppelt so groß wie der an der Gegenseite; s. oben, Seitenhalbierende im Dreieck). Die drei *Höhen* eines Dreiecks schneiden einander in einem Punkt, dem Höhenschnittpunkt; sie verhalten sich umgekehrt wie die Seiten, auf welche sie gefällt sind (s. oben, Höhen im Dreieck).

$$h_a : h_b = b : a, \quad h_b : h_c = c : b.$$

Die an der Ecke liegenden *Höhenabschnitte* im Dreieck sind doppelt so groß wie die Lote vom Mittelpunkt des Umkreises auf die entsprechenden Seiten $\overline{CH} = 2\,\overline{MD}$; $\overline{AH} = 2\,\overline{ME}$ (Abb. 97).

Die *Winkelhalbierende* eines Dreieckswinkels und die Halbierende des zugehörigen Außenwinkels teilen die gegenüberliegende Dreiecksseite innen und außen im Verhältnis der anliegenden Seiten (s. *harmonische Teilung*, *Apollonios*, Abb. 89).

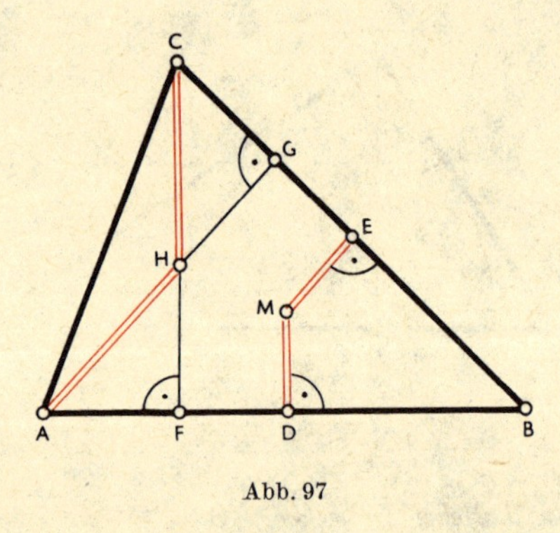

Abb. 97

Fläche des Dreiecks, Sätze des Pythagoras usw.

Der Flächeninhalt des Dreiecks ist $F = \frac{1}{2}gh$. Dabei ist die Grundlinie g irgendeine der drei Dreiecksseiten; die Höhe h ist die zu der als Grundlinie gewählten Seite gehörende Höhe. Also gelten die Formeln:

$$F = \frac{1}{2}ch_c = \frac{1}{2}bh_b = \frac{1}{2}ah_a \text{ (Abb. 98).}$$

Unmittelbar aus dieser Formel folgt der Lehrsatz: Dreiecke mit gleicher Grundlinie und Höhe sind flächengleich (Abb. 98).

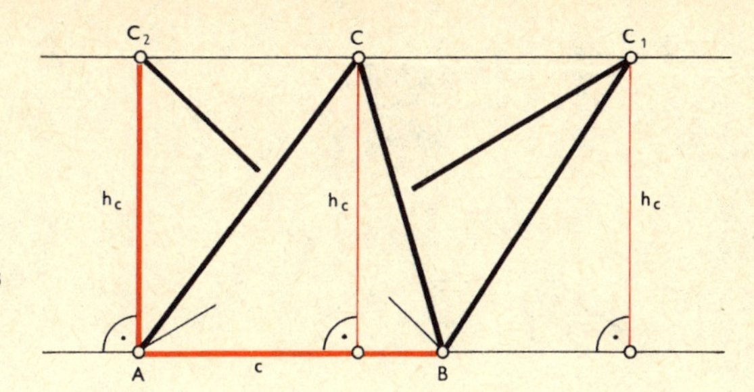

Abb. 98

Heronische Formel:

Wenn $s = \frac{1}{2}\ (a + b + c)$ ist, so ist der Flächeninhalt des Dreiecks

$$F = \sqrt{s \cdot (s-a) \cdot (s-b) \cdot (s-c)}\,.$$

Weitere Formeln zur Berechnung der Dreiecksfläche:

1. Aus dem Radius des Inkreises ϱ und den Seiten

$$F = \varrho \cdot s\,.$$

2. Aus dem Radius des Umkreises r und den Seiten

$$F = \frac{abc}{4r}\,.$$

3. Aus zwei Seiten und dem eingeschlossenen Winkel

$$F = \frac{ab \cdot \sin \gamma}{2} = \frac{bc \cdot \sin \alpha}{2} = \frac{ca \cdot \sin \beta}{2}$$

4. Aus einer Seite und den drei Winkeln

$$F = \frac{1}{2}\, a^2 \frac{\sin\beta \sin\gamma}{\sin\alpha} = \frac{1}{2}\, b^2 \frac{\sin\alpha \sin\gamma}{\sin\beta} = \frac{1}{2}\, c^2 \frac{\sin\alpha \sin\beta}{\sin\gamma}\,.$$

5. Aus den drei Winkeln und dem Umkreisradius:

$$F = 2r^2 \sin\alpha\, \sin\beta\, \sin\gamma\,.$$

Flächeninhalt des rechtwinkligen Dreiecks

Der Flächeninhalt eines rechtwinkligen Dreiecks ist gleich dem halben Produkt der Katheten: $F = \dfrac{a \cdot b}{2}$.

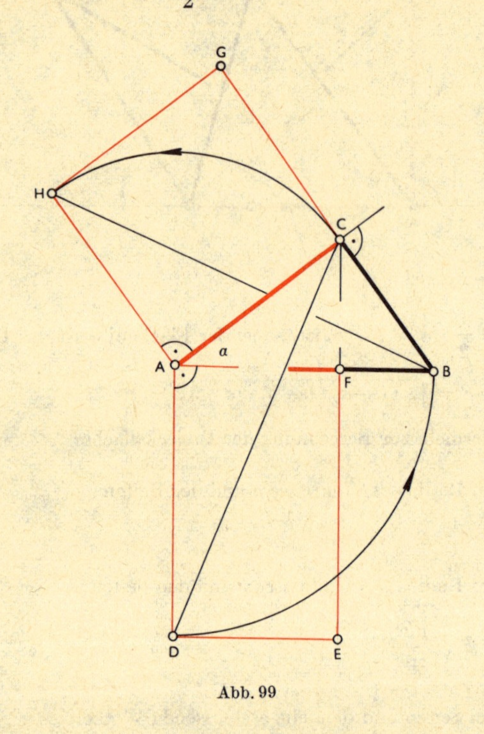

Abb. 99

Der Kathetensatz von Euklid (Alexandria, etwa 300 v. Chr.)

In jedem rechtwinkligen Dreieck ist das Quadrat über einer Kathete gleich dem Rechteck aus der Hypotenuse und der Projektion dieser Kathete auf die Hypotenuse; $b^2 = cq$, bzw. $a^2 = cp$ (s. *Ähnlichkeit*, Abb. 99).

Der Satz des Pythagoras (Pythagoras von Samos, 6. Jahrhundert v. Chr.)

In jedem rechtwinkligen Dreieck ist die Summe der Kathetenquadrate gleich dem Hypotenusenquadrat; $a^2 + b^2 = c^2$.

Beweis: Nach dem Kathetensatz gilt $a^2 = cp$, $b^2 = cq$ (s. Abb. 100). Also ist $a^2 + b^2 = cp + cq = c(p + q) = c^2$.

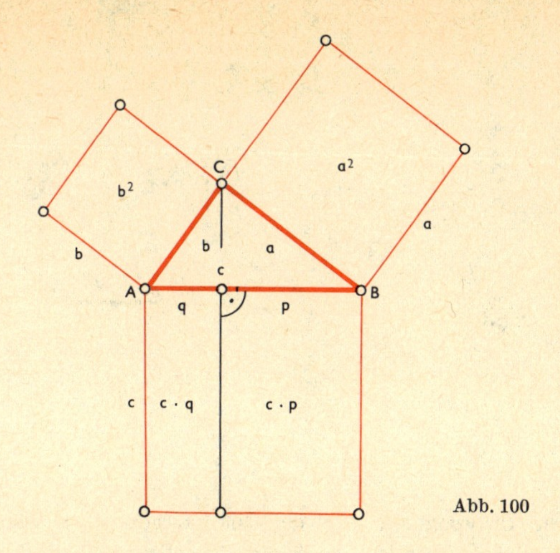

Abb. 100

Der Höhensatz (Euklid)

Im rechtwinkligen Dreieck ist das Quadrat über der Höhe gleich dem Rechteck aus den beiden Hypotenusenabschnitten; $h^2 = pq$ (**Abb. 101**, s. auch *Ähnlichkeit*).

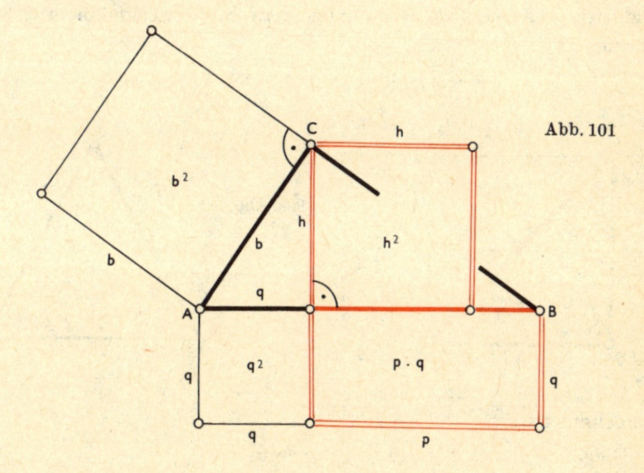

Abb. 101

Anwendungen der Flächensätze des rechtwinkligen Dreiecks

Mit Hilfe des Lehrsatzes von Pythagoras kann man ein Quadrat konstruieren, dessen Fläche so groß ist wie die Flächen zweier anderer Quadrate

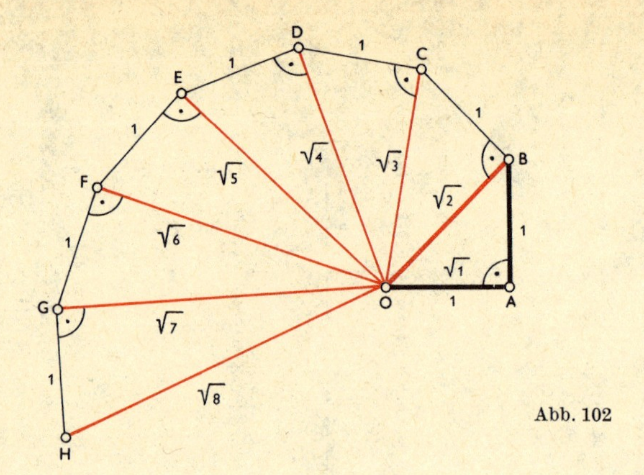

Abb. 102

zusammen. Insbesondere kann ein Quadrat gezeichnet werden, dessen Fläche doppelt so groß ist wie die eines gegebenen Quadrates.

Mit Hilfe aller drei Sätze lassen sich Strecken konstruieren, deren Längen die Maßzahlen $\sqrt{2}$, $\sqrt{3}$ usw. haben.

Für den Satz von Pythagoras zeigt das die Abb. 102. Für den Höhensatz und den Kathetensatz verwendet man hier zweckmäßigerweise die Formen

$$h = \sqrt{pq} \text{ und } a = \sqrt{cp} \text{ bzw. } b = \sqrt{cq}.$$

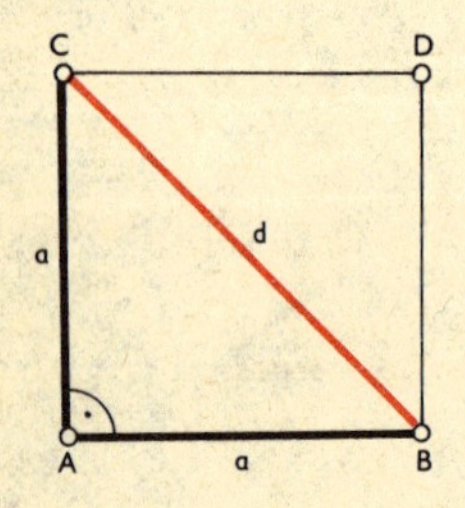

Abb. 103

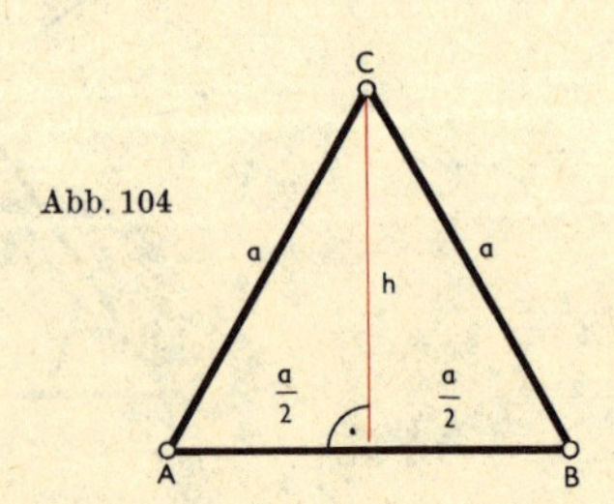

Abb. 104

Berechnungen:

a) Diagonale des Quadrates mit der Seite a

$$d^2 = a^2 + a^2 = 2a^2 \qquad d = a \cdot \sqrt{2} \qquad \text{(Abb. 103)}.$$

b) Höhe und Flächeninhalt des gleichseitigen Dreiecks mit der Seite a (Abb. 104)

$$h^2 = a^2 - \left(\frac{a}{2}\right)^2 = \frac{3}{4}\,a^2,$$

$$h = \frac{a}{2}\sqrt{3},$$

$$F = \frac{a}{2} \cdot h = \frac{a \cdot a}{2 \cdot 2} \cdot \sqrt{3} = \frac{a^2}{4}\sqrt{3}.$$

c) Flächeninhalt des gleichschenkligen Dreiecks (Abb. 90)

$$F = \frac{c}{2} \cdot h_c = \frac{c}{2} \cdot \sqrt{a^2 - \frac{c^2}{4}}.$$

Verallgemeinerter Satz des Pythagoras

Das Quadrat über einer Dreiecksseite ist gleich der Summe der Quadrate über den beiden anderen Seiten, vermindert oder vermehrt um das Doppelte des Rechtecks aus einer dieser Seiten und der Projektion der anderen auf sie, je nachdem die erste Seite einem spitzen oder stumpfen Winkel gegenüberliegt (Abbn. 105, 106).

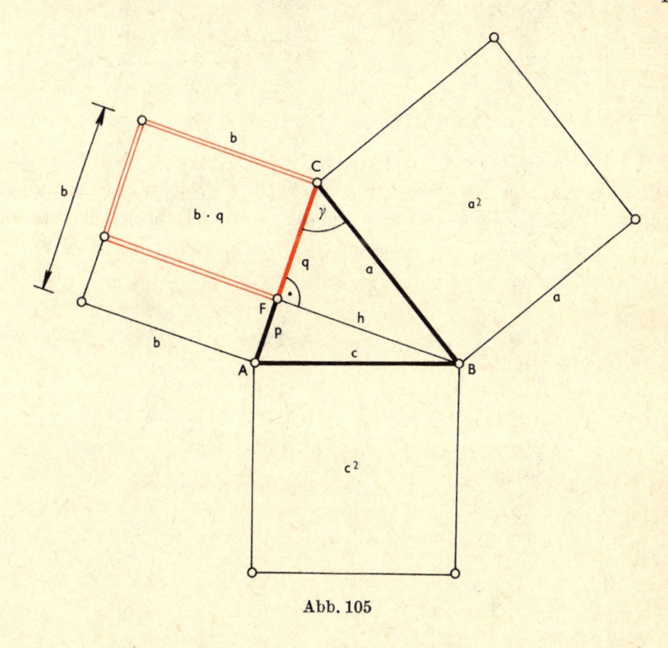

Abb. 105

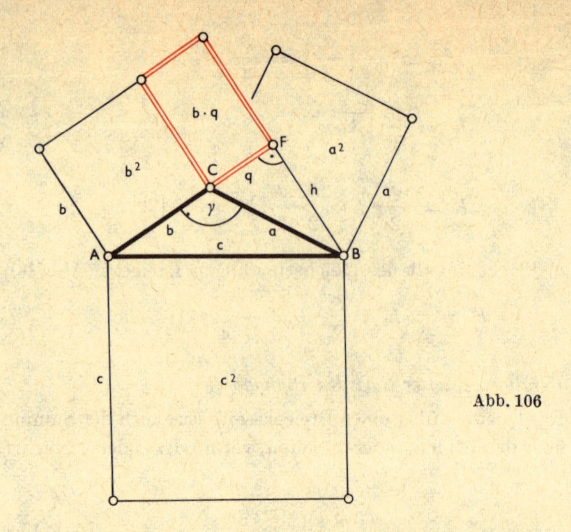

Abb. 106

Projektionssatz, Erweiterung des Lehrsatzes von Pythagoras

Der Projektionssatz für Dreiecke (Abb. 107)

Das Rechteck aus einer Dreiecksseite und der Projektion einer zweiten auf sie ist gleich dem Rechteck aus der zweiten Dreiecksseite und der Projektion der ersten auf die zweite.

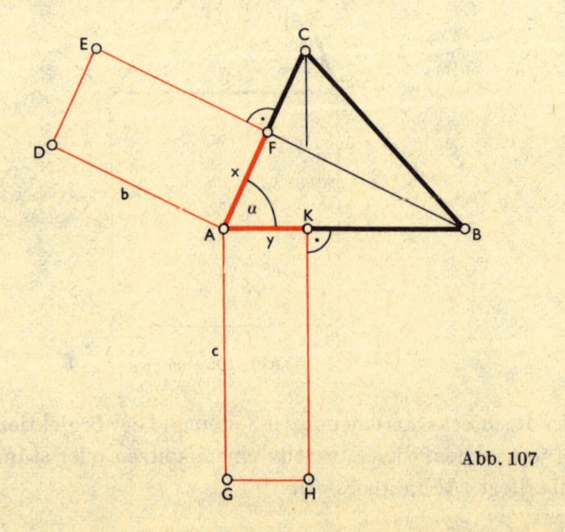

Abb. 107

Erweiterung des Lehrsatzes von Pythagoras:
Zeichnet man über den Katheten und der Hypotenuse eines rechtwinkligen Dreiecks ähnliche Figuren, so sind die Flächen der Figuren

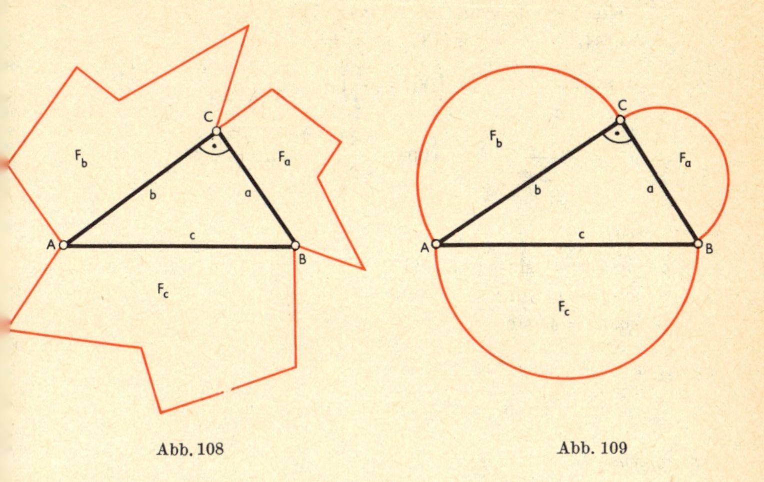

Abb. 108

Abb. 109

über den Katheten zusammen so groß wie die Fläche der Figur über der Hypotenuse (Abb. 108 und 109).

Insbesondere können als ähnliche Figuren Halbkreise über den Seiten des rechtwinkligen Dreiecks benützt werden. In diesem Fall haben die Kathetenhalbkreise zusammen dieselbe Fläche wie der Hypotenusenhalbkreis (Abb. 109).

Aus diesem Lehrsatz folgt die Aussage über die Möndchen des Hippokrates (s. *Hippokrates*).

Dreiecksberechnung, trigonometrische. Das allgemeine Dreieck kann mit Hilfe der trigonometrischen Funktionen, der zwischen diesen Funktionen geltenden Beziehungen und der Beziehungen zwischen den Winkeln und Seiten des Dreiecks berechnet werden, wenn irgend drei unabhängige Stücke des Dreiecks gegeben sind.

Ein wesentliches Hilfsmittel für die Dreiecksberechnung und alle anderen Berechnungen mit trigonometrischen Funktionen sind die Tafeln der natürlichen Zahlenwerte der trigonometrischen Funktionen und die Tafeln der Logarithmen der trigonometrischen Funktionen.

Formel für das allgemeine Dreieck (Seiten a, b, c, Winkel α, β, γ, Inkreisradius $= \varrho$, Umkreisradius $= r$, Höhe $= h$, Fläche $= J$)

$$\alpha + \beta + \gamma = 180°,$$
$$\sin(\beta + \gamma) = \sin(180° - \alpha) = \sin\alpha,$$
$$\cos(\beta + \gamma) = \cos(180° - \alpha) = -\cos\alpha,$$
$$\sin\frac{\beta + \gamma}{2} = \sin\left(90° - \frac{\alpha}{2}\right) = \cos\frac{\alpha}{2},$$
$$\cos\frac{\beta + \gamma}{2} = \cos\left(90° - \frac{\alpha}{2}\right) = \sin\frac{\alpha}{2}.$$

Höhenformel

$h_c = b \cdot \sin\alpha = a \cdot \sin\beta$ (Abb. 110),
$h_b = a \cdot \sin\gamma = c \cdot \sin\alpha$,
$h_a = b \cdot \sin\gamma = c \cdot \sin\beta$.

Sinussatz

$a : b : c = \sin\alpha : \sin\beta : \sin\gamma$ (Abb. 110)

Sehnenformel

$a = 2r \cdot \sin\alpha$; $b = 2r \cdot \sin\beta$;
$c = 2r \cdot \sin\gamma$ (Abb. 110).

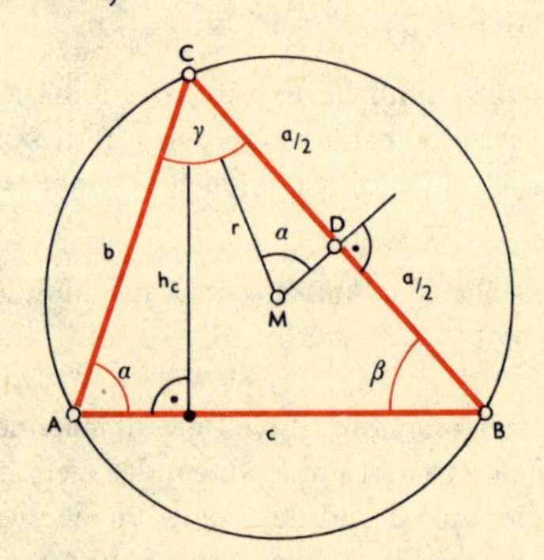

Abb. 110

Tangenssatz

$$\frac{a+b}{a-b} = \frac{\tan\frac{\alpha+\beta}{2}}{\tan\frac{\alpha-\beta}{2}}; \quad \frac{b+c}{b-c} = \frac{\tan\frac{\beta+\gamma}{2}}{\tan\frac{\beta-\gamma}{2}}; \quad \frac{c+a}{c-a} = \frac{\tan\frac{\gamma+\alpha}{2}}{\tan\frac{\gamma-\alpha}{2}}.$$

Mollweidesche Formeln

$$\frac{b+c}{a} = \frac{\cos\frac{\beta-\gamma}{2}}{\sin\frac{\alpha}{2}}; \quad \frac{c+a}{b} = \frac{\cos\frac{\gamma-\alpha}{2}}{\sin\frac{\beta}{2}}; \quad \frac{a+b}{c} = \frac{\cos\frac{\alpha-\beta}{2}}{\sin\frac{\gamma}{2}}.$$

Kosinussatz

$a^2 = b^2 + c^2 - 2bc \cos\alpha,$
$b^2 = a^2 + c^2 - 2ac \cos\beta,$
$c^2 = a^2 + b^2 - 2ab \cos\gamma.$

Inkreisradius

$$\varrho = 4r \sin\frac{\alpha}{2} \sin\frac{\beta}{2} \sin\frac{\gamma}{2}.$$

Umfang

$$u = 8r \cos\frac{\alpha}{2} \cos\frac{\beta}{2} \cos\frac{\gamma}{2}.$$

Flächeninhalt

$$F = \frac{ab}{2} \sin\gamma = 2r^2 \sin\alpha \sin\beta \sin\gamma = \frac{abc}{4r}.$$

Beispiel 1: Der Erhebungswinkel eines Turmes bekannter Höhe (60 m) wird zu 5° 20′ gemessen. Wie weit entfernt ist der Meßpunkt von der Turmspitze?

$$\frac{h}{c} = \sin\alpha, \quad c = \frac{h}{\sin\alpha}.$$

$$\begin{aligned} \lg 60 &= 11{,}77815 - 10 \\ \lg \sin 5°20' &= 8{,}96825 - 10 \\ \hline \lg c &= 2{,}80990 \\ c &= 645{,}5 \text{ m} \quad \text{(Abb. 111)}. \end{aligned}$$

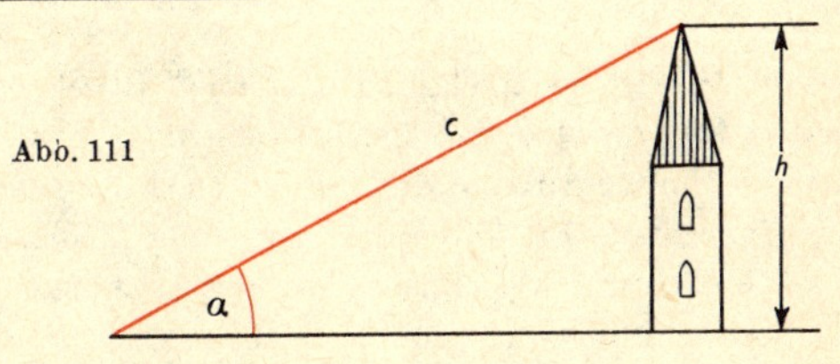

Abb. 111

Beispiel 2: Gegeben $a = 15$, $\beta = 77°$ und $\gamma = 35°$.
Gesucht ist α, b und c.
Zunächst ist: $\alpha = 180 - \beta - \gamma$; $\alpha = 180 - 77 - 35 = \underline{\underline{68°}}$.

Nach dem Sinussatz folgt:

$$b = \frac{a \sin \beta}{\sin \alpha}, \quad b = \frac{15 \sin 77°}{\sin 68°} = 15{,}763.$$

$$c = \frac{a \sin \gamma}{\sin \alpha}, \quad c = \frac{15 \sin 35°}{\sin 68°} = 9{,}2792.$$

lg 15	= 1,17609	lg 15	= 1,17609
lg sin 77°	= 9,98872 — 10	lg sin 35°	= 9,75859 — 10
	11,16481 — 10		10,93468 — 10
lg sin 68°	= 9,96717 — 10	lg sin 68°	= 9,96717 — 10
lg b	= 1,19764	lg c	= 0,96751
b	= 15,763.	c	= 9,2792.

Beispiel 3: Am Ufer eines Flusses wird die Entfernung zweier Meßpunkte A und B voneinander gemessen und dann die Richtung nach einem Turm am anderen Flußufer von beiden Punkten aus gegen die Strecke $\overline{AB}$. Wie weit ist der Turm von A entfernt (Abb. 112)?

Es ist $\gamma = 180° - \alpha - \beta$ und $\frac{\overline{AT}}{\overline{AB}} = \frac{\sin \beta}{\sin \gamma}$, also $\overline{AT} = \overline{AB} \cdot \frac{\sin \beta}{\sin \gamma}$.

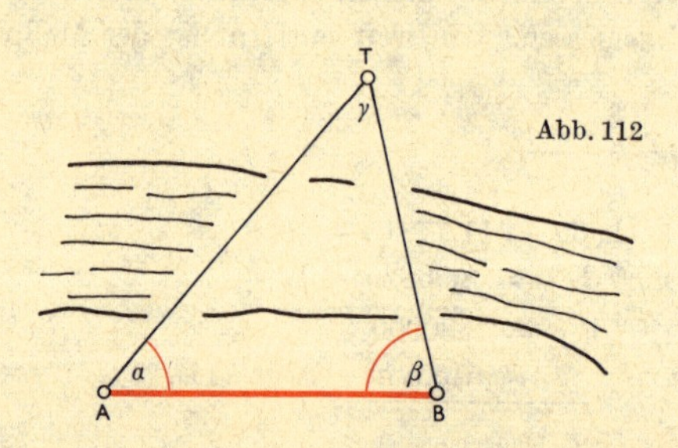

Abb. 112

Dreisatz. Die Dreisatzrechnung oder auch Regeldetri ist eine im angewandten Rechnen sehr häufig vorkommende Art der Rechnung. In der Dreisatzrechnung wird aus drei bekannten Größen eine vierte unbekannte Größe berechnet. Es wird dabei von einer Mehrheit zunächst auf die Einheit und dann auf eine neue Mehrheit geschlossen. Daher spricht man auch von Schlußrechnung. Für die Dreisatz- oder Schlußrechnung benötigt man die Multiplikation und die Division. Bei der Schlußrechnung wird immer mit benannten Zahlen gerechnet. Arithmetisch gesehen ist die Dreisatzrechnung die wichtigste Verknüpfung der Rechenoperationen zweiter Stufe (Multiplikation und Division).

Berechnungen nach dem Dreisatz

α) *Einfacher gerader Dreisatz* (quotientengleiche Größenpaare, direktes Verhältnis, Schluß von der Mehrheit über die Einheit auf eine neue Mehrheit).

Aufgabe:
1 Dutzend Knöpfe kostet 1,80 DM, es werden 5 Knöpfe gekauft. Berechne den Preis!

Ansatz:

12 Knöpfe kosten	1,80 DM
5 Knöpfe kosten	? DM

Lösung:

$$\frac{\overset{0,30}{\cancel{1,80}} \cdot 5}{\underset{2}{\cancel{12}}} = \frac{1,50}{2} = 0,75$$

5 Knöpfe kosten <u>0,75 DM.</u>

Erläuterung: Zunächst muß die Umrechnung des Zählmaßes Dutzend in Stück vorgenommen werden. Der bekannte Satz der Aufgabe erscheint im Ansatz stets in der ersten Reihe. Der Fragesatz erscheint stets in der zweiten Reihe. Die gleichen Benennungen stehen untereinander. Die erfragte Benennung steht am Satzende.

Es ist bekannt, daß 12 Knöpfe 1,80 DM kosten. Jetzt muß festgestellt werden, wieviel 1 Knopf kostet. Wir erhalten den Preis für 1 Knopf durch die Division $\frac{1,80}{12}$. In der Lösung erscheinen die beiden Zahlen in dieser Form. Das ist der Schluß von der Mehrheit (Menge) auf die Einheit. Würden wir diese Rechnung ausführen, so erhielten wir den Preis für 1 Knopf. Vor dem Ausrechnen überlegen wir, daß 5 Knöpfe das Fünffache von einem Knopf kosten, daß also $\frac{1,80}{12}$ mit 5 multipliziert werden muß. Das ist der Schluß von der Einheit auf die neue Mehrheit!

1,80 und 12 können zur Vereinfachung der Rechnung mit 6 gekürzt werden.

β) Doppelter Dreisatz mit geraden (direkten) Verhältnissen

Beim doppelten Dreisatz haben wir mehrere Größen zu berechnen. Aus einer solchen Aufgabe lassen sich natürlich auch lauter Einzelaufgaben machen, bei richtigem Ansatz kann jedoch alles auf einem Bruchstrich berechnet werden. Für die folgende Aufgabe ist die Fragestellung zu beachten: 1. nach den Personen; 2. nach den Tagen.

Aufgabe:

Eine Gemeinschaftsküche verbraucht für 30 Personen für 5 Tage 7,5 kg Fleisch. Es melden sich 40 Personen für 20 Tage an. Wieviel kg Fleisch braucht die Küche?

Ansatz (für Fleisch):

30 Personen verbrauchen an 5 Tagen 7,5 kg Fleisch
40 Personen verbrauchen an 20 Tagen ? kg Fleisch

Lösung (schrittweise) mit Erläuterung:

Zunächst wird die Frage nach der Einheit gestellt: „Wieviel Fleisch würde eine Person an 5 Tagen verbrauchen?“ Die Antwort muß sein: „Den 30. Teil von 7,5 kg, das heißt: $\frac{7{,}5}{30}$“ (Anfang des Bruchstriches).

Es folgt nun die Frage nach der Mehrheit (Personen): „Wieviel Fleisch werden 40 Personen verbrauchen?“ Sie werden 40mal soviel verbrauchen wie 1 Person, nämlich:

$\frac{7{,}5 \cdot 40}{30}$ (1. Fortsetzung des Bruchstrichs).

Dieser Bruchstrich kann noch verlängert werden, indem die Berechnung nach Tagen mit durchgeführt wird: „Wieviel würde an 1 Tag verbraucht?“ (Frage nach der Einheit).

Da der Verbrauch für 5 Tage angegeben ist, wird an einem Tag der 5. Teil verbraucht:

$\frac{7{,}5 \cdot 40}{30 \cdot 5}$ (2. Fortsetzung des Bruchstriches).

In 20 Tagen wird 20mal soviel verbraucht wie an 1 Tag, also:

$$\frac{7{,}5 \cdot 40 \cdot 20}{30 \cdot 5} = \frac{\overset{2{,}5}{\cancel{7{,}5}} \cdot \overset{4}{\cancel{40}} \cdot \overset{4}{\cancel{20}}}{\underset{\underset{1}{\cancel{3}}}{\cancel{30}} \cdot \underset{1}{\cancel{5}}} = \underline{\underline{40}}.$$

Das heißt: Für 40 Personen werden an 20 Tagen 40 kg Fleisch gebraucht.

γ) *Umgekehrter einfacher Dreisatz* (produktgleiche Größenpaare, indirektes Verhältnis):

Beim umgekehrten Dreisatz erkennen wir, daß das Verhältnis der beiden bekannten Glieder umgekehrt ist wie beim einfachen Dreisatz.

Aufgabe:

Zum Pflügen einer Ackerfläche haben 3 Pflüge 42 Stunden gebraucht. Es sollen im nächsten Jahr 7 Pflüge für die gleiche Fläche eingesetzt werden.

Ansatz: 3 Pflüge brauchen 42 Stunden
7 Pflüge brauchen ? Stunden

Lösung: Zunächst wird die Frage nach der Einheit gestellt: „Wieviel Stunden braucht 1 Pflug?" Er braucht natürlich länger als 3 Pflüge, nämlich 3mal so lange, das bedeutet: 42 · 3.

7 Pflüge brauchen dagegen wieder weniger Zeit, nämlich den 7. Teil von der Zeit, die 1 Pflug braucht, das bedeutet:

$$\frac{42 \cdot 3}{7} = \frac{\overset{6}{\cancel{42}} \cdot 3}{\underset{1}{\cancel{7}}} = \underline{\underline{18}}.$$

7 Pflüge brauchen für die Ackerfläche 18 Stunden.

δ) *Dreisatz mit einem geraden (direkten) und einem umgekehrten (indirekten) Verhältnis*

Bei diesem Dreisatz ist nur eine Berechnung umgekehrt (indirekt). Die andere Berechnung erfolgt in einem geraden, also direkten Verhältnis.

Aufgabe:

Eine Wiese soll gemäht werden. Die Größe beträgt 4,8 ha. Eine andere Wiese mit der Größe von 1,2 ha ist von 4 Mähern in 3 Stunden abgemäht worden. Man will jetzt jedoch 8 Mäher einsetzen. In welcher Zeit werden diese mit der Mäharbeit auf 4,8 ha fertig?

Ansatz: 1,2 ha sind von 4 Mähern in 3 Stunden gemäht worden.
4,8 ha werden von 8 Mähern in ? Stunden gemäht?

Lösung:

$$\frac{3 \cdot \overset{4}{\cancel{4,8}} \cdot \overset{1}{\cancel{4}}}{\underset{1}{\cancel{1,2}} \cdot \underset{2}{\cancel{8}}} = \frac{12}{2} = \underline{\underline{6}}$$

8 Mäher brauchen für 4,8 ha 6 Stunden.

Erläuterung:

1) *direktes Verhältnis*

Die Anzahl der Mäher lassen wir zunächst außer acht und beschränken uns auf die Frage:

„Wieviel Stunden werden für 1 ha gebraucht?" (Frage nach der Einheit). Man braucht für 1 ha den 1,2. Teil von 3 Stunden:

$$\frac{3}{1{,}2}.$$

Es folgt der Schluß auf die neue Mehrheit:
für 4,8 ha wird 4,8mal soviel Zeit gebraucht wie für 1 ha:

$$\frac{3 \cdot 4{,}8}{1{,}2}.$$

2) *indirektes Verhältnis*

Die Anzahl der Mäher steht in indirektem Verhältnis zur benötigten Zeit. Frage nach der Einheit:

„Wieviel Zeit braucht 1 Mäher?"
Er braucht 4mal soviel Stunden wie 4 Mäher:

$$\frac{3 \cdot 4{,}8 \cdot 4}{1{,}2}.$$

Schluß auf die Mehrheit: 8 Mäher brauchen den 8. Teil der Zeit eines Mähers:

$$\frac{3 \cdot 4{,}8 \cdot 4}{1{,}2 \cdot 8} \quad \text{(Ausrechnung siehe Lösung).}$$

Ergänzende Bemerkungen zur Dreisatzrechnung

Eine modernere Auffassung der Dreisatzrechnung geht davon aus, daß es bei ihrer Lösung darauf ankommt, eine lineare Funktion der Form $x \to a\,x$ beim geraden Dreisatz, und eine Funktion der Form $x \to \frac{a}{x}$ beim umgekehrten Dreisatz zu finden, die auf die Daten paßt.

Beispiel: 100 kg Heizöl kosten 12,50 DM. Wieviel kosten 40 kg? Hier geht es um die Zuordnung des Preises $P(x)$ in DM zur Menge Öl x in kg: $x \to P(x)$. Denkt man sich die Funktion durch eine Tabelle dargestellt (Menge der Paare, s. *Funktion*), so hat man zunächst als Datum die Eintragung (a). Weitere Eintragungen können nun durch Dividieren oder

Multiplizieren der Daten vorgenommen werden, z. B. (50, 6,25) (b), oder (10, 1,25) (c). Schließlich ergibt sich (d) (40, 5,00). 5 DM ist die Lösung der Aufgabe. Auch kann ein algebraischer Funktionsterm gefunden werden, etwa $P(x) = \frac{12{,}50 \cdot x}{100}$. Damit ist das Problem vollständig für alle Fälle gelöst.

	x	$P(x)$
(a)	100	12,50
(b)	50	6,25
(c)	10	1,25
(d)	40	5,–
	⋮	⋮

Eine andere Lösungsmöglichkeit ist die durch Proportion (s. d.). Man geht im Falle des geraden Dreisatzes davon aus, daß $P(x) = ax$, also $P(x_1) : P(x_2) = ax_1 : ax_2 = x_1 : x_2$ bekannt ist. Dann folgt in unserem Beispiel sofort der Ansatz:

$$P(40) : 12{,}50 = 40 : 100.$$

Das führt zu:

$$P(40) = \frac{40 \cdot 12{,}50}{100}.$$

Schließlich sei auf die Möglichkeit der graphischen Lösung hingewiesen, die sich aus der graphischen Darstellung der Funktion $x \to ax$ ohne weiteres ergibt.

Dreiteilung des Winkels. Die Dreiteilung eines Winkels von beliebiger Größe (Trisektion des Winkels) unter alleiniger Verwendung von Zirkel und Lineal ist im allgemeinen nur näherungsweise möglich. Spezielle Winkel können mit Hilfe von Zirkel und Lineal in drei gleich große Teilwinkel zerlegt werden (z. B. lassen sich der Winkel von 45°, der rechte Winkel und der gestreckte Winkel in drei gleiche Teile zerlegen, denn man kann Winkel von 15°, 30° und 60° mit Zirkel und Lineal konstruieren).

Die älteste Näherungskonstruktion für die Dreiteilung eines beliebigen Winkels stammt von Nikomedes (etwa 150 v. Chr.).

dritte Proportionale. Die Lösung x der Proportion $b : a = a : x$ bezeichnet man als dritte Proportionale der beiden Strecken a und b.

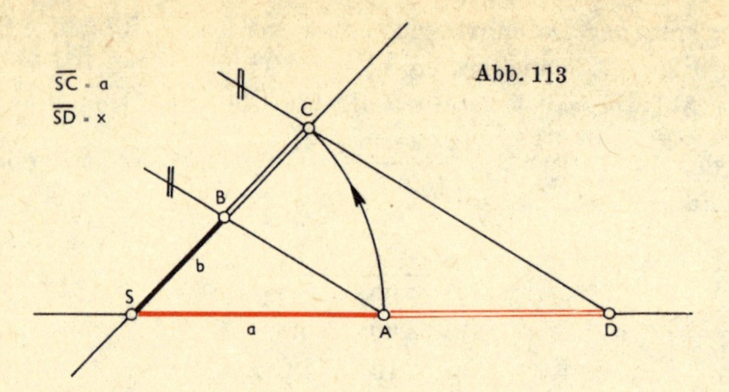

Abb. 113

Die dritte Proportionale ist $x = \frac{a^2}{b}$ und kann mit Hilfe des ersten Strahlensatzes (s. *Strahlensätze*) konstruiert werden. Nach der Abb. 113 ist

$$\frac{\overline{SB}}{\overline{SA}} = \frac{b}{a} = \frac{\overline{SC}}{\overline{SD}} = \frac{a}{x}.$$

Dualsystem (s. A. III). Das Dualsystem (Zweiersystem) ist ein besonderes Stellenwertsystem (s.d.), das mit zwei Zahlzeichen, meist 0 und 1 oder O und L geschrieben, auskommt.

Die Darstellung einer Zahl im Dualsystem erfordert ihre Zerlegung in Potenzen von 2. Praktisch geht man so vor, daß man die gegebene Zahl, etwa 11 im Dezimalsystem, fortlaufend halbiert:

$11 = 5 \cdot 2 + 1$; also hat man fünf Zweiergruppen und eine 1.
$5 \quad = 2 \cdot 2 + 1$; also hat man zwei 2^2-Gruppen und eine Zweiergruppe
$2 \quad = 1 \cdot 2 + 0$; also hat man eine 2^3-Gruppe und keine 2^2-Gruppe.

Die Zahl wird im Dualsystem 1011 geschrieben.

Ein weiteres Beispiel:

$\underset{\underline{\underline{1}}}{\underline{143}} : 2 = 71$; $\underset{\underline{\underline{1}}}{\underline{71}} : 2 = 35$; $\underset{\underline{\underline{1}}}{\underline{35}} : 2 = 17$; $\underset{\underline{\underline{1}}}{\underline{17}} : 2 = 8$; $\underset{\underline{\underline{0}}}{\underline{8}} : 2 = 4$;

$\underset{\underline{\underline{0}}}{\underline{4}} : 2 = 2$; $\underset{\underline{\underline{0}}}{\underline{2}} : 2 = \underline{\underline{1}}.$

143 wird daher im Dualsystem als 10001111 geschrieben. Die Rückverwandlung berücksichtigt einfach den jeweiligen Stellenwert: Dual 10001111 = Dezimal $1 + 1 \cdot 2 + 1 \cdot 4 + 1 \cdot 8 + 0 \cdot 16 + 0 \cdot 32 + 0 \cdot 64 + 1 \cdot 128$ = Dezimal 143.

Das *Rechnen* im Dualsystem ist besonders einfach.

Addition: Das „Einsundeins" ergibt sich nach der Tabelle:

+	0	1
0	0	1
1	1	10

Damit erhält man z. B.

$$\begin{array}{r} 1001101 \\ +\ \ 111010 \\ {\scriptstyle 111} \\ \hline 10000111 \end{array}$$

Multiplikation: Das Einmaleins ist hier ebenso leicht:

·	0	1
0	0	0
1	0	1

Damit ergibt sich z. B.:

$$\begin{array}{r} \underline{1011 \cdot 1101} \\ 1011 \\ 1011 \\ \underline{1011} \\ 10001111 \end{array}$$

Die praktische Bedeutung des Dualsystems beruht darauf, daß sich die zwei Zeichen 0 und 1 z. B. in elektrischen Schaltkreisen von Rechenmaschinen besonders leicht darstellen lassen, etwa als „kein Strom" (0), „Strom" (1), oder als „Lämpchen brennt" (1), „Lämpchen brennt nicht" (0). Als Schalter können Röhren oder Transistoren oder andere, z. B. hydraulische, Schaltelemente verwendet werden.

Durchmesser s. *Kreis.*

Durchschnittsmenge (s. A. I). Die Durchschnittsmenge zweier Mengen A und B ist die Menge derjenigen Elemente, die in A und in B vorkommen (d. h. sowohl in A als auch in B!). Diese Menge wird mit $A \cap B$ bezeichnet, gelesen „A geschnitten mit B". In Kurzschreibweise:

$$A \cap B = \{x | x \in A \text{ und } x \in B\}.$$

Allgemein gilt:

1. Sind A und B Mengen, so ist $A \cap B = B \cap A$ (Kommutativgesetz).
2. Sind A, B und C Mengen, so ist $A \cap (B \cap C) = (A \cap B) \cap C$ (Assoziativgesetz). Wegen dieser Eigenschaft können die Klammern überhaupt weggelassen werden; die Durchschnittsmenge dreier Mengen A, B und C wird daher einfacher $A \cap B \cap C$ geschrieben.
3. In Verbindung mit der Vereinigungsmenge (s. d.) gelten die Distributivgesetze.
4. Ist $B \subset A$, so gilt $A \cap B = B$; umgekehrt folgt aus $A \cap B = B$ die Beziehung $B \subset A$.

   Sonderfälle:

   a) $B = A$; dann ist $A \cap A = A$;
   b) $B = \emptyset$; dann ist $A \cap \emptyset = \emptyset$.

5. Für alle Mengen A und B gilt: $A \cap B \subset A$ und $A \cap B \subset B$.
6. Haben die Mengen A und B keine gemeinsamen Elemente, so ist ihre Durchschnittsmenge die leere Menge. Solche Mengen nennt man *elementfremd* oder *disjunkt*.

e $= 2{,}718281828459045235 36\ldots$ Die Zahl e ist der Grenzwert (s. d.) der Folge mit dem allgemeinen Glied

$$b_n = \left(1 + \frac{1}{n}\right)^n, \quad \text{also} \quad e = \lim_{n \to \infty} \left(1 + \frac{1}{n}\right)^n.$$

Die Bezeichnung e für diesen Grenzwert stammt von *Leonhard Euler* (1707–1783).
Die Zahl e ist die Basis der natürlichen Logarithmen (s. *Logarithmen*).

Ebene (s. A. VII). Die Ebenen gehören zu den Grundgebilden (Elementen) der räumlichen Geometrie. — Die anderen Elemente der räumlichen Geometrie sind die *Punkte* (s. d.) und die *Geraden* (s. d.).

Eigenschaften der euklidischen Ebene

Eine Ebene ist durch drei nicht auf einer Geraden liegende Punkte eindeutig bestimmt. Wenn zwei Punkte einer Geraden in einer Ebene liegen, so liegt die ganze Gerade in der Ebene.
Zwei Ebenen schneiden einander in einer Geraden (Schnittgerade, Spurgerade oder Spur), oder sie haben keinen Punkt gemeinsam. Ebenen, die keinen Punkt gemeinsam haben, sind parallel.
Eine Ebene und eine Gerade schneiden einander entweder in einem Punkt (Schnittpunkt, Spurpunkt, Spur), oder die ganze Gerade liegt in der Ebene, oder die Ebene und die Gerade haben keinen Punkt gemeinsam. Im letzten Falle liegt die Gerade parallel zur Ebene. Zwei Geraden, die in derselben Ebene liegen, haben entweder alle Punkte oder einen oder keinen Punkt gemeinsam. Durch eine Gerade und einen nicht auf ihr liegenden Punkt sowie auch durch zwei verschiedene Geraden mit einem gemeinsamen Punkt ist stets genau eine Ebene bestimmt.
Eine Ebene ist allseitig unbegrenzt und zerlegt den Raum in zwei getrennte Gebiete (Halbräume). Eine Ebene wird durch jede in ihr liegende Gerade in zwei getrennte Gebiete (Halbebenen) zerlegt.

eindeutig. Eine Zuordnung (Relation) heißt *eindeutig*, wenn jedem Element ihres Definitionsbereichs (s. d.) genau ein Bildpunkt zugeordnet ist. Im Pfeildiagramm bedeutet das, daß von jedem Punkt des Definitionsbereichs der Relation genau ein Pfeil ausgeht. Eindeutige Zuordnungen (Relationen) nennt man in der neueren Mathematik auch *Abbildungen* (s. d.) oder *Funktionen* (s. d.).

Eine Abbildung (Funktion) heißt *eineindeutig*, wenn nicht nur jedem Element ihres Definitionsbereichs genau ein Bildelement zugeordnet ist, sondern wenn auch jeder Bildpunkt ihres Wertebereichs (s. d.) genau ein Urbild hat. Im Pfeildiagramm bedeutet das, daß von jedem Punkt des Definitionsbereichs genau ein Pfeil ausgeht und auf jeden Punkt des Wertebereichs genau ein Pfeil hinweist.

Einheit. Bezugsgröße bei einem Meßverfahren. Wenn man z. B. ein Verfahren zur Längenmessung angeben will, muß man zuerst festlegen, unter welchen Umständen zwei Strecken als gleich lang (kongruent) anzusehen sind. Dann ist anzugeben, unter welchen Umständen zwei Strecken in einem bestimmten Verhältnis zueinander stehen, z. B. unter welchen Umständen die eine doppelt so lang ist wie die andere. Schließlich wählt man eine bestimmte Strecke nach Zweckmäßigkeit als Bezugsgröße und gibt die Länge jeder Strecke dadurch an, daß man sagt, in welchem Verhältnis sie zur Bezugsgröße steht. Dieses Verhältnis ist die Maßzahl der Längenangabe (s. *Größen*, s. *Maßsysteme*).

Element (s. *Menge*, A. I). Grundbeziehung der Mengenlehre: $a \in A$ (a *ist* Element von A).

Ellipse. Die Ellipse tritt u. a. auf

1. als affines Bild (s. *affine Abbildung*) des Kreises, z. B. bei Parallelprojektion (s. d.) und
2. als Schnittfigur beim ebenen Schnitt eines Zylinders (s. d.) und eines Kreiskegels.

Konstruktionen

1. sogenannte „Gärtnerkonstruktion" (Abb. 114),
2. aus Haupt- und Nebenscheitelkreis (Radien a und b; Abb. 115),
3. Näherungskonstruktion mit Hilfe der Scheitelschmiegungskreise (Abb. 116).

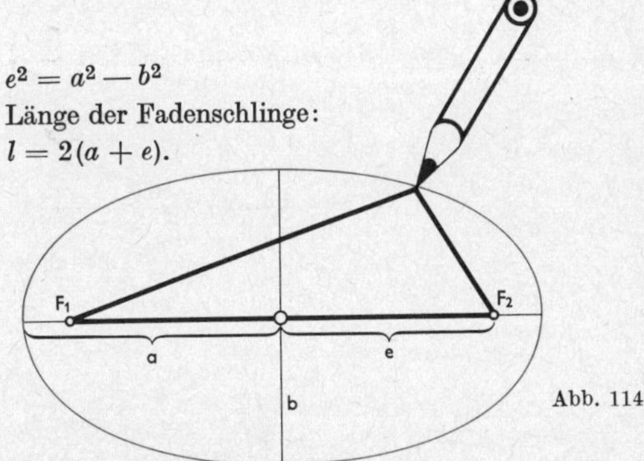

Abb. 114

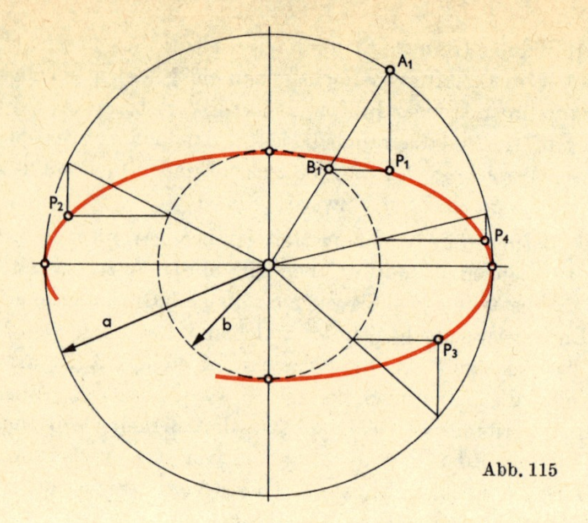

Abb. 115

Punktweise Konstruktion; P_i als Schnittpunkt der Achsenparallelen durch A_i und B_i.

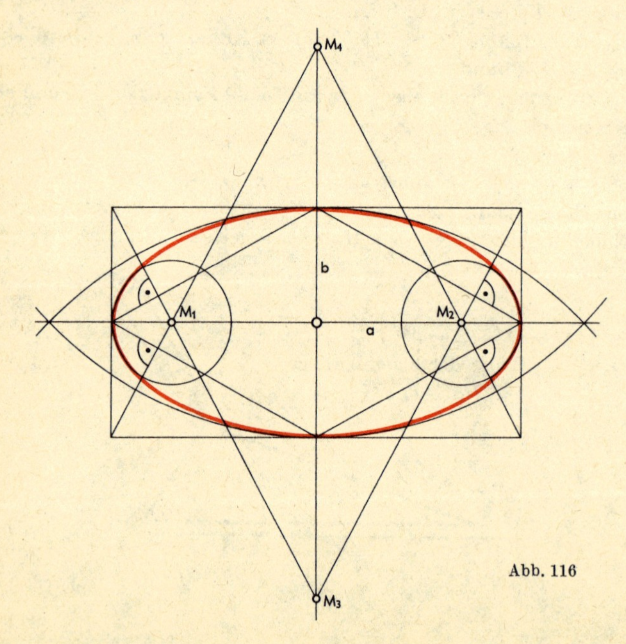

Abb. 116

Von den Ecken des achsenparallelen Rechtecks durch die Scheitel der Ellipse fällt man die Lote auf die Verbindungsstrecken der benachbarten Scheitel; die Lote schneiden die Achsen in den Mittelpunkten der Scheitelschmiegungskreise.

entgegengesetzte Winkel s. *Winkel.*

Ergänzungsgleichheit. Betrachte die beiden Parallelogramme $ABCD$ und $A'B'C'I$ (Abb. 117), die gleichlange Grundlinien AB und $A'B'$ und gleiche Höhen haben. Dann sind die beiden Trapeze $AA'D'D$ und $BB'C'C$ kongruent. Sie entstanden aber aus zwei verschiedenen Parallelogrammen durch Ergänzen durch dasselbe Trapez $BA'D'C$. Die beiden Parallelogramme heißen dann ergänzungsgleich.

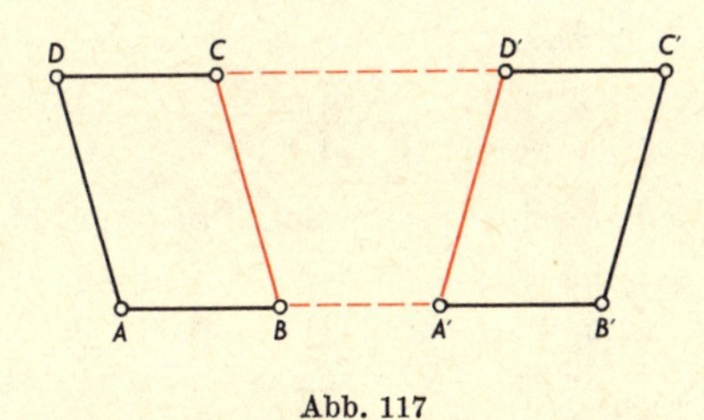

Abb. 117

Der Begriff der Ergänzungsgleichheit wird in der Flächen- und Rauminhaltslehre noch weiter verallgemeinert. Seien P und Q zwei Polygone (oder Polyeder). P werde durch eine Menge von Polygonen $P_1, P_2, P_3, \ldots, P_n$ ergänzt zu einem Polygon P', ebenso Q durch $Q_1, Q_2, Q_3, \ldots, Q_n$ zu einem Polygon Q'. P und Q heißen ergänzungsgleich, wenn folgende Bedingungen erfüllt sind:

1. Die ergänzenden Polygone $P_1, P_2, \ldots$ und $Q_1, Q_2, \ldots$ sind paarweise kongruent.
2. P' und Q' lassen sich in Dreiecke $D_1, D_2, \ldots, D_m$ und $E_1, E_2, \ldots, E_m$ zerlegen, die paarweise kongruent sind. Man sagt dann auch, P' und Q' sind zerlegungsgleich (s. *Zerlegungsgleichheit*).

Ergänzungsparallelogramm

Satz vom Ergänzungsparallelogramm

Zeichnet man in einem Parallelogramm $ABCD$ durch einen beliebigen Punkt P einer Diagonalen die Parallelen $\overline{EG}$ und $\overline{FH}$ zu den Seiten, so sind die beiden nicht von der Diagonalen durchschnittenen Parallelogramme $EBFP$ und $HPGD$ flächengleich (Abb. 118).

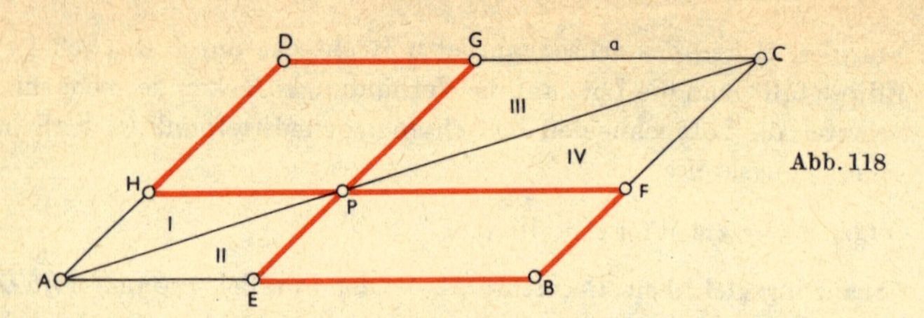

Abb. 118

Beweis: Wenn von den kongruenten Dreiecken ABC und ACD die mit römischen Ziffern bezeichneten ebenfalls paarweise kongruenten Dreiecke (I, II bzw. III, IV) weggenommen werden, so folgt unmittelbar, daß die Restfiguren flächengleich sind.

Erweitern. Man erweitert einen Bruch, indem man Zähler und Nenner des Bruches mit derselben Zahl multipliziert;

z. B.: $\frac{a}{b} = \frac{a\,m}{b\,m}$; $\quad \frac{1}{3} = \frac{1 \cdot 13}{3 \cdot 13} = \frac{13}{39}$.

Beim Erweitern ändert sich der Wert eines Bruches nicht.

euklidischer Algorithmus. Der euklidische Algorithmus ist ein Rechenverfahren zur Bestimmung des größten gemeinsamen Teilers zweier Zahlen. Wenn a und b zwei natürliche Zahlen sind und etwa $a > b$ ist, so setzt man bei der Durchführung des euklidischen Algorithmus die folgenden Divisionen an:

$$\begin{array}{ll} a = q_0 \cdot b + r_2 & \text{(dabei muß } r_2 < b \text{ sein)} \\ b = q_1 \cdot r_2 + r_3 & (r_3 < r_2) \\ r_2 = q_2 \cdot r_3 + r_4 & (r_4 < r_3) \\ \cdots\cdots & \cdots \\ r_{n-2} = q_{n-2} r_{n-1} + r_n & (r_n < r_{n-1}) \\ r_{n-1} = q_{n-1} r_n + 0, & q_i \in \mathbb{N}_0 . \end{array}$$

Dieses Verfahren muß schließlich einmal abbrechen, denn die Reste r_2, $r_3, \ldots$ werden ja immer kleiner, sind aber natürliche Zahlen.

Der letzte nicht verschwindende Rest r_n ist nun der größte gemeinsame Teiler der beiden Zahlen a und b.

Beispiel: Der größte gemeinsame Teiler von 693 und 147 soll bestimmt werden;

$$\begin{aligned} 693 &= 4 \cdot 147 + 105, \\ 147 &= 1 \cdot 105 + 42, \\ 105 &= 2 \cdot 42 + 21, \\ 42 &= 2 \cdot 21 + 0. \end{aligned}$$

Der größte gemeinsame Teiler von 693 und 147 ist 21.

Eulerscher Polyedersatz s. *Polyeder*.

Existenzquantor s. *formale Logik*.

Exponentialfunktion. Die allgemeine Exponentialfunktion $y = a^x$ ist erklärt für $a > 0$. Sie ist definiert für alle x und nimmt nur positive Werte an. Sie steigt monoton für $a > 1$, sie fällt monoton für $a < 1$, sie ist konstant für $a = 1$.

Es gilt für die Exponentialfunktion folgendes Additionstheorem:

$$a^{x_1} \cdot a^{x_2} = a^{x_1 + x_2} \text{ oder } f(x_1) \cdot f(x_2) = f(x_1 + x_2).$$

Zur Funktion $y = a^x$ $(a \neq 1)$ gehört die Umkehrfunktion (logarithmische Funktion) $y = \log_a x$ (s. *Logarithmus*). Es gilt $\log_a \frac{1}{x} = -\log_a x$.

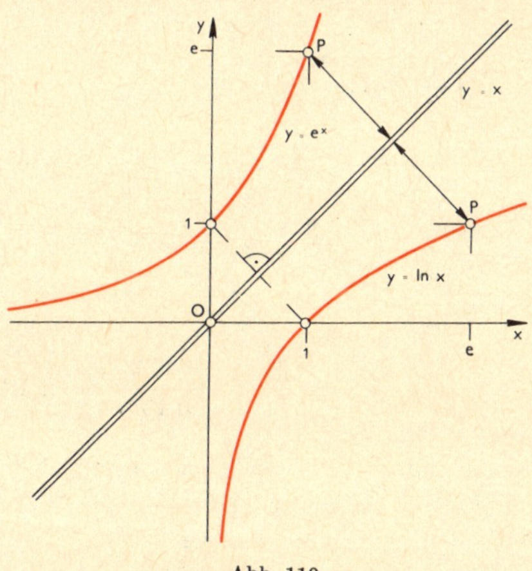

Abb. 119

Wird $a = e$ gesetzt, so erhält man die spezielle Exponentialfunktion $y = e^x$. Die Potenzreihe (s. SMD III) für diese Funktion ist $e^x = 1 + \frac{x}{1!} + \frac{x^2}{2!} + \frac{x^3}{3!} + \cdots$

Die Umkehrfunktion zur Funktion $y = e^x$ ist $y = \ln x$ (s. Abb. 119). Von G. W. Leibniz (1646–1716) wurde bewiesen, daß die Exponentialfunktionen transzendent sind.

Exponentialgleichung. Exponentialgleichungen sind Gleichungen, bei denen die Lösungsvariable im Exponenten einer Potenz vorkommt;

z.B.: $3^x = 6561, \quad 7^{x+1} = 3^{2x-1} + 3^{2x+1}.$

Exponentialgleichungen von einfacher Form können dadurch gelöst werden, daß man beide Seiten der Gleichung logarithmiert (eventuell vorher umformen, s. 2. Beispiel);

z. B.: 1. $3^x = 6561$; logarithmieren:

$$x \cdot \lg 3 = \lg 6561,$$
$$0{,}47712 \cdot x = 3{,}81697,$$
$$x = \frac{3{,}81697}{0{,}47712},$$
$$x = 8{,}00002.$$

2. $7^{x+1} = 3^{2x-1} + 3^{2x+1}$; auf der rechten Seite wird 3^{2x} ausgeklammert:

$$7^{x+1} = 3^{2x}\left(\frac{1}{3} + 3\right); \quad \text{logarithmiert:}$$
$$(x + 1) \lg 7 = 2x \lg 3 + \lg\left(\frac{1}{3} + 3\right); \quad \text{geordnet:}$$
$$x(\lg 7 - 2 \lg 3) = \lg\left(3 + \frac{1}{3}\right) - \lg 7,$$
$$x \lg \frac{7}{3^2} = \lg \frac{10}{3} - \lg 7,$$
$$x \lg \frac{7}{9} = \lg \frac{10}{21}, \quad x = \frac{\lg \frac{10}{21}}{\lg \frac{7}{9}} = \frac{-0{,}32222}{-0{,}10914} = 2{,}95235.$$

Allgemeine Methoden zum Lösen von Exponentialgleichungen lassen sich nicht angeben. Bei schwierigen Gleichungen wird man numerische oder graphische Methoden anwenden müssen.

Faktor. Bei einem Produkt (s. d.) aus zwei Zahlen werden diese Faktoren genannt. Wegen des Assoziativgesetzes der Multiplikation (s. *Algebra*) kann man auch Produkte aus mehr als zwei Faktoren bilden. Allgemein nennt man auch die einen Produktterm zusammensetzenden Terme Faktoren.

Faktorzerlegung. Die Aufgabe, aus einer Summe ein Produkt zu machen, nennt man Zerlegung in Faktoren;

z. B.: $a^2 + 2ab + b^2 = (a + b)(a + b).$

Es gibt die folgenden einfachen Möglichkeiten zum Auffinden der Faktoren:

1. Faktoren, die mehreren Gliedern einer Summe gemeinsam sind, kann man ausklammern.

$$35a^2 x + 15bx^2 - 28a^3 - 12abx =$$
$$= 5x(7a^2 + 3bx) - 4a(7a^2 + 3bx) =$$
$$= (7a^2 + 3bx)(5x - 4a).$$

2. Hat man das Quadrat eines Binoms vor sich,

   z. B.: $9x^4 + 6x^2 + 1 = (3x^2 + 1)(3x^2 + 1)$,

   so kann man die Formel $a^2 + 2ab + b^2 = (a + b)^2$ anwenden.

3. Hat man eine Differenz zweier Quadrate, so gilt die wichtige Grundregel

$$a^2 - b^2 = (a + b)(a - b).$$

   Weiterhin gilt

$$a^3 - b^3 = (a^2 + ab + b^2)(a - b),$$
$$a^4 - b^4 = (a^2)^2 - (b^2)^2 = (a^2 + b^2)(a^2 - b^2),$$
$$= (a^2 + b^2)(a + b)(a - b),$$
$$= (a + ib)(a - ib)(a + b)(a - b).$$

   Ist die Differenz zweier Quadrate mit einem Faktor multipliziert, so muß man diesen vorher ausklammern

$$108x^2y^2c - 75a^2c = 3c(36x^2y^2 - 25a^2)$$
$$= 3c(6xy + 5a)(6xy - 5a).$$

4. Hat man das Produkt zweier *Linearfaktoren* vor sich, so kann man die Formel

   $(x + a)(x + b) = x^2 + (a + b)x + ab$ benutzen;

   z. B.: $x^2 + 3x - 10 = (x + 5)(x - 2)$.

5. Bei Polynomen, das sind Terme der Form

$$x^n + a_1 x^{n-1} + a_2 x^{n-2} + \dots + a_n = f(x),$$

kann man oft einen Linearfaktor $x - b$ finden, indem man an Stelle von b die Teiler von a_n setzt und jedesmal prüft, ob $f(x)$ durch $x - b$ teilbar ist. Das Verfahren kann man nur sinnvoll anwenden, wenn alle Koeffizienten $a_1, a_2, \ldots a_n$ ganze Zahlen sind.

Z. B.: $f(x) = x^4 - 6x^3 + 3x^2 + 11x - 5 = (x-5)(x^3 - x^2 - 2x + 1)$.

Fakultät ($n!$ – gelesen: „n-Fakultät")
Für natürliche Zahlen n nennt man das Produkt der ersten n Zahlen „n-Fakultät" und schreibt $n! = 1 \cdot 2 \cdot 3 \cdot \ldots (n-1) \cdot n$.
Für $n = 0$ definiert man $0! = 1$.

Beispiele: $1! = 1 = 1$ $\quad$ $3! = 1 \cdot 2 \cdot 3 = 6$
$2! = 1 \cdot 2 = 2$ $\quad$ ....

Für große Zahlen kann $n! \approx n^n \cdot e^{-n} \cdot \sqrt{2\pi n}$ gesetzt werden (*Stirlingsche Formel*).

Fehler. Für eine auf n Stellen nach dem Komma genau anzugebende Zahl z mit dem aus dieser Vorschrift sich ergebenden Näherungswert (s. d.) z_n gilt

$$z = z_n \pm \frac{1}{2} \cdot 10^{-n} \text{ (s. \textit{Aufrunden} u. \textit{Abrunden}).}$$

z liegt also in einem Intervall (s. d.) der Länge 10^{-n} mit dem Mittelpunkt z_n. Darin ist $\frac{1}{2} \cdot 10^{-n} = |z - z_n|$ der größte mögliche absolute Fehler des Näherungswertes.

Allgemein ist für die Zahl X:

$$X = x \pm \triangle x$$

mit dem Näherungswert x und dem absoluten Fehler $\triangle x$.
Zum Vergleich von Genauigkeiten bedient man sich besser des relativen Fehlers F:

$$F = \frac{\triangle x}{x} = \frac{\text{absoluter Fehler}}{\text{Näherungswert}}.$$

Feuerbachscher Kreis. Der Feuerbachsche Kreis (*Karl Wilhelm Feuerbach*, 1800–1834, Erlangen) eines Dreiecks ist bestimmt durch die drei Seitenmitten des Dreiecks. Da auf der Peripherie dieses Kreises auch noch die drei Höhenfußpunkte und die drei Mittelpunkte der bei den Ecken liegenden Höhenabschnitte liegen, wird der Kreis auch noch als *Neunpunktekreis* bezeichnet. Der Feuerbachsche Kreis berührt die drei Ankreise und den Inkreis des Dreiecks. Der Radius des Feuerbachschen Kreises ist gleich dem halben Umkreisradius, sein Mittelpunkt liegt auf der Eulerschen Geraden und bildet zusammen mit dem Umkreismittelpunkt, dem Höhenschnittpunkt und dem Schwerpunkt des Dreiecks vier harmonische Punkte (s. *Dreieck*; Abb. 120).

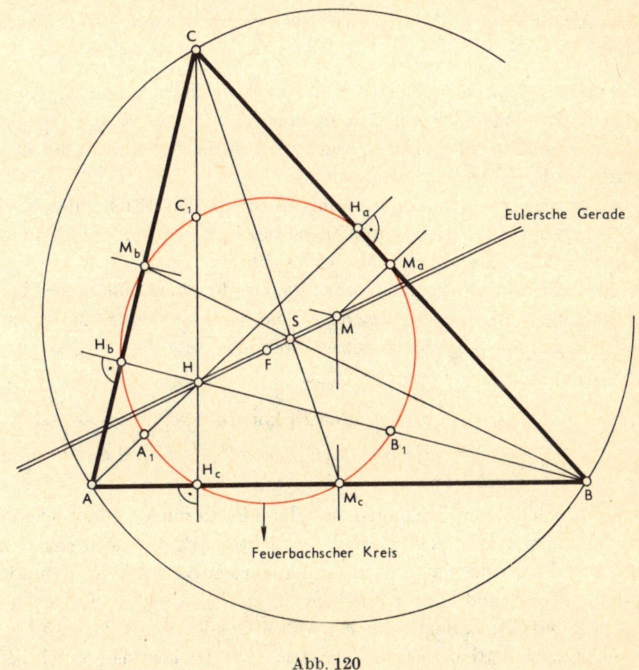

Abb. 120

Fixpunkte nennt man diejenigen Punkte der Ebene oder des Raumes, die bei einer Abbildung (siehe Abbildung, affine; Abbildung, ähnliche oder Bewegung) fest bleiben, d. h. mit ihrem Bildpunkt übereinstimmen.

Fixpunkte der affinen Abbildungen sind bei den perspektiven Affinitäten die Punkte der Affinitätsachse. Man nennt die Affinitätsachse deshalb

eine *Fixpunktgerade*. Sie bleibt *punktweise* fest; im Unterschied zu den Geraden, die in der Affinitätsrichtung verlaufen, diese bleiben nicht punktweise, wohl aber jede für sich als ganzes fest. Man nennt eine solche Gerade eine *Fixgerade*. Liegt ein Punkt auf einer Fixgeraden, so liegt sein Bild auf derselben Fixgeraden.
Bei ähnlichen Abbildungen ist im allgemeinen nur das Zentrum der Ähnlichkeit ein Fixpunkt.
Die Drehungen um einen Punkt haben das Drehzentrum als Fixpunkt.
Die Spiegelungen an einer Geraden haben die Gerade als Fixpunktgerade.
Die Translationen haben keine Fixpunkte.

Fläche. Als Flächen bezeichnet man die zweidimensionalen Gebilde des Raumes.

Flächeninhalt. Man kann zunächst den Versuch machen, den Begriff des Flächeninhalts folgendermaßen zu definieren:
Der Flächeninhalt einer ebenen Figur wird durch die Anzahl der in ihr enthaltenen Einheitsquadrate bestimmt.
Es erweist sich aber, daß man damit allenfalls den Flächeninhalt von Rechtecken mit rationalen Seitenlängen bestimmen kann. Schon bei allgemeineren Polygonen versagt dieses Verfahren.
Statt dessen wird nun allgemein definiert: Den Flächeninhalt einer Fläche F zu bestimmen, heißt, der Fläche F eine reelle Zahl $m(F)$ zuzuordnen (Maßfunktion), die folgende Eigenschaften hat:

(1) $m(F)$ ist nicht negativ,

(2) $m(F_1) = m(F_2)$, falls F_1 kongruent F_2,

(3) $m(F) = m(F_1) + m(F_2)$, falls F aus F_1 und F_2 zusammengesetzt ist.

Man kann sich davon überzeugen, daß diese Forderungen allein schon die Maßfunktion weitgehend festlegen. Betrachte z. B. ein Rechteck F mit Seiten 2 und 3. Zerlegt man es in zwei kongruente Rechtecke F_1 und F_2 mit den Seiten 1 und 3, so gilt wegen (2) $m(F_1) = m(F_2)$, also nach (3) $m(F) = 2 \cdot m(F_1)$. Zerlegt man F_1 in drei Quadrate mit der Seite 1, so folgt nach derselben Überlegung $m(F_1) = 3 \cdot m(Q)$, also schließlich $m(F) = 2 \cdot 3 \cdot m(Q)$. Die Zahl $m(Q)$ kann hier noch willkürlich aus den positiven Zahlen gewählt werden. Nimmt man sie als Einheit (s. d.), so folgt die übliche Formel für den Flächeninhalt des Rechtecks. Daraus ergeben sich nach denselben Regeln die Formeln für Parallelogramm, Dreieck, Trapez, kurz für alle Polygone. Zunächst geht man dabei von rationalen Seitenlängen aus. Für beliebige Seitenlängen ergibt sich die Formel aus den Eigenschaften der reellen Zahlen und Forderung (3).

Flächeninhalt eines Rechtecks und eines Quadrates

Ein Rechteck mit den Seitenlängen a und b hat den Flächeninhalt

$$F = a \cdot b.$$

Ein Quadrat mit der Seitenlänge a hat den Flächeninhalt

$$F = a^2.$$

Flächeninhalt eines Parallelogramms (Abb. 121)

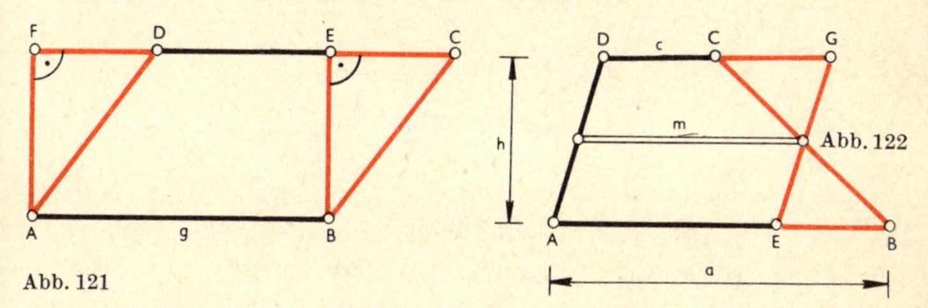

Abb. 121

Abb. 122

Aus der Abb. 121 ergibt sich, daß das Parallelogramm $ABCD$ denselben Flächeninhalt haben muß wie das Rechteck $ABEF$, denn das Rechteck $ABEF$ entsteht aus dem Parallelogramm durch Abschneiden des Dreiecks BEC und gleichzeitiges Ansetzen des dazu kongruenten Dreiecks AFD. Daraus ergibt sich: Die Fläche eines Parallelogramms ist $F = gh$, also gleich dem Produkt aus den Längen einer Seite und der zugehörigen Höhe.

Fläche eines Trapezes

Ein Trapez $ABCD$ kann nach Abb. 122 in ein flächengleiches Parallelogramm $AEGD$ verwandelt werden. Es ergibt sich:

$$F = m \cdot h = \frac{a + c}{2} \cdot h.$$

Fläche eines Dreiecks s. *Dreieck*

Flächeninhalt des Kreises

$F = \pi r^2$ (r = Radius), $F = \pi \cdot \dfrac{d^2}{4}$ (d = Durchmesser), $\pi = 3{,}1415\ldots$

Figuren mit gleichem Flächeninhalt nennt man flächengleich. Kongruente Figuren sind flächengleich nach Forderung (2). (Aber: flächengleiche Figuren brauchen nicht kongruent zu sein!)

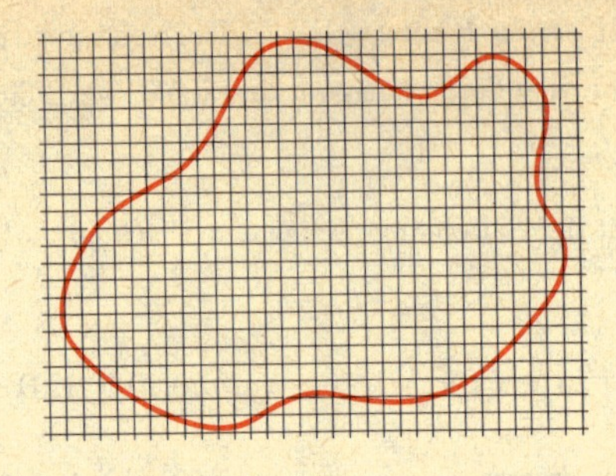

Abb. 123

Die Maßfunktion muß nun auch auf krummlinig begrenzte Figuren ausgedehnt werden.
Eine elementare Methode der Bestimmung des Flächeninhalts krummlinig begrenzter ebener Figuren ist die folgende Näherungsmethode (Abb. 123): Die Fläche wird mit einem Raster gleichgroßer Quadrate überzogen und die Zahl der Quadrate, die ganz im Innern der Figur liegen, abgezählt; dazu schätzt man die Fläche jener Quadrate ab, von denen nur ein Teil zur Figur gehört. Man erhält natürlich nur ein angenähertes Ergebnis. Millimeterpapier leistet dabei gute Dienste.
In der Ingenieurpraxis werden sogenannte Planimeter (Abb. 124) zum Messen von Flächen verwendet. Die graphisch vorliegende Randkurve einer ebenen Fläche wird mit einem Fahrstift umfahren. An einer Meßrolle kann dann eine Zahl abgelesen werden, die proportional der Größe der gemessenen Fläche ist.
Als Maßeinheit f. d. Flächenmessung dient das Quadratmeter (Abkürzung: qm oder m²). Ein Quadrat mit der Seitenlänge 1 m hat die Fläche 1 qm.

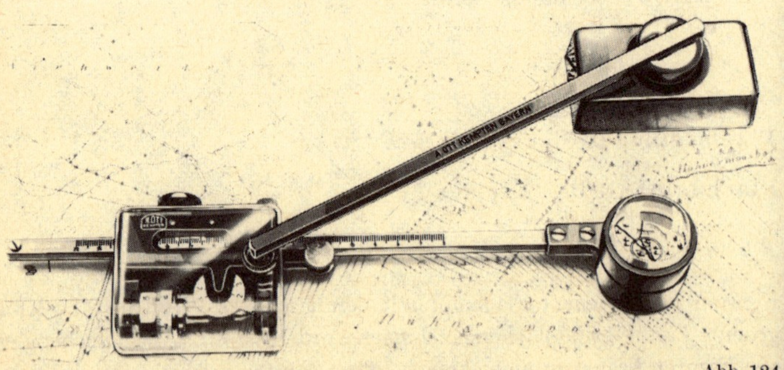

Abb. 124

Aus der Grundeinheit 1 qm werden abgeleitet:

1 qkm	= 1 km²	= 1 Quadratkilometer	= 100 Hektar (ha)	$= 10^6$ qm
1 ha		= 1 Hektar	= 100 Ar (a)	$= 10^4$ qm
1 a		= 1 Ar	= 100 qm	$= 10^2$ qm
1 qm	= 1 m²	= 1 Quadratmeter	= 100 qdm	= 1 qm
1 qdm	= 1 dm²	= 1 Quadratdezimeter	= 100 qcm	$= 10^{-2}$qm
1 qcm	= 1 cm²	= 1 Quadratzentimeter	= 100 qmm	$= 10^{-4}$qm
1 qmm	= 1 mm²	= 1 Quadratmillimeter	=	$= 10^{-6}$qm.

flächentreue Abbildungen. Eine Abbildung heißt flächentreu, wenn jedes Flächenstück in ein inhaltsgleiches Flächenstück übergeht. Die kongruenten Abbildungen (= Bewegungen) sind flächentreu.

Flächenverwandlung. Flächenverwandlungen nennt man Aufgaben, bei denen aus einer Figur eine andere mit gleichem Flächeninhalt hergestellt werden soll (s. auch *Höhensatz*).

Sätze zur Flächenverwandlung

Parallelogramme von gleicher Grundlinie g und gleicher Höhe h sind flächengleich (Abb. 121); $ABCD$ flächengleich $ABEF$.

Da der Flächeninhalt eines Dreiecks gleich der Hälfte des Flächeninhalts eines Parallelogramms von gleicher Grundlinie und gleicher Höhe ist, sind Dreiecke von gleicher Grundlinie c und gleicher Höhe h flächengleich (Abb. 98); Dreieck ABC flächengleich Dreieck ABC_1.

1. Grundaufgabe

Ein Dreieck ABC ist in ein anderes flächengleiches mit der vorgeschriebenen Seite c' ($> c$) unter Beibehaltung des Winkels α zu verwandeln (Abb. 125).

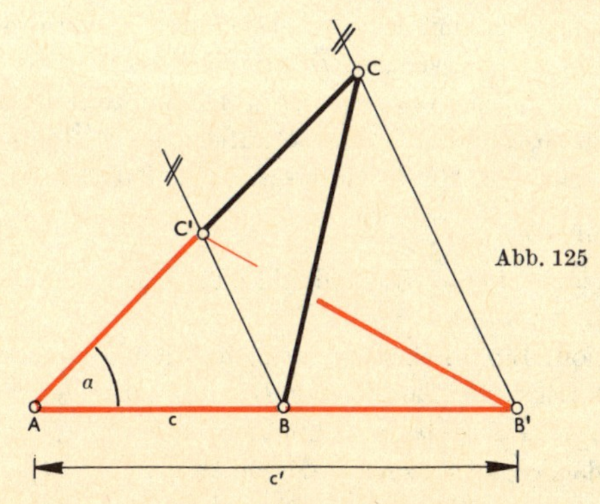

Abb. 125

Konstruktion: Man verlängert die Grundseite $\overline{AB}$ bis zur gewünschten Länge c' und erhält den neuen Endpunkt B'. Durch B zeichnet man eine Gerade parallel zu $B'C$. Diese schneidet die Seite AC im Punkt C'. $\triangle\, AB'C'$ ist das gesuchte Dreieck. Die Dreiecke $\triangle\, BB'C'$ und $\triangle\, CC'B$ sind flächengleich. Sie haben gleiche Grundlinie $\overline{BC'}$ und gleiche Höhe.

2. Grundaufgabe
Ein Dreieck ABC ist in ein anderes flächengleiches mit gegebener Höhe h_c' unter Beibehaltung des Winkels α zu verwandeln.
Konstruktion: Man zeichnet im Abstand h'_c zu AB die Parallele. Diese schneidet die verlängerte Seite $\overline{AC}$ im Punkt C'. Durch C zeichnet man die Parallele zur Geraden BC'. Die Gerade AB wird von dieser Parallelen im Punkt B' geschnitten. $\triangle\, AB'C'$ ist das gesuchte Dreieck (Abb. 126).

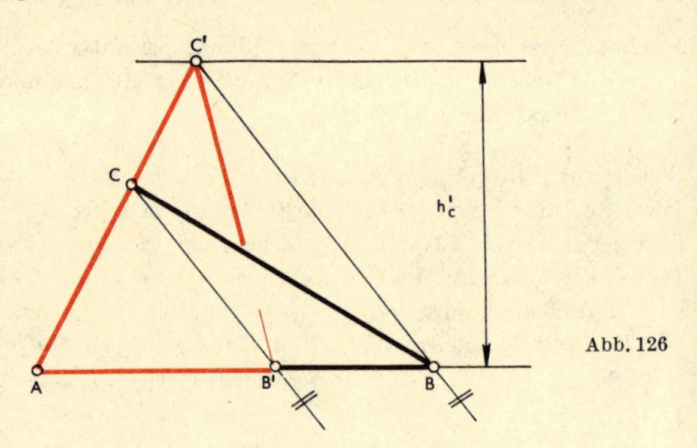

Abb. 126

3. Grundaufgabe (s. *Ergänzungsparallelogramm*)
Ein Parallelogramm $HPGD$ ist unter Beibehaltung der Winkel in ein anderes flächengleiches mit der gegebenen Seite a' zu verwandeln (Abb. 118).
Konstruktion: Man verlängert $\overline{DG}$ um die Strecke a' bis C und schneidet die Gerade CP mit der Geraden DH in A. Dann zeichnet man durch A die Parallele zu DG und durch C die Parallele zu DA. Die beiden Parallelen schneiden sich in B. $PEBF$ ist das gesuchte Parallelogramm.

4. Grundaufgabe

Ein n-Eck ist in ein (n-1)-Eck mit gleichem Flächeninhalt zu verwandeln (Abb. 127).
Konstruktion: Ein 5-Eck soll z. B. in ein 4-Eck verwandelt werden. Man zeichnet durch C die Parallele zu DB und schneidet diese mit AB im Punkte B'. $AB'DE$ ist das gesuchte Viereck, weil das abgeschnittene Dreieck BCD flächengleich dem angefügten Dreieck $BB'D$ ist.

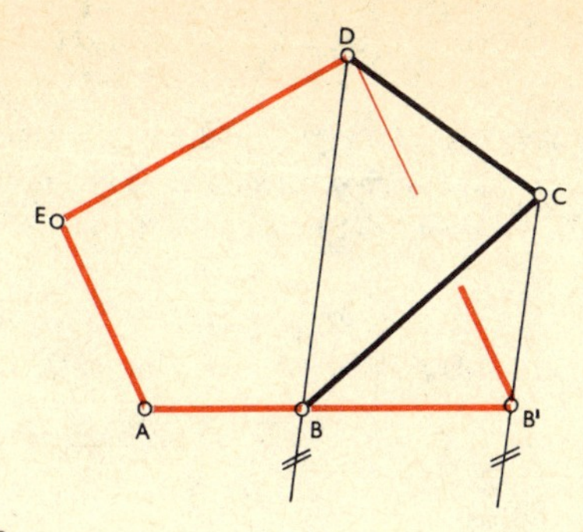

Abb. 127

5. Grundaufgabe

Ein beliebiges Vieleck ist in ein flächengleiches Quadrat zu verwandeln. Zunächst kann man jedes Vieleck in ein flächengleiches Dreieck und dieses wiederum in ein flächengleiches Rechteck verwandeln. Das Rechteck kann dann mit *Kathetensatz*, *Höhensatz*, *Sehnensatz*, *Sekantensatz oder Tangentensatz* (s. d.) in ein flächengleiches Quadrat verwandelt werden. Diese Flächenverwandlungen heißen geometrische Quadratur einer Figur. Die Berechnung des Flächeninhaltes nennt man arithmetische Quadratur.

Die geometrische und die arithmetische Quadratur eines beliebigen n-Ecks sind also möglich.

Folgen. Eine Folge ist eine Funktion (s. d. und *Abbildung*) mit der Menge $\mathbb{N}$ der natürlichen Zahlen als Definitionsbereich: $n \to a(n)$. Nach dieser Definition hat also eine Folge unendlich viele Glieder, die man schematisch in der Form

$a(1), a(2), a(3) \ldots$ oder kürzer $a_1, a_2, a_3 \ldots$ angibt.

Die Folge kann durch das Bildungsgesetz der Glieder der Folge gegeben sein, das angibt, wie das Glied an der Stelle n gebildet wird. Die Folge $\frac{1}{2}, \frac{2}{3}, \frac{3}{4}, \ldots$ hat z. B. das Bildungsgesetz $a(n) = \frac{n}{(n+1)}$. Dabei bedeutet allgemein $a(1)$ das erste, $a(2)$ das zweite, $a(3)$ das dritte usw. Glied der Folge.

Spezielle Folgen

1. *Arithmetische Folge* (1. Ordnung). $a(n) = a + (n-1)\,d$. Die Zahl a ist das Anfangsglied, und je zwei aufeinanderfolgende Glieder besitzen dieselbe Differenz d. Das mittlere von drei Gliedern ist das arithmetische Mittel (s. d.) der beiden anderen.

Beispiel: $1, 3, 5, 7, \ldots; a = 1, d = 2$. Das Glied 5 ist das arithmetische Mittel von 3 und 7.

2. *Geometrische Folge.* $a(n) = aq^{n-1}$. Aufeinanderfolgende Glieder haben einen konstanten Quotienten q. Das mittlere von drei Gliedern ist das geometrische Mittel (s. d.) der beiden anderen.

Beispiele:

a) $1, 2, 4, 8, 16, \ldots; a = 1, q = 2$. Das Glied 8 ist das geometrische Mittel von 4 und 16. Die Folge ist divergent (s. *Grenzwert*).

b) $1, \frac{1}{3}, \frac{1}{9}, \frac{1}{27}, \ldots; a = 1,\ q = \frac{1}{3}$. Die Folge ist konvergent (s. *Grenzwert*) mit dem Grenzwert 0.

c) $1, -\frac{1}{3}, \frac{1}{9}, -\frac{1}{27}, \ldots;\ a = 1,\ q = -\frac{1}{3}$. Die Folge ist im Vorzeichen wechselnd oder *alternierend*. Sie hat den Grenzwert 0.

Allgemein kann man zeigen: Eine geometrische Folge mit $|q| \dot{\geqq} 1$ ist divergent, mit $|q| < 1$ konvergent mit dem Grenzwert 0.

3. *Reihen.* Addiert man formal die Glieder einer Folge, so erhält man eine Reihe. Man geht z. B. von einer arithmetischen oder geometrischen Folge aus und addiert der Reihe nach die Glieder. Dadurch entsteht die Folge der *Teilsummen* $s(n)$.

Beispiele:

a) Arithmetische Folge: $1, 2, 3, \ldots$, Teilsummenfolge (arithmetische Reihe): $1, 3, 6, \ldots$

Allgemein gilt: $s(n) = a(1) + a(2) + \ldots + a(n) = (a(1) + a(n)) \cdot \frac{n}{2}$

oder: arithmetisches Mittel von Anfangs- und Endglied mal Zahl der Glieder.

b) Geometrische Folge: $1, \frac{1}{2}, \frac{1}{4}, \frac{1}{8}, \ldots$, Teilsummenfolge (geometrische Reihe): $1, \frac{3}{2}, \frac{7}{4}, \frac{15}{8}, \ldots$. In diesem Fall ist das Bildungsgesetz einfach abzulesen: $s(n) = \frac{2^n - 1}{2^{n-1}} = 2 - \frac{1}{2^{n-1}}$. Daraus erkennt man, daß die Teilsummenfolge den Grenzwert 2 hat.

Allgemein gilt: $s(n) = a + aq + aq^2 + \cdots + aq^{n-1} = a \cdot \frac{1 - q^n}{1 - q}$.

Im Falle $|q| < 1$ ist die Folge der $s(n)$ konvergent, weil dann q^n den Grenzwert 0 hat: $\lim\limits_{n \to \infty} s(n) = \frac{a}{1 - q}$.

Wichtige Beispiele für (unendliche) geometrische Reihen sind die unendlichen periodischen Dezimalbrüche. Z. B. bedeutet $0,\overline{3}$ nichts anderes als den Grenzwert der Teilsummenfolge 0,3, 0,33, 0,333, ... zur geometrischen Folge $\frac{3}{10}, \frac{3}{100}, \frac{3}{1000}, \ldots$ Das ist eine geometrische Folge mit $a = \frac{3}{10}$ und $q = \frac{1}{10}$. Für den Grenzwert der Teilsummenfolge erhält man $\frac{3}{10} \cdot \frac{1}{\left(1 - \frac{1}{10}\right)} = \frac{3}{10} \cdot \frac{10}{9} = \frac{1}{3}$.

Folgen spielen in der Praxis eine große Rolle bei Näherungsverfahren (s. *Näherungswert*).

Hinweis: Man nennt in veralteter Weise $\frac{a}{1-q}$ oft noch „die Summe der unendlichen geometrischen Reihe $a + aq + aq^2 + \cdots$ ad inf.“. Ferner wird in manchen Schulbüchern noch die Teilsumme $s(n)$ als „endliche Reihe“, der Abschnitt aus endlich vielen Anfangsgliedern der Folge als „endliche Folge“ bezeichnet.

formale Logik (mathematische Logik)

1. *Aussagen und Aussageformen*

Eine *Aussage* ist ein Satz, bei dem es sinnvoll ist zu fragen, ob er wahr oder falsch ist. Über den *Wahrheitswert* muß also grundsätzlich entschieden werden können.

Beispiele für Aussagen:

1. München ist eine deutsche Millionenstadt.
2. Hans hat einen roten Pullover an.
3. 11 ist eine Primzahl.
4. 7 ist eine gerade Zahl.

Offenbar sind 1. und 3. wahre Aussagen, 4. dagegen eine falsche Aussage; die Wahrheit oder Falschheit von 2. hängt von der Situation ab, ist aber grundsätzlich entscheidbar.

Wenn eine Aussage A (z. B. 4.) falsch ist, so ist ihr Gegenteil wahr. Dieses Gegenteil kann man entweder umgangssprachlich formulieren: „7 ist keine

gerade Zahl.“ Einfacher ist es, für dieses Gegenteil der Aussage A ein eigenes Symbol einzuführen: $\neg A$ (gelesen: non A). Mann nennt diese „Verneinung“ der Aussage auch *Negation.* –
In der Praxis tritt nun häufig der Fall mehrerer gleichartiger Aussagen auf, z. B.:

Venus ist ein Planet.
Mars ist ein Planet.
Merkur ist ein Planet.
....

Zur Abkürzung und Zusammenfassung könnte man dann den allgemeinen Satz schreiben:

x ist ein Planet.

Setzt man hier anstelle von x den Namen eines Planeten ein, so entsteht eine wahre Aussage; dagegen ergeben sich falsche Aussagen, wenn statt x die Namen von irgendwelchen anderen Dingen gesetzt werden.
Ein Satz wie der obige „x ist ein Planet“, in dem eine Variable vorkommt (s. d.), wird eine *Aussageform* genannt. Er wird zu einer Aussage, wenn man die Variable durch den Namen eines Dinges ersetzt. Die Menge der Dinge, die dafür eingesetzt werden sollen, nennt man *Grundmenge*; die Menge der Dinge, die bei Einsetzung zu wahren Aussagen führen, nennt man *Lösungsmenge* (oder Erfüllungsmenge).

Beispiel 1: Die Aussageform

x ist Primzahl

hat in der Grundmenge $G_1 = \{x|x \in \mathbb{N} \text{ und } 7 < x < 11\}$ die Lösungsmenge $L_1 = \emptyset$; denn 8, 9, 10 sind sämtlich keine Primzahlen.
Dagegen ergibt sich bei der Grundmenge $G_2 = \{x|x \in \mathbb{N} \text{ und } x < 7\}$ die Lösungsmenge $L_2 = \{2, 3, 5\}$.
Und bei der Grundmenge $G_3 = \mathbb{N}$ wird die Lösungsmenge L_3 sogar unendlich (nämlich gleich der Menge aller Primzahlen).

Beispiel 2: $x^2 + y^2 < 3$
ist eine Aussageform mit den beiden Variablen x und y; Grundmenge und Lösungsmenge müssen in diesem Fall Paarmengen sein.
Zur Grundmenge $G_1 = \mathbb{N} \times \mathbb{N}$ gehört die Lösungsmenge $L_1 = \{(1, 1)\}$; entsprechend zu $G_2 = \mathbb{N}_0 \times \mathbb{N}_0$ die Lösungsmenge

$$L_2 = \{(0, 0), (0, 1), (1, 0), (1, 1)\}$$

und zu

$G_3 = \mathbb{Z} \times \mathbb{Z}$

$L_3 = \{(0, 0), (0, 1), (0, -1), (1, 0), (-1, 0), (1, 1), (1, -1), (-1, 1), (-1, -1)\}$.

2. *Verknüpfung von Aussagen*

Oft wird es notwendig, zwei oder mehr Aussagen miteinander zu einer neuen Gesamtaussage zu verknüpfen. So kann man die Menge M der Quadratzahlen unter 50 z. B. so beschreiben: $M = \{x | x = n^2$ und $n \in \mathbb{N}$ und $x < 50\}$. Die Verknüpfung von Aussagen durch „und" wird als *Konjunktion* bezeichnet und mit dem Zeichen $\wedge$ geschrieben:

$$M = \{x | x = n^2 \wedge n \in \mathbb{N} \wedge x < 50\}.$$

Die durch Konjunktion entstehende Aussage ist offenbar genau dann wahr, wenn beide Teilaussagen wahr sind.
Eine andere Art der Aussageverknüpfung liegt in folgendem Fall vor:

„x ist durch 2 teilbar oder x ist durch 3 teilbar."

Faßt man das wieder als Mengenbeschreibung auf, so ist die Bedeutung des „oder" noch zu präzisieren: Es ist hier so zu verstehen, daß auch die x zur Menge gehören, die sowohl durch 2 als auch durch 3 teilbar sind (sogenanntes schwaches oder).
Die Verknüpfung von Aussagen durch dieses oder wird als *Disjunktion* (manchmal Adjunktion) bezeichnet und mit dem Zeichen $\vee$ bezeichnet:

$$x = 2 \cdot m \quad \vee \ x = 3 \cdot n \quad (m, n \in \mathbb{N}).$$

Im Sinne der Erklärung des oder ist die durch Disjunktion entstehende Aussage genau dann wahr, wenn mindestens eine der Teilaussagen wahr ist. –
In mathematischen Beweisführungen spielt noch eine weitere Aussagenverknüpfung eine wichtige Rolle, die umgangssprachlich durch die logische Wenn-Dann-Beziehung beschrieben werden kann.
Für reelle Zahlen a, b, gilt z. B.:
„Wenn das Produkt $a \cdot b$ verschwindet, dann ist mindestens einer der Faktoren 0."
Der Zusammenhang zwischen der Aussage $A\,(a \cdot b = 0)$ und der Aussage $B\,(a = 0$ oder $b = 0)$ wird als *Implikation* bezeichnet und mit dem Zeichen $\Rightarrow$ beschrieben:

$$A \Rightarrow B.$$

Neben der Wenn-Dann-Form läßt sich das auch lesen als

„Aus A folgt B" oder „A impliziert B". –

Gilt nun gleichzeitig mit $A \Rightarrow$ B auch $B \Rightarrow A$, so kann man diese beiden Aussagen zusammenfassen zu

$$A \Leftrightarrow B.$$

Diese Art der Aussagenverknüpfung wird als (logische) *Äquivalenz* bezeichnet, und die beiden Teilaussagen

„wenn A wahr ist, dann ist auch B wahr“ und
„wenn B wahr ist, dann ist auch A wahr“

werden sprachlich zusammengefaßt zu

„A ist genau dann wahr, wenn B wahr ist“.

Es sind also A und B gleichzeitig wahr oder beide sind gleichzeitig falsch; A hat, mit anderen Worten, für jede Einsetzung von Variablen den gleichen Wahrheitswert wie B.

Beispiel: $3 \cdot x = 6 \Leftrightarrow x = 2$
(s. auch: *Äquivalenzumformung von Gleichungen*).

3. *Wahrheitstafeln*

Im Vorangegangenen wurden die logischen Verknüpfungen umgangssprachlich und an Beispielen erklärt. Dabei hatten sich Schwierigkeiten mit dem oder ergeben; weitere Komplikationen treten auf, wenn man feststellen will, welcher Wahrheitswert etwa der Implikation $A \Rightarrow B$ zukommt, wenn A falsch ist. Hier kann nur eine exakte Definition der Aussageverknüpfungen helfen, wie man sie unter Benutzung von sogenannten *Wahrheitstafeln* geben kann.

Diesem Verfahren liegt der Begriff des Wahrheitswertes zugrunde, der hier schon verschiedentlich auftrat. Dabei wird w für eine wahre, f für eine falsche Aussage gesetzt. Die Aussageverknüpfungen lassen sich dann definieren durch die ihnen in den jeweils vier möglichen Fällen zugeordneten Wahrheitswerte, wie sie die folgende Tabelle zeigt.:

A	B	$A \wedge B$	$A \vee B$	$A \Rightarrow B$	$A \Leftrightarrow B$
w	w	w	w	w	w
w	f	f	w	f	f
f	w	f	w	w	f
f	f	f	f	w	w

Hier ist jetzt über die fraglichen Fälle bei der Implikation entschieden: $A \Rightarrow B$ ist falsch, wenn A wahr und B falsch ist; in allen anderen Fällen ist $A \Rightarrow B$ wahr.

Mit den Wahrheitstafeln hat man ein Mittel zur Hand, um ohne inhaltliche Kenntnis der Einzelaussagen nur aus ihren Wahrheitswerten auf den Wahrheitswert von zusammengesetzten Aussagen zu schließen (s. *Aussagenlogik*). Eine besondere Rolle spielen bei derartigen Untersuchungen die *Tautologien*, das sind Aussagenverbindungen, die für beliebige Wahrheitswerte der Einzelaussagen immer wahr sind.

Beispiel: $A \vee (\neg A)$, etwa (für $x \in \mathbb{N}$)
x ist gerade oder x ist ungerade.

4. *Quantoren*

Zur weiteren Verkürzung umgangssprachlicher Texte in der mathematischen Logik werden noch die sogenannten Quantoren benutzt.
Der *Allquantor* $\bigwedge$ (oder Generalisator) erlaubt dabei die einfache und knappe Angabe der Lösungs- oder Erfüllungsmenge einer Aussageform. Mit diesem Zeichen schreibt sich das kommutative Gesetz der Addition für natürliche Zahlen folgendermaßen:

$$\bigwedge_{x,\, y \in \mathbb{N}} x + y = y + x$$

In Worten: Für alle natürlichen Zahlen x, y gilt $x + y = y + x$.
Das Zeichen $\bigwedge$ bedeutet also: Für alle Elemente der darunter angegebenen Menge ergibt die folgende Aussageform wahre Aussagen.
Der *Existenzquantor* $\bigvee$ (oder Partikularisator) zeigt an, daß bei der darunter stehenden Grundmenge die Lösungsmenge für die folgende Aussageform nicht leer ist.

Beispiel: $\bigvee_{x \in \mathbb{R}} x^2 = 2$

In Worten: Es gibt eine reelle Zahl x, deren Quadrat 2 ist. Für die Anwendung der Quantoren bei der Formulierung von Aussagen stehe noch folgendes Beispiel:
„Es gibt keine größte natürliche Zahl", umformuliert
„Zu jeder natürlichen Zahl gibt es eine andere, die größer als diese ist";
formalisiert lautet diese Aussage

$$\bigwedge_{x \in \mathbb{N}} \bigvee_{y \in \mathbb{N}} y > x.$$

Formel. Eine Formel drückt einen Sachverhalt unter ausschließlicher Verwendung mathematischer Zeichen aus. So ist z. B. $c^2 = a^2 + b^2$ eine Formel für den Lehrsatz des Pythagoras, wenn man mit a und b die Längen der Katheten und mit c die Länge der Hypotenuse eines rechtwinkligen Dreiecks bezeichnet.

Formvariable s. *Gleichungen.*

Fundamentalsatz der Algebra. Der Fundamentalsatz der Algebra lautet: Jede algebraische Gleichung n-ten Grades ($n \in \mathbb{N}$)

$$a_0x^n + a_1x^{n-1} + \ldots + a_{n-1}\,x + a_n = 0, \quad (a_0 \neq 0),$$

besitzt mindestens eine Wurzel im Körper $\mathbb{K}$ der komplexen Zahlen (s. d.). Eine algebraische Gleichung (s. d.) n-ten Grades mit einer Variablen und reellen Koeffizienten besitzt genau n Lösungen (Wurzeln), wenn jede Lösung (reelle und komplexe) so oft gezählt wird, wie ihre Vielfachheit angibt. Dasselbe gilt, wenn die Koeffizienten komplexe Zahlen sind. Der erste Beweis stammt von C. F. Gauß (1777 bis 1855).

Funktion (s. A. II und *Abbildung*). In der heutigen Mathematik werden die Begriffe „Abbildung“ und „Funktion“ meistens als Bezeichnungen für denselben Sachverhalt gebraucht, auch in diesem Buch.

In der folgenden Tabelle werden die im gleichen Sinne gebrauchten Ausdrücke gegenübergestellt. Links findet man die Abbildungsterminologie, die sich aus der Geometrie entwickelt hat, rechts daneben den entsprechenden Ausdruck der Funktionsterminologie.

Abbildung	Funktion
Urbildmenge Originalmenge	Definitionsbereich
Bildmenge	Wertebereich
Urbild	Argumentwert
Bild	Funktionswert

Funktionentafeln. Für viele Funktionen gibt es Funktionentafeln, in denen für praktisch genügend viele Werte von x die Funktionswerte y ausgerechnet sind: z. B. *Logarithmentafeln, Tafeln der Exponentialfunktionen, der Winkelfunktionen* usw.

Ganze Zahlen (s. A. III)

1. *Allgemeines*

In der Menge $\mathbb{N} = \{1, 2, 3, \ldots\}$ der natürlichen Zahlen kann man unbeschränkt addieren und multiplizieren. Dagegen ist die Subtraktion $a - b$ in $\mathbb{N}$ nur ausführbar für $a > b$. Um diese Einschränkung zu überwinden, führt man eine Zahlbereichserweiterung aus mit dem Ziel, in dem erweiterten Bereich unbeschränkt subtrahieren zu können. Diese Erweiterung führt zur Menge $\mathbb{Z}$ der ganzen Zahlen.

2. *Definition der ganzen Zahlen*

Für die natürlichen Zahlen ist die Darstellung als Strecken am Zahlenstrahl (s. d.) bekannt, ebenso die Addition und (beschränkt ausführbare) Subtraktion der Strecken als Modell der entsprechenden Operationen mit den Zahlen. Erweitert man nun den Zahlenstrahl zur Zahlengeraden (s. d.), so kann man unter Beibehaltung der vorigen Konstruktionen nunmehr auch Streckensubtraktionen zwischen den zu natürlichen Zahlen gehörenden Strecken a, b im Falle $a \leqq b$ durchführen.
Dabei fällt die Übereinstimmung gewisser Resultate auf:

$$6 - 4 = 5 - 3 = 4 - 2 = 3 - 1 = 2,$$
$$4 - 6 = 3 - 5 = 2 - 4 = 1 - 3 \text{ usw.}$$

Der Punkt -2 der Zahlengeraden kann also nicht nur durch eine Subtraktion, sondern durch eine ganze Klasse gleichwertiger Subtraktionsaufgaben erreicht werden. Diese Erkenntnis führt auf die folgende Definition:

„Eine ganze Zahl ist eine Klasse von äquivalenten geordneten Paaren (a, b) natürlicher Zahlen."

Diese Definition liefert für $a > b$ die natürlichen Zahlen (Menge $\mathbb{N} = \mathbb{Z}^+$), für $a = b$ die Zahl 0 und für $a < b$ die negativen ganzen Zahlen (Menge $\mathbb{Z}^-$). Damit gilt die Mengenbezeichnung

$$\mathbb{Z} = \mathbb{N} \cup \{0\} \cup \{\mathbb{Z}^-\}.$$

3. *Rechnen mit ganzen Zahlen*

Die Rechengesetze in $\mathbb{Z}$ werden so festgelegt, daß dabei für natürliche Zahlen die bekannten Regeln erhalten bleiben. So kann man z. B. zu passenden Definitionen kommen, indem man die Streckenaddition und -subtraktion vom Zahlenstrahl auf die Zahlengerade überträgt. Man erhält so für die Addition und Subtraktion die folgenden Regeln für $a.\ b \in \mathbb{Z}$:

$(+a) + (+b) = a + b$ $\qquad$ $(+a) - (+b) = a - b$

$(+a) + (-b) = a - b$ $\qquad$ $(+a) - (-b) = a + b$

$(-a) + (+b) = b - a$ $\qquad$ $(-a) - (+b) = -(a + b)$

$(-a) + (-b) = -(a + b)$ $\qquad$ $(-a) - (-b) = b - a$

Die Menge $\mathbb{Z}$ mit der so erklärten Addition ist damit zu einer (abelschen oder kommutativen) Gruppe (s. d.) geworden.

Für die Multiplikation findet man die passenden Definitionen z. B. folgendermaßen:

(I) $(+3) \cdot (+2) = 3 \cdot 2 = +6$ (Multiplikation in $\mathbb{N}$),

(II) $(-3) \cdot (+2) = (-3) + (-3) = -(3 + 3) = -6$
(Rückgriff auf Erklärung der Multiplikation als fortgesetzte Addition und auf Additionsregel),

(III) $(+3) \cdot (-2) = (-2) \cdot (+3) = (-2) + (-2) + (-2)$
$= -(2 + 2 + 2) = -6$
(für die Multiplikation in $\mathbb{Z}$ wird also Kommutativität verlangt),

(IV) $(-3) \cdot (-2) = +6$; diese Definition wird durch folgende Überlegung veranlaßt: Übergang von (I) zu (II) bedeutete Vorzeichenänderung des ersten Faktors, bei gleichzeitiger Vorzeichenänderung im Resultat; diese Regel wird beim Übergang von (III) zu (IV) beibehalten. In allgemeiner Formulierung und bei Auffassung der Division als Umkehroperation zur Multiplikation hat man also folgende Resultate:

$(+a) \cdot (+b) = +ab$ $\qquad$ $(+a) : (+b) = +\frac{a}{b}$

$(+a) \cdot (-b) = -ab$ $\qquad$ $(+a) : (-b) = -\frac{a}{b}$

$(-a) \cdot (+b) = -ab$ $\qquad$ $(-a) : (+b) = -\frac{a}{b}$

$(-a) \cdot (-b) = +ab$ $\qquad$ $(-a) : (-b) = +\frac{a}{b}$

Das Verknüpfungsgebilde $(\mathbb{Z}, +, \cdot)$ ist ein Ring (s. d. und *Verknüpfung*).

ganzrational

Ganzrationale Funktionen sind die *rationalen Funktionen*, deren Nenner die Variable x nicht enthält, man nennt sie auch Polynome;

z. B.: $\quad y = a_0 x^n + a_1 x^{n-1} + \ldots + a_n$,

$y = x^4$, $y = 5x^3 - x^2 + 1$.

gegensinnig (ähnlich oder kongruent). Gegensinnig ähnlich (bzw. kongruent) heißen Figuren, wenn sie ähnlich (bzw. kongruent) sind, aber entgegengesetzten Umlaufsinn aufweisen.

Aus einer gegebenen Figur entsteht dann eine gegensinnig ähnliche (bzw. kongruente) Bildfigur, wenn man auf die gegebene Figur eine ähnliche (bzw. kongruente) Abbildung (s. d.) ausübt, die eine ungerade Anzahl von Geradenspiegelungen enthält. In der Abb. 128 ist das Dreieck ABC gegensinnig ähnlich zum Dreieck $A'B'C'$. Gegensinnig kongruente Figuren werden bei einer sogenannten uneigentlichen Bewegung (das ist eine eigentliche Bewegung plus eine Umwendung) erzeugt.

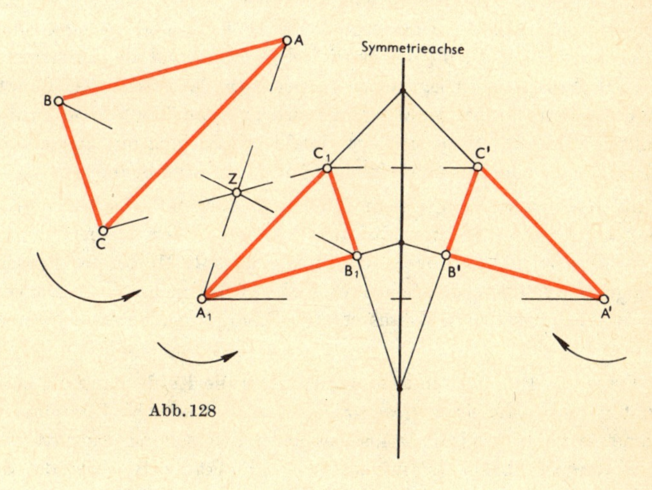

Abb. 128

Die Dreiecke ABC und $A_1B_1C_1$ sind dagegen gleichsinnig ähnlich. Die Dreiecke $A_1B_1C_1$ und $A'B'C'$ sind gegensinnig kongruent.

gemischte Zahl. Eine rationale Zahl, deren Betrag größer als 1 ist, läßt sich als Summe aus einer ganzen Zahl und einem echten Bruch schreiben. Vereinbarungsgemäß läßt man dabei das Additionszeichen zwischen der ganzen Zahl und dem Bruch weg, z. B.

$$3 + \frac{1}{2} = 3\frac{1}{2}.$$

Generalisator s. *Allquantor, formale Logik.*

Geometrie (s. A. VII). Die Geometrie entstand, wie der Name (Erdmessung) sagt, als Wissenschaft von den räumlichen Beziehungen der Dinge. Man kann die von Euklid (etwa 325 v. Chr.) systematisierte sogenannte euklidische Geometrie als eine Art Naturwissenschaft ansehen, die sich mit Idealisierungen und idealisierten Konstruktionen von Dingen beschäftigt. Solche Idealisierungen sind Punkte, Geraden, Ebenen, die sogenannten geometrischen Grundgebilde. Punkte, d. h. ausdehnungslose räumliche Gebilde, gibt es nicht in dem Sinn, in dem es physische Dinge gibt. Man kann aber gewisse physische Dinge als Annäherungen an Punkte ansehen, z. B. Ecken von Kristallen. Solche Ecken legen die Idee des Punktes nahe (Idealisierung). Ebenso kann man gewisse Grundsätze oder Axiome (s. d.) der euklidischen Geometrie als durch handwerkliche Praxis nahegelegt ansehen. Der Satz, daß durch zwei Punkte genau eine Strecke bestimmt ist, die sich „gleichmäßig" zwischen den Punkten erstreckt, ergibt sich z. B. aus der Erfahrung mit Drehachsen starrer Körper oder aus dem Umgang mit gestreckten Schnüren.

Euklid hat versucht, in seinem Buch „Die Elemente der Geometrie" alle geometrischen Sachverhalte aus Postulaten oder Axiomen herzuleiten. Das Buch hatte über 2000 Jahre lang als Muster für logische Strenge einen außerordentlichen Einfluß auf das menschliche Denken. Das Darstellungsschema Voraussetzung, Behauptung, Beweis wird noch heute verwendet.

Im Laufe des 19. Jahrhunderts wurde durch die Entdeckung der sogenannten *nichteuklidischen Geometrien* die mathematische Disziplin der Geometrie von der naturwissenschaftlichen Erforschung des physikalischen Raumes abgelöst. Mit dem Wort „Punkt" z. B. verbindet der Mathematiker heute keine bestimmte Vorstellung. Räumliche Gebilde sind nur eine von vielen Deutungsmöglichkeiten der geometrischen Sätze (Modelle). In der *projektiven Geometrie* z. B. gilt das Dualitätsprinzip, nach dem man in jedem Lehrsatz die Worte „Punkt" mit „Ebene" und „verbinden" mit „schneiden" vertauschen darf. Das bedeutet, daß man sich in jedem Lehrsatz der projektiven Geometrie unter „Punkt" auch „Ebene" vorstellen kann, wenn man will; die Richtigkeit der Sätze hat mit diesen deutenden Vorstellungen (Modellen) nichts zu tun.

In der Elementargeometrie herrscht der naive Zugang noch weitgehend vor. So werden in der *Planimetrie* (ebene Geometrie) und in der *Stereometrie* (räumliche Geometrie) nicht nur die gegenseitigen Lageverhältnisse der Grundgebilde durch Konstruktion untersucht, sondern auch

die Längen- und Winkelmessung sowie die Messung ebener Flächenstücke und der durch Flächenstücke begrenzten Körper nach Oberfläche und Inhalt studiert.

Nimmt man Lage und Maß selbst als Einteilungsprinzip für geometrische Disziplinen, dann kann man von einer Geometrie der Lage und einer Geometrie des Maßes sprechen. Die Geometrie der Lage (G. Desargues, 1591–1661; B. Pascal, 1623–1662; J. V. Poncelet, 1788–1867; J. D. Gergonne, 1771–1859; A. F. Moebius, 1790–1868; J. Steiner, 1796–1863; Chr. v. Staudt, 1798–1867) oder auch die projektive Geometrie oder die synthetische Geometrie beschäftigt sich also nur mit den Raumgesetzlichkeiten, die von den jeweiligen Abmessungen der in sie eingehenden Gebilde unabhängig sind. Die projektive Geometrie ist damit eine der allgemeinsten geometrischen Disziplinen, die damit zur Grundlage einer Reihe weiterer geometrischer Sondergebiete, z. B. (s. d.) *darstellende Geometrie, Perspektive, Photogrammetrie, Kinematik*, wird.

Die Geometrie des Maßes basiert auf der analytischen Geometrie (s. d.), in der die Punkte der Geraden, der Ebene, des Raumes durch Zahlen, Zahlenpaare, Zahlentripel dargestellt werden.

Die Geometrie des Maßes (A. Cayley, 1821–1895; F. Klein, 1849–1925) untersucht jene Raumgesetzlichkeiten, die sich auf Abmessungen der geometrischen Gebilde beziehen. Sie stellt Aussagen bereit, um den zugrunde liegenden Raum eindeutig durch „Maßfunktionen" zu kennzeichnen. Sie zerfällt in die Euklidische Geometrie und in die sog. Nichteuklidischen Geometrien, deren typische Strukturen als besondere Raumformen untersucht werden (W. Bolyai, 1775–1856; C. F. Gauß, 1777–1855; N. Lobatschewski, 1793–1856; J. B. Bolyai, 1802–1860; B. Riemann, 1826–1866; D. Hilbert, 1862–1943).

In der darstellenden Geometrie (s.d.) werden sowohl Lagen- als auch Maßverhältnisse geometrischer Gebilde des dreidimensionalen Raumes durch konstruktive Abbildungsverfahren studiert.

Die neuere Geometrie wird geprägt durch die sog. *Invariantentheorie*. In der Geometrie werden diejenigen Eigenschaften geometrischer Gebilde untersucht, die bei bestimmten Abbildungsgruppen unverändert (invariant) bleiben. So werden z. B. bei der Gruppe der Kongruenzabbildungen die Längen und Winkel nicht verändert. Dagegen bleiben bei der Gruppe der Ähnlichkeitsabbildungen zwar die Winkel, aber nicht die Längen invariant; immerhin erhalten sich die Längenverhältnisse. Die allgemeinste Abbildungsgruppe ist die der eineindeutigen stetigen Ab-

bildungen. Die Eigenschaften, die dabei erhalten bleiben, nennt man topologische Invarianten. Eine topologische Eigenschaft ist z. B., daß eine Kurve geschlossen ist. Dagegen ist „gerade“ keine topologische Eigenschaft. In Verbindung mit der Gruppentheorie hat die Invariantentheorie der geometrischen Forschung der neueren Zeit ihren Stempel aufgedrückt. Die Gedanken der Gruppentheorie wurden im „Erlanger Programm“ von F. Klein (1849–1925) mit der Geometrie verschmolzen. Aus ihnen ergibt sich in der angedeuteten Weise eine systematische Gliederung aller geometrischen Fachbereiche.

geometrischer Ort. Eine Figur (Punktmenge), die durch eine gemeinsame Eigenschaft der in ihr liegenden Punkte bestimmt ist.

Beispiele:

I. Der geometrische Ort für alle Punkte, die von einem festen Punkt M die gleiche Entfernung r haben, ist die Kreislinie um M mit dem Radius r.

II. Der geometrische Ort aller Punkte, die von zwei festen Punkten A und B die gleiche Entfernung haben, ist die Mittelsenkrechte der Verbindungsstrecke $\overline{AB}$.

III. Der geometrische Ort für alle Punkte, die von einer Geraden g den Abstand d haben, ist das Paar von Parallelen im Abstand d zu beiden Seiten der Geraden g.

IV. Der geometrische Ort für alle Punkte, die von zwei einander schneidenden Geraden g und h gleichen Abstand haben, ist das Paar von Winkelhalbierenden der von den beiden Geraden gebildeten Winkel.

V. Der geometrische Ort für die Mittelpunkte aller Kreise, die durch zwei feste Punkte A und B gehen, ist die Mittelsenkrechte der Verbindungsstrecke $\overline{AB}$.

VI. Der geometrische Ort für die Mittelpunkte aller Kreise, die eine gegebene Gerade g in einem gegebenen Punkt A berühren, ist die zur Geraden g Senkrechte h durch den Punkt A.

Soll ein Punkt der Ebene zugleich zwei Bedingungen erfüllen, so liegt er im Schnittpunkt (in der Durchschnittsmenge) der betreffenden geometrischen Örter. Die Lehrsätze über geometrische Örter können bei Konstruktionsaufgaben zur Bestimmung der Lage eines Punktes benutzt werden.

geometrisches Mittel. Unter dem geometrischen Mittel von n Größen $x_1, x_2, \ldots x_n$ versteht man den Wert $x = \sqrt[n]{x_1 \cdot x_2 \cdot \ldots x_n}$.

Beispiel 1: Das geometrische Mittel der Zahlen a, b ist $x = \sqrt{a \cdot b}$.

Beispiel 2: Das geometrische Mittel der Zahlen 4 und 9 ist:

$$x = \sqrt{4 \cdot 9} = \sqrt{36} = 6.$$

Gerade (s. A. VII). Die Geraden gehören zu den Grundgebilden der räumlichen und der ebenen Geometrie. Eigenschaften der Geraden: Eine Gerade ist durch zwei Punkte eindeutig bestimmt. Liegen drei Punkte auf einer Geraden, so kann man genau von einem der drei Punkte sagen, daß er zwischen den beiden anderen liegt. Eine Gerade wird durch einen Punkt in zwei Gebiete (Halbgeraden) zerlegt. Eine Gerade ist nach zwei Richtungen unbegrenzt. Zwei Geraden, die in ein und derselben Ebene liegen, haben entweder einen Punkt (Schnittpunkt) gemeinsam oder gar keinen, im letzteren Fall heißen sie parallel. Eine Gerade zerlegt eine Ebene in zwei Gebiete (Halbebenen). Eine Gerade, die mit einer Ebene zwei Punkte gemeinsam hat, liegt ganz in der Ebene. Eine Gerade, die nicht in einer Ebene liegt, hat mit der Ebene entweder genau einen Punkt (Schnittpunkt, Spurpunkt) oder keinen Punkt gemeinsam. Im letzten Fall liegt sie parallel zur Ebene.

Zwei Geraden, die nicht in einer Ebene liegen, haben keinen Punkt gemeinsam. Sie sind „windschief" zueinander.

Gewinnumformung s. *Umformen von Gleichungen.*

Gleichheit (s. A. II). Die Gleichheit ist eine zweistellige Relation. Die Relation $a = b$ besteht genau dann, wenn a jede Eigenschaft hat, die auch b hat, und umgekehrt; oder, anders ausgedrückt, wenn a und b je ein Name für dasselbe Ding sind. Man darf dann überall, wo „a" steht, auch „b" schreiben und umgekehrt. Die Gleichheit ist symmetrisch, reflexiv und transitiv, sie ist also eine Äquivalenzrelation.

Gleichheitszeichen (s. A. II). Wird zwischen zwei mathematische Ausdrücke das Gleichheitszeichen „=" gesetzt, so bedeutet das, daß die Ausdrücke links und rechts des Gleichheitszeichens gleich sind.

Dabei gelten folgende Gesetze der Gleichheit (s. *Äquivalenzreaktion*):

1. Jede Größe ist sich selbst gleich:
   $a = a$ (*Reflexivität*).
2. Bei einer Gleichung kann man die rechte und linke Seite vertauschen:
   aus $a = b$ folgt $b = a$ (*Symmetrie*).
3. Sind zwei Größen einer dritten gleich, so sind sie auch untereinander gleich:
   aus $a = b$ und $b = c$ folgt $a = c$ (*Transitivität*).

Zwei Größen, die einander nicht gleich sind, nennt man ungleich (Zeichen: $\neq$).
Das Gleichheitszeichen bedeutet nicht, daß zwei Größen, die gleich sind, auch unbedingt identisch sind;

z. B.: $\frac{2}{4} = \frac{4}{8}$.

gleichsinnig ähnlich bzw. gleichsinnig kongruent. Zwei Figuren der Ebene heißen gleichsinnig ähnlich (bzw. kongruent), wenn sie ähnlich (bzw. kongruent) sind und gleichen Umlaufsinn aufweisen.
Gleichsinnig ähnliche Figuren entstehen, wenn man auf eine gegebene Figur eine Ähnlichkeitsabbildung mit einer geraden Anzahl von Spiegelungen ausübt.
Gleichsinnig kongruente Figuren entstehen, wenn man auf eine Figur eine eigentliche Bewegung (kongruente Abbildung) mit einer geraden Anzahl von Spiegelungen ausübt.
Ähnliche bzw. kongruente Figuren, die nicht gleichsinnig ähnlich sind, heißen gegensinnig ähnlich bzw. kongruent (s. *gegensinnig*).
Beispiel von gleichsinnig ähnlichen und gleichsinnig kongruenten Figuren (Abb. 65). Das Dreieck $A_1B_1C_1$ entsteht aus dem Dreieck ABC durch eine Drehung um den Punkt O. Beide Dreiecke sind gleichsinnig kongruent. Die Dreiecke ABC und $A_2B_2C_2$ bzw. die Dreiecke $A_1B_1C_1$ und $A_2B_2C_2$ sind gleichsinnig ähnlich. Sie entstehen auseinander durch eine Drehstreckung bzw. durch eine Streckung.

Gleichung. Werden zwei Terme (s. d.) durch ein Gleichheitszeichen verknüpft, so entsteht eine Gleichung. Kommen in den Termen keine Variablen vor, so ist die Gleichung eine Aussage. Diese Aussage ist wahr, wenn auf beiden Seiten des Gleichheitszeichens ein Name für dieselbe Zahl steht, z. B.

$$3 + 5 = 2 + 6.$$

Enthalten die Terme Variable, so ist die Gleichung eine Aussageform. Die Zahlen, die man für die Variablen einsetzen muß, um eine wahre Aussage zu erhalten, heißen Lösungen der Gleichung. (Früher sagte man statt „Lösung" auch „Wurzel" der Gleichung, das ist natürlich etwas anderes als die Wurzel aus einer Zahl.)
Für die Einteilung der Gleichungen können verschiedene Gesichtspunkte maßgebend sein.

I. Einteilung nach der Anzahl der Lösungen:

1. Gleichungen, die bei jeder Einsetzung eines Elementes der Grundmenge zu einer wahren Aussage werden, heißen *allgemeingültige Gleichungen.*

Beispiele:

$$a + b = b + a,$$
$$2(x + 1) = 2x + 2.$$

2. Gleichungen, die bei keiner Einsetzung von Elementen der Grundmenge zu wahren Aussagen werden, heißen *nichterfüllbare Gleichungen.* Hierbei ist die Grundmenge wesentlich.

Beispiele:

$$2x + 5 = 4$$

ist nicht erfüllbar für die Grundmenge $G = \mathbb{N}$ (Menge der natürlichen Zahlen), oder $G = \mathbb{Q}^+$ (Menge der positiven rationalen Zahlen), wohl aber für $G = \mathbb{Q}$ (Menge der rationalen Zahlen).

$x^2 = 2$ ist unerfüllbar für $G = \mathbb{Q}$,
$x^2 = -1$ ist unerfüllbar für $G = \mathbb{R}$ (Körper der reellen Zahlen).
$2(5x - 3) = 5(2x - 3)$ ist unerfüllbar für jede Grundmenge.

Es war gerade die Unerfüllbarkeit solcher Gleichungen, die den Anlaß gab zu den Erweiterungen des Zahlbereichs.

3. Gleichungen, die für gewisse Einsetzungen wahre Aussagen, für andere Einsetzungen falsche Aussagen werden. Für diese Art Gleichungen sind verschiedene Namen gebräuchlich: *Bedingungsgleichung, teilgültige Gleichung, erfüllbare Gleichung, lösbare Gleichung.*

II. Man kann die Gleichungen auch einteilen nach der Anzahl der Variablen. $x + y = 7$ ist z. B. eine Gleichung in 2 Variablen, als Lösung ergeben sich hier Zahlenpaare $L = \{(1; 6), (2; 5), \ldots\}$. Bei 3 Variablen erhält man als Lösungen Zahlentripel usw.

III. Schließlich kann man die Gleichungen einteilen nach der Art der darin auftretenden Terme.

Man unterscheidet *algebraische Gleichungen* (s. d.) von den *nichtalgebraischen Gleichungen* (*transzendenten Gleichungen*). In den algebraischen Gleichungen werden auf die Variable nur die vier Grundrechnungsarten (Addition, Subtraktion, Multiplikation, Division) sowie Potenzieren und Radizieren angewandt. Durch Umformen läßt sich die algebraische Gleichung auf eine Form bringen, in der links ein Polynom und rechts Null steht.

Beispiel: $x^5 + 4x^3 + 4x + 1 = 0$ (s. *algebraische Gleichungen*).

Die transzendenten Gleichungen enthalten transzendente Funktionen der Variablen, z. B.:

Exponentialgleichungen

$$10^x + x = 2^x,$$

logarithmische Gleichungen

$$\lg x + 5 = x^2,$$

goniometrische Gleichungen

$$\sin x = \cos x - 0{,}5$$

(s. *Exponentialgleichungen*, s. *logarithmische Gleichungen*, s. *goniometrische Gleichungen*).

Bestimmen der Lösungsmenge von Gleichungen mit einer Variablen

Soll die Lösungsmenge einer Gleichung bestimmt werden, so muß man die Gleichung auflösen, d. h. sie so umformen, daß sie die Form $x =$ Zahl erhält. Werden dazu nur Äquivalenzumformungen benutzt, so ist diese Zahl die Lösung der Gleichung, eine Probe ist nicht unbedingt erforderlich, sie dient nur zur Kontrolle der Richtigkeit der Rechnung. Werden dagegen auch Gewinnumformungen benutzt, so ist die Probe eine logische Notwendigkeit.

Beispiele:

1. lineare Gleichung

$$3(5x - 4) + 2 = 4(3x + 2) - 6x.$$

Ausmultiplizieren der Klammern (Termumformung):

$$15x - 12 + 2 = 12x + 8 - 6x.$$

Ordnen (Addition von Termen auf beiden Seiten):

$$15x - 12x + 6x = 8 + 12 - 2.$$

Zusammenfassen (Termumformung):

$$9x = 18.$$

Dividieren durch den Koeffizienten von x:

$$x = 2.$$

Die Lösungsmenge ist also $\{2\}$.

2. Gleichungen, in denen die Variable im Nenner eines Bruches vorkommt:

$$\frac{9x + 1}{8x - 24} + 2 + \frac{x + 5}{x - 3} = \frac{9x - 7}{2x - 6}, \quad \text{Hauptnenner: } 8\,(x - 3).$$

Man erweitert alle Brüche so, daß sie den Nenner $8\,(x - 3)$ erhalten:

$$\frac{9x + 1}{8x - 24} + \frac{2 \cdot 8\,(x - 3)}{8x - 24} + \frac{8\,(x + 5)}{8x - 24} = \frac{4\,(9x - 7)}{8x - 24}.$$

Jetzt multipliziert man die ganze Gleichung mit dem Hauptnenner. Man erhält eine Gleichung 1. Grades:

$$9x + 1 + 16\,(x - 3) + 8\,(x + 5) = 4\,(9x - 7).$$

Man führt alle Multiplikationen aus und addiert die Glieder mit x und die Glieder ohne x

$$\begin{aligned} 9x + 1 + 16x - 48 + 8x + 40 &= 36x - 28 \\ 33x - 7 &= 36x - 28. \end{aligned}$$

Man addiert auf beiden Seiten der Gleichung 7 und subtrahiert auf beiden Seiten der Gleichung $36x$.

$$-3x = -21.$$

Man dividiert die Gleichung durch -3:

$$x = 7.$$

3. Gleichungen, in denen die Variable unter einem Wurzelzeichen vorkommt:
   Diese Wurzelgleichungen führen nur in besonderen Fällen zu Gleichungen 1. Grades. Hier ein Beispiel, bei dem man zu einer quadratischen Gleichung kommt:

$$\sqrt{5 + x} - \sqrt{5 - x} = 2.$$

Man quadriert die Gleichung:

$$5 + x + 5 - x - 2\sqrt{(5 + x)(5 - x)} = 4.$$

Dann sorgt man dafür, daß die vorkommende Wurzel auf einer Seite der Gleichung isoliert steht:

$$2\sqrt{(5 + x)(5 - x)} = 6$$

und quadriert nochmals:

$$4(5 + x)(5 - x) = 36.$$

Das Produkt wird ausgerechnet und die Gleichung durch 4 dividiert:

$$25 - x^2 = 9.$$

Nach dem Ordnen hat man eine quadratische Gleichung:

$$x^2 - 16 = 0.$$

Diese hat die Lösungen:

$$x_1 = +4 \quad \text{und}$$
$$x_2 = -4.$$

Bei solchen „Wurzelgleichungen" ist eine „Probe" unbedingt notwendig, weil das Quadrieren der Gleichung eine Gewinnumformung darstellt.

Zur Probe hat man den errechneten Wert $x_1 = 4$ in der ursprünglichen Gleichung an Stelle von x einzusetzen. Wenn damit aus der Bestimmungsgleichung eine identische Gleichung geworden ist, so war x_1 eine Lösung der Wurzelgleichung. Erfüllt dagegen der errechnete Wert (z. B. x_2) die gegebene Gleichung nicht, dann ist er keine Lösung von ihr.

$$\sqrt{5 + 4} - \sqrt{5 - 4} = 2$$

ist offenbar richtig, also $x_1 = 4$ eine Lösung.
Setzt man $x_2 = -4$ ein,

$$\sqrt{5 - 4} - \sqrt{5 + 4} = 1 - 3 = -2,$$

so wird aus der linken Seite -2. $x_2 = -4$ ist also keine Lösung.

Lösungsmethoden für die algebraischen Gleichungen

A. Gleichungen mit einer Variablen

a) *Gleichungen 1. Grades* (lineare Gleichungen mit einer Variablen) s. vorangehendes Beispiel 1.

b) *Gleichungen 2. Grades* (quadratische Gleichungen mit einer Variablen)

In diesen Gleichungen ist der höchste der vorkommenden Exponenten der Variablen 2. Die Normalform dieser Gleichungen ist:

$$x^2 + px + q = 0.$$

Darin ist x^2 das quadratische Glied, px das lineare und q das absolute Glied.

Ist $p = 0$, also kein lineares Glied vorhanden, so ist die Gleichung reinquadratisch. Wenn p von Null verschieden ist, dann heißt die Gleichung gemischtquadratisch.

Beispiele: $x^2 - 9 = 0$ ist eine reinquadratische Gleichung,
$x^2 + 5x - 10 = 0$ ist eine gemischtquadratische Gleichung.

Lösung der reinquadratischen Gleichung: In der Gleichung $x^2 + q = 0$ kann man auf beiden Seiten q subtrahieren und erhält: $x^2 = -q$.

Daraus folgt durch Wurzelziehen:

$$x_1 = +\sqrt{-q} \quad \text{oder} \quad x_2 = -\sqrt{-q}\,.$$

Beispiel:

$$\begin{aligned} x^2 - 9 &= 0 \\ x^2 &= 9 \\ x_1 &= 3 \\ x_2 &= -3 \end{aligned} \qquad \begin{aligned} x^2 + 4 &= 0 \\ x^2 &= -4 \\ x_1 &= +2i \\ x_2 &= -2i \end{aligned} \left.\vphantom{\begin{aligned} x_1 \\ x_2 \end{aligned}}\right\} \text{vgl. imaginäre Zahlen.}$$

Eine reinquadratische Gleichung hat zwei Lösungen, x_1 und x_2. Diese unterscheiden sich höchstens durch das Vorzeichen (s. o.). Wenn das absolute Glied der reinquadratischen Gleichung positiv ist, so hat die Gleichung zwei imaginäre Lösungen, die sich nur durch das Vorzeichen unterscheiden (s. o.).

Lösung der gemischtquadratischen Gleichung:

1. Sonderfall $x^2 + p\,x = 0$;
   Zerlegung in Linearfaktoren ergibt

   $$x(x + p) = 0.$$

   Folglich ist $x = 0$ oder $x + p = 0$.
   Man hat also die Lösungen

   $$x_1 = 0, \quad x_2 = -p. -$$

2. Der allgemeine Fall $x^2 + p\,x + q = 0$.

In dieser Gleichung wird zunächst auf beiden Seiten der Gleichung q subtrahiert. Es entsteht:

$$x^2 + px = -q.$$

Nun wird „quadratisch ergänzt“, d. h. auf beiden Seiten der Gleichung der Term $\left(\frac{p}{2}\right)^2$ addiert:

$$x^2 + px + \left(\frac{p}{2}\right)^2 = -q + \left(\frac{p}{2}\right)^2.$$

Die linke Seite dieser Gleichung ist identisch mit

$$\left(x + \frac{p}{2}\right)^2.$$

Die Gleichung lautet jetzt:

$$\left(x + \frac{p}{2}\right)^2 = \left(\frac{p}{2}\right)^2 - q.$$

Durch Radizieren beider Gleichungsseiten wird daraus:

$$x + \frac{p}{2} = \pm\sqrt{\left(\frac{p}{2}\right)^2 - q}.$$

Schließlich wird noch auf beiden Seiten der Gleichung $\frac{p}{2}$ subtrahiert.

Die Lösungen der gemischtquadratischen Gleichung sind also:

$$x_1 = -\frac{p}{2} + \sqrt{\left(\frac{p}{2}\right)^2 - q}, \quad x_2 = -\frac{p}{2} - \sqrt{\left(\frac{p}{2}\right)^2 - q}.$$

Gebräuchlich ist auch die folgende Lösungsformel:

Die quadratische Gleichung

$$ax^2 + bx + c = 0$$

hat die Lösungen:

$$x_1 = \frac{-b + \sqrt{b^2 - 4ac}}{2a}, \qquad x_2 = \frac{-b - \sqrt{b^2 - 4ac}}{2a}.$$

Beispiel 1: $x^2 - x - 30 = 0$. Es ist $p = -1$, $q = -30$, also:

$$x_1 = \frac{1}{2} + \sqrt{\frac{1}{4} + 30}, \qquad x_2 = \frac{1}{2} - \sqrt{\frac{1}{4} + 30},$$

$$x_1 = \frac{1}{2} + \sqrt{\frac{121}{4}} = 6, \qquad x_2 = \frac{1}{2} - \sqrt{\frac{121}{4}} = -5.$$

Beispiel 2: $3x^2 - 10x + 8 = 0$. Es ist $a = 3$, $b = -10$, $c = 8$,

also: $$x_1 = \frac{10 + \sqrt{100 - 4 \cdot 3 \cdot 8}}{6} = \frac{10 + \sqrt{100 - 96}}{6}$$

$$= \frac{10 + 2}{6} = 2,$$

$$x_2 = \frac{10 - \sqrt{100 - 4 \cdot 3 \cdot 8}}{6} = \frac{10 - \sqrt{100 - 96}}{6}$$

$$= \frac{10 - 2}{6} = \frac{4}{3}.$$

Jede quadratische Gleichung hat zwei Lösungen, die entweder verschieden reell, gleich reell oder konjugiert komplex sein können. Die Entscheidung darüber liefert die Diskriminante

$$D = b^2 - 4ac.$$

Ist nämlich $b^2 - 4ac$ positiv, so gibt es zwei verschiedene reelle Lösungen, ist $b^2 - 4ac = 0$, so gibt es eine reelle Doppellösung, ist dagegen $b^2 - 4ac$ negativ, so hat die Gleichung zwei konjugiert komplexe Lösungen.

Beispiel 1: $4x^2 - 12x + 5 = 0$; $b^2 - 4ac = 12^2 - 4 \cdot 4 \cdot 5 =$

$= 144 - 80 = 64$

ist positiv, also 2 reelle verschiedene Lösungen, nämlich

$$x_1 = \frac{5}{2}, \qquad x_2 = \frac{1}{2}.$$

Beispiel 2: $4x^2 - 12x + 9 = 0$; $b^2 - 4ac = 12^2 - 4 \cdot 4 \cdot 9 = 0$,

also eine reelle Doppellösung, nämlich

$$x_1 = x_2 = \frac{3}{2}.$$

Beispiel 3: $4x^2 - 12x + 13 = 0$; $b^2 - 4ac = 12^2 - 4 \cdot 4 \cdot 13 = 144 - 208$

ist negativ, also 2 konjugiert komplexe Wurzeln, nämlich

$$x_1 = \frac{3}{2} + i, \qquad x_2 = \frac{3}{2} - i.$$

Sind $x_1 = -\frac{p}{2} + \sqrt{\left(\frac{p}{2}\right)^2 - q}$ und $x_2 = -\frac{p}{2} - \sqrt{\left(\frac{p}{2}\right)^2 - q}$

die Lösungen der quadratischen Gleichung

$$x^2 + px + q = 0,$$

so gilt $x_1 + x_2 = -p; \; x_1 \cdot x_2 = q$

(*Vietasche Wurzelsätze* für quadratische Gleichungen).

Ganzzahlige Lösungen von algebraischen Gleichungen n-ten Grades mit ganzzahligen Koeffizienten

Die Lösungen einer algebraischen Gleichung n-ten Grades mit ganzzahligen Koeffizienten, in der der Koeffizient von x^n gleich 1 ist,

z. B.: $$x^3 - 6x^2 + 11x - 6 = 0,$$

sind entweder ganze Zahlen, irrationale Zahlen oder komplexe Zahlen, aber nie gebrochen rationale Zahlen. Das absolute Glied a_n einer solchen Gleichung ist nach den *Vietaschen Wurzelsätzen* das Produkt aller Wurzeln, wobei der Koeffizient dieses Produktes $(-1)^n$ ist. Besitzt demnach eine derartige Gleichung eine ganzzahlige Wurzel, so muß diese Wurzel ein Teiler des absoluten Gliedes der Gleichung sein. Man kann also bei einer solchen Gleichung alle Teiler des absoluten Gliedes untersuchen, ob sie Lösungen der Gleichung sind. Findet man auf diese Art keine Lösungen der Gleichung, so gibt es keine rationalen Lösungen der Gleichung. Man muß dann zum Auffinden der reellen irrationalen Lösungen der Gleichung eventuell *Näherungsverfahren* benutzen.

Beispiel: $x^4 - x^3 - 21x^2 + x + 20 = 0.$

Die Teiler des absoluten Gliedes sind:

$+1, -1, +2, -2, +4, -4, +5, -5, +10, -10, +20, -20.$

Man setzt diese Werte in die Gleichung ein:

$x = +1;\; 1 - 1 - 21 + 1 + 20 = 0.$

Für $x = +1$ entsteht eine wahre Aussage. $x_1 = 1$ ist eine Wurzel der Gleichung.

$x = -1;\; 1 + 1 - 21 - 1 + 20 = 0.$

Für $x = -1$ ist die Gleichung erfüllt. $x_2 = -1$ ist die zweite Wurzel der Gleichung.

$x = +2;\; 16 - 8 - 84 + 2 + 20 = -54.$

$x = +2$ ist keine Wurzel der Gleichung.

$x = -2;\; 16 + 8 - 84 - 2 + 20 = -42.$

$x = -2$ ist keine Wurzel der Gleichung.

$x = +4;\; 256 - 64 - 336 + 4 + 20 = -120.$

$x = 4$ ist keine Wurzel der Gleichung.

$x = -4$; $256 + 64 - 336 - 4 + 20 = 0$.

Für $x = -4$ ist die Gleichung erfüllt. $x_3 = -4$ ist die dritte Lösung der Gleichung.

$x = +5$; $625 - 125 - 525 + 5 + 20 = 0$.

$x = 5$ ist die vierte Lösung der Gleichung.

Damit sind die vier Wurzeln (Lösungen) der Gleichung gefunden. Wenn die Gleichung nicht in der Normalform gegeben ist, so muß die Normalform erst hergestellt werden. Wenn

$$a_0 x^n + a_1 x^{n-1} + a_2 x^{n-2} + \ldots + a_n = 0, \; a_0 \neq 0,$$

die gegebene Gleichung ist, so darf man sie mit $a_0{}^{n-1}$ multiplizieren und anschließend an Stelle von $a_0 x = z$ schreiben. Dann hat man folgende Gleichung:

$$z^n + a_1 z^{n-1} + a_2 a_0 z^{n-2} + a_3 a_0{}^2 z^{n-3} + \ldots + a_n a_0{}^{n-1} = 0.$$

Wenn man eine Lösung z_1 dieser Gleichung kennt, so kann man daraus mit $x_1 = \frac{z_1}{a_0}$ eine Lösung der ursprünglichen Gleichung berechnen.

Beispiel: $10x^3 + 7x^2 - 4x - 1 = 0$.

Man multipliziert mit 100.

$(10x)^3 + 7 \cdot (10x)^2 - 40 \cdot 10x - 100 = 0$.

Man schreibt $10x = z$ und erhält:

$z^3 + 7z^2 - 40z - 100 = 0$.

Die Teiler von 100 sind:

+1, —1, +2, —2, +4, —4, +5, —5, +10, —10, +20, —20, +25, —25, +50, —50, +100, —100.

Man setzt diese Werte in die Gleichung ein:

$z = +1$; $\quad 1 + 7 - 40 - 100 \neq 0$ (keine Lösung),
$z = -1$; $-1 + 7 + 40 - 100 \neq 0$ (keine Lösung),
$z = +2$; $\quad 8 + 28 - 80 - 100 \neq 0$ (keine Lösung),
$z = -2$; $-8 + 28 + 80 - 100 = 0$; $z_1 = -2$ ist eine Wurzel der Gleichung.

Anstatt nun das Verfahren fortzusetzen, kann man auch die linke Seite der Gleichung durch den Linearfaktor $z + 2$ teilen:

$$
\begin{array}{l}
(z^3 + 7z^2 - 40z - 100) : (z + 2) = z^2 + 5z - 50 \\
-(z^3 + 2z^2) \\
\hline
\quad 5z^2 - 40z \\
\quad -(5z^2 + 10z) \\
\hline
\qquad -50z - 100 \\
\qquad -(-50z - 100) \\
\hline
\qquad\qquad 0
\end{array}
$$

Die restlichen zwei Lösungen findet man aus der Gleichung:

$$z^2 + 5z - 50 = 0.$$

Diese hat die Lösungen

$$z_2 = +5, z_3 = -10.$$

Aus z_1, z_2, z_3 findet man:

$$x_1 = \frac{-2}{10} = -\frac{1}{5}, \quad x_2 = \frac{5}{10} = \frac{1}{2}, \quad x_3 = \frac{-10}{10} = -1.$$

Symmetrische Gleichungen

Man nennt eine Gleichung *reziprok* oder *symmetrisch*, wenn der reziproke Wert jeder ihrer Wurzeln auch eine Wurzel der Gleichung ist.

Beispiel: $x^2 - \frac{5}{2}x + 1 = 0$

ist eine reziproke Gleichung, denn sie hat die Lösungen $x_1 = 2$ und $x_2 = \frac{1}{2}$.

Jede reziproke Gleichung ungeraden Grades hat entweder die Wurzel $x_1 = +1$ oder die Wurzel $x_1 = -1$.

Schreibt man in einer reziproken Gleichung an Stelle von x immer $\frac{1}{x}$, so geht die Gleichung in sich selbst über. Jede reziproke Gleichung ist in ihren Koeffizienten symmetrisch. Jede reziproke Gleichung ungeraden Grades kann entweder durch $x - 1$ oder durch $x + 1$ dividiert werden und wird dann von geradem Grade.

Gleichungen mit Formvariablen

Eine Gleichung der Form $a\,x + b = c$ enthält die 4 Variablen a, b, c, x. Diese 4 Variablen sind grundsätzlich gleichberechtigt, man kann die Gleichung nach jeder dieser 4 Variablen auflösen:

$$a = \frac{c - b}{x}; b = c - a\,x; c = a\,x + b; x = \frac{c - b}{a}.$$

Die Variable, nach der man die Gleichung auflöst, heißt *Lösungsvariable* (meistens nimmt man dafür einen der letzten Buchstaben des Alphabets), die andern Variablen heißen *Formvariable.*
Eine Gleichung ist nach x aufgelöst, wenn man sie in eine äquivalente Gleichung der Form

$$x = t$$

umgeformt hat. Dabei ist x in dem Term t nicht mehr enthalten. Setzt man diesen Term in die ursprüngliche Gleichung ein, so erhält man eine allgemeingültige Gleichung.
Muß man beim Umformen mit einem Term multiplizieren oder durch einen Term dividieren, so ist darauf zu achten, daß dieser Term von Null verschieden ist, gegebenenfalls ist die Grundmenge für die Formvariablen entsprechend einzuschränken.

Gleichungssysteme, lineare. Hat man zur Bestimmung mehrerer Variabler (Unbekannter) mehrere Gleichungen (in denen diese Variablen auftreten), die gleichzeitig (simultan) gelten sollen, so spricht man von einem Gleichungssystem, z. B.: einem System von zwei Gleichungen mit zwei Variablen:

$$\begin{aligned} \text{I.}\quad & x + y = 5, \\ \text{II.}\quad & x - y = 3. \end{aligned}$$

Die einzelnen Gleichungen werden zweckmäßig numeriert. Falls mehr als zwei oder drei Variable vorkommen, ist es auch gebräuchlich, die Variablen mit $x_1, x_2, x_3, \ldots$ (gelesen: „x-eins, x-zwei, x-drei") zu bezeichnen;

z. B.:

$$\begin{aligned} \text{I.}\quad & 5x_1 - 2x_2 + x_3 = 1, \\ \text{II.}\quad & x_1 - x_3 = 0, \\ \text{III.}\quad & x_2 + x_3 = -1. \end{aligned}$$

Ein Gleichungsssystem ist die Konjunktion mehrer Gleichungen. Als Lösungsmenge eines linearen Gleichungssystems erhält man im allgemeinen bei zwei Variablen ein Zahlenpaar, bei drei Variablen ein Zahlentripel usw.

Zwei lineare Gleichungen mit zwei Variablen

Es gibt die folgenden Lösungsverfahren:

A. Einsetzungsverfahren,
B. Gleichsetzungsverfahren,
C. Additionsverfahren,
D. Lösung mit Hilfe der Determinanten (s. *Determinanten*).

A. *Das Einsetzungsverfahren*

Beim Einsetzungsverfahren wird eine der Gleichungen nach einer der Variablen aufgelöst und der erhaltene Term für diese Variable in die andere Gleichung eingesetzt. Dies ergibt eine Gleichung mit einer Variablen;

z. B.: I. $x + 7y = 21,$
II. $4x - 3y = 22.$

Aus der ersten Gleichung erhält man $x = 21 - 7y$. Das wird in die zweite Gleichung eingesetzt.

$$\begin{aligned} 4(21 - 7y) - 3y &= 22 \\ -31y &= -62 \\ y &= 2 \end{aligned}$$

In die Gleichung $x = 21 - 7y$ eingesetzt, ergibt dies

$$x = 21 - 14 = 7.$$

Das ursprüngliche Gleichungssystem ist also äquivalent dem System $x = 7$, $y = 2$ Die Lösungsmenge ist: $\{(7, 2)\}$, d. h. die Menge mit dem Zahlenpaar (7, 2) als einzigem Element.

B. *Das Gleichsetzungsverfahren*

Beim Gleichsetzungsverfahren werden beide Gleichungen nach derselben Variablen, z. B. x, aufgelöst. Die beiden Terme werden gleichgesetzt. Das ergibt eine Gleichung mit einer Variablen, deren Lösung bestimmt werden kann.

Beispiel: I. $x - y = 3,$ Aus I folgt: $x = 3 + y,$
II. $2x + 2y = 14.$ aus II folgt: $x = 7 - y.$

Durch Gleichsetzen erhält man:

$$3 + y = 7 - y, \text{ mit der Lösung } y = 2.$$

Man setzt $y = 2$ in die Gleichung I ein: $x - 2 = 3$. Das ergibt: $x = 5$. Die Lösungsmenge ist also $\{(5, 2)\}$.

C. *Das Additionsverfahren bzw. Subtraktionsverfahren*

Beim Additions- bzw. Subtraktionsverfahren sorgt man dafür, daß durch Addition bzw. Subtraktion eines passenden Vielfachen der zweiten Gleichung zu einem Vielfachen der ersten Gleichung eine neue Gleichung entsteht, die eine der Variablen nicht mehr enthält. Aus dieser neuen Gleichung kann man die verbliebene Variable berechnen und das Ergebnis in die erste oder zweite Gleichung zur Berechnung der zweiten Variablen einsetzen.

Beispiel:

$$\begin{array}{rl|l} \text{I.} & x - y = 3 & (-2) \\ \text{II.} & 2x + 2y = 14 & (+1) \\ \hline & -2x + 2y = -6 & \\ & 2x + 2y = 14 & \\ \hline & 4y = 8 & \\ & y = 2 & \end{array}$$

(man notiert sich die Vielfachen neben den Gleichungen)

Man setzt $y = 2$ in die Gleichung I ein und erhält $x - 2 = 3$. Daraus folgt: $x = 5$.

Die Lösungsmenge ist also $\{(5,2)\}$.

D. *Lösung mittels Determinanten* (s. d.)

Drei (oder mehr) Gleichungen mit drei (oder mehr) Variablen

Die bei Gleichungssystemen mit zwei Variablen gebräuchlichen Verfahren lassen sich auch bei Gleichungssystemen mit mehr als zwei Variablen analog anwenden.

Beispiel 1:

$$\begin{array}{ll} \text{I.} & 2x + 3y = 12, \\ \text{II.} & 3x + 2z = 11, \\ \text{III.} & 3y + 4z = 10. \end{array}$$

Bei Verwendung der Einsetzungsmethode rechnet man folgendermaßen: Aus der Gleichung I folgt: $3y = 12 - 2x$.

Dies wird in die Gleichungen II und III eingesetzt. Man bekommt

$$\begin{array}{ll} \text{II.} & 3x + 2z = 11, \\ \text{III.} & 12 - 2x + 4z = 10. \end{array}$$

Das sind zwei Gleichungen mit zwei Variablen.

Aus Gleichung II bekommt man $2z = 11 - 3x$. Man setzt ein in Gleichung III:

$$12 - 2x + 22 - 6x = 10.$$

Es folgt: $24 = 8x$, $\underline{x = 3}$.

Daraus kann man dann z und y berechnen:

$$2z = 11 - 9 \qquad 3y = 12 - 6$$
$$\underline{z = 1} \qquad \underline{y = 2}$$

Die Lösungsmenge ist also $(\{3, 2, 1)\}$, d. h.: Die Menge mit dem Zahlentripel $(3, 2, 1)$ als einzigem Element.

Beispiel 2:

$$\begin{array}{ll} \text{I.} & x + y + z = 7, \\ \text{II.} & 2x + y - z = 14, \\ \text{III.} & x - y = 2. \end{array}$$

Bei Verwendung der Gleichsetzungsmethode rechnet man folgendermaßen:

$$\begin{aligned} \text{I.}\ & y = 7 - x - z, \\ \text{II.}\ & y = 14 - 2x + z, \\ \text{III.}\ & y = x - 2. \end{aligned}$$

Durch paarweises Gleichsetzen gewinnt man daraus zwei Gleichungen mit zwei Variablen.

$$\begin{aligned} &\text{A)}\ 7 - x - z = x - 2; \qquad 2x + z = 9, \\ &\text{B)}\ 14 - 2x + z = x - 2; \qquad 3x - z = 16. \end{aligned}$$

Aus Gleichung A ergibt sich $z = 9 - 2x$.

Aus Gleichung B ergibt sich $z = 3x - 16$.

Das kann man wieder gleichsetzen: $3x - 16 = 9 - 2x$.

Es folgt: $5x = 25$ $\qquad y = x - 2$ $\qquad z = 9 - 10$

$\underline{x = 5}$ $\qquad y = 5 - 2$ $\qquad \underline{z = -1}$

$\underline{y = 3}$

Lösungsmenge: $\{(5, 3, -1)\}$.

Beispiel 3:

$$\begin{array}{rl|c|c} \text{I.} & 3x + 2y + z = 8 & (-2) & 1 \\ \text{II.} & 2x + 3y + 2z = 11 & 3 & \\ \text{III.} & x - y + 2z = 6 & & (-3) \end{array}$$

Die Additionsmethode soll verwendet werden.
Man addiert das (—2)fache der Gleichung I und das 3fache der Gleichung II. Man erhält Gleichung A.
Durch Addition von Gleichung I und dem (—3)fachen von Gleichung III erhält man Gleichung B.

$$\begin{aligned} &\text{A)}\ 5y + 4z = 17 \\ &\text{B)}\ 5y - 5z = -10. \end{aligned}$$

Durch Subtraktion der Gleichung B von Gleichung A erhält man:

$9z = 27$.

Es folgt: $\underline{z = 3.}$

Durch Einsetzen von $z = 3$ in Gleichung A folgt:

$$\begin{aligned} 5y + 12 &= 17 \\ 5y &= 5 \\ \underline{y} &\underline{= 1.} \end{aligned}$$

Durch Einsetzen von $z = 3$ und $y = 1$ in Gleichung III folgt:

$x - 1 + 6 = 6$

$\underline{x = 1.}$ Die Lösungsmenge ist also $\{(1, 1, 3)\}$.

goniometrische Gleichung. Goniometrische Bestimmungsgleichungen enthalten die Variable als Argument einer trigonometrischen Funktion;

z. B.: $\cos x = \frac{1}{2}$, $\sin^2 x + \sin x = \frac{3}{4}$.

Eine goniometrische Gleichung kann unendlich viele Lösungen haben.

$$\cos x = \frac{1}{2} \text{ hat die Lösungen } x = \frac{\pi}{3} + 2k\pi$$

$$\text{und } x = \frac{5}{3}\pi + 2k\pi$$

$$k = 0, \pm 1, \pm 2, \ldots$$

Es gibt aber auch goniometrische Gleichungen, die keine reelle Lösung haben;

z. B.: $\sin x = 2$.

Allgemein brauchbar als Lösungsverfahren sind nur numerische und graphische Methoden. Bei einigen Gleichungstypen kann man die Lösungen leicht angeben, wenn man die Funktionseigenschaften kennt.

Sind in der Gleichung verschiedene trigonometrische Funktionen enthalten, so versucht man zuerst mit Hilfe der goniometrischen Grundgleichungen zu erreichen, daß nur eine der Winkelfunktionen in der Gleichung vorkommt. Dabei kann es noch geschehen, daß die Winkelfunktion mit verschiedenen Argumenten in der Gleichung vorkommt. Mittels der *Additionstheoreme* kann man erreichen, daß die Argumente alle gleich werden.

Beispiel 1:

$\tan 2x = -3 \tan x$. Es gilt $\tan 2x = \frac{2 \tan x}{1 - \tan^2 x}$. Damit erhält man $\frac{2 \tan x}{1 - \tan^2 x} = -3 \tan x$. Die Gleichung ist sicher richtig für $\tan x = 0$, also $x = 0 + k \cdot 180°$; $k = 0, \pm 1, \pm 2, \ldots$

Wenn $\tan x \neq 0$ ist, so kann die Gleichung durch $\tan x$ dividiert werden, und man erhält:

$$2 = (-3)(1 - \tan^2 x); \text{ geordnet:}$$

$$\tan^2 x = \frac{5}{3}, \text{ also } \tan x = \pm \frac{1}{3}\sqrt{15} = \pm 1{,}291$$

$$x_1 = 52° 14' + k \cdot 180°, \qquad k = 0, \pm 1, \pm 2, \ldots$$

$$x_2 = 127° 46' + k \cdot 180°.$$

Beispiel 2:

$\sin 2x + \sin x = 0$. Man benutzt die Identität $\sin 2x = 2 \sin x \cos x$ und erhält: $2 \sin x \cos x + \sin x = 0$. Die linke Seite läßt sich als Produkt schreiben:

$\sin x\,(2 \cos x + 1) = 0$. Es kann sowohl der erste als auch der zweite Faktor Null sein.

I. $\sin x = 0$ liefert die Lösungen $x_1 = k \cdot \pi$.

II. $2 \cos x + 1 = 0$ hat zur Folge $\cos x = -\frac{1}{2}$.

Dies liefert die Lösungen $x_2 = \frac{2\pi}{3} + 2k\pi,$

$$x_3 = \frac{4\pi}{3} + 2k\pi,$$

$$k = 0, \pm 1, \pm 2, \ldots$$

Gradmaß. Der rechte Winkel ist in $90°$ ($° =$ Altgrad) eingeteilt.

$$1° = 60' \quad (' = \text{Minuten})$$
$$1' = 60'' \quad ('' = \text{Sekunden})$$

oder:

Der rechte Winkel ist in 100^g ($^g =$ Neugrad) eingeteilt.

$$1^g = 100^c \quad (^c = \text{Neuminute})$$
$$1^c = 100^{cc} \quad (^{cc} = \text{Neusekunde})$$

(s. *Winkel*).

Graph (s. A. II). Die verschiedenen Veranschaulichungen von Relationen, insbesondere von Funktionen, nennt man Graphen (oder auch graphische Darstellungen) dieser Relationen (s. Funktion, Relation).
Diejenigen Lehrbücher, die dem Funktionsbegriff den undefinierten Begriff „Zuordnung" zugrundelegen (hiernach ordnet eine Funktion $f: A \to B$ jedem $x \in A$ genau ein Element $f(x) \in B$ zu), bezeichnen häufig die Menge der geordneten Paare

$$G_f = \{(x, y) \mid x \in A \text{ und } y = f(x)\}$$

als Graphen von f. – Sind A und B Zahlenmengen und deutet man das Paar (x, y) geometrisch als Punkt in der mit einem kartesischen Koordinatensystem versehenen Ebene, so erhält die Menge der Zahlenpaare G_f eine Punktmenge als ihr Schaubild; manche Lehrbücher verwenden das Wort Graph auch speziell für diese Punktmenge.

graphische Lösung von Gleichungen. Wenn eine Gleichung graphisch zu lösen ist, so muß diese Gleichung erst so umgeformt werden, daß sie die Gestalt $f(x) = 0$ erhält. Zur Bestimmungsgleichung $f(x) = 0$ kann dann die Gleichung $y = f(x)$ angegeben werden. Die durch die Gleichung $y = f(x)$ gegebene Funktion kann im allgemeinen in einem *Koordinatensystem* (s. d.) durch ihren Graphen (i. a. eine Kurve) dargestellt werden (*s. Funktion*). Die Abszissen der Schnittpunkte dieser Kurve mit der Abszissenachse $y = 0$ sind die gesuchten Lösungen der Gleichung.

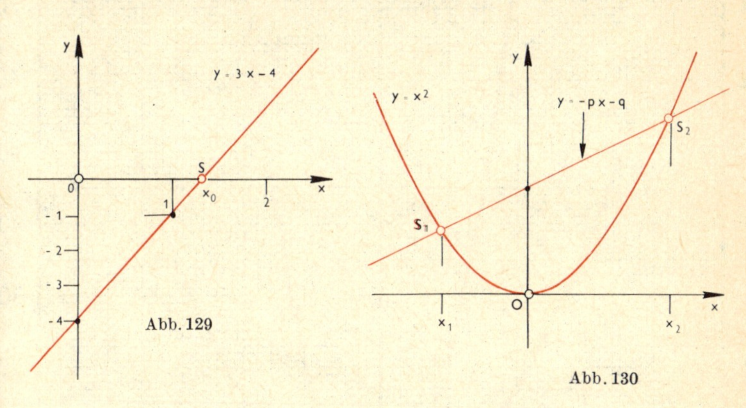

Abb. 129

Abb. 130

Gleichungen 1. Grades

Die zu Gleichungen 1. Grades mit einer Variablen gehörigen Funktionsgleichungen ergeben in einem Koordinatensystem Geraden.

Beispiel: $3x - 4 = 0$.

Zugehörige Funktionsgleichung: $y = 3x - 4$ (Abb. 129).

Die Lösung ist $x_0 = \frac{4}{3}$.

Gleichungen 2. Grades

Um eine quadratische Gleichung mit einer Variablen mit reellen Wurzeln graphisch zu lösen, bringt man sie auf die Normalform

$$x^2 + px + q = 0$$

und setzt $x^2 = y$.

Man erhält dann den linearen Gleichungsrest

$$y = -px - q\,.$$

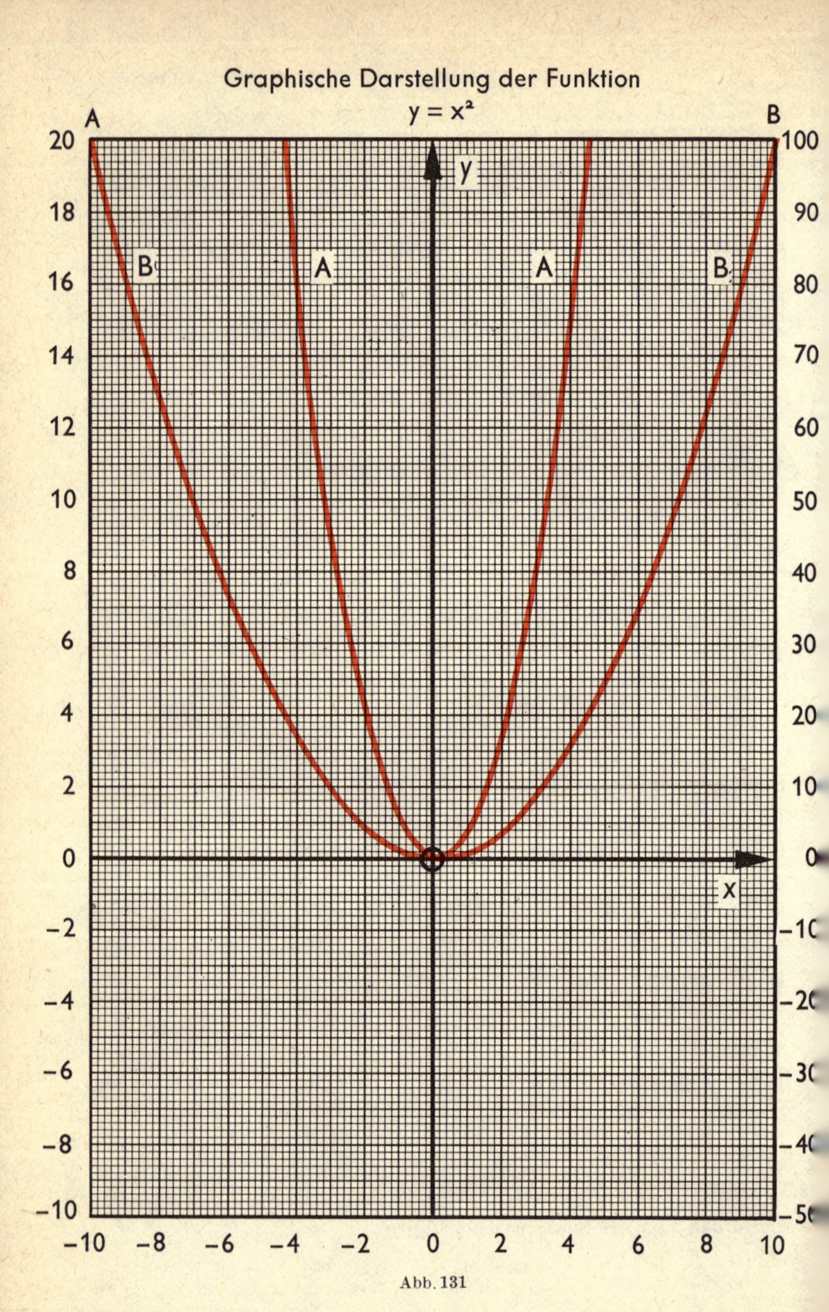
Graphische Darstellung der Funktion
$y = x^2$
A
B
20
18
16
14
12
10
8
6
4
2
0
−2
−4
−6
−8
−10
100
90
80
70
60
50
40
30
20
10
y
x
−10
−8
−6
−4
−2
0
2
4
6
8
10

Abb. 131

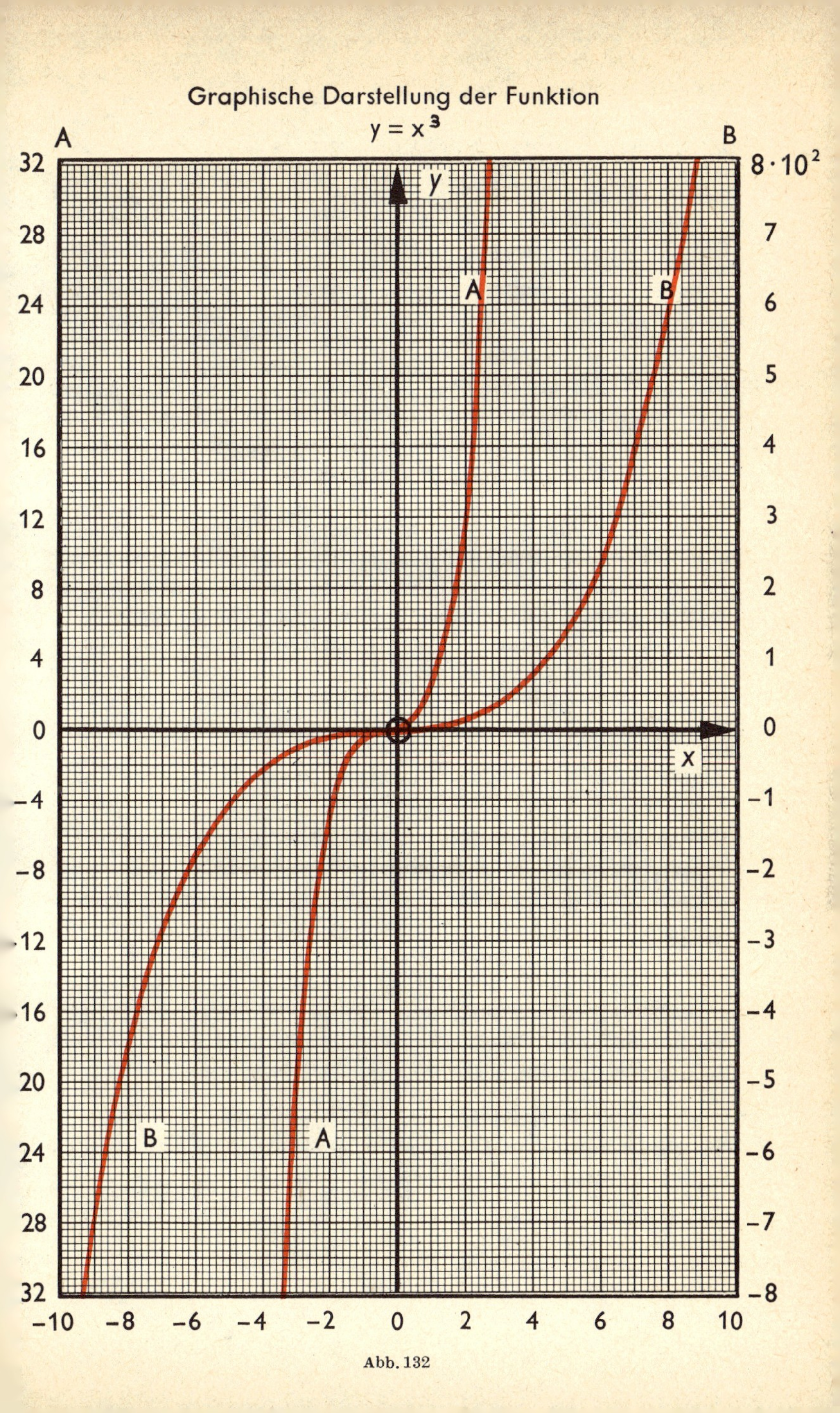
Graphische Darstellung der Funktion
y = x³
A
B
32
28
24
20
16
12
8
4
0
−4
−8
−12
−16
−20
−24
−28
−32
8 · 10²
7
6
5
4
3
2
1
0
−1
−2
−3
−4
−5
−6
−7
−8
y
x
A
B
A
B
−10
−8
−6
−4
−2
0
2
4
6
8
10

Abb. 132

Die Gleichung $y = x^2$ stellt eine Parabel dar,

$$y = -px - q \text{ (Abb. 130)}$$

eine Gerade mit dem y-Achsenabschnitt $(-q)$ und dem Richtungsfaktor $(-p)$. Die gesuchten Lösungen x_1, x_2 der quadratischen Gleichung

$$x^2 + px + q = 0$$

sind dann gegeben durch die Abszissen x_1, x_2 der Schnittpunkte der Parabel $y = x^2$ mit der Geraden $y = -px - q$.

Um diese Schnittpunkte zu finden, kann man sich z. B. der folgenden graphischen Darstellung der Funktion $y = x^2$ (Abb. **131**) bedienen. Die beiden Parabeln A bzw. B sind Parabeln zu den Ordinaten A bzw. B. Die Gerade ergibt sich durch Anlegen eines Lineals durch die beiden Punkte $P_1(0, -q)$ und $P_2(1, -q-p)$. Die Schnittpunkte der Parabel mit der Geraden lassen sich dann leicht bestimmen. Die Abszissen der Schnittpunkte sind die gesuchten Lösungen der quadratischen Gleichung.

Liegen die Schnittpunkte der Parabel A und der Geraden außerhalb des Zeichenblattes, so wählt man als Parabel zweckmäßig die Kurve B, bei der die Ordinate im Verhältnis 1 : 5 gegenüber der Parabel A verkürzt ist.

In der Ingenieurpraxis löst man Gleichungen 2. Grades instrumentell mit Hilfe eines Rechenschiebers oder graphisch unter Verwendung eines Nomogramms.

Algebraische Gleichungen höheren Grades mit einer Variablen, transzendente Gleichungen

Gleichungen 3. und 4. Grades mit 1 Variablen lassen sich formelmäßig lösen, erfordern aber dabei größeren Rechenaufwand.

Algebraische Gleichungen höheren Grades und transzendente Gleichungen kann man, von Ausnahmen abgesehen, überhaupt nicht formelmäßig lösen, während ihre graphische Darstellung die Möglichkeit zur Ermittlung von Näherungslösungen gibt, die dann mit verschiedenen Verfahren genauer bestimmt werden können.

Bei transzendenten Gleichungen erleichtert die graphische Darstellung die Übersicht über den funktionalen Zusammenhang besonders.

Gleichungen 3. Grades

Ein möglicher graphischer Lösungsweg besteht darin, daß man zuerst die Gleichung dritten Grades auf die Normalform bringt

$$x^3 + px + q = 0$$

und

$$y = x^3 \text{ setzt.}$$

Man erhält dann das Gleichungssystem

$$y = x^3$$
$$y = -px - q.$$

$y = x^3$ ist eine kubische Parabel, $y = -px - q$ eine Gerade. Die Abszissen x_1, x_2, x_3 der Schnittpunkte dieser Geraden mit der kubischen Einheitsparabel sind dann die Lösungen der kubischen Gleichung

$$x^3 + px + q = 0.$$

Zur graphischen Bestimmung der Schnittpunkte bedient man sich z. B. der graphischen Darstellung der Funktion $y = x^3$ (Abb. 132). Die beiden Kurven A bzw. B sind kubische Parabeln, die zu den Ordinaten A bzw. B gehören. Je nach Lage der Schnittpunkte wird man die Kurve A oder die Kurve B verwenden. Die Gerade bestimmt sich wieder durch Anlegen des Lineals durch die Punkte $P_1(0, -q)$ und $P_2(1, -q - p)$.

In der Ingenieurpraxis verwendet man zur instrumentellen Lösung einen Rechenschieber, zur graphischen Lösung ein Nomogramm.

Graphische Lösung eines Systems von 2 linearen Gleichungen mit 2 Variablen

Beispiel: $x + 2y = 4$ $\qquad$ $2x - y = 1$ (Abb. 133)

1. Gleichung: $y = 2 - \frac{x}{2}$; $\qquad$ 2. Gleichung: $y = 2x - 1$.

Beide Gleichungen lassen sich durch je eine Gerade darstellen. Diese beiden Geraden schneiden sich in einem Punkt P. Die Koordinaten dieses

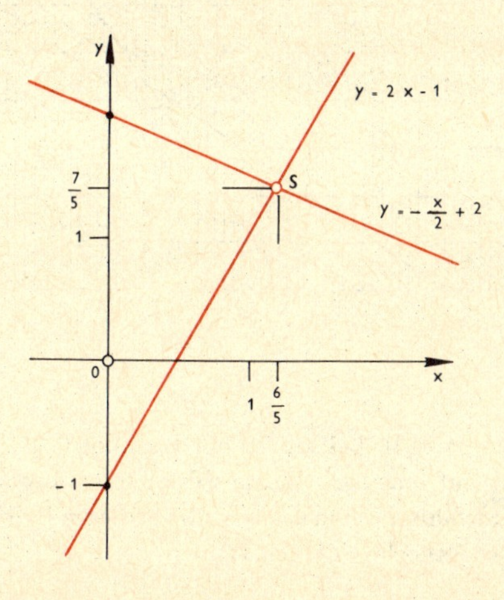

Abb. 133

Schnittpunktes sind das einzige Zahlenpaar (x_0, y_0), das beide Gleichungen erfüllt. Dieses stellt daher die Lösung des Systems dar. Im Beispiel ist:

$$x_0 = \frac{6}{5} \quad ; \quad y_0 = \frac{7}{5}.$$

Die graphische Lösung ist besonders bei den sogenannten Bewegungsgleichungen vorteilhaft und anschaulich.

Beispiel: Ein Personenzug fährt mit 40 km/h Geschwindigkeit 7^{38} Uhr von einem Bahnhof ab; 7^{55} Uhr folgt ein Schnellzug mit 85 km/h. Wo überholt dieser den Personenzug? — Nach der graphischen Darstellung auf Grund einer Wertetafel geschieht dies nach 21,2 km um 8^{10} Uhr (Abb. 134).

Wertetafel:

Personenzug		Schnellzug	
7^{38} Uhr	0 km	7^{55} Uhr	0,00 km
7^{53} Uhr	10 km	8^{10} Uhr	21,25 km
8^{08} Uhr	20 km	8^{25} Uhr	42,50 km

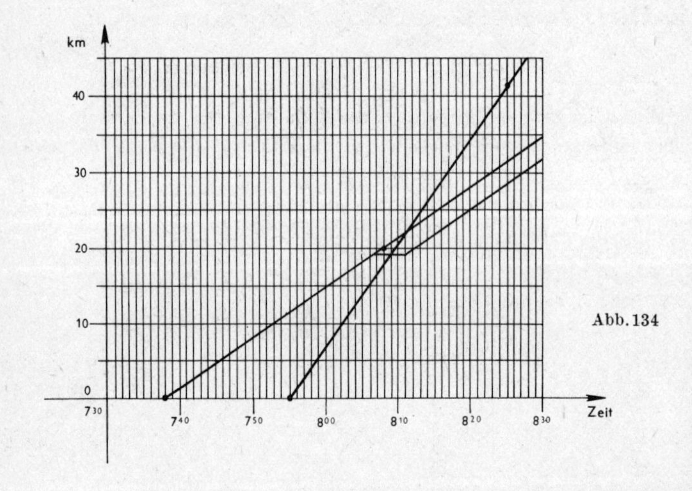

Abb. 134

Anwendung: Wenn z. B. bei km 19 ein Bahnhof liegt, müßte der langsame Zug dort auf einem Nebengleis den Schnellzug vorbeilassen und dürfte erst weiterfahren, wenn der Schnellzug diesen Bahnhof durchfahren hat (graphischer Fahrplan; Abb. 134).

Grenzwert einer Folge. Man sagt von einre Zahlenfolge $a(n)$ (s. *Folge*), sie habe den Grenzwert a, wenn in jedem (noch so kleinen) Intervall (s. d.), welches a enthält, fast alle (d. h. alle mit Ausnahme von endlich vielen) Glieder der Folge liegen.

Dieser Sachverhalt wird kurz so geschrieben:

$$\lim_{n \to \infty} a(n) = a.$$

(„lim" ist die Abkürzung von lat. limes = Grenze).

Beispiel: Die Folge $a(n) = \frac{n}{n+1}$ hat den Grenzwert 1. Denn wählt man etwa das Intervall $\left[\frac{999}{1000}, \frac{1001}{1000}\right]$ mit dem Mittelpunkt 1, dann liegt das Glied $\frac{999}{1000}$ gerade auf der Intervallgrenze, die 998 vorhergehenden Glieder liegen außerhalb, aber die unendlich vielen anderen liegen näher als $\frac{1}{1000}$ an 1. Also gilt hier:

$$\lim_{n \to \infty} \frac{n}{n+1} = 1.$$

Welchen Grenzwert hat die Folge $1, \frac{1}{2}, 1, \frac{2}{3}, 1, \frac{3}{4}, 1, \ldots$? Für sie gilt dasselbe wie für die Folge $\frac{1}{2}, \frac{2}{3}, \frac{3}{4}, \ldots$: In jedem Intervall um 1 liegen alle Glieder der Folge bis auf höchstens endlich viele Ausnahmen.

Nicht jede unendliche Folge hat einen Grenzwert. Betrachte z. B. $\frac{1}{2}, -\frac{2}{3}, \frac{3}{4}, -\frac{4}{5}, \ldots$ Nimmt man hier das Intervall um 1 genügend klein, z. B. von 0,5 bis 1,5, so liegen zwar unendlich viele Glieder der Folge in diesem Intervall, aber auch unendlich viele außerhalb. Weder 1 ist der Grenzwert, noch irgendeine andere Zahl.

Folgen, die einen Grenzwert haben, nennt man auch *konvergent*. Die anderen heißen *divergent*.

Ein einfaches Beispiel einer divergenten Folge ist $\frac{1}{2}, 0, \frac{2}{3}, 0, \frac{3}{4}, 0, \ldots$

Auch in diesem Fall liegen unendlich viele Glieder der Folge außerhalb eines genügend kleinen Intervalls um 1. Man darf sich nicht dadurch täuschen lassen, daß alle diese Glieder denselben Wert haben, nämlich 0. Das ist unerheblich. Es sind doch die unendlich vielen Glieder $a(2)$, $a(4)$, $a(6)$, . . . , die außerhalb des Intervalls liegen.

Besonders wichtig sind die folgenden Grenzwerte:

1. Die Folge $a(n) = \frac{1}{n}$ hat den Grenzwert $\lim_{n \to \infty} \frac{1}{n} = 0$ (Beispiel für eine sogenannte Nullfolge, d. h. eine Folge mit dem Grenzwert 0).

2. Die Folge $a(n) = q^n$ hat für $|q| < 1$ den Grenzwert $\lim_{n \to \infty} q^n = 0$ (s. *Folge*, besonders *geometrische Folge*.)

3. Die Folge $a(n) = \left((1 + \frac{1}{n}\right)^n$ hat den Grenzwert $\lim_{n \to \infty} \left((1 + \frac{1}{n}\right)^n = e$ (s. d.)

Größe. Ergebnis eines Meßvorgangs. Die Größenangabe erfolgt im allgemeinen durch Angabe der Maßzahl und der Einheit (s. d., s. auch *Messen*, *Maßsysteme*). Es hat sich als zweckmäßig erwiesen, mit Größen wie mit Zahlen zu rechnen. So bildet man z. B. beim Flächeninhalt

$$5\,\mathrm{m} \cdot 6\,\mathrm{m} = 5 \cdot 6\,\mathrm{m} \cdot \mathrm{m} = 30\,\mathrm{m}^2.$$

In der Physik werden auf diese Weise heute die Gesetzmäßigkeiten als Größengleichungen geschrieben, z. B. $U = I \cdot R$ (Ohmsches Gesetz). Es ist üblich, die Maßzahl der Größe in geschweifte Klammern zu setzen, z. B. ist $\{U\}\ V$ eine Spannungsangabe mit $\{U\}$ als Maßzahl, gemessen in Volt. Ebenso ist $\{I\}\ A$ eine Stromstärkenangabe (in Ampère).

größter gemeinsamer Teiler. Der größte gemeinsame Teiler $d(a, b)$ (auch als g. g. T. bezeichnet) zweier ganzer Zahlen a und b ist die größte ganze Zahl, die gemeinsamer Teiler beider Zahlen ist; z. B. haben 20 und 25 den größten gemeinsamen Teiler 5. Die Berechnung des größten gemeinsamen Teiler zweier Zahlen kann mit Hilfe der *Primzahlzerlegung* (s. d.) der Zahlen erfolgen, oder es kann der „euklidische Algorithmus“ (s. d.) verwendet werden.

Beispiel: Der größte gemeinsame Teiler von 84 und 105 soll bestimmt werden. Die Zerlegungen in Primfaktoren sind:

$$\begin{aligned} 84 &= 2 \cdot 2 \cdot 3 \cdot 7, \\ 105 &= 3 \cdot 5 \cdot 7. \end{aligned}$$

Der größte gemeinsame Teiler hat die Primfaktorzerlegung $3 \cdot 7$ und ist also 21.

Zwischen dem größten gemeinsamen Teiler $d(a, b)$ und dem *kleinsten gemeinsamen Vielfachen* (s. d.) $e(a, b)$ zweier Zahlen besteht die Beziehung

$$d(a, b)\, e(a, b) = ab.$$

Grundkonstruktionen. Als Grundkonstruktionen bezeichnet man die folgenden, sehr häufig gebrauchten, einfachen geometrischen Konstruktionen mit Zirkel und Lineal.

1. Abtragen einer Strecke,
2. Antragen eines Winkels,
3. Halbieren einer Strecke,
4. Errichten der Senkrechten auf einer Geraden,
5. Fällen eines Lotes von einem Punkt auf eine Gerade,
6. Zeichnen einer Parallele zu einer Geraden durch einen Punkt,
7. Zeichnen einer Parallele zu einer Geraden im Abstand a,
8. Halbieren eines Winkels.

Als Grundkonstruktionen im engeren Sinne werden oft auch nur 3., 4.,.5. und 8. bezeichnet.

1. Abtragen einer Strecke

Eine gegebene Strecke a kann von einem Punkt P einer gegebenen Geraden g auf zwei Arten abgetragen werden.
Konstruktionsbeschreibung (Abb. 135): Um den Punkt P der Geraden g

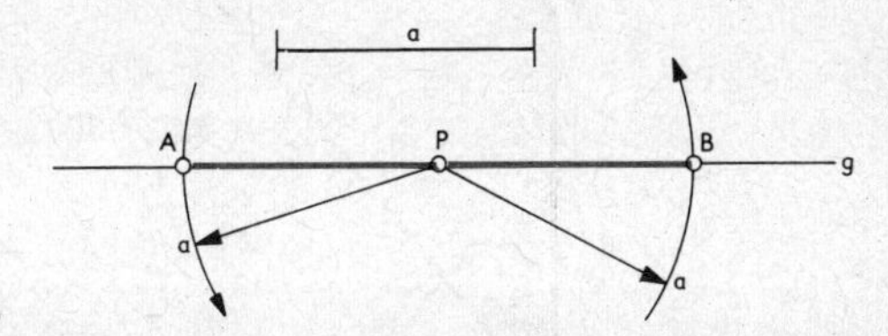

Abb. 135

wird mit dem Radius a der Kreis gezogen. Dieser schneidet die Gerade in zwei Punkten A und B. P liegt zwischen den beiden Punkten. Man erhält also beim Abtragen einer Strecke a zwei Lösungen, nämlich die Strecken $\overline{PA}$ und $\overline{PB}$.

2. Antragen eines Winkels

Ein Winkel α soll in einem Punkt A einer Geraden g an diese Gerade angetragen werden.

Konstruktionsbeschreibung (Abb. 136, 137)

Der gegebene Winkel α habe den Scheitel S und die Schenkel h und k. Man zeichnet um S und um A je einen Kreis mit beliebigem Radius r. Diese Kreise schneiden die Schenkel h und k von α in den Punkten H und K bzw. die Gerade g im Punkt G. Um G zeichnet man nun einen weiteren Kreis mit dem Radius $\overline{HK}$. Dieser schneidet den zuerst gezeichneten Kreis um A im Punkt P bzw. in P^*, der zu P bezüglich g symmetrisch liegt. Die Gerade durch A und P bzw. durch A und P^* ist der zweite Schenkel des anzutragenden Winkels. Zu beachten ist, daß der Winkel α also auf verschiedenen Seiten von g angetragen werden kann.

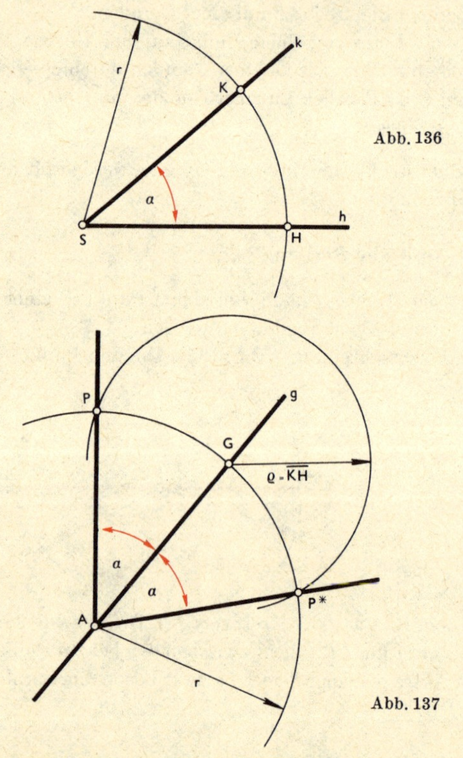

Abb. 136

Abb. 137

3. Halbieren einer Strecke

Man schlägt um die Endpunkte A und B mit dem Zirkel zwei gleichgroße Kreise, deren Schnittpunkte C und D man verbindet. Die Verbindungslinie halbiert die Strecke in M und steht auf $\overline{AB}$ senkrecht. Sie wird deshalb die Mittelsenkrechte (das Mittellot)auf $\overline{AB}$ genannt (Abb. 138).

4. Errichten der Senkrechten auf g im Punkt P

Man schlägt um P einen Kreis, der g in A und B schneidet. und schlägt um A und B zwei gleichgroße Kreise, deren Schnittpunkt C man mit P verbindet (Abb. 139).

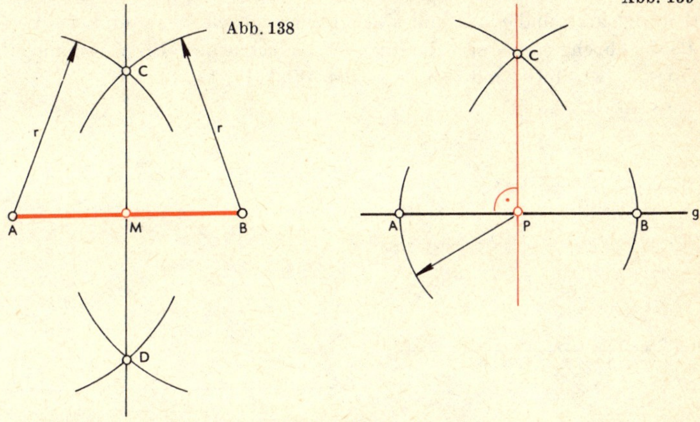

Abb. 138

Abb. 139

5. Fällen eines Lotes von P auf die Gerade g

Man schlägt um P einen Kreis, der die Gerade g in den Punkten A und B schneidet und schlägt um diese Punkte zwei gleichgroße Kreise, deren Schnittpunkt C man mit P verbindet. Die Verbindungslinie ist das von P auf die Gerade gefällte Lot (Abb. 140).

6. Zu einer Geraden g durch P eine Parallele ziehen

Man zeichnet durch P eine Gerade g_1, die g in A schneidet, und trägt einen der Winkel zwischen g und g_1 (z. B. α) in P als Stufenwinkel an g_1 an. Der freie Schenkel h ist die gesuchte Parallele (Abb. 141).

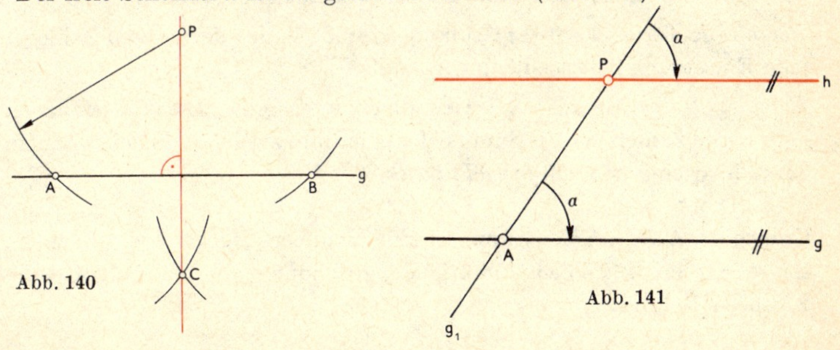

Abb. 140

Abb. 141

7. Zu einer Geraden g im Abstand a eine Parallele zeichnen
Man errichtet in irgendeinem Punkt A der Geraden g die Senkrechte h, trägt auf dieser a von A aus ab und zieht durch den Endpunkt B die Senkrechte g_1 zu h (Abb. 142).

8. Halbieren eines Winkels
Man schlägt einen Kreis mit beliebigem Radius r um den Scheitel S, der die Schenkel a und b in A und B schneidet, und zeichnet dann um A und B zwei gleichgroße Kreise, die einander in C schneiden. Die Verbindungslinie des Scheitels S mit C halbiert den Winkel (Abb. 142).

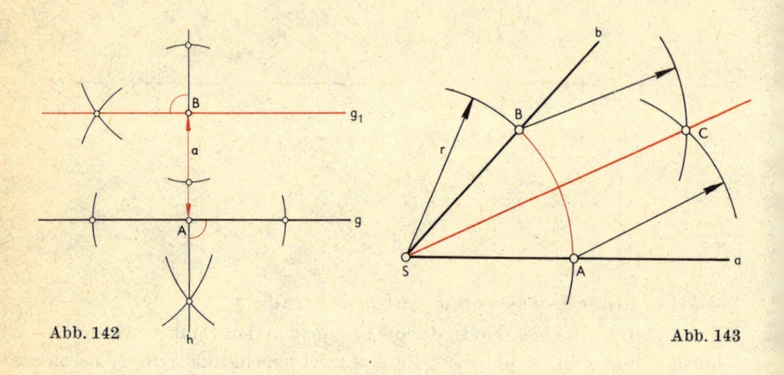

Abb. 142

Abb. 143

Grundmenge. Ist A ein Ausdruck, der eine Variable enthält (z. B. ein Term oder eine Aussageform), so heißt die Menge, aus der Einsetzungen für diese Variable vorgenommen werden dürfen, die Grundmenge G. Enthält der Ausdruck mehrere Variable, so gibt man die Grundmenge als kartesisches Produkt (s. d.) an. – Die Grundmenge kann beliebig vorgegeben werden, sofern nur die Einsetzungen sinnvoll sind.

Beispiel 1: Term: $2x + 1$; Grundmenge: $\mathbb{Z}$ (Menge der ganzen Zahlen); jede Einsetzung liefert eine ungerade Zahl.

Beispiel 2: Term: $x^2 + y^2$; Grundmenge: $\mathbb{N} \times \mathbb{N}$. Die Einsetzungen liefern alle Zahlen, die als Summe der Quadrate zweier natürlicher Zahlen darstellbar sind (s. auch *formale Logik*).

Gruppe. (s. A. VI). Eine Gruppe ist eine nichtleere Menge G von Elementen a, b, c (z. B. Zahlen, Funktionen, Abbildungen), wobei G folgende Eigenschaften hat:

1. In G ist eine Verknüpfung $(\cdot)$ erklärt, die jedem geordneten Paar von Elementen a, b (enthalten in G) ein eindeutig bestimmtes Element $c = a \cdot b$ zuordnet. c heißt das Produkt von a und b. (Die Verknüpfung kann z. B. die Multiplikation oder Addition sein.)
2. Assoziativgesetz
$$(a \cdot b) \cdot c = a \cdot (b \cdot c).$$
3. Es existiert ein Einselement e in G mit der Eigenschaft
$$e \cdot a = a \quad \text{für alle } a \text{ aus } G.$$
4. Zu jedem a aus G existiert ein inverses Element a^{-1} in G mit der Eigenschaft
$$a^{-1} \cdot a = e.$$

Gilt außerdem das kommutative Gesetz
$$a \cdot b = b \cdot a,$$
so heißt die Gruppe *abelsch* (N. H. Abel, 1802–1829).

Halbieren einer Strecke s. *Grundkonstruktionen.*

Halbieren eines Winkels s. *Grundkonstruktionen.*

Halbkreis. Ein Kreis wird durch irgendeinen Durchmesser in zwei kongruente, symmetrisch zum Durchmesser liegende Teile geteilt. Man nennt die Teile Halbkreise.

Halbmesser. Halbmesser = Radius eines Kreises = Verbindungsstrecke irgendeines Punktes der Kreislinie mit dem Mittelpunkt des Kreises (s. *Kreis*).

Halbordnung (s. A. VI). Eine Relation R (s. d.) heißt Halbordnung, wenn sie reflexiv und transitiv ist und wenn aus $(a, b) \in R$ und $(b, a) \in R$ folgt $a = b$.

harmonisches Mittel. Der Zahlenausdruck $\frac{2\,ab}{a+b}$ heißt harmonisches Mittel der Zahlen a und b. Er ist der reziproke Wert des arithmetischen Mittels (s. d.) der reziproken Werte von a und b.

Beispiel: Harmonisches Mittel der Zahlen 4 und 6 ist:
$$x = \frac{2 \cdot 4 \cdot 6}{4 + 6} = \frac{48}{10} = 4{,}8$$

harmonische Teilung. Eine Strecke in einem gegebenen Verhältnis $m : n$ harmonisch teilen heißt, diese Strecke innen und außen im gleichen absoluten Verhältnis $m : n$ teilen (s. *Streckenverhältnis*).

Hauptnenner. Der Hauptnenner mehrerer Brüche ist das *kleinste gemeinsame Vielfache* (k. g. V.; s. d.) aller auftretenden Nenner;

z. B.: $\frac{1}{2}$ und $\frac{1}{3}$ haben den Hauptnenner 6.

Das Aufsuchen des Hauptnenners ist bei der Addition von ungleichnamigen Brüchen erforderlich;

z. B.: $$\frac{1}{2} + \frac{1}{3} = \frac{3}{6} + \frac{2}{6} = \frac{5}{6}.$$

Heron, Satz des (H. von Alexandria, um 120 v. Chr.). Wenn man mit $s = \frac{a + b + c}{2}$ den halben Umfang eines Dreiecks bezeichnet, so ist der Flächeninhalt des Dreiecks mit den Seiten a, b und c gleich

$$F = \sqrt{s\,(s-a)\,(s-b)\,(s-c)}.$$

Hexaeder. Ein Hexaeder (Sechsflach, Sechsflächner) ist ein von sechs Vierecken begrenztes Polyeder (s. d.). Das von sechs Quadraten gebildete *regelmäßige Hexaeder*, der Würfel, ist einer der fünf *platonischen Körper* (s. d.).

Hippokrates (H. von Chios, etwa 440 v. Chr.). Nach Hippokrates sind die „Möndchen" benannt. Für die Flächeninhalte gilt: Die Summe der Möndchen über den Katheten a, b eines rechtwinkligen Dreiecks ABC ist gleich der Fläche $\frac{1}{2}\,ab$ des rechtwinkligen Dreiecks (Abb. 144; vgl. auch Abb. 108/109; siehe auch *Pythagoras*) (Möndchen = lunulae).

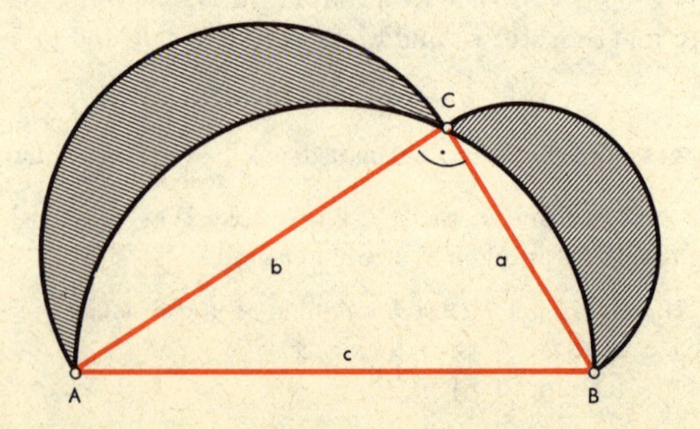

Abb. 144

Für ein Quadrat gilt entsprechend:

Die Summe der Möndchen über den Seiten eines Quadrates ist gleich der Fläche des Quadrates (Abb. 145).

Höhenfußpunktdreieck. Dies ist ein Dreieck, dessen Ecken 1, 2, 3 die Höhenfußpunkte eines gegebenen Dreiecks ABC sind (s. *Dreieck*, Abb. 86, 87).

Höhen im Dreieck s. *Dreieck.*

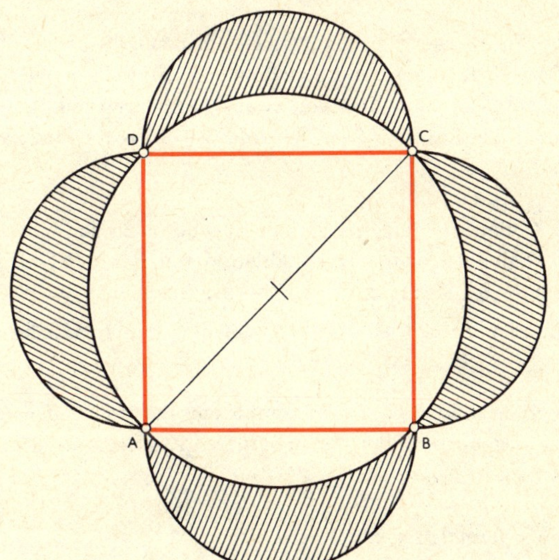

Abb. 145

Höhensatz s. *Dreieck*, s. *Flächenverwandlung.*

Höhenschnittpunkt s. *Dreieck.*

Hypotenuse s. *Dreieck.*

i = imaginäre Einheit. $\mathrm{i} = \sqrt{-1}$; s. *komplexe Zahlen.*

Es ist		allgemein ($n \in \mathbb{N}$):
	$\mathrm{i}^2 = -1$	$\mathrm{i}^{4n+1} = \mathrm{i}$, $\mathrm{i}^{4n+2} = -1$,
	$\mathrm{i}^3 = -\mathrm{i}$	$\mathrm{i}^{4n+3} = -\mathrm{i}$, $\mathrm{i}^{4n+2} = +1$.
	$\mathrm{i}^4 = +1$	

Statt i wird in der technischen Physik bzw. Elektrotechnik auch j geschrieben.

identische Abbildung. Wenn bei einer Abbildung in der Ebene oder im Raum alle Originalpunkte mit ihren Bildpunkten übereinstimmen, so nennt man diese Abbildung die identische Abbildung.

Identität. Eine allgemeingültige Aussageform (s. d.) wird auch Identität genannt, z. B.

$$(a + b)^2 = a^2 + 2\,ab + b^2 .$$

Ikosaeder. Ein Ikosaeder (Zwanzigflach, Zwanzigflächner) ist ein von zwanzig Dreiecken begrenztes Polyeder (s. d.), bei dem in jeder Ecke fünf Kanten zusammenstoßen. Das von zwanzig gleichseitigen (kongruenten) Dreiecken gebildete *regelmäßige Ikosaeder* ist einer der fünf *platonischen Körper* (s. d.).

imaginäre Zahlen. Die imaginären Zahlen gehören zu den *komplexen Zahlen* (s. d.). Diejenigen komplexen Zahlen, deren Realteil Null ist, nennt man imaginäre Zahlen; *z. B.:* i, 2i, — 3i; allgemein: $r \cdot \mathrm{i}$ ($r \in \mathbb{R}$).

Die imaginären Zahlen sind die Vielfachen der imaginären Einheit $\mathrm{i} = \sqrt{-1}$.

Bei der Veranschaulichung der komplexen Zahlen in der *Gaußschen Zahlenebene* liegen die Bilder der imaginären Zahlen auf der imaginären Achse (s. *komplexe Zahlen*).

Implikation s. *formale Logik.*

indirekter Beweis. Der indirekte Beweis ist eine besondere Art des Beweises, bei der der Wahrheitsnachweis für eine Aussage dadurch geführt wird, daß das Gegenteil der Aussage als falsch erwiesen wird. Dabei ist sehr wesentlich, daß bei den vorliegenden Voraussetzungen nur die Aussage oder ihr Gegenteil, aber keine dritte Möglichkeit denkbar ist (Tertium non datur).

Beispiel eines indirekten Beweises:

Es soll bewiesen werden, daß $\sqrt{2}$ eine irrationale Zahl ist. Eine jede reelle Zahl muß ja entweder rational oder nicht rational sein, etwas anderes gibt es nicht. Man nimmt also an, das Gegenteil der Behauptung sei richtig, also $\sqrt{2}$ sei rational, und zeigt, daß dies auf einen Widerspruch führt.

Angenommen $\sqrt{2}$ wäre eine rationale Zahl, etwa $\sqrt{2} = \frac{p}{q}$. Dabei sollen p und q teilerfremde ganze Zahlen bedeuten, was durch entsprechendes Kürzen immer erreicht werden kann. Man quadriert nun diese Gleichung und erhält $2 = \frac{p^2}{q^2}$. Dann wird mit q^2 multipliziert. Es ist also $2q^2 = p^2$. Aus dieser Gleichung geht hervor, daß p^2 und damit auch p eine gerade Zahl sein muß, etwa $p = 2r$. Man setzt dies ein und bekommt: $2q^2 = 4r^2$.

Aus dieser Gleichung folgt nun, daß auch q eine gerade Zahl sein muß. Sowohl q als auch p müßten also bei der obigen Annahme ($\sqrt{2}$ rational) gerade Zahlen sein im Widerspruch zu der Annahme, p und q seien teilerfremde ganze Zahlen.
Die Annahme, daß $\sqrt{2}$ rational ist, ist also falsch. Folglich ist $\sqrt{2}$ irrational.

Induktion, vollständige (s. A. IV). Grundlegendes Beweisverfahren für Aussagen über natürliche Zahlen.

injektiv s. *Abbildung.*

Inkreis. Ein Kreis, der alle Seiten eines Vielecks von innen berührt, heißt Inkreis des Vielecks. Nicht alle Vielecke besitzen Inkreise. Einen Inkreis besitzen z. b.: alle Dreiecke, das Quadrat, die Raute, das gleichschenkelige Drachenviereck und alle *regelmäßigen Vielecke* (s. d.).

Innenwinkel. Innenwinkel sind die durch zwei benachbarte Seiten gebildeten Winkel im Innern einer Figur.

Interpolation. Interpolation nennt man das Einschalten von Zwischenwerten einer Funktion zwischen bereits bekannte Werte dieser Funktion. Am einfachsten bestimmt man den neuen Wert, indem man die durch die bekannten Werte begrenzten Intervalle von Argument- und Funktionswert in demselben Verhältnis teilt.
Diese Art von Interpolation, die „lineare“ Interpolation (vgl. Der Große Rechenduden), kann mit Vorteil zur besseren Ausnutzung von Rechentafeln, Logarithmentafeln, Quadrat- und Kubikwurzeltafeln, trigonometrischen Tafeln usw. verwendet werden. Im allgemeinen sind den entsprechenden Tafeln Anleitungen zum Interpolieren und manchmal auch sogenannten Proportionaltafeln beigegeben.

Beispiele:

1. In einer vierstelligen Logarithmentafel findet man:
   $\lg 1{,}005 = 0{,}0022$
   $\lg 1{,}006 = 0{,}0026$

Gesucht ist lg 1,0053. Dieser Wert ist in der Tafel nicht enthalten. Man kann sich einen Näherungswert verschaffen, indem man zwischen die Zahlen 0,0022 und 0,0026 in gleichem Abstand Zwischenwerte schaltet, entsprechend den Numeri 1,0051; 1,0052; 1,0053, ..., 1,0058, 1,0059. Die Differenz 0,0026 — 0,0022 = 0,0004 muß zu diesem Zweck in zehn gleiche Teile geteilt werden. Es ist 0,0004 : 10 = 0,00004. Nun muß zu 0,0022 so oft 0,00004 addiert werden, wie die letzte Stelle des Numerus angibt. Es ergibt sich:

lg 1,0050 = 0,00220	lg 1,0056 = 0,00244
lg 1,0051 = 0,00224	lg 1,0057 = 0,00248
lg 1,0052 = 0,00228	lg 1,0058 = 0,00252
lg 1,0053 = 0,00232	lg 1,0059 = 0,00256
lg 1,0054 = 0,00236	lg 1,0060 = 0,00260
lg 1,0055 = 0,00240	Also lg 1,0053 = 0,00232

Weitere Beispiele siehe *Logarithmus.*

2. In einer Tafel der natürlichen Werte der goniometrischen Funktionen findet man sin 4° 6′ = 0,0715 und sin 4° 12′ = 0,0732; gesucht ist sin 4° 10′.
   Die Differenz 0,0732 — 0,0715 = 0,0017 ist diesmal entsprechend den Werten 4° 6′, 4° 7′, 4° 8′, 4° 9′, 4° 10′, 4° 11′ und 4° 12′ in 6 gleiche Teile zu teilen. Es ist 0,0017 : 6 = 0,000283.
   Es wird auf vier Stellen genau

sin 4° 6′ = 0,0715	sin 4° 10′ = 0,0726
sin 4° 7′ = 0,0718	sin 4° 11′ = 0,0729
sin 4° 8′ = 0,0721	sin 4° 12′ = 0,0732
sin 4° 9′ = 0,0724	Also ist sin 4° 10′ = 0,0726

3. Wenn umgekehrt sin β = 0,0771 gegeben ist und β bestimmt werden soll, so kann es vorkommen, daß man in einer Tafel sin 4° 24′ = 0,0767 und sin 4° 30′ = 0,0785 findet. Der Wert 0,0771 liegt zwischen den beiden vorhandenen Tafelwerten 0,0767 und 0,0785. β muß dann auch zwischen 4°24′ und 4° 30′ liegen. Einen Näherungswert kann man durch Interpolation gewinnen. Es ist 0,0785 – 0,0767 = 0,0012; 0,0012 : 6 = 0,0002. Wenn der Winkel β also um eine Minute wächst, so wird sin β um 0,0002 größer. Nun bestimmt man 0,0771 – 0,0767 = 0,0004 und 0,0004 : 0,0002 = 2. Damit wird $\beta = 4° 24' + 2' = 4° 26'$.

Intervall. Die Menge aller Zahlen, die zwischen zwei festen Zahlen a und b liegen, nennt man ein offenes Intervall. a und b sind die Ränder des Intervalls. In Zeichen: (a, b) oder $]a, b[$.

Nimmt man zur Gesamtheit der Zahlen zwischen den Rändern a und b die Randwerte selber mit hinzu, so nennt man diese neue Zahlenmenge ein abgeschlossenes Intervall. In Zeichen: $[a, b]$.

Wird nur ein Rand hinzugenommen, so spricht man von einem einseitig geschlossenen (oder halboffenen) Intervall. Gehört z. B. der linke Rand dazu, der rechte nicht, so hat man ein links abgeschlossenes, rechts offenes Intervall. In Zeichen: $[a, b)$ oder $[a, b[$.

Intervalle lassen sich durch Ungleichungen darstellen. Im folgenden ist jeweils die Menge aller Zahlen x angegeben, die der betreffenden Ungleichung genügen; dabei ist $a < b$ vorausgesetzt.

1. Offenes Intervall: $]a, b[= \{x \mid a < x < b\}$.
2. Abgeschlossenes Intervall: $[a, b] = \{x \mid a \leqq x \leqq b\}$.
3. Links offenes Intervall: $]a, b] = \{x \mid a < x \leqq b\}$.
4. Rechts offenes Intervall: $[a, b[= \{x \mid a \leqq x < b\}$.

Intervalle faßt man meistens als Teilmengen (s. d.) der Menge der reellen Zahlen auf; man kann aber auch Intervalle rationaler Zahlen betrachten, z. B. ist $\{x \mid a \leqq x < b \text{ und } x \in \mathbb{Q}\}$ die Menge aller rationalen Zahlen zwischen a und b einschließlich a, falls a eine rationale Zahl ist.

Auf der Zahlengeraden lassen sich Intervalle durch Strecken darstellen, wenn man verabredet, daß beim offenen Intervall die beiden Endpunkte nicht zum Intervall gehören, beim halboffenen Intervall ein Endpunkt (links oder rechts) nicht zum Intervall gehört, und beim abgeschlossenen Intervall beide Endpunkte zum Intervall gehören.

inverses Element (s. A. VI). Man nennt das Element, das in bezug auf eine zweistellige Verknüpfung $\circ$ (s. d.) die Beziehung $a \circ e = a$ für jedes a erfüllt, *neutrales Element* der Verknüpfung.

Man nennt das Element $\overline{a}$, das die Eigenschaft $a \circ \overline{a} = e$ hat, das zu a (in bezug auf die Verknüpfung $\circ$) inverse Element. Statt $\overline{a}$ schreibt man oft auch a^{-1} oder inv (a). Die Forderung der Existenz eines inversen Elements zu jedem Element ist wesentlich für die Gruppenstruktur (s. *Gruppe*).

Inversion. Eine Inversion liegt in einer *Permutation* (s. d.) vor, wenn zwei Elemente in der Permutation umgekehrt stehen wie in der natürlichen (lexikographischen) Anordnung.

Beispiel: Die Elemente a, b, c, d, e seien in der Permutation a, c, e, d, b gegeben. Es stehen nicht in natürlicher Anordnung:

c vor b $\quad$ e vor d.
d vor b $\quad$ Man hat 4 Inversionen.
e vor b

Gerade Permutationen, ungerade Permutationen
Eine Permutation heißt gerade, wenn sie eine gerade Anzahl von Inversionen enthält. Enthält eine Permutation eine ungerade Anzahl von Inversionen, so heißt sie ungerade.
Wenn man in einer Permutation von lauter verschiedenen Elementen zwei Elemente miteinander vertauscht, sonst aber nichts ändert, so entsteht eine neue Permutation. Die Anzahl der Inversionen ändert sich dabei um eine ungerade Zahl.

inzident. Inzident heißt zusammenfallend im Hinblick auf eine Abbildung (s. d.), d. h., Original- und Bildelement liegen ineinander.
In bezug auf Punkte ,Geraden und Ebenen ist „inzidieren" auch gleichbedeutend mit „schneiden" und „liegen auf".

irrationale Zahlen (s. A. V). Die reellen Zahlen werden eingeteilt in die *rationalen Zahlen* (s. d.) und die *irrationalen Zahlen.* Die irrationalen Zahlen sind also die „nichtrationalen" reellen Zahlen;

z. B.: $\sqrt{2}$, $e = 2{,}718\ldots$
Den Beweis der Aussage, daß $\sqrt{2}$ irrational ist, findet man unter *indirekter Beweis.*

Beide Zahlen lassen sich wie alle irrationalen Zahlen nicht als Quotient zweier ganzer Zahlen darstellen.
Unter den Irrationalzahlen unterscheidet man wieder zwischen solchen, die sich, wie z. B. eine Quadratwurzel, als Lösung einer algebraischen Gleichung ergeben können, den *algebraisch-irrationalen Zahlen* (s. *algebraische Zahlen*), und anderen, wie der Zahl $\pi = 3{,}1415926\ldots$, bei denen dies nicht der Fall ist, den *transzendenten Zahlen.*

j s. *komplexe Zahlen* und *i.*

Kalender. Zur Überbrückung größerer Zeiträume dient als Maßeinheit das Jahr. Als *siderisches Jahr* bezeichnet man das Zeitintervall zwischen zwei einander folgenden Durchgängen der Sonne durch denselben Punkt der Ekliptik. Seine Länge beträgt 365,2564 mittlere Sonnentage. In der astronomischen Praxis rechnet man meist mit *tropischen Jahren.* Das tropische Jahr ist definiert als die Zeit zwischen zwei Durchgängen der mittleren Sonne durch den Frühlingspunkt. Durch die rückläufige Bewegung des Frühlingspunktes in der Ekliptik ist das tropische Jahr etwas kürzer als das siderische Jahr, es hat 365,2422 mittlere Sonnentage. Für unsere bürgerliche Zeitrechnung wurde durch die gregorianische Kalenderreform (1582) die Länge des Jahres auf 365,2425 mittlere Sonnentage festgesetzt. Der Ausgleich der Tagesbruchteile erfolgt durch Einschieben von Schalttagen. Schaltjahre sind solche, deren Jahreszahl durch 4 teilbar ist; z. B. 1956, 1960, 1964. Diese Regel beseitigt aber den Fehler gegenüber der wahren Länge des tropischen Jahres nicht restlos. Dies wird erst durch die Bestimmung erreicht, daß alle 400 Jahre drei Schaltjahre auszufallen haben, und zwar die Schalttage der Säkularjahre, deren Einheit nicht durch 4 teilbar ist, also die Jahre 1700, 1800 und 1900 sind keine Schaltjahre. Das Jahr 2000 ist wieder ein Schaltjahr. Auch mit dieser Schaltregel sind noch nicht alle Abweichungen beseitigt, aber die verbleibenden Fehlerreste wachsen erst in 3333 Jahren auf einen Tag an.

a) *Christliche Zeit- und Festtagsrechnung*

Ausgangspunkt unserer Zeitrechnung ist nach Vorschlag des Abtes Dionysius Exiguus im Jahre 525 die Zählung der Jahre nach Christi Geburt. Vermutlich liegt aber dieser Anfangspunkt unserer Jahreszählung 4 bis 7 Jahre später als das wirkliche Geburtsjahr Christi.
Im Gegensatz zum Weihnachtsfest, am 25. Dez., sind Ostern und damit Christi Himmelfahrt und Pfingsten „bewegliche“ Feste. Das Konzil von Nizäa (325 n. Chr.) beschloß, daß das Osterfest am ersten Sonntag nach dem Vollmond gefeiert wird, der dem Frühlingsanfang (Frühlings-Tagundnachtgleiche) folgt. Demnach sind der 22. März und der 25. April die äußersten Daten, auf welche Ostern fallen kann. Pfingsten wird am 50. Tag nach Ostern gefeiert.

b) *Kalenderreform*

Trotz seiner mathematischen Richtigkeit ist der Gregorianische Kalender in einem Punkt nicht befriedigend. Die siebentägige Woche ist nicht ganzzahlig in der Anzahl der Tage eines Jahres enthalten. Dadurch fällt das gleiche Datum jedes Jahr immer wieder auf einen anderen Wochentag. Ferner sind durch die verschiedenen Monatslängen die Vierteljahre nicht gleich lang, was in der Statistik immer wieder zu Schwierigkeiten führt.
Ein Vorschlag sieht vor, das Jahr zu 364 Tagen, d. h. 52 Wochen zu zählen. Der 365. Tag zählt nicht als Arbeitstag, erhält keine Wochenbezeichnung, sondern soll „Silvester“ genannt werden. Ebenso soll in Schaltjahren der 366. Tag als „Johannistag“ eingeführt werden. Jeder erste Monat eines Vierteljahres hat 31 Tage, alle anderen Monate grundsätzlich 30 Tage. Wird nun dieser Reformvorschlag in einem Jahr eingeführt, in dem der 1. Januar auf einen Sonntag fällt, dann wird jeder erste Tag eines Vierteljahres ebenfalls auf einen Sonntag fallen, und auf ein bestimmtes Datum im Jahr fällt stets derselbe Wochentag. Die beweglichen kirchlichen Feste müßten in einem solchen Kalender natürlich festgelegt werden.

Datum des Osterfestes in den Jahren 1930 *bis* 1989

1930	20. April	1950	9. April	1970	29. März
31	5. April	51	25. März	71	11. April
32	27. März	52	13. April	72	2. April
33	16. April	53	5. April	73	22. April
34	1. April	54	18. April	74	14. April
35	21. April	55	10. April	75	30. März
36	12. April	56	1. April	76	18. April
37	28. März	57	21. April	77	10. April
38	17. April	58	6. April	78	26. März
39	9. April	59	29. März	79	15. April
1940	24. März	1960	17. April	1980	6. April
41	13. April	61	2. April	81	19. April
42	5. April	62	22. April	82	11. April
43	25. April	63	14. April	83	3. April
44	9. April	64	29. März	84	22. April
45	1. April	65	18. April	85	7. April
46	21. April	66	10. April	86	30. März
47	6. April	67	26. März	87	19. April
48	28. März	68	14. April	88	3. April
49	17. April	69	6. April	89	26. März

c) *Julianisches Datum*

Außer der Zeiteinteilung in Jahre ist in der Astronomie ein System durchlaufender Tageszählung in Gebrauch, die sogenannte „Julianische Periode" nach einem Vorschlag von Joseph Justus Scaliger (1581). Der Anfangspunkt dieser Tageszählung ist der mittlere Mittag am 1. Jan. 4713 v. Chr. (der die Ordnungszahl 0 erhielt). Als „Julianisches Datum" (J.D.) bezeichnet man die Anzahl der seit diesem Moment verflossenen mittleren Sonnentage. Stunden, Minuten und Sekunden werden in dieser Zählung in Dezimalteilen des Tages ausgedrückt, wobei der Beginn des Tages, abweichend von der sonstigen Praxis, auf den mittleren Mittag von Greenwich (Weltzeit) gelegt wird.

Das Julianische Datum ermöglicht die mühelose Berechnung von Zeitintervallen, während man sonst bei Benutzung der üblichen Daten die ungleiche Länge der Jahre und Monate berücksichtigen muß. Auch läßt sich aus dem Julianischen Datum leicht der Wochentag bestimmen. Man dividiert dazu das J. D. durch 7; ist der Rest 0, so handelt es sich um einen Montag, ist er 1 um einen Dienstag usw.

d) *Ewiger Kalender*

Die Benutzung des Ewigen Kalenders wird am besten durch einige Beispiele erläutert: 1. Für den 24. Mai 1543 alten Stils (julianisch) findet man in Tabelle I an der Stelle (rechts), wo die den 24. Monatstag enthaltende Zeile sich mit der zum Mai gehörenden Spalte schneidet, die Zahl 2; Tabelle II enthält im Schnittpunkt der die beiden letzten Ziffern der Jahreszahl 1543, nämlich 43, enthaltenden Zeile (links) mit der die julianische Jahrhundertzahl 15 enthaltenden Spalte (oben) die Zahl 3 (unten rechts); die Summe der beiden gefundenen Zahlen 5 (2 + 3) steht in Tabelle I (links) in der Zeile des gesuchten Wochentags: Donnerstag. – 2. Für den 1. April 1815 neuen Stils (gregorianisch) gibt Tabelle I: 5, Tabelle II: 2, und 5 + 2 = 7 entspricht der Sonnabend. In Schaltjahren, die kursiv gedruckt sind, ist für den Januar in Tabelle I nicht die erste, sondern die zweite, und für den Februar die vierte Spalte zu benutzen; man findet so 3. für den 12. Februar 1908: 5 + 6 = 11: Mittwoch; 4. für den 1. Januar 1900 alten Stils: 5 + 2 = 7: Sonnabend, während sich 5. für den 1. Januar 1900 neuen Stils, da dieses Jahr nach dem Gregorianischen Kalender kein Schaltjahr ist, 6 + 3 = 9: Montag ergibt.

Ewiger Kalender

Tabelle I

Tage						Monate (Januar und Februar für Schaltjahre *kursiv* gedruckt): Januar, Oktober	*Januar*, April, Juli	November	Febr., März,	*Februar*, August	Mai	Juni	September, Dez.
ag	1	8	15	22	29	6	5	2	1	7	3	4
g	2	9	16	23	30	7	6	3	2	1	4	5
tag	3	10	17	24	31	1	7	4	3	2	5	6
och	4	11	18	25		2	1	5	4	3	6	7
rstag	5	12	19	26		3	2	6	5	4	7	1
g	6	13	20	27		4	3	7	6	5	1	2
bend	7	14	21	28		5	4	1	7	6	2	3

Tabelle II

Jahrhunderte

julianisch	*0*	*1*	*2*	*3*	*4*	*5*	*6*
	7	8	9	10	11	12	13
	14	*15*	*16*	*17*	*18*	*19*	*20*
	21	*22*	*23*	*24*	*25*	*26*	*27*
gregorianisch					15	16	—
	17	—	18	—	19	*20*	—
	21	—	22	—	23	*24*	—
	25	—	26	—	27	*28*	—
	29	—	30	—	31	*32*	—

Jahre im Jahrhundert

0	6	—	17	23	*28*	34	—	45	51	*56*	62	—	73	79	*84*	90	—	7	6	5	4	3	2	1
1	7	*12*	18	—	29	35	*40*	46	—	57	63	*68*	74	—	85	91	*96*	1	7	6	5	4	3	2
2	–	13	19	*24*	30	—	41	47	*52*	58	—	69	75	*80*	86	—	97	2	1	7	6	5	4	3
3	*8*	14	—	25	31	*36*	42	—	53	59	*64*	70	—	81	87	*92*	98	3	2	1	7	6	5	4
–	9	15	*20*	26	—	37	43	*48*	54	—	65	71	*76*	82	—	93	99	4	3	2	1	7	6	5
4	10	—	21	27	*32*	38	—	49	55	*60*	66	—	77	83	*88*	94		5	4	3	2	1	7	6
5	11	*16*	22	—	33	39	*44*	50	—	61	67	*72*	78	—	89	95		6	5	4	3	2	1	7

Kardinalzahl (s. A. III). (1) In der Grammatik Bezeichnung für die Zahlwörter *eins, zwei, drei,* ... im Unterschied zu den Ordinalzahlen *erster, zweiter, dritter,* ...

(2) In der Mathematik versteht man unter der Kardinalzahl einer Menge ihre Mächtigkeit. Man definiert zunächst, unter welchen Umständen zwei Mengen gleich mächtig sind: Zwei Mengen A und B sind gleich mächtig genau dann, wenn es eine bijektive (eineindeutige) Abbildung von A auf B gibt.

Die Relation der Gleichmächtigkeit erzeugt Klassen gleich mächtiger Mengen. Häufig wird die Mächtigkeit einer Menge mit der Klasse gleich mächtiger Mengen identifiziert. Man kann auch ein System von Repräsentanten dieser Klassen wählen. So ist z. B. ein geeigneter Repräsentant für die Klasse der Mengen mit genau einem Element die Menge $\{\emptyset\}$, die genau ein Element hat. Auf die Frage, wieviel Elemente eine Menge hat, antwortet man dann durch Angabe des Repräsentanten: So viel wie diese Menge.

Die natürlichen Zahlen kann man mit den Kardinalzahlen der endlichen Mengen identifizieren. Dann ist es zweckmäßig, die Null als Kardinalzahl der leeren Menge mit zu den natürlichen Zahlen zu rechnen.

kartesisches Produkt (s. A .I). Das kartesische Produkt (Produktmenge) zweier Mengen A und B ist diejenige Menge, deren Elemente alle möglichen geordneten Paare (x, y) sind, wobei x ein Element von A und y ein Element von B ist. Diese Menge wird mit $A \times B$ bezeichnet, gelesen „A Kreuz B". Es ist also

$$A \times B = \{(x, y) \mid x \in A \text{ und } y \in B\}.$$

Beispiel: $F = \{H, L, N, S\}$ sei die Menge der Flötenspieler, $K = \{A, E\}$ die Menge der Klavierspieler einer Klasse. Bei einem Wettbewerb soll jeder Flötenspieler mit jedem Klavierspieler musizieren. Die Zusammenstellung der Aufführungen ist gegeben durch das kartesische Produkt

$$F \times K = \{(H, A), (H, E), (L, A), (L, E), (M, A), (M, E), (S, A), (S, E)\}.$$

Für dieses kartesische Produkt seien noch drei andere Darstellungsarten angegeben (Abb. 146):

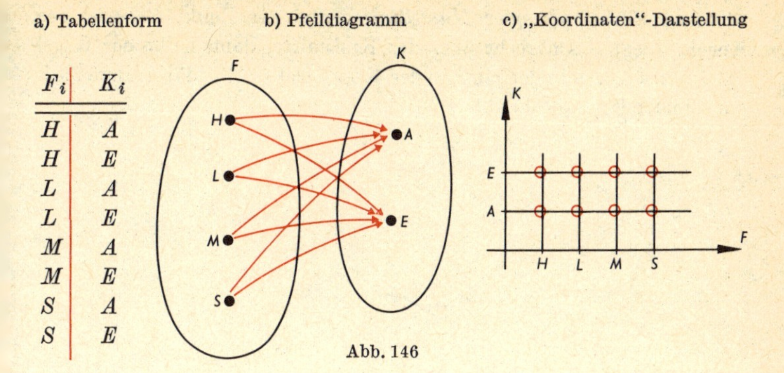

F_i	K_i
H	A
H	E
L	A
L	E
M	A
M	E
S	A
S	E

Abb. 146

Kathete s. *Hypotenuse*.

Kathetensatz s. *Dreieck*.

Kavalierperspektive. Die Kavaliersperspektive (besser Kavalierprojektion) ist ein Abbildungsverfahren der darstellenden Geometrie (s. d.). Der Name dieser Methode ist historischen Ursprungs. Die Methode wurde im 18. Jahrhundert vor allem zur Darstellung von Festungswerken benutzt. Kavaliere sind erhöhte Teile von Festungswerken, deren Zweck es war, das vom Wall aus nicht sichtbare Gelände zu beherrschen. Bei der Kavalierperspektive wird zusammen mit dem abzubildenden Gegenstand ein räumliches, rechtwinkliges Koordinatensystem durch eine allgemeine (schiefe) Parallelprojektion auf einer Bildebene abgebildet. Die Bildebene wird bei der Kavalierperspektive vertikal gewählt und liegt parallel zur y, z-Ebene des abzubildenden Koordinatensystems. Die y-Achse verläuft horizontal, die z-Achse vertikal (Abb. 52). Alle Figuren, die in einer Parallelebene zur Bildebene liegen, werden kongruent abgebildet. Das Bild der positiven x-Achse ist beliebig, z. B. unter 45° gegen die negative y-Achse geneigt. In Richtung des Bildes der x-Achse werden die Strecken beliebig, z. B. im Verhältnis 1:2 verkürzt.

Kegel. Zeichnet man von den Punkten P der Peripherie eines Kreises K (Radius r) zu einem Punkt S, der nicht in der Ebene des Kreises liegt, alle Verbindungsgeraden, so bilden sie die Begrenzungsfläche eines Körpers, der als *Kreiskegel* bezeichnet wird. Die Kreisfläche wird Grundfläche genannt, die Gesamtheit der durch den Punkt S gehenden Strecken bis zu den Kreispunkten *Mantel* des begrenzten Kegels, eine dieser

Strecken *Erzeugende* oder *Mantellinie* s und der Punkt S *Spitze* des Kegels. Liegt S senkrecht über der Kreismitte, dann heißt der Kegel ein Rotationskegel oder ein gerader Kreiskegel (Abb. **147**), anderenfalls ein schiefer Kreiskegel (Abb. **148**).

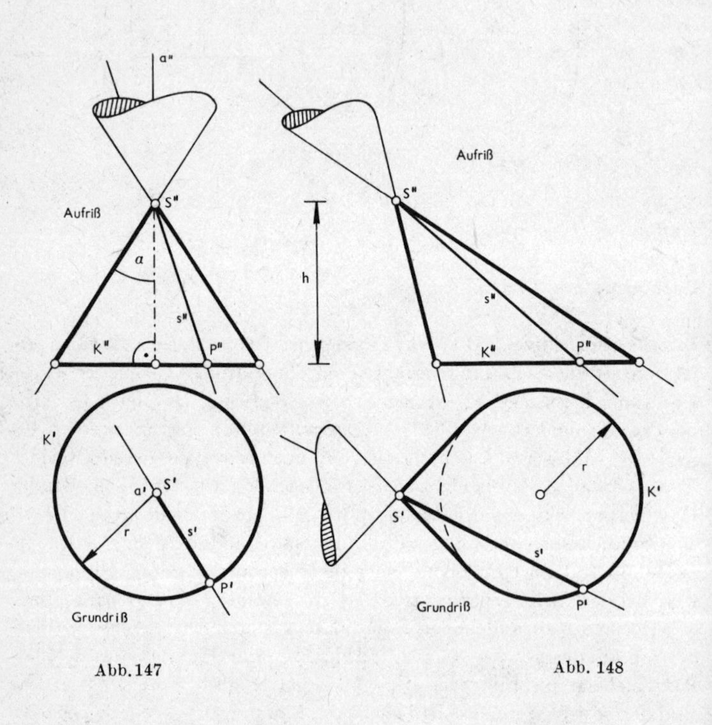

Abb. 147

Abb. 148

Die Länge des Lotes von der Spitze auf die Grundfläche bezeichnet man als Höhe h des Kegels.

Das Volumen eines Kegels berechnet man zu $V = \frac{G \cdot h}{3}$, **wenn mit** G **die Grundfläche bezeichnet wird. Insbesondere ist für einen Kreiskegel:** $V = \frac{\pi r^2 h}{3}$, **wobei** r **der Radius des Kreises ist.**

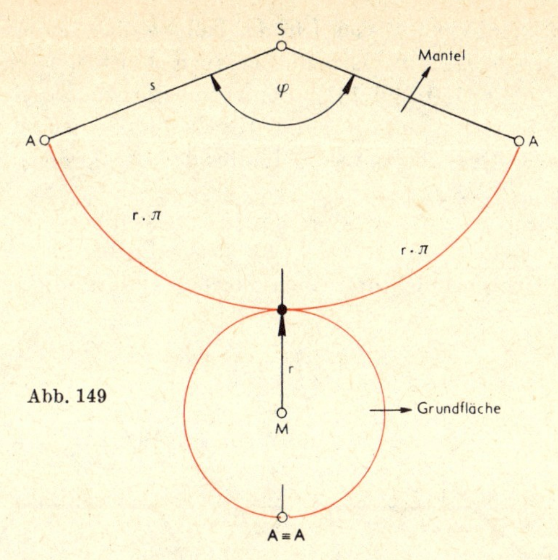

Abb. 149

Einen Achsenschnitt eines Kegels erhält man, wenn man den Kegel mit einer Ebene schneidet, in der die Kegelachse a liegt. Sie ist die Verbindungsgerade der Spitze mit dem Mittelpunkt der Grundfläche (Abb. **147**).

Der Achsenschnitt eines geraden Kreiskegels – unter Hinzunahme seiner Basisebene – ist ein gleichschenkliges Dreieck, in dem die Kegelachse Höhe zur Basis (Durchmesser des Grundkreises) ist.

Der Achsenschnitt eines schiefen Kreiskegels – unter Hinzunahme seiner Basisebene – ist ein ungleichschenkliges Dreieck.

In einem geraden Kreiskegel wird der Winkel zwischen der Achse und einer Mantellinie des Kegels halber *Öffnungswinkel* α des Kegels genannt (Abb. **147**).

Die Mantelfläche eines begrenzten geraden Kreiskegels ist (r = Radius der Grundfläche) $M = \pi\, rs$ und die Oberfläche $O = \pi\, r(r + s)$.

Zwischen der Höhe h und der Mantellinie s eines begrenzten Rotationskegels besteht nach dem pythagoreischen Lehrsatz die Beziehung $s^2 = r^2 + h^2$. Die Mantelfläche eines begrenzten Rotationskegels kann nach Aufschneiden längs einer Mantellinie in die Ebene abgerollt werden. Es entsteht dabei ein Kreisausschnitt mit dem Radius s und dem Zentriwinkel φ. Der Zentriwinkel φ ist: $\varphi = \frac{360° \cdot r}{s}$. Zwischen diesem Winkel φ und dem Öffnungswinkel α des Kegels besteht die Beziehung

$$\varphi = 360° \cdot \sin\alpha, \text{ da } \sin\alpha = \frac{r}{s} = \frac{\varphi}{360°} \text{ ist (Abb. 147 und 149).}$$

Kegelstumpf. Wird ein Kreiskegel in der Höhe h über der Grundfläche durch eine Parallelebene zur Grundfläche abgeschnitten, so entsteht ein Kegelstumpf (Abb. 150 und 151). Der abgeschnittene Kegel heißt Ergänzungskegel. Das Volumen eines Kegelstumpfes ist (h = Höhe, r^2 = Radius des Grundkreises, r_1 = Radius des Deckkreises):

$$V = \pi \cdot \frac{h}{3} (r_1^2 + r_1 r_2 + r_2^2).$$

Das gilt für einen geraden und einen schiefen Kegelstumpf.

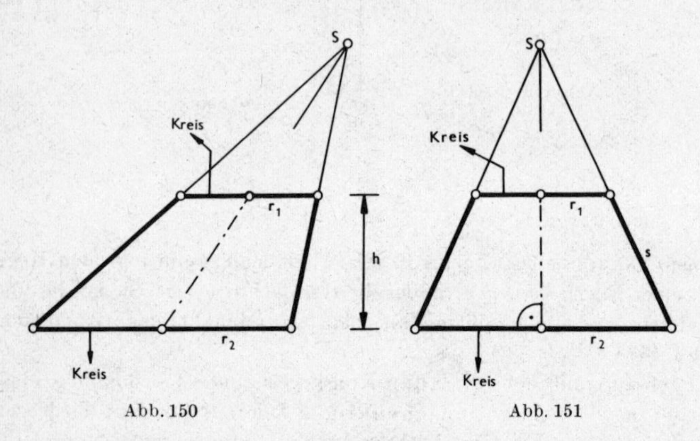

Abb. 150

Abb. 151

Die Mantelfläche eines geraden Kegelstumpfes (Abb. 151) ist (s = Mantellinie):

$$M = \pi s (r_1 + r_2).$$

Klammer. Klammern werden bei der Bildung von neuen Termen aus vorliegenden benötigt, z. B. bei der Bildung des Produktterms aus zwei Summentermen wie $(a + b) \cdot (a - b)$. Genau genommen müßte man z. B. auch $(a \cdot b) + (c \cdot d)$ schreiben. Allgemein verbindet nämlich jede zweistellige Verknüpfung (s. d.) wie + und · zwei Terme, die grundsätzlich in Klammern einzuschließen sind, um eindeutig zum Ausdruck zu bringen, welche Terme verbunden werden sollen. Man spart jedoch Klammern durch die Vereinbarung „Punktrechnung geht vor Strichrechnung". Man darf nach dieser Vereinbarung statt $(a \cdot b) + (c \cdot d)$ kürzer und dennoch eindeutig schreiben $a \cdot b + c \cdot d$. Die Punktverknüpfung wird zuerst ausgeführt, dann erst die Strichverknüpfung.
In vielen Fällen benötigt man mehrfache Klammern, um eindeutig festzulegen, welche Terme verbunden werden sollen, wie im folgenden Beispiel: $(a - b) \cdot \{(a + b \cdot c) + c \cdot (a + d)\}$.

Wegen der Assoziativgesetze (s. *Algebra*) kann man ebenfalls Klammern sparen. Statt $(a + b) + c$ kann man einfach $a + b + c$ schreiben.

Klappstreckung. Unter einer Klappstreckung (Abb. 152) versteht man eine Abbildung in der Ebene, die sich aus einer zentrischen Streckung von einem Punkt Z aus und einer Umklappung um eine *Gerade* s zusammensetzt. Die Reihenfolge von Umklappung und zentrischer Streckung kann geändert werden. Z ist ein Punkt von s.

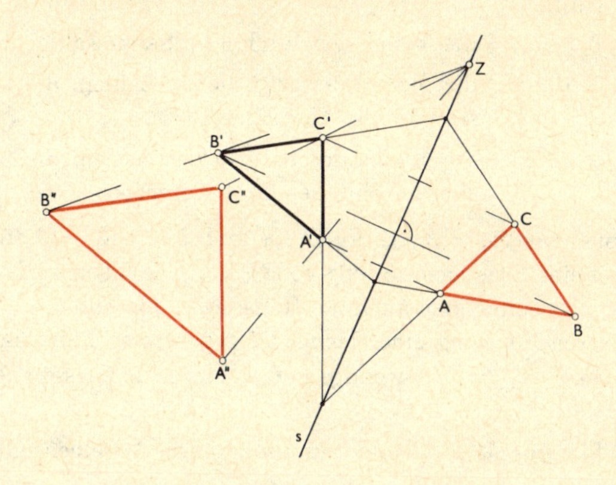

Abb. 152

Figuren, die durch eine Klappstreckung auseinander hervorgehen, sind gegensinnig ähnlich (s. d.). Umgekehrt lassen sich zwei gegensinnig ähnliche Figuren immer durch eine Klappstreckung ineinander überführen.

Klasse. Ist eine nichtleere Menge M so in Teilmengen zerlegt, daß
1. jedes Element von M wenigstens einer der Teilmengen angehört,
2. verschiedene Teilmengen elementfremd sind,

so nennt man jede der Teilmengen eine Klasse und sagt, die Menge M sei in Klassen eingeteilt (oder zerlegt). Die Vereinigungsmenge aller Klassen einer Klasseneinteilung von M ist wegen der Eigenschaft 1 wieder die Menge M. Wegen Eigenschaft 2 kann jedes Element von M nur in einer Klasse einer Zerlegung von M vorkommen.

Beispiel 1: Venn-Diagramm einer Klasseneinteilung von M in fünf Klassen (Abb. 153):
Es ist $M = K_1 \cup K_2 \cup K_3 \cup K_4 \cup K_5$ und
$K_i \cap K_j = \emptyset$ für $i \neq j$, $i, j \in \{1, 2, 3, 4, 5\}$.

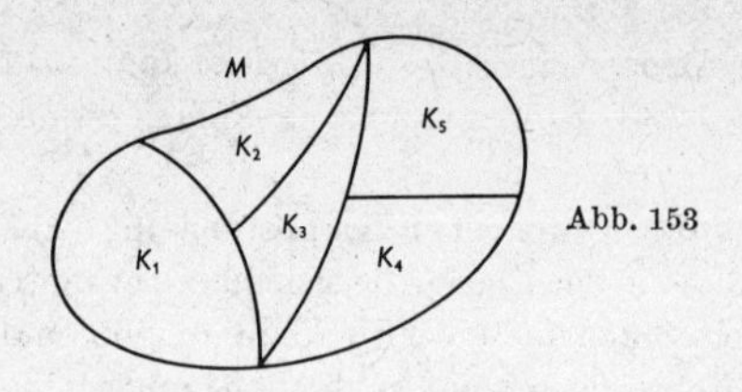

Abb. 153

Beispiel 2 (s. A. II und VI): Es sei $M = \mathbb{N}_0$ (Menge der natürlichen Zahlen mit der Null),

$K_0 = \{0, 3, 6, 9, \ldots\}$ die Menge der durch 3 teilbaren Zahlen aus $\mathbb{N}_0$,

$K_1 = \{1, 4, 7, 10, \ldots\}$ die Menge der natürlichen Zahlen, die bei Division durch 3 den Rest 1 lassen,

$K_2 = \{2, 5, 8, 11, \ldots\}$ die Menge der natürlichen Zahlen, die bei Division durch 3 den Rest 2 ergeben.

Dann ist offenbar $\mathbb{N}_0 = K_1 \cup K_2 \cup K_0$ und $K_i \cap K_j = \emptyset$ für $i \neq j$, es liegt somit eine Klasseneinteilung von $\mathbb{N}_0$ vor. Die Klassen K_1, K_2, K_0 dieser Zerlegung nennt man auch die Restklassen modulo 3.
Ist eine Klasseneinteilung einer Menge M gegeben, so führt die Definition: xRy (bzw. $(x, y) \in R$), wenn y und x derselben Klasse angehören, zu der Relation

$R = \{(x, y) \mid (x, y) \in M \times M$ und x und y liegen in derselben Klasse$\}$.

Diese Relation ist reflexiv, symmetrisch und transitiv, sie ist also eine Äquivalenzrelation in M (s. *Äquivalenzrelation*, s. *Äquivalenzklasse*).

klein gegen, $a \ll b$ (gelesen: „a klein gegen b") bedeutet, daß a „sehr klein" im Vergleich zu b ist, d. h.: $\frac{a}{b}$ ist kleiner als 10^{-n}, wobei 10^{-n} die vorgeschriebene Rechengenauigkeit darstellt.

kleinstes gemeinsames (gemeinschaftliches) Vielfaches (k. g. V.). Das kleinste gemeinsame Vielfache $e\,(a, b)$ zweier ganzer Zahlen a und b ist die kleinste Zahl, die beide Zahlen als Teiler enthält. Man kann das kleinste gemeinsame Vielfache zweier oder mehrerer Zahlen mit Hilfe der *Primzahlzerlegung* (s. d.) der Zahlen bestimmen; z. B.: 8 und 12 haben das kleinste gemeinsame Vielfache 24. Es ist:

$$8 = 2^3,$$
$$12 = 2^2 \cdot 3.$$

Das kleinste gemeinsame Vielfache muß die Primfaktorzerlegung $2^3 \cdot 3$ haben, es ist also $2^3 \cdot 3 = 24$.

Zwischen dem k. g. V. $e(a, b)$ und dem größten gemeinsamen Teiler $d(a, b)$ (s. *größter gemeins. Teiler*) besteht die Beziehung $d(a, b)\, e(a, b) = a\,b$.

Koeffizient. Treten in einem Term Produkte aus Variablen und Zahlen auf, so nennt man diese Zahlen Koeffizienten oder Beizahlen; z. B. in $7a + \frac{3}{2}x = 4$ sind 7 und $\frac{3}{2}$ Koeffizienten. Das Multiplikationszeichen zwischen Zahl und Variabler läßt man gewöhnlich weg, statt $7 \cdot a$ schreibt man $7a$.
Enthält ein Glied mehrere Variable, so kann man auch die eine Variable als Koeffizient der anderen auffassen; es muß dann zusätzlich angegeben werden, worauf sich der Koeffizient bezieht, z. B. in $4ax$ ist 4 der Koeffizient von ax, $4a$ der Koeffizient von x.

Kombinationen. Kombinationen aus n Elementen zur k-ten Klasse ($n, k \in \mathbb{N}$) sind die Anordnungen, die sich aus je k der n Elemente bilden lassen, wobei aber die Reihenfolge der Elemente außer Betracht bleibt.

Kombinationen von n Elementen zur k-ten Klasse ohne Wiederholungen sind Kombinationen, bei denen jedes Element nur einmal vorkommen darf.
Beispiel: fünf Elemente a, b, c, d, e. Die Kombinationen zur 3. Klasse ohne Wiederholung sind

a, b, c $\quad$ b, c, d $\quad$ c, d, e
a, b, d $\quad$ b, c, e
a, b, e $\quad$ b, d, e
a, c, d
a, c, e
a, d, e

$$\text{Anzahl: } K(5; 3) = \binom{5}{3} = \frac{5 \cdot 4 \cdot 3}{1 \cdot 2 \cdot 3} = 10.$$

Die Anzahl der Kombinationen von n Elementen zur k-ten Klasse ohne Wiederholungen ist

$$K(n;k) = \binom{n}{k} = \frac{n(n-1) \cdot (n-2) \ldots \cdot (n-k+1)}{1 \cdot 2 \cdot 3 \ldots \cdot k};$$

$\binom{n}{k}$ lies n über k (siehe *binomischer Lehrsatz*)

Kombinationen von n Elementen zur k-ten Klasse mit Wiederholungen sind solche Kombinationen, bei denen in einer Zusammenstellung ein Element mehrmals vorkommen darf.

Beispiel: Fünf Elemente a, b, c, d, e. Die Kombinationen zur 3. Klasse mit Wiederholungen sind:

a, a, a	a, b, b	a, c, c	a, d, d	a, e, e	b, b, b	b, c, c	b, d, d
a, a, b	a, b, c	a, c, d	a, d, e		b, b, c	b, c, d	b, d, e
a, a, c	a, b, d	a, c, e			b, b, d	b, c, e	b, e, e
a, a, d	a, b, e				b, b, e		
a, a, e							

c, c, c	c, d, d	c, e, e	d, d, d	d, e, e	e, e, e
c, c, d	c, d, e		d, d, e		
c, c, e					

Die Anzahl ist: $\tilde{K}(5, 3) = \binom{5+3-1}{3} = \binom{7}{3} = \frac{7 \cdot 6 \cdot 5}{1 \cdot 2 \cdot 3} = 35$

Die Anzahl der Kombinationen von n Elementen zur k-ten Klasse mit Wiederholungen ist

$$\tilde{K}(n; k) = \binom{n+k-1}{k} =$$

$$= \frac{(n+k-1)(n+k-2)\dots(n)}{1 \cdot 2 \cdot 3 \cdot 4 \dots k}.$$

Soll die Anordnung der Elemente berücksichtigt werden, so spricht man von *Variationen* (s. d.).

Kombinatorik. Die Kombinatorik ist der Zweig der Arithmetik, der untersucht, auf welche verschiedenen Arten eine gegebene Anzahl von Dingen (Elementen) angeordnet und zu Gruppen (Anordnungen, Zusammenstellungen, Komplexionen) zusammengefaßt werden kann. Jede Zusammenfassung beliebig vieler von n Dingen heißt eine Komplexion, und zwar eine Komplexion ohne Wiederholung, wenn jedes Element nur einmal auftritt.

Gattungen

a) *Permutationen*

Die Permutationen aus n Elementen bestehen aus den möglichen Anordnungen aller n Elemente. Diese Anordnungen unterscheiden sich nur durch die Stellung der Elemente. Näheres s. *Permutationen.*

b) *Variationen*

Die Variationen aus n Elementen der r-ten Klasse bestehen aus allen Anordnungen, die sich aus je r der n Elemente bilden lassen. Näheres s. *Variationen.*

c) *Kombinationen*

Die Kombinationen aus n Elementen zur r-ten Klasse sind die Anordnungen, die sich aus je r der n Elemente bilden lassen, wobei aber durch bloße Umstellung der Glieder keine neue Kombination zustande kommt.

Näheres s. *Kombinationen.*

kommensurabel. Kommensurabel heißen zwei oder mehr Größen, wenn sie durch eine dritte Größe ohne Rest teil- oder meßbar sind.

Beispiele: 20 und 25 sind kommensurabel, sie haben den gemeinsamen Teiler 5.

Die Strecken 20 m und 12 m sind kommensurabel, sie können beide durch die Strecke 4 m ohne Rest gemessen werden.
Größen, die nicht durch eine dritte Größe ohne Rest geteilt oder gemessen werden können, heißen inkommensurabel; z. B. sind die Längen 1 und $\sqrt{2}$ inkommensurabel.

Kommutativgesetz s. *Algebra.*

Komplementwinkel. Zwei Winkel, die sich zu 90° (1R) ergänzen, heißen Komplementwinkel. Z. B. sind die Winkel an der Hypotenuse eines rechtwinkligen Dreiecks Komplementwinkel (Abb. 92); $\alpha + \beta = 90°$.

komplexe Zahlen. Der Körper der komplexen Zahlen entsteht als Erweiterungskörper des Körpers der reellen Zahlen. Man geht dabei von der Beobachtung aus, daß man im Bereich der reellen Zahlen nicht unbeschränkt radizieren kann. So hat die Gleichung $x^2 + 1 = 0$ keine reelle Lösung.
Ein Modell der komplexen Zahlen erhält man in ähnlicher Weise wie bei den ganzen Zahlen (s. d.). Man denkt sich vom Ursprung eines ebenen Koordinatensystems aus in alle Richtungen der Ebene „Schritte" unterschiedlicher Länge ausgeführt. Um einen solchen Schritt zu beschreiben, graphisch etwa durch einen Pfeil z vom Ursprung aus dargestellt, braucht man eine reelle Zahl $r = |z| \geqq 0$ als Angabe der Schrittlänge (absoluter Betrag), und eine Richtungsangabe durch den Winkel $\varphi = \arg z$ (Argument). Eine komplexe Zahl z wird also dargestellt durch ein geordnetes Paar von reellen Zahlen:

$$z = (r, \varphi).$$

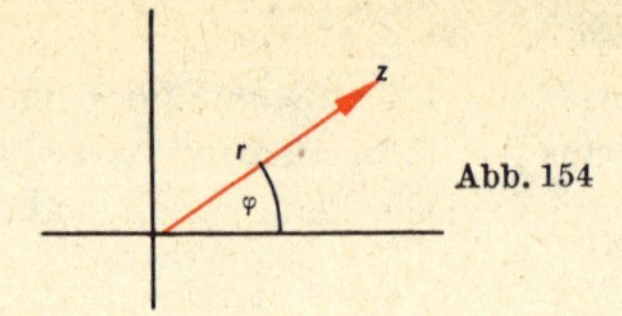

Abb. 154

In der Menge der Schritte oder Pfeile erklärt man eine Addition durch Nacheinanderausführen der Schritte (geometrische Addition nach dem Kräfteparallelogramm, s. *Vektorraum*). Damit hat man eine additive Gruppe. Bei der Multiplikation orientiert man sich an den reellen Zahlen, die als Teilmenge der Menge der Pfeile aufgefaßt werden können ($\varphi = 0°$, $360°, \ldots$, liefert die positiven Zahlen, $\varphi = 180°, 540°, \ldots$ liefert die negativen Zahlen). Die Multiplikation mit einer positiven Zahl läßt den Winkel des anderen Faktors unverändert. Multiplikation mit einer negativen Zahl bedeutet dagegen Addition von 180° zum Winkel des anderen Faktors:

Beispiel: $+2 = (2, 0°), +6 = (6, 0°), -3 = (3, 180°), -5 = (5, 180°)$,
$(+2) \cdot (+6) = +(2 \cdot 6)$ oder $(2, 0°) \cdot (6, 0°) = (2 \cdot 6, 0°)$,
$(+2) \cdot (-3) = -(2 \cdot 3)$ oder $(2, 0°) \cdot (3, 180°) = (2 \cdot 3, 180°)$,
$(-5) \cdot (-3) = +(5 \cdot 3)$ oder $(5, 180°) \cdot (3, 180°) = (5 \cdot 3, 360°)$.

Man definiert im Anschluß daran allgemein für die Multiplikation:

$$(r_1, \varphi_1) \cdot (r_2, \varphi_2) = (r_1 \cdot r_2,\ \varphi_1 + \varphi_2).$$

Man kann nun der Reihe nach alle Körpergesetze nachprüfen. Die Assoziativ- und Kommutativgesetze lassen sich unmittelbar auf die im Bereich der reellen Zahlen geltenden Gesetze zurückführen. Schwieriger ist der Nachweis der Gültigkeit des Distributivgesetzes. Er erfolgt elementar durch eine geometrische Betrachtung. Multiplikation mit einer Zahl $z = (r, \varphi)$ bedeutet nämlich eine Drehstreckung. Jeder Pfeil wird zunächst auf das r-fache verlängert und dann um den Winkel φ gedreht. Wird nun eine Summe $(z_1 + z_2)$ mit (r, φ) multipliziert, so ist es für das Ergebnis gleichgültig, ob man zuerst den Summenpfeil bildet und diesen dann drehstreckt, oder ob man zuerst jeden einzelnen Pfeil drehstreckt und dann die Summe bildet (Abb. 155).

Betrachte nun den Pfeil $(1, 90°)$. Sein Produkt mit sich selbst ergibt $(1, 180°) = -1$. Im Bereich der Pfeile ist also die Gleichung $x^2 + 1 = 0$ lösbar geworden. Man bezeichnet den Pfeil $(1, 90°)$ auch mit dem Buch-

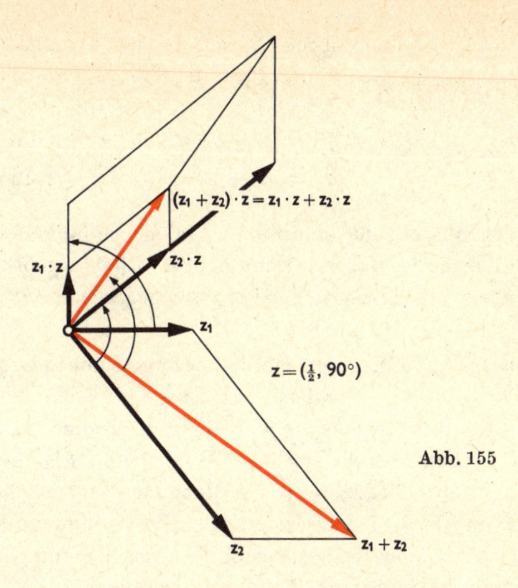

Abb. 155

staben i. Er ist die *imaginäre Einheit*. Die reellen Vielfachen von i heißen *imaginäre Zahlen*, ihre Endpunkte liegen auf der imaginären Achse. Es gilt

$i^2 = -1$, $i^3 = -i$, $i^4 = +1$, $i^5 = i$, allgemein: $i^{4n} = 1$, $i^{4n+1} = i$, $i^{4n+2} = -1$, $i^{4n+3} = -i$.

Nun kann man jeden Pfeil, oder jede komplexe Zahl, auch als Summe aus einem reellen und einem imaginären Pfeil darstellen. Man schreibt: $z = a + bi$ mit reellen Zahlen a, b. Für $a = b = 0$ erhält man den Nullpfeil, das neutrale Element der Addition. Wegen der Gültigkeit des Distributivgesetzes ergeben sich unter Berücksichtigung von $i^2 = -1$ folgende Regeln für die Addition, die Subtraktion, die Multiplikation und die Division:

(1) $$z_1 \pm z_2 = (a + bi) \pm (c + di) = (a \pm c) + (b \pm d)i,$$

(2) $$z_1 \cdot z_2 = (a + bi) \cdot (c + di) = (ac - bd) + (ad + bc)i,$$

(3) $$\frac{z_1}{z_2} = \frac{a + bi}{c + di} = \frac{a + bi}{c + di} \cdot \frac{c - di}{c - di} = \frac{ac + bd}{c^2 + d^2} + \frac{bc - ad}{c^2 + d^2}\,i\,.$$

Man nennt $a - bi$ die zu $a + bi$ *konjugiert komplexe Zahl*, abgekürzt ist z^* die zu z konjugiert komplexe Zahl. Es gilt $z \cdot z^* = r^2$.
Man nennt a auch den *Realteil* der komplexen Zahl $a + bi$ und b den *Imaginärteil*.

Man kann a und b auch durch Betrag und Winkel ausdrücken mit Hilfe von Winkelfunktionen: $a = r \cdot \cos\varphi$, $b = r \cdot \sin\varphi$, $r = \sqrt{a^2 + b^2}$. Damit wird

$$z \;= (r, \;\;\varphi) = a + bi = r(\cos\varphi + \mathrm{i}\sin\varphi),$$
$$z^* = (r, -\varphi) = a - bi = r(\cos\varphi - \mathrm{i}\sin\varphi).$$

Es gibt viele Modelle der komplexen Zahlen. Sie bilden einen ausgezeichneten Zahlkörper (s. *Körper*). Denn in ihm ist jede algebraische Gleichung mit komplexen Koeffizienten lösbar (s. *Fundamentalsatz der Algebra*).

kongruent (s. A. VII). 1. geometrisch. Zwei Punktmengen heißen kongruent, wenn sie auseinander durch eine eigentliche oder uneigentliche (gleichsinnige oder gegensinnige Kongruenzabbildung) Bewegung hervorgehen. Entsprechende Strecken, Winkel und Flächen sind einander gleich (bzgl. ihrer Maßzahlen). Die Menge der eigentlichen Bewegungen und die Menge der Umlegungen (uneigentlichen Bewegungen) zusammen bilden die Menge der Kongruenzabbildungen: Drehungen, Verschiebungen, Klappungen und deren Zusammensetzungen.

1. Kongruenz von Dreiecken (s. *Dreieck*)

2. Kongruenz von Vierecken

Wenn zwei Vierecke $ABCD$ und $A_1\,B_1\,C_1\,D_1$ kongruent sind, dann ist $\overline{AB} = \overline{A_1B_1}$, $\overline{BC} = \overline{B_1C_1}$, $\overline{CD} = \overline{C_1D_1}$, $\overline{DA} = \overline{D_1A_1}$;
$\sphericalangle\, DAB = \sphericalangle\, D_1A_1B_1$, $\sphericalangle\, ABC = \sphericalangle\, A_1B_1C_1$, $\sphericalangle\, BCD = \sphericalangle\, B_1C_1D_1$ und $\sphericalangle\, CDA = \sphericalangle\, C_1\,D_1\,A_1$ (s. *Viereck*).

3. Die Kongruenz von beliebigen Vielecken kann ebenso wie die Kongruenz von Drei- und Vierecken erklärt werden.

4. Kreise sind kongruent, wenn sie den gleichen Radius haben.

2. zahlentheoretisch (s. A. VI).
Zwei ganze Zahlen a, b heißen „kongruent nach dem Modul m", in Zeichen:

$$a \equiv b \bmod m,$$

wenn sie bei Division durch m den gleichen Rest lassen (s. *Restklasse*).

Kongruenzabbildungen s. *affine* und *ähnliche Abbildungen* sowie *Bewegung*.

Konjunktion s. *formale Logik*.

konkav = nach innen gebogen; s. auch *konvex*.

Konstante. Konstante sind Zeichen, die für bestimmte mathematische Objekte stehen, insbesondere alle Zahlzeichen. Häufig werden auch Formvariable (s. *Gleichung*) als Konstante bezeichnet.

Konstruktion, geometrische. In der geometrischen Konstruktion wird aus bekannten geometrischen Gebilden (Punkten, Strecken, Winkeln, Geraden, Strahlen, Ebenen usw.) eine gesuchte geometrische Figur hergestellt. Dabei sind verabredungsgemäß als Zeichenwerkzeuge nur Zirkel und Lineal zugelassen. Damit lassen sich alle Aufgaben erledigen, die analytisch auf Gleichungen 2. Grades (s. *Gleichungen*) führen.

Unter den geometrischen Konstruktionen sind die folgenden Aufgabentypen wichtig

1. Geometrische Grundkonstruktionen (s. d.).

2. Dreieckskonstruktionen s. *Dreieck*.

3. Viereckskonstruktionen s. *Viereck*.

konvex (= nach außen gebogen). Eine ebene Figur oder ein Körper heißt konvex, wenn mit zwei Punkten, die im Innern der Figur bzw. des Körpers liegen, auch alle Punkte der Verbindungsstrecke im Innern der Figur bzw. des Körpers liegen.

konzentrisch. Man nennt Kreise, die den gleichen Mittelpunkt haben, *konzentrisch*.

Koordinatensystem

Koordinatensysteme dienen zum Festlegen der Lage eines geometrischen Elementes (Punkte, Geraden).

Koordinatensysteme in der Ebene

Um die Lage von Punkten in einer Ebene festzuhalten, kann man folgende Vereinbarungen treffen. Es werden in der Ebene zwei Geraden ausgewählt, die sich rechtwinklig schneiden. Die eine nennt man die x-Achse (auch Abszissenachse), die andere y-Achse (auch Ordinatenachse). Dabei wählt man auf der x-Achse eine der vom Schnittpunkt der Achsen ausgehenden Richtungen als die positive Richtung der x-Achse.

Die andere wird dann die negative Richtung, der Schnittpunkt heißt Ursprung oder Nullpunkt. Auf der y-Achse wählt man die positive Richtung so (im allgemeinen), daß man die positive x-Achse im Gegenuhrzeigersinn in die positive y-Achse drehen kann.
Auf den Koordinatenachsen wählt man eine Einheit (z. B. 1 cm; im allgemeinen auf beiden Achsen die gleiche Einheit, es kann aber auch zweckmäßig sein, auf der y-Achse einen anderen Maßstab zu wählen als auf der x-Achse).
Die Lage eines Punktes P_1 wird nun so bestimmt: man fällt vom Punkt P_1 die Lote auf die Koordinatenachsen, das eine Lot hat dann die Länge x_1 und das andere die Länge y_1. x_1 und y_1 nennt man die Koordinaten von P_1 (s. Abb. 156).

Verallgemeinerung: Schiefwinklige Achsen, Parallelen dazu durch P_1 als Koordinatenlinien.

Anderes System: Polarkoordinaten (s. *komplexe Zahlen*, Abb. 154).

Koordinatensysteme im Raum (Abb. 157)
Drei orientierte Geraden des Raumes, die einander in einem Punkt O schneiden und paarweise senkrecht aufeinander stehen, kann man dazu verwenden, die Punkte des Raumes relativ zu diesen Geraden festzulegen. Nach der Annahme einer Längeneinheit (diese muß auf den drei Geraden nicht unbedingt einheitlich gewählt werden) fällt man vom **Punkt P die Lote auf die drei Koordinatenebenen. Die Maßzahlen der Länge dieser drei Lote, gemessen in der angenommenen Längeneinheit der zum betreffenden Lot parallelen Koordinatenachse, nennt man die Koordinaten des Punktes P und bezeichnet sie mit a, b und c. Man schreibt:**

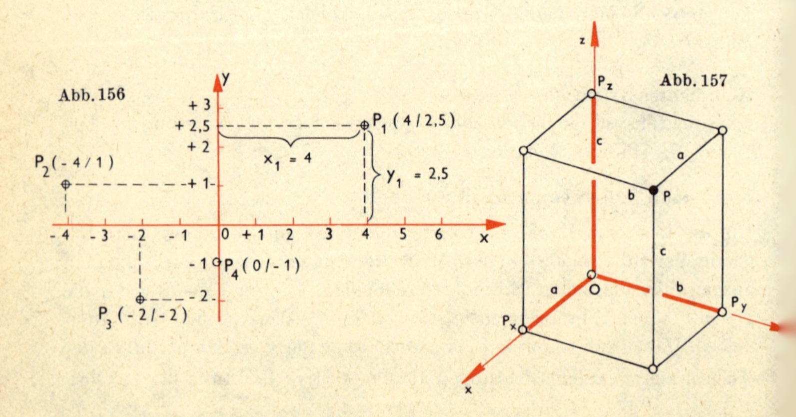

$P(a, b, c)$. Dabei ist die Reihenfolge der drei Zahlen festgelegt. Jedem Punkt des Raumes entsprechen drei in bestimmter Reihenfolge stehende Zahlen, ein Zahlentripel, und zu je drei Zahlen mit festgelegter Reihenfolge gehört auch ein Punkt des Raumes.

Die drei einander schneidenden Geraden heißen Koordinatenachsen. Der Schnittpunkt der Koordinatenachsen heißt Nullpunkt, Ursprung oder Koordinatenanfang. Die von je zwei Koordinatenachsen gebildeten Ebenen heißen Koordinatenebenen. Die drei einem Punkte zugeordneten Zahlen heißen Koordinaten des Punktes. Man unterscheidet auch im Raum positiv und negativ orientierte Systeme. Denkt man sich in der durch die orientierten Achsen entstehenden Raumecke sitzend, mit dem Oberkörper an die positive z-Achse gelehnt, dann heißt das System positiv, wenn das rechte Bein auf der positiven x-Achse und das linke Bein auf der positiven y-Achse liegt. Anderenfalls handelt es sich um ein negativ orientiertes System.

Körper, algebraischer (s. A. VI). Grob gesagt handelt es sich bei einem Zahlkörper um einen Zahlbereich, in dem man uneingeschränkt addieren, multiplizieren, subtrahieren und, ausgenommen durch Null, dividieren kann. Ein einfaches Beispiel ist ein Körper aus zwei Elementen 0 und 1 mit den Verknüpfungen:

$$0 + 0 = 0,\ 0 + 1 = 1,\ 1 + 1 = 0,\ 1 + 0 = 1;$$
$$0 \cdot 0 = 0,\ 0 \cdot 1 = 0,\ 1 \cdot 0 = 0,\ 1 \cdot 1 = 1.$$

Man kann sich hier durch Nachrechnen aller möglichen Fälle davon überzeugen, daß alle die üblichen Rechengesetze gelten, z. B. das Distributivgesetz:

$$1 \cdot (1 + 1) = 1 \cdot 0 = 0,$$
$$1 \cdot (1 + 1) = 1 \cdot 1 + 1 \cdot 1 = 1 + 1 = 0.$$

Genauer ist ein Körper eine Menge von Elementen, in der zwei *Verknüpfungen* (s. d.) $+$ und $\cdot$ erklärt sind, so daß für beliebige Elemente a, b, c folgende Gesetze gelten:

Kommutativgesetze: $a + b = b + a$ und $a \cdot b = b \cdot a$.

Assoziativgesetze: $(a + b) + c = a + (b + c)$ und $(a \cdot b) \cdot c = a \cdot (b \cdot c)$.

Neutrale Elemente: $a + 0 = a$ und $a \cdot 1 = a$.

Inverse Elemente: $a + x = b$ eindeutig lösbar; wenn $a \neq 0$ ist, so ist auch $a \cdot x = b$ eindeutig lösbar.

Distributivgesetz: $a \cdot (b + c) = a \cdot b + a \cdot c$.

Man kann einen algebraischen Körper auch so erklären: Er ist ein *Ring* (s. d.) bezüglich der Verknüpfungen $+$ und $\cdot$, und die Elemente $\neq 0$ bilden bezüglich der Verknüpfung $\cdot$ eine abelsche Gruppe (s. d.).

Körper, geometrischer. Ein geometrischer Körper ist ein begrenzter Teil des Raumes. Die Begrenzung wird von Flächen gebildet. Die Begrenzungsflächen können gekrümmt oder eben sein. Körper, deren Begrenzungsflächen alle eben sind, nennt man *Polyeder* (s. d.).

Körperberechnung. Körperberechnung = Stereometrie. Die Stereometrie ist die Lehre von der Berechnung der Längen von Kanten, Diagonalen, Höhen, Winkel sowie des Oberflächeninhaltes und des Rauminhaltes von Körpern.

Die einzelnen vorkommenden Größen sind in den betreffenden Maßeinheiten zu messen, also Winkel im Gradmaß oder Bogenmaß, Längen in der Längeneinheit, Flächen in der Flächeneinheit und Volumen in der Einheit der Volumenmessung (s. *Maßsysteme*).
Von einigen einfachen Körpern kann aus der Kenntnis von Körperkanten oder Radien und Höhen das Volumen berechnet werden.
Im allgemeinen braucht man zur Berechnung des Volumens von Körpern die *Integralrechnung*.

Siehe auch: *Würfel*, *Quader*, *Prisma*, *Pyramide*, *Pyramidenstumpf*, *Kegel*, *Kegelstumpf*, *Kugel*, *Polyeder*, *platonische Körper*.

Kosinus (cos). Die Kosinusfunktion eines Winkels α ist eine trigonometrische Funktion. $\cos\alpha$ ist das Verhältnis von Ankathete zu Hypotenuse eines Winkels α im rechtwinkligen Dreieck (s. *Trigonometrie*);

$$\cos\alpha = \frac{\text{Ankathete}}{\text{Hypotenuse}}$$

Kosinussatz s. *Dreiecksberechnung*.

Kotangens (cot, ctg). Die Kotangensfunktion eines Winkels α ist eine trigonometrische Funktion. $\cot\alpha$ ist das Verhältnis von Ankathete zu Gegenkathete eines Winkels im rechtwinkligen Dreieck (s. *Trigonometrie*);

$$\cot\alpha = \frac{\text{Ankathete}}{\text{Gegenkathete}}.$$

Kreis. Definition und Bezeichnungen (Abb. 158)
Der Kreis ist die Menge aller Punkte, die von einem festen Punkt (M) die Entfernung r haben (Kreislinie, Umfang, Peripherie).

Der feste Punkt M heißt *Mittelpunkt* oder *Zentrum* des Kreises. Geht die Verbindungsstrecke zweier Punkte der Kreislinie durch den Mittelpunkt des Kreises, so heißt sie *Durchmesser* (d). Die Verbindungsstrecke des Mittelpunktes mit irgendeinem Punkte im Abstand $a = r$ von M heißt *Radius* (r) oder Halbmesser des Kreises. Es ist $d = 2r$.

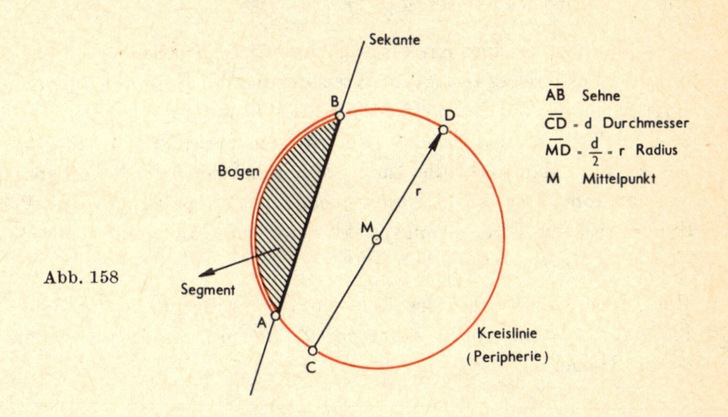

Abb. 158

Vom Kreis wird die Kreisfläche begrenzt. Man kann sie beschreiben als Menge aller Punkte, für die die Entfernung von M höchstens r beträgt.

$$a \leqq r.$$

Die Kreisfläche liegt zur Linken, wenn der Kreis entgegen dem Uhrzeigersinn durchlaufen wird. Ein Punkt gehört genau dann zum Innern eines Kreises, wenn der Abstand des Punktes vom Kreismittelpunkt kleiner als der Radius r des Kreises ist. Ein Punkt liegt genau dann außerhalb des Kreises, wenn sein Abstand vom Kreismittelpunkt größer als der Radius des Kreises ist.

Kreis und Gerade

Ein Kreis und eine Gerade können zwei reelle, getrennt oder zusammenfallend liegende oder keinen reellen Punkt gemeinsam haben.
Hat eine Gerade mit einem Kreis zwei reelle, getrennt liegende Punkte gemeinsam, so nennt man sie *Sekante* des Kreises. Die Gesamtheit der

im Innern des Kreises liegenden Punkte der Sekante und die beiden Peripheriepunkte nennt man *Sehne* (Abb. 158).

Eine Sekante zerlegt die Kreisfläche und die Kreislinie in jeweils zwei Teile. Die Teile der Kreislinie nennt man *Bogen*; die Bogen werden durch die Sekante getrennt, oder man sagt auch, sie liegen entgegengesetzt. Die Teile der Kreisfläche nennt man *Kreisabschnitte* oder *Segmente*.

Eine Sehne des Kreises, die durch den Kreismittelpunkt geht, ist *Durchmesser* (d) des Kreises. Der Durchmesser eines Kreises ist doppelt so groß wie der Radius des Kreises; $d = 2r$.

Der Durchmesser eines Kreises ist Symmetrielinie des Kreises. Der Durchmesser eines Kreises zerlegt die Kreislinie in zwei Halbkreislinien und die Kreisfläche in zwei *Halbkreisflächen*. Eine Gerade, die mit der Kreislinie zwei reelle zusammenfallende Punkte gemeinsam hat, heißt *Tangente* des Kreises. Man sagt „die Tangente berührt den Kreis" und spricht in diesem Sinne von einem *Berührungspunkt* (Doppelpunkt). Die Verbindungsstrecke des Berührungspunktes mit dem Mittelpunkt des Kreises heißt *Berührungsradius* (Abb. 160).

Die Tangente eines Kreises steht im Berührungspunkt auf dem zugehörigen Berührungsradius senkrecht. Zu jedem Punkt der Kreislinie gibt es eine Tangente.

Winkel am Kreis

Zeichnet man in einen Kreis eine Sehne ein, so wird durch die Endpunkte der Sehne auf der Kreislinie ein Bogen abgeschnitten. Wenn man durch die Endpunkte des Bogens die Radien des Kreises zieht, so entsteht mit dem Mittelpunkt des Kreises als Scheitel ein Winkel α; man nennt ihn den zur Sehne und zum Bogen gehörigen Mittelpunktswinkel oder *Zentriwinkel* (Abb. 161). Zu jeder Sehne gehören zwei Bogen (vgl. Abb. 162) und daher auch zwei Zentriwinkel, die sich zu $360°$ ergänzen. Der im Innern eines Zentriwinkels φ liegende Teil einer Kreisfläche heißt *Sektor* oder Kreisausschnitt. **Zu kongruenten Sehnen gehören in Kreisen mit kongruenten Radien kongruente Bogen und Zentriwinkel.** Zeichnet man zwei Kreissehnen, deren Schnittpunkt auf der Peripherie des Kreises liegt, so entsteht ein Umfangswinkel, Randwinkel oder *Peripheriewinkel*.

Zu einer Sehne eines Kreises kann man zwei verschieden liegende Umfangswinkel α und β zeichnen. Sie liegen auf verschiedenen Seiten der Sehne, ihre Scheitel liegen auf entgegengesetzten Bogen. Zeichnet man zu einer Sehne einen Umfangswinkel, so ist dieser halb so groß wie der

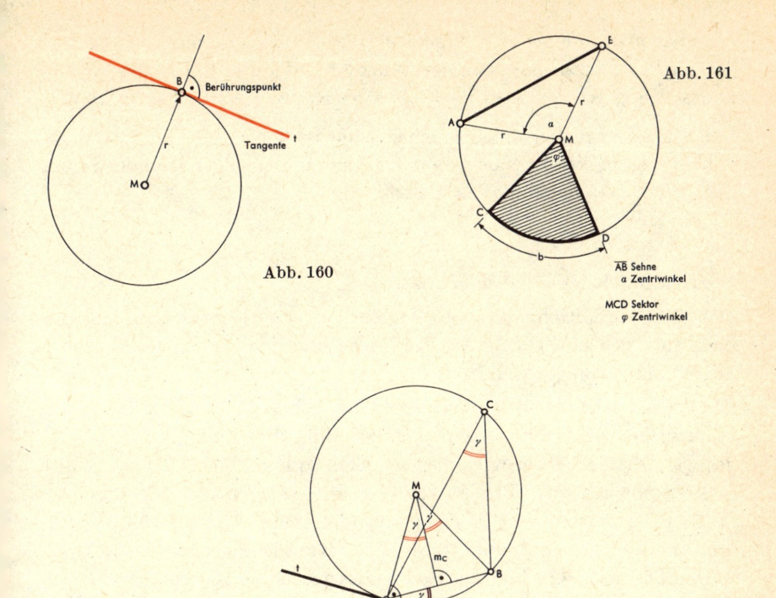

Abb. 160

Abb. 161

Abb. 159

zur Sehne gehörige Zentriwinkel γ bzw. halb so groß wie der Winkel $(360° - \gamma)$, je nachdem, ob der Umfangswinkel bezüglich der Sehne auf **der gleichen Seite wie der Zentriwinkel liegt oder nicht (Abb. 159). Umfangswinkel, deren Scheitel auf den entgegengesetzten Bogen liegen, ergänzen sich zu 180° (Abb. 162; $\alpha + \beta = 180°$). Alle Umfangswinkel, die zur gleichen Sehne gehören und deren Scheitel auf ein und derselben Seite der Sehne liegen, sind gleich groß.**

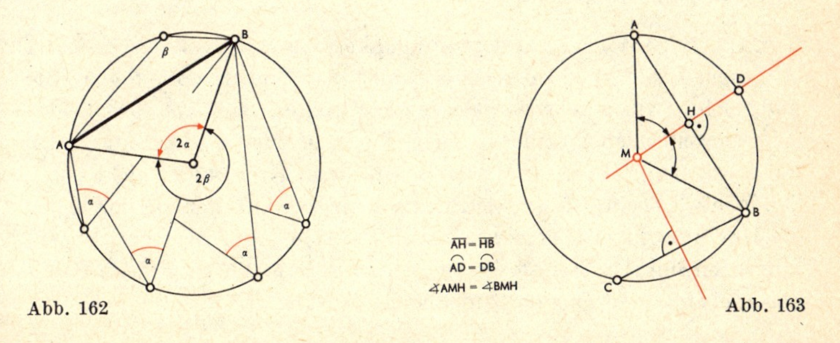

Abb. 162

Abb. 163

Zeichnet man in einem Endpunkt A einer Sehne $\overline{AB}$ eine Tangente an den Kreis, so bezeichnet man den Winkel γ, in dessen Innern der Mittelpunkt M des Kreises nicht liegt, als *Sehnentangentenwinkel* (Abb. 159).

Der Sehnentangentenwinkel zu einer Sehne ist kongruent zum Umfangswinkel, der zu dieser Sehne gehört und der auf derselben Seite der Sehne liegt wie der Mittelpunkt des Kreises.

Konstruktionen

1. Kreis durch drei gegebene Punkte

Das Lot vom Mittelpunkt eines Kreises auf eine seiner Sehnen halbiert die Sehne, den zur Sehne gehörigen Bogen und den zur Sehne gehörigen Mittelpunktswinkel (Abb. 163).

Umgekehrt geht die Mittelsenkrechte einer Sehne durch den Mittelpunkt des zugehörigen Kreises. Daraus folgt: Sind drei Punkte A, B und C gegeben, die auf einem Kreis liegen sollen, so kann der Mittelpunkt des Kreises nur auf den Mittelsenkrechten der Strecken $\overline{AB}$, $\overline{BC}$ und $\overline{CA}$ liegen. Der Mittelpunkt M des gesuchten Kreises ist der Schnittpunkt von zwei der drei Mittelsenkrechten. Der Kreis ist der Umkreis des Dreiecks ABC (Abb. 82). **Für den Radius des gesuchten Kreises gilt:**

$$r = \overline{AM} = \overline{BM} = \overline{CM}.$$

2. Thaleskreis

Der Thaleskreis über einer Strecke $\overline{AB}$ ist derjenige Kreis, von dessen Punkten aus die Strecke $\overline{AB}$ unter einem rechten Winkel gesehen wird. Man bekommt den Thaleskreis zu der Strecke $\overline{AB}$, indem man die Strecke halbiert und um den Mittelpunkt M der Strecke mit der halben Strecke als Radius den Kreis zeichnet.

3. Der geometrische Ort für alle Punkte, von denen aus eine gegebene Strecke $\overline{AB}$ unter einem gegebenen Winkel γ gesehen wird, ist zu konstruieren (Abb. 159).

Man trägt den Winkel γ in dem Endpunkt A an die Strecke an, errichtet in diesem Punkt zu dem freien Schenkel des Winkels γ die Senkrechte und zeichnet zur gegebenen Strecke die Mittelsenkrechte m_c. Die beiden Geraden schneiden einander in einem Punkt M. Man zeichnet um M den Kreis mit dem Radius $\overline{MA}$. Der Bogen dieses Kreises, der nicht durch den Winkel γ geht, ist der gesuchte geometrische Ort, denn in ihm haben die Umfangswinkel über der Sehne $\overline{AB}$ dieselbe Größe wie der Sehnentangentenwinkel γ. Selbstverständlich ist der an $\overline{AB}$ gespiegelte Kreisbogen ebenfalls Lösung der Aufgabe.

4. Tangente in einem Kreispunkt

Man zeichnet zu dem Punkt B des Kreises den Radius $\overline{MB}$. Die Senkrechte zu $\overline{MB}$ im Punkte B ist dann die gesuchte Tangente t (Abb. 160).

5. Tangente von einem Punkt an einen Kreis (Abb. 164)

Man verbindet den Punkt P mit dem Kreismittelpunkt M und zeichnet zur Strecke $\overline{MP}$ den Thaleskreis (Mittelpunkt H der Strecke $\overline{MP}$ gleich Mittelpunkt des Thaleskreises, $\overline{HP} = \overline{HM}$ = Radius des Thaleskreises). Der Thaleskreis schneidet den gegebenen Kreis in zwei Punkten B_1 und B_2. Die durch die Punkte P und B_1 bzw. P und B_2 bestimmten Geraden t_1 bzw. t_2 sind die gesuchten Tangenten von P an den Kreis.

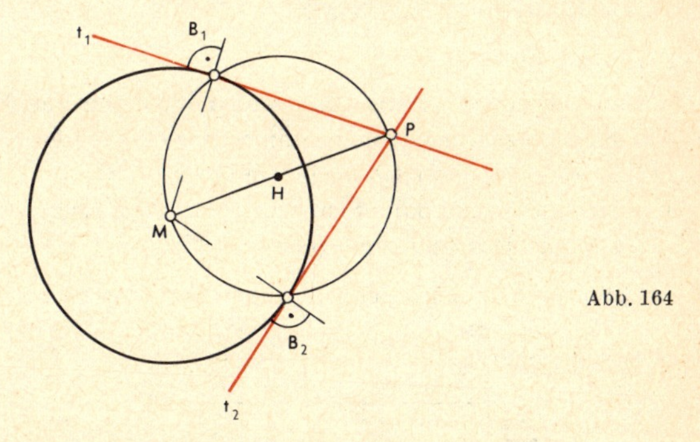

Abb. 164

B_1 und B_2 sind die Berührungspunkte der Tangenten. Die Verbindungsstrecke durch B_1 und B_2 nennt man die Berührungssehne, die Gerade durch B_1 und B_2 ist die *Polare* des Punktes P. Den Punkt P selbst nennt man *Pol* zur Geraden durch B_1 und B_2. Pol und Polare sind durch den Kreis umkehrbar eindeutig einander zugeordnet. Man nennt die Zuordnung „Pol-Polare" eine Polarität.

MP ist Symmetrieachse der Figur. Daher sind die Tangentenstrecken $\overline{PB_1}$ und $\overline{PB_2}$ gleich lang und die Winkel $\sphericalangle\, MPB_1$ und $\sphericalangle\, MPB_2$ gleich groß.

6. Kreis, der drei gegebene Geraden berührt

Der Mittelpunkt eines Kreises, der zwei gegebene Geraden a und b berührt, liegt auf der Winkelhalbierenden des Winkels, den die beiden Geraden miteinander bilden (Abb. 164). Ist eine dritte Gerade c gegeben, so liegt der Mittelpunkt des Kreises auch noch auf der Winkelhalbierenden der Geraden a und c und auf der Winkelhalbierenden der Geraden b und c.

Nach Abb. 88 und **94** ergeben sich vier Mittelpunkte O, O_a, O_b und O_c. Es sind die Mittelpunkte des Inkreises des Dreiecks ABC und der drei Ankreise dieses Dreiecks. Die Radien erhält man durch Fällen des Lotes vom jeweiligen Mittelpunkt auf eine Seite des Dreiecks ABC.

Kongruenz und Ähnlichkeit von Kreisen

Alle Kreise mit gleichem Radius sind kongruent.

Alle Kreise sind (auf zweifache Art) einander ähnlich (innerer Ähnlichkeitspunkt D und äußerer Ähnlichkeitspunkt C in Abb. 174).

Kreis und Dreieck s. *Dreieck.*

Kreis und Viereck

Vierecke, die einen Umkreis besitzen, d. h., deren vier Eckpunkte auf einem Kreis liegen, nennt man *Sehnenvierecke.* Die vier Seiten eines solchen Vierecks sind dann Sehnen im Umkreis.
Ein Viereck ist genau dann Sehnenviereck, wenn sich gegenüberliegende Viereckswinkel je zu 180° ergänzen.

Der Flächeninhalt eines Sehnenvierecks mit den Seiten a, b, c, d und dem halben Umfang $s = \frac{a + b + c + d}{2}$ ist

$$F = \sqrt{(s - a)(s - b)(s - c)(s - d)}.$$

Der Umkreisradius r dieses Vierecks ist:

$$r = \frac{1}{4F} \cdot \sqrt{(ab + cd)(ac + bd)(ad + bc)}.$$

Abb. 165

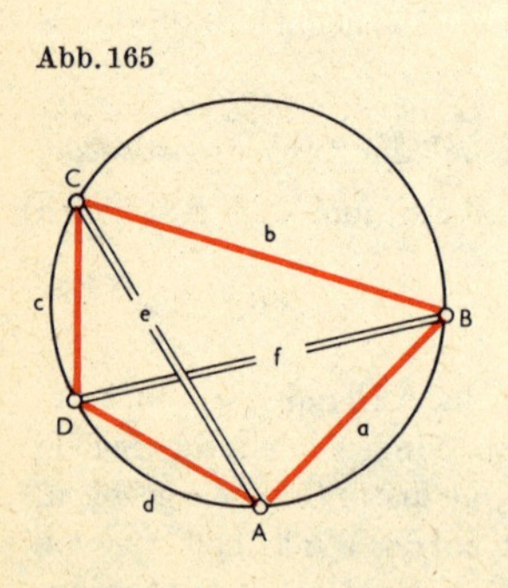

Abb. 166

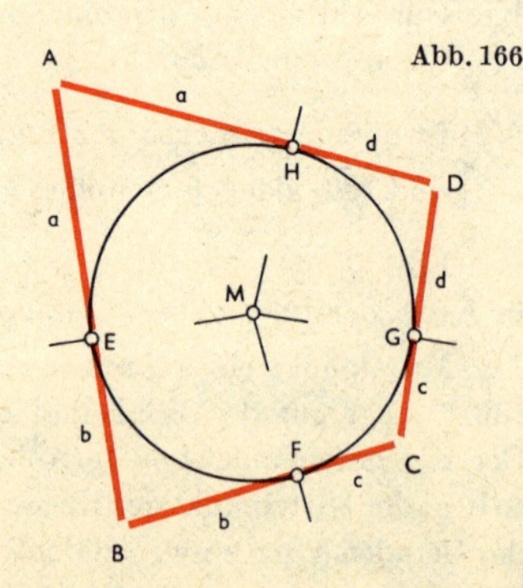

Für die Diagonalen e und f gilt: $ef = ac + bd$ (Satz des *Ptolemäus*) (Abb. 165).

$$e = \sqrt{\frac{(ad + bc)(ac + bd)}{ab + cd}}, \qquad f = \sqrt{\frac{(ab + cd)(ac + bd)}{ad + bc}}.$$

Vierecke, die einen Inkreis besitzen, nennt man *Tangentenvierecke.* Die vier Seiten des Vierecks sind Tangenten an den Inkreis. Ein Viereck ist genau dann Tangentenviereck, wenn in ihm die Summe zweier Gegenseiten gleich der Summe der beiden anderen Gegenseiten ist (Abb. 166).

Kreis und Vieleck

Ein Vieleck, das einen Umkreis besitzt, nennt man Sehnenvieleck.
Ein Vieleck, das einen Inkreis besitzt, nennt man Tangentenvieleck. Die regelmäßigen Vielecke (das sind diejenigen, deren Seiten und Winkel alle gleich groß sind) besitzen sowohl einen Umkreis als auch einen Inkreis (s. *regelmäßige Vielecke*).

Proportionen am Kreis

Sekantensatz – Sehnensatz

Wenn zwei durch einen Punkt P gehende Geraden einen Kreis in den Punkten A und B bzw. C und D schneiden, so bilden die vier Abschnitte

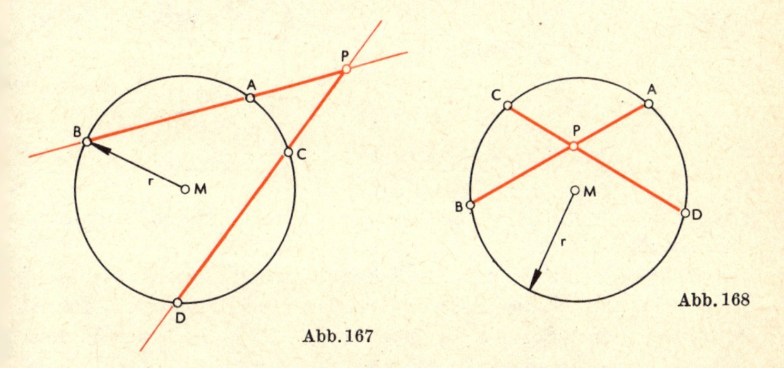

Abb. 167

Abb. 168

$\overline{PA}$ und $\overline{PB}$ bzw. $\overline{PC}$ und $\overline{PD}$ auf diesen Geraden eine Proportion, deren innere Glieder die Abschnitte des einen Strahls und deren äußere Glieder die Abschnitte des anderen Strahls sind. $\overline{PA} : \overline{PC} = \overline{PD} : \overline{PB}$.
Dieser Lehrsatz heißt Sekantensatz (Abb. 167), wenn der Punkt P außerhalb des Kreises liegt; er heißt Sehnensatz (Abb. 168), wenn der Punkt P im Innern des Kreises liegt. Liegt P auf der Peripherie des Kreises, so ist das Produkt der Sekantenabschnitte auf jedem Strahl durch P Null.

Tangentensatz

Der Tangentensatz ist ein Spezialfall des Sekantensatzes. Schneiden eine Sekante und eine Tangente einander im Punkte P, so ist der Tangentenabschnitt mittlere Proportionale (geometrisches Mittel) zu den von P aus gemessenen Sekantenabschnitten $(\overline{PB})^2 = \overline{PC} \cdot \overline{PD}; \overline{PC} : \overline{PB} = \overline{PB} : \overline{PD}$ (Abb. 169).

Spezialfall des Sehnensatzes

Geht von zwei rechtwinklig einander schneidenden Sehnen die eine durch den Mittelpunkt des Kreises (Durchmesser), so sind die Abschnitte des Durchmessers die äußeren Glieder und die der anderen Sehne die mittleren Glieder einer Proportion. $\overline{PA} : \overline{PC} = \overline{PD} : \overline{PB}$. Da die Abschnitte auf der nicht durch den Mittelpunkt gehenden Sehne gleich groß sind ($\overline{PC} = \overline{PD}$), gilt $\overline{PC}^2 = \overline{PA} \cdot \overline{PB}$. Die Hälfte einer Sehne ist geometrisches Mittel zu den Abschnitten des auf der Sehne senkrecht stehenden Durchmessers (Abb. 170) (vgl. *Höhensatz*).

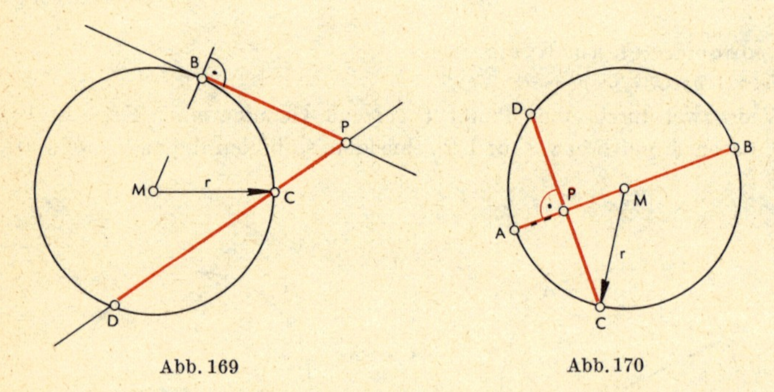

Abb. 169 Abb. 170

Konstruktion des arithmetischen, geometrischen und harmonischen Mittels

Man zeichnet einen Durchmesser $\overline{AB}$ des Kreises und senkrecht zu diesem irgendeine Sehne $\overline{CD}$, die den Durchmesser im Punkt P schneidet. Durch P wird eine weitere Sehne $\overline{EF}$ so gezeichnet, daß $\overline{PE}$ gleich dem Radius des Kreises wird. Dann gilt für die Strecken $\overline{PA} = a$ und $\overline{PB} = b$:

$\overline{PE}$ ist das arithmetische Mittel zwischen a und b, also $\overline{PE} = \dfrac{a+b}{2}$.

$\overline{PC} = \overline{PD}$ ist das geometrische Mittel zwischen a und b, also $\overline{PC} = \sqrt{ab}$. $\overline{PF}$ ist das harmonische Mittel zwischen a und b, also

$\overline{PF} = \dfrac{2ab}{a+b}$, da $\overline{PF} : \overline{PC} = \overline{PD} : \overline{PE}$ ist (Abb. 171).

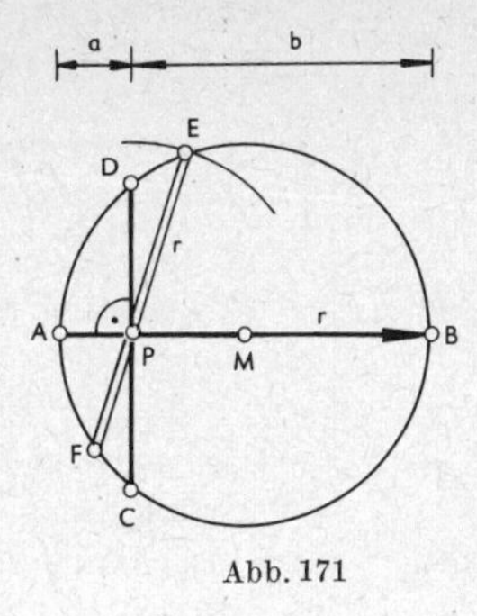

Abb. 171

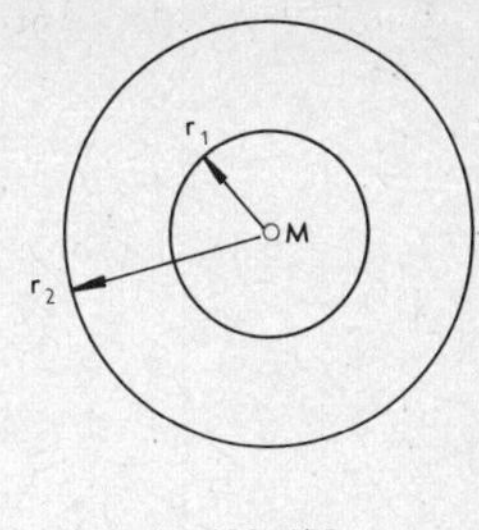

Abb. 172

Zwei Kreise, Lage zueinander

Wenn mehrere Kreise den gleichen Mittelpunkt haben, so nennt man diese Kreise *konzentrisch* (Abb. 172). Zwei Kreise, die verschiedene Mittelpunkte besitzen, nennt man *exzentrisch*, die Verbindungsgerade ihrer Mit-

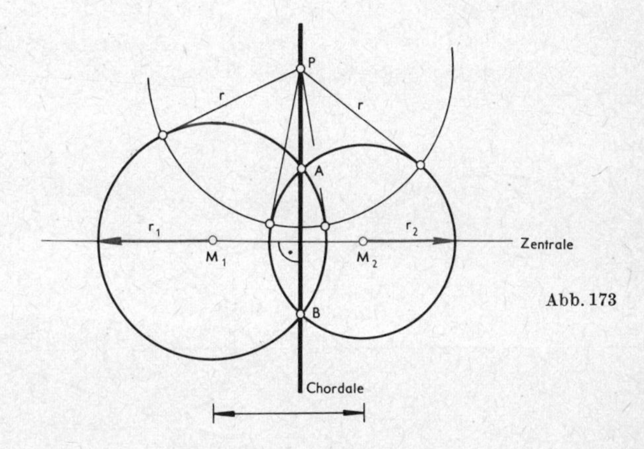

Abb. 173

telpunkte heißt *Zentrale* der beiden Kreise (Abb. 173). Die Entfernung $\overline{M_1M_2} = c$ der Kreismitten bestimmt die Lage der beiden Kreise zueinander (Tabelle).

Die Chordale, auf der die gemeinsame Sehne zweier einander schneidender Kreise liegt, steht senkrecht auf der Zentrale (Abb. 173).

Länge $c = \overline{M_1 M_2}$	Lage d. Kreise zueinander	Bemerkungen
$c = 0$ (Abb. 172)	konzentrische Lage	keine gemeinsamen reellen Tangenten
$c < \|r_1 - r_2\|$	keine reellen Schnittpunkte, der kleinere im größeren Kreis	
$c = \|r_1 - r_2\|$ (Abb. 177)	Berührung von innen	eine gemeinsame reelle Tangente
$r_1 + r_2 > c > \|r_1 - r_2\|$ (Abb. 176)	zwei reelle Schnittpunkte	zwei gemeinsame reelle Tangenten
$c = r_1 + r_2$ (Abb. 175)	Berührung von außen	drei gemeinsame reelle Tangenten
$c > r_1 + r_2$ (Abb. 174)	keine reellen Schnittpunkte	vier gemeinsame reelle Tangenten

Die Chordale (*Potenzlinie*)

Die Chordale ist der geometrische Ort für die Punkte, für die die Längen der an die Kreise gezogenen begrenzten Tangenten gleich lang sind.

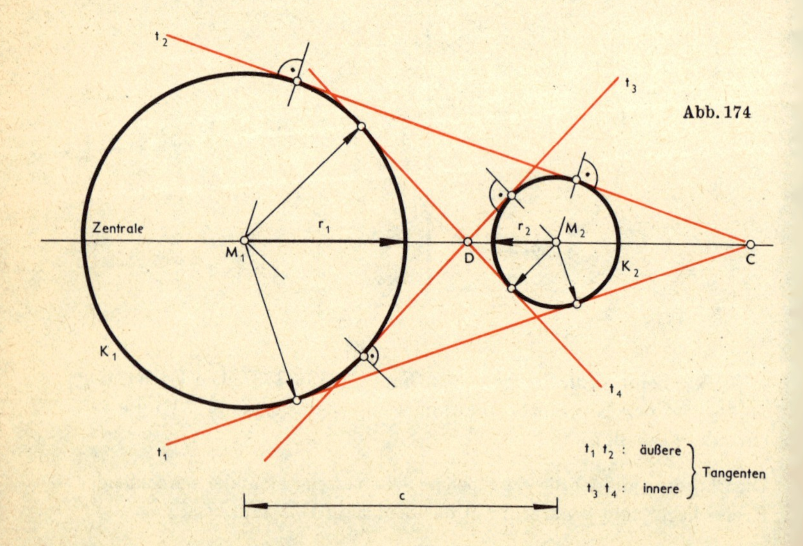

Abb. 174

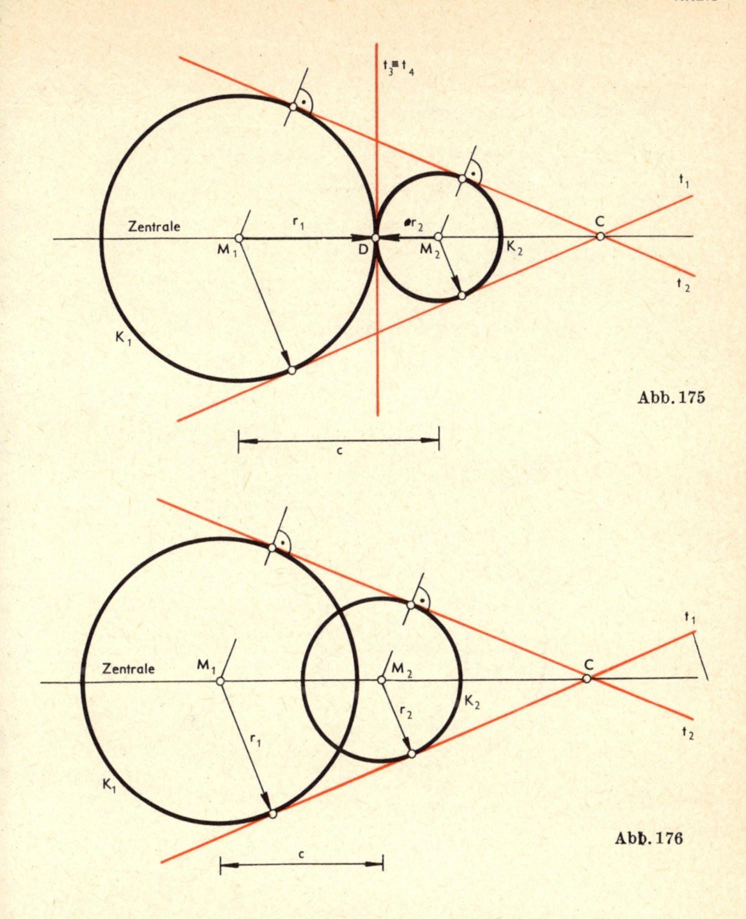

Abb. 175

Abb. 176

Unter der begrenzten Tangente versteht man das auf der Tangente gelegene Stück von einem Tangentenpunkt bis zum Berührungspunkt. Die Chordale ist für sich schneidende Kreise deren gemeinsame Sehne, für sich berührende Kreise deren gemeinsame Tangente.

Potenzpunkt von drei Kreisen

Drei Kreise besitzen drei Chordalen (= Potenzlinien). Diese drei Chordalen schneiden einander in einem Punkt, dem *Potenzpunkt* der drei Kreise.

Gemeinsame Tangenten zweier Kreise

Aus der obenstehenden Tabelle kann entnommen werden, wann gemeinsame reelle Tangenten auftreten.

I. Es gibt vier gemeinsame reelle Tangenten, wenn

$$c > r_1 + r_2 \text{ ist (Abb. 174).}$$

II. Es gibt vier gemeinsame reelle Tangenten, von denen zwei zusammenfallen, wenn

$$c = r_1 + r_2 \text{ ist (Abb. 175).}$$

III. Es gibt zwei reelle getrennte gemeinsame Tangenten, wenn

$$r_1 + r_2 > c > |r_1 - r_2| \text{ ist (Abb. 176)}$$

IV. Es gibt zwei reelle zusammenfallende gemeinsame Tangenten, wenn $c = |r_1 - r_2|$ ist (Abb. 177).

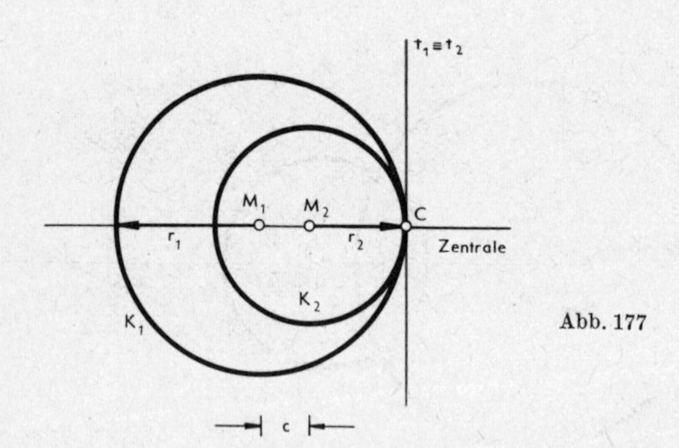

Abb. 177

Konstruktion der gemeinsamen Tangenten

a) Äußere Tangenten

Man zeichnet um den Mittelpunkt M_1 des einen Kreises K_1 einen Hilfskreis mit dem Radius $r_1 - r_2$ ($= \overline{M_1F}$) und über der Strecke $\overline{M_1M_2}$ den Thaleskreis. Thaleskreis und Hilfskreis schneiden einander in den Punkten E und F. Man zeichnet die durch E bzw. F gehenden Radien r_1 des Kreises um M_1. Die Endpunkte dieser Radien sind E^* bzw. F^*. Die Parallelen durch E^* bzw. F^* zu EM_2 bzw. FM_2 sind die gesuchten äußeren gemeinsamen Tangenten (Abb. 178).

b) Innere Tangenten

Man zeichnet um M_1 einen Hilfskreis mit dem Radius $r_1 + r_2$ $(= \overline{M_1F})$. Von M_2 aus werden an den Hilfskreis mittels des Thaleskreises die Tangenten M_2E und M_2F gezeichnet.

Parallel zu M_2E bzw. M_2F verlaufen durch die Punkte E^* bzw. F^* die gesuchten inneren Tangenten (Abb. 179).

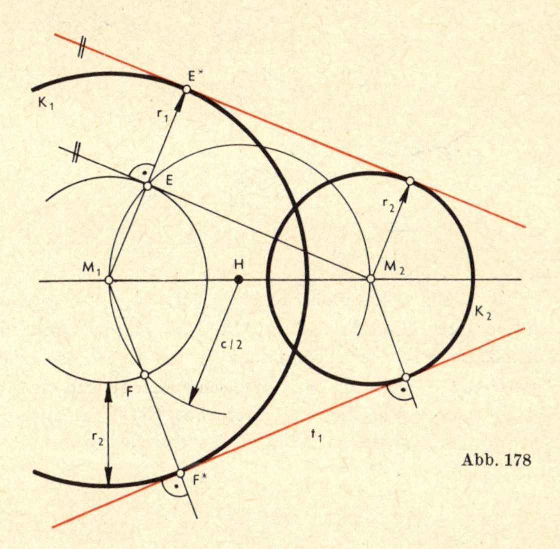

Abb. 178

Ähnlichkeitspunkte zweier Kreise

Zwei Kreise sind immer zentrisch ähnlich zueinander. Es existieren stets zwei Ähnlichkeitszentren. Sie heißen Ähnlichkeitspunkte der beiden Kreise, liegen auf der Zentralen und teilen die Verbindungsstrecke der Mittelpunkte harmonisch. In Abb. 174 ist C äußerer und D innerer Ähnlichkeitspunkt der beiden Kreise.

Konstruktion der Potenzlinie (*Chordale*)

Die Chordale zweier Kreise steht senkrecht auf deren Zentrale. Für einander schneidende Kreise fällt sie mit der gemeinsamen Sekante, für einander berührende Kreise mit der gemeinsamen Tangente zusammen.

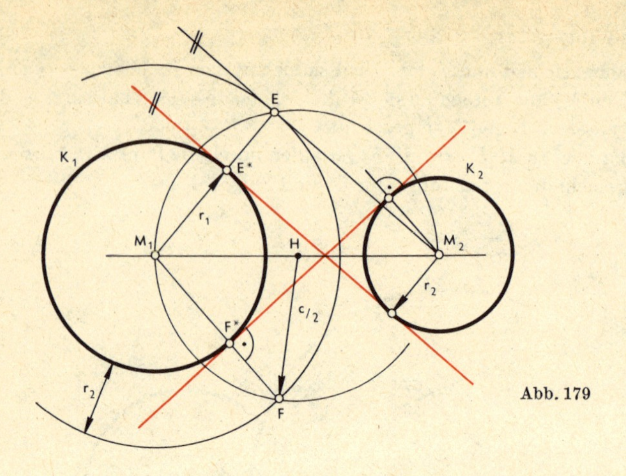

Abb. 179

Für den Fall getrennt liegender Kreise erfolgt die Konstruktion der Chordalen über einen ihrer Punkte S (Abb. 180). Man zeichnet einen beliebigen Hilfskreis $\varkappa$, und zwar so, daß er K_1 und K_2 reell schneidet. Die beiden entstehenden Sekanten s_1 und s_2 schneiden sich in einem Punkt S, der bezüglich K_1 und K_2 dieselbe Potenz hat. Er ist also ein Punkt der gesuchten Chordalen zwischen K_1 und K_2. Sie geht durch S und ist senkrecht zur Zentralen M_1M_2.

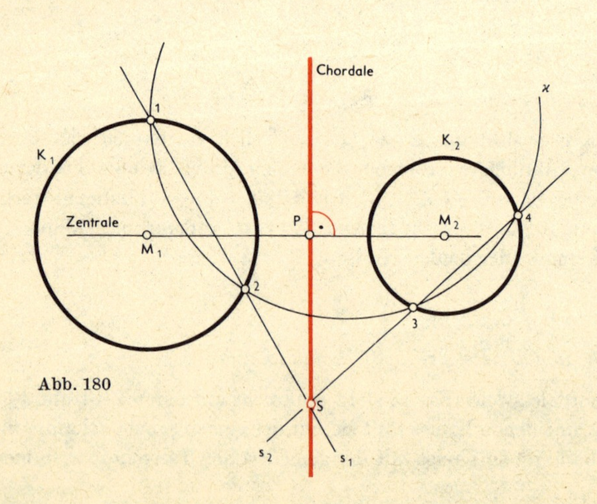

Abb. 180

Berechnung des Kreisumfanges

Archimedes von Syrakus (287 – 212 v. Chr.) berechnete als erster den Kreisumfang. Archimedes verglich die Länge des Kreisumfanges mit der Länge des Umfanges eines einbeschriebenen und eines umbeschriebenen regelmäßigen Vielecks gleicher Eckenzahl n (s. *regelmäßiges Vieleck*, Abb. 207).
Es zeigt sich dabei, daß bei wachsendem n die Folge der Umfangslängen der einbeschriebenen Vielecke wächst, und daß die Folge der Umfangslängen der umbeschriebenen Vielecke abnimmt. Beide Folgen haben einen gemeinsamen Grenzwert, den Kreisumfang u.

Es ist $$u = 2r \cdot 3{,}14159\ldots$$

Die dabei auftretende transzendente Zahl 3,14159... wird mit dem griechischen Buchstaben π bezeichnet und *Ludolfsche Zahl* genannt (nach Ludolf von Ceulen, 1540–1610, der π auf 35 Stellen berechnete).
Archimedes führte seine Rechnungen bis zum 96-Eck und fand, daß $\frac{223}{71} < \pi < \frac{22}{7}$ gilt. Die Zahl $\frac{22}{7}$ wird auch heute noch gern als Näherungswert für π verwendet.

Berechnung der Länge des Kreisbogens (s. *Bogen*).

Berechnung der Kreisfläche

Man kann einen ähnlichen Weg wie bei der Umfangsberechnung auch zur Flächenberechnung beim Kreis wählen. Man berechnet die Flächen der einbeschriebenen und umbeschriebenen regelmäßigen n-Ecke und findet für die Fläche A eines Kreises mit dem Radius r: $A = \pi r^2$ (s. *regelmäßiges Vieleck*, Abb. 207).
Eine andere Möglichkeit besteht darin, zunächst die Grundbeziehung zwischen Umfang u und Flächeninhalt A des Kreises vom Radius r abzuleiten:

$$A = \frac{1}{2} \cdot u \cdot r \quad \text{(s. Abb. 207).}$$

Durch Einsetzen von $u = 2\pi r$ erhält man daraus die Flächenformel.

Berechnung der Kreisausschnittsfläche (s. *Kreisausschnitt*).

Berechnung der Kreisabschnittsfläche (s. *Kreisabschnitt*).

Kreisabschnitt. Wird ein Kreis durch eine *Sekante* in zwei Teile zerlegt, so nennt man die Teile Kreisabschnitte oder auch Segmente (s. *Kreis*).

Die Fläche eines Kreisabschnitts (= Segment) ist

$A = \frac{\pi r^2 \cdot \alpha}{360°} - \frac{s(r-h)}{2} = \frac{r \cdot b}{2} - \frac{s(r-h)}{2}$ (Abb. 181), wobei b der am Kreis vom Radius r gemessene Bogen über dem Zentriwinkel α ist.

Kreisausschnitt (= Sektor). Zeichnet man (in einen Kreis) einen Zentriwinkel ein, so nennt man die vom Zentriwinkel aus dem Kreis ausgeschnittene Fläche einen Kreisausschnitt oder Kreissektor oder einfach Sektor. Zwischen der Fläche des Sektors A, dem Kreisradius r und dem Zentriwinkel φ besteht die folgende Beziehung:

$$A = \frac{\pi r^2 \cdot \varphi}{360°} \text{ (Winkel im Gradmaß angegeben).}$$

Wenn man die Beziehung $b = \frac{2 \cdot \pi \cdot r \cdot \varphi}{360°}$ (b = Länge des Bogens am Kreis vom Radius r, der zum Zentriwinkel φ gehört) beachtet, so sieht man, daß sich die Fläche des Sektors auch aus $A = \frac{b \cdot r}{2}$ berechnen läßt (Abb. 161).

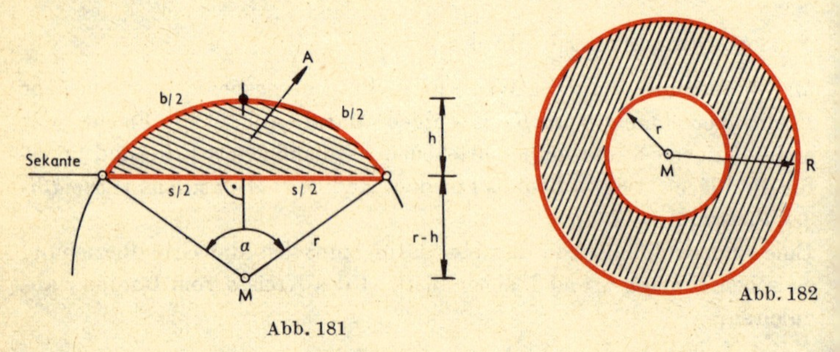

Abb. 181

Abb. 182

Kreiskegel. Ein Kegel, dessen Grundfläche ein Kreis ist, heißt Kreiskegel (s. *Kegel*).

Kreisring. Zwei konzentrische Kreise (Abb. 182) begrenzen ein Gebiet in der Ebene, das man einen Kreisring nennt. Die Fläche eines solchen Kreisringes ist:

$$A = \pi \cdot R^2 - \pi \cdot r^2 = \pi (R + r) \cdot (R - r).$$

Kubikzahlen. 3. Potenzen der natürlichen Zahlen: 1, 8, 27, 64 ... s. *Zahlenarten.*

kubische Gleichung. Gleichungen, die die Lösungsvariablen in der 3. Potenz enthalten. Niedrigere Potenzen können vorkommen, aber keine höheren. Normalform: $x^3 + ax^2 + bx + c = 0$.

Kugel. Definition: Die Kugel ist der geometrische Ort für alle Punkte des dreidimensionalen Raumes, die von einem gegebenen Punkt M gleichen Abstand r haben. Der gegebene Punkt M heißt Mittelpunkt der Kugel, der Abstand Radius (r). Eine Kugel wird von einer Ebene in einem Kreis geschnitten (Abb. 183). Je größer der Abstand $a \leqq r$ der Ebene vom Mittelpunkt der Kugel ist, desto kleiner ist der Radius ϱ des Schnittkreises. Es gilt $\varrho = r \cdot \sin \varphi$. Geht die Ebene durch den Kugelmittelpunkt ($a = 0$, $\varphi = 90°$), so schneidet sie die Kugel in einem Großkreis.

Ist der Abstand der Ebene vom Mittelpunkt $a = r$ ($\varphi = 0$), so berührt die Ebene die Kugel in einem Punkt. (Die Ebene heißt dann Tangentialebene.) Ist a größer als r, so schneidet die Ebene die Kugel nicht mehr reell.

Auf einer Geraden, die durch den Kugelmittelpunkt geht, wird durch die Kugel eine Strecke ausgeschnitten. Die Strecke heißt Durchmesser der Kugel und ist gleich dem doppelten Radius. Die Endpunkte dieser Strecke heißen *Diametralpunkte.*

Volumen der Kugel

Die Berechnung des Kugelinhalts führte Archimedes (s. *Kreisumfang*) auf die Berechnung des Zylinder- und Kegelinhalts zurück. Man benutzt einen Zylinder, dessen Grundflächenradius und dessen Höhe gleich dem Radius der zu berechnenden Kugel sind.

In den Zylinder legt man einen Kegel, dessen Spitze im Mittelpunkt des Grundkreises des Zylinders liegt und dessen Grundfläche mit der oberen Grundfläche (Deckfläche) des Zylinders zusammenfällt. Bohrt man diesen Kegel aus dem Zylinder aus, so bleibt ein Restkörper, von dem gezeigt werden kann, daß er gleiches Volumen hat wie die Halbkugel. Schneidet man nämlich beide Körper in der Höhe h durch, so ergeben sich als Schnittflächen bei der Halbkugel eine Kreisfläche und bei dem Restkörper ein Kreisring. Der innere Radius des Kreisringes ist h (gleichschenklig rechtwinkliges Dreieck), der äußere r. Mithin ist die Fläche des Kreisringes $F_1 = \pi (r^2 - h^2)$.

Die Schnittfläche der Halbkugel ist $F_2 = \pi \varrho^2$. Da aber $\varrho^2 = r^2 - h^2$ ist, ist auch für diese Fläche $F_2 = \pi (r^2 - h^2)$. Da die Schnittflächen in gleicher Höhe gleich sind, ergibt sich nach dem Satz des *Cavalieri* (s. d.), daß Halbkugel und ausgebohrter Zylinder inhaltsgleich sind. Also ist

$$V = \pi r^2 \cdot r - \frac{1}{3} \pi r^2 \cdot r = \frac{2}{3} \pi r^3.$$

Damit ist das Volumen der Vollkugel $V = \frac{4}{3} \pi r^3$.

Folgerung: Die Rauminhalte eines Zylinders mit der Höhe r und dem Grundkreisradius r, einer Halbkugel mit dem Radius r und eines Kegels mit der Höhe r und dem Grundkreisradius r verhalten sich wie 3 : 2 : 1.

Oberfläche der Kugel (elementare Berechnung)

Denkt man sich das Kugelinnere ausgefüllt mit n Pyramiden, deren Spitzen im Kugelmittelpunkt und deren Basisecken auf der Kugel liegen, während sich die Pyramiden gegenseitig berühren, so ist die Summe der Volumina $V_k = \frac{1}{3} G_k h_k$ dieser Pyramiden $S_n = \sum_{k=1}^{n} \frac{1}{3} G_k h_k$ (G_k Grundfläche der Pyramide, h_k Höhe dieser Pyramide). Je kleiner die G_k werden, **also mit wachsendem n, desto weniger wird $\sum_{k=1}^{n} G_k$ von der Oberfläche O** der Kugel abweichen $\left(\sum_{k=1}^{n} G_k \to O\right)$, desto näher wird h_k dem Kugelradius kommen ($h_k \to r$) und desto näher wird S_n dem Kugelvolumen **kommen ($S_n \to V = \frac{4}{3} \pi r^3$). Denkt man sich den Grenzübergang aus**geführt, so folgt $\frac{4}{3} \pi r^3 = \frac{r}{3} \cdot O$. Daraus ergibt sich die Oberfläche der Kugel: $O = 4 \pi r^2$.

Die Kugelteile

1. *Kugelabschnitt* (= Kugelsegment)

Wird eine Kugel durch eine Ebene geschnitten, so entstehen auf beiden Seiten der Ebene *Kugelabschnitte*. Der eine Abschnitt hat die Höhe $h = r - a$ (Abb. 184), der andere hat die Höhe $h_1 = r + a$. Ist ϱ der Radius des Begrenzungskreises, so ist $\varrho^2 = (r + a)(r - a) = r^2 - a^2$ oder, wenn man $r - a = h$ einsetzt, $\varrho^2 = (2r - h)\, h$.

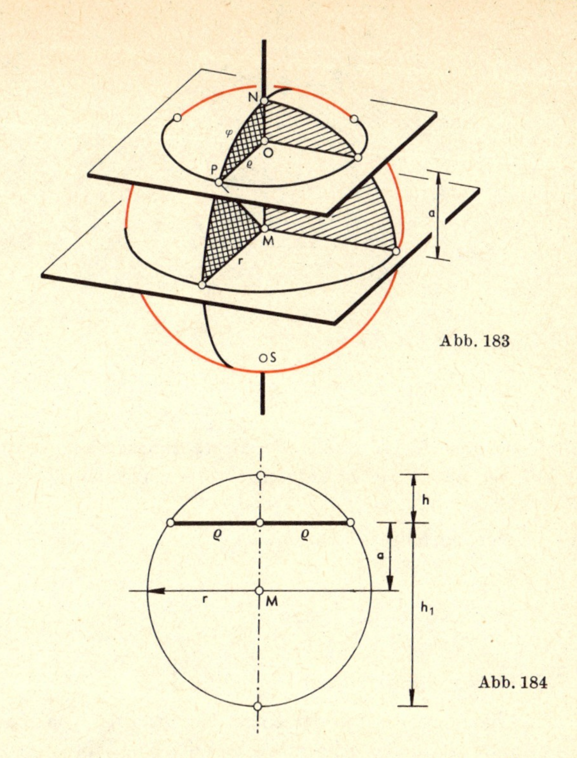

Abb. 183

Abb. 184

Das Volumen des Kugelabschnittes mit der Höhe h ist $V = \pi \dfrac{h^2}{3}(3r - h)$,

wenn man den Radius ϱ benutzt, ist $V = \pi \dfrac{h}{6}(3\varrho^2 + h^2)$.

2. *Kugelausschnitt* (= Kugelsektor)

Ergänzt man einen Kugelabschnitt über seinem Grundkreis durch den Kegel, dessen Spitze im Mittelpunkt der Kugel liegt, so entsteht ein Kugelausschnitt. Das Volumen des Kugelausschnittes ist $V = \dfrac{2\pi \cdot h}{3} \cdot r^2$, dabei ist h die Höhe des Kugelabschnittes.

3. *Kugelschicht* (Abb. 185)

Wird eine Kugel von zwei parallelen Ebenen, die den Abstand h voneinander haben, geschnitten, so entsteht zwischen den Ebenen eine Kugel-

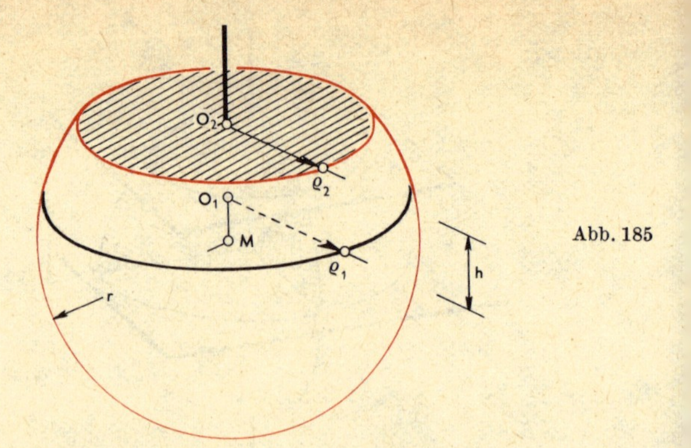

Abb. 185

schicht der Höhe h. Die Radien der Begrenzungskreise seien ϱ_1 und ϱ_2. Das Volumen der Kugelschicht erhält man als Differenz der Volumen zweier Kugelabschnitte.

Das Volumen der Kugelschicht ist:

$$V = \pi \frac{h}{6} (3\varrho_1^2 + 3\, \varrho_2^2 + h^2).$$

4. *Kugelhaube* (= Kugelkappe)

Die Kugelhaube ist ein Teil der Kugeloberfläche, der von einem Kugelkreis begrenzt wird. Der gekrümmte Teil der Kugelabschnittsoberfläche ist eine solche Kugelhaube. Die Oberfläche einer Kugelhaube ist:

$$O = 2\pi \cdot r \cdot h.$$

5. *Kugelzone*

Der gekrümmte Teil der Oberfläche einer Kugelschicht der Höhe h heißt Kugelzone. Die Oberfläche einer Kugelzone ist: $O = 2\pi \cdot r \cdot h$.

Kugelkeil. Legt man durch einen Durchmesser einer Kugel vom Radius r zwei Ebenen, die einander unter dem Winkel α schneiden, so entstehen als Teile der Kugel zwischen den Ebenen vier „Kugelkeile". Zwei davon haben den Innenwinkel α. Das Volumen eines solchen Kugelkeils ist

$$V = \frac{\pi\, r^3 \alpha}{270°}. \qquad \text{(Abb. 186)}$$

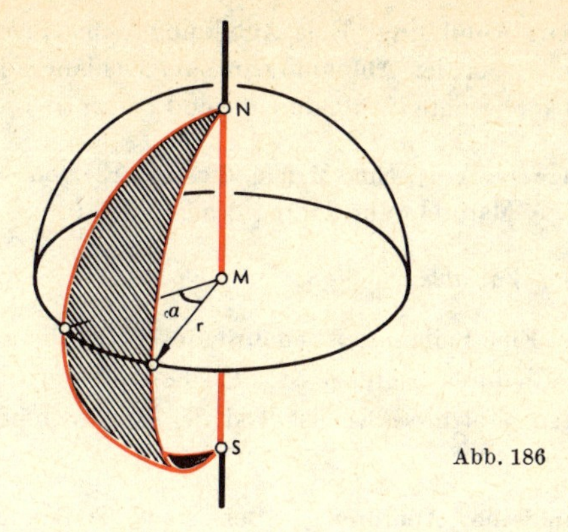

Abb. 186

Kürzen. Man kürzt einen Bruch, indem man Zähler und Nenner durch die gleiche Zahl dividiert; z. B.

$$\frac{5}{15} = \frac{1}{3} \text{ (gekürzt durch 5).}$$

Beim Kürzen ändert sich der Wert eines Bruches nicht, d. h., beide Brüche sind nur verschiedene Zeichen für dieselbe rationale Zahl.
In Bruchtermen kann man sowohl die Koeffizienten durch einen gemeinsamen Faktor dividieren,

$$\frac{5\,a^2\,b}{15\,a^3} = \frac{a^2\,b}{3\,a^3},$$

als auch die Variablen

$$\frac{a^2\,b}{3a^3} = \frac{b}{3\,a}.$$

Ein Bruch kann nicht mehr gekürzt werden, wenn Zähler und Nenner teilerfremd (s. d.) sind (s. auch Grundrechnungsarten S. 29).

Längenmessung (s. auch *Maßsysteme*). Als Maßeinheit der Längenmessung dient das Meter. Die Maßeinheit 1 Meter (abgekürzt: 1 m) wurde durch die internationale Meterkonvention vom 20. 5. 1875 in Paris als Länge des in Sèvres bei Paris aufbewahrten „Urmeters", eines Stabes aus Platin-Iridium, festgelegt. 1960 wurde das Meter neu definiert als das 1650763,73fache der Vakuumwellenlänge der orangefarbenen Spektrallinie des Kryptonisotops ^{86}Kr bei 6056 Å (Übergang $^5D_5 \rightarrow {}^2P_{10}$).

längentreue Abbildung. Eine Abbildung heißt längentreu, wenn jedes Kurvenstück bei der Abbildung in ein gleichlanges Kurvenstück übergeht. Die kongruenten Abbildungen sind längentreu.

leere Menge (s. A. I). Eine Menge, die kein Element enthält, nennt man leere Menge. Man schreibt dafür { } oder auch ∅.

Leerstelle s. *Variable.*

Leibrente . Eine Leibrente ist eine Rente, bei der die Anzahl der Zahlungsleistungen dadurch begrenzt ist, daß die Zahlungen beim Eintritt eines bestimmten Ereignisses (meist Tod des Rentenempfängers) eingestellt werden.

lexikographische Anordnung. Bei einer lexikographischen Anordnung mehrer Elemente folgen diese Elemente quasi alphabetisch aufeinander wie in einem Wörterbuch. Eine Menge von Elementen kann nur in eine solche lexikographische Anordnung gebracht werden, wenn von vornherein eine uns natürlich erscheinende Anordnung gegeben ist; z.B.: die Anordnung der ganzen Zahlen nach ihrer Größe oder die Anordnung der Buchstaben nach dem Alphabet.

Beispiel:

Die Permutationen der Buchstaben a, b, c, sollen lexikographisch angeordnet werden:

$$a\,b\,c, \quad a\,c\,b, \quad b\,a\,c, \quad b\,c\,a, \quad c\,a\,b, \quad c\,b\,a.$$

Limes (lim) s. *Grenzwert.*

lineare Gleichung. Gleichungen 1. Grades, sie enthalten die Lösungsvariable höchstens in der 1. Potenz.

Die Normalform einer linearen Gleichung mit einer Variablen lautet:

$$a \cdot x + b = 0 \qquad \text{(s. } \textit{Gleichung}\text{).}$$

Die Normalform einer linearen Gleichung mit zwei Variablen lautet:

$$Ax + By + C = 0.$$

Als Graph gehört dazu eine Gerade (s. *graphische Lösung von Gleichungen*).

Zur einfacheren Untersuchung unterscheidet man die Fälle

1. $B = 0$: Division durch A führt auf die Gleichung

$$x = k\left(k = -\frac{C}{A}\right),$$

welche eine Gerade parallel zur y-Achse darstellt.

2. $B \neq 0$: Division durch B führt auf die Gleichung

$$y = mx + n \left(m = -\frac{A}{B}, n = -\frac{C}{B} \right).$$

Diese stellt zugleich eine Funktion dar:

$$f: x \to y = mx + n \text{ (\textit{lineare Funktion})}.$$

Die Gerade des Graphen verläuft hier nicht senkrecht. m gibt dabei den Anstieg an: Schreitet man um eine Einheit nach rechts fort, so ändert sich dabei die Höhe um m Einheiten. n gibt den Schnittpunkt mit der y-Achse an (s. Abb. 129).

Linearfaktor. Zerlegt man ein Polynom (s. d.) in x in ein Produkt von Faktoren (s. d.), in denen jeweils x nur in der ersten Potenz vorkommt, so heißen die Faktoren Linearfaktoren des Polynoms.

Beispiel: Für beliebige x gilt $x^2 - 3x + 2 = (x - 1) \cdot (x - 2)$.
Nach dem Fundamentalsatz der Algebra (s. d.) kann man im Bereich der komplexen Zahlen (s. d.) jedes Polynom n-ten Grades in genau n Linearfaktoren zerlegen. Die Wurzeln eines Polynoms finden und seine Linearfaktoren finden sind zwei äquivalente Aufgaben. Weiß man z. B., daß für beliebige x gilt $x^2 - 3x + 2 = (x - 1) \cdot (x - 2)$, so kennt man die Lösungen der Gleichung $x^2 - 3x + 2 = 0$ (s. *Gleichung*).

Logarithmieren. Logarithmieren ist eine Umkehrung dess Potenzierens; es steht selbständig und mit anderer Zielsetzung neben der anderen Umkehrung des Potenzierens, dem *Radizieren.*

logarithmische Gleichung. Logarithmische Gleichungen sind *Bestimmungsgleichungen*, in denen u. a. der Logarithmus der Variablen vorkommt;

z. B.: $25 \lg 2x = x$.

Im allgemeinen werden solche Gleichungen numerisch oder graphisch gelöst. Manchmal lassen sich einfachere Wege finden;

z. B.: $\lg \sqrt{2x-1} + \lg \sqrt{x-9} = 1$.

Man benutzt die Rechenregeln für die Logarithmen:

$$\lg \sqrt{(2x-1)(x-9)} = \lg 10.$$

Wenn die Logarithmen der beiden Seiten der Gleichung übereinstimmen, so müssen auch die Numeri gleich sein. Also:

$$\sqrt{(2x-1)(x-9)} = 10.$$

Und daraus folgt:

$$2x^2 - 19x + 9 = 100 \qquad x = \frac{19}{4} \pm \frac{33}{4}$$

$$x^2 - \frac{19}{2}x - \frac{91}{2} = 0 \qquad x_1 = 13$$

$$x = \frac{19}{4} \pm \sqrt{\frac{361}{16} + \frac{728}{16}} \qquad x_2 = -\frac{7}{2}$$

Probe: 1. $\lg\sqrt{2\cdot 13 - 1} + \lg\sqrt{13-9} = \lg\sqrt{25} + \lg\sqrt{4} =$
$= \lg 5 + \lg 2 = \lg 5\cdot 2 = \lg 10 = 1.$

2. $x_2 = -\frac{7}{2}$ entfällt, da $2x_2 - 1 = -7 - 1 = -8$ negativ ist und damit $\sqrt{2x_2 - 1}$ imaginär wird.

Logarithmus. Der Logarithmus (von b zur Bais a) ist der Exponent (c), mit dem man die Basis (a) potenzieren muß, um den Numerus (b) zu erhalten; $b = a^c$ ist gleichwertig mit

$$c = \log_a b$$

Logarithmus (c), Basis (a), Numerus (b)

Der Logarithmus von 1 ist für jede zulässige Basis 0.

$\log_a 1 = 0$, weil $a^0 = 1$.

Sind Basis und Numerus gleich, so ist der Logarithmus 1.

$\log_a a = 1$, denn $a^1 = a$.

Als Basis können alle positiven Zahlen außer 1 verwendet werden. Wissenschaft und Technik verwenden die Basis e ($e \approx 2{,}718$) (s. d.) und die dadurch definierten *natürlichen Logarithmen*, abgekürzt ln (Logarithmus naturalis).

Die *gewöhnlichen, dekadischen oder Briggsschen Logarithmen* haben als Basis 10. Man schreibt diese Basis üblicherweise nicht mit und kürzt mit lg ab.

$\log_{10} a = \lg a$	$\lg 100 = 2$	$\lg 0{,}1 = -1$
$\lg 10 = 1$	$\lg 1000 = 3$	$\lg 0{,}01 = -2$
		$\lg 0{,}001 = -3$ usw.

Bei diesen dekadischen Logarithmen haben die Potenzen von 10 ausgezeichnete Exponenten, nämlich die Werte 1, 2, 3 usw. bzw. – 1, – 2, – 3 usw.

Da man jede positive Zahl x als Produkt einer Zahl x', die zwischen 1 und 10 liegt, und einer Zehnerpotenz schreiben kann, genügt es bei den dekadischen Logarithmen, nur die Logarithmen der Zahlen zwischen 1,0000 und 10,0000 zu berechnen und in Tafeln festzuhalten. Diese Logarithmen liegen zwischen $\lg 1 = 0$ und $\lg 10 = 1$, beginnen also mit 0, ... In den Tafeln stehen dann nur die Ziffern nach dem Komma.

Es ist $x = 10^n \cdot x' \quad (1 \leqq x' < 10)$

und damit: $\lg x = n + \lg x' \quad (0 \leqq \lg x' < 1)$;

z. B.: $20 = 10^1 \cdot 2, \quad \lg 20 = 1 + \lg 2 \quad = 1 + 0{,}30103$

$0{,}00002 = 10^{-5} \cdot 2, \quad \lg 0{,}00002 = -5 + 0{,}30103.$

Man nennt n die *Kennziffer* von $\lg x$. Die Kennziffer ist Null,

wenn x zwischen 1 und 10 liegt. Die Kennziffer ist positiv,
wenn x mindestens gleich 10 ist, und negativ,
wenn x zwar positiv, aber kleiner als 1 ist.
Man nennt $\lg x'$ die *Mantisse* von $\lg x$.

Z. B. hat **$\lg 200000 = \lg(10^5 \cdot 2) = 5 + 0{,}30103$ die Kennziffer 5 und die** Mantisse 0,30103. Bei positiven Kennziffern addiert man Kennziffer und Mantisse; z. B. $\lg 200000 = 5{,}30103$.

Ist dagegen die Kennziffer negativ, so läßt man Kennziffer und Mantisse getrennt;

z. B.: **$\lg 0{,}003 = \lg(10^{-3} \cdot 3) = -3 + \lg 3 = 0{,}47712 - 3.$**

Berechnung der dekadischen Logarithmen.

Zur Berechnung der dekadischen Logarithmen kann man folgende Tabelle, die durch fortgesetztes Wurzelziehen entsteht, benutzen:

$10^{0,5}$	$= \sqrt{10}$	$= 3{,}1623$	$10^{0,00195}$	$= \sqrt{1{,}0091}$	$= 1{,}0045$
$10^{0,25}$	$= \sqrt{3{,}1623}$	$= 1{,}7783$	$10^{0,0010}$	$= \sqrt{1{,}0045}$	$= 1{,}0023$
$10^{0,125}$	$= \sqrt{1{,}7783}$	$= 1{,}3335$	$10^{0,0005}$	$= \sqrt{1{,}0023}$	$= 1{,}0011$
$10^{0,0625}$	$= \sqrt{1{,}3335}$	$= 1{,}1548$	$10^{0,00025}$	$= \sqrt{1{,}0011}$	$= 1{,}0006$
$10^{0,03125}$	$= \sqrt{1{,}1548}$	$= 1{,}0746$	$10^{0,000125}$	$= \sqrt{1{,}0006}$	$= 1{,}0003$
$10^{0,0156}$	$= \sqrt{1{,}0746}$	$= 1{,}0366$	$10^{0,0001}$	$= \sqrt{1{,}0003}$	$= 1{,}00015$
$10^{0,0078}$	$= \sqrt{1{,}0366}$	$= 1{,}0182$	$10^{0,0000}$	$= \sqrt{1{,}00015}$	$= 1{,}0000$
$10^{0,0039}$	$= \sqrt{1{,}0182}$	$= 1{,}0091$			

Bemerkung: Die Gleichheitszeichen sind nur im Sinne einer guten Näherung zu verstehen.

Beispiel: Berechnung von $\lg 2 = x$

Es soll $2 = 10^x$ sein. Aus der Tafel entnimmt man, daß $10^{0,25} < 10^x = 2 < 10^{0,5}$ ist. Also muß $0{,}25 < x < 0{,}5$ sein. Man setzt dann $2 = 10^{0,25+y}$.

Dann ist $10^y = 2 : 1{,}7783$, also $10^y = 1{,}1247$. Vergleicht man wieder mit der Tabelle, so folgt, daß $y > 0{,}03125$ sein muß, weil $10^{0,03125} = 1{,}0746$

kleiner als 1,1247 ist. Man zerlegt wieder $10^y = 10^{0,03125+z}$ und erhält $10^z = 10^y : 10^{0,03125} = 1,1247 : 1,0746$.

Bis jetzt haben wir:

$$2 = 10^x = 10^{0,25+y} = 10^{0,25+0,03125+z}.$$

Dieses Verfahren kann man fortsetzen und erhält schließlich:

$$2 \approx 10^{0,25+0,03125+0,0156+0,0039+0,0002+0,0000}$$
$$2 \approx 10^{0,3010}.$$

Also ist $\lg 2 \approx 0,3010$.

Mit Hilfe dieses Verfahrens hat *Henry Briggs* (1561–1630) (Briggssche Logarithmen) eine erste Tafel der dekadischen Logarithmen (14stellig) der Zahlen von 1 bis 1000 berechnet und diese 1617 herausgegeben.

Rechenregeln für Logarithmen $(x, y > 0)$

Beispiel:

1. $\log_a(x \cdot y) = \log_a x + \log_a y$	$\lg 7 \cdot 3 = \lg 7 + \lg 3$
2. $\log_a\left(\frac{x}{y}\right) = \log_a x - \log_a y$	$\lg \frac{7}{3} = \lg 7 - \lg 3$
3. $\log_a(x^y) = y \log_a x$	$\lg(7^3) = 3 \lg 7$
4. $\log_a \sqrt[y]{x} = \frac{1}{y} \log_a x$	$\lg \sqrt[3]{7} = \frac{1}{3} \lg 7$

Diese Formeln sind einfache Folgerungen aus den Rechenregeln für Potenzen.

Es gibt soviele Logarithmensysteme, wie es mögliche Basiszahlen $a > 0$ gibt. Will man den Zusammenhang zwischen den Logarithmen des einen Systems mit der Basis a und den Logarithmen eines anderen Systems mit der Basis b herstellen, so muß man folgende Gleichung benutzen:

$$\log_b x = \log_b a \cdot \log_a x.$$

Insbesondere gilt für die Grundzahlen 10 und $e = 2,71828\ldots$:

$$\log_{10} x = \lg x = \log_{10} e \cdot \log_e x.$$

Da $\log_{10} e = \lg e = 0,43429\ldots$ ist, gilt:

$$\lg x = 0,43429\ldots \ln x \quad \text{oder} \quad \ln x = \frac{1}{0,43429\ldots} \lg x.$$

Die Rechenregeln 1.–4. für die Logarithmen zeigen, daß die Logarithmen für das numerische Rechnen von praktischer Bedeutung sind.

Beim logarithmischen Rechnen werden alle Rechnungen auf die nächsteinfachere Rechnungsart zurückgeführt: das Multiplizieren auf das Addieren, das Dividieren auf das Subtrahieren usw. Die Genauigkeit der Rechnung ist allerdings von der Stellenzahl der verwendeten *Logarithmentafel* abhängig.

Beispiele für das numerische Rechnen mit Logarithmen:

1. $\lg (ab) = \lg a + \lg b,$

Beispiel: $x = 17 \cdot 0{,}23$

$$\begin{array}{r|l} \lg 17 & 1{,}23045 \\ \lg 0{,}23 & 0{,}36173 - 1 \end{array}\Bigg\} +$$

$$\begin{array}{r|l} \lg x & 1{,}59218 - 1 \\ \lg x & 0{,}59218 \end{array}$$

$$\underline{x \approx 3{,}910}$$

2. $\lg \left(\frac{a}{b}\right) = \lg a - \lg b,$

Beispiel: $x = 17 : 0{,}23$

$$\begin{array}{r|l} \lg 17 & 1{,}23045 \\ \lg 0{,}23 & 0{,}36173 - 1 \end{array}\Bigg\} -$$

$$\begin{array}{r|l} \lg x & 1{,}86872 \end{array}$$

$$\underline{x \approx 73{,}913}$$

(vgl. auch Beispiel 5).

3. $\lg a^n = n \lg a,$

Beispiel: $x = 37^3$

$$\begin{array}{r|l} \lg 37 & 1{,}56820 \\ 3 \lg 37 & 4{,}70460 \end{array}$$

$$\begin{array}{r|l} \lg x & 4{,}70460 \end{array}$$

$$\underline{x \approx 50652^{*})}$$

4. $\lg \sqrt[n]{a} = \frac{1}{n} \cdot \lg a,$

Beispiel: $x = \sqrt[3]{35}$

$$\begin{array}{r|l} \lg 35 & 1{,}54407 \\ \frac{1}{3} \lg 35 & 0{,}51469 \end{array}$$

$$\begin{array}{r|l} \lg x & 0{,}51469 \end{array}$$

$$\underline{x \approx 3{,}2711}$$

(vgl. auch Beispiel 6).

*) Bemerkung zum Beispiel 3: Das Ergebnis $x = 50652$ ist um 1 zu klein. Solche Fehler können beim logarithmischen Rechnen auftreten, da die Logarithmentafeln nur eine begrenzte Anzahl von Dezimalstellen besitzen und außerdem in den letzten Stellen auf- oder abgerundete Werte haben. Dadurch erhält man als Ergebnisse im allgemeinen nur Näherungswerte.

5. $\lg \frac{a}{b} = \lg a - \lg b,$

Beispiel: $x = \frac{17}{1017}$

$$\begin{array}{r|l} \lg 17 & 1{,}23045 \\ \lg 1017 & 3{,}00732 \end{array}\Bigg\} -$$

Kann nicht subtrahiert werden, da der Subtrahend größer als der Minuend ist, so rechnet man statt dessen:

lg 17	3,23045 — 2
lg 1017	3,00732
lg x	0,22313 — 2

$x \approx 0{,}016716.$

Bei lg 17 = 1,23045 wurden also 2 hinzugefügt und wieder abgezogen!

6. $\lg \sqrt[n]{a} = \frac{1}{n} \cdot \lg a$

Beispiel: $x = \sqrt[3]{0{,}017}$

lg 0,017	0,23045 — 2

Die Kennziffer —2 von lg 0,017 kann nicht durch 3 dividiert werden, deshalb Addition und Subtraktion von 1.

lg 0,017	1,23045 — 3
$\frac{1}{3}$ lg 0,017	0,41015 — 1
lg x	0,41015 — 1

$x \approx 0{,}25713$

Logarithmentafel

Eine Logarithmentafel ist eine Tabelle, die Mantissen der Logarithmen enthält. Je nach der Anzahl der angegebenen Stellen spricht man von 4stelligen, 5stelligen oder 7stelligen Logarithmentafeln.

Logarithmen der trigonometrischen Funktionen

Auch die Logarithmen der trigonometrischen Funktionen sind in den Logarithmentafeln enthalten. Bei den Logarithmen der trigonometrischen Funktionen ist zu beachten, daß an die angegebenen Logarithmen immer (Ausnahmen sind in den Tafeln angegeben) — 10 anzuhängen ist.

Beispiel: lg sin 37° 12′ = 9,7815 — 10.

Interpolation in Logarithmentafeln

(Allgemeines über die Interpolation s. *Interpolation.*)

Beim logarithmischen Rechnen ist es zur Erreichung größerer Genauigkeit manchmal notwendig, zu interpolieren. Z. B. ist bei 5stelligen Logarithmentafeln eine Interpolation dann notwendig, wenn die Numeri nur 4stellig aufgeführt sind. Bei den meisten 4stelligen Logarithmentafeln sind auch die Numeri 4stellig aufgeführt, so daß eine Interpolation im allgemeinen nicht erforderlich ist.

In vielen Logarithmentafeln sind als Hilfsmittel für die Interpolation sogenannte *Proportionaltäfelchen* (Partes Proportionales = P. P.) auf dem Rand der einzelnen Seiten oder auch am Anfang oder Ende des Buches auf herausklappbaren Seiten abgedruckt. Die Verwendung dieser Tafeln möge das folgende Beispiel erläutern:

$$x = \lg 246{,}57.$$

In einer 5stelligen Tafel ist enthalten:

$$\lg 246{,}5 = 2{,}39182$$
$$\lg 246{,}6 = 2{,}39199.$$

Die Differenz dieser Logarithmen ist 0,00017 (abgesehen vom Vorzeichen). Am Rand der Tafel findet man die Proportionaltafel zur Tafeldifferenz 17, sie lautet:

	17
1	1,7
2	3,4
3	5,1
4	6,8
5	8,5
6	10,2
7	11,9
8	13,6
9	15,3

Da man lg 246,57 bestimmen soll, sucht man die 7 in der linken Spalte der Proportionaltafel und findet rechts neben der 7 die Zahl 11,9. 11,9 ist zu den letzten beiden Ziffern von lg 246,5 = 2,39182, also zu 82, hinzuzufügen*) (da auf vier Stellen nach dem Komma genau gerechnet werden soll, ist 11,9 zu 12 aufzurunden). Man bekommt: lg 246,57 = 2,39194.

*) Das Hinzufügen von 11,9 zu den letzten beiden Ziffern 82 bedeutet in Wirklichkeit: $2{,}39182 + 0{,}000119 = 2{,}391939 \approx 2{,}39194$ (auf 4 Stellen nach dem Komma genau).

Logarithmusfunktion. Die Funktion, die jeder Zahl x den Logarithmus von x zu einer Basis zuordnet, nennt man Logarithmusfunktion, Beschränkt man sich auf den Bereich der reellen Zahlen, so ist der Definitionsbereich der Funktion die Menge der positiven reellen Zahlen, der Wertebereich die Menge der reellen Zahlen. Die Logarithmusfunktion ist eine im gesamten Definitionsbereich monotone stetige Funktion. Sie besitzt daher eine Umkehrfunktion, die Exponentialfunktion (s. d.).

Lösungsmenge (auch Erfüllungsmenge) s. *formale Logik.*

Mächtigkeit (s. A. III). Zwei Mengen A und B haben die gleiche *Mächtigkeit* (*Kardinalzahl*), wenn eine eineindeutige Abbildung von A *auf* B existiert. Z. B. sind endliche Mengen gleichmächtig, wenn sie gleich viele Elemente haben. Mengen, die zur Menge der natürlichen Zahlen gleichmächtig sind, heißen abzählbar unendlich (s. *Kardinalzahl, Abbildung, abzählbar*).

magische Quadrate. In geometrischen Formen, meist Quadraten, angeordnete Zahlen mit festen Teilsummen, Progressionen, oder sonstigen rhythmischen Eigenschaften. Von alters her werden solche Zahlen- oder Zeichenanordnungen mit einer mystischen Symbolik belegt. Heute gehören diese magischen Quadrate zu den mathematischen Unterhaltungsspielen: Nach gewissen Spielregeln müssen numerierte Steine auf schachbrettartig angeordnete Felder (9, 16, 25 usw.) gelegt werden. Das älteste magische Quadrat dürfte das aus China (etwa 2500 v. Chr.) stammende, aus 9 Feldern bestehende Saturnsiegel sein.

4	9	2
3	5	7
8	1	6

Bei den vollkommenen magischen Quadraten ist die Summe der Zahlen jeder Zeile, jeder Spalte und jeder Diagonale gleich.

Beispiel: Anordnung der ersten 25 natürlichen Zahlen in einem Quadrat mit der Summe 65

7	18	4	15	21
14	25	6	17	3
16	2	13	24	10
23	9	20	1	12
5	11	22	8	19

Maßsysteme. Darunter versteht man Systeme physikalischer Grundgrößen bzw. Einheiten, in denen physikalische Ereignisse gemessen werden. Die Zahl der gewählten Grundgrößen ist im allgemeinen willkürlich.

Die gebräuchlichsten Maßsysteme sind:

1. Das Zentimeter-Gramm-Sekunde-System (CGS-System), das als Einheiten für die Länge 1 cm, für die Masse 1 g und für die Zeit 1 s benutzt.

2. Das Meter-Kilogramm-Sekunde-System (MKS-System), das als Grundeinheiten für die Länge 1 m, für die Masse 1 kg und für die Zeit 1 s benutzt.

3. Das technische Maßsystem, das als Längeneinheit 1 m, als Krafteinheit 1 kp und als Zeiteinheit 1 s benutzt.

Diese drei Maßsysteme werden vor allem in der Mechanik zugrunde gelegt. In der Elektrodynamik, mit Einschluß der Mechanik, werden Systeme mit 3, 4 und 5 Grundgrößen benutzt. Dabei wird am meisten das sogenannte Varersystem angewendet. Bei ihm kommt zu den 3 mechanischen Grundgrößen noch eine Einheit für den elektrischen Strom als vierte Grundgröße hinzu. Eine Erweiterung dieses Systems durch Hinzunahme einer Einheit für „Temperatur“ findet in der Thermodynamik Anwendung, und nach einer weiteren Hinzunahme einer photometrischen Grundgröße erhält man ein die gesamte Physik umfassendes Maßsystem.

Physikalische Größen, die sich auf Grund physikalischer Strukturgesetze aus Grundgrößen zusammensetzen, heißen abgeleitete Größen. Die Art der Kombination der Grundgrößen bestimmt die (physikalische) Dimension. Vorsilben zur Bezeichnung von Vielfachen von Einheiten:

Vorsilben	Abkürzung	Bedeutung
Deka	da	10^{1}
Hekto	h	10^{2}
Kilo	k	10^{3}
Mega	M	10^{6}
Giga	G	10^{9}
Tera	T	10^{12}
Dezi	d	10^{-1}
Zenti	c	10^{-2}
Milli	m	10^{-3}
Mikro	μ	10^{-6}
Nano	n	10^{-9}
Piko	p	10^{-12}

Metrische Längenmaße: Die Einheit bildet das Meter (m).

		mm	cm	dm	m	km
1 Millimeter (mm)	=	1	10^{-1}	10^{-2}	10^{-3}	10^{-6}
1 Zentimeter (cm)	=	10	1	10^{-1}	10^{-2}	10^{-5}
1 Dezimeter (dm)	=	10^{2}	10	1	10^{-1}	10^{-4}
1 Meter (m)	=	10^{3}	10^{2}	10	1	10^{-3}
1 Kilometer (km)	=	10^{6}	10^{5}	10^{4}	10^{3}	1

Nichtmetrische Längenmaße

1 Lichtjahr (Lj) = Strecke, die das Licht im Vakuum in einem Jahr zurücklegt, $= 9{,}4605 \cdot 10^{12}$ km $\approx$ 10 Billionen km.

1 Parsec (pc) = Entfernung, die ein Stern haben müßte, damit von ihm aus die mittlere große Halbachse der Erdbahn bei senkrechter Draufsicht

unter einem Sehwinkel von einer Sekunde erscheint (d.h., damit seine Parallaxe 1″ beträgt) = 3,258 Lichtjahre = $3{,}08232 \cdot 10^{13}$ km.

1 Landmeile = 7,5 km;
1 geographische Meile = 7,42 km;
15 geographische Meilen = 1 Äquatorgrad = 111,3 km;
1 Seemeile = 1,852 km;
60 Seemeilen = 1 Meridiangrad = 111,1 km;
1 preußische Elle = 25,5 Zoll = 0,66 m.

Metrische Flächenmaße: Die Einheit bildet das Quadratmeter (m^2).

		m^2	a	ha	km^2
1 Quadratmeter (m^2)	=	1	10^{-2}	10^{-4}	10^{-6}
1 Ar (a)	=	10^2	1	10^{-2}	10^{-4}
1 Hektar (ha)	=	10^4	10^2	1	10^{-2}
1 Quadratkilometer (km^2)	=	10^6	10^4	10^2	1

Raummaße

1. Körpermaße: Die Einheit bildet das Kubikmeter (m^3)

		mm^3	cm^3	dm^3	m^3
1 Kubikmillimeter (mm^3)	=	1	10^{-3}	10^{-6}	10^{-9}
1 Kubikzentimeter (cm^3)	=	10^3	1	10^{-3}	10^{-6}
1 Kubikdezimeter (dm^3)	=	10^6	10^3	1	10^{-3}
1 Kubikmeter (m^3)	=	10^9	10^6	10^3	1

Nichtmetrische Körpermaße

1 Klafter = 108 Kubikfuß = 3,338 m^3;
1 Tonne (Schiffsmaß) = 2,12 m^3.

2. Hohlmaße: Die Einheit bildet das Liter (l)

		dl	l	hl	m^3
1 Deziliter (dl)	=	1	10^{-1}	10^{-3}	10^{-4}
1 Liter (l)	=	10	1	10^{-2}	10^{-3}
1 Hektoliter (hl)	=	10^3	10^2	1	10^{-1}
1 Kubikmeter (m^3)	=	10^4	10^3	10	1

Nichtmetrische Hohlmaße

1 Schoppen (Flüssigkeit) = $^1/_2$ Liter;
1 Scheffel (Getreide) = 50 Liter; 1 Hektoliter = 2 Scheffel.

Metrische Massenmaße: Die Einheit bildet das Kilogramm (kg)

	mg	cg	g	kg
1 Milligramm (mg) =	1	10^{-1}	10^{-3}	10^{-6}
1 Zentigramm (cg) =	10	1	10^{-2}	10^{-5}
1 Gramm (g) =	10^3	10^2	1	10^{-3}
1 Kilogramm (kg) =	10^6	10^5	10^3	1

100 kg = 1 Doppelzentner (dz)
1000 kg = 1 Tonne (t)

Spezielle Maßeinheiten

Masseneinheit im Edelsteinhandel ist 1 Karat (c) = 0,2 g. Maßeinheit für den Gehalt einer Legierung an Feingold ist ebenfalls 1 Karat. Einkarätiges Gold bezeichnet eine Legierung, die $\frac{1}{24}$ reines Gold enthält.

Die wichtigsten physikalischen Einheiten

Einheit der Länge ist das Meter (m), ursprünglich definiert als der 40000000. Teil der Länge eines Erdmeridians, im Jahre 1889 festgelegt durch das *Urmeter*, einen Platin-Iridium-Stab, der im Bureau International des Poids et Mesures in Sèvres aufbewahrt wird. Im Jahre 1960 wurde das Meter neu definiert als das 1650763,73fache der Vakuumwellenlänge der orangefarbenen Spektrallinie des Kryptonisotops Kr 86 beim Übergang vom Zustand $5d_5$ zum Zustand $2\,p_{10}$.

Einheit der Masse ist das Kilogramm (kg), definiert als die Masse des internationalen Kilogrammprototyps, eines im Bureau International des Poids et Mesures in Sèvres aufbewahrten Zylinders aus einer Platin-Iridium-Legierung.

Einheit der Zeit ist die Sekunde (s), das ist der 86400ste Teil eines mittleren Sonnentages, nach genauerer Definition der 31556925,9747te Teil des tropischen Jahres für 1900, Januar 0,12 Uhr Ephemeridenzeit (das entspricht dem 31. Dezember 1899, 12 Uhr Weltzeit). Nach neuester Definition (1967) gilt für exakte physikalische Zeitmessungen als Frequenzetalon die Übergangsfrequenz für die Hyperfeinstrukturniveaus F = 4, M = 0 und F = 3, M = 0 des Grundzustandes $^2S_{\frac{1}{2}}$ des von äußeren Feldern ungestörten Cäsium-133-Atoms, der der Wert 9192631770 Hertz zugeordnet ist.

Als *Krafteinheiten* werden das Dyn (dyn), das Newton (N) und das Kilopond (kp; das Gewicht eines Kilogramms [Masse]) verwendet.

$$
\begin{aligned}
1\ \text{dyn} &= 1\ \text{cm g/s}^2 \\
&= 10^{-5}\ \text{N} &&= 0{,}1019716 \cdot 10^{-5}\ \text{kp} \\
1\ \text{N} &= 10^5\ \text{dyn} &&= 0{,}1019716\ \text{kp} \\
1\ \text{kp} &= 9{,}80665 \cdot 10^5\ \text{dyn} &&= 9{,}80665\ \text{N}
\end{aligned}
$$

Druckeinheiten sind das Bar (bar), die physikalische Atmosphäre (atm), die technische Atmosphäre (at) und das Torr.

$$
\begin{aligned}
1\ \text{bar} &= 0{,}986923\ \text{atm} = 1{,}019716\ \text{at} = 750{,}062\ \text{Torr} \\
1\ \text{atm} &= 1{,}013215\ \text{bar} = 1{,}033227\ \text{at} = 760\ \text{Torr} \\
1\ \text{at} &= 0{,}980665\ \text{bar} = 0{,}967841\ \text{atm} = 735{,}559\ \text{Torr} \\
&= 1\ \text{kp/cm}^2
\end{aligned}
$$

1 Millimeter Quecksilbersäule (mm Hg) entspricht etwa 1 Torr
(1 mm Hg = 1,000000 14 Torr),
1 Millimeter Wassersäule (mm WS) etwa 1 kp/m^2
(1 mm WS = 0,999972 kp/m^2).
Wichtige *Energieeinheiten* (Arbeitseinheiten) sind das Joule (J), das Erg (erg), die Kilowattstunde (kWh) und das Meterkilopond (Kilopondmeter, m kp).

$$
\begin{aligned}
1\ \text{J} &= 1\ \text{Nm}\ (\text{Newton-Meter}) = 1\ \text{Ws}\ (\text{Wattsekunde}) = 1\ \text{m}^2\ \text{kg/s}^2 \\
&= 10^7\ \text{erg} = 2{,}77778 \cdot 10^{-7}\ \text{kWh} = 0{,}101972\ \text{m kp} \\
1\ \text{erg} &= 10^{-7}\ \text{J} = 2{,}77778 \cdot 10^{-14}\ \text{kWh} = 1{,}01972 \cdot 10^{-8}\ \text{m kp} \\
1\ \text{kWh} &= 3{,}6 \cdot 10^6\ \text{J} = 3{,}6 \cdot 10^{13}\ \text{erg} = 3{,}67098 \cdot 10^5\ \text{m kp} \\
1\ \text{m kp} &= 9{,}80665\ \text{J} = 9{,}80665 \cdot 10^7\ \text{erg} = 2{,}72407 \cdot 10^{-6}\ \text{kWh}
\end{aligned}
$$

In der Wärmelehre wird als Energieeinheit (Einheit der Wärmemenge) vor allem die Kalorie (cal) verwendet:

$$1\ \text{cal} = 4{,}1868\ \text{Joule},$$

in der Atom- und Kernphysik das Elektronenvolt (eV):

$$1\ \text{eV} = 1{,}602 \cdot 10^{-19}\ \text{Joule}.$$

Als *Leistungseinheiten* werden vor allem das Watt (W) bzw. Kilowatt (kW), das Meterkilopond/Sekunde (m kp/s) und die Pferdestärke (PS) verwendet.

$$
\begin{aligned}
1\ \text{W} &= 1\ \text{J/s} = 1\ \text{Nm/s} = 10^7\ \text{cm}^2\ \text{g/s}^3 \\
&= 0{,}101972\ \text{m kp/s} = 1{,}35962 \cdot 10^{-3}\ \text{PS} \\
1\ \text{m kp/s} &= 9{,}80665\ \text{W} = 1{,}33333 \cdot 10^{-2}\ \text{PS}
\end{aligned}
$$

Einheit der elektrischen Stromstärke ist das Ampere (A), definiert als die Stärke eines unveränderlichen Stromes, der in zwei parallelen, geradlinigen, in einem Abstand von 1 m befindlichen, unendlich langen Leitern von vernachlässigbarem Querschnitt fließt, wenn die zwischen beiden Leitern durch den Strom hervorgerufene Kraft im Vakuum $2 \cdot 10^{-7}$ Newton je Meter Länge der Doppelleitung beträgt.

Einheit der elektrischen Spannung ist das Volt (V). 1 Volt ist die Spannung zwischen zwei Punkten eines homogenen, gleichmäßig temperierten Leiters, in dem bei einem zeitlich unveränderlichen Strom der Stärke 1 Ampere zwischen den beiden Punkten eine Leistung von 1 Watt umgesetzt wird.

Einheit des elektrischen Widerstands ist das Ohm (Ω). 1 Ohm ist der Widerstand zwischen zwei Punkten eines homogenen, gleichmäßig temperierten metallischen Leiters, durch den bei der Spannung 1 Volt zwischen den beiden Punkten ein zeitlich unveränderlicher Strom der Stärke 1 Ampere fließt.

Die wichtigsten *Temperatureinheiten* sind durch die Celsius-, die Réaumur-, die Fahrenheit-, die Rankine- und die Kelvin-Skala mit den (jeweils verschiedenen) Einheitsabschnitten Grad, z. B. Grad Celsius (°C) festgelegt:

	absoluter Nullpunkt	Eispunkt bzw. Tripelpunkt	Dampfpunkt
Celsius (°C)	– 273,15	0	+ 100
Réaumur (°Re)	– 218,52	0	+ 80
Fahrenheit (°F)	– 459,67	+ 32	+ 212
Rankine (°R)	0	491,67	671,67
Kelvin (°K)	0	273,15	373,15

Temperaturdifferenzen der Celsius- oder Kelvinskala werden mit grd bezeichnet.

DIN-Formate

Grundformate DIN A 0

Die Grundformate der Reihe B: 1000 × 1414 mm

Die Grundformate der Reihe C: 917 × 1297 mm

A 0	841 × 1189 mm	A 3	297 × 420 mm	A 6	105 × 148 mm
A 1	594 × 841 mm	A 4	210 × 297 mm	A 7	74 × 105 mm
A 2	420 × 594 mm	A 5	148 × 210 mm	A 8	52 × 74 mm

Durch fortgesetztes Falzen des Grundformates jeder Reihe ergeben sich die Teilformate.

Durch viermaliges Falzen des Grundformates der Reihe A (A 0) entsteht A 4, das Format des Einheitsbriefbogens. A 6 gilt als Postkartenformat.

Rechnen mit englischen Maßen und Gewichten

1. Englische Gewichte

Die Schwierigkeit, die sich beim Rechnen mit englischen Gewichten ergibt, liegt darin, daß diese nicht auf dezimaler Einteilung aufgebaut sind.

Die englische Gewichtseinheit ist die ton. 1 ton entspricht dem Sinne nach einer Tonne. Als nächstkleinere Gewichtseinheiten folgen ihr:

a) 1 hundredweight. Das bedeutet Hundertgewicht und entspricht dem Zentner; die Abkürzung lautet cwt.

b) 1 quarter. Das bedeutet Viertel; die Abkürzung lautet qr.

c) 1 pound. Es entspricht dem Gewichtspfund; die Abkürzung ist lb, sie ist vom altrömischen Pfund libra abgeleitet.

d) 1 ounce = Unze; die Abkürzung ist oz.

e) 1 dram (dr) ist die kleinste englische Gewichtseinheit.

1 ton = 20 cwts
1 cwt = 4 qrs
1 qr = 28 lbs
1 lb = 16 ozs
1 oz = 16 drs

Tabelle der Gewichte

Gewichte	cwt	qr	lb	oz	dr	kp bzw. p
1 ton	20	80	2240	35840	573440	1016,050 kp
1 cwt	—	4	112	1792	28672	50,802 kp
1 qr		—	28	448	7168	12,700 kp
1 lb			—	16	256	453,593 p
1 oz				—	16	28,349 p
1 dr					—	1,771 p

(Die letzte Stelle ist nicht aufgerundet.)

Beim Rechnen mit englischen Gewichten ist besonders auf die Schreibweise zu achten. Die einzelnen Gewichtseinheiten werden durch Punkte getrennt, um eine Verwechslung der Gewichtseinheiten zu vermeiden.

Die Umwandlung von englischen Gewichtseinheiten

Beispiel: Umwandlung von ton 1. 12. 3 in qrs

$$\begin{array}{r} 1 \cdot 80 = 80 \\ 12 \cdot 4 = 48 \\ + \ 3 \\ \hline 131 \text{ qrs} \\ \hline\hline \end{array}$$

II. Englische Längenmaße

Das größte englische Längenmaß ist die mile (Meile). Eine englische Meile hat 1760 yards ≈ 1,610 km. 1 yard hat 3 feet (das bedeutet Fuß) = 36 inches (entspricht dem Zoll) = 91,44 cm. 1 inch = 12 lines = = 2,54 cm.

Faustregel: 11 m = 12 yards

1 mile = 1760 yards
1 yard = 3 feet
1 foot = 12 inches
1 inch = 12 lines

Tabelle der Längenmaße

Längenmaße	yard	foot	inch	line	m
1 mile	1760	5280	63360	760320	1609
1 yard	—	3	36	432	0,914
1 foot		—	12	144	0,304
1 inch			—	12	0,025
1 line				—	0,002

(Die letzte Stelle ist nicht aufgerundet).

Beim Rechnen mit englischen Längenmaßen ist auf die Schreibweise zu achten. Die Punkte dienen zur Trennung der einzelnen Längenmaße.
Die Umwandlung von englischen Längenmaßen

Beispiel: Umwandlung von mile 1. 12. 3 in ft:

$$\begin{array}{r} 1 \cdot 5280 = 5280 \\ 12 \cdot \quad 3 = \quad 36 \\ + \quad 3 \\ \hline 5319 \text{ ft} \\ \hline\hline \end{array}$$

III. Englische Hohlmaße

a) bushel — 1 bushel = 8 gallons; die Abkürzung ist bu.
b) gallon — 1 gallon = 4 quarts; die Abkürzung ist gal.
c) quart — 1 quart = 2 pints; die Abkürzung ist qt.
Die Abkürzung für pint ist pt.

1 bushel = 8 gallons		
	1 gallon = 4 quarts	
		1 quart = 2 pints

Tabelle der Hohlmaße

Hohlmaße	gallon	quart	pint	gill	Liter
1 bushel	8	32	64	256	36,367
1 gallon	—	4	8	32	4,545
1 quart		—	2	8	1,136
1 pint			—	4	0,568

(Die letzte Stelle ist nicht aufgerundet.)

Die Umwandlung von englischen Hohlmaßen

Beispiel: Es sind in gills umzuwandeln: 6 quarts, 12 pints, 7 gills:

$$\begin{aligned} 6 \cdot 8 &= 48 \\ 12 \cdot 4 &= 48 \\ &+ 7 \\ \hline &103 \text{ gills} \end{aligned}$$

IV. Rechnen mit amerikanischen Maßen u. Gewichten

Das Rechnen mit amerikanischen Maßen und Gewichten geschieht grundsätzlich in gleicher Weise wie mit englischen. Einige Abweichungen ergeben sich dadurch, daß die verschiedenen Gewichtseinheiten nicht genau den englischen entsprechen und innerhalb der Gewichtseinheiten andere Relationen bestehen.

Beispiel: Die englische Gewichtseinheit 1 cwt = 112 lbs. In der amerikanischen Rechnung ist 1 cwt = 100 lbs. In England entspricht 1 qr = 28 lbs, in Amerika ist 1 qr = 25 lbs.

Somit ergibt sich auch bei diesen Gewichtseinheiten ein unterschiedliches kp-Gewicht.

Beispiel: 1 cwt entspricht in England 50,8 kp. In Amerika beträgt das kp-Gewicht von 1 cwt. auf Grund der Abweichung nur 45,359 kp. Ebenso verhält es sich mit den pounds.

Mathematik. Die Mathematik wurde früher erklärt als die Wissenschaft von den Zahl- und Raumgrößen oder von den stetigen und den diskreten Größen. Im Laufe des 19. Jahrhunderts wurde durch die Entdeckung der nichteuklidischen Geometrien und die Entwicklung der symbolischen Algebra (s. d.) der hypothetische und formale Charakter der mathematischen Sätze erkannt. Nach B. Peirce (1809 bis 1880) ist die Mathematik die Wissenschaft, die aus beliebigen Hypothesen notwendige Schlüsse zieht. Da logische Schlüsse nur auf rein formalen Grundsätzen beruhen, erwies sich der Inhalt der Prämissen als gleichgültig. Mathematik wurde daher mehr und mehr als das Studium formaler deduktiver Systeme aufgefaßt. Häufig wurde sie von der Logik überhaupt nicht unterschieden (Logizismus; G. Frege, 1848–1925). Heute wird die Mathematik gewöhnlich als eine von der formalen Logik unterschiedene Disziplin angesehen, deren Grundbegriffe die Mengentheorie liefert, die nicht selbst zur Logik gehört. Als die Gegenstände der Mathematik gelten die mit Hilfe des Mengenbegriffs formulierbaren Strukturen (s. d.). Diese neue Auffassung der Mathematik faßt die verschiedenartigen Disziplinen der Mathematik unter übergeordneten Gesichtspunkten zusammen.

Man unterschied früher zwischen reiner und angewandter Mathematik. Zur reinen Mathematik gehörten Arithmetik, Zahlentheorie, Algebra, Gruppentheorie, Analysis, Mengenlehre, Topologie (elementare und, höhere), Geometrie, Vektorrechnung, Wahrscheinlichkeitsrechnung; zur angewandten Mathematik rechnete man die praktische Analysis, den theoretischen Teil der Mechanik, der Physik, der Ballistik, der Geodäsie und aller Ingenieurwissenschaften.

Heute werden immer weitere Gebiete der Mathematik in verschiedenen (auch den früher rein „geisteswissenschaftlich" orientierten) Disziplinen angewandt, so daß eine Unterscheidung von „reiner" und „angewandter" Mathematik überholt erscheint. Es gibt die Mathematik, deren Strukturen sich wieder und wieder als „anwendbar" erweisen.

Geschichte

Die abendländische Mathematik hat zwei Quellen: einmal die mesopotamischen Kulturen, besonders die der Babylonier, die hauptsächlich von der Astronomie her zu mathematischen Überlegungen gekommen zu sein scheinen, zweitens die des Nillandes, da die Ägypter durch die jährlichen

Nilüberschwemmungen zur Erdvermessung gezwungen waren. Aus diesen beiden Quellen schufen die Griechen die Wissenschaft der reinen Mathematik. Leider sind uns von vielen Mathematikern außer den Namen nur spärliche Bruchstücke ihrer Werke überkommen, z. B. von Demokrit von Abdera (etwa 460–380) und von Eudoxos (etwa 408–355). Pythagoras und die Pythagoreer begannen um 500 v. Chr. ein geometrisches System zu schaffen. Aus dieser Philosophenschule stammt z. B. der pythagoreische Lehrsatz und die wichtige Entdeckung, daß es Größen gibt, deren Verhältnis nicht durch ganze Zahlen ausdrückbar ist, d. h. die inkommensurabel sind, wie z. B. Seite und Diagonale eines Quadrats. Der genialste griechische Mathematiker war Archimedes (etwa 287–212), der durch infinitesimale Methoden z. B. Umfang und Inhalt eines Kreises, Inhalt und Oberfläche einer Kugel berechnete und diese Ergebnisse durch Exhaustionsbeweise sicherte. In der Kurvenlehre war man (Menächmus, um 350 v. Chr.) zu den Kegelschnitten gekommen, die später ausführlich Apollonios von Perge (um 200 v. Chr.) in Alexandria untersuchte.

Daneben wurden auch Kurven betrachtet, die durch Bewegungen erzeugt werden, z. B. die Quadratrix des Hippias (um 420 v. Chr.) und des Deinostratos (um 350 v. Chr.), die archimedische Spirale. Die Astronomie führte zur Entwicklung der sphärischen Trigonometrie, die Ptolemäus (etwa 150 n. Chr.) in seiner „großen Zusammenstellung“ (arab. Almagest) überliefert hat. Ebenso hat Pappus von Alexandria (um 320 n. Chr.) einen großen Teil der griechischen Mathematik bewahrt. Das Erbe der griechischen und zugleich der indischen Mathematik, die bemerkenswerte arithmetische und algebraische Leistungen aufzuweisen hat („Leben der Mathematik“ des Brahmagupta, um 630 n. Chr.), übernahmen und verbreiteten die Araber über Spanien nach Europa. So gelangten auch die indischen Entdeckungen der Ziffernschrift, vor allem der Null, ins Abendland. Die Fortentwicklung des kaufmännischen Rechnens und der Algebra erfolgte zuerst in Italien, dann in Deutschland und Frankreich. In den Werken von Cardano (1501–1576) finden sich die Anfänge der Buchstabenrechnung, der negativen und sogar der imaginären Zahlen sowie die Auflösung der Gleichungen 3. und 4. Grades. Angeregt durch die infinitesimalen Untersuchungen Keplers (1571–1630) entwickelte Bonaventura Cavalieri (1598–1647) seine Indivisibelnlehre, den Vorläufer der von Leibniz (1646–1716) und Newton (1643–1727) begründeten Differential- und Integralrechnung, welche in stürmischer Entwicklung während des 18. Jahrh. – durch die Brüder Jakob (1654–1705) und Johann (1667–1748) Bernoulli, L. Euler (1707–1783) u. a. – alle Gebiete der reinen und der angewandten Mathematik ergriff und befruchtend durchdrang. Dann bestimmte das Genie von Gauß (1777–1855) die Weiterbildung der Mathematik. Die Funktionentheorie wurde durch Cauchy (1789–1857), Riemann (1826–1866) und Weierstraß (1815–1897) neu begründet und ausgebildet; in Paris, Berlin (Weierstraß, Kummer [1810–1893], Kronecker [1823 bis 1891]) und besonders in Göttingen (Felix Klein [1849–1925], D. Hilbert [1862 1943], C. Runge [1856–1927] und H. Minkowski [1864–1909]) entstanden berühmte Mathematikerschulen. Kleins Tätigkeit erstreckte sich auch auf den Unterricht in Mathematik und Naturwissenschaften.

Im Laufe des 20. Jahrhunderts hat sich die Mathematik immer stärker von ihren Ursprüngen gelöst. Man hat, zuerst in der Geometrie (s. d.), er-erkannt, daß die Gültigkeit der mathematischen Sätze nicht davon abhängt, was man sich unter den mathematischen Begriffen vorstellt, z. B. Punkt oder Zahl. Wesentlich ist nur, daß die Sätze nach bestimmten Regeln der Logik aus den Voraussetzungen (Axiomen) korrekt hergeleitet sind. In diesem Sinn spricht man auch davon, daß es die Mathematik nur mit *formalen Strukturen* zu tun habe. Diese Auffassung wurde besonders verbreitet durch das zusammenfassende Werk einer französischen Forschergruppe, „Die Elemente der Mathematik", das unter dem inzwischen berühmt gewordenen Pseudonym Bourbaki veröffentlicht wurde. Diese moderne Auffassung der Mathematik schließt nicht aus, daß praktische Tätigkeiten wie Zählen und Messen einen bedeutungsvollen Hintergrund für mathematische Betätigungen abgeben.

Menge (s. A. I). Eine Menge M ist bestimmt, wenn man weiß, welches ihre Elemente sind. Daher kann man Mengen angeben

a) in der aufzählenden Form (Listenform): Man schreibt ihre Elemente (durch Kommata getrennt) zwischen geschweifte Klammern;

b) in der beschreibenden Form: Man gibt eine Eigenschaft E an, die für alle Elemente der betreffenden Menge und nur für diese zutrifft; man schreibt das in der Form $M = \{x \mid E(x)\}$, gelesen: „M ist die Menge aller x, für die die Eigenschaft E zutrifft".

Das Zeichen für die Elementbeziehung ist $\in$;
$x \in M$ heißt: „x ist Element von M".
Die Negation dieser Beziehung, „x ist kein Element von M", wird geschrieben: $x \notin M$.
Die Mengen A und B sind genau dann gleich – in Zeichen $A = B$ –, wenn jedes Element von A auch Element von B ist und umgekehrt jedes Element von B auch Element von A ist (wenn also beide Mengen genau dieselben Elemente enthalten).

Veranschaulichung von Mengen s. *Venn-Diagramm*.

Messen. Darunter versteht man das Aufsuchen jener Zahl (Maßzahl), die das quantitative Verhältnis einer zu messenden Größe zur zugehörigen oder zugrundegelegten Maßeinheit angibt (s. *Maßsysteme*).

Mischungsrechnen

I. Allgemeines

Unter Mischen versteht man das Zusammensetzen ungleicher Teile (Waren, Legierungen) zu einem neuen Ganzen. Die ungleichen Teile bilden das Mischungsverhältnis.

Beispiel: 2 Kaffeesorten sollen zu einer neuen Kaffeesorte vermischt werden. Von der Sorte I werden 2 kg zu je 3,50 DM und von der Sorte II 5 kg zu je 4,20 DM verwendet.
Wieviel kostet 1 kg der neuen Kaffeemischung? 4,— DM.

Lösung:

Kaffeesorte	Mengen-, Mischungsverhältnis	Einzelpreis DM	Gesamtpreis DM
I	2 kg	3,50	7,—
II	5 kg	4,20	21,—
Mischung	7 kg		28,—
	1 kg		4,—

Bei einem Vergleich der verschiedenen Einzelpreise pro Einheit mit dem Mischungspreis pro Einheit zeigt sich, daß

1. einem billigeren Einzelpreis der einen Ware ein teurerer Einzelpreis der anderen Ware entspricht. Der Mischungspreis pro Einheit ist ein Mittelwert und entspricht dem Durchschnittspreis;

Beispiel:

Warensorte	Einzelpreis DM	kg	Mischungs-Preis DM	kg · Preisdifferenz DM	Gewinn Verlust DM
I	3,50	2	4.—	2 · 0,50 =	+ 1,—
II	4,20	5		5 · 0,20 =	— 1,—
					± 0,—

2. die Einzelpreisdifferenzen und die Einzelmengen voneinander abhängig sind. Die Einzelmengen stehen also in umgekehrtem Verhältnis zu den Einzelpreisdifferenzen.

Daraus lassen sich folgende Regeln ableiten:

1. Das Mischungsverhältnis entspricht den überkreuzten Einzelpreisdifferenzen oder
2. das Mischungsverhältnis entspricht dem reziproken Wert (Kehrwert) der Einzelpreisdifferenzen.

Beispiel 1: Es ist das Mischungsverhältnis einer Ware zu 3,50 DM und 4,20 DM Einzelpreis je kg bei einem Durchschnitts-(Mischungs-)preis von 4,— DM zu errechnen.

Ansatz: Es ist die Differenz jedes Einzelpreises vom Durchschnittspreis zu ermitteln. Die Einzelpreisdifferenzen ergeben dann durch Überkreuzung bzw. durch Umkehrung (Kehrwert) der Einzelpreisdifferenz das Mischungsverhältnis.

Lösung:

Einzelpreis DM	Mischungspreis DM	Einzelpreis-differenz	Über-kreuzung	Mischungs-verhältnis
3,50	4,—	+ 0,50 ≙ 5 *Anteile*	↘	2 Anteile
4,20		— 0,20 ≙ 2 *Anteile*	↗	5 Anteile

Das Mischungsverhältnis ist 2:5. Demnach sind also von der Sorte I 2 Teile und von der Sorte II 5 Teile zu mischen.

Beispiel 2:

Einzelpreis DM	Mischungspreis DM	Einzelpreis-differenz	Kehrwert	Mischungs-verhältnis
3,50	4,—	$+\frac{1}{2}$	$\frac{2}{1}$	2 Anteile
4,20		$-\frac{1}{5}$	$\frac{5}{1}$	5 Anteile

Das Mischungsverhältnis ist immer aus den Preisdifferenzen gleicher Einheiten zu errechnen. Statt von der Einheit 1 kann auch von der einheitlichen Gesamtmenge (Mischung) ausgegangen werden.

Beispiel: 2 Warensorten werden zu einer Mischung von 7 kg — Sorte I je kg 3,50 DM, Sorte II je kg 4,20 DM — zu einem Mischungspreis von 4,— DM je kg gemischt. Wie lautet das Mischungsverhältnis ?

Ansatz: Wird bei der Errechnung des Mischungsverhältnisses von der Gesamtmenge ausgegangen, so sind die errechneten Preisdifferenzen durch die zu mischende Menge zu dividieren. Durch Überkreuzung des Divisionsergebnisses erhält man das Mischungsverhältnis.

Lösung:

Menge	Einzelpreis DM	Mischungspreis DM	Gesamtpreis DM	Gesamtmischungspreis DM	Preisdifferenz	Mischungsverhältnis
7 kg	3,50		24,50		+3,50 ≙ 5 Ant.	2
7 kg		4,—		28,—		
7 kg	4,20		29,40		—1,40 ≙ 2 Ant.	5

II. Die Errechnung des Durchschnittspreises

Bei der Errechnung des Durchschnittspreises (Mischungspreises) müssen mindestens 2 Werte (Einzelmengen und -preise pro Einheit) gegeben sein.

1. Bei ungleichen Einzelmengen geschieht die Errechnung nach der

Formel: $$\text{Durchschnittspreis} = \frac{\text{Summe der Einzelpreise}}{\text{Summe der Einzelmengen (Mischung)}}.$$

Beispiel: Es ist der Durchschnittspreis pro kg von 4 Warensorten zu errechnen.
Sorte I 100 kg je 0,25 DM, Sorte II 150 kg je 0,50 DM,
Sorte III 200 kg je 1,— DM u. Sorte IV 250 kg je 0,75 DM.

Lösung:

Warensorte	Einzelmenge	Einzelpreis	Gesamtpreis
I	100 kg	0,25 DM	25,00 DM
II	150 kg	0,50 DM	75,00 DM
III	200 kg	1,00 DM	200,00 DM
IV	250 kg	0,75 DM	187,50 DM
	700 kg		487,50 DM.

1 kg $\triangleq \frac{487,50}{700}$ DM = 0,70 DM (genau: 0,696 DM) Durchschnittspreis.

2. Bei gleichen Einzelmengen (einfacher Durchschnitt) geschieht die Errechnung nach der Formel:

$$\text{Durchschnittspreis} = \frac{\text{Summe der Einzelpreise}}{\text{Anzahl der Warensorten}}.$$

Beispiel: Es ist der Durchschnittspreis pro kg einer Mischung von jeweils 500 kg à 0,50 DM, à 0,75 DM, à 1,00 DM zu errechnen

Lösung:

Warensorten	Einzelmengen	Einzelpreise
I	500 kg	0,50 DM
II	500 kg	0,75 DM
III	500 kg	1,00 DM
3		2,25 DM : 3 = 0,75 DM.

III. Die Errechnung der zu mischenden Einzelmengen

Bei der Ermittlung der zu mischenden Einzelmengen müssen zwei Größen (der Einzelpreis und der Mischungs- oder Durchschnittspreis) gegeben sein. Auf Grund der Einzelpreisdifferenzen lassen sich durch Errechnen des Mischungsverhältnisses die Einzelmengen errechnen.

1. Errechnung der zu mischenden Einzelmengen bei 2 Warensorten.

   a) Bei einer Einzelmenge

   Beispiel: Es ist eine Mischung zu 5 DM pro kg aus 2 Warensorten à 2,00 DM und 7,00 DM zu bereiten.

   Wieviel kg der 2. Sorte sind zu nehmen, wenn von der 1. Sorte 60 kg genommen werden?

Ansatz: Zu den Einzelpreisen ist die Differenz zum Durchschnittspreis zu errechnen. Der Anteil der I. Warensorte (2 Anteile) ist gleich der Menge von 60 kg. Somit sind 3 Anteile der Warensorte II (90 kg) beizumischen.

Lösung:

Waren-sorte	Einzel-menge	Einzel-preis	Mi-schungs-preis	Preisdiff.	Misch.-Verh.
I	60 kg	2,00 DM	5,00 DM	+ 3,00	2 Ant.
II	90 kg	7,00 DM		— 2,00	3 Ant.

b) Bei einer Gesamtmenge (Mischung)

Beispiel: Es soll eine Mischung zu 50 kg à 5,00 DM aus 2 Warensorten zusammengestellt werden, die pro kg 2,00 DM und 7,00 DM kosten.

Wieviel kg sind von jeder Warensorte zu nehmen?

Ansatz: Von den Einzelpreisen ist die Differenz zum Durchschnittspreis zu errechnen. Diese Differenz stellt das Mischungsverhältnis dar. Bei einer Menge von 50 kg sind also von der Warensorte I 20 kg und von der Warensorte II 30 kg zu nehmen.

Lösung:

Waren-sorte	Einzel-menge	Einzel-preis	Mi-schungs-preis	Preis-differenz	Misch.-Verh.
I	20 kg	2,00 DM	5,00 DM	+ 3,00	2 Ant.
II	30 kg	7,00 DM		— 2,00	3 Ant.

2. Errechnung der zu mischenden Einzelmengen bei mehr als 2 Warensorten ($n > 2$).

Hier ergibt sich eine eindeutige Lösung nur – da beliebige Mischungsverhältnisse möglich sind – bei weiterer Angabe von ($n — 1$) Einzelmengen:

Mit den angegebenen Einzelmengen ist bereits ein bestimmtes Mischungsverhältnis gegeben. Die Lösung erfolgt über den Ausgleich von Gesamtgewinn und -verlust.

Beispiel: Es werden 100 kg à 1,00 DM, 50 kg à 2,00 DM und 25 kg à 8,00 DM gemischt.

Wieviel kg à 10,00 DM sind noch zu nehmen, wenn die Mischung 4,00 DM (pro kg) kosten soll?

Ansatz: Von den Einzelpreisen ist die Differenz zum Durchschnittspreis zu errechnen und mit den Einzelmengen zu multiplizieren. Die fehlende Größe ist über den Ausgleich von Gesamtgewinn und -verlust zu ermitteln.

Lösung:

Warensorte	Einzelmenge	Einzelpreis	Mischungspreis	Preisdifferenz	Gesamtgewinn, Gesamtverlust
I	100 kg	1,00 DM		+ 3,00 DM	+ 300,— DM
II	50 kg	2,00 DM		+ 2,00 DM	+ 100,— DM
			4,00 DM		
III	25 kg	8,00 DM		— 4,00 DM	— 100,— DM
IV	50 kg	10,00 DM		— 6,00 DM	— 300,— DM

IV. Die Errechnung der Einzelpreise pro Einheit

Es müssen die Einzelmengen und der Durchschnittspreis (Mischungspreis) gegeben sein.

Die Einzelmengen stellen ein Mischungsverhältnis dar, auf Grund dessen sich die Preisdifferenzen und damit auch die Einzelpreise errechnen lassen. Eine eindeutige Lösung ist nur mittels des Gesamtpreises pro Warensorte möglich. Daraus ergeben sich folgende Formeln:

$$1.\ \text{Gesamtpreis pro Warensorte} = \frac{\text{Gesamtpreis der Mischung}}{\text{Anzahl der Warensorten}}$$

$$2.\ \text{Einzelpreis einer Warensorte} = \frac{\text{Gesamtpreis pro Warensorte}}{\text{Einzelmenge der Warensorte}}$$

Beispiel: Von zwei Warensorten werden 80 kg und 40 kg gemischt. Die Mischung soll zu 8,00 DM verkauft werden.
Zu welchem Einzelpreis muß jede Sorte genommen werden?

Ansatz: Die Gesamtmenge beider Warensorten ist mit dem Mischungspreis zu multiplizieren ($120 \cdot 8$). Das Ergebnis ist durch 2 zu dividieren, und wir erhalten den DM-Anteil, der jeder Warensorte zur Verfügung steht. (Man kann das Ergebnis auch anders auf die Warensorten verteilen und erhält dann andere Lösungen.) Der einzelne DM-Anteil ist durch die Menge der einzelnen Warensorten zu dividieren, und wir erhalten die Einzelpreise jeder Warensorte.

Lösung:

Sorte	Menge	Einzelpreis	Mischungspreis	Gesamtpreis
I	80 kg	b) 6,00 DM		a) 480,- DM
II	40 kg	c) 12,00 ,,		a) 480,- DM
Mischung	120 kg		8,00 DM	960,- DM

a) $\frac{960}{2} = \underline{\underline{480,\text{— DM}}}$, b) $\frac{480}{80} = \underline{\underline{6,\text{— DM}}}$, c) $\frac{480}{40} = \underline{\underline{12,\text{— DM}}}$.

Sind bei der Berechnung zwei bzw. mehr Warensorten vorhanden, so ist das Ergebnis

1. durch das Mischungsverhältnis,
2. durch den Ausgleich von Gesamtgewinn und -verlust,
3. durch den Ausgleich vom Gesamtpreis der Mischung und vom Gesamtpreis der bekannten Sorte zu ermitteln.

Mittelpunktswinkel s. *Kreis* (Abb. 161).

Mittelsenkrechte. Die Mittelsenkrechte zu einer gegebenen Strecke $\overline{AB}$ ist eine Gerade, die auf der gegebenen Strecke $\overline{AB}$ im Mittelpunkt der Strecke senkrecht steht (s. *Grundkonstruktionen;* Abb. 139).

Mittelwert, arithmetischer. Den Mittelwert x_0 (Durchschnitt = Durchschnittswert = arithmetisches Mittel) mehrerer Zahlen erhält man, indem man die Summe der Zahlen durch die Anzahl n der Zahlen dividiert.

Beispiel: Aus den folgenden 6 Zahlen: 8, 9, 13, 8, 12, 10 kann man den Mittelwert

$$x_0 = \frac{8 + 9 + 13 + 8 + 12 + 10}{6} = \frac{60}{6} = 10 \text{ bilden.}$$

Der allgemeine Ausdruck lautet:

$$x_0 = \frac{1}{n}(x_1 + x_2 + \ldots + x_n) = \frac{1}{n} \sum_{k=1}^{n} x_k \; ;$$

in unserem Beispiel sind:

$x_1 = 8$ $\quad x_3 = 13$ $\quad x_5 = 12$ $\quad n = 6$

$x_2 = 9$ $\quad x_4 = 8$ $\quad x_6 = 10$ $\quad k = 1$ bis 6.

Allgemein gilt: Das arithmetische Mittel ist größer – gleich dem geometrischen Mittel (s. d.).

mittlere Proportionale. Die mittlere Proportionale x zu zwei gleichartigen Größen a und b ist diejenige Größe, die die Proportion $a : x = x : b$ erfüllt. Aus der Proportion ergibt sich die Produktengleichung $x^2 = a \cdot b$ und damit $x = \sqrt{a \cdot b}$. Die mittlere Proportionale zweier Größen a und b ist mit dem *geometrischen Mittel* dieser Größen identisch (s. *Kreis*; Abb. 171).

Für die Konstruktion der mittleren Proportionale zu zwei gegebenen Strecken stehen mehrere Lehrsätze zur Verfügung. Es sind dies:

1. der *Höhensatz*,
2. der *Kathetensatz des Euklid*,
3. der *Sehnensatz*,
4. der *Tangentensatz* (s. d.).

Multiplikation. Die Multiplikation (das Vervielfachen) ist die dritte Grundrechnungsart (s. d.) Sie ist ursprünglich als verkürzte Schreibweise der Addition von gleichen Summanden entstanden:

$$a + a + a + a + a = a \cdot 5 \text{ (oft auch } 5 \cdot a \text{ geschrieben),}$$
$$3 + 3 + 3 = 3 \cdot 3.$$

Die Zahlen, die multipliziert werden sollen, heißen Faktoren, das Ergebnis Produkt. Man nennt den 1. Faktor auch Multiplikand und den 2. Faktor Multiplikator.

$$\underbrace{5 \quad \cdot \quad 3}_{\text{Produkt}} \quad = \quad 15.$$

Multiplikand mal Multiplikator gleich Wert des Produktes.

Für die Multiplikation gilt das Kommutativgesetz (s. *Algebra*):

$$a \cdot b = b \cdot a, \quad 5 \cdot 3 = 3 \cdot 5.$$

Zwischen Multiplikand und Multiplikator braucht beim Rechnen nicht unterschieden zu werden.

Bereits bei den natürlichen Zahlen kann das Produkt $a \cdot 1$ nicht mehr als verkürzte Addition verstanden werden. Das gilt erst recht im Bereich der ganzen Zahlen und der rationalen Zahlen. $(-3) \cdot (-5)$ ist keine verkürzte Addition. Allgemein ist die Multiplikation eine Verknüpfung, die sich durch Erweiterung der ursprünglich im Bereich der natürlichen Zahlen erklärten Multiplikation ergibt.

Bildung von Produkttermen

Zwei Terme (s. d.) lassen sich durch das Malzeichen zu einem *Produktterm* verbinden, z. B. entsteht aus a und b der Produktterm $a \cdot b$. Aus $(a + b)$ und $(a - b)$ entsteht der Term $(a + b) \cdot (a - b)$. Der Malpunkt wird oft unterdrückt.
Nach dem Assoziativ- und Kommutativgesetz der Multiplikation (s. *Algebra*) gilt: $(2\,a) \cdot (5\,b) = 2 \cdot 5 \cdot a \cdot b = 10\,ab$.

Multiplikation ganzer Zahlen

Man multipliziert zwei ganze Zahlen unter Berücksichtigung folgender Regeln:
Das Produkt zweier Zahlen mit gleichem Vorzeichen ist positiv, das Produkt zweier Zahlen mit ungleichem Vorzeichen ist negativ:

$$(+2) \cdot (+3) = +6, \qquad (-2) \cdot (-3) = +6,$$
$$(+2) \cdot (-3) = -6, \qquad (-2) \cdot (+3) = -6.$$

Multiplikation algebraischer Summen

Man multipliziert eine Zahl mit einer algebraischen Summe, indem man jedes Glied der Summe mit der Zahl multipliziert (Distributivgesetz), z. B. $x(a + b - c) = ax + bx - cx$.
Algebraische Summen werden miteinander multipliziert, indem man jedes Glied der einen Summe mit jedem Glied der anderen multipliziert, z. B. $(a + 3)\,(2\,b - c) = 2\,ab + 6\,b - ac - 3\,c$.

Multiplikationstafel für ganze Zahlen

1	2	3	4	5	6	7	8	9	10	11	12	13	14	15	16	17	18	19	20	21	22	23	24	25	26	27
2	4	6	8	10	12	14	16	18	20	22	24	26	28	30	32	34	36	38	40	42	44	46	48	50	52	54
3	6	9	12	15	18	21	24	27	30	33	36	39	42	45	48	51	54	57	60	63	66	69	72	75	78	81
4	8	12	16	20	24	28	32	36	40	44	48	52	56	60	64	68	72	76	80	84	88	92	96	100	104	108
5	10	15	20	25	30	35	40	45	50	55	60	65	70	75	80	85	90	95	100	105	110	115	120	125	130	135
6	12	18	24	30	36	42	48	54	60	66	72	78	84	90	96	102	108	114	120	126	132	138	144	150	156	162
7	14	21	28	35	42	49	56	63	70	77	84	91	98	105	112	119	126	133	140	147	154	161	168	175	182	189
8	16	24	32	40	48	56	64	72	80	88	96	104	112	120	128	136	144	152	160	168	176	184	192	200	208	216
9	18	27	36	45	54	63	72	81	90	99	108	117	126	135	144	153	162	171	180	189	198	207	216	225	234	243
10	20	30	40	50	60	70	80	90	100	110	120	130	140	150	160	170	180	190	200	210	220	230	240	250	260	270
11	22	33	44	55	66	77	88	99	110	121	132	143	154	165	176	187	198	209	220	231	242	253	264	275	286	297
12	24	36	48	60	72	84	96	108	120	132	144	156	168	180	192	204	216	228	240	252	264	276	288	300	312	324
13	26	39	52	65	78	91	104	117	130	143	156	169	182	195	208	221	234	247	260	273	286	299	312	325	338	351
14	28	42	56	70	84	98	112	126	140	154	168	182	196	210	224	238	252	266	280	294	308	322	336	350	364	378
15	30	45	60	75	90	105	120	135	150	165	180	195	210	225	240	255	270	285	300	315	330	345	360	375	390	405
16	32	48	64	80	96	112	128	144	160	176	192	208	224	240	256	272	288	304	320	336	352	368	384	400	416	432
17	34	51	68	85	102	119	136	153	170	187	204	221	238	255	272	289	306	323	340	357	374	391	408	425	442	459
18	36	54	72	90	108	126	144	162	180	198	216	234	252	270	288	306	324	342	360	378	396	414	432	450	468	486
19	38	57	76	95	114	133	152	171	190	209	228	247	266	285	304	323	342	361	380	399	418	437	456	475	494	513
20	40	60	80	100	120	140	160	180	200	220	240	260	280	300	320	340	360	380	400	420	440	460	480	500	520	540
21	42	63	84	105	126	147	168	189	210	231	252	273	294	315	336	357	378	399	420	441	462	483	504	525	546	567
22	44	66	88	110	132	154	176	198	220	242	264	286	308	330	352	374	396	418	440	462	484	506	528	550	572	594
23	46	69	92	115	138	161	184	207	230	253	276	299	322	345	368	391	414	437	460	483	506	529	552	575	598	621
24	48	72	96	120	144	168	192	216	240	264	288	312	336	360	384	408	432	456	480	504	528	552	576	600	624	648
25	50	75	100	125	150	175	200	225	250	275	300	325	350	375	400	425	450	475	500	525	550	575	600	625	650	675

Multiplikation von Potenzen s. *Potenz*.

Multiplikation von Wurzeln

Wurzeln lassen sich als Potenzen mit gebrochenen Exponenten schreiben. Beim Multiplizieren von Wurzeln kann man das ausnützen und die entsprechende Potenzregel anwenden;

z. B.: $\sqrt[n]{a} \cdot \sqrt[n]{b} = a^{\frac{1}{n}} \cdot b^{\frac{1}{n}} = (ab)^{\frac{1}{n}} = \sqrt[n]{ab};\ a, b \geq 0;$

$$\sqrt[3]{5} \cdot \sqrt[3]{2} = 5^{\frac{1}{3}} \cdot 2^{\frac{1}{3}} = (5 \cdot 2)^{\frac{1}{3}} = \sqrt[3]{5 \cdot 2} = \sqrt[3]{10};$$

$$\sqrt[n]{a} \cdot \sqrt[m]{a} = a^{\frac{1}{n}} \cdot a^{\frac{1}{m}} = a^{\frac{1}{n} + \frac{1}{m}} = a^{\frac{m+n}{mn}} = \sqrt[mn]{a^{m+n}};\ a \geq 0;$$

$$\sqrt[5]{3} \cdot \sqrt[7]{3} = 3^{\frac{1}{5}} \cdot 3^{\frac{1}{7}} = 3^{\frac{1}{5} + \frac{1}{7}} = 3^{\frac{7+5}{35}} = 3^{\frac{12}{35}} = \sqrt[35]{3^{12}}.$$

Nachfolger (s. A. IV). Die natürlichen Zahlen 1, 2, 3, ... haben eine natürliche *Ordnung* (s. d.). Allgemein gilt für eine Zahl $n \in \mathbb{N}$ folgende Erklärung für ihren Nachfolger n':

$n < n'$, aber für keine Zahl m gilt $n < m < n'$.

Näherungswert. Den Bruch $\frac{1}{3}$ kann man nicht als endlichen Dezimalbruch darstellen, im Unterschied zu $\frac{7}{20} = \frac{35}{100} = 0{,}35$. Doch kann man Dezimalbrüche finden, die $\frac{1}{3}$ in Schranken einschließen, etwa $0{,}3 = \frac{3}{10} < \frac{1}{3} < 0{,}4 = \frac{4}{10}$. Wenn wir in einer Rechnung $\frac{1}{3}$ durch 0,3 ersetzen, machen wir einen Fehler (s. d.), der jedoch kleiner ist als 0,1. Wenn eine bestimmte Fehlergrenze durch die Umstände der Rechnung, z. B. durch die Genauigkeit einer Messung, vorgegeben ist, so nennt man b einen Näherungswert der Zahl a, wenn die Differenz $|a - b|$ kleiner ist als die vorgegebene Fehlertoleranz. $\frac{1}{3}$ kann nun mit beliebiger Genauigkeit, d. h. bei jeder vorgegebenen Fehlertoleranz, durch einen Dezimalbruch angenähert werden. Man erhält so eine Folge (s. d.) von Näherungswerten mit $\frac{1}{3}$ als Grenzwert (s. d.).

Ähnlich liegen die Dinge z. B. bei $\sqrt{2}$. Wenn man als Fehlertoleranz z. B. 0,1 vorgibt, so ist 1,4 ein Näherungswert für $\sqrt{2}$. Die Zahl 1,41 ist eine bessere Näherung. Auch hier läßt sich eine Folge von Näherungswerten für $\sqrt{2}$ angeben, die jeder Fehlertoleranz genügt.

Soll z. B. ein Näherungswert für $\sqrt{26}$ angegeben werden, so kann man sagen, daß er in der Nähe von 5 liegen wird (da $\sqrt{25} = 5$). Ein Verfahren zur Berechnung eines Näherungswertes geht aus folgender Formel hervor: $\sqrt{a^2 + b} \approx a + \frac{b}{2a}$, falls b klein ist gegen a. Eine Fehlerabschätzung erhält man durch Quadrieren der beiden Seiten:

$$a^2 + b \approx a^2 + b + \frac{b^2}{4a^2}$$

Der Fehler beträgt höchstens $\frac{b^2}{4a^2}$. Wenn er unter der vorgegebenen Fehlertoleranz liegt, ist $a + \frac{b}{2a}$ ein Näherungswert für $\sqrt{a^2+b}$. In dem Beispiel $\sqrt{26}$ erhält man als Näherungswert: $5 + \frac{1}{10} = 5{,}1$. Quadrieren liefert 26,01. Man kann nun mit diesem Näherungswert 5,1 das Verfahren wiederholen (*iterieren*) und erhält: $\sqrt{26} = \sqrt{26{,}01 - 0{,}01} = 5{,}1 - \frac{0{,}01}{10{,}2}$ $\approx 5{,}1 - 0{,}00098 = 5{,}09992$ (eine Wurzeltabelle gibt als dreistellige Näherung 5,099). Man hat damit aber nicht nur eine Näherungsformel, sondern auch ein Verfahren, um eine laufende Verbesserung der Näherung durch *Iteration* (Wiederholung) durchzuführen. Man erhält so eine unendliche Folge von Näherungswerten mit $\sqrt{26}$ als Grenzwert. Es gibt für viele Funktionen derartige Näherungsverfahren, z. B. für Logarithmen, Potenzen, Winkelfunktionen, auch für die Wurzeln von Polynomen oder den Flächeninhalt von Figuren, z. B. für den Kreis.

natürliche Zahl s. *Zahlenarten.*

Negation s. *formale Logik.*

negative Zahlen s. *ganze Zahlen.*

Neugrad s. *Winkel, Winkelmessung.*

Null (s. A. III). Null ist die Zahl, die zu (von) einer anderen Zahl a addiert (subtrahiert) werden kann, ohne daß sich die Zahl a ändert; $a + 0 = a$. Multipliziert man eine Zahl mit Null, so ist das Ergebnis stets Null; $a \cdot 0 = 0$. Durch die Zahl Null kann nicht dividiert werden. Die Unmöglichkeit der Division durch Null ergibt sich, wenn Widersprüche in den Grundregeln der Arithmetik vermieden werden sollen. – Die Null ist eine Ziffer in allen Stellenwertsystemen. Ziffernsysteme ohne Stellenwert, wie das römische, haben die Ziffer Null nicht. Den Indern, von denen unsere sogenannten arabischen Ziffern stammen, wird die Erfindung der 0 zugeschrieben. Der Name Null kommt aus dem Lateinischen von nullus = keiner.

Öffnungswinkel eines Rotationskegels. Unter dem Öffnungswinkel 2α eines Rotationskegels versteht man den Schnittwinkel, den zwei Mantellinien des Kegels miteinander bilden, die in einer Ebene durch die Rotationsachse liegen.

Oktaeder. Ein Oktaeder (Achtflach, Achtflächner) ist ein von acht Dreiecksflächen begrenztes Polyeder (s. d.), bei dem in jeder Ecke vier Kanten zusammenstoßen. Das von acht gleichseitigen (kongruenten) Dreiecken gebildete *regelmäßige Oktaeder* ist einer der fünf platonischen Körper (s. d.).

Oktant. Wenn im Raum ein kartesisches Koordinatensystem festgelegt wird, so wird der Raum durch die Koordinatenebenen (s. *Koordinatensystem*) in acht Oktanten zerlegt. Jeder Oktant wird durch drei zueinander senkrechte Koordinatenebenen begrenzt.

Ordnungsrelation (s. A. II). Eine in einer Menge M definierte zweistellige Relation R (s. *Relation*) nennt man *Ordnungsrelation (2. Art)*, wenn die folgenden zwei Bedingungen erfüllt sind:

a) Die Relation R ist asymmetrisch, d. h., $(a, b) \in R$ schließt $(b, a) \in R$ aus (andere Schreibweise: $a\ R\ b$ schließt $b\ R\ a$ aus).
b) Die Relation R ist transitiv, d. h., aus $(a, b) \in R$ und $(b, c) \in R$ folgt $(a, c) \in R$ (oder: aus $a\ R\ b$ und $b\ R\ c$ folgt $a\ R\ c$).

Beispiele:

1. Die Relation $<$ in der Menge der natürlichen Zahlen (der ganzen Zahlen, der rationalen Zahlen, der reellen Zahlen).
2. Die Relation $\subset$ in der Menge aller Teilmengen (s. d.) einer gegebenen Menge, wenn $\subset$ bedeutet „ist echte Teilmenge von“.

Als *Ordnungsrelation 1. Art* wird dagegen eine Relation R bezeichnet, wenn sie

a) reflexiv ($a\ Ra$),
b) antisymmetrisch (aus $a\ Rb$ und $b\ Ra$ folgt $a = b$) und
c) transitiv (s. o.) ist.

Beispiele:

1. Die Relation $\leqq$ in $\mathbb{N}$, $\mathbb{Z}$, $\mathbb{Q}$ oder $\mathbb{R}$.
2. Die Relation $\subset$ in der Menge aller Teilmengen einer gegebenen Menge.
3. Die durch die Aussageform (s. d.) „x teilt y“ in der Menge der natürlichen Zahlen definierte Relation.

4. Die durch die Aussageform „x teilt y" in der Menge der Teiler der Zahl 24 definierte Relation (im Sinne von 3.).

Diese Menge ist $M = \{1, 2, 3, 4, 6, 8, 12, 24\}$. Die Abb. 187 zeigt ein sog. *Hasse-Diagramm* dieser Ordnungsrelation: die Teilbarkeitsbeziehungen in M werden durch Streckenzüge veranschaulicht. Ist die Zahl a von einer Zahl b aus auf einem beständig nach oben verlaufenden Weg erreichbar, so ist b ein Teiler von a. So ist z. B. 12 von 2 aus auf einem solchen Weg zu erreichen, dagegen 8 von 6 aus nicht. – In analoger Weise kann man alle Ordnungsrelationen in endlichen Mengen durch Hasse-Diagramme veranschaulichen.

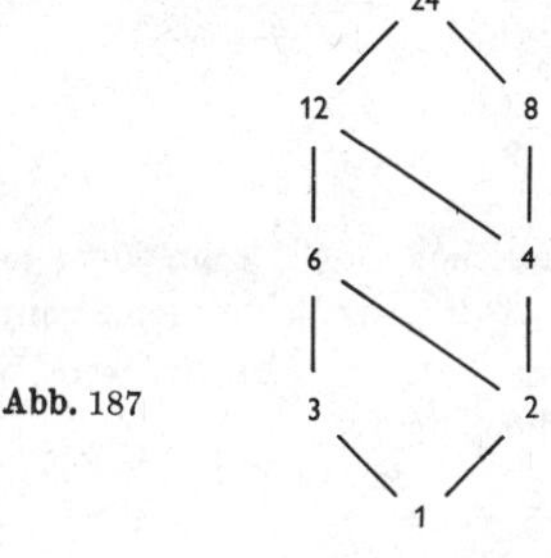

Abb. 187

Orientierung (Richtungssinn). Eine Strecke, Gerade oder Kurve heißt orientiert, wenn irgendeine Vorschrift gegeben ist, nach der man einen von zwei verschiedenen Punkten der Strecke (Geraden oder Kurve) als den früheren oder vorangehenden, den anderen als den späteren oder nachfolgenden bezeichnen kann. Man sagt dann auch, für die Strecke, Gerade oder Kurve sei eine Orientierung oder ein Richtungssinn gegeben. Man sagt, eine Strecke, Gerade oder Kurve wird im positiven Sinn durchlaufen, wenn z. B. beim Durchlaufen immer von dem früheren Punkt zu dem späteren vorgeschritten wird. Wird die Kurve entgegen dem positiven Sinne durchlaufen, so sagt man, sie wird im negativen Sinn durchlaufen.

Paar (geordnetes Paar, s. A. I).

parallel (s. A. VII). Zwei Geraden, die in ein und derselben Ebene liegen und einander (im Endlichen) nicht schneiden, heißen parallel (Abb. 188).

Parallelenaxiom

Es sei a eine beliebige Gerade und A ein Punkt, der nicht auf der Geraden liegt, dann gibt es in der durch a und A bestimmten Ebene genau eine Gerade, die durch A hindurchgeht und a im Endlichen nicht schneidet.

Folgerungen aus dem Parallelenaxiom:

1. Wenn zwei Parallelen von einer dritten Geraden geschnitten werden, so sind die Stufenwinkel und Wechselwinkel gleich, und umgekehrt folgt aus der Gleichheit der Stufen- und Wechselwinkel, daß zwei von einer dritten geschnittene Geraden parallel sein müssen.
2. Die Innenwinkel eines ebenen Dreiecks sind zusammen 180°.
3. Sind g und h zwei Geraden, die beide der dritten Geraden k parallel sind, so sind auch g und h parallel.
4. Sind g und h zwei parallele Geraden, ist P ein Punkt auf g und ist $\overline{PF}$ das Lot von P auf die Gerade h, so bezeichnet man $\overline{PF}$ als Abstand der parallelen Geraden. Der Abstand ist überall (d. h. gleichgültig, wo der Punkt P [im Endlichen] auf g gewählt wird) gleich groß (Abb. 188).

Parallele Ebenen

Ebenen, die einander (im Endlichen) nicht schneiden, heißen parallel. Parallele Ebenen haben überall (im Endlichen gemessen) gleichen Abstand. Eine Gerade heißt parallel zu einer Ebene, wenn sie in einer zur gegebenen Ebene parallelen Ebene liegt.

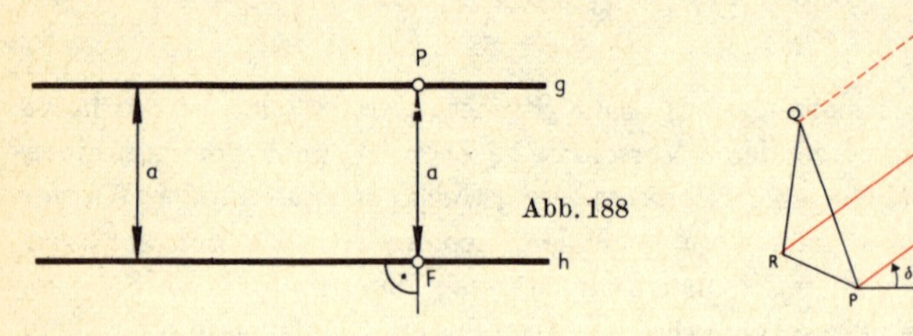

Abb. 188

Abb. 189

Parallelen zu einer Geraden konstruieren (s. *Grundkonstruktionen*).

1. Zu einer Geraden g durch einen gegebenen Punkt P eine Parallele h zeichnen (Abb. 141).
2. Zu einer Geraden g im Abstand a eine Parallele g_1 zeichnen (Abb. 142).

Parallelogramm. Ein Viereck, bei dem je zwei Gegenseiten parallel sind, heißt Parallelogramm (s. *Viereck*).

Parallelprojektion. Als Parallelprojektion bezeichnet man eine *Projektion* (s. *darstellende Geometrie*), bei der alle Projektionsstrahlen parallel verlaufen.

Die Richtung der Projektionsstrahlen nennt man *Projektionsrichtung.* Die Projektionsrichtung wird relativ zur Bildebene angegeben. Man spricht von schiefer Parallelprojektion, wenn die Projektionsstrahlen die Bildebene nicht rechtwinklig schneiden (Abb. 54). Schneiden die Projektionsstrahlen die Bildebene rechtwinklig, so nennt man die Parallelprojektion rechtwinklig oder orthogonal (Abb. 55).

Die allgemeine Parallelprojektion wird verwendet zur Herstellung ebener Bilder von räumlichen Objekten, z. B. in der *Kavalierperspektive* (s. d. und Abb. 57).

Die rechtwinklige Parallelprojektion verwendet man z. B. bei der *kotierten Projektion* (Abb. 62) und bei der *Zweitafelprojektion* (Abb. 59).

Parallelverschiebung. Eine Parallelverschiebung oder Translation der Punkte einer Ebene oder des Raumes ist eine Abbildung in der Ebene oder im Raum (s. *Abbildung*). Eine Parallelverschiebung in der Ebene kann festgelegt werden durch einen Vektor (s. d.), d. h. durch eine Verschiebungsrichtung (gemessen durch den Winkel δ mit einer vereinbarten Nullrichtung) und durch eine Verschiebungsstrecke d. Das Bild eines Punktes P kann konstruiert werden, indem man von P aus den Strahl in der Verschiebungsrichtung zeichnet und auf dem Strahl die Verschiebungsstrecke d abträgt. Der Endpunkt P' der abgetragenen Strecke ist der Bildpunkt zu P (Abb. 189 A. b.).

Darstellung der Parallelverschiebungen durch ein Gleichungssystem s. Der Große Rechenduden.

Partikularisator s. *Existenzquantor, formale Logik.*

Pascalsches Dreieck. Unter dem Pascalschen Dreieck versteht man die folgende Anordnung von Zahlen. (Die einzelnen Zahlen der Anordnung sind die Binomialkoeffizienten $\binom{n}{k}$; s. auch *binomischer Lehrsatz.*)

$$
\begin{array}{ccccccccccccc}
 & & & & & & 1 & & & & & & \\
 & & & & & 1 & & 1 & & & & & \\
 & & & & 1 & & 2 & & 1 & & & & \\
 & & & 1 & & 3 & & 3 & & 1 & & & \\
 & & 1 & & 4 & & 6 & & 4 & & 1 & & \\
 & 1 & & 5 & & 10 & & 10 & & 5 & & 1 & \\
1 & & 6 & & 15 & & 20 & & 15 & & 6 & & 1 \\
\multicolumn{13}{c}{\dots\dots\dots\dots\dots\dots\dots\dots}
\end{array}
$$

Die Anordnung hat folgende Eigenschaften

1. Jede Zahl ist gleich der Summe der unmittelbar links und rechts darüber stehenden Zahlen; z. B. $10 = 4 + 6$.

2. Jede Zahl ist gleich der Summe aller Zahlen der linken oder rechten Schrägzeile, beginnend mit der links oder rechts über ihr stehenden Zahl; z. B. $15 = 5 + 4 + 3 + 2 + 1$ oder $15 = 10 + 4 + 1$.
3. Jede Schrägzeile ist eine *arithmetische Folge* höherer Ordnung;

z. B.:			
	1. Schrägzeile: 1, 1, 1, 1, 1, ...	arithm. Folge	0. Ordnung
	2. Schrägzeile: 1, 2, 3, 4, 5, ...	,,	1. Ordnung
	3. Schrägzeile: 1, 3, 6, 10, 15, ...	,,	2. Ordnung
	4. Schrägzeile: 1, 4, 10, 20, ...	,,	3. Ordnung
	usw.		

Peripheriewinkel. Als Peripheriewinkel (= Umfangswinkel) bezeichnet man den Winkel zwischen zwei Sehnen eines Kreises, deren Schnittpunkt auf der Peripherie des Kreises liegt (s. *Winkel* und *Kreis*).

Permutation. Eine Permutation (Vertauschung) ist eine Zusammenstellung (s. *Kombinatorik* und *Inversion*) von n Elementen, bei der jedes der n Elemente genau einmal vorkommt.

Permutationen ohne Wiederholung liegen vor, wenn alle n Elemente verschieden sind.

Die Anzahl der Permutationen von n Elementen ist dann:

$$P(n) = 1 \cdot 2 \cdot 3 \cdot 4 \cdot \ldots\ldots \cdot n = n!$$

(gelesen: n Fakultät; s. d.).

Beispiel:

1. Zwei Elemente: 1 und 2. Es gibt die Permutationen 1, 2 und 2,1,

$$P(2) = 1 \cdot 2.$$

2. Drei Elemente: A, B, C. $P(3) = 3! = 1 \cdot 2 \cdot 3 = 6$.

Permutationen:	A, B, C	B, A, C	C, A, B
	A, C, B	B, C, A	C, B, A

3. Vier Elemente: a, b, c, d. $P(4) = 1 \cdot 2 \cdot 3 \cdot 4 = 4! = 24$.

a, b, c, d	b, a, c, d	c, a, b, d	d, a, b, c
a, b, d, c	b, a, d, c	c, a, d, b	d, a, c, b
a, c, b, d	b, c, a, d	c, b, a, d	d, b, a, c
a, c, d, b	b, c, d, a	c, b, d, a	d, b, c, a
a, d, b, c	b, d, a, c	c, d, a, b	d, c, a, b
a, d, c, b	b, d, c, a	c, d, b, a	d, c, b, a

Permutationen mit Wiederholungen liegen vor, wenn unter den n Elementen nicht alle verschieden sind.

Beispiel: Fünf Elemente: a, a, b, b, b. Die Permutationen sind

a, a, b, b, b	b, a, a, b, b	b, b, a, a, b	b, b, b, a, a
a, b, a, b, b	b, a, b, a, b	b, b, a, b, a	
a, b, b, a, b	b, a, b, b, a		
a, b, b, b, a			

Die Anzahl dieser Permutationen ist $P\,(5; 2, 3) = \frac{5!}{2!\,3!} = \frac{120}{2 \cdot 6} = 10.$

Befinden sich unter n gegebenen Elementen eine Gruppe von k gleichen Elementen a, eine zweite Gruppe von r gleichen Elementen b, eine dritte Gruppe von s gleichen Elementen c, so ist die Anzahl der Permutationen:

$$P\,(n; k, r, s) = \frac{n!}{k!\,r!\,s!}.$$

π (Pi). Diejenige transzendente Zahl (s. *Zahlenarten*), die das konstante Verhältnis des Umfanges eines Kreises zu seinem Durchmesser angibt. Archimedes (287 bis 212) berechnete den Kreisumfang mit Hilfe einer Folge von ein- und umgeschriebenen regelmäßigen n-Ecken (s. *regelmäßiges Vieleck*). Ist s_n die Seitenlänge des eingeschriebenen und S_n die Seitenlänge des einem Kreis vom Radius r umgeschriebenen regelmäßigen n-Ecks, dann besteht zwischen ihren Umfängen u_n bzw. U_n folgender Zusammenhang

$$u_n = \sqrt{1 - \left(\frac{s_n}{2r}\right)^2} \cdot U_n .$$

Für $n \to \infty$ wird

$$\lim \sqrt{1 - \left(\frac{s_n}{2r}\right)^2} = 1 ,$$

d. h., mit wachsender Eckenzahl n streben beide Umfänge u_n und U_n einem bestimmten Wert zu. Dieser ist der Umfang des Kreises vom Radius r. Die Zahl π wird dabei folgendermaßen sichtbar:

n	$u_n/2\,r$	$U_n/2\,r$
3	2,59808...	5,19615...
6	3,00000...	3,46410...
12	3,10583...	3,21539...
24	3,13263...	3,15966...
48	3,13935...	3,14607...
96	3,14103...	3,14272...
192	3,14145...	3,14187...

Ludolph van Ceulen (1540–1610) ermittelte 35 Stellen. G. W. Leibniz (1646–1716) stellte die Zahl π durch eine unendliche Reihe dar. Es ist

$$\pi/4 = \arctan 1 = 1 - \frac{1}{3} + \frac{1}{5} - \frac{1}{7} + \cdots$$

Der Engländer Shanks (1873) berechnete 707 Stellen. F. Lindemann (1852 bis 1939) erbrachte 1882 (Math. Ann. Bd 20) den Nachweis der Transzendenz von π.

Mittels elektronischer Digitalrechner hat man neuerdings ebenfalls die Zahl π berechnet. Diese Berechnungen geschahen nicht so sehr der Ziffernfolge wegen, diese Programme stellen vielmehr einen Maschinentest dar. Eine solche Berechnung erfolgte z. B. 1958 durch das französische IBM-Zentrum in Paris. Die Zahl π wurde dort auf 10000 Dezimalen berechnet. Diese Dezimalstellen liegen ausgedruckt vor. Bei dieser Berechnung wurde eine Formel von John Machin benutzt, die π erklärt durch

$$\pi = 16 \arctan 1/5 - 4 \arctan 1/239$$

bzw.
$$\pi = \sum_{k=0}^{\infty} k \frac{(-1)^k}{2k+1} \left[\frac{16}{5^{2k+1}} - \frac{4}{239^{2k+1}}\right].$$

Planetenbahn. **Den Weg, den ein Planet bei seiner Bewegung um** die Sonne beschreibt, bezeichnet man als dessen Planetenbahn. Die Bewegung des Planeten um die Sonne wird verursacht durch die zwischen dem Planeten und der Sonne wirkende Anziehungskraft (Gravitationskraft). Sieht man von der Mitbewegung der Sonne ab, so bewegt sich ein Planet auf einer Bahn, die den folgenden drei Keplerschen Gesetzen gehorcht:

I. Der Planet beschreibt eine Ellipse, in deren einem Brennpunkt die Sonne steht.

II. Der Radiusvektor von der Sonne nach dem Planeten überstreicht in gleichen Zeiten gleiche Flächen.

III. Vergleicht man die Bahnen mehrerer Planeten miteinander, so verhalten sich die Quadrate der Umlaufszeiten wie die dritten Potenzen der großen Achsen (der Bahnellipse).

Planimetrie. Die Planimetrie oder die „ebene Geometrie" ist die Lehre von den in einer Ebene liegenden geometrischen Figuren (s. *Geometrie*). Neben der Planimetrie spricht man von „linearer Geometrie",

der Lehre von den in einer Geraden liegenden geometrischen Gebilden, und von der Stereometrie oder „räumlichen Geometrie", bei der vor allem die Gebilde des Raumes interessieren, die nicht in einer Geraden oder in einer Ebene liegen.
Manchmal versteht man unter „Planimetrie" auch nur einen Teil der ebenen Geometrie, nämlich die Lehre von der Ausmessung der ebenen geometrischen Figuren.

platonische Körper. Platonische Körper oder regelmäßige Polyeder sind konvexe Polyeder, die von regelmäßigen, untereinander kongruenten Vielecken begrenzt werden und in deren Ecken jeweils gleich viele Kanten zusammenstoßen.
Es gibt fünf platonische Körper, nämlich:

Tetraeder, *Hexaeder* (= Würfel), *Oktaeder*, *Pentagondodekaeder* und *Ikosaeder* (Abb. 190–194).

Allgemeine Eigenschaften:

Es sollen bedeuten: e = Anzahl der Ecken,
f = Anzahl der Flächen,
k = Anzahl der Kanten,
m = Anzahl der Flächen, die in einer Ecke zusammenstoßen,
n = Anzahl der Kanten bzw. Ecken einer Fläche.

Es gilt: $e + f = k + 2$ (*Eulerscher Polyedersatz*).

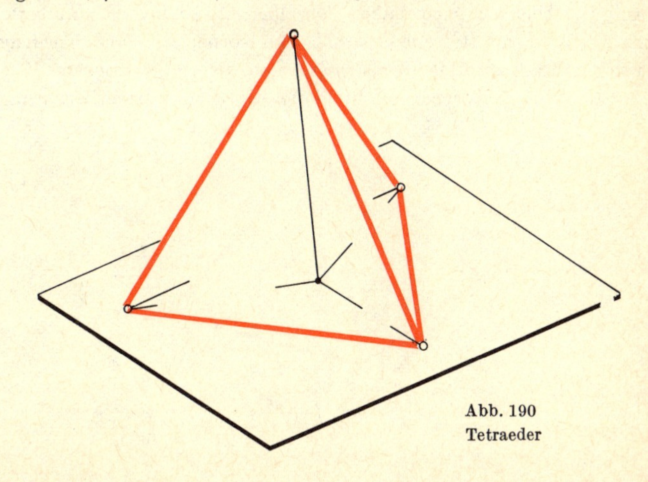

Abb. 190
Tetraeder

Körper	m	n	f	e	k
Tetraeder	3	3	4	4	6
Oktaeder	4	3	8	6	12
Ikosaeder	5	3	20	12	30
Hexaeder	3	4	6	8	12
Dodekaeder	3	5	12	20	30

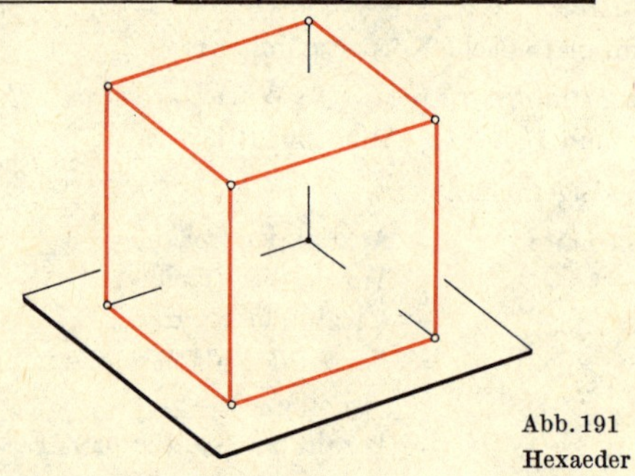

Abb. 191
Hexaeder

Jeder dieser Körper besitzt eine einbeschriebene und eine umbeschriebene Kugel. Die beiden Kugeln haben denselben Mittelpunkt M. Außerdem liegen alle Kantenmitten eines platonischen Körpers auch auf einer Kugel mit dem Mittelpunkt M. Konstruiert man die einbeschriebene Kugel eines platonischen Körpers und verbindet die benachbarten Berührungs-

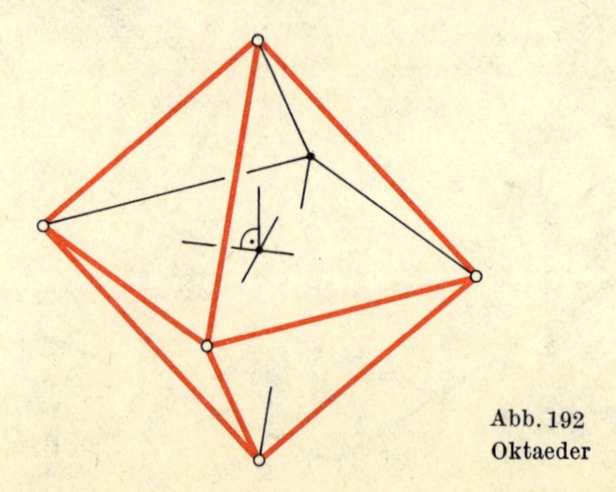

Abb. 192
Oktaeder

punkte von Kugel und Polyederflächen, so entsteht in der Kugel wieder ein regelmäßiges Polyeder, das ebensoviele Ecken hat wie das gegebene Flächen und das ebensoviele Kanten hat wie das gegebene. Der Würfel liefert ein Oktaeder, das Ikosaeder ein Dodekaeder, und das Tetraeder liefert wieder ein Tetraeder.

Berechnung der platonischen Körper

Bezeichnungen: Seitenkante a, Seitenfläche G, Oberfläche O, Volumen V, Radius der umbeschriebenen Kugel r, Radius der einbeschriebenen Kugel ϱ, Kantenwinkel α und Flächenwinkel φ.

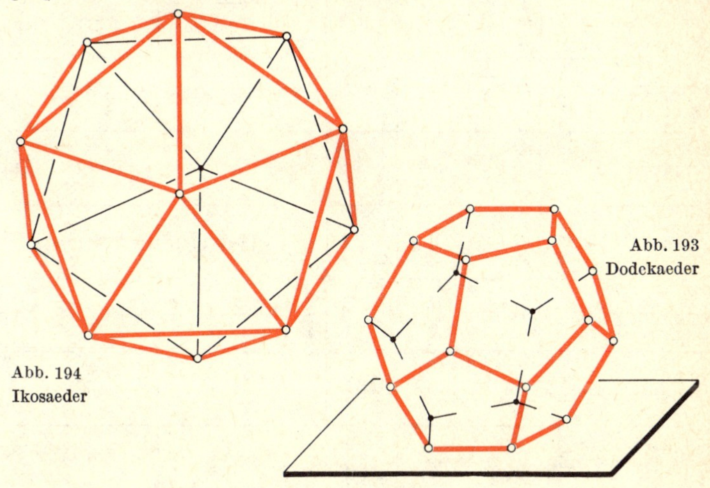

Abb. 193
Dodckaeder

Abb. 194
Ikosaeder

Platzhalter s. *Variable*.

Polyeder. Als Polyeder, Vielflach oder Vielflächner bezeichnet man einen allseitig geschlossenen Teil des Raumes, der von ebenen Flächen begrenzt wird. Die Schnittlinien der Flächen heißen Kanten. Die Kanten stoßen in den Ecken des Polyeders zusammen. Ein Polyeder heißt konvex, wenn die Neigungswinkel benachbarter Begrenzungsebenen, im Inneren des Körpers gemessen, sämtlich kleiner als 180° sind. Für konvexe Polyeder gilt der *Eulersche Polyedersatz:*
Hat ein konvexes Polyeder e Ecken, k Kanten und f Flächen, so ist
$e + f = k + 2$.
Außer diesem Eulerschen Polyedersatz gelten noch die folgenden Beziehungen (w ist die Anzahl der Winkel):

$$w = 2k, \quad w \geqq 3f, \quad e \leqq {}^2/_3 k, \quad f \leqq {}^2/_3 k, \quad f \leqq 2e - 4.$$

Mit Hilfe des Eulerschen Polyedersatzes und der anderen Beziehungen kann bewiesen werden, daß nur fünf regelmäßige, d. h. von lauter kongruenten regelmäßigen Vielecken begrenzte Körper existieren können, das sind die *platonischen Körper* (s. d.).

Übersicht (für alle Körper gleiche Seitenkante a):

	Tetraeder	Würfel	Oktaeder	Dodekaeder	Ikosaeder
Seitenfläche G	$\frac{a^2}{4}\sqrt{3}$	a^2	$\frac{a^2}{4}\sqrt{3}$	$\frac{a^2}{4}\sqrt{25+10\sqrt{5}}$	$\frac{a^2}{4}\sqrt{3}$
Oberfläche O	$a^2\sqrt{3}$	$6a^2$	$2a^2\sqrt{3}$	$3a^2\sqrt{25+10\sqrt{5}}$	$5a^2\sqrt{3}$
Volumen V	$\frac{a^3}{12}\sqrt{2}$	a^3	$\frac{a^3}{3}\sqrt{2}$	$\frac{a^3}{4}(15+7\sqrt{5})$	$\frac{5}{12}a^3(3+\sqrt{5})$
Radius r	$\frac{a}{4}\sqrt{6}$	$\frac{a}{2}\sqrt{3}$	$\frac{a}{2}\sqrt{2}$	$\frac{a}{4}\sqrt{3}(1+\sqrt{5})$	$\frac{a}{4}\sqrt{10+2\sqrt{5}}$
Radius ϱ	$\frac{a}{12}\sqrt{6}$	$\frac{a}{2}$	$\frac{a}{6}\sqrt{6}$	$\frac{a}{4}\sqrt{\frac{50+22\sqrt{5}}{5}}$	$\frac{a}{12}\sqrt{3}(3+\sqrt{5})$
Kantenwinkel α	60°	90°	60°	108°	60°
Flächenwinkel φ	70° 31,7′	90°	109° 28,2′	116°33,9′	138° 11,5′

Außer den regelmäßigen Polyedern sind die sogenannten *Kristallkörper* für die Wissenschaft von großem Interesse.

Polygon s. *Vieleck.*

Polynom. Eingliedrige Terme wie $2a$, $\frac{1}{2}bc$ usw. können addiert oder voneinander subtrahiert werden. Mehrere Variable werden auf diese Weise zu Polynomen zusammengefügt. $a + 2b - 4c - d$ ist z. B ein solches viergliedriges Polynom. Zweigliedrige Polynome haben den Namen Binom, z. B. $a + b$. In der Algebra bezeichnet man speziell Ausdrücke der Form $a_0 x^n + a_1 x^{n-1} + \cdots + a_n$ als Polynome. Der höchste Exponent von x heißt Grad des Polynoms in x.

Potenz. Eine Potenz ist ursprünglich ein Produkt gleicher Faktoren, z. B. $4 \cdot 4 \cdot 4 = 4^3$, $a \cdot a \cdot a \cdot a \cdot a = a^5$.
Den Faktor nennt man *Basis* (Grundzahl), die rechts hoch geschriebene Anzahl der Faktoren ist der *Exponent* (Hochzahl), den ganzen Ausdruck nennt man Potenz.
Speziell gilt $1^n = 1$ und $0^n = 0$ für alle $n \in N$.
Es erweist sich als zweckmäßig, den Potenzbegriff so zu verallgemeinern, daß die aus der ursprünglichen Erklärung folgenden Gesetze für das Rechnen mit Potenzen möglichst ohne Einschränkungen und Ausnahmen gelten. Zunächst ist eine Potenz als Produkt nur für $n \geqq 2$ erklärt. Man setzt fest:

$a^1 = a$, $a^0 = 1$ (0^0 undefiniert), $\frac{1}{a^n} = a^{-n}$, $a^{\frac{p}{q}}$ mit ganzen Zahlen p, q ist diejenige Zahl, falls es genau eine gibt, für die $\left(a^{\frac{p}{q}}\right)^q = a^p$ gilt, und die positive Zahl mit dieser Eigenschaft, falls es zwei (reelle) Zahlen mit dieser Eigenschaft gibt (Hauptwert; s. auch *Radizieren*).

Für ganzzahlige Exponenten n gilt:

Die Potenz einer positiven Basis hat immer einen positiven Potenzwert. Die Potenz einer negativen Basis hat einen positiven Potenzwert, wenn der Exponent gerade, einen negativen, wenn der Exponent ungerade ist;

z. B.: $(-1)^2 = +1$, $(-1)^5 = -1$.

Allgemein gilt $(-a)^{2n} = a^{2n}$, $(-a)^{2n+1} = -a^{2n+1}$,
$(-1)^{2n} = +1$, $(-1)^{2n+1} = -1$.

Jede Potenz kann mit einer Zahl multipliziert werden;

z. B.: $2 \cdot 3^2 = 2 \cdot 9 = 18$, wenn $a^n = c$, so ist $b \cdot a^n = b \cdot c$.

Addieren und Subtrahieren von Potenzen:

Potenzen können nur addiert oder subtrahiert werden, wenn sie sowohl in der Basis als auch im Exponenten übereinstimmen; z. B. $a^2 + a^2 = 2 \cdot a^2$, aber $a^3 + a^2 = a^3 + a^2$ kann nur addiert werden, wenn für a bestimmte Zahlen gegeben sind, so daß man die Potenzen von a zahlenmäßig ausrechnen kann.

Potenzieren einer Summe (s. *binomischer Lehrsatz*)

Potenzieren eines Produktes

Man potenziert ein Produkt, indem man jeden Faktor des Produktes potenziert und die erhaltenen Potenzen multipliziert.

$$(a \cdot b)^n = a^n \cdot b^n; \ (3 \cdot 5)^2 = 3^2 \cdot 5^2.$$

$$(4 \cdot 6)^{\frac{2}{3}} = 4^{\frac{2}{3}} \cdot 6^{\frac{2}{3}}; \quad (7 \cdot 9)^{-3} = 7^{-3} \cdot 9^{-3}.$$

Potenzieren eines Quotienten (Bruches)

Man potenziert einen Quotienten (Bruch), indem man Dividend (Zähler) und Divisor (Nenner) potenziert und die Potenz des Dividenden (Zählers) durch die Potenz des Divisors (Nenners) dividiert.

$$\left(\frac{a}{b}\right)^n = \frac{a^n}{b^n}; \ (a : b)^n = a^n : b^n;$$

$$(12 : 4)^2 = \left(\frac{12}{4}\right)^2 = 12^2 : 4^2 = \frac{12^2}{4^2}.$$

$$\left(\frac{a}{b}\right)^n = \frac{a^n}{b^n}; \quad \left(\frac{12}{4}\right)^2 = \frac{12^2}{4^2}; \quad \left(\frac{14}{6}\right)^{\frac{4}{9}} = \frac{14^{\frac{4}{9}}}{6^{\frac{4}{9}}}.$$

Multiplikation von Potenzen

a) mit gleicher Basis: Man multipliziert Potenzen mit gleicher Basis, indem man die Basis mit der Summe der Exponenten potenziert.

$$a^p \cdot a^q = a^{p+q}, \qquad 3^2 \cdot 3^3 = 3^{2+3} = 3^5;$$

$$5^{-2} \cdot 5^8 = 5^{-2+8} = 5^6; \quad 4^{\frac{2}{3}} \cdot 4^{\frac{1}{2}} = 4^{\frac{2}{3}+\frac{1}{2}} = 4^{\frac{7}{6}}$$

b) mit gleichen Exponenten: Man multipliziert Potenzen mit gleichen Exponenten, indem man das Produkt der Basen mit dem Exponenten potenziert.

$$a^n \cdot b^n = (a \cdot b)^n, \qquad 3^3 \cdot 5^3 = (3 \cdot 5)^3 = 15^3.$$

$$3^{-2} \cdot 5^{-2} = (3 \cdot 5)^{-2}; \quad 3^{\frac{2}{7}} \cdot 5^{\frac{2}{7}} = (3 \cdot 5)^{\frac{2}{7}}$$

Potenzieren einer Potenz

Man potenziert eine Potenz, indem man die Basis mit dem Produkt der Exponenten potenziert.

$$(a^p)^q = a^{p \cdot q}, \qquad (3^3)^2 = 3^{3 \cdot 2} = 3^6.$$

$$\left(3^{-\frac{5}{6}}\right)^{-\frac{3}{5}} = 3^{\left(-\frac{5}{6}\right) \cdot \left(-\frac{3}{5}\right)} = 3^{\frac{1}{2}}$$

Division von Potenzen

a) mit gleicher Basis: Potenzen mit gleicher Basis werden dividiert, indem die Basis mit der Differenz der Exponenten von Dividend und Divisor potenziert wird.

$$\frac{a^p}{a^q} = a^{p-q};$$

z. B.: $a^5 : a^2 = a^{5-2} = a^3, \quad x^4 : x^6 = x^{4-6} = x^{-2} = \frac{1}{x^2}$

z. B. $\frac{a^5}{a^2} = a^{5-2} = a^3; \quad \frac{a^{-\frac{2}{3}}}{a^{\frac{1}{2}}} = a^{-\frac{2}{3}-\frac{1}{2}} = a^{-\frac{7}{6}}$

b) mit gleichen Exponenten: Potenzen mit gleichen Exponenten werden dividiert, indem der Quotient der Basen mit dem Exponenten potenziert wird.

$$\frac{a^n}{b^n} = \left(\frac{a}{b}\right)^n;$$

z. B.: $\frac{12^2}{4^2} = \left(\frac{12}{4}\right)^2 = 3^2 = 9; \frac{45^3}{9^3} = \left(\frac{45}{9}\right)^3 = 5^3.$

$$\frac{125^{-\frac{1}{2}}}{5^{-\frac{1}{2}}} = \left(\frac{125}{5}\right)^{-\frac{1}{2}} = 25^{-\frac{1}{2}} = \frac{1}{25^{\frac{1}{2}}} = \frac{1}{5}$$

Potenzen mit gebrochenen Exponenten

Nach der Erklärung der Potenzen mit gebrochenen Exponenten kann man solche Ausdrücke auch als Wurzeln schreiben (s. *Radizieren*). Insbesondere ist:

$$a^{\frac{1}{n}} = \sqrt[n]{a}, \text{ z. B. } 25^{\frac{1}{2}} = \sqrt{25} = 5; \quad 125^{\frac{2}{3}} = \sqrt[3]{125^2} = \left(\sqrt[3]{125}\right)^2 = 25.$$

Für die Potenzen mit gebrochenen Exponenten gelten alle Potenzregeln. Besondere Regeln für das Rechnen mit Wurzeln sind daher entbehrlich.

Potenzfunktion. Eine Funktion, die jeder reellen Zahl x die Potenz a^x zu einer bestimmten Basis a (> 0) zuordnet, nennt man eine Potenzfunktion.

Potenzlinie s. *Kreis* (Abb. 173, 180).

Potenzmenge (s. A. I). Die Potenzmenge $P(M)$ einer Menge M ist die Menge aller Teilmengen von M.

Primzahl. Eine natürliche Zahl $z \neq 1$ heißt Primzahl genau dann, wenn sie ohne Rest nur durch 1 und durch sich selbst teilbar ist. Die ersten Primzahlen sind 2, 3, 5, 7, 11, 13, ...

Die wichtigsten Sätze über Primzahlen sind:

1. Es gibt unendlich viele Primzahlen.

2. Jede natürliche Zahl ist eindeutig als Produkt von Primfaktoren darstellbar
$$z = p_1 \cdot p_2 \cdot p_3 \dots p_s \quad (s \geqq 1)$$
(s. auch *Primzahlzerlegung*).

Die Primzahlen, die bis 300 vorkommen, sind in der nachfolgenden Primzahltabelle zusammengestellt. Die Aufstellung dieser und umfangreicherer Primzahltabellen kann mit einem sehr alten Verfahren durchgeführt werden, dem „*Sieb des Eratosthenes*" (s. d.).

Primzahltabelle

2	31	73	127	179	233	283
3	37	79	131	181	239	293
5	41	83	137	191	241	
7	43	89	139	193	251	
11	47	97	149	197	257	
13	53	101	151	199	263	
17	59	103	157	211	269	
19	61	107	163	223	271	
23	67	109	167	227	277	
29	71	113	173	229	281	

Primzahlzerlegung. Die Zerlegung einer natürlichen Zahl Z in natürliche Faktoren $z_1, z_2, \dots, z_n$, also
$$Z = z_1 \cdot z_2 \cdot z_3 \dots z_n,$$
derart, daß alle z_i $(i = 1, 2, \dots, n)$ Primzahlen sind, bezeichnet man als Primzahlzerlegung oder Primfaktorzerlegung von Z;
z. B. ist die Primzahlzerlegung von $Z = 24$
$$24 = 2 \cdot 2 \cdot 2 \cdot 3 = 2^3 \cdot 3.$$
Die Primzahlzerlegung wird angewandt zum Aufsuchen des *kleinsten gemeinsamen Vielfachen* (s. d.) von mehreren Zahlen $Z, Z', Z'', \dots$; z. B. bestimmt man aus der Primzahlzerlegung der Zahlen 18 und 24:
$$18 = 2 \cdot 3^2,$$
$$24 = 2^3 \cdot 3$$
das (*k. g. V.*) V dieser Zahlen dadurch, daß man die jeweils höchsten vorkommenden Primzahlpotenzen miteinander multipliziert, also
$$V = 2^3 \cdot 3^2 = 72$$

(s. auch *größter gemeinsamer Teiler*; *euklidischer Algorithmus*).
Das Aufsuchen des *k. g. V.* ist z. B. von Bedeutung für die Bruchrechnung, wenn man den *Hauptnenner* (s. d.) mehrerer Brüche bestimmen will.

Prisma. Ein Prisma ist ein Körper, der von zwei kongruenten Polygonen, die in parallelen Ebenen liegen, als Grundfläche und Deckfläche und von Parallelogrammen als Seitenflächen begrenzt wird.
Wenn die Seitenflächen des Körpers senkrecht zur Grundfläche stehen, so heißt der Körper gerades Prisma (Abb. 195), sonst schiefes Prisma (Abb. 196).

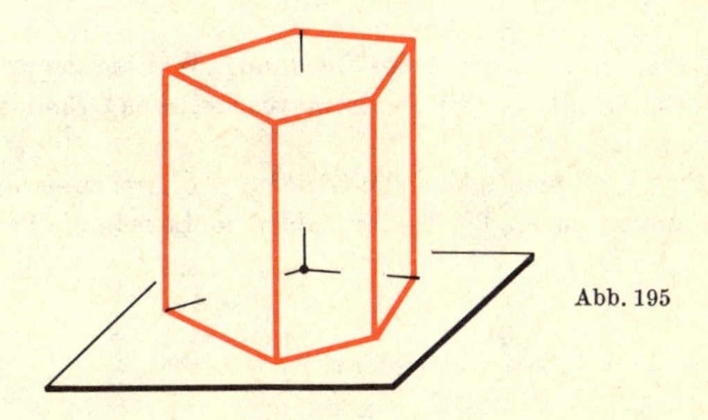

Abb. 195

Ist die Grundfläche eines geraden Prismas ein regelmäßiges n-Eck, so bezeichnet man es als regelmäßiges n-seitiges Prisma. Der Abstand von Grundfläche und Deckfläche heißt die Höhe. Das Volumen eines Prismas mit der Grundfläche G und der Höhe h ist $V = G \cdot h$.

Ein nur von Rechtecken begrenztes Prisma heißt auch *Quader* (s.d.). Ein quadratisches gerades Prisma, dessen Höhe gleich der Grundkante ist, ist ein *Würfel*.

Ein Prisma, dessen Grundfläche ein Parallelogramm ist, heißt auch *Parallelepipedon* oder Spat. Prismen, die gleiche Grundflächen und gleiche Höhen haben, sind inhaltsgleich (s. *Cavalieri*).

Probe. Die Probe auf eine Gleichung besteht darin, daß man für die Variable die Lösung einsetzt. Die Gleichung ist richtig gelöst, wenn man dann eine wahre Aussage bzw. bei Gleichungen mit Formvariablen eine allgemeingültige Aussageform erhält.
Wurden beim Auflösen der Gleichung nur Äquivalenzumformungen angewandt, so ist die Probe nicht unbedingt nötig, sie ist dann nur eine

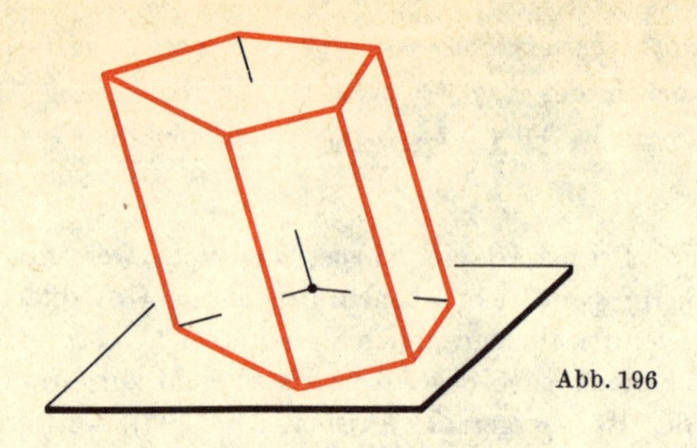

Abb. 196

Überprüfung der Richtigkeit der Rechnung. Wurden dagegen Gewinnumformungen benutzt, so ist die Probe aus logischen Gründen unbedingt erforderlich.
Für die Probe soll man immer die Gleichung in ihrer ursprünglich gegebenen Form verwenden, bei Textaufgaben macht man die Probe auf den Text.

Produktmenge s. *kartesisches Produkt.*

Projektionssatz für Dreiecke s. *Dreieck.*

projizieren. Das Verbinden der Punkte eines geometrischen Objektes mit einem eigentlichen oder uneigentlichen festen Punkt (Projektionszentrum) durch (Projektions-)Strahlen, um damit auf einer Bildfläche (z. B. Ebene) ein Bild des Objektes zu erzeugen.

Proportion. Ist das Verhältnis der Zahlen a und b gleich dem Verhältnis der Zahlen c und d, d. h., ist $a:b = c:d$, so spricht man von einer Verhältnisgleichung oder Proportion.
Man nennt a und d die Außenglieder, b und c die Innenglieder der Proportion. Bei einer Proportion dürfen sowohl die Innenglieder unter sich als auch die Außenglieder unter sich getauscht werden. Innen- mit Außenglied der Proportion darf man nur gleichzeitig auf beiden Seiten vertauschen. Die Seiten einer Proportion darf man tauschen. Bei einer Proportion ist das Produkt der Innenglieder gleich dem Produkt der Außenglieder. Aus $a : b = c : d$ folgt $a \cdot d = b \cdot c$.

4. Proportionale (s. *Dreieck*, insbesondere Ähnlichkeitssätze).

In der Beziehung $a : b = c : d$ heißt d die 4. Proportionale.
Wenn a, b und c gegeben sind, so kann man d berechnen. Es ist $d = \frac{b \cdot c}{a}$.

3. Proportionale (s.d., Abb. 113)

Mittlere Proportionale oder geometrisches Mittel (s. *Dreieck*, insbesondere Höhensatz, vgl. Abb. 101)

In der Verhältnisgleichung $a : m = m : d$ nennt man m die mittlere Proportionale oder das geometrische Mittel zu a und d. Es ist $m = \sqrt{ad}$.

Korrespondierende Addition und Subtraktion

In Verhältnisgleichungen wendet man vielfach zur Umformung die Addition oder Subtraktion von 1 auf beiden Seiten der Gleichung mit nachfolgender Erweiterung an. Daraus folgt, daß sich die Summe (Differenz) des ersten und zweiten Gliedes einer Proportion zum ersten oder zweiten Glied verhält wie die Summe (Differenz) des dritten und vierten Gliedes zum dritten oder vierten Glied:

$$\frac{a}{b} \pm 1 = \frac{c}{d} \pm 1 \quad \text{ergibt} \quad \frac{a \pm b}{b} = \frac{c \pm d}{d}.$$

Fortlaufende Proportion

$$\frac{a}{b} = \frac{c}{d}, \qquad \frac{c}{d} = \frac{m}{n}$$

kann auch als fortlaufende Proportion in der Form

$$a : c : m = b : d : n$$

geschrieben werden.

proportional. Direkt proportional zueinander nennt man zwei Terme (s. d.), wenn der aus ihnen gebildete Quotiententerm für beliebige Werte der Variablen einen festen Wert k hat. Diesen Wert nennt man auch den Proportionalitätsfaktor. So sind z. B. die Terme ax und x direkt proportional. Denn es ist der Quotiententerm $\frac{a\,x}{x}$ in seinem Definitionsbereich ($x \neq 0$) konstant gleich a. In der Naturwissenschaft spielen physikalische Terme, z. B. die Stromstärke eines bestimmten Stromkreises bei einer bestimmten Temperatur und einer bestimmten Spannung eine große Rolle. Nach dem Ohmschen Gesetz sind in einem bestimmten Stromkreis bei konstanter Temperatur die Stromstärke und die Spannung direkt proportional zueinander, d. h., es gilt $\frac{I}{U}$ = constans (Konstante). Umgekehrt proportional sind zwei Terme, wenn ihr Produktterm für beliebige Werte der Variablen konstant ist. So sind bei einer bestimmten Gasmenge Druck p und Volumen V bei konstanter Temperatur T umgekehrt proportional zueinander, d. h. $p \cdot V = \text{const}$ für $T = \text{const}$.

Prozentrechnung. Häufig ist es notwendig, mehrere Werte – mindestens zwei – miteinander zu vergleichen. Als Vergleichszahl dient uns die Zahl 100, auf die die zu vergleichenden Werte bezogen werden müssen (für oder auf oder von Hundert = pro centum = Prozent).

α) *Grundbegriffe*

Die Grundbegriffe der Prozentrechnung sind:

1. Grundwert (innerhalb der DM-Pf-Rechnung auch Kapital).
   Der Grundwert ist meist benannt (z. B. DM, kg, m oder ähnliches). Der Grundwert entspricht 100 Hundertsteln, also dem Ganzen oder 100%.

2. Prozentsatz
   Der Prozentsatz p ist stets die Angabe eines Teiles von 100. Er wird in bezug auf 100 angegeben und sagt aus, welcher Teil des Grundwertes zu berechnen ist. 1 Hundertstel des Grundwertes = 1 Prozent des Grundwertes = 1%. (Hier ist 1 der Prozentsatz p).

3. Prozentwert
   Der Prozentwert ist ein Teil des Ganzen, also des Grundwertes. Er hat die gleiche Benennung wie dieser (DM, kg, m oder ähnliches). Prozentsatz und Prozentwert entsprechen einander.

   Für das Wort „entsprechen" darf nicht das Gleichheitszeichen gesetzt werden. Wir verwenden das Zeichen $\triangleq$, das „entspricht" bzw. „entsprechen" bedeutet.

Die „Grundproportion" der Prozentrechnung lautet:

$$\text{Prozentwert} : \text{Grundwert} = \text{Prozentsatz} : 100.$$

Jeder der drei genannten Grundbegriffe kann in der Prozentrechnung als gefragtes Glied auftreten.

β) *Berechnung des Prozentwertes*

Aufgabe:
Von dem Grundwert 425 DM sollen 20% berechnet werden.
Der Grundwert entspricht 100%, der Prozentwert muß also errechnet werden.

Ansatz:

$$\begin{array}{l} 100\,\% \mathrel{\hat{=}} 425\text{ DM} \\ \underline{\ \ 20\,\% \mathrel{\hat{=}} \ ?\ \ } \end{array}$$

Lösung:

$$1\,\% \mathrel{\hat{=}} \frac{425}{100}\text{ DM} \qquad 20\,\% \mathrel{\hat{=}} \frac{425 \cdot 20}{100}\text{ DM}$$

$$\frac{425 \cdot \overset{2}{\cancel{20}}}{\underset{10}{\cancel{100}}} = \frac{425 \cdot 1}{5} = \underline{\underline{85}}$$

$$20\,\% \mathrel{\hat{=}} 85\text{ DM.}$$

Bei Betrachtung des Bruchstrichs im Beispiel erkennen wir, daß bei der Feststellung von 1 % (also bei der Frage nach der Einheit) die 100 stets als Divisor (also im Nenner) erscheint. Der Grundwert und der bekannte Prozentsatz erscheinen im Zähler. Daraus läßt sich ableiten, daß bei der Errechnung des Prozentwerts stets diese Form des Bruches verwendet wird.

Das bedeutet also:

$$\text{Prozentwert} = \frac{\text{Grundwert (Kapital) mal Prozentsatz}}{100}.$$

Wir kürzen die Wörter ab: $w = \dfrac{K \cdot p}{100}$.

Die Berechnungen der Prozentwerte sind durchzuführen, indem für die Buchstaben die bekannten Werte eingesetzt werden.

γ) Die Berechnung des Prozentsatzes

Aufgabe:

Eine Lieferung wiegt insgesamt 350 kg. Die Verpackung wiegt 7 kg. Wieviel % des Gesamtgewichts sind das?

In diesem Beispiel wird der Prozentsatz p gesucht, Grundwert K und Prozentwert w sind bekannt.

Ansatz:

$$\begin{array}{l} 350\text{ kg} \mathrel{\hat{=}} 100\ \% \\ \underline{\ \ 7\text{ kg} \mathrel{\hat{=}} \ ?\ \ \%} \end{array}$$

Lösung:

$$p = \frac{100 \cdot \overset{1}{\cancel{7}}}{\underset{50}{\cancel{350}}} = \underline{\underline{2}}; \quad \text{d. h.: } 7\text{ kg} \mathrel{\hat{=}} 2\,\%$$

<u>Von 350 kg sind 7 kg 2 %.</u>

Aus der Lösung erkennen wir:

$$\text{Prozentsatz} = \frac{100 \text{ mal Prozentwert}}{\text{Grundwert}}$$

In Buchstaben ausgedrückt, bedeutet das

$$p = \frac{100 \cdot w}{K}.$$

δ) Berechnung des Grundwertes

Aufgabe:

Frau A. berichtet Frau B., daß sie bei ihrem Einzelhändler eine Rückvergütung von 78,10 DM für das vergangene Jahr erhalten habe. Der Einzelhändler gibt $2\frac{1}{2}$% (= 2,5%) Rabatt. Für wieviel DM hat Frau A. bei ihrem Einzelhändler im vergangenen Jahr gekauft?

Ansatz:

$$2{,}5\% \triangleq 78{,}10 \text{ DM}$$
$$\underline{100\ \% \triangleq \ ?\ \text{DM}}$$

Lösung:

$$\frac{78{,}10 \cdot 100}{2{,}5} = \underline{\underline{3124}}; \text{ d. h.: } 3124 \text{ DM} \triangleq 100\ \%$$

Frau A. hat für 3124 DM gekauft.

Erläuterung: In diesem Beispiel sind Prozentwert w und Prozentsatz p bekannt. Der Grundwert K wird gesucht. Prozentwert und Prozentsatz entsprechen einander stets, der Grundwert entspricht 100% (s. Ansatz).

Aus der Lösung ist zu entnehmen:

$$\text{Grundwert} = \frac{\text{Prozentwert} \cdot 100}{\text{Prozentsatz}}$$

Das bedeutet:

$$K = \frac{w \cdot 100}{p}.$$

Anmerkung:

Bei den Abkürzungen haben wir den Buchstaben K für den Grundwert eingesetzt bzw. umgekehrt. Häufig wird dafür auch der Buchstabe g verwendet (g = Grundwert, K = Kapital).

Ptolemäus, Satz des (2. Jahrhundert n. Chr., Alexandria).

Ist $ABCD$ ein Sehnenviereck mit den Diagonalen $\overline{AC} = e$ und $\overline{BD} = f$ und den Seiten $\overline{AB} = a$, $\overline{BC} = b$, $\overline{CD} = c$ und $\overline{DA} = d$, so ist die Fläche des Rechtecks, gebildet aus den Diagonalen, gleich der Summe der Flächen der Rechtecke, gebildet aus je zwei gegenüberliegenden Seiten, $ef = ac + bd$ (Abb. 152).

Der Satz des Ptolemäus kann als Verallgemeinerung des Satzes von Pythagoras aufgefaßt werden. Ist nämlich das gegebene Sehnenviereck ein Rechteck, so ist $e = f$, $a = c$ und $b = d$, und die Diagonale $e = \overline{AC}$ bildet mit den Seiten $\overline{AB}$ und $\overline{BC}$ ein rechtwinkliges Dreieck. Es gilt dafür: $e^2 = a^2 + b^2$.

Punkt (s. A. VII). Die Punkte gehören zu den Grundgebilden der linearen, ebenen und räumlichen Geometrie. Eigenschaften der Punkte **in der euklidischen Ebene:**

Zwei Punkte bestimmen genau eine Gerade (Verbindungsgerade).

Zwei Geraden, die nicht parallel sind, schneiden sich genau in einem Punkt (Schnittpunkt).

Liegen drei Punkte auf einer Geraden, so kann man genau von einem der Punkte sagen, daß er zwischen den beiden anderen liegt (Anordnung der Punkte auf einer Geraden).

Drei Punkte des euklidischen Raumes, die nicht auf einer Geraden liegen, bestimmen genau eine Ebene.

Punktsymmetrie. Die Punktsymmetrie in der Ebene ist ein Sonderfall der *strahligen Symmetrie* (s. *Symmetrie*). Eine ebene Figur heißt *punktsymmetrisch* oder zentrischsymmetrisch in bezug auf einen Punkt, das *Symmetriezentrum*, wenn die Figur nach einer Drehung um das Symmetriezentrum mit dem Winkel 180° mit sich selbst zur Deckung kommt.

Beispiel: Ein Parallelogramm ist zentrischsymmetrisch in bezug auf den Schnittpunkt seiner Diagonalen. Eine Ellipse und eine Hyperbel sind zentrischsymmetrisch in bezug auf ihren Mittelpunkt.

Pyramide. Eine n-seitige Pyramide ist ein Körper, der von einem n-Eck als Grundfläche und von n ebenen Dreiecken als Seitenflächen begrenzt wird. Dabei stoßen die n Dreiecke in einem Punkt – der Spitze –, der nicht mit dem n-Eck in einer Ebene liegt, zusammen. Die n Seitenflächen grenzen an je eine Seite der Grundfläche.

Ist die Grundfläche einer Pyramide ein regelmäßiges n-Eck, und geht das Lot von der Spitze der Pyramide durch den Mittelpunkt des Umkreises der Grundfläche, so heißt die Pyramide regelmäßig.

Die Seitenflächen einer Pyramide stoßen in den Seitenkanten zusammen. Die Seiten der Grundfläche heißen Grundkanten. Grundkante und Seitenkanten einer regelmäßigen n-seitigen Pyramide können nur für die 3-, 4- und 5seitige Pyramide gleich lang sein. Die regelmäßige dreiseitige Pyramide, deren Grundkante und Seitenkanten gleich lang sind, heißt *Tetraeder* (*s. platonische Körper*). Wird eine Pyramide parallel zur Grundfläche in der Höhe h_1 durch eine Ebene geschnitten, so ist die Schnittfigur der Grundfläche ähnlich; der Flächeninhalt G_1 der Schnittfigur verhält sich zum Flächeninhalt G der Grundfläche wie das Quadrat des Abstandes $(h - h_1)$ der Schnittfigur von der Spitze zum Quadrat der Pyramidenhöhe h. In Formeln: $G_1 : G = (h - h_1)^2 : h^2$ (Abb. 197).

Läßt man den oberhalb der Schnittebene liegenden Teil der Pyramide weg, so bleibt ein *Pyramidenstumpf* (s. d.). Pyramiden mit flächengleichen Grundflächen und gleichen Höhen werden in gleichen Abständen von der Grundfläche in flächengleiche Schnittfiguren geschnitten. Deshalb gilt nach dem Prinzip des *Cavalieri* (s. d.):

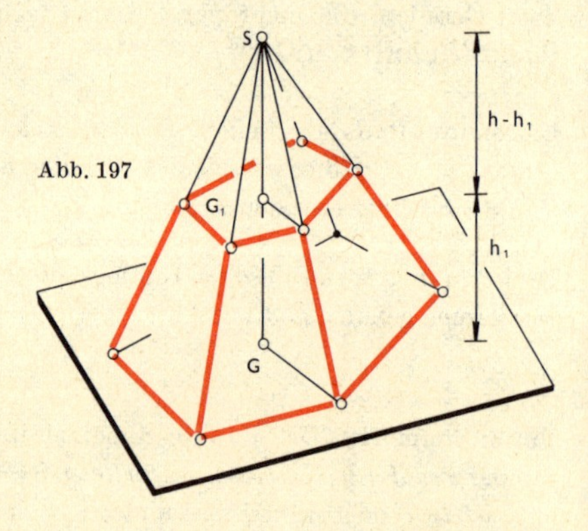

Abb. 197

Pyramiden mit gleichen Grundflächen und Höhen sind inhaltsgleich. Daraus folgt eine elementare Berechnung des Pyramidenvolumens.
Man denke sich ein dreiseitiges Prisma durch zwei ebene Schnitte in drei Pyramiden zerlegt. Von ihnen haben I und II gleiche Grundfläche (ABC und DEF) und dieselbe Höhe (wie das Prisma), II und III haben gleiche Grundfläche (BFE und ABE) und dieselbe Höhe (Abstand der Ecke D von $ABFE$). Sie sind also inhaltsgleich. Daher gilt: Eine Pyramide mit

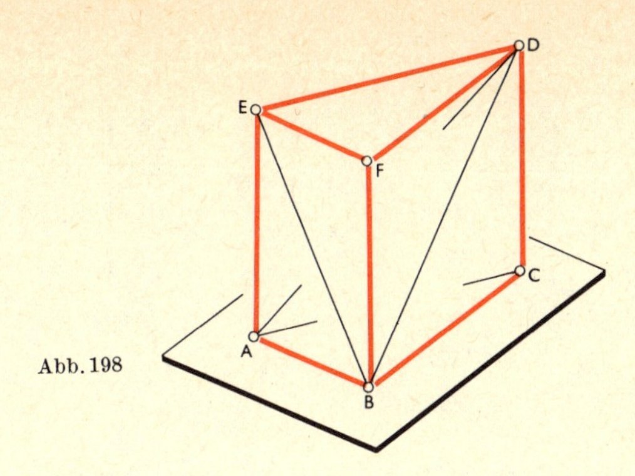

Abb. 198

der Grundfläche G und der Höhe h hat den Rauminhalt $\frac{1}{3} G \cdot h$ (Abb. 198 u. 199). Das Volumen einer n-seitigen Pyramide ist ebenfalls $V = \frac{G\,h}{3}$. Die n-seitige Pyramide kann nämlich in eine inhaltsgleiche dreiseitige Pyramide verwandelt werden, wenn man unter Beibehaltung der Pyramidenhöhe h die n-seitige Grundfläche in ein flächengleiches Dreieck verwandelt.

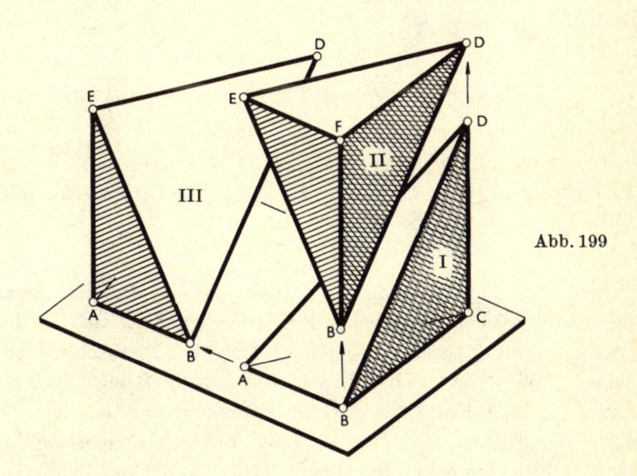

Abb. 199

Pyramidenstumpf. Wird eine Pyramide durch eine Parallelebene in der Höhe h über der Grundfläche abgeschnitten, so entsteht ein Pyramidenstumpf (Abb. 200). Die abgeschnittene Pyramide heißt Er-

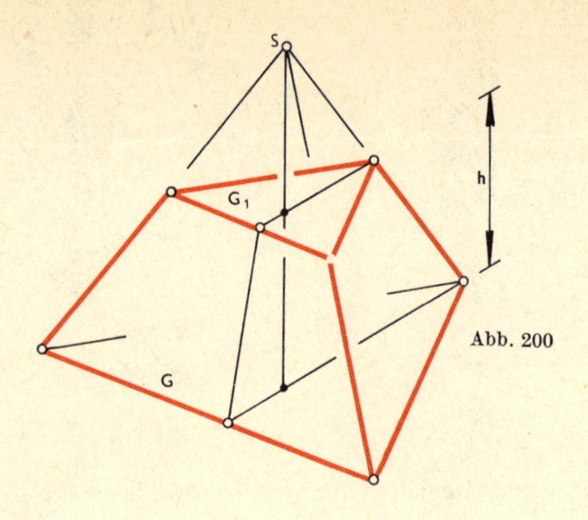

Abb. 200

gänzungspyramide. Der Rauminhalt eines Pyramidenstumpfes ist

$$V = \frac{1}{3} h \left(G + \sqrt{GG_1} + G_1\right),$$

wenn G der Flächeninhalt der Grundfläche und G_1 der Flächeninhalt der Deckfläche ist.

Pythagoras, Satz des s. *Dreieck* (Abb. 100); s. *Hippokrates* (Abb. 144, 145).

Verallgemeinerter Satz des Pythagoras (s. *Dreieck*, Abb. 105 bis 109).

Quader. Ein Quader ist ein vierseitiges gerades Prisma, dessen sechs Begrenzungsflächen Rechtecke sind. Diese gliedern sich in drei Paare kongruenter und parallel liegender Rechtecke. Die sechs Begrenzungsflächen stoßen in zwölf Kanten zusammen. Beim Quader gibt es unter den zwölf Kanten drei Gruppen von je vier Kanten, die gleich lang sind. Ein Quader besitzt acht Ecken. In jeder Ecke stoßen drei Kanten zusammen, die paarweise miteinander rechte Winkel bilden. Die drei verschiedenen Kanten eines Quaders sollen a, b und c heißen (Abb. 201). Die Diagonalen der Begrenzungsflächen werden Flächendiagonalen genannt und mit d_1, d_2, und d_3 bezeichnet. Außerdem gibt es im Quader noch Raumdiagonalen, z. B. d.

Das Volumen des Quaders ist: $V = abc$.

Die Oberfläche des Quaders ist:

$$O = 2(ab + bc + ca).$$

Die Flächendiagonalen des Quaders berechnet man aus den Kanten:

$d_1 = \sqrt{a^2 + b^2}$,

$d_2 = \sqrt{b^2 + c^2}$ und

$d_3 = \sqrt{c^2 + a^2}$.

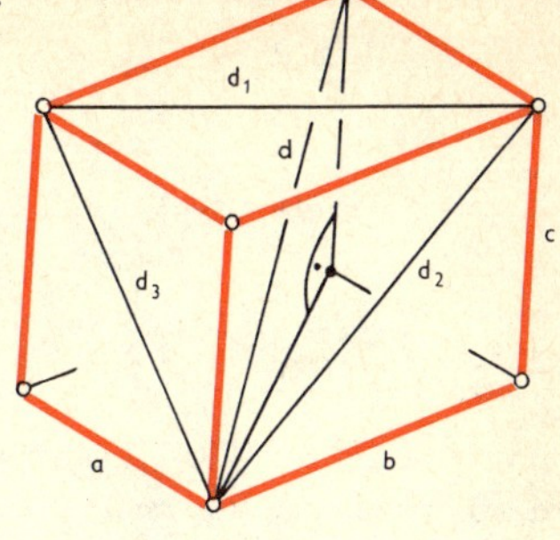

Abb. 201

Die Raumdiagonale ist: $d = \sqrt{a^2+b^2+c^2}$ (nach dem pythagor. Lehrsatz).

Ein Quader, dessen Grundfläche ein Quadrat ist (z. B. $a = b$), heißt quadratische Säule.
Sind alle Kanten eines Quaders gleich lang, so ist er ein Würfel (s. *Prisma*).

Quadrant. Wenn in einer Ebene ein ebenes rechtwinkliges Koordinatensystem (s. d.) festgelegt ist, so wird die Ebene durch die Koordinatenachsen in vier Quadranten aufgeteilt. Jeder Quadrant wird durch zwei zueinander rechtwinklige Koordinatenachsen begrenzt.

Quadrat. Ein Quadrat ist ein Viereck mit vier gleich langen Seiten und vier rechten Winkeln. Weiteres s. *Viereck*.

quadratische Gleichung. Gleichungen, die die Variable in der 2. Potenz enthalten. Niedrigere Potenzen können auftreten, aber keine höheren. Die Normalform dieser Gleichungen lautet:

$$x^2 + px + q = 0$$ (s. *Gleichung*).

Quadratur. Unter der Quadratur einer ebenen Figur versteht man die Bestimmung des Flächeninhaltes dieser Figur. Man unterscheidet:

1. geometrische Quadratur. Die ebene Figur ist in ein flächengleiches Quadrat umzuzeichnen (s. *Flächenverwandlung*). Dabei sollen zur Konstruktion nur Zirkel und Lineal benutzt werden. Die Quadratur des Kreises mit Zirkel und Lineal ist nicht möglich (s. *Kreis*).
2. arithmetische Quadratur. Der Flächeninhalt der Figur ist zu berechnen (s. *Flächenmessung*).

Quadratzahlen. Quadratzahlen sind die Quadrate der natürlichen Zahlen:

$$1, 4, 9, 16, \ldots$$

(s. auch *Zahlenarten*).

Rabatt (= Preisnachlaß) (vgl. *Zinsen*). Für oft auszuführende Rechnungen dieser Art verwendet man sogenannte Rabattabellen.

Radius s. *Kreis* (Abb. 158).

Radizieren. Das Wurzelziehen oder Radizieren ist die eine Umkehrung des Potenzierens (die andere ist das *Logarithmieren*, s. d.). Beim Potenzieren kommt es darauf an, eine Zahl mehrmals mit sich selbst zu multiplizieren; z. B. ist $5^3 = 5 \cdot 5 \cdot 5 = 125$.

In Umkehrung dieses Beispiels ist beim Radizieren die Zahl 125 gegeben, und es kommt darauf an, sie in ein Produkt von drei gleichen Faktoren zu verwandeln. Da nun $125 = 5 \cdot 5 \cdot 5 = 5^3$ ist, so ist 5 die gesuchte Zahl. Man schreibt dies: $\sqrt[3]{125} = 5$ und spricht: „dritte Wurzel aus 125 gleich 5." Das Wurzelzeichen $\sqrt{}$ kann man als ein stilisiertes r, dem Anfangsbuchstaben des lateinischen Wortes radix = Wurzel, auffassen. Die Zahl 125 ist die Zahl, aus der die Wurzel gezogen werden soll; man nennt sie Radikand. Die Zahl 3 gibt an, in wieviel gleiche Faktoren der Radikand zerlegt werden soll, man nennt sie den Wurzelexponenten.

Allgemein wird festgesetzt:

Unter der n-ten Wurzel aus einer Zahl a versteht man die Zahl b, deren n-te Potenz a ist. Man schreibt: $\sqrt[n]{a} = b$, gelesen: „n-te Wurzel aus a gleich b". Dabei nennt man a Radikand, n Wurzelexponent und b Wert der Wurzel.

Im besonderen nennt man die 2. Wurzel aus einer Zahl Quadratwurzel. Wir beschränken uns vorerst auf positive Wurzeln: Unter der Quadratwurzel aus irgendeiner Zahl $a > 0$ verstehen wir die positive Zahl, die, mit sich selbst multipliziert, a ergibt;

z. B.: $\sqrt[2]{9} = \sqrt{9} = 3$, denn $3 \cdot 3 = 9$.

Es ist üblich, bei Quadratwurzeln den Wurzelexponenten 2 wegzulassen. Dritte Wurzeln nennt man auch Kubikwurzeln;

z. B.: $\sqrt[3]{27} = 3$.

Zum raschen Aufsuchen von Quadrat- und Kubikwurzeln kann man Tafeln (z. B. L 41) benutzen. Berechnung der Quadratwurzel mit Hilfe der Formel:

$$(a + b + c + d + \ldots)^2 = a^2 + (2a + b)\,b + [2\,(a + b) + c]\,c + \\ + [2\,(a + b + c) + d]\,d + \ldots$$

Bezeichnet man z. B. in der Entwicklung

$$342 = 3 \cdot 100 + 4 \cdot 10 + 2 \cdot 1$$

300 mit a, 40 mit b und 2 mit c, dann ist

$$342^2 = (a + b + c)^2 = a^2 + (2a + b)\,b + (2a + 2b + c)\,c.$$

$$\left.\begin{aligned} a^2 &= 90000 \\ 2ab &= 24000 \\ b^2 &= 1600 \\ 2ac &= 1200 \\ 2bc &= 160 \\ c^2 &= 4 \end{aligned}\right\}\ 342^2 = 116964$$

Umgekehrt ist aus der Zahl 116964 nicht zu erkennen, wie groß a, $2ab$ usw. sind, da ja alle Glieder zu einer neuen dekadischen Zahl vereinigt wurden.

Man kann zunächst feststellen, wieviel Ziffern die Wurzel hat: Es haben nämlich die Quadrate

einstelliger ganzer Zahlen ein oder zwei Stellen,
zweistelliger ganzer Zahlen drei oder vier Stellen,
dreistelliger ganzer Zahlen fünf oder sechs Stellen,
vierstelliger ganzer Zahlen sieben oder acht Stellen usw.

Umgekehrt folgt: Hat der ganzzahlige Radikand

eine oder zwei Stellen, so hat die Wurzel 1 Stelle,
drei oder vier Stellen, so hat die Wurzel 2 Stellen,
fünf oder sechs Stellen, so hat die Wurzel 3 Stellen usw.

Wenn man den Radikanden in Gruppen von je zwei Ziffern einteilt, bei den Einern beginnend, so kann man abzählen, wieviel Stellen die Wurzel hat (dabei kann die am weitesten links stehende Gruppe auch nur eine Ziffer enthalten); *z. B.:* $\sqrt{11'69'64}$.

(Man macht oben zwischen die Ziffern kleine Striche.)

In unserem Beispiel wird die Wurzel drei Stellen haben. Sie liegt also zwischen 100 und 1000. Wir können auch gleich angeben, wieviel Hunderter sie enthält, denn es ist

$$\begin{array}{rcrlrcr}
100^2 &=& 10000 & \text{also} & \sqrt{10000} &=& 100\\
200^2 &=& 40000 & & \sqrt{40000} &=& 200\\
300^2 &=& 90000 & & \sqrt{90000} &=& 300\\
400^2 &=& 160000 & & \sqrt{160000} &=& 400\\
\text{usw.} & & & & \text{usw.} & & \\
1000^2 &=& 1000000 & & \sqrt{1000000} &=& 1000.
\end{array}$$

Unsere Zahl 116964 liegt nun zwischen 90000 und 160000, also liegt die Wurzel zwischen 300 und 400, folglich ist die erste Ziffer eine 3. Diese 3 hat aber die Bedeutung von 300. Also ist $a = 300$ und $a^2 = 90000$. Man subtrahiert nun 90000 von 116964. Der Rest 26964 muß die Glieder $2ab$, b^2, $2ac$, $2bc$ und c^2 enthalten. Wir schreiben:

$$\sqrt{116964} = \sqrt{11'69'64} = \overbrace{300}^{a}$$
$$\begin{array}{r}
9\,00\,00\\
\hline
2\,69\,64 : \underbrace{600}_{2a}
\end{array}$$

Um zunächst b zu finden, schreibe man hinter 26964 das Doppelte von a, also $2a = 600$. Dann dividiert man 26964 durch 600, beachtet dabei aber nur die Zehner $(26964 : 600 \approx 40)$ und erhält $b = 40$. Von 26964 kann man jetzt $2ab + b^2 = 24000 + 1600 = 25600$ subtrahieren. Man erhält 1364 als Rest. $2ac$, $2bc$ und c^2 müssen in diesem Rest noch enthalten sein. Es ist $1364 = (2a + 2b + c)\,c$. Um c zu finden, dividiert man 1364 durch $2a + 2b = 680$ und erhält $c = 2$. Man schreibt 680 und 2 wieder neben 1364. Beim Multiplizieren von $682 = 2a + 2b + c$ mit c ergibt sich, daß kein Rest bleibt. Unsere Zahl 116964 war eine Quadratzahl. Man kürzt das Verfahren dadurch ab, daß man die auftretenden Nullen bei den einzelnen Rechenschritten nicht mitschreibt;

z. B.: ausführlich: abgekürzt:

$$\begin{array}{rl}
 & \quad a \;\;+\;\; b \;+\; c\\
\sqrt{11'69'64} & = 300 + 40 + 2\\
9\,00\,00 & a^2\\
\hline
2\,69\,64 & (2a + b)\,b = (600 + 40)\cdot 40\\
2\,56\,00 & \\
\hline
13\,64 & (2a + 2b + c)\cdot c =\\
13\,64 & (600 + 80 + 2)\cdot 2\\
\hline
0 &
\end{array}
\qquad
\begin{array}{rl}
\sqrt{11\,69\,64} & = 342\\
9 & \\
\hline
2\,69 & : 64\\
2\,56 & \\
\hline
13\,64 & : 682\\
13\,64 & \\
\hline
0 &
\end{array}$$

Erweist sich beim Errechnen der Quadratwurzel der Radikand nicht wie in diesem Beispiel als Quadratzahl, so kann man die Rechnung durch

Hinzufügen von Gruppen von je zwei Nullen nach dem Komma weiterführen. Radikanden, die Stellen hinter dem Komma haben, werden entsprechend behandelt. Das Komma wird im Resultat dann gesetzt, wenn die zwei letzten Ziffern des Radikanden links vom Komma in die Rechnung eingegangen sind.

Beispiel: $\sqrt{23{,}167} = 4{,}8132$

```
16
----
 7 16       80 · 8 = 640
                8² =  64
 7 04
-----
  1270   960 · 1 = 960
              1² =   1
   961
  -----
  30900   9620 · 3 = 28860
                3² =     9
  28869
  ------
   203100   96260 · 2 = 192520
                   2² =      4
   192524
   -------
   1057600   962640 · 1
```

Man bricht die Rechnung (wie bei der Division) ab, wenn die gewünschte Genauigkeit erreicht worden ist. Die Berechnung von Quadratwurzeln $x = \sqrt{a}$ $(a > 0)$ mit einer Rechenmaschine erfolgt „iterativ", d. h. durch schrittweise Annäherung unter Wiederholung desselben Rechenvorganges. Dabei verwendet man folgende Iterationsformel:

$$x_{i+1} = \frac{1}{2}\left(x_i + \frac{a}{x_i}\right), \text{ wobei } i = 0, 1, 2, \ldots$$

Die Rechnung beginnt mit einem geschätzten Wert x_0. Für $x = \sqrt{a}$ hat man z.B. mit dem Rechenschieber oder durch Raten den Näherungswert x_0 ermittelt. Dann bildet man

$$\frac{a}{x_0} = \varepsilon_0 \text{ und addiert hierzu den Näherungswert } x_0.$$

Der bessere Näherungswert ist dann

$$x_1 = \frac{1}{2}(x_0 + \varepsilon_0).$$

Mit diesem Wert verfährt man entsprechend weiter, bis die gewünschte Genauigkeit erreicht ist. Dies ist praktisch sehr schnell der Fall. Der Rechenprozeß verläuft nach folgendem Schema:

i	x_i	$\frac{a}{x_i} = \varepsilon_i$	$\frac{1}{2}(\varepsilon_i + x_i) = x_{i+1}$
0			
1			
2			
. . .			

Beispiel: $x = \sqrt{3}$, also $a = 3$. Es sei $x_0 = 1{,}73$

0	1,73	1,73410	1,73205
1	1,73205	1,73205161	1,73205080

Ergebnis: $x = \sqrt{3} \approx 1{,}73205$ (bis auf 5 Stellen nach dem Komma genau)

Berechnung von n-ten Wurzeln

n-te Wurzeln, also $x = \sqrt[n]{a}$, berechnet man mit Hilfe von Logarithmen (s. *Logarithmieren*) oder beim maschinellen Rechnen mit einer analogen Iterationsformel

$$x_{i+1} = \frac{a + (n-1) \cdot x_i^n}{n \cdot x_i^{n-1}}, \text{ für } i = 0, 1, 2, \ldots$$

Mehrdeutigkeit von Wurzeln

Ist $a^2 = b$, so ist auch $(-a)^2 = b$. Es gibt also zwei Zahlen $+a$ und $-a$, die, ins Quadrat erhoben, b ergeben. Man bezeichnet mit $\sqrt{b}$ nur den positiven Wert, den sogenannten „Hauptwert“, $\sqrt{b} = +a$. Man muß also, wenn beide Wurzeln angegeben werden sollen, stets $\pm\sqrt{b}$ schreiben.

Mit den Zeichen $\sqrt[n]{b}$ ist stets der Hauptwert gemeint, dieser ist die reelle Lösung der Gleichung $x^n = b$ für ungerades n und die positive reelle Lösung der Gleichung $x^n = b$ für gerades n.

Will man alle Lösungen der Gleichung $x^n = b$ aufschreiben, so erhält man (für reelles oder komplexes b) n Werte, von denen höchstens zwei reell, die übrigen komplex sind.

Für gerades n können 2 reelle Werte auftreten, z. B. hat $x^4 = 16$ die 4 Lösungen $x_{1/2} = \pm 2$, $x_{3/4} = \pm 2\,\mathrm{i}$, dagegen $x^3 = 1$ die 3 Lösungen $x_1 = 1$, $x_{2/3} = -\frac{1}{2} \pm \frac{\mathrm{i}}{2}\sqrt{3}$.

Wurzeln aus negativen Zahlen

Die n-te Wurzel aus einer negativen Zahl wird nur dann wieder eine reelle Zahl, wenn der Wurzelexponent eine ungerade Zahl ist. Für eine positive Zahl a ist $\sqrt[n]{-a} = \sqrt[n]{-1} \cdot \sqrt[n]{+a}$. Wenn der Wurzelexponent n ungerade ist, hat man also:

$$\sqrt[n]{-a} = -\sqrt[n]{+a}\,.$$

Ist der Wurzelexponent dagegen gerade, so ist $\sqrt[n]{-a} = \sqrt[n]{-1}\,\sqrt[n]{+a}$ sicher nicht reell.

Beispiele:

$x^2 = -1$ hat die 2 Lösungen $x_{1/2} = \pm\,\mathrm{i}$;

$x^3 = -1$ hat die 3 Lösungen $x_1 = -1$, $x_{2/3} = \frac{1}{2} \pm \frac{\mathrm{i}}{2}\sqrt{3}$;

$x^4 = -1$ hat die 4 Lösungen $x_{1/2} = \pm\sqrt{\mathrm{i}}$, $x_{3/4} = \pm\sqrt{-\mathrm{i}}$.

vgl. *komplexe Zahlen.*

Addition und Subtraktion von Wurzeln

Man kann nur Wurzeln mit gleichen Exponenten und gleichen Radikanden zu einem Glied zusammenfassen:

$$\sqrt[n]{a} + 3 \cdot \sqrt[n]{a} = 4 \cdot \sqrt[n]{a}.$$

Radizieren von Produkten

Ein Produkt wird radiziert, indem man jeden Faktor radiziert und die erhaltenen Wurzeln multipliziert. Wurzeln mit gleichen Wurzelexponenten werden multipliziert, indem man die Wurzel aus dem Produkt der Radikanden zieht; $\sqrt[3]{a}\,\sqrt[3]{b} = \sqrt[3]{ab}$. Faktoren vor der Wurzel können mit dem Wurzelexponenten potenziert als Faktor unter die Wurzel gestellt werden; $a\sqrt[4]{b} = \sqrt[4]{a^4 b}$.

Radizieren von Quotienten (Brüchen)

Ein Bruch wird radiziert, indem man aus Zähler und Nenner die Wurzel zieht und die Wurzelwerte durcheinander dividiert. Umgekehrt kann man mit gleichen Wurzelexponenten dividieren, indem man die Wurzel aus dem Quotienten der Radikanden zieht:

$$\sqrt[n]{\frac{a}{b}} = \frac{\sqrt[n]{a}}{\sqrt[n]{b}}.$$

Radizieren von Potenzen

Eine Potenz wird radiziert, indem man die Wurzel aus der Basis zieht und den Wurzelwert mit dem Exponenten der Basis potenziert:

$$\sqrt[n]{a^m} = \left(\sqrt[n]{a}\right)^m.$$

Wenn man den Potenzexponenten und den Wurzelexponenten durch die gleiche Zahl teilt bzw. mit der gleichen Zahl multipliziert, so ändert sich am Wert der Wurzel nichts (abgesehen von der Mehrdeutigkeit!): $\sqrt[bn]{a^{bm}} = \sqrt[n]{a^m}$. Teilt man Potenz- und Wurzelexponenten durch den Wurzelexponenten selbst, so ergibt sich ein gebrochener Exponent:

$$\sqrt[n]{a^m} = a^{\frac{m}{n}}.$$

Das Potenzieren einer Zahl mit einem Bruch bedeutet: Die Zahl ist mit dem Zähler des Bruchs zu potenzieren, mit dem Nenner des Bruchs zu radizieren; $\sqrt[n]{a^m} = a^{\frac{m}{n}}$. Insbesondere gilt $\sqrt[n]{a} = a^{\frac{1}{n}}$.

Radizieren von Wurzeln

Eine Wurzel wird radiziert, indem man die Wurzelexponenten multipliziert; mit dem neuen Exponenten wird aus dem Radikanden die Wurzel gezogen:

$$\sqrt[n]{\sqrt[m]{a}} = \sqrt[mn]{a}.$$

Umgekehrt kann man, falls der Wurzelexponent ein Produkt ist, mit den einzelnen Faktoren des Wurzelexponenten nacheinander radizieren:

$$\sqrt[4]{81} = \sqrt{\sqrt{81}} = \sqrt{9} = 3 \text{ (Hauptwert).}$$

Beim Radizieren von Wurzeln kann man die Wurzelexponenten vertauschen, d.h., die Reihenfolge, in der Wurzeln gezogen werden, ist beliebig:

$$\sqrt[6]{64} = \sqrt[3]{\sqrt{64}} = \sqrt[3]{8} = 2 \text{ (Hauptwert),}$$

$$\sqrt[6]{64} = \sqrt{\sqrt[3]{64}} = \sqrt{4} = 2 \text{ (Hauptwert).}$$

Anmerkung: Die Schreibweise von Wurzeln als Potenzen mit gebrochenen Exponenten macht gesonderte Regeln für die Wurzelrechnung entbehrlich, weil man dann nach den Potenzrechengesetzen verfahren kann (s. *Potenz*).

Radizieren von Polynomen

Polynome werden nach dem gleichen Schema radiziert wie Zahlen, also in Anlehnung an die polynomische Formel

$$(a + b + c + \ldots)^2 = a^2 + 2ab + b^2 + (2a + 2b + c)\,c + \ldots$$

Rate. Als Rate bezeichnet man einen regelmäßig (periodisch) gezahlten, gleichbleibenden Betrag.

rationale Zahlen (s. A. III). Alle Zahlen, die wir als Brüche $\frac{m}{n}$ schreiben können, nennt man rationale Zahlen. Dabei können der Zähler m und der Nenner n irgendwelche ganzen (positiven oder negativen) Zahlen bedeuten; für m ist auch Null zugelassen.

z. B.: $\frac{3}{4}, \frac{-5}{6}, \frac{4}{-7} = \frac{-4}{7}.$

Eine genaue Definition lautet:
„Eine rationale Zahl ist eine Klasse von gleichwertigen Brüchen."

$\frac{1}{2}, \frac{2}{4}, \frac{3}{6}, \frac{-1}{-2}, \frac{-2}{-4}$ stellen also die gleiche rationale Zahl dar.

Die rationalen Zahlen kann man auch als *Dezimalzahlen* (s. d.) schreiben Man gewinnt die dezimale Schreibweise der rationalen Zahlen, indem man den Zähler des Bruches durch seinen Nenner dividiert;

z. B.: $\frac{3}{4} = 3 : 4 = 0{,}75, \quad -\frac{5}{6} = (-5) : 6 = -0{,}833\ldots = -0{,}8\overline{3}$

(endlicher Dezimalbruch) (unendlicher periodischer Dezimalbruch)

Alle Brüche, deren Nenner nur die Primfaktoren 2 oder 5 enthalten, ergeben endliche Dezimalzahlen.

Umgekehrt kann man aus den endlichen und den periodischen unendlichen Dezimalzahlen auch wieder die Brüche herstellen.

Die unendlichen nichtperiodischen Dezimalzahlen lassen sich nicht als Brüche schreiben. Man bezeichnet diese als *irrationale Zahlen* (s. d.).

Im Bereich der rationalen Zahlen kann man unbeschränkt addieren, subtrahieren, multiplizieren und dividieren, außer durch Null. Die rationalen Zahlen bilden einen *Körper* $\mathbb{Q}$ (s. d.).

Raute (Rhombus). Eine Raute ist ein Parallelogramm mit vier gleich langen Seiten (s. *Viereck*).

Rechenoperation. Die bekannten *Verknüpfungen* (s. d.) der Addition, Multiplikation, Subtraktion und Division nennt man auch Rechenoperationen. Oft wird Operation überhaupt gleichbedeutend mit Verknüpfung verwendet (s. auch *Grundrechnungsarten* S. 29ff.).

Rechenschieber (Rechenstab)

Zur Durchführung von numerischen Rechnungen gibt es eine Reihe von Instrumenten und Maschinen. Das einfachste dieser Instrumente ist der Rechenschieber. (Über andere Rechenmaschinen siehe Der Große Rechenduden.)

Der Rechenschieber arbeitet mit Addition und Subtraktion von Längen unter Ausnutzung der Gesetze des logarithmischen Rechnens (s. *Logarithmus*).

Die Zahlen von 1 bis 10 sind auf einer logarithmischen Skala der Länge l (Maßstab der Skala) abgebildet, d. h. 1 beim Nullpunkt der Skala (weil $\lg 1 = 0$), 2 bei $0{,}3010 \times l$ (weil $\lg 2 = 0{,}3010$), 3 bei $0{,}4771 \times l$ (weil $\lg 3 = 0{,}4771$) und 10 bei $1 \times l$ (weil $\lg 10 = 1{,}0000$). Zwei maßstabgleiche logarithmische Skalen sind gegeneinander verschiebbar auf der unteren Seite des Körpers und der Zunge des Rechenschiebers aufgetragen (Abb. 202).

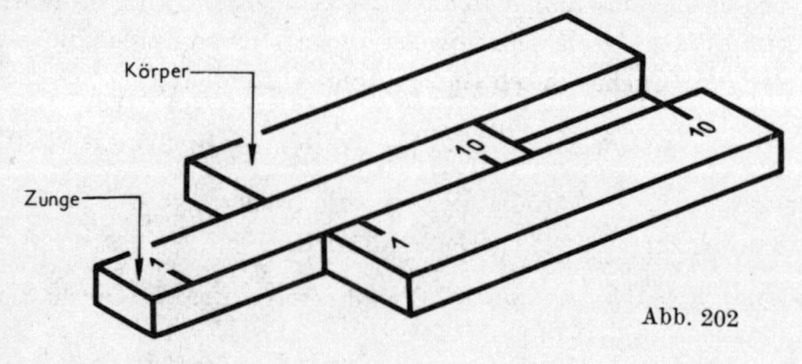

Abb. 202

Multiplikation und Division

Die Gesetze des logarithmischen Rechnens werden mit dem Rechenschieber mechanisch realisiert: Multiplikation entspricht Addition der Logarithmen und Division entspricht Subtraktion. Die Rechnung wird nur mit den Mantissen, d. h. ohne Rücksicht auf die Stellenzahl durchgeführt. Die Stellung des Kommas muß im Kopf überschlagen werden.

Da 1 und 10 die gleiche Mantisse haben, können gleiche Skalen zyklisch nach rechts oder links angetragen gedacht werden.

Beispiel 1: 2,5 · 1,5

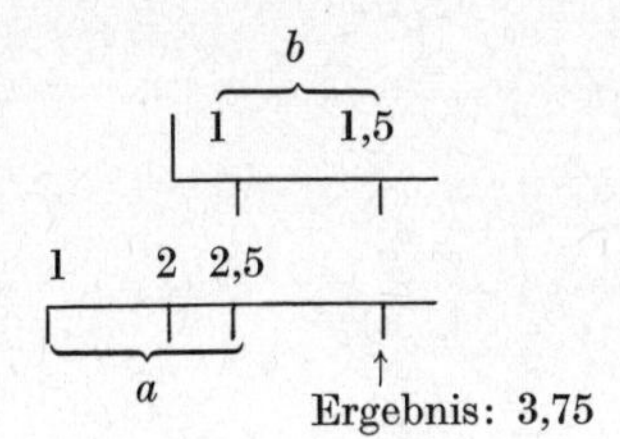

Addition der Strecken a und b.

Erklärung: $\log 2{,}5 + \log 1{,}5 = \log(2{,}5 \cdot 1{,}5) = \log 3{,}75$.

Beispiel 2: 3,5 · 5,6

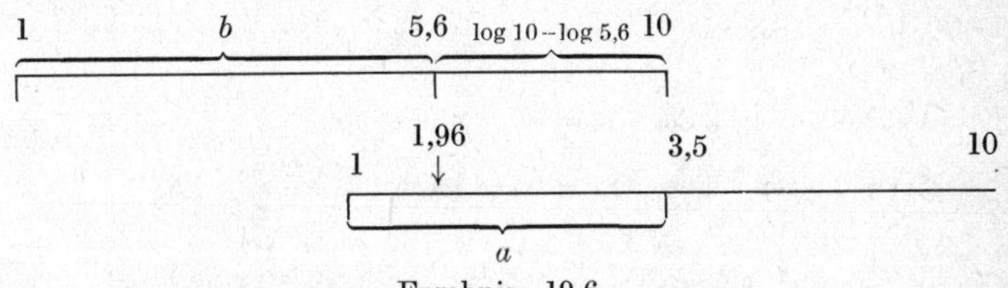

Erklärung: $\log 3{,}5 - (\log 10 - \log 5{,}6) = \log \frac{3{,}5 \cdot 5{,}6}{10} = \log 1{,}96$ (sogenanntes „Durchschieben").

Addition der Strecken a und b unter Ausnutzung des Skalenzyklus.

Beispiel 3: 8 : 2,4

Subtraktion der Strecken a–b.

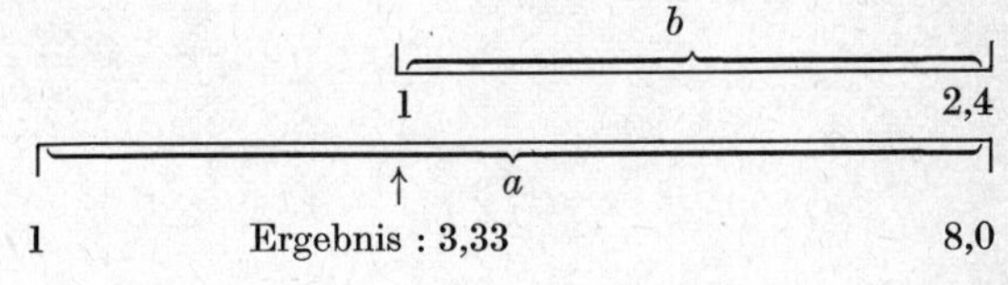

Erklärung: $\log 8{,}0 - \log 2{,}4 = \log \frac{8{,}0}{2{,}4} = \log 3{,}33$.

Beispiel 4: $3 : 5$ Subtraktion der Strecken a–b unter Ausnutzung des Skalenzyklus.

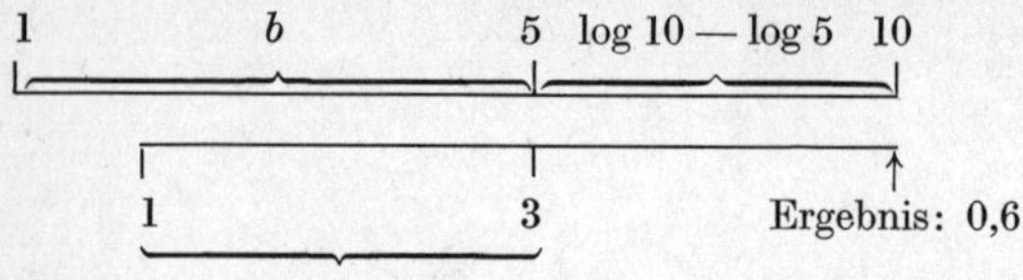

Erklärung: $\log 3 + (\log 10 - \log 5) = \log \frac{3 \cdot 10}{5} = \log 6.$

Reziprokskala

Die meisten Rechenschieber verfügen in der Mitte der Zunge über eine Reziprokskala. Hier sind die Logarithmen der Werte $\frac{10}{x}$ aufgetragen. Die Reziprokskala eignet sich zur Division, indem man statt mit $a : b$ mit $a \cdot \frac{10}{b}$ rechnet und die Einstellungen wie bei Beispiel 1 und 2 wählt, zur Multiplikation, indem man statt mit $a \cdot b$ mit $a : \frac{10}{b}$ rechnet und die Einstellungen wie bei Beispiel 3 und 4 wählt.

Obere Skala

Im allgemeinen sind bei Rechenschiebern oben auf der Zunge und auf dem Körper zwei aneinandergefügte logarithmische Skalen im halben Maßstab gegen die untere Skala von Körper und Zunge aufgetragen. Das *Quadrat* ist die korrespondierende Größe zur unteren Skala.

Die *Wurzel* ergibt sich entsprechend, indem man je nach geradem oder ungeradem Exponenten des Radikanden die zur linken oder rechten oberen Skala korrespondierende Größe auf der unteren Skala abliest.

Beispiel 6: $\sqrt{400}$ ($400 = 4 \cdot 10^2$; Exponent ist gerade)

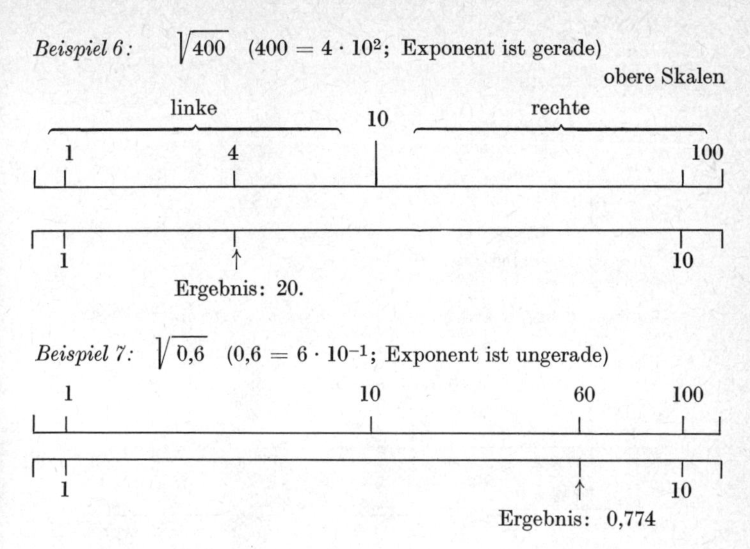

Beispiel 7: $\sqrt{0{,}6}$ ($0{,}6 = 6 \cdot 10^{-1}$; Exponent ist ungerade)

Wie bei den Beispielen 1–4 lassen sich mit Hilfe der oberen beiden Skalenpaare der Körper- u. Zungenseite Multiplikationen und Divisionen durchführen; doch wählt man aus Genauigkeitsgründen die Skalen der unteren Seite. Der Raum für Interpolation und Ablesung ist dort doppelt so groß.

Weitere Skalen

Verschiedene Rechenschieberfabrikate verfügen über weitere Skalen wie e^x, trigonometrische Funktionen, $\lg x$, $\sqrt{1 - x^2}$, x^3 usw. Diese Skalen beziehen sich im allgemeinen auf die untere Normalskala des Körpers, und man erhält das Ergebnis direkt mit dem Ablesefenster.

Hinweise zur Handhabung

Die einzelnen Herstellerfirmen von Rechenschiebern liefern zu ihren Fabrikaten auch Gebrauchsanweisungen.

Forderung: Möglichst geringer Genauigkeitsverlust bei der Durchführung von Rechnungen.

1. Jede Rechnung wegen der Kommastellung überschlagsmäßig im Kopf prüfen.

2. Multiplizieren und Dividieren nur auf der unteren Skala und der Reziprokskala durchführen.

3. Bei Ausdrücken der Form

$$\frac{a_1 \cdot a_2 \cdot \ldots a_m}{b_1 \cdot b_2 \cdot \ldots b_m}$$

abwechselnd dividieren und multiplizieren, um die Zahl der Einstellungen möglichst klein zu halten.

4. Bei mehrfachen Produkten die Reziprokskala verwenden.

Beispiel 8: 3,5 · 68 · 0,26 (eine Einstellung)

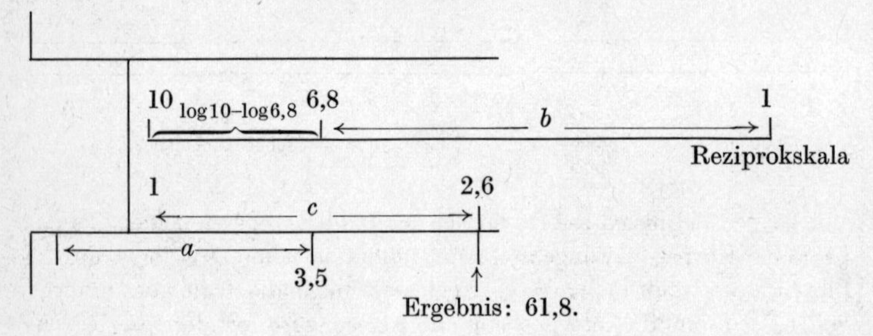

Erklärung: $\log 3{,}5 - \log 10 + \log 6{,}8 + \log 2{,}6 = \log \frac{3{,}5 \cdot 6{,}8 \cdot 2{,}6}{10} =$

$= \log 6{,}18.$

Spezielle Anwendungen

Zur Lösung der quadratischen Gleichung $x^2 + Ax + B = 0$, $B \neq 0$, wird die Form $x + A + \frac{B}{x} = 0$ verwendet.

Beispiel 9: $x^2 - 5{,}58\,x + 7 = 0$ oder $x - 5{,}58 + \frac{7}{x} = 0.$

Auf dem Rechenschieber kann über einem beliebigen Wert a der Grundskala der Wert $b = \frac{7}{a}$ auf der Reziprokskala gemäß Abb. eingestellt werden. Gesucht ist $a + b = 5{,}58$.

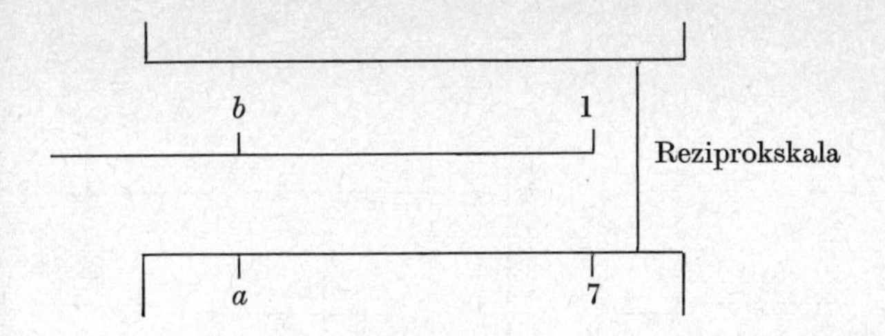

Lösung durch systematisches Probieren beim Ablesen mit dieser einen Einstellung:

a	$b = \frac{7}{a}$	$a + b$
1,75	4	5,75
2,0	3,5	5,5
1,9	3,68	5,58
x_1	x_2	

Lösung einer kubischen Gleichung: Die Verbesserung einer z. B. durch Zeichnung gefundenen Näherungslösung der reduzierten kubischen Gleichung läßt sich sehr einfach mit dem Rechenschieber ausführen.

Man schreibt die reduzierte kubische Gleichung in der Form

$$z^3 + p \cdot z + q = 0$$

oder – indem man die reduzierte Form durch z dividiert –

$$z^2 + \frac{q}{z} = -p.$$

Die beiden linken Ausdrücke lassen sich bequem auf dem Rechenschieber bilden. Stellt man den linken Anfangspunkt A (oder den rechten Anfangspunkt B) der reziproken Skala über den Wert q der Körperskala, dann gibt jener Teilstrich die zusammengehörenden Werte z, z^2 und $\frac{q}{z}$ an. Es ist nun jener Teilstrich zu suchen, bei dem die Summe $z^2 + \frac{q}{z}$ dem Vorzeichen nach gleich $(-p)$ ist. Ist dies erreicht, dann liest man auf der unteren Körperskala den z-Wert ab.

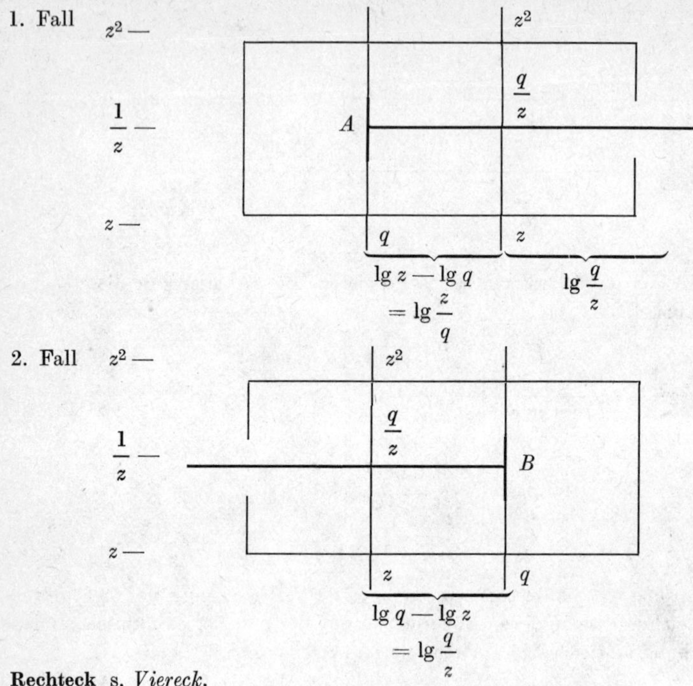

Rechteck s. *Viereck.*

rechter Winkel (L 39, 191). Ein rechter Winkel ist ein Winkel, der zu seinem Nebenwinkel kongruent und damit gleich ist. Durch Festsetzung mißt der rechte Winkel 90° (Altgrad) oder 100^g (Neugrad; s. *Winkel, Winkelmessung*).

Das Bogenmaß des rechten Winkels, gemessen am Einheitskreis, ist $\frac{\pi}{2}$.

Konstruktion des rechten Winkels (s. *Grundkonstruktionen*, Abb. 139)

Zum direkten Zeichnen eines rechten Winkels dienen aus Holz oder Kunststoff gefertigte Zeichendreiecke.

Im Altertum gebrauchte man das *Knotenseil* zum Abstecken rechtwinkliger Felder. Die ägyptischen Seilspanner legten ein geschlossenes Seil mit 12 Knoten, die in gleichen Abständen angebracht waren, in der gezeichneten Art (Abb. 203) aus. Bei C ist dann ein rechter Winkel. Die Seiten des Dreiecks sind 3 Einheiten, 4 Einheiten und 5 Einheiten lang.

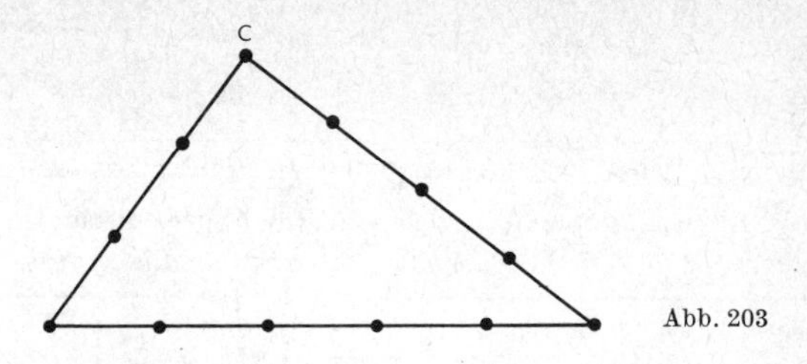

Abb. 203

Dieses Zahlentripel 3, 4, 5 (tripel von triplon, griech. dreifach) nennt man ein pythagoreisches Zahlentripel. Es ist das kleinste pythag. Zahlentripel, das nächste ist 5, 12, 13. Beide pythag. Zahlentripel waren im Altertum bekannt. Die allgemeine Form: Wenn m und n ganze Zahlen sind, gilt für 3 pythag. Zahlen: $a = m^2 - n^2$, $c = m^2 + n^2$ und $b = 2\,mn$.

Zur Konstruktion eines rechten Winkels, dessen Schenkel durch die Endpunkte einer gegebenen Strecke $\overline{AB} = c$ gehen, dient der *Thaleskreis.*

Der Thaleskreis ist der Kreis mit dem Radius $\frac{c}{2}$ um den Mittelpunkt M der gegebenen Strecke $c = \overline{AB}$. Auf dem Thaleskreis liegen die Scheitel C_i aller rechten Winkel, deren Schenkel durch die Endpunkte A und B der Strecke $\overline{AB} = c$ gehen (Abb. 83).

rechtwinkliges Dreieck. Ein ebenes Dreieck heißt rechtwinklig (Abb. 92), wenn einer seiner Winkel ein rechter Winkel ist. In einem solchen Dreieck nennt man die Seiten, die den rechten Winkel einschließen, *Katheten,* die dem rechten Winkel gegenüberliegende Seite *Hypotenuse.*

Lehrsätze über das rechtwinklige Dreieck siehe unter *Dreieck.*

reelle Zahlen (s. A. V). Die reellen Zahlen sind diejenigen Zahlen, die man durch Dezimalzahlen mit endlich oder unendlich vielen Stellen (periodisch oder nicht periodisch) darstellen kann. Als Modell können die Punkte der Zahlengeraden (s. d.) dienen.

Reelle Zahlen
(positive und negative reelle Zahlen)

<table>
<tr><td colspan="2">Rationale Zahlen
(Dezimalzahlen mit endlich vielen Stellen und periodische Dezimalz.)</td><td colspan="2">Irrationale Zahlen
(nicht periodische Dezimalzahlen mit unendlich vielen Stellen)</td></tr>
<tr><td>Ganze Zahlen
3, —5</td><td>Brüche
$\frac{3}{4}$, $\frac{-7}{3}$</td><td>Algebraisch irrationale Z.
$\sqrt{2}$, $\sqrt[3]{9}$</td><td>Transzendent irrationale Z.
e, π, lg 3, $e^{\sqrt{2}}$</td></tr>
</table>

(s. *Zahlenarten*).

Reflexivität (s. A. II). Eine zweistellige Relation (s. d.) heißt reflexiv, wenn jedes Paar, das aus zwei gleichen Elementen besteht, zur Relation gehört.

Beispiele für reflexive Relationen sind die Gleichheit, die Kongruenz und die Ähnlichkeit.

regelmäßiges Vieleck. Regelmäßige Vielecke sind Vielecke, deren Seiten alle gleich lang und deren Innenwinkel alle gleich groß sind. Alle regelmäßigen Vielecke mit der gleichen Anzahl von Ecken sind untereinander ähnlich. Jedem regelmäßigen Vieleck läßt sich ein Kreis einbeschreiben und ein Kreis umbeschreiben. Inkreis und Umkreis desselben regelmäßigen Vielecks haben den gleichen Mittelpunkt. Verbindet man den Umkreismittelpunkt eines regelmäßigen Vielecks mit den Ecken des Vielecks, so entstehen n (Anzahl der Ecken) gleichschenklige Dreiecke, deren Schenkel gleich dem Radius des Umkreises, deren Basis gleich einer Seite des regelmäßigen Vielecks ist. Der Winkel an der Spitze jedes dieser Dreiecke ist $\frac{360°}{n}$. Man nennt ein solches Dreieck *Bestimmungsdreieck* des Vielecks (Abb. 204). Die beiden Basiswinkel des Bestimmungsdreiecks ergeben zusammen den Innenwinkel bei einer Ecke des Vielecks, also

$$180° - \frac{360°}{n} = 180° \cdot \frac{n-2}{n}.$$

Die Höhe des Bestimmungsdreiecks ist gleich dem Radius des Inkreises des Vielecks.
Jedes regelmäßige Vieleck ist *n-strahlig-symmetrisch* (s. d.) zu seinem Umkreismittelpunkt. Es kommt nach einer Drehung um den Winkel $\frac{360°}{n}$ mit sich selbst zur Deckung.

Regelmäßige Vielecke mit gerader Eckenzahl sind auch zentrischsymmetrisch zum Umkreismittelpunkt.

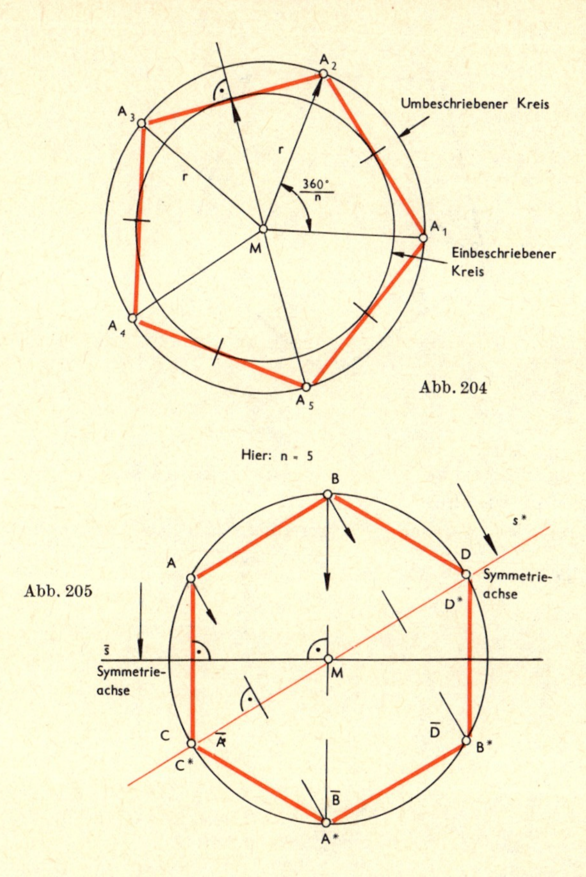

Abb. 204

Abb. 205

Regelmäßige Vielecke mit gerader Eckenzahl besitzen n Symmetrieachsen. Dabei sind $\frac{n}{2}$ Symmetrieachsen Verbindungslinien von gegenüberliegenden Ecken, und $\frac{n}{2}$ Symmetrieachsen sind Verbindungslinien der Mittelpunkte von gegenüberliegenden Seiten (Abb. 205).

Regelmäßige Vielecke mit ungerader Eckenzahl besitzen ebenfalls n Symmetrieachsen. Jede solche Symmetrieachse geht durch eine Ecke und durch den Mittelpunkt der gegenüberliegenden Seite (Abb. 206).

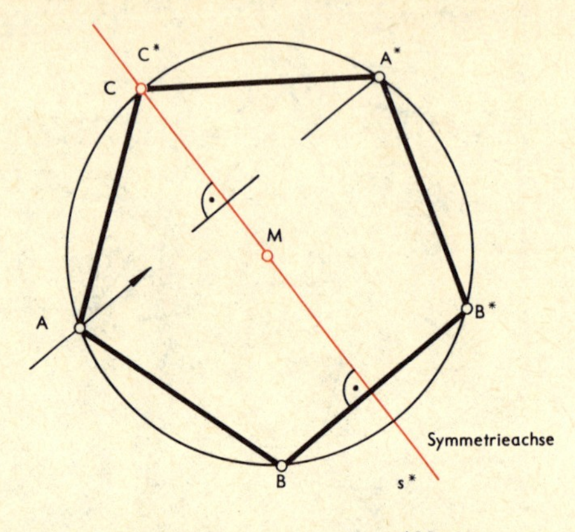

Abb. 206

Beziehungen zwischen Umkreisradius, Inkreisradius, Seite, Umfang und Fläche

Zwischen der Seite a_n, dem Umkreisradius r und dem Inkreisradius ϱ_n besteht die Beziehung (Abb. 207) $r^2 = \left(\frac{a_n}{2}\right)^2 + \varrho^2{}_n$. Daraus folgt:

$$a_n = 2 \cdot \sqrt{r^2 - \varrho_n{}^2} \text{ oder } \varrho_n = \frac{1}{2} \sqrt{4r^2 - a_n{}^2}.$$

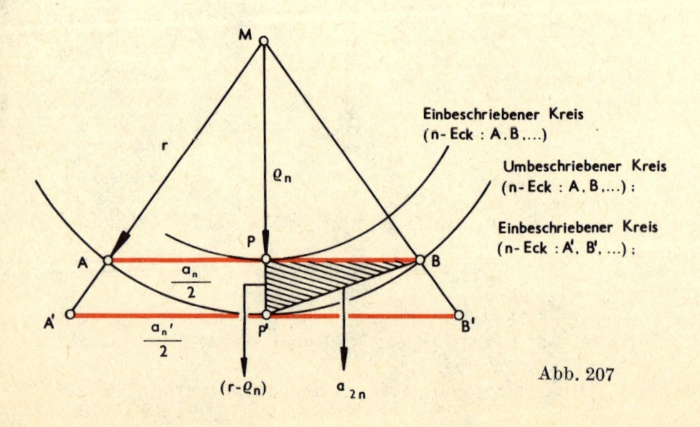

Abb. 207

Der Flächeninhalt des Bestimmungsdreiecks ist damit $F = \frac{1}{2} a_n \cdot \varrho_n$,

n-mal so groß ist der Flächeninhalt des regelmäßigen n-Ecks $F_n = \frac{n}{2} a_n \cdot \varrho_n$

$= \frac{1}{2} (n a_n) \cdot \varrho_n = \frac{1}{2} u_n \cdot \varrho_n$. Dabei bedeutet u_n Umfang des n-Ecks.

Die Seite a'_n des umbeschriebenen n-Ecks berechnet man aus der Proportion $a_n : a'_n = \varrho_n : r$; es ergibt sich $a'_n = \frac{r \cdot a_n}{\varrho_n}$.

Für den Flächeninhalt des umbeschriebenen regelmäßigen n-Ecks folgt daraus: $F'_n = \frac{n}{2} a'_n r = \frac{r}{2} \cdot u'_n$ (u'_n ist der Umfang des umbeschriebenen n-Ecks).

Die Seite des demselben Kreis einbeschriebenen $2n$-Ecks kann nach Abb. 194 auch leicht berechnet werden. Es ist $a_{2n}^2 = \left(\frac{a_n}{2}\right)^2 + (r - \varrho_n)^2$,

also $a_{2n}^2 = r^2 - \varrho_n^2 + r^2 - 2r\varrho_n + \varrho_n^2 = 2r^2 - 2r\varrho_n = 2r(r - \varrho_n)$;

$$a_{2n} = \sqrt{2r(r - \varrho_n)}.$$

Konstruktion der regelmäßigen Vielecke

Gauß hat bewiesen, daß jedes regelmäßige n-Eck, das einem Kreis vom Radius r einbeschrieben werden soll, dann unter alleiniger Verwendung von Zirkel und Lineal konstruiert werden kann, wenn in der Primfaktorzerlegung von n außer einer eventuellen Zweierpotenz nur die Primzahlen von der Form $p = 2^{2^k} + 1$ in der ersten Potenz vorkommen. Dabei darf k irgendeine ganze Zahl sein. Für $k = 0$ erhält man $p = 3$, für $k = 1$ wird $p = 5$, für $k = 2$ wird $p = 17$, für $k = 3$ wird $p = 257$, für $k = 4$ wird $p = 65537$. Für $k = 5$ ist allerdings $p = 2^{2^5} + 1$ keine Primzahl, sondern hat den Teiler 641 (L 19).

Danach sind mit Zirkel und Lineal konstruierbar das regelmäßige

Dreieck	Quadrat	Fünfeck	15-Eck	17-Eck
Sechseck	Achteck	Zehneck	30-Eck	34-Eck
Zwölfeck	16-Eck	20-Eck	60-Eck	68-Eck
24-Eck	32-Eck	40-Eck	120-Eck	136-Eck
48-Eck	64-Eck	80-Eck	240-Eck	272-Eck
96-Eck	128-Eck	160-Eck	480-Eck	544-Eck
192-Eck	256-Eck	320-Eck	960-Eck	1088-Eck
usw.	usw.	usw.	usw.	usw.

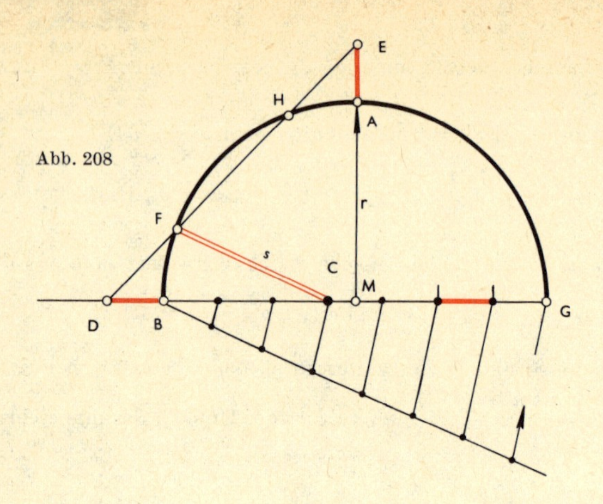

Abb. 208

Die nächsten Folgen von mit Zirkel und Lineal konstruierbaren n-Ecken beginnen mit dem 51-Eck, dem 85-Eck, dem 255-Eck und dem 257-Eck.

Näherungskonstruktionen

Näherungskonstruktionen sind selbstverständlich für jedes n-Eck möglich. Für $n \geqq 5$ gilt:

Beispiel: (Abb. 208) Der Durchmesser $\overline{BG}$ eines Kreises vom Radius r wird in n gleiche Teile geteilt (in der Figur ist $n = 7$).

Zu $\overline{BG}$ wird im Mittelpunkt M die Senkrechte MA gezeichnet.

$\overline{MA}$ und $\overline{MB}$ werden jeweils um ein Teilstück $\left(\frac{1}{n}\overline{BG}\right)$ bis E bzw. D verlängert. Die Gerade ED schneidet den Kreis in zwei Punkten F und H. Man verbindet nun den D am nächsten liegenden Punkt F mit dem von B aus gerechneten dritten Teilpunkt C. CF ist näherungsweise gleich der Seite s des gesuchten regelmäßigen n-Ecks.

Konstruktion besonderer regelmäßiger Vielecke

Da alle regelmäßigen Vielecke mit der gleichen Seitenzahl ähnlich sind, kann man alle zeichnen, wenn eines von ihnen konstruiert ist. Ein regelmäßiges Vieleck kann gezeichnet werden, wenn sein Bestimmungsdreieck konstruiert werden kann.

I. *Die regelmäßigen Vielecke mit der Eckenzahl* $4 \cdot 2^k = n$

Das erste Vieleck dieser Reihe ist das Quadrat. Zeichnet man in einem Kreis mit dem Radius r zwei aufeinander senkrechte Durchmesser und verbindet deren Endpunkte miteinander, so erhält man das dem Kreis einbeschriebene Quadrat.

Nach Halbieren des Winkels, den die Diagonalen des Quadrates miteinander bilden, entstehen durch Schneiden dieser Winkelhalbierenden mit dem Kreis vier neue Punkte, die mit den ursprünglichen vier Quadratecken das dem Kreis einbeschriebene Achteck liefern. Durch eine entsprechende Konstruktion folgt aus dem Achteck das Sechzehneck, aus dem Sechzehneck das 32-Eck usw.

II. *Die regelmäßigen Vielecke mit der Eckenzahl* $3 \cdot 2^k = n$

Trägt man auf der Peripherie eines Kreises mit dem Radius r von irgendeinem Punkt aus sechsmal nacheinander die Sehne der Länge r ab, so erhält man die sechs Eckpunkte des dem Kreis einbeschriebenen regelmäßigen Sechsecks. Überschlägt man je einen Eckpunkt des regelmäßigen Sechsecks, so bekommt man die drei Ecken des demselben Kreis einbeschriebenen regelmäßigen Dreiecks. Aus dem regelmäßigen Sechseck kann man durch Halbieren der Zentriwinkel der Bestimmungsdreiecke das regelmäßige Zwölfeck, aus diesem das regelmäßige 24-Eck usw. konstruieren.

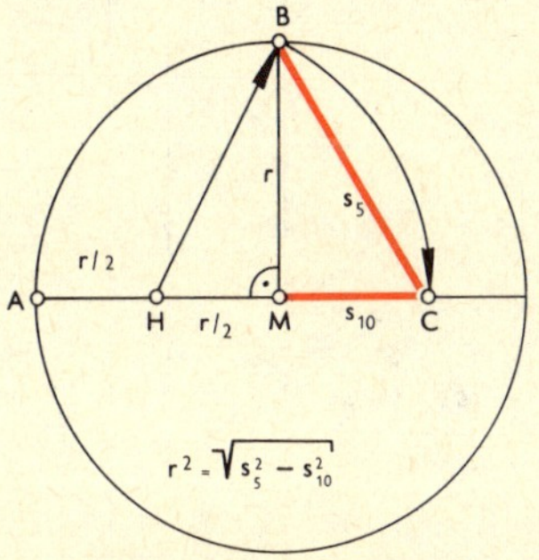

Abb. 209

III. *Die regelmäßigen Vielecke mit der Eckenzahl* $5 \cdot 2^k = n$

Der Winkel (AMB) sei ein 90°-Mittelpunktswinkel eines Kreises (Abb. 209). Trägt man vom Halbierungspunkt H der Strecke $\overline{AM}$ aus die Strecke $\overline{HB}$ auf der Verlängerung von $\overline{AM}$ ab, dann erhält man dadurch einen Punkt C, dessen Entfernung von B gleich der Seite s_5 des regelmäßigen 5-Ecks und dessen Entfernung von M gleich der Seite s_{10} des regelmäßigen 10-Ecks ist, das dem Kreis einbeschrieben werden kann. Durch Halbieren der Zentriwinkel erhält man die Ecken des einbeschriebenen regelmäßigen 20-Ecks usw.

Übersicht über die dem Kreis mit dem Radius r einbeschriebenen n-Ecke:

Eckenzahl n	3	4	5	6	8	10
Zentriwinkel α_n	120°	90°	72°	60°	45°	36°
Seite s_n	$r\sqrt{3}$	$r\sqrt{2}$	$\frac{r}{2}\sqrt{10-2\sqrt{5}}$	r	$r\sqrt{2-\sqrt{2}}$	$\frac{r}{2}(\sqrt{5}-1)$
Umfang u_n	$3r\sqrt{3}$	$4r\sqrt{2}$	$\frac{5r}{2}\sqrt{10-2\sqrt{5}}$	$6r$	$8r\sqrt{2-\sqrt{2}}$	$5r(\sqrt{5}-1)$
Inkreisradius ϱ_n	$\frac{1}{2}r$	$\frac{r}{2}\sqrt{2}$	$\frac{r}{4}(\sqrt{5}+1)$	$\frac{r}{2}\sqrt{3}$	$\frac{r}{2}\sqrt{2+\sqrt{2}}$	$\frac{r}{4}\sqrt{10+2\sqrt{5}}$
Fläche F_n	$\frac{3}{4}r^2\sqrt{3}$	$2r^2$	$\frac{5}{8}r^2\sqrt{10+\sqrt{20}}$	$\frac{3}{2}r^2\sqrt{3}$	$2r^2\sqrt{2}$	$\frac{5}{4}r^2\sqrt{10-2\sqrt{5}}$

Übersicht über die n-Ecke mit der Seite a:

Eckenzahl n	3	4	5	6	8	10
Umkreisradius r_n	$\frac{a}{3}\sqrt{3}$	$\frac{a}{2}\sqrt{2}$	$\frac{a}{10}\sqrt{50+10\sqrt{5}}$	a	$\frac{a}{2}\sqrt{4+2\sqrt{2}}$	$\frac{a}{2}(\sqrt{5}+1)$
Inkreisradius ϱ_n	$\frac{a}{6}\sqrt{3}$	$\frac{a}{2}$	$\frac{a}{10}\sqrt{25+10\sqrt{5}}$	$\frac{a}{2}\sqrt{3}$	$\frac{a}{2}(\sqrt{2}+1)$	$\frac{a}{2}\sqrt{5+2\sqrt{5}}$
Fläche F_n	$\frac{a^2}{4}\sqrt{3}$	a^2	$\frac{a^2}{4}\sqrt{25+10\sqrt{5}}$	$\frac{3}{2}a^2\sqrt{3}$	$2a^2(\sqrt{2}+1)$	$\frac{5a^2}{2}\sqrt{5+2\sqrt{5}}$

IV. *Das regelmäßige 15-Eck und die Vielecke mit der Eckenzahl*

$15 \cdot 2^k = n$

Der Zentriwinkel des 15-Ecks ist 24°. Man kann diesen Winkel als Differenz der Winkel 60° (gleichseitiges Dreieck) und 36° (Zentriwinkel des regelmäßigen Zehnecks) konstruieren. Folglich lassen sich das regelmäßige 15-Eck und alle n-Ecke mit der Eckenzahl $n = 15 \cdot 2^k$ konstruieren.

Reihe s. *Folge.*

Relation (s. A. II)

Definition 1: Eine Relation R zwischen Elementen aus den Mengen M_1 und M_2 ist eine Teilmenge des kartesischen Produkts $M_1 \times M_2$. Im Falle $M_1 = M_2 = M$ spricht man von einer Relation in (oder auf) M.

Meistens wird diese Teilmenge in der beschreibenden Form als Erfüllungsmenge einer Aussageform $A(x, y)$ mit zwei Variablen gegeben („x fährt nach y“, „x teilt y“, „$x^2 + y^2 = 1$“, „$x \in y$“ usw.), wobei M_1 und M_2 die beiden Grundmengen sind. Ist $A(a, b)$ für $a \in M_1$ und $b \in M_2$ wahr, so schreiben wir (a, b) $\in R$ oder aRb, gelesen: „a steht zu b in der Relation R“. Ist dagegen $A(a, b)$ falsch für $a \in M_1$ und $b \in M_2$, so schreiben wir (a, b) $\notin R$ oder $a\not R b$, gelesen: „a steht zu b nicht in der Relation R“.

Definition 2: Die Menge der in einer Relation $R \subset M_1 \times M_2$ auftretenden ersten Koordinaten heißt der Definitionsbereich (oder Vorbereich) der Relation R: $D_R = \{x \mid x \in M_1$ und es gibt $y \in M_2$, so daß $(x, y) \in R\}$.

Definition 3: Die Menge der in einer Relation $R \subset M_1 \times M_2$ auftretenden zweiten Koordinaten heißt der Wertebereich W_R (oder Nachbereich) der Relation R: $W_R = \{y \mid y \in M_2$ und es gibt $x \in M_1$, so daß $(x, y) \in R\}$.

Offensichtlich ist $D_R \subset M_1$, $W_R \subset M_2$.

Beispiel 1: $M_1 = M_2 = \{1, 2, 3, 4, 5, 6,\} = M$ sind die beiden Grundmengen (es handelt sich also um gleiche Mengen!), und die Relation R sei durch die Aussageform „x teilt y“, $x \in M$, $y \in M$ gegeben. Es handelt sich bei diesem Beispiel um eine Relation in M (man sagt auch: auf M). Sie läßt sich übersichtlich als Menge geordneter Paare darstellen (an erster Stelle steht in jedem der geordneten Paare der „Teiler“, an zweiter Stelle jeweils eine Zahl aus M, die durch diesen Teiler teilbar ist):

$$R = \{(1, 1), (1, 2), (1, 3), (1, 4), (1, 5), (1, 6), (2, 2), (2, 4), (2, 6), (3, 3), (3, 6), (4, 4), (5, 5), (6, 6)\}.$$

Die Menge R beschreibt die vorliegende Relation vollständig; daher können wir von der Relation R sprechen. $(2, 6) \in R$ bedeutet also: 2 teilt 6. Statt $(2, 6) \in R$ schreibt man auch oft $2 R 6$. Dagegen ist z. B. $(2, 5) \notin R$, denn 2 teilt nicht 5. Statt $(2, 5) \notin R$ schreibt man auch $2 \not R 5$.
R ist offenbar eine Teilmenge (s. d.) des kartesischen Produkts (s. d.) der Grundmenge M mit sich selbst, $M \times M$. Die Veranschaulichung dieser **Relation in M ist wie folgt möglich (Abb. 210 a bis d).**

a) Tabellenform:

x	y
1	1
1	2
1	3
1	4
1	5
1	6
2	2
2	4
2	6
3	3
3	6
4	4
5	5
6	6

b) Pfeildiagramm:

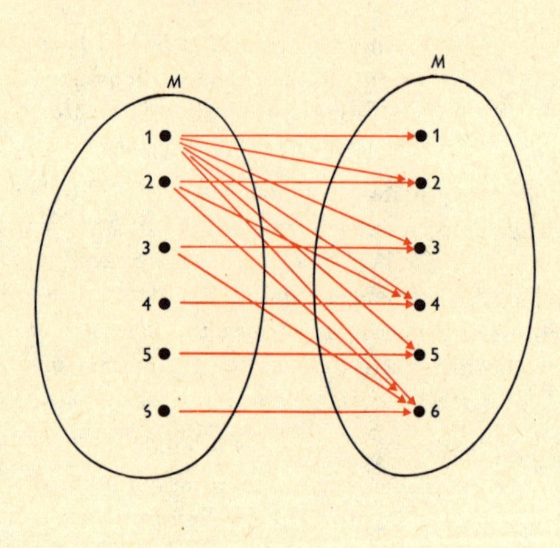

c) Darstellung im Koordinatensystem:

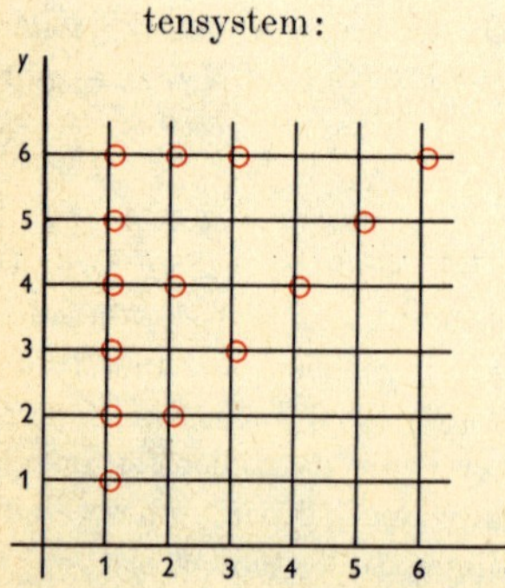

d) Matrizendarstellung:

x \ y	1	2	3	4	5	6
1	1	1	1	1	1	1
2	0	1	0	1	0	1
3	0	0	1	0	0	1
4	0	0	0	1	0	0
5	0	0	0	0	1	0
6	0	0	0	0	0	1

(hierbei ist R durch 1 und $\not R$ durch 0 ersetzt worden)

Abb. 210

Die Darstellung der Relation als Pfeildiagramm läßt sich in diesem Fall wegen $M_1 = M_2$ (Relation in M) noch vereinfachen: es genügt, daß man das Venn-Diagramm von M nur einmal zeichnet und $(a, b) \in R$ (bzw. aRb also „a teilt b") durch Relationspfeil $a \to b$ innerhalb dieses Diagramms kennzeichnet. Da bei der vorliegenden Relation für alle $a \in M$ $(a, a) \in R$ (d.h. aRa) gilt, erhält jedes Element von M einen in sich zurücklaufenden Relationspfeil (eine „Schleife"). Die Abb. 211 zeigt das vereinfachte Pfeildiagramm.

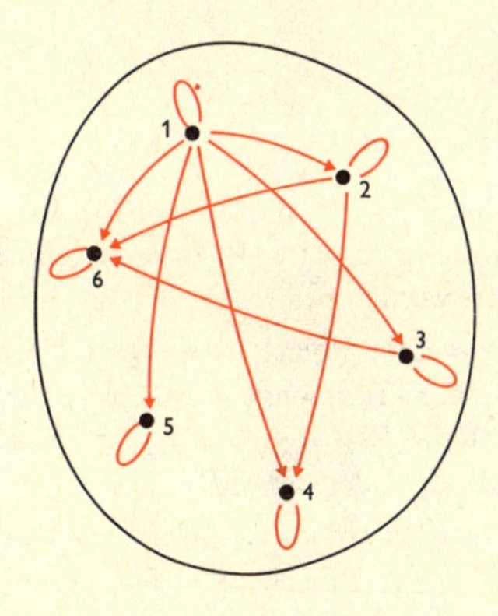

Abb. 211

Beispiel 2: Die Grundmenge ist die Menge $\mathbb{R}$ der reellen Zahlen, $R = \{(x, y) \mid (x, y) \in \mathbb{R} \times \mathbb{R} \text{ und } x^2 + y^2 = 1\}$ ist eine Relation in $\mathbb{R}$. Die diese Relation beschreibende Aussageform ist die Gleichung $x^2 + y^2 = 1$. Wie man durch Einsetzen sofort nachprüft, ist $(0, 1) \in R$, $(0, -1) \in R$, $(1, 0) \in R$, $(-1, 0) \in R$, $\left(\frac{1}{2}, \frac{1}{2}\sqrt{3}\right) \in R$ usw. Eine vollständige Darstellung dieser Relation ist aber in der aufzählenden Form nicht möglich, weil die Gleichung $x^2 + x^2 = 1$ durch unendlich viele Wertepaare erfüllbar ist; R ist eine unendliche Menge. Aus diesem Grunde ist auch die Veranschaulichung der Relation R durch ein Pfeildiagramm oder durch eine Matrizendarstellung nicht möglich. In Tabellenform dagegen läßt sich stets eine endliche Teilmenge von R angeben, während die Darstellung dieser Relation im Koordinatensystem einen Kreis um 0 mit dem Radius 1 liefert (Satz von Pythagoras; vgl. Abb. 212).

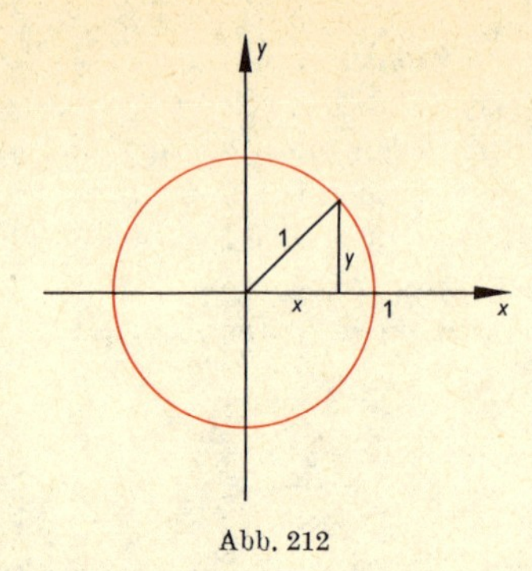

Abb. 212

Abschließend sei noch erwähnt, daß es sich bei den bisher betrachteten Relationen um zweistellige (binäre) Relationen handelte. Die Definition 1 kann verallgemeinert werden:

Definition 4: Eine n-stellige Relation zwischen den Mengen $M_1, M_2, \ldots, M_n$ ist eine Teilmenge R von $M_1 \times M_2 \times \ldots \times M_n$. Im Falle $M_1 = M_2 = \cdots = M_n = M$ spricht man von einer Relation in (oder auf) M.

Eine solche Teilmenge kann als Erfüllungsmenge einer Aussageform $A(x_1, x_2, \ldots, x_n)$ mit n Variablen beschrieben werden, wobei $M_1, M_2, \ldots, M_n$ die betreffenden Grundmengen sind. Für $(x_1, x_2, \ldots, x_n) \in R$ sagt man auch: „$x_1, x_2, \ldots, x_n$ stehen zueinander in der Relation R".
Beispiel einer dreistelligen (ternären) Relation: $M_1 = M_2 = M_3 = \mathbb{N}$ (Menge der natürlichen Zahlen),

$$R = \{(x, y, z) \mid x \in \mathbb{N}, y \in \mathbb{N}, z \in \mathbb{N} \text{ mit } x < y \text{ und } y < z\}.$$

Das ist die „Zwischen"-Relation in $\mathbb{N}$; $(x, y, z) \in R$ bedeutet „y liegt zwischen x und z". Wegen $3 < 5$ und $5 < 6$ ist z. B. $(3, 5, 6) \in R$; dagegen ist $(5, 3, 6) \notin R$.
Siehe auch: *Äquivalenzrelation, Ordnungsrelation.*

relative Zahl. Veraltete Bezeichnung für ganze Zahl (s. d.).

Restklasse (s. A. VI).

reziproke Gleichungen. Man nennt eine algebraische Gleichung reziprok, wenn der reziproke Wert jeder ihrer Wurzeln auch eine Wurzel der Gleichung ist;

z. B.: $x^2 - \frac{5}{2}x + 1 = 0$ hat die Lösung $x_1 = 2$ und $x_2 = \frac{1}{2}$

(s. *Gleichungen*).

Rhombus s. *Raute*.

Ring (s. A. VI). Ein Ring ist grob gesagt ein Zahlbereich, in dem man unbeschränkt addieren, subtrahieren und multiplizieren kann. Doch ist im allgemeinen die uneingeschränkte Division in einem Ring nicht möglich. Das wichtigste Beispiel eines Ringes in der Elementarmathematik sind die ganzen Zahlen.
Genauer läßt sich ein Ring wie folgt beschreiben: Ein Ring ist eine Menge von mindestens zwei Elementen, in der zwei Verknüpfungen + und · erklärt sind. Die Menge ist hinsichtlich der Verknüpfung + eine abelsche Gruppe (s. d.) und sie ist bzgl. • assoziativ. Außerdem gilt das Distributivgesetz:

$$(a + b) \cdot c = a \cdot c + b \cdot c \text{ und } c \cdot (a + b) = c \cdot a + c \cdot b.$$

Ist die Verknüpfung · kommutativ – wie bei den ganzen Zahlen –, so heißt der Ring kommutativ. Gibt es für die Verknüpfung · ein neutrales Element, so liegt ein Ring mit Einselement vor.

römische Zahlzeichen. Die römischen Zahlzeichen dienten den Römern zum Schreiben der Zahlen. Sie wurden etwa bis zum 12. Jahrhundert in Mitteleuropa allgemein gebraucht. Heute verwendet man sie höchstens noch zur Numerierung oder bei Inschriften zur Bezeichnung der Jahreszahl. Die römischen Ziffern haben einen festen Wert, also keinen Stellenwert wie die arabischen Ziffern. Die Zeichen sind:

I = 1, V = 5, X = 10, L = 50, C = 100, D = 500, M = 1000.

Jedes der Zeichen I, X, C und M wird so oft gesetzt, wie Einheiten der betreffenden Zahl vorhanden sind, jedoch nicht öfter als dreimal. Das Vierfache einer Einheit wird geschrieben, indem vor das entsprechende der Zeichen – V, L, oder D – die jeweils nächstkleinere Einheit gesetzt wird.

IV = 4, XL = 40, CD = 400.

Bei dem Neunfachen einer Einheit wird entsprechend wie beim Vierfachen verfahren.

IX = 9, XC = 90 und CM = 900.

Bei zusammengesetzten Zahlen folgen die Ziffern der Größe nach aufeinander. Diese regelmäßige Stellung bedeutet Addition der entsprechenden Zahlenwerte;

z. B.: MMCMXLIII = 2000 + 900 + 40 + 3 = 2943

I = 1	XI = 11	XXI = 21	XXXI = 31	XLI = 41
II = 2	XII = 12	XXII = 22	XXXII = 32	XLII = 42
III = 3	XIII = 13	XXIII = 23	XXXIII = 33	XLIII = 43
IV = 4	XIV = 14	XXIV = 24	XXXIV = 34	XLIV = 44
V = 5	XV = 15	XXV = 25	XXXV = 35	XLV = 45
VI = 6	XVI = 16	XXVI = 26	XXXVI = 36	XLVI = 46
VII = 7	XVII = 17	XXVII = 27	XXXVII = 37	XLVII = 47
VIII = 8	XVIII = 18	XXVIII = 28	XXXVIII = 38	XLVIII = 48
IX = 9	XIX = 19	XXIX = 29	XXXIX = 39	XLIX = 49
X = 10	XX = 20	XXX = 30	XL = 40	L = 50

Rückwärtseinschnitt (Rückwärtseinschneiden). Unter dem Rückwärtseinschneiden versteht man die Bearbeitung der folgenden Aufgabe:

Es soll die Entfernung eines Punktes P von drei gegebenen Punkten A, B und C ermittelt werden, wobei die Entfernung zwischen A und B ($\overline{AB} = a$) und B und C ($\overline{BC} = b$) und der von diesen beiden Strecken eingeschlossene Winkel γ bekannt sind. Zur Lösung der Aufgabe mißt man vom Standort P aus die Richtungsunterschiede zwischen den Strecken $\overline{PA}$ und $\overline{PB}$ ($\sphericalangle \alpha$) und zwischen $\overline{PB}$ und $\overline{PC}$ ($\sphericalangle \beta$) und ermittelt daraus rechnerisch die Entfernung $\overline{PB} = s$. Die Entfernungen $\overline{PA}$ und $\overline{PC}$ lassen sich daraus leicht bestimmen (Abb. 213).

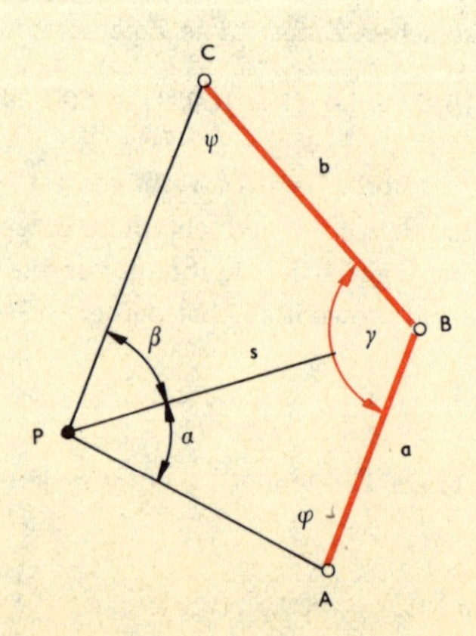

Abb. 213

Zunächst ist (s. *Trigonometrie*)

$$\overline{PB} = s = a \cdot \frac{\sin\varphi}{\sin\alpha} = b \cdot \frac{\sin\psi}{\sin\beta} \text{ (Sinussatz).}$$

Daraus folgt:

$$\frac{\sin\varphi}{\sin\psi} = \frac{b\sin\alpha}{a\sin\beta}.$$

Andererseits ist $\dfrac{\sin\varphi}{\sin\psi} = \sin(\varphi+\psi)\cot\psi - \cos(\varphi+\psi)$.

Damit gilt:

$$\sin(\varphi+\psi)\cot\psi - \cos(\varphi+\psi) = \frac{b\sin\alpha}{a\sin\beta}$$

$$\text{bzw. } \cot\psi = \cot(\varphi+\psi) + \frac{b\sin\alpha}{a\sin\beta\sin(\varphi+\psi)}.$$

Aus dieser letzten Gleichung kann der Winkel ψ berechnet werden, denn der Winkel $\varphi + \psi$ ist bekannt: $\varphi + \psi = 360° - (\alpha + \beta + \gamma)$. Nach der Berechnung von ψ kann die Entfernung $\overline{PB} = s$ aus $s = \dfrac{b \cdot \sin\psi}{\sin\beta}$ errechnet werden. Wenn $\varphi + \psi = 180°$ ist, d. h., die Punkte A, B, C und P auf einem Kreis liegen, so ist $\sin(\varphi + \psi) = 0$. Man kann dann $\cot\psi$ aus der obigen Gleichung nicht berechnen. Der Punkt P ist in diesem Fall durch die obigen Verabredungen nicht eindeutig festgelegt (vgl. *Peripheriewinkel*).

Scheitelwinkel s. *Winkel.*

Scherung. Die Scherung ist eine affine Abbildung in der Ebene oder im Raum, bei der die Affinitätsstrahlen parallel zur Affinitätsachse (Abb.

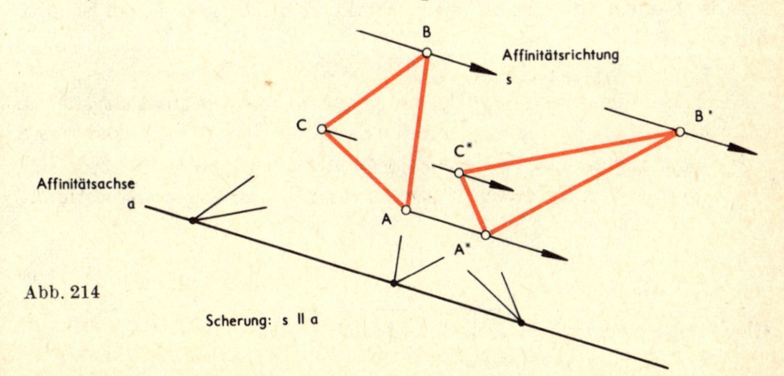

Abb. 214

214) bzw. Affinitätsebene sind. Die Flächen oder Volumina entsprechender Figuren bzw. Körper sind gleich. Es handelt sich also um eine flächentreue Affinität. Da sich bei einer Scherung die Winkel ändern, sind ursprüngliche Figur und Bild nicht kongruent und nicht ähnlich; s. auch *Abbildung, affine*.

Ist $ABCDEFGH$ ein gegebener Quader, so entsteht aus diesem ein *Parallelflach* $ABCDE'F'G'H'$ durch räumliche Scherung in irgendeiner Richtung parallel zur Ebene $ABCD$ (Abb. 215); zum Beispiel $E \to E'$, wobei E' ein Punkt aus der Ebene $EFGH$ ist.

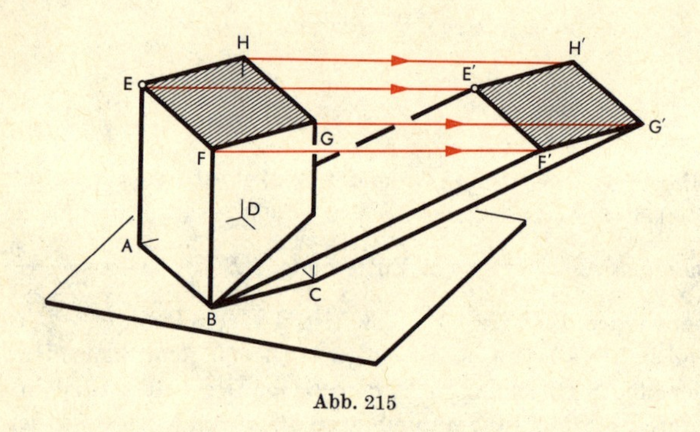

Abb. 215

Schnittgerade. Zwei Ebenen des Raumes haben entweder genau eine „Schnittgerade" im Endlichen gemeinsam, oder sie sind parallel.

Schnittpunkt. Zwei Geraden, die in einer Ebene liegen und nicht parallel sind, schneiden einander in einem Punkt im Endlichen, ihrem Schnittpunkt.

Sind die Geraden durch ihre Gleichungen in einem Koordinatensystem in der Ebene gegeben, so kann man die Koordinaten des Schnittpunktes S berechnen, indem man die Geradengleichungen als System von zwei Gleichungen mit zwei Variablen betrachtet und das Lösungspaar bestimmt.

Beispiel: Gerade g_1 $y = 3x - 1$
Gerade g_2 $y = -3x + 5$

Gleichungssystem: $y - 3x = -1$
$y + 3x = 5$

Lösung des Gleichungssystems:

$$x = 1, \quad y = 2.$$

Schnittpunkt: $S(1, 2)$ (s. *graphische Lösung von Gleichungen*; Abb. 133).

Schnittpunkt zweier Kurven. Schnittpunkte zweier Kurven (in der Ebene oder im Raum) sind diejenigen Punkte, die beiden Kurven angehören.

Schrägbild. Das Bild eines Raumobjektes bei schiefer Parallelprojektion auf eine Ebene (s. *darstellende Geometrie*; Abb. 57, 58).

Schwerlinien. Die Schwerlinien im Dreieck sind die Seitenhalbierenden des Dreiecks (s. *Dreieck*).

Schwerpunkt eines Dreiecks. Der Schwerpunkt eines Dreiecks ist der Schnittpunkt der drei Seitenhalbierenden des Dreiecks. Der Schwerpunkt teilt jede Seitenhalbierende im Verhältnis 1 : 2 (negativ) (s. *Dreieck*).

Sehne s. *Kreis* (Abb. 158).

Sehnenformel der ebenen Trigonometrie. Sind a, b und c die Seiten eines Dreiecks, α, β und γ die Winkel dieses Dreiecks und r sein Umkreisradius, so gilt:

$$a = 2r \cdot \sin \alpha, \quad b = 2r \cdot \sin \beta \quad \text{und} \quad c = 2r \cdot \sin \gamma.$$

Diese Formel beruht auf der Tatsache, daß der Peripheriewinkel halb so groß ist wie der zur selben Sehne gehörende Zentriwinkel (Abb. 216).

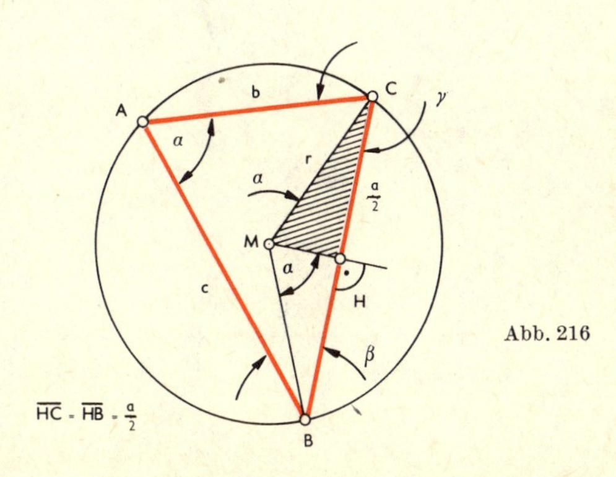

Abb. 216

Sehnensatz s. *Kreis* (Abb. 168).

Sehnensechseck. Ein Sehnensechseck ist ein Sechseck, das einem Kreis oder einem Kegelschnitt einbeschrieben ist.

Sehnentangentenwinkel s. *Winkel.*

Sehnenviereck s. *Viereck*. Ein Viereck, das einen Umkreis besitzt, nennt man ein Sehnenviereck. Die Seiten des Vierecks sind Sehnen des Umkreises.

Ein Viereck ist dann und nur dann ein Sehnenviereck, wenn in ihm zwei Gegenwinkel zusammen 180° betragen. Das gleichschenklige Trapez, das Rechteck und das Quadrat sind z. B. Sehnenvierecke, das Parallelogramm und die Raute dagegen im allgemeinen nicht (Abb. 217).

$$\alpha + \gamma = 180^\circ,$$
$$\beta + \delta = 180^\circ.$$

Peripheriewinkel über entgegengesetzten (Ergänzungs)bogen ergänzen sich zu 180°.

Abb. 217

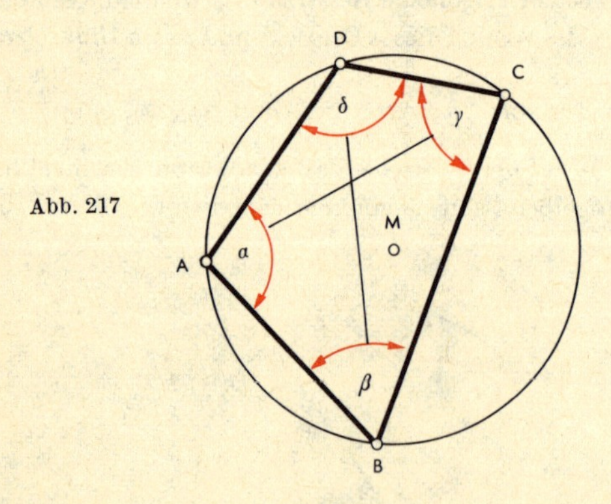

Sehwinkel. Die beiden geradlinigen Sehlinien oder Sehstrahlen, die (im mathematischen Sinne) von dem Augpunkt nach den Endpunkten einer Strecke gehen, bilden miteinander den Sehwinkel; s. *Winkel.*

Je nachdem man einen Sehwinkel in der Natur in einer Vertikalebene oberhalb oder unterhalb des Horizontes mißt, spricht man von *Erhebungswinkeln, Höhenwinkeln, Steigungswinkeln* oder *Fallwinkeln, Tiefenwinkeln.*

Wird allgemein in der Natur ein Winkel in einer Vertikalebene gemessen, so spricht man von einem *Böschungswinkel.* Sehwinkel werden mit dem Theodoliten gemessen.

Seitenhalbierende. Verbindet man in einem Dreieck eine Ecke des Dreiecks mit dem Mittelpunkt der gegenüberliegenden Seite, so erhält man eine Strecke, die als Seitenhalbierende bezeichnet wird. Jedes Dreieck besitzt drei Seitenhalbierende (s_a, s_b, s_c). Die drei Seitenhalbierenden eines Dreiecks schneiden einander in einem Punkt S (Abb. 84). Man nennt den Punkt *Schwerpunkt* des Dreiecks.
Der Schwerpunkt teilt jede Seitenhalbierende im Verhältnis 1 : 2 (negativ). Dabei liegt der längere Abschnitt zwischen Schwerpunkt und Ecke.

Sekans (sec). Sec α ist das Verhältnis von Hypotenuse zu Ankathete im rechtwinkligen Dreieck. Die Funktion sec α kann ersetzt werden durch den Kehrwert von cos α (s. *Trigonometrie*);

$$\sec\alpha = \frac{\text{Hypotenuse}}{\text{Ankathete}} = \frac{1}{\cos\alpha}.$$

Sekante. Eine Sekante einer Kurve ist eine Gerade, die die Kurve in mindestens zwei Punkten schneidet (s. *Kreis*; Abb. 158).

Sekantensatz s. *Kreis* (Abb. 167).

senkrecht. Relation zwischen Geraden oder Richtungen (Klassen paralleler Geraden) bzw. Ebenen. Eine Gerade steht senkrecht auf einer anderen genau dann, wenn sie sich unter einem rechten Winkel (s. d.) schneiden. Die Relation ist symmetrisch (s. *Relation*).

Senkrechte errichten s. *Grundkonstruktionen* (Abb. 139).

Sichel des Archimedes (Archimedes, 287–212 v. Chr.).

Wird der Durchmesser eines Halbkreises $2r = 2r_1 + 2r_2$ irgendwie in zwei Abschnitte $2r_1$ bzw. $2r_2$ unterteilt, und zeichnet man über den Abschnitten $2r_1$ bzw. $2r_2$ wieder Halbkreise, so hat die entstehende Sichel denselben Flächeninhalt wie der Kreis mit dem Durchmesser $\overline{FC} = h$ (Abb. 218).

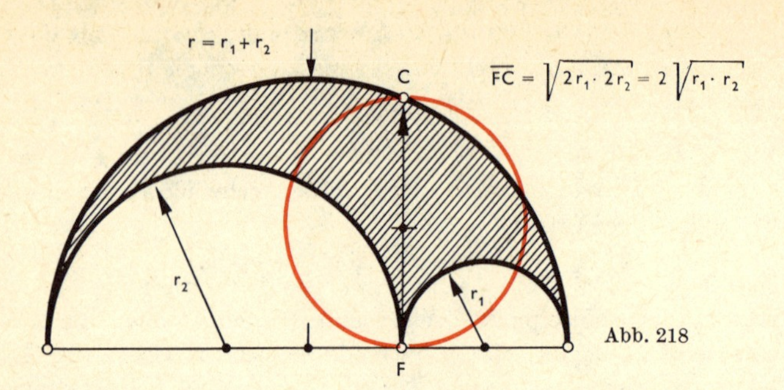

Abb. 218

Sieb des Eratosthenes (Eratosthenes 276–195 v. Chr.). Verfahren zur Herstellung einer *Primzahltabelle* (s. *Primzahl*).

Man schreibe die ganzen Zahlen von 2 bis n auf. 2 bleibt als Primzahl stehen, und alle höheren geraden Zahlen werden als Vielfache von 2 weggestrichen. Es bleibt dann von den ungeraden Zahlen 3 als kleinste Primzahl stehen, und alle ganzzahligen Vielfachen $3m$ ($m \in \mathbb{N}$) von 3 sind zu streichen.
Aufsuchen der Primzahlen bis zu einer natürlichen Zahl n: Sind durch Aussiebung $2, 3, 5, \ldots, p$ als Primzahlen festgestellt und die höheren Vielfachen dieser Primzahlen gestrichen, so ist die erste auf p folgende stehengebliebene Zahl q die nächste Primzahl, da sie durch keine der Zahlen $2, 3, 5, \ldots, p$ teilbar ist. Es sind jetzt wieder alle höheren Vielfachen von q zu streichen, also alle $qm \leqq n$ mit $m > 1$. Die erste ungestrichene dieser Zahlen ist q^2. Denn geht eine der Primzahlen $2, 3, \ldots, p$ in m auf, so würde qm schon vorher gestrichen. Das Verfahren braucht daher nur solange fortgesetzt zu werden, bis ein r mit $r^2 > n$ als Primzahl stehen bleibt.

Beispiel: Aufsuchen der Primzahlen bis $n = 20$. Es ist hier bereits $5^2 > 20$, so daß man nur die Vielfachen der Primzahlen bis 5 streichen muß.

2	3	~~4~~	5	~~6~~
7	~~8~~	~~9~~	~~10~~	11
~~12~~	13	~~14~~	~~15~~	~~16~~
17	~~18~~	19	~~20~~	

Sinus (sin). Die Sinusfunktion eines Winkels α ist eine trigonometrische Funktion; sin α ist das Verhältnis der Gegenkathete zur Hypotenuse im rechtwinkligen Dreieck (s. *Trigonometrie*);

$$\sin \alpha = \frac{\text{Gegenkathete}}{\text{Hypotenuse}}.$$

Sinussatz. Der Sinussatz ist ein Lehrsatz der ebenen Trigonometrie.

Sind a, b und c die Seiten und α, β und γ die Winkel eines Dreiecks, so gilt die Proportion $a : b : c = \sin\alpha : \sin\beta : \sin\gamma$. Der Sinussatz der ebenen Trigonometrie kann zur Berechnung eines Dreiecks verwendet werden, wenn von dem Dreieck eine Seite, der gegenüberliegende Winkel und eine weitere Seite oder ein weiterer Winkel gegeben sind (s. *Trigonometrie*; Beispiel s. *Dreiecksberechnung*).
Der Sinussatz läßt sich auch in der Form

$$\frac{a}{\sin\alpha} = \frac{b}{\sin\beta} = \frac{c}{\sin\gamma} = 2r$$

schreiben. Dabei ist r der Umkreisradius. Diese Form des Sinussatzes ist besonders für das Stabrechnen vorteilhaft.

Skalar. Skalare sind Größen, die durch Angabe einer reellen Zahl auf einer Skala charakterisiert sind. Oft wird das Wort auch gleichbedeutend mit reelle Zahl gebraucht.

Skalarprodukt s. *Vektorraum.*

Spiegelung, affine. Die affine Spiegelung an einer Geraden ist eine affine Abbildung. Zu einem gegebenen Punkt kann das affine Spiegelbild

Abb. 219

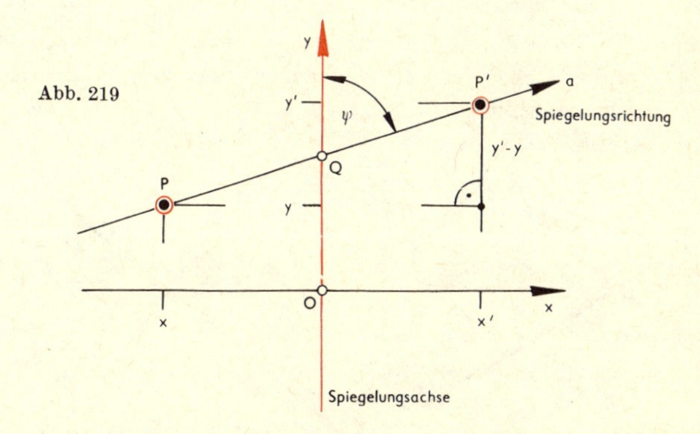

konstruiert werden, wenn die Spiegelungsachse (Affinitätsachse) und die Spiegelungsrichtung (Affinitätsrichtung) gegeben sind. Bei dieser speziellen affinen Abbildung halbiert die Affinitätsachse die Verbindungsstrecke entsprechender Punkte.

Die affine Spiegelung wird zur gewöhnlichen orthogonalen Spiegelung an einer Geraden, wenn die Spiegelungsrichtung und die Spiegelungsachse senkrecht zueinander sind, d. h., wenn $\psi = 90°$.
Konstruktion des affinen Spiegelbildes P' zu einem Punkt P (Abb. 219): Durch den Punkt P wird der Affinitätsstrahl a (Spiegelungsrichtung) gezeichnet. Er trifft die Spiegelungsachse im Punkt Q unter dem Winkel ψ. Die Strecke $\overline{PQ}$ wird auf ihm von Q aus noch einmal so mit dem Endpunkt P' abgetragen, daß Q zwischen P und P' liegt. P' ist das affine Spiegelbild zu P.

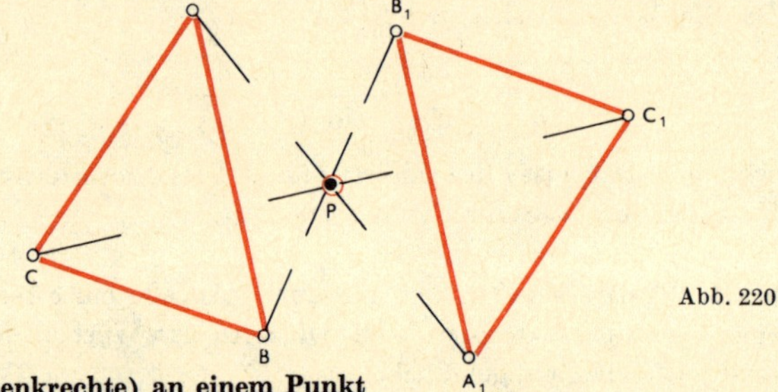

Abb. 220

Spiegelung (senkrechte) an einem Punkt

Beispiel: Spiegelung eines Dreiecks ABC an einem Punkt P nach A_1, B_1, C_1 (Abb. 220). Konstruktion: P halbiert die Verbindungsstrecke entsprechender Punkte.

Spiegelung (senkrechte) an einer Ebene. Die Spiegelung an einer Ebene E ist eine räumliche affine Abbildung (s. *Abbildung, affine*). Der Originalpunkt A und der durch die Spiegelung daraus entstehende Bildpunkt A_1 sind durch eine Gerade verbunden, die auf der Ebene E senkrecht steht. Die Abstände der Punkte A und A_1 von der Ebene sind dabei gleich (Abb. 221).

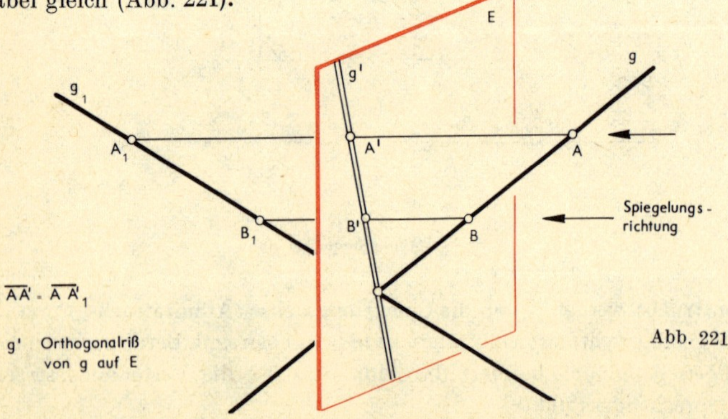

Abb. 221

Spiegelung (senkrechte) an einer Geraden. Die Spiegelung an einer Geraden g ist eine ebene *Kongruenz-Abbildung.* Der Originalpunkt A und der durch die Spiegelung daraus entstehende Punkt A_1 sind durch eine Gerade verbunden, die auf g senkrecht steht. Die Abstände der Punkte A und A_1 von der Geraden g sind dabei gleich.

Eigenschaften der orthogonalen Spiegelungen

1. Die Punkte der Spiegelungsachse s bleiben bei der Spiegelung fest, d. h., Bildpunkt und Originalpunkt der Punkte der Spiegelungsachse sind identisch.

2. Wenn zwei Punkte A und B auf einer Geraden c liegen, so ist die Gerade durch die Bildpunkte A_1 und B_1 die Bildgerade c_1 von c.

3. Schneiden zwei Geraden a und b einander in einem Punkt C, so schneiden die Bildgeraden a_1 und b_1 einander im Bildpunkt C_1 von C.

4. Eine Gerade, die senkrecht zur Spiegelungsachse verläuft, ist mit ihrer Bildgeraden als Ganzes, aber nicht punktweise, identisch.

5. Bildstrecke und Originalstrecke sind bei einer Spiegelung kongruent und damit gleich lang.

6. Wird ein Winkel durch Spiegelung abgebildet, so sind „Bildwinkel" und „Originalwinkel" kongruent und damit gleich groß, aber verschieden orientiert.

spitzwinkliges Dreieck. Ein Dreieck heißt spitzwinklig, wenn jeder der drei Innenwinkel kleiner ist als 90° (wenn seine drei Winkel spitz sind).

Spurgerade. Spurgerade (Spur) nennt man die Schnittgerade zweier Ebenen.

Spurpunkt. Spurpunkt nennt man den Schnittpunkt (Durchstoßpunkt) einer Geraden und einer Ebene.

Stammbrüche. Brüche mit Zähler 1;

z. B.: $\frac{1}{1} = 1, \frac{1}{2}, \frac{1}{3}, \ldots$

Stellenwertsystem (s. A. III). Ein Stellenwertsystem ist ein System zur Darstellung von Zahlen, bei dem der Wert einer Ziffer nicht nur von der Ziffer selbst, sondern auch von der Stelle abhängt, an der die Ziffer innerhalb der Zahl geschrieben ist. Stellenwertsysteme sind z. B. das allgemein gebräuchliche *Dezimalsystem* mit der Grundzahl 10 und das bei manchen Rechenmaschinen verwendete *Dualsystem* mit der Grundzahl 2 (*s. Ziffer, Dezimalsystem, Dualsystem*).

Stereometrie. Stereometrie nennt man die elementare Geometrie des dreidimensionalen Raumes.

stetige Teilung. Eine Strecke heißt stetig geteilt oder nach dem Goldenen Schnitt geteilt, wenn sich die ganze Strecke zum größeren Abschnitt verhält wie dieser zum kleineren Abschnitt.

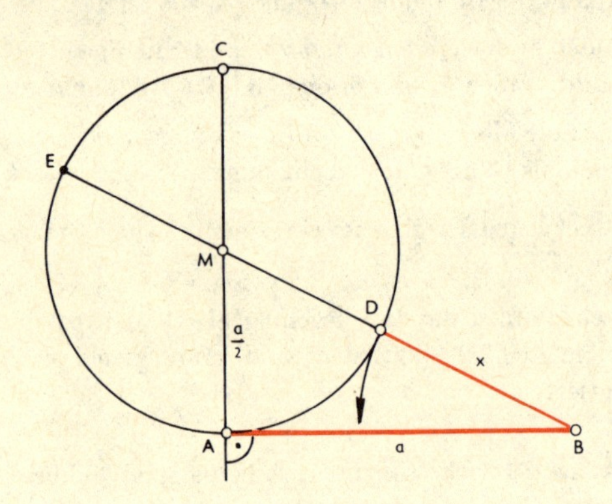

Abb. 222

Konstruktion (Abb. 222): Man zeichnet einen Kreis, dessen Radius halb so groß ist wie die stetig zu teilende Strecke $a = \overline{AB}$. In dem einen Endpunkt A eines Durchmessers $\overline{AC}$ zeichnet man die Tangente an den Kreis und trägt auf dieser Tangente die stetig zu teilende Strecke a von A aus mit dem Endpunkt B ab. Man zeichnet von B aus die durch den Mittelpunkt M gehende Sekante. Diese schneidet den Kreis in den Punkten D und E. $\overline{BD}$ ist der gesuchte größere Abschnitt der stetig zu teilenden Strecke $\overline{AB}$. Es gilt nämlich nach dem *Tangentensatz* (s. *Kreis*; Abb. 169):

$$\overline{BD} \cdot \overline{BE} = \overline{AB}^2 \text{ oder}$$
$$a^2 = x\,(a + x),\ a^2 = ax + x^2,\ a^2 - ax = x^2,\ a\,(a - x) = x^2,$$
$$a : x = x : (a - x).$$

Aus der Proportion $a : x = x : (a - x)$ lassen sich die Abschnitte einer stetig geteilten Strecke berechnen. Es ergibt sich:

$$x = \frac{a}{2}\left(\sqrt{5}-1\right), a-x = \frac{a}{2}\left(3-\sqrt{5}\right).$$

Bei einer Strecke von 1 m Länge wäre der größere Abschnitt $\approx$ 0,618 m und der kleinere $\approx$ 0,382 m lang.

Das Teilungsverhältnis bei der stetigen Teilung ist irrational, denn $\sqrt{5}$ ist ja irrational. Durch rationale Zahlen kann das Teilverhältnis angenähert werden. Man kann z. B. als Näherungen nehmen:

$$\frac{5}{8}, \frac{8}{13}, \frac{13}{21}, \frac{21}{34}, \ldots$$

Eigenschaften der stetigen Teilung:
Trägt man den kleineren Abschnitt einer stetig geteilten Strecke auf dem größeren ab, so wird durch den neuen Teilpunkt der größere Abschnitt ebenfalls stetig geteilt.
Verlängert man eine stetig geteilte Strecke um ihren größeren Abschnitt, so ist die gegebene Strecke größerer Abschnitt der stetig geteilten verlängerten Strecke.
Man kann nach diesen beiden Zusammenhängen aus einer stetig geteilten Strecke beliebig viele ebenfalls stetig geteilte Strecken herstellen.

Strahl. Die Menge aller auf ein und derselben Seite eines Punktes O gelegenen Punkte einer Geraden heißt ein von O ausgehender Strahl. O heißt Anfangspunkt des Strahles.

Strahlensätze

1. *Erster Strahlensatz*
Werden zwei von einem Punkt ausgehende Strahlen von parallelen Geraden geschnitten, so sind die Verhältnisse entsprechender Strecken auf den Strahlen gleich. In der Abb. 223 ist $\overline{SA} : \overline{SA'} = \overline{SB} : \overline{SB'}$.

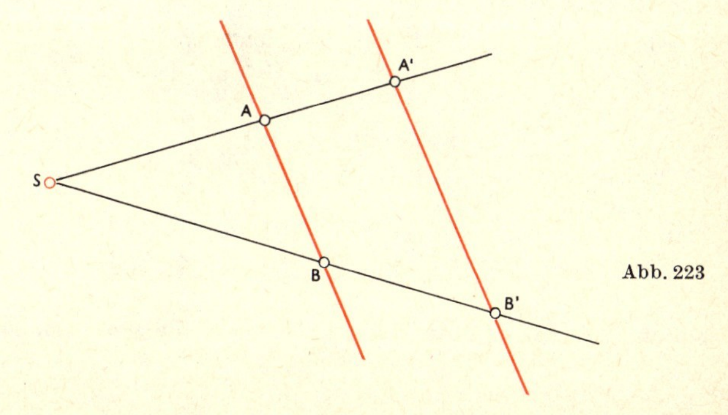

Abb. 223

Beweis: Zum Beweis zeichnet man die Hilfslinien $\overline{AB'}$ und $\overline{BA'}$. Die Dreiecke $AB'B$ und $AA'B$ sind flächengleich, da sie die gleiche Grundlinie $\overline{AB}$ und die gleiche Höhe ($\overline{AB}$ parallel $\overline{A'B'}$) haben. Ferner haben die Dreiecke ABS und ABA' sowie die Dreiecke ABS und $AB'B$ jeweils die gleiche Höhe. Bei Dreiecken mit gleicher Höhe verhalten sich aber die Flächeninhalte wie die Grundseiten der Dreiecke. Man bezeichnet mit $F(ABS)$ die Fläche des Dreiecks ABS, entsprechend $F(AA'B)$ usw.). Dann gilt:

$$\frac{F(ABS)}{F(AA'B)} = \frac{\overline{SA}}{\overline{AA'}}, \qquad \frac{F(ABS)}{F(AB'B)} = \frac{\overline{SB}}{\overline{BB'}},$$

und $F(AA'B) = F(AB'B)$.

Aus diesen drei Gleichungen folgt:

$$\frac{\overline{SA}}{\overline{AA'}} = \frac{\overline{SB}}{\overline{BB'}}. \qquad (1)$$

Durch korrespondierende Addition folgt:

$$\frac{\overline{SA'}}{\overline{AA'}} = \frac{\overline{SB'}}{\overline{BB'}}. \qquad (2)$$

Dividiert man die Gleichung (2) durch die Gleichung (1), so erhält man:

$$\frac{\overline{SA'}}{\overline{SA}} = \frac{\overline{SB'}}{\overline{SB}}.$$

2. *Umkehrung des 1. Strahlensatzes*

Werden zwei von einem Punkt ausgehende Strahlen von zwei Geraden geschnitten und sind die Verhältnisse entsprechender Strecken auf den beiden Strahlen gleich, so sind die beiden Geraden parallel.

3. *Zweiter Strahlensatz*

Werden zwei von einem Punkt ausgehende Strahlen von Parallelen geschnitten, so verhalten sich die Abschnitte auf den Parallelen wie die entsprechenden Scheitelabschnitte.

In der Figur ist: $\dfrac{\overline{AB}}{\overline{A'B'}} = \dfrac{\overline{SA}}{\overline{SA'}}$.

Man beachte: Anders als beim 1. Strahlensatz gilt beim 2. Strahlensatz die Umkehrung nicht.

Strecke (s. A. VII). Alle Punkte des geradlinigen Verbindungsweges zweier fester Punkte A und B einer Ebene bilden zusammen mit den

Punkten A und B eine Strecke. Man nennt A und B Endpunkte der Strecke.
Andere Formulierung: Die Menge all der Punkte der durch A, B bestimmten Geraden, die zwischen A und B liegen, bildet mit A und B die Strecke AB.

Streckenverhältnis. Man nennt das Verhältnis zweier Strecken mit den Längen a und b, die nicht in einer Geraden zu liegen brauchen, Streckenverhältnis und schreibt dafür $a:b$ oder $\frac{a}{b}$. Sind zwei Streckenverhältnisse $a:b$ und $c:d$ einander gleich, so ergibt sich eine Verhältnisgleichung oder Proportion, nämlich $a:b = c:d$ (s. *Strahlensätze*).

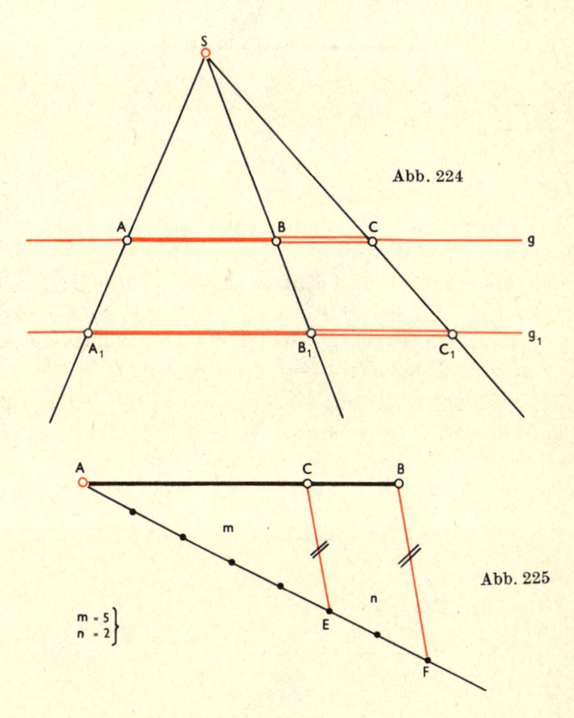

Abb. 224

Abb. 225

Werden zwei parallele Geraden g und g_1 durch drei von einem Punkt S ausgehende Strahlen geschnitten, so verhalten sich die Abschnitte auf der einen Parallelen wie die entsprechenden Abschnitte auf der anderen.

Abb. 224: $\frac{\overline{AB}}{\overline{BC}} = \frac{\overline{A_1 B_1}}{\overline{B_1 C_1}}$

Konstruktionen

Eine Strecke $\overline{AB}$ ist im Verhältnis $m : n$ zu teilen.

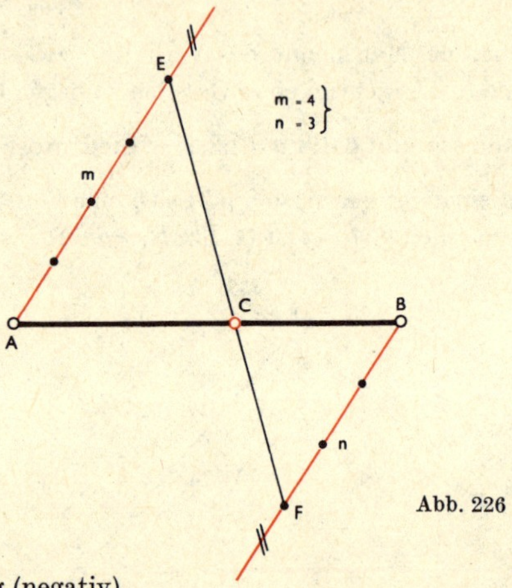

Abb. 226

a) Innere Teilung (negativ)

1. Lösung (Abb. 225): Durch A wird ein beliebiger Strahl gezogen, auf diesem werden bis E m kongruente Strecken und von E bis F n kongruente Strecken abgetragen. Durch E wird zu der Verbindungslinie FB eine Parallele gezogen. Es ist $\overline{AC} : \overline{CB} = m : n$ (negativ).

2. Lösung (Abb. 226): Man zieht durch A und B parallele Geraden und trägt auf ihnen nach entgegengesetzten Seiten m bzw. n gleich lange Strecken ab. Verbindet man die Endpunkte E und F, so teilt die Verbindungslinie die Strecke $\overline{AB}$ im Punkte C im Verhältnis $m : n$ (negativ).

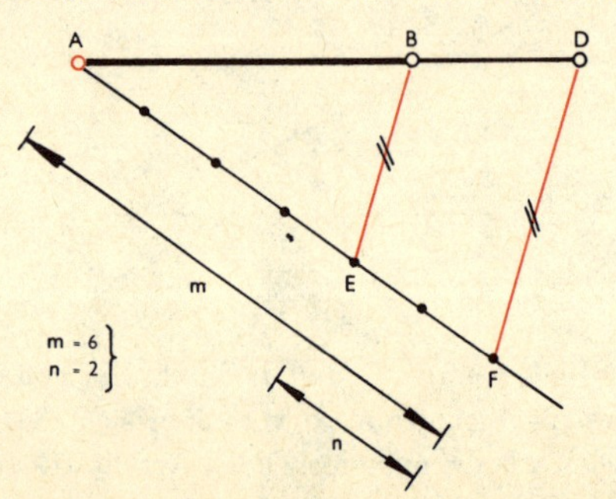

Abb. 227

b) Äußere Teilung (positiv)

1. Lösung (Abb. 227): Durch den Endpunkt A wird ein Strahl gezogen, und auf diesem werden erst m kongruente Strecken bis F abgetragen und dann von F aus bis E rückwärts n kongruente Strecken. Zur Verbindungslinie EB zeichnet man die Parallele durch F. Diese schneidet die Verlängerung von $\overline{AB}$ im Punkt D. Es ist $\overline{AD} : \overline{BD} = m : n$.

2. Lösung (Abb. 228): Durch A und B werden parallele Geraden gezeichnet und auf ihnen m bzw. n gleich lange Strecken nach derselben Seite in bezug auf die Strecke $\overline{AB}$ abgetragen. Der Schnittpunkt D der Verbindungslinie der Endpunkte E und F mit der Verlängerung der Strecke $\overline{AB}$ ist der äußere Teilpunkt. Es ist $\overline{AD} : \overline{BD} = m : n$.

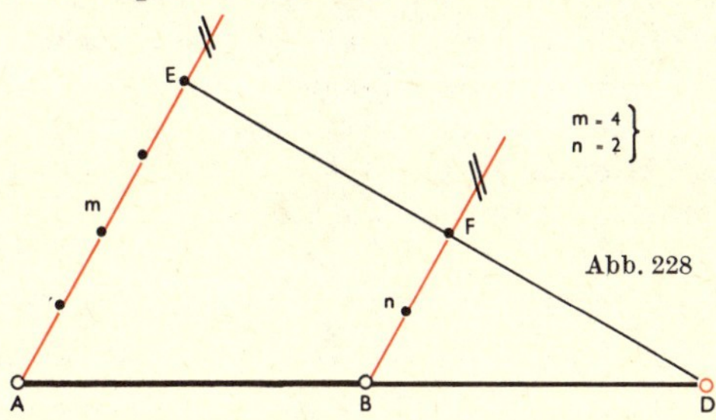

Abb. 228

c) Harmonische Teilung

Wenn eine Strecke innen und außen im gleichen Verhältnis $m : n$ geteilt wird, so sagt man, die Strecke wird harmonisch geteilt im Verhältnis $m : n$.

d) Teilung einer Strecke $\overline{AB}$ in n gleiche Teile (Abb. 229)

Vom Endpunkt A der Strecke aus wird ein beliebiger Strahl s gezeichnet und auf diesem eine beliebig gewählte Strecke n-mal hintereinander abgetragen mit den Endpunkten E_1, E_2 usw. bis F. Man zeichnet dann durch die Endpunkte E_1, E_2, E_3 usw. Parallelen zur Verbindungslinie $\overline{FB}$. Durch die Schnittpunkte der gegebenen Strecke mit diesen Geraden wird $\overline{AB}$ in n kongruente Teilstrecken eingeteilt.

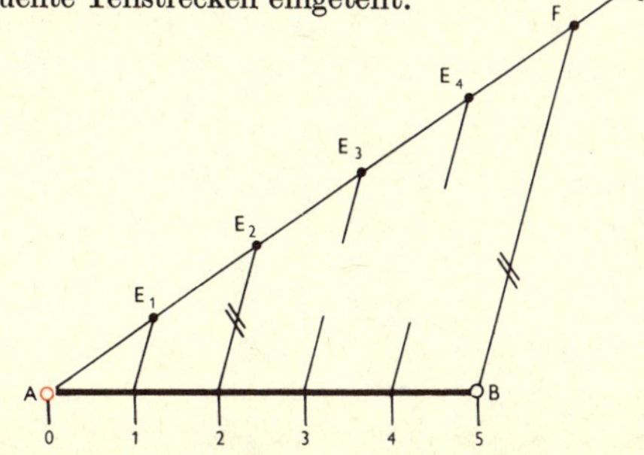

Abb. 229

Konstruktion der vierten Proportionalen (s. *Proportion*).

Als vierte Proportionale zu drei gegebenen Strecken a, b und c bezeichnet man diejenige Strecke d, die die Proportion $a : b = c : d$ erfüllt. Man trägt auf zwei von einem Schnittpunkt S ausgehenden Strahlen die Strecken a und b auf dem einen Strahl und c auf dem anderen Strahl ab. Den Endpunkt C der Strecke c verbindet man mit dem Endpunkt A der Strecke a und zeichnet zu dieser Verbindungslinie die Parallele durch den Endpunkt B der Strecke b. Die durch B gehende Parallele schneidet den anderen Strahl im Punkt D. D ist der Endpunkt der gesuchten vierten Proportionalen $\overline{SD} = d$ zu a, b und c.

Streifen. Ein Paar von Parallelen schneidet aus seiner Ebene einen Streifen aus. Eine Schar von Parallelen, die in einer Ebene liegen und gleiche Abstände haben, bildet eine Streifenschar.
Streifensatz: Wird eine Gerade von einer Streifenschar geschnitten, so sind die entstehenden Querstrecken kongruent.

Strichmaß. Der rechte Winkel ist eingeteilt in 8 Striche. Das Strichmaß wird zur Einteilung der Windrose verwendet (s. *Winkel*).

Struktur (s. A. VI).

Eine Menge M (mit Elementen a, b, c, ...) heißt eine Struktur,
(α) *wenn in M (mindestens) eine Relation erklärt ist,*
(β) *wenn in M (mindestens) eine Verknüpfung erklärt ist,*
(γ) *wenn in M ein System von Teilmengen ausgezeichnet ist.*

Strukturen nach α und β heißen *algebraische* Strukturen. Durch Auszeichnung von Teilmengen (γ) kommt man zu einer *topologischen* Struktur.

Stufenwinkel s. *Winkel.*

stumpfwinkliges Dreieck. Ist in einem Dreieck ein Innenwinkel ein stumpfer Winkel (größer als 90°), so nennt man das Dreieck stumpfwinklig.

Subtraktion (Abziehen). Die Subtraktion ist die zweite Grundrechnungsart, die Umkehrung der Addition. Man gebraucht die folgenden Bezeichnungen:

$$\underbrace{\underset{\text{Minuend}}{17} \quad \underset{\text{minus}}{-} \quad \underset{\text{Subtrahend}}{9}}_{\text{Differenz}} \quad = \quad \underset{\text{Wert der Differenz}}{8}$$

Die Subtraktion ist im Bereich der natürlichen Zahlen nur ausführbar, wenn der Minuend größer ist als der Subtrahend. Wenn man erreichen will, daß die Subtraktion uneingeschränkt ausführbar ist, so muß man negative Zahlen einführen. Man kommt dadurch zum Bereich der *ganzen Zahlen* (s. *Zahlenarten*).

Allgemein wird die Differenz zweier Zahlen $a - b$ definiert als Lösung der Gleichung $x + b = a$.

Subtraktion ganzer Zahlen

Eine ganze Zahl wird subtrahiert, indem man die entgegengesetzte Zahl addiert (s. *ganze Zahlen*).

Summenzeichen. Man bedient sich des Summenzeichens $\sum$ (großer Buchstabe Sigma des griechischen Alphabets) zur kürzeren Darstellung von Summen, die nur gleichartige Glieder enthalten; z. B. schreibt man für die Summe $S = 1 + 2 + 3 + 4 + 5 + 6 + \cdots + 100$ kürzer

$$S = \sum_{k=1}^{100} k.$$

Das Zeichen $\sum$ bedeutet also, daß man alle Zahlen addieren soll, die aus der Variablen k dadurch hervorgehen, daß man für k nacheinander alle ganzen Zahlen einsetzt, die zwischen den unter- und oberhalb des Summenzeichens angegebenen Summationsgrenzen 1 und 100 liegen, einschließlich der angegebenen Zahlen (1 und 100) selbst.

Beispiel: $S = \frac{1}{2} + \frac{2}{3} + \frac{3}{4} + \ldots + \frac{n}{n+1}$, kürzer: $S = \sum_{k=1}^{n} \frac{k}{k+1}$.

Hier bedeutet $\sum_{k=1}^{n}$, daß man für den Summationsbuchstaben k im Term $\frac{k}{k+1}$ nacheinander alle zwischen den Summationsgrenzen 1 und n liegenden ganzen Zahlen einsetzen und dann alle erhaltenen Brüche addieren soll.

Supplementwinkel. Zwei Winkel α und β, die sich zu 180° (2 R) ergänzen, also $\alpha + \beta = 180°$, heißen Supplementwinkel.

Z. B. sind benachbarte Winkel in einem Parallelogramm Supplementwinkel.

surjektiv s. *Abbildung*.

Symmetrie. 1. Eine zweistellige *Relation* (s. d.) heißt symmetrisch genau dann, wenn mit xRy stets auch yRx gilt; in der Sprache der geordneten Paare: wenn mit $(x, y) \in R$ stets auch $(y, x) \in R$ ist.

Beispiele:

Senkrechtstehen von Geraden, Schneiden von Geraden; auch alle Äquivalenzrelationen (s. d.) sind symmetrisch.

2. In der Geometrie faßt man unter dem Begriff Symmetrie verschiedene Eigenschaften zusammen, die bei Spiegelung ebener oder räumlicher Gebilde invariant bleiben.

Man unterscheidet (vergleiche die einzelnen Stichwörter):

A. In der Ebene:
1. Achsensymmetrie,
2. n-strahlige Symmetrie,
3. zentrische Symmetrie (= Punktsymmetrie).

B. Im Raum:
1. Symmetrie in bezug auf eine Ebene,
2. Symmetrie in bezug auf einen Punkt (Punktsymmetrie).

Symmetrie, n-strahlige. Strahlige Symmetrie ist eine bestimmte Eigenschaft ebener Figuren. Eine n-strahlig-symmetrische Figur kommt nach einer Drehung mit dem Winkel $\frac{360^\circ}{n}$ um einen Punkt, das *Symmetriezentrum*, mit sich selbst zur Deckung, n ist dabei eine ganze Zahl.

Beispiele:
1. Ein gleichseitiges Dreieck (s. d.) ist *3strahlig-symmetrisch* in bezug auf den Schnittpunkt S seiner Seitenhalbierenden (Schwerpunkt). Wenn man das Dreieck um den Winkel 120°, 240° oder 360° um seinen Schwerpunkt S dreht, kommt es mit sich selbst zur Deckung. Diese drei Drehungen gehören zu den sogenannten „Deckbewegungen" des gleichseitigen Dreiecks.
2. Ein Parallelogramm ist *2strahlig-symmetrisch* oder zentrisch-symmetrisch. Das Symmetriezentrum ist der Schnittpunkt S der Diagonalen. Es gibt zwei Deckbewegungen, nämlich die Drehungen um S mit den Winkeln 180° und 360°.
3. Ein regelmäßiges n-Eck (z. B. Abb. 204 oder Abb. 205) ist *n-strahlig-symmetrisch* zu seinem Umkreismittelpunkt M. Zu den Deckbewegungen des regelmäßigen n-Ecks gehören die n Drehungen um den Punkt M mit den Winkeln

$$\frac{360^\circ}{n}, \frac{2 \cdot 360^\circ}{n}, \frac{3 \cdot 360^\circ}{n}, \ldots, \frac{(n-1) \cdot 360^\circ}{n} \text{ und } \frac{n \cdot 360^\circ}{n}.$$

n ist die größte natürliche Zahl mit der Eigenschaft, daß die Figur nach der Drehung mit dem Winkel $\frac{360^\circ}{n}$ mit sich selbst zur Deckung kommt. Außer dieser Drehung gibt es für die n-strahlig-symmetrischen Figuren noch andere Drehungen mit derselben Eigenschaft, nämlich die Drehungen um den Winkel $\frac{2 \cdot 360^\circ}{n}, \frac{3 \cdot 360^\circ}{n}, \ldots, \frac{(n-1)\, 360^\circ}{n}$ und $\frac{n}{n} \cdot 360^\circ$. Alle diese Drehungen heißen Deckbewegungen der Figur. 2strahlig-symmetrische Figuren heißen auch noch zentrischsymmetrische (s. *Punktsymmetrie*).

Symmetrie in bezug auf eine Ebene (s. *Spiegelung an einer Ebene*; Abb. 221). Symmetrie in bezug auf eine Ebene E (die Symmetrieebene) ist eine Eigenschaft, die ein räumliches geometrisches Gebilde (Körper) besitzen kann. Die Symmetrieebene E teilt den Körper in zwei Hälften derart, daß der auf der einen Seite der Ebene liegende Teil in den auf der anderen Seite liegenden durch eine orthogonale Spiegelung an der Symmetrieebene übergeht.

Symmetrie in bezug auf eine Gerade s. *Achsensymmetrie*.

Tangens (tan, tg). Die Tangensfunktion eines Winkels α ist eine trigonometrische Funktion. $\tan \alpha$ ist das Verhältnis von Gegenkathete zu Ankathete im rechtwinkligen Dreieck (s. *Trigonometrie*);

$$\tan \alpha = \frac{\text{Gegenkathete}}{\text{Ankathete}}.$$

Tangenssatz. Der Tangenssatz ist ein Lehrsatz der ebenen Trigonometrie. Sind a, b und c die Seiten eines Dreiecks und α, β und δ die Winkel dieses Dreiecks, so gelten die Beziehungen:

$$\frac{a+b}{a-b} = \frac{\tan\frac{\alpha+\beta}{2}}{\tan\frac{\alpha-\beta}{2}}, \quad \frac{b+c}{b-c} = \frac{\tan\frac{\beta+\gamma}{2}}{\tan\frac{\beta-\gamma}{2}}, \quad \frac{c+a}{c-a} = \frac{\tan\frac{\gamma+\alpha}{2}}{\tan\frac{\gamma-\alpha}{2}}.$$

Tangente. Eine Tangente ist eine Gerade, die mit einer gegebenen Kurve (beliebiger Art) mindestens einen Punkt (den Berührungspunkt) gemeinsam hat und in diesem Punkt mit der Kurve eine gemeinsame Steigung (gemeinsamen Anstieg) aufweist.

Beispiel: Kreistangente in einem Punkt (s. *Kreis*).

Tangentensatz s. *Kreis* (Abb. 169).

Tangentensechseck. Ein Sechseck, das einem Kreis oder Kegelschnitt umbeschrieben ist, nennt man Tangentensechseck. Die Seiten des Sechsecks sind Tangenten des Kreises oder Kegelschnitts.

Tangentenviereck (s. *Kreis;* Abb. 166).
Das gleichschenklige Drachenviereck (Deltoid) (Abb. 256), die Raute (Rhombus) (Abb. 260) und das Quadrat (Abb. 259) sind Tangentenvierecke, gleichschenkliges Trapez (Abb. 261), Parallelogramm (Abb. 257) und Rechteck (Abb. 258) dagegen im allgemeinen nicht.

Tautologie s. *formale Logik.*

Teiler. Läßt sich eine Zahl a als Produkt zweier Zahlen $b \cdot c$ darstellen, so nennt man b Teiler von a, in Zeichen $b|a$ (Teilerrelation in $\mathbb{N}$). Der Begriff läßt sich von den üblichen Zahlbereichen, z. B. den natürlichen Zahlen, auf allgemeinere Strukturen übertragen, z. B. den Ring der Polynome (s. *Ring*). Läßt sich ein Polynom P als Produkt zweier Polynome $Q \cdot R$ darstellen, so nennt man Q und R Teiler von P.

teilerfremd. Zwei Zahlen heißen teilerfremd, wenn sie keine gemeinsamen Teiler außer 1 haben; z. B. sind 3 und 5 teilerfremd.

Die Teilerfremdheit zweier Zahlen kann mit dem *euklidischen Algorithmus* (s. d.) oder durch Zerlegen der Zahlen in ein Potenzprodukt von Primzahlen geprüft werden.

Z. B. sind 35 und 39 teilerfremd.
$35 = 5 \cdot 7$
$39 = 3 \cdot 13$. Da keine gemeinsamen Primfaktoren auftreten, muß der größte gemeinsame Teiler 1 sein, d. h., die Zahlen sind teilerfremd.
Auch zwei Polynome können teilerfremd sein.

Teilmenge (s. A. I). Eine Menge A heißt *Teilmenge* der Menge M, wenn jedes Element von A auch Element von M ist. Diese Teilmengenbeziehung, die sogenannte *Inklusion*, schreibt man kurz $A \subset M$, gelesen: A ist Teilmenge von M.

Teilverhältnis. Sind P_1, P_2 und P_i drei auf einer Geraden liegende Punkte, so bezeichnet man als Teilverhältnis (auch Teilungsverhältnis) den

Quotienten $\dfrac{\overline{P_1 P_i}}{\overline{P_2 P_i}}$.

Liegt P_i zwischen den beiden Punkten P_1 und P_2, so teilt P_i die Strecke $\overline{P_1P_2}$ innen. Man spricht dann von innerer Teilung. Liegt P_i außerhalb der Strecke $\overline{P_1P_2}$ auf der Geraden, so teilt P_i die Strecke $\overline{P_1P_2}$ außen. Man spricht von äußerer Teilung. Für innere Punkte P_i haben die Strecken $\overline{P_1P_i}$ und $\overline{P_2P_i}$ entgegengesetzte Richtungen, man gibt dem Teilverhältnis einen negativen Wert. Für äußere Punkte P_i haben die Strecken $\overline{P_1P_i}$ und $\overline{P_2P_i}$ gleiche Richtung, das Teilverhältnis ist positiv. Fällt der Punkt P_i mit P_1 zusammen, so ist das Teilverhältnis 0.
Nähert sich der Punkt P_i dem Punkt P_2, so strebt das Teilverhältnis gegen $+\infty$ bzw. gegen $-\infty$, je nachdem der Punkt P_i von außen oder von innen gegen den Punkt P_2 strebt.

Term. Term ist ein Sammelbegriff für Zahlen, Variable und alle durch mathematische Verknüpfungen aus Zahlen und Variablen gebildeten Ausdrücke, z. B.

$$5,\quad 3+5,\quad a,\quad 4a,\quad \frac{3x+5}{2x-7}.$$

Tetraeder. Ein Tetraeder (Vierflach, Vierflächner) ist eine Pyramide mit dreieckiger Grundfläche, d. h. ein von vier Dreiecksflächen begrenztes Polyeder (s. d.). Das von vier gleichseitigen (kongruenten) Dreiecken gebildete *regelmäßige Tetraeder* ist einer der fünf *platonischen Körper* (s. d.).

Textaufgaben. In der Praxis treten häufig in Worten ausgedrückte Aufgaben auf, deren mathematische Formulierung auf eine Gleichung oder Ungleichung führt. Dazu werden die im Text vorkommenden Größen (oder deren Maßzahlen), soweit sie nicht zahlenmäßig gegeben sind, durch Variable ersetzt. Zuweilen ist es auch zweckmäßig, nicht die gefragten Größen selbst, sondern eine andere neu eingeführte durch die Variable zu ersetzen (vgl. den 2. Lösungsweg in Beispiel 3). Für das Ansetzen der Gleichung ist die Kenntnis gewisser Zusammenhänge nötig aus dem Gebiet, dem die Aufgabe angehört (z. B. Physik, Technik, Wirtschaft). Das Lösen von Textaufgaben geht in fünf Schritten vor sich:

1. Ersetzen der nicht gegebenen Größen durch Variable oder Terme;
2. Ansetzen der Gleichung;
3. Auflösen der Gleichung;
4. Antwort;
5. Probe.

   Die Probe muß auf den Text gemacht werden, da der Ansatz eine Folgerung aus dem Text ist, und nicht immer äquivalent zu diesem. Bei sehr vielen Aufgaben läßt sich die Probe im Kopf durchführen.

Beispiel 1:

In einen Wasserbehälter münden zwei Röhren. Die erste allein würde den Behälter in zehn Minuten, die zweite allein in fünfzehn Minuten füllen. In welcher Zeit würde der Behälter gefüllt, wenn beide Röhren zugleich benutzt werden?

Lösung: Der Behälter wird in x Minuten gefüllt. Die erste Röhre füllt in einer Minute $\frac{1}{10}$ Behälter, die zweite Röhre $\frac{1}{15}$ Behälter; beide Röhren zusammen füllen in einer Minute $\frac{1}{10} + \frac{1}{15}$ Behälter. In x Minuten ist dann $x \cdot \left(\frac{1}{10} + \frac{1}{15}\right)$ Behälter gefüllt. In x Minuten soll aber auch der ganze Behälter gefüllt sein. Also gilt:

$$x \cdot \left(\frac{1}{10} + \frac{1}{15}\right) = 1.$$

Diese Gleichung hat die Lösung $x = 6$. Der Behälter kann mit beiden Röhren in sechs Minuten gefüllt werden.

Beispiel 2:

Ein Radfahrer verläßt mit einer Geschwindigkeit von 15 km pro Stunde um 7 Uhr morgens einen Ort. Ein Auto fährt um 9 Uhr in gleicher Richtung mit einer Geschwindigkeit von 75 km pro Stunde ab. Wann überholt das Auto den Radfahrer?

Lösung: Das Auto überholt den Radfahrer x Stunden nach 7 Uhr. Im Moment des Überholens ist der Radfahrer $15 \cdot x$ km gefahren, das Auto, das zwei Stunden später abgefahren ist, $(x - 2) \cdot 75$ km. Beide Fahrzeuge haben im Augenblick des Überholens die gleiche Strecke zurückgelegt. Also gilt:

$$\begin{aligned} 15x &= 75\,(x - 2) \\ 15x &= 75x - 150 \\ 60x &= 150 \\ x &= \frac{5}{2}. \end{aligned}$$

Antwort: Das Auto überholt den Radfahrer $2\frac{1}{2}$ Stunden nach 7 Uhr, also um 9 Uhr 30.

Beispiel 3:

Zwei Zahlen verhalten sich wie 3 : 4, ihre Summe ist 35.

1. Lösungsweg: Wir ersetzen die Zahlen durch die Variablen x und y.
Die Summe ist 35, d. h. $x + y = 35$.
Das Verhältnis ist 3 : 4, d. h. $x : y = 3 : 4$.

Aus der 2. Gleichung folgt $x = \frac{3}{4}y$; in die 1. eingesetzt ergibt das:

$$\frac{3}{4}y + y = 35, \text{ also } y = 20.$$

Durch Einsetzen dieser Zahl findet man $x = 15$.

Antwort: Die Zahlen heißen 15 und 20.

2. Lösungsweg: Wir ersetzen den Proportionalitätsfaktor durch die Variable t, die erste Zahl durch den Term $3\,t$, die zweite durch $4\,t$.
Die Summe ist 35, also $3\,t + 4\,t = 35$; daraus folgt $t = 5$.
Antwort: Die Zahlen heißen 15 und 20.

Beispiel 4:

Jemand hat auf einem Sparkonto 8000 DM und vermehrt sein Guthaben am Ende eines jeden Jahres um die Zinsen und zusätzlich um 100 DM. Am Anfang des dritten Jahres hat er 9025 DM. Wieviel Prozent Zinsen gewährte die Sparkasse?

Lösung: Die Sparkasse gewährt p % Zinsen. In einem Jahr bringen 8000 DM $\frac{8000}{100}p$ DM Zinsen. Das Kapital am Anfang des zweiten Jahres ist dann mit der Einzahlung von zusätzlich 100 DM

$$\left(8000 + \frac{8000}{100}p + 100\right) \text{ DM.}$$

Dieses Kapital bringt im zweiten Jahr:

$$\left(8000 + \frac{8000}{100}p + 100\right)\frac{p}{100} \text{ DM Zinsen.}$$

Am Anfang des dritten Jahres ist einschließlich der Zinsen und der jährlichen Einzahlung von 100 DM das Kapital

$$\left[8000 + \frac{8000}{100}p + 100 + \left(8000 + \frac{8000}{100}p + 100\right)\frac{p}{100} + 100\right] \text{ DM}$$

vorhanden. Dieses Kapital soll aber 9025 DM betragen. Also gilt:

$$9025 = 8000 + \frac{8000}{100} p + 100 + (8000 + \frac{8000}{100} p + 100) \frac{p}{100} + 100$$

$$9025 = 8200 + 161\, p + \frac{8}{10} p^2$$

$$825 = 161\, p + \frac{8}{10} p^2$$

$$p^2 + \frac{1610}{8} p - \frac{8250}{8} = 0.$$

Diese Gleichung hat die positive Lösung $p = 5$. Der Zinssatz der Sparkasse ist 5%. Die negative Lösung entfällt, da der Zinssatz stets positiv ist.

Thaleskreis (Thales von Milet, etwa 624–546 v. Chr.). Der nach Thales benannte Lehrsatz war bereits den Babyloniern bekannt (etwa 2000 v. Chr.).

Bewegt sich der Scheitelpunkt eines Winkels auf einem Halbkreis und gehen dabei seine Schenkel immer durch die Endpunkte des Durchmessers, so bleibt der Winkel unverändert ein rechter Winkel. Der Halbkreis bzw. auch der Vollkreis wird als Thaleskreis bezeichnet. Die Umfangswinkel über dem Durchmesser eines Kreises sind rechte Winkel (s. *Dreieck*).

Transitivität (s. A. II und *Gleichheitszeichen*).

Translation s. *Parallelverschiebung*.

Transversale. Eine Gerade, die die Seiten eines Dreiecks oder ihre Verlängerungen schneidet, heißt *Transversale.* Geht die Transversale durch eine Ecke des Dreiecks, so nennt man sie auch *Ecktransversale.*

Trapez. Ein Viereck (s. d.) mit zwei parallelen Seiten heißt Trapez. Die nichtparallelen Seiten des Trapezes nennt man Schenkel des Trapezes. Ein Trapez mit einer Symmetrieachse senkrecht zur Richtung der parallelen Grundseiten heißt gleichschenkliges Trapez.

Trigonometrie (griech. Dreiecksmessung). Der Teil der Mathematik, der sich mit der Berechnung ebener Dreiecke unter Benutzung der Winkelfunktionen beschäftigt, ist die Trigonometrie. Grundlage aller Berechnungen ist das rechtwinklige Dreieck. Jedes andere Dreieck läßt sich durch Fällen einer Höhe in zwei rechtwinklige Dreiecke zerlegen. Stimmen zwei rechtwinklige Dreiecke in einem der spitzen Winkel überein, so sind sie ähnlich, d.h., das Verhältnis zweier entsprechender Seiten ist in solchen Dreiecken dasselbe. Es ist nur von der Größe der spitzen Winkel, nicht von der Länge der Dreiecksseiten abhängig, es ist

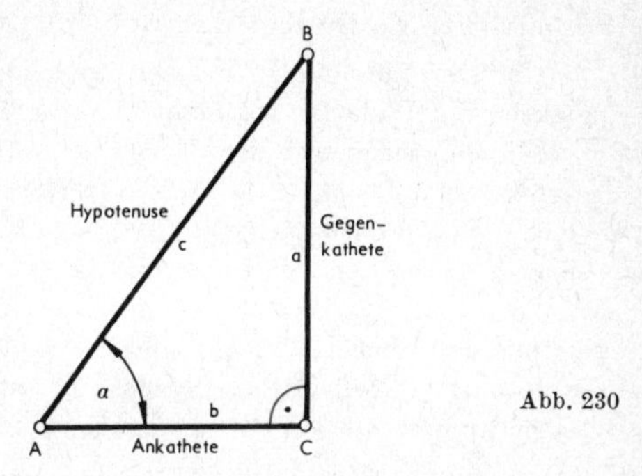

Abb. 230

demnach eine Funktion des Winkels (Winkelfunktion). Die verschiedenen möglichen Seitenverhältnisse haben besondere Namen erhalten: Sinus (sinus, sin), Kosinus (cosinus, cos), Tangens (tangens, tan, tg), Sekans (secans, sec), Kosekans (cosecans, cosec) und Kotangens (cotangens, cot, ctg).

Erklärungen: 1. Die in einem rechtwinkligen Dreieck ABC dem Winkel α gegenüberliegende Kathete wird als *Gegenkathete* des Winkels α bezeichnet, die anliegende Kathete bezeichnet man als *Ankathete* (Abb. 230).

2. Es wird bezeichnet: $\frac{\text{Gegenkathete}}{\text{Hypotenuse}} = \sin\alpha,$

$$\frac{\text{Ankathete}}{\text{Hypotenuse}} = \cos\alpha,$$

$$\frac{\text{Gegenkathete}}{\text{Ankathete}} = \tan\alpha,$$

$$\frac{\text{Ankathete}}{\text{Gegenkathete}} = \cot\alpha.$$

3. Außer diesen am meisten gebräuchlichen Winkelfunktionen werden manchmal noch die folgenden benutzt:

$$\frac{\text{Hypotenuse}}{\text{Ankathete}} = \sec\alpha, \qquad \frac{\text{Hypotenuse}}{\text{Gegenkathete}} = \operatorname{cosec}\alpha.$$

Die Sinusfunktion, die Kosinusfunktion

Die beste Übersicht über die Werte einer trigonometrischen Funktion in Abhängigkeit vom Winkel α bekommt man mittels des Einkeitskreises (s. Abb. 237). Man zeichnet in dem Einheitskreis (Radius 1) irgendeinen Strahl durch den Mittelpunkt O als Ausgangsstrahl für das Abtragen der Winkel α. Von der Ausgangsrichtung (Nullrichtung) aus werden im allgemeinen entgegen dem Uhrzeigersinn die Winkel abgetragen. Man zeichnet in den Einheitskreis einen zweiten Radius $\overline{OP}$, der mit der Ausgangsrichtung den Winkel α bildet. Vom Endpunkt des zweiten Radius wird das Lot auf die Nullrichtung gefällt. Das Lot ist Gegenkathete für den Winkel α, die Projektion $\overline{OA}$ des zweiten Radius ist Ankathete für den Winkel α. Da die Hypotenuse gleich dem Radius des Einheitskreises, also gleich 1 ist, ist in dieser Figur die Maßzahl der Länge des Lotes $\overline{AP}$ gleich $\sin\alpha$ und die Maßzahl der Länge der Projektion $\overline{OA}$ des Radius $\cos\alpha$. Die Vorzeichen von $\sin\alpha$ und $\cos\alpha$ ergeben sich aus der Richtung der Projektionen.

Graphische Darstellung der Sinus- und Kosinusfunktion für einen Winkel α

Auf der Abszissenachse eines Koordinatensystems trägt man den Winkel α (gemessen im Gradmaß) mit beliebiger Einheit im Bogenmaß ab $\left(x = \operatorname{arc}\alpha = \frac{2\pi\alpha}{360°}\right)$ (s. *Winkel*) und zeichnet nach Wahl einer Einheit für die Ordinatenrichtung als Ordinate den jeweils ermittelten Wert für $\sin x$. Wird das für alle möglichen Winkel x ausgeführt, so erhält man die Sinuslinie (Abb. 231).

Trägt man als Ordinate den jeweils berechneten Wert für $\cos x$ ein, so erhält man die Kosinuslinie (Abb. 231). Die Funktionswerte der Sinusfunktion durchlaufen die Werte von 0 bis 1, wenn der Winkel x die Werte von $0°$ bis $90°$ durchläuft. Es ist $\sin 0° = 0$ und $\sin 90° = 1$. Die Funktionswerte der Kosinusfunktion durchlaufen die Werte von 1 bis 0, wenn x alle Werte von $0°$ bis $90°$ durchläuft. Es ist $\cos 0° = 1$ und $\cos 90° = 0$.

Die Tangens- und Kotangensfunktion

Auch die Funktionswerte der Tangens- und Kotangensfunktion kann man am Einheitskreis als Strecken darstellen (s. Abb. 238).

Man zeichnet den Einheitskreis, wählt die Nullrichtung, trägt den Radius $\overline{OP}$ ein, der mit der Nullrichtung den Winkel α bildet (entgegen dem Uhrzeigersinn gemessen), und zeichnet im Endpunkt des Radius, der die Nullrichtung bezeichnet, die Tangente an den Einheitskreis. Auf dieser Tangente wird durch die Verlängerung des zweiten Radius $\overline{OP}$ eine

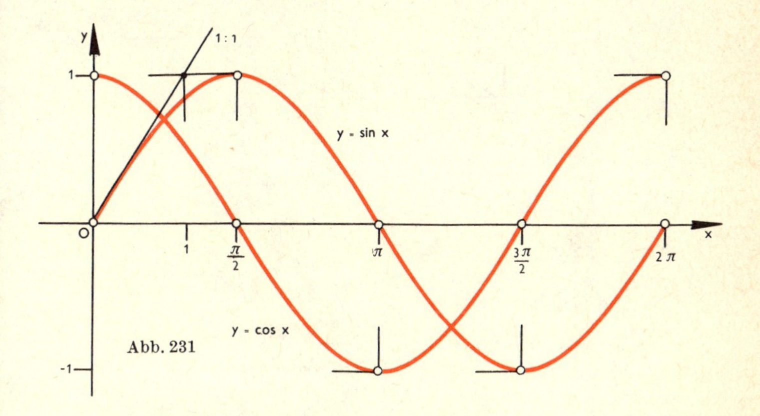

Abb. 231

Strecke $\overline{OC}$ abgeschnitten, die Gegenkathete des Winkels α ist. Da die Ankathete gleich 1 ist, ist die Maßzahl der Länge des Tangentenabschnittes gleich tan α.

Zur Darstellung der Kotangensfunktion zeichnet man die Tangente an den Kreis im Endpunkt D des auf der Nullrichtung senkrecht stehenden Radius und bekommt so ein rechtwinkliges Dreieck, in dem die Gegenkathete des Winkels α gleich 1 ist. Die Maßzahl der Länge des Abschnittes $\overline{DE}$ auf der Tangente (gemessen vom Berührungspunkt aus) ist cot α. Die Vorzeichen von tan α und cot α ergeben sich ebenfalls aus diesen Darstellungen.

Graphische Darstellung der Tangens- und Kotangensfunktion für einen Winkel α

Die graphische Darstellung der Tangens- und Kotangensfunktion erhält man auf analoge Weise wie die graphische Darstellung der Sinusfunktion (Abb. 232).

Wenn der Winkel x die Werte von 0° bis 90° durchläuft, so durchläuft $\tan x$ die Werte von 0 bis zu unbeschränkt großen Funktionswerten, je näher man an 90° herangeht. An der Stelle $x = 90°$ hat die Funktion $y = \tan x$ einen Pol. Umgekehrt nimmt $y = \cot x$ in der Nähe von $x = 0°$ unbeschränkt große Werte an und fällt dann bis $y = 0$, wenn x die Werte bis 90° durchläuft. An der Stelle $x = 0°$ hat die Funktion $y = \cot x$ einen Pol.

Abb. 232

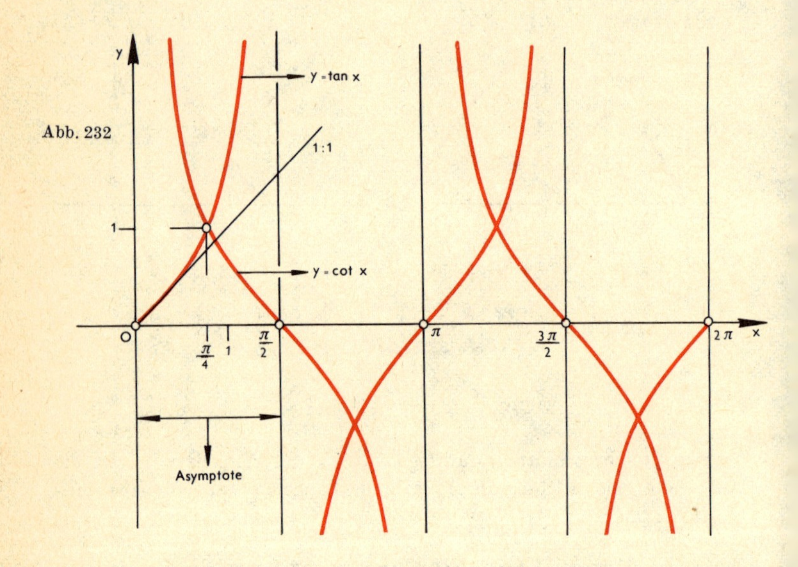

Beziehungen zwischen den Funktionen desselben Winkels α (Abb. 233 und 234).

In einem rechtwinkligen Dreieck, dessen Hypotenuse man gleich der Längeneinheit 1 wählt, ist die Maßzahl der Gegenkathete des Winkels α gleich $\sin\alpha$ und die Maßzahl der Ankathete gleich $\cos\alpha$. Mithin gilt nach dem Lehrsatz des Pythagoras

$$(\sin\alpha)^2 + (\cos\alpha)^2 = 1.$$

Bei Potenzen der Winkelfunktionen setzt man die Exponenten direkt an die Funktionszeichen sin, cos, tan usw. Man schreibt also

$$\sin^2\alpha + \cos^2\alpha = 1.$$

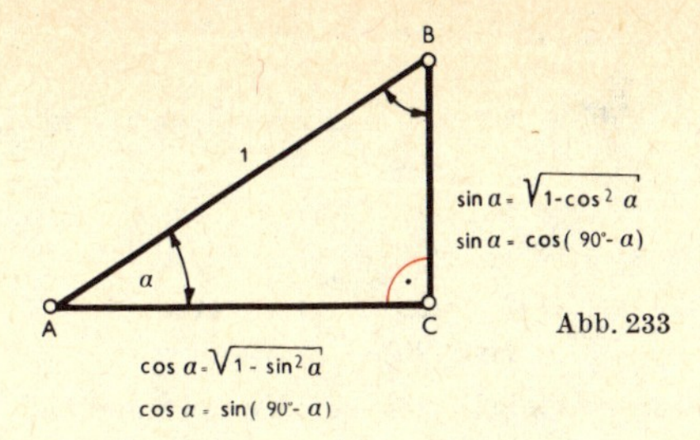

Abb. 233

Ebenfalls aus Abb. 233 und 234 kann man die folgende Beziehung entnehmen:

$$\tan\alpha = \frac{\sin\alpha}{\cos\alpha},\quad \cot\alpha = \frac{\cos\alpha}{\sin\alpha} \text{ und } \tan\alpha = \frac{1}{\cot\alpha}.$$

	$\sin\alpha$	$\cos\alpha$	$\tan\alpha$	$\cot\alpha$
$\sin\alpha$		$\sqrt{1-\cos^2\alpha}$	$\frac{\tan\alpha}{\sqrt{1+\tan^2\alpha}}$	$\frac{1}{\sqrt{1+\cot^2\alpha}}$
$\cos\alpha$	$\sqrt{1-\sin^2\alpha}$		$\frac{1}{\sqrt{1+\tan^2\alpha}}$	$\frac{\cot\alpha}{\sqrt{1+\cot^2\alpha}}$
$\tan\alpha$	$\frac{\sin\alpha}{\sqrt{1-\sin^2\alpha}}$	$\frac{\sqrt{1-\cos^2\alpha}}{\cos\alpha}$		$\frac{1}{\cot\alpha}$
$\cot\alpha$	$\frac{\sqrt{1-\sin^2\alpha}}{\sin\alpha}$	$\frac{\cos\alpha}{\sqrt{1-\cos^2\alpha}}$	$\frac{1}{\tan\alpha}$	

Die Vorzeichen der Wurzeln ergeben sich aus der Vorzeichentabelle für die Winkelfunktionen.

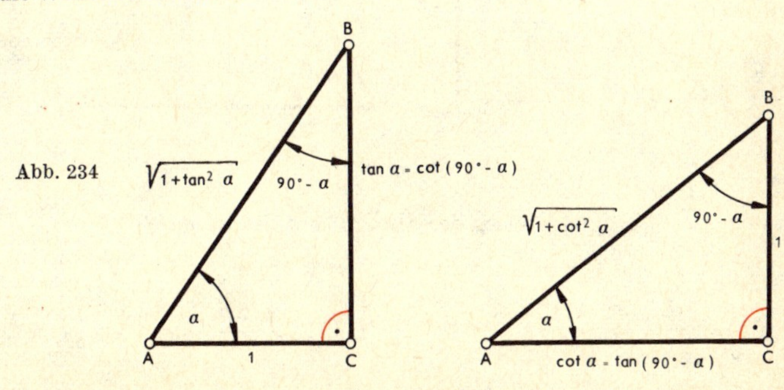

Abb. 234

Beziehungen zwischen den Funktionen der Winkel α und $90° - \alpha$

Die Winkel α und $90° - \alpha$ nennt man Komplementwinkel. Aus Abb. 233 ergibt sich:

$$\sin(90° - \alpha) = \cos\alpha$$
$$\cos(90° - \alpha) = \sin\alpha$$

und aus Abb. 234:

$$\tan(90° - \alpha) = \cot\alpha$$
$$\cot(90° - \alpha) = \tan\alpha$$

Wenn man von einem Winkel α zu seinem Komplementwinkel $90° - \alpha$ übergeht, so muß man von einer Winkelfunktion zur Kofunktion übergehen. Kosinus ist die Abkürzung für „complementi sinus" (co.si.), d. h. Sinus des Komplementwinkels. Ebenso ist Kotangens die Abkürzung für „complementi tangens", d. h. Tangens des Komplementwinkels.

Einfach zu errechnende Funktionswerte

Aus dem gleichschenkligen und rechtwinkligen Dreieck der Abb. 235 entnimmt man:

$$\sin 45° = \frac{a}{a\sqrt{2}} = \frac{1}{2}\sqrt{2}, \quad \tan 45° = \frac{a}{a} = 1,$$

$$\cos 45° = \frac{a}{a\sqrt{2}} = \frac{1}{2}\sqrt{2}, \quad \cot 45° = \frac{a}{a} = 1.$$

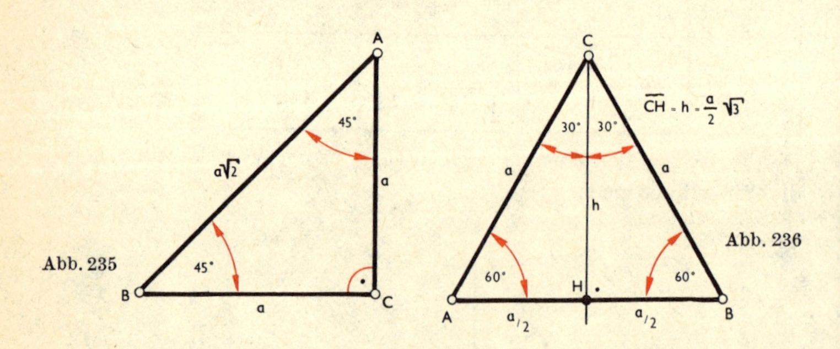

Abb. 235

Abb. 236

Aus dem gleichseitigen Dreieck der Abb. 236 entnimmt man:

$$\sin 30° = \frac{\frac{a}{2}}{a} = \frac{1}{2}, \qquad \sin 60° = \frac{\frac{a}{2}\sqrt{3}}{a} = \frac{1}{2}\sqrt{3},$$

$$\cos 30^\circ = \frac{\frac{a}{2}\sqrt{3}}{a} = \frac{1}{2}\sqrt{3}, \qquad \cos 60^\circ = \frac{\frac{a}{2}}{a} = \frac{1}{2},$$

$$\tan 30^\circ = \frac{\frac{a}{2}}{\frac{a}{2}\sqrt{3}} = \frac{1}{\sqrt{3}} = \frac{1}{3}\sqrt{3}, \quad \tan 60^\circ = \frac{\frac{a}{2}\sqrt{3}}{\frac{a}{2}} = \sqrt{3},$$

$$\cot 30^\circ = \frac{\frac{a}{2}\sqrt{3}}{\frac{a}{2}} = \sqrt{3}, \qquad \cot 60^\circ = \frac{\frac{a}{2}}{\frac{a}{2}\sqrt{3}} = \frac{1}{\sqrt{3}} = \frac{1}{3}\sqrt{3}.$$

Tabelle:

	0°	30°	45°	60°	90°
sin	0	$\frac{1}{2}$	$\frac{1}{2}\sqrt{2}$	$\frac{1}{2}\sqrt{3}$	1
cos	1	$\frac{1}{2}\sqrt{3}$	$\frac{1}{2}\sqrt{2}$	$\frac{1}{2}$	0
tan	0	$\frac{1}{3}\sqrt{3}$	1	$\sqrt{3}$	∞
cot	∞	$\sqrt{3}$	1	$\frac{1}{3}\sqrt{3}$	0

Die trigonometrischen Funktionen für beliebige Winkel

Zur Definition der trigonometrischen Funktionen beliebiger Winkel benutzt man – wie bei der Definition der trigonometrischen Funktionen spitzer Winkel – den Einheitskreis. Es wird zunächst eine Nullrichtung festgelegt, an diese Nullrichtung werden im Mittelpunkt des Einheitskreises die Winkel entgegen dem Uhrzeigersinn angetragen (Abb. 237 und 238). Trägt man nun einen Winkel an, so kann man vom Schnitt-

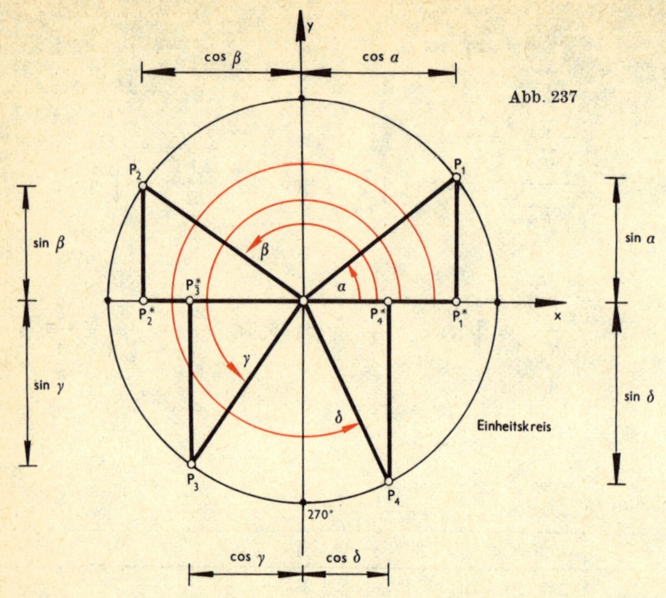

Abb. 237

punkt P_i (Punkt des i-ten Quadranten) des freien Schenkels des Winkels mit dem Einheitskreis auf den zur Nullrichtung gehörigen Durchmesser das Lot fällen. Die Maßzahl der Länge des Lotes ist $\sin \alpha$. Die Maßzahl der Länge der Projektion des Halbmessers ist $\cos \alpha$ (Abb. 237).

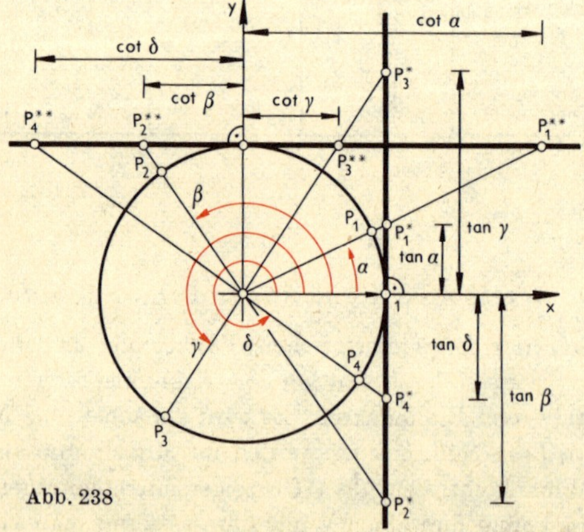

Abb. 238

Die Maßzahl der Länge des Tangentenabschnittes auf der Tangente im Einheitspunkt der Nullrichtung, gemessen von diesem Endpunkt aus, ist $\tan \alpha$; die Maßzahl der Länge des Tangentenabschnittes auf der Tangente, die parallel zur Nullrichtung verläuft, gemessen vom Berührungspunkt aus, ist $\cot \alpha$ (Abb. 238).

Es ergibt sich folgende Vorzeichenverteilung:

	I	II	III	IV
sin	+	+	—	—
cos	+	—	—	+
tan	+	—	+	—
cot	+	—	+	—

Aus der Definition ergibt sich zu jedem Winkel ein Funktionswert für jede der Winkelfunktionen.

Periodizität der Winkelfunktionen

Die Winkelfunktionen lassen sich auch definieren für Winkel, die größer als 2π bzw. 360° sind. Aus der obigen Definition folgt:

$$\sin(\alpha + n \cdot 360°) = \sin \alpha,$$
$$\cos(\alpha + n \cdot 360°) = \cos \alpha,$$
$$\tan(\alpha + n \cdot 180°) = \tan \alpha,$$
$$\cot(\alpha + n \cdot 180°) = \cot \alpha.$$

Die Sinus- und Kosinusfunktion haben die Periode 360° (bzw. 2π).

Die Tangens- und Kotangensfunktion haben die Periode 180° (bzw. π).

Beziehungen zwischen den Funktionen der Winkel α, $90° \pm \alpha$, $180° \pm \alpha$ und $270° \pm \alpha$.

$90° - \alpha$	$90° + \alpha$	$180° - \alpha$
$\sin(90° - \alpha) = \cos \alpha$	$\sin(90° + \alpha) = \cos \alpha$	$\sin(180° - \alpha) = \sin \alpha$
$\cos(90° - \alpha) = \sin \alpha$	$\cos(90° + \alpha) = -\sin \alpha$	$\cos(180° - \alpha) = -\cos \alpha$
$\tan(90° - \alpha) = \cot \alpha$	$\tan(90° + \alpha) = -\cot \alpha$	$\tan(180° - \alpha) = -\tan \alpha$
$\cot(90° - \alpha) = \tan \alpha$	$\cot(90° + \alpha) = -\tan \alpha$	$\cot(180° - \alpha) = -\cot \alpha$

$180° + \alpha$	$270° - \alpha$	$270° + \alpha$
$\sin(180° + \alpha) = -\sin \alpha$	$\sin(270° - \alpha) = -\cos \alpha$	$\sin(270° + \alpha) = -\cos \alpha$
$\cos(180° + \alpha) = -\cos \alpha$	$\cos(270° - \alpha) = -\sin \alpha$	$\cos(270° + \alpha) = \sin \alpha$
$\tan(180° + \alpha) = \tan \alpha$	$\tan(270° - \alpha) = \cot \alpha$	$\tan(270° + \alpha) = -\cot \alpha$
$\cot(180° + \alpha) = \cot \alpha$	$\cot(270° - \alpha) = \tan \alpha$	$\cot(270° + \alpha) = -\tan \alpha$

Funktionen zusammengesetzter Winkel (Additionstheoreme)

Mit Hilfe der Additionstheoreme für Sinus und Kosinus kann man aus der Kenntnis von $\sin\alpha$, $\sin\beta$, $\cos\alpha$ und $\cos\beta$ die Funktionen $\sin(\alpha+\beta)$, $\cos(\alpha+\beta)$, $\sin(\alpha-\beta)$ und $\cos(\alpha-\beta)$ berechnen.
Ebenso lassen sich mit den Additionstheoremen für Tangens und Kotangens aus $\tan\alpha$ und $\tan\beta$, bzw. $\cot\alpha$ und $\cot\beta$ die Funktionen $\tan(\alpha+\beta)$, $\tan(\alpha-\beta)$ bzw. $\cot(\alpha+\beta)$ und $\cot(\alpha-\beta)$ berechnen.

Die Additionstheoreme lauten:

I. $\sin(\alpha+\beta) = \sin\alpha\cos\beta + \cos\alpha\sin\beta,$

II. $\sin(\alpha-\beta) = \sin\alpha\cos\beta - \cos\alpha\sin\beta,$

III. $\cos(\alpha+\beta) = \cos\alpha\cos\beta - \sin\alpha\sin\beta,$

IV. $\cos(\alpha-\beta) = \cos\alpha\cos\beta + \sin\alpha\sin\beta,$

V. $\tan(\alpha+\beta) = \dfrac{\tan\alpha + \tan\beta}{1 - \tan\alpha\tan\beta},$

VI. $\tan(\alpha-\beta) = \dfrac{\tan\alpha - \tan\beta}{1 + \tan\alpha\tan\beta},$

VII. $\cot(\alpha+\beta) = \dfrac{\cot\alpha\cot\beta - 1}{\cot\beta + \cot\alpha},$

VIII. $\cot(\alpha-\beta) = \dfrac{\cot\alpha\cot\beta + 1}{\cot\beta - \cot\alpha}.$

Diese Formeln gelten für beliebige Werte von α und β.

Die trigonometrischen Funktionen des doppelten Winkels

Wenn die Größen $\sin\alpha$, $\cos\alpha$, $\tan\alpha$ und $\cot\alpha$ bekannt sind, lassen sich die Funktionen des doppelten Winkels $\sin 2\alpha$, $\cos 2\alpha$, $\tan 2\alpha$ und $\cot 2\alpha$ berechnen.

Aus den Additionstheoremen I, III, V, VII ergibt sich für $\beta = \alpha$:

$$\sin 2\alpha = 2\sin\alpha\cos\alpha;$$

$$\cos 2\alpha = \cos^2\alpha - \sin^2\alpha \quad = 2\cos^2\alpha - 1 = 1 - 2\sin^2\alpha;$$

$$\tan 2\alpha = \frac{2\tan\alpha}{1-\tan^2\alpha}$$

$$\cot 2\alpha = \frac{\cot^2\alpha - 1}{2\cot\alpha}.$$

Allgemein kann aus $\sin\alpha$ und $\cos\alpha$ auch $\sin(n\alpha)$ und $\cos(n\alpha)$ berechnet werden ($n \in N$).

$$\sin(n\alpha) = \binom{n}{1}\cos^{n-1}\alpha\sin\alpha - \binom{n}{3}\cos^{n-3}\alpha\sin^3\alpha + \binom{n}{5}\cos^{n-5}\alpha\sin^5\alpha \mp \ldots$$

$$\cos(n\alpha) = \cos^n\alpha - \binom{n}{2}\cos^{n-2}\alpha\sin^2\alpha + \binom{n}{4}\cos^{n-4}\alpha\sin^4\alpha \mp \ldots$$

Die Funktionen des halben Winkels

Wenn $\sin\alpha$, $\cos\alpha$, $\tan\alpha$ und $\cot\alpha$ bekannt sind, können $\sin\frac{\alpha}{2}$, $\cos\frac{\alpha}{2}$, $\tan\frac{\alpha}{2}$ und $\cot\frac{\alpha}{2}$ berechnet werden.

$$\sin\frac{\alpha}{2} = \sqrt{\frac{1-\cos\alpha}{2}}; \qquad \cos\frac{\alpha}{2} = \sqrt{\frac{1+\cos\alpha}{2}};$$

$$\tan\frac{\alpha}{2} = \sqrt{\frac{1-\cos\alpha}{1+\cos\alpha}} = \frac{\sin\alpha}{1+\cos\alpha} = \frac{1-\cos\alpha}{\sin\alpha};$$

$$\cot\frac{\alpha}{2} = \sqrt{\frac{1+\cos\alpha}{1-\cos\alpha}} = \frac{\sin\alpha}{1-\cos\alpha} = \frac{1+\cos\alpha}{\sin\alpha}.$$

Summen und Differenzen der Winkelfunktionen:

$$\sin\alpha + \sin\beta = 2\sin\frac{\alpha+\beta}{2}\cdot\cos\frac{\alpha-\beta}{2};$$

$$\sin\alpha - \sin\beta = 2\cos\frac{\alpha+\beta}{2}\cdot\sin\frac{\alpha-\beta}{2};$$

$$\cos\alpha + \cos\beta = 2\cos\frac{\alpha+\beta}{2}\cdot\cos\frac{\alpha-\beta}{2};$$

$$\cos\alpha - \cos\beta = -2\sin\frac{\alpha+\beta}{2}\cdot\sin\frac{\alpha-\beta}{2};$$

$$\cos\alpha + \sin\beta = 2\sin\left(45^\circ - \frac{\alpha-\beta}{2}\right)\sin\left(45^\circ + \frac{\alpha+\beta}{2}\right);$$

$$\cos\alpha - \sin\beta = 2\sin\left(45^\circ - \frac{\alpha+\beta}{2}\right)\sin\left(45^\circ + \frac{\alpha-\beta}{2}\right);$$

$$\cot\alpha \pm \tan\beta = \frac{\cos(\alpha \mp \beta)}{\sin\alpha\cos\beta};$$

$$\cos\alpha + \sin\alpha = \sqrt{2}\sin(45^\circ + \alpha); \; \cos\alpha - \sin\alpha = \sqrt{2}\cos(45^\circ + \alpha);$$

$$\cot\alpha + \tan\alpha = \frac{2}{\sin 2\alpha}; \; \cot\alpha - \tan\alpha = 2\cot 2\alpha;$$

$$\frac{1 + \tan\alpha}{1 - \tan\alpha} = \tan(45^\circ + \alpha); \qquad \frac{\cot\alpha + 1}{\cot\alpha - 1} = \cot(45^\circ - \alpha).$$

Die trigonometrischen Funktionen können zur Dreiecksberechnung und Vielecksberechnung benutzt werden. (Vgl. *Dreiecksberechnung, trigonometrische.*)

trigonometrische Tafeln. Die trigonometrischen Tafeln enthalten die Funktionswerte der trigonometrischen Funktionen $\sin x$, $\cos x$, $\tan x$ und $\cot x$. Dabei sind die Argumentwerte entweder im Gradmaß (Altgrad oder Neugrad) oder im Bogenmaß angegeben.

Diesen Tafeln sind oft Hilfstafeln zum Umrechnen von Altgrad in Neugrad, von Altgrad oder Neugrad in Bogenmaß usw. beigegeben.

Ein weiteres Hilfsmittel sind die Tafeln der Logarithmen der trigonometrischen Funktionen. In diesen Tafeln findet man die Logarithmen von $\sin x$, $\cos x$, $\tan x$ und $\cot x$. Die Tafeln haben aus rechentechnischen Gründen die Besonderheit, daß die Kennziffer immer um 10 zu vermindern ist mit Ausnahme der Werte von $\lg\tan 45^\circ$ bis $\lg\tan 89^\circ 59' 59''$ und der Werte von $\lg\cot 0^\circ$ bis $\lg\tan 44^\circ 59' 59''$. Zusammen mit weiteren Rechentafeln (Logarithmen der natürlichen Zahlen, Quadratwurzeln usw.) sind die trigonometrischen Tafeln in den sogenannten „Logarithmentafeln" enthalten (s. Der Große Rechenduden Bd. 2).

Überschlag. Rechnen mit (stark) gerundeten Zahlen (s. *Aufrunden und Abrunden*).

Umfang. Unter Umfang z. B. eines Kreises versteht man die Länge der Kreislinie.

Der Umfang ist $u = 2 \cdot \pi \cdot r$, wenn der Kreis den Radius r hat (s. *Kreis*, π).

Umfangswinkel. Als Umfangswinkel (= Peripheriewinkel) bezeichnet man den Winkel zwischen zwei Sehnen eines Kreises, deren Schnittpunkt auf der Peripherie des Kreises liegt (s. *Winkel, Kreis*; Abb. 162).

Umformen von Gleichungen. Eine Gleichung umformen heißt, nach bestimmten Regeln von einer Gleichung zu einer anderen übergehen. Vergrößert sich dabei die Lösungsmenge, so heißt die Umformung Gewinnumformung, verkleinert sich die Lösungsmenge, so heißt sie Verlustumformung. Stimmen die Lösungsmengen beider Gleichungen überein, d. h. sind die Gleichungen äquivalent, so heißt die Umformung *Äquivalenzumformung* (s. d., Zeichen: $\Leftrightarrow$).

Beispiele:

1. Aus

$$\sqrt{x+2} = x$$

erhält man durch Quadrieren beider Seiten

$$x + 2 = x^2.$$

Die Lösungsmenge der 2. Gleichung ist $L_2 = \{+2; -1\}$, die der 1. Gleichung $L_1 = \{+2\}$, man hat eine Lösung „gewonnen". Das Quadrieren beider Seiten einer Gleichung ist also eine „Gewinnumformung".

2. Dividiert man in der Gleichung

$$3x^2 - 6x = 0$$

beide Seiten durch x, so erhält man

$$3x - 6 = 0$$

und damit die Lösungsmenge $L_2 = \{2\}$, während $L_1 = \{0; 2\}$ ist. Man hat also eine Lösung verloren; das Dividieren einer Gleichung durch die Variable ist eine „Verlustumformung".

Verlustumformungen sind beim Auflösen von Gleichungen auf jeden Fall zu vermeiden. Der richtige Lösungsweg für das 2. Beispiel ist der folgende:

$$\begin{aligned} & 3x^2 - 6x = 0 \\ \Leftrightarrow\ & x(3x - 6) = 0 \\ \Leftrightarrow\ & x = 0 \text{ oder } 3x - 6 = 0 \\ \Leftrightarrow\ & x = 0 \text{ oder } x = 2, \\ & L = \{0; 2\}. \end{aligned}$$

Umkehrfunktion (s. A. II). Im folgenden werden die Begriffe „Funktion" (s. d.) und „Abbildung" (s. d.) synonym gebraucht.

f sei eine Abbildung von A in B, also eine Zuordnung, die für jedes Element von A genau ein Element von B festlegt; in Zeichen: $f\colon A \to B$ oder $f = \{(x, y) \mid x \in A \text{ und } y = f(x)\}$. Die Menge f^* der geordneten Paare, die aus f durch Vertauschung der Koordinaten aller Paare entsteht, ist im allgemeinen keine Abbildung. Wenn nämlich in f auch nur zwei verschiedene Originalpunkte denselben Bildpunkt haben, z. B. $(a, c) \in f$ und $(b, c) \in f$, dann ist die durch Vertauschung der Koordinaten aller Paare von f entstehende Relation (s. d.) f^* gewiß keine Abbildung, weil sie die Paare (c, a) und (c, b) mit $a \neq b$ enthält. Für die Pfeildarstellung von f bedeutet die Vertauschung der Koordinaten eine Umkehrung der Pfeilrichtung, und immer dann, wenn bei der Abbildung f auch nur auf einen Punkt des Bildbereichs b mehr als ein Pfeil weist, ist die durch Umkehrung der Pfeilrichtung entstehende Relation f^* keine Funktion. Zeigt dagegen in der Darstellung von f auf jeden Punkt von B genau ein Pfeil, so geht nach Umkehrung der Richtung von jedem Element von B genau ein Pfeil aus; f^* ist dann wieder eine Abbildung, die sog. Umkehrabbildung (Umkehrfunktion) von f. Zu einer Abbildung f existiert also genau dann die Umkehrabbildung, wenn f umkehrbar eindeutig oder eineindeutig ist (s. eindeutig), und es ist $f^* : B \to A$ oder $f^* = \{(x, y) \mid (y, x) \in f\}$. Aus der Definition der Umkehrabbildung folgen sofort die Beziehungen zwischen Definitions- und Wertebereichen einer eineindeutigen Funktion f und ihrer Umkehrfunktion f^*:

$$D_{f^*} = W_f, \; W_{f^*} = D_f.$$

Ist $b \in W_f$, so ist $f^*(b)$ definitionsgemäß dasjenige Element $a \in D_f$, dem bei der Abbildung f das Bild b zugeordnet ist. Daher ist $b = f(a)$ gleichbedeutend mit $a = f^*(b)$, was natürlich nichts anderes besagt als die Äquivalenz von $(a, b) \in f$ und $(b, a) \in f^*$.

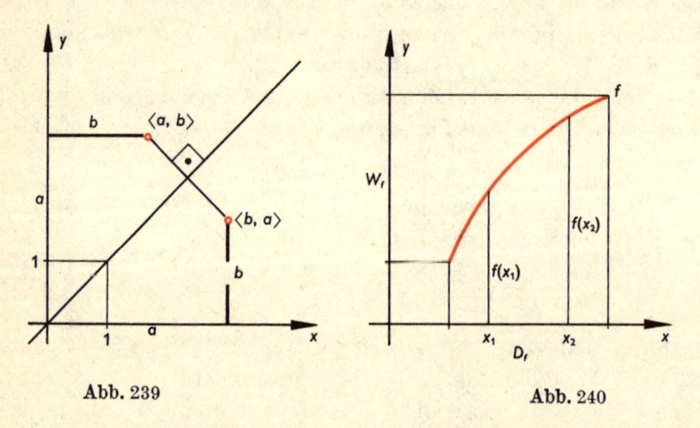

Abb. 239 Abb. 240

Sind insbesondere Definitions- und Wertebereich einer Funktion Zahlenmengen, so bedeutet der Übergang von $(a, b) \in f$ zu $(b, a) \in f^*$ für die Darstellung im Koordinatensystem eine Spiegelung an der Geraden $y = x$ (s. Abb. 239). Dabei ist vorausgesetzt, daß die Einheitsstrecken auf beiden Koordinatenachsen gleich lang sind und daß jeweils die erste Zahl eines Paares als x-Wert genommen wird. Nach dem oben Gesagten hat eine Funktion f genau dann eine Umkehrfunktion f^*, wenn es im

Definitionsbereich von f keine zwei Zahlen gibt, denen derselbe Funktionswert zugeordnet ist, geometrisch gedeutet: wenn auf jeder Parallelen zur x-Achse höchstens ein Punkt von f liegt. Diese Bedingung ist immer dann erfüllt, wenn die Funktion streng monoton ist, d. h., wenn für alle $x_1, x_2 \in D_f$ mit $x_1 < x_2$ gilt: $f(x_1) < f(x_2)$ (streng monoton wachsende Funktion, Abb. 240), oder wenn für alle $x_1, x_2 \in D_f$ mit $x_1 < x_2$ gilt: $f(x_1) > f(x_2)$ (streng monoton fallend, Abb. 241). Monotonie ist aber nicht notwendig, wie die in Beispiel 1 angegebene Funktion zeigt.

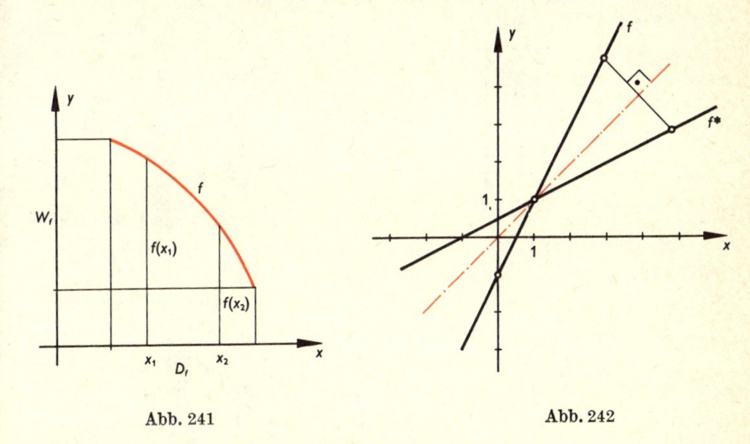

Abb. 241

Abb. 242

Beispiel 1: $f = \{(0, 2), (1, 1), (3, 5), (4, 3)\}$ ist eine Abbildung mit dem Definitionsbereich $\{0, 1, 3, 4\}$ und dem Wertebereich $\{1, 2, 3, 5\}$. Die Abbildung f ist eindeutig, die Umkehrabbildung $f^* = \{(1, 1), (2, 0), (3, 4), (5, 3)\}$. f ist aber gewiß nicht monoton!

Beispiel 2: $f = \{(0, 2), (1, 1), (3, 5), (4, 2)\}$ ist eine Abbildung mit dem Definitionsbereich $\{0, 1, 3, 4\}$ und dem Wertebereich $\{1, 2, 5\}$. Wegen $f(0) = f(4) = 2$ ist f nicht eindeutig, $f^* = \{(1, 1), (2, 0), (2, 4), (5, 3)\}$ ist keine Abbildung!

Beispiel 3: Bei der Funktion $f = \{(x, y) \mid x \in \mathbb{R} \text{ und } y = 2x - 1\}$ handelt es sich um die Lösungsmenge der Gleichung $y = 2x - 1$. Als Punktmenge gedeutet, stellt f eine Gerade dar, die von jeder Parallelen zur x-Achse genau einmal geschnitten wird. f ist daher eine eineindeutige Abbildung von $\mathbb{R}$ auf $\mathbb{R}$, besitzt also eine Umkehrfunktion f^*. In Abb. 242 ist f graphisch dargestellt; der Graph von f^* ergibt sich daraus durch Spiegelung an der Geraden $y = x$. Die vier Elemente von f in der untenstehenden Wertetabelle sind als Lösungen der Gleichung $y = 2x - 1$ berechnet worden. Daraus ergeben sich durch Vertauschen der Spalten vier Elemente von f^*. In der Wertetabelle ist dabei die erste Zahl eines jeden Paares (wie meistens üblich) wieder als x-Wert gekennzeichnet worden. Ist $(a, b) \in f$, so ist dieses Zahlenpaar eine Lösung der Gleichung $y = 2x - 1$; es gilt also $b = 2a - 1$. Das zu f^* gehörende Paar (b, a) ist dann offenbar eine Lösung der Gleichung $x = 2y - 1 : b = 2a - 1$. f^* läßt sich somit ebenfalls als Lösungsmenge schreiben: $f^* = \{(x, y) \mid x \in \mathbb{R} \text{ und } x = 2y - 1\} = \left\{(x, y) \mid x \in \mathbb{R} \text{ und } y = \frac{x+1}{2}\right\}$

x	$f(x)$
0	-1
1	1
2	3
$-1{,}5$	-4

x	$f^*(x)$
-1	0
1	1
3	2
-4	$-1{,}5$

Beispiel 4: a) Die Funktion $f: x \to x^2 - 4, x \in \mathbb{R}$ ist in ihrem Definitionsbereich nicht eineindeutig; es ist z. B. $(2, 0) \in f$ und $(-2, 0) \in f$. Daher hat f keine Umkehrfunktion.

b) Die Funktion $f: x \to x^2 - 4, x \in [0, 3]$ wächst in dem als Definitionsbereich angegebenen Intervall (s. d.) streng monoton (vgl. Abb. 243); der Wertebereich ist $[-4, 5]$. Jedes Wertepaar von f ist eine Lösung der Gleichung $y = x^2 - 4$. Da f das Intervall $[0, 3]$ eineindeutig auf das Intervall $[-4, 5]$ abbildet, existiert die Umkehrfunktion f^*, und jedes Wertepaar von f^* ist eine Lösung der Gleichung $x = y^2 - 4$, oder nach y aufgelöst: $y = \sqrt{x + 4}$. f^* hat den Definitionsbereich $D_{f^*} = W_f = [-4, 5]$.

Die Funktion

$$f = \{(x, y) \mid x \in [0, 3] \text{ und } y = x^2 - 4\}$$

hat somit die Umkehrfunktion

$$f^* = \{(x, y) \mid x \in [-4, 5] \text{ und } y = \sqrt{x + 4}\}.$$

(vgl. Abb. 244).

Ist allgemein eine *eineindeutige* Funktion $f: x \to f(x), x \in D_f$ durch den Funktionsterm $f(x)$ und den Definitionsbereich D_f gegeben, so ist f als Lösungsmenge der Gleichung $y = f(x)$ beschreibbar:

$$f = \{(x, y) \mid x \in D_f \text{ und } y = f(x)\},$$

d.h., jedes Paar von f erfüllt die Gleichung $y = f(x)$. Folglich genügen die entsprechenden Paare mit vertauschten Koordinaten der Gleichung

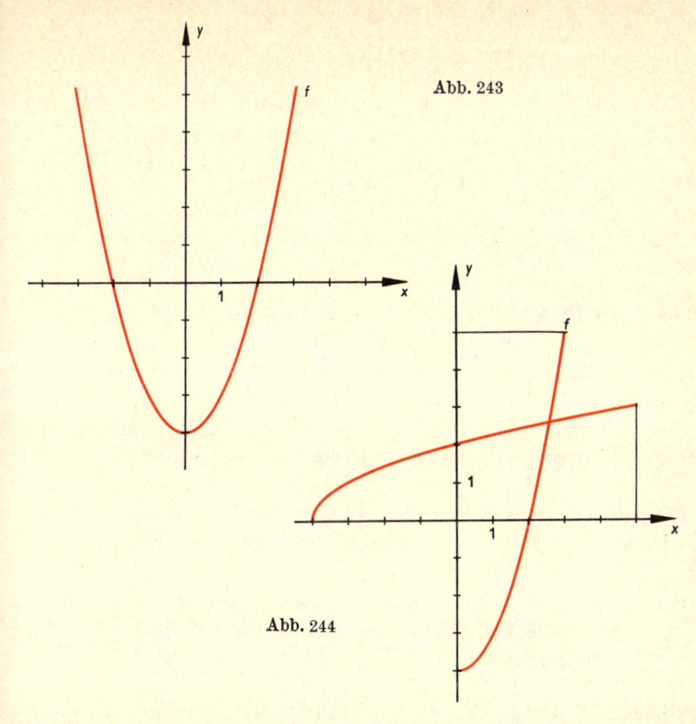

Abb. 243

Abb. 244

$x = f(y)$; die Umkehrfunktion f^* kann also wieder als Lösungsmenge angegeben werden:

$$f^* = \{(x, y) \mid x \in W_f \text{ und } x = f(y)\}.$$

Durch diese Funktion f^* wird also jeder Zahl x aus dem Wertebereich von f genau diejenige Zahl des Definitionsbereichs von f zugeordnet, die bei der Abbildung f das Urbild von x ist. In diesem Sinne macht die Abbildung f^* die Abbildung f wieder rückgängig, und die Gleichung $x = f(y)$ ist für $x \in W_f = D_{f^*}$ eindeutig nach y auflösbar; $y = f^*(x)$ ist diese Auflösung. Diese Aussage bedeutet jedoch nicht, daß der Funktionsterm $f^*(x)$ der Umkehrfunktion immer mit algebraischen Methoden aus dem Funktionsterm $f(x)$ gewonnen werden kann (wie in den Beispielen 3 und 4b). Das ist nur in Sonderfällen möglich, selbst wenn $f(x)$ ein rationaler Term ist. Ist z. B. $f(x)$ ein Polynom (s. d.), also ein Term der Form

$$a_0 x^n + a_1 x^{n-1} + \cdots + a_n,$$

und ist D ein Intervall von $\mathbb{R}$, in dem die Funktion

$$f: x \to a_0 x^n + a_1 x^{n-1} + \cdots + a_n$$

eineindeutig ist, so existiert dort gewiß die Umkehrfunktion:

$$f^* = \{(x, y) \mid x \in W \text{ und } x = a_0 y^n + a_1 y^{n-1} + \cdots + a_n\},$$

wobei W die Menge der Funktionswerte von f bei der Abbildung von D ist. Nach einem Satz von Abel (1824) ist aber eine solche Gleichung für $n \geqq 5$ nicht mit Wurzelausdrücken und rationalen Rechenoperationen auflösbar.

Umklappung. Eine Umklappung ist eine Drehung eines Körpers oder einer ebenen Figur um eine Gerade. Wird eine ebene Figur um eine Gerade ihrer Ebene und um 180° geklappt, so entsteht aus der ursprünglichen Figur und ihrem Bild eine zur Umklappungsachse achsensymmetrische Figur. Beide Figuren gehen durch eine orthogonale Spiegelung an der Umklappungsachse auseinander hervor (s. *Achsensymmetrie*).

Umkreis. Einen Kreis, der durch alle Ecken einer Vielecks geht, nennt man Umkreis des Vielecks. Nicht jedes Vieleck besitzt einen Umkreis. Einen Umkreis besitzen

z. B.: alle Dreiecke, Quadrate, Rechtecke, gleichschenkligen Trapeze, alle Vierecke, in denen zwei Gegenwinkel zusammen 180° betragen, und alle *regelmäßigen Vielecke* (s. d.).

unendlich. Mit dem Zeichen ∞ („unendlich") wird das Verhalten einer Folge (s. d.) beschrieben, die für hinreichend großes n jede vorgegebene Zahl (Schranke) übersteigt.

Beispiel: „$2^n \to \infty$" bedeutet, daß die Folge $a(n) = 2^n$ für genügend große n Glieder enthält, die z. B. größer als 1 Million sind (nämlich für $n \geqq 20$).

Beachte: Das Zeichen ∞ ist kein Zahlzeichen, man kann also nicht im üblichen Sinne damit rechnen!

Ungleichung. Sind zwei Terme durch eines der Anordnungszeichen (s. *Anordnung*) $<$, $>$, $\leqq$ oder $\geqq$ verbunden, so nennt man diese Aussage oder Aussageform eine Ungleichung;

z. B.: $3 < 5$ soll heißen: 3 kleiner als 5,
$3x \leqq 6$ soll heißen: $3x$ kleiner, höchstens gleich 6.

Für das Rechnen mit Ungleichungen, das bei allen Abschätzungsaufgaben von Bedeutung ist, gelten einige einfache Regeln:

1. Aus $a > b$ folgt $a + c > b + c$ für alle c.
2. Aus $a > b$ folgt $p \cdot a > p \cdot b$, wenn $p > 0$ ist.
3. Aus $a > b$ folgt $\frac{1}{a} < \frac{1}{b}$, wenn $a \cdot b > 0$ ist.

$a < b$ lies: a kleiner als b.
$c > d$ lies: c größer als d.
$e \leqq f$ lies: e kleiner als f oder höchstens gleich f.
Abgekürzt: e kleiner — gleich f.
$g = h$ lies: g gleich h.
$k \geqq m$ lies: k größer als m oder mindestens gleich m.
Abgekürzt: k größer — gleich m.

Variable. Eine Variable (auch Platzhalter oder Leerstelle genannt) ist ein Zeichen ohne feste Bedeutung, das durch den Namen eines Dinges (in der Arithmetik meistens einer Zahl) ersetzt werden darf. Die Menge der Dinge, die für die Einsetzung zugelassen sind, heißt Grundmenge.
Als Variable werden meistens Buchstaben verwendet.
Tritt in einem Zusammenhang dieselbe Variable mehrfach auf, so ist dafür jedesmal dieselbe Zahl einzusetzen. Treten verschiedene Variable auf, so können dafür verschiedene Zahlen eingesetzt werden; es ist aber auch zulässig, für verschiedene Variable dieselbe Zahl einzusetzen.

Variationen. Variationen von n Elementen zur k-ten Klasse sind die Anordnungen, die sich aus je k der n Elemente unter Berücksichtigung der Reihenfolge bilden lassen. Ändert man die Reihenfolge der betrachteten k Elemente, so erhält man eine neue Variation (s. *Kombinatorik*). Die Variationen zur ersten Klasse, die nur je ein Element enthalten, heißen Unionen, die zur zweiten Amben oder Vinionen, die zur dritten Ternen. Variationen *ohne Wiederholungen* zur k-ten Klasse sind solche Variationen, bei denen von den sämtlichen Elementen immer nur je k vorkommen dürfen, jedes Element aber auch nur einmal.

Beispiel: 3 Elemente a, b, c.

Die Variationen zur 2. Klasse ohne Wiederholungen sind:

$$\begin{matrix} a, b & b, a & b, c \\ a, c & c, a & c, b \end{matrix}$$

Die Anzahl der Variationen von n Elementen zur k-ten Klasse ohne Wiederholungen ist:

$$V(n;k) = \binom{n}{k} \cdot k! = \frac{n(n-1)(n-2)\ldots\ldots(n-k+1)}{1 \cdot 2 \cdot 3 \cdot \ldots\ldots \cdot k} k! =$$

$$= n \cdot (n-1) \cdot (n-2) \ldots \cdot (n-k+1);$$

$\binom{n}{k}$ siehe *binomischer Lehrsatz;* $\binom{n}{k}$ lies: n über k.

Variationen zur k-ten Klasse mit Wiederholungen sind solche Variationen zur k-ten Klasse, bei denen von allen gegebenen n Elementen immer nur k auftreten können, jedes Element aber auch wiederholt auftreten kann. Bezeichnung: $\tilde{V}(n;k)$.

Beispiel: Fünf Elemente a, b, c, d, e. Die Variationen mit Wiederholungen zur 2. Klasse sind:

a, a	b, a	c, a	d, a	e, a	Anzahl: $\tilde{V}(5;2) = 25$.
a, b	b, b	c, b	d, b	e, b	
a, c	b, c	c, c	d, c	e, c	
a, d	b, d	c, d	d, d	e, d	
a, e	b, e	c, e	d, e	e, e	

Die Anzahl der Variationen von n Elementen zur k-ten Klasse mit Wiederholungen ist

$$\tilde{V}(n;k) = n^k.$$

Bei den Variationen wird die Anordnung der Elemente berücksichtigt. a, b und b, a sind also verschiedene Variationen. Soll die Anordnung der Elemente nicht berücksichtigt werden, so spricht man von *Kombinationen* (s. d.).

Vektor

Elemente eines Vektorraumes (s. d.) heißen Vektoren. Man bezeichnet Vektoren entweder mit Buchstaben in Fettdruck, mit Frakturbuchstaben oder mit einem über den Buchstaben gesetzten Pfeil.

Vektorraum. Eine *Parallelverschiebung* (s. d.) läßt sich durch Angabe ihres *Verschiebungsvektors* beschreiben. Dazu gibt man einen Originalpunkt P und den bei der Verschiebung ihm zugeordneten Bildpunkt P' an: $\overrightarrow{PP'}$ ist dann eine „gerichtete Strecke" oder ein *Pfeil.* Diesen Pfeil kann man auch durch seinen Ausgangspunkt P, seine Länge und seine Richtung beschreiben.

Ändert man den Ausgangspunkt (unter Beibehaltung von Richtung und Länge), so erhält man einen zweiten Pfeil, der zu $\overrightarrow{PP'}$ *äquivalent* ist. Eine Klasse von in diesem Sinne äquivalenten Pfeilen (gleicher Länge und Richtung) nennt man einen *Vektor*.

Derartige Vektoren kann man „addieren“ (Nacheinanderausführung von Verschiebungen). Man kann sie auch „vervielfachen“ und „teilen“ (Streckung bzw. Stauchung; Abb. 245).

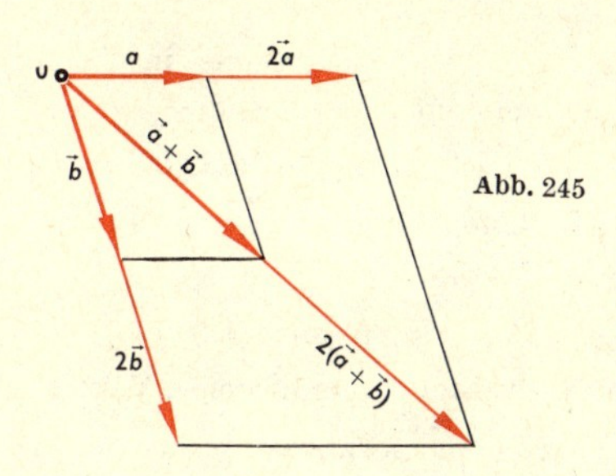

Abb. 245

Allgemein versteht man unter einem *Vektorraum* eine Menge V, deren Elemente Vektoren genannt werden und die folgende Eigenschaften besitzt:

1. In V ist eine innere Verknüpfung (s. d.; Vektoraddition) erklärt; hinsichtlich dieser Verknüpfung bildet V eine abelsche Gruppe (s. d.):

$$(\vec{a}, \vec{b}) \to \vec{a} + \vec{b} \in V \text{ (mit } a, b \in V).$$

2. Zwischen V und der Menge $\mathbb{R}$ der reellen Zahlen ist eine äußere Verknüpfung 1. Art (s. d.; Multiplikation eines Vektors mit einem Skalar) erklärt:

$$(r, \vec{a}) \to r\vec{a} \in V \text{ (mit } r \in \mathbb{R} \text{ und } \vec{a} \in V).$$

3. Es gelten die Distributivgesetze:

$$r(\vec{a} + \vec{b}) = r\vec{a} + r\vec{b} \text{ und } (r + s)\,\vec{a} = r\vec{a} + s\vec{a}.$$

4. Es gilt $1 \cdot \vec{a} = \vec{a}$.

Die Mathematik kennt viele Beispiele für Vektorräume. So bildet z. B. die Menge der Polynome in x, y von der Form $a\,x + b\,y$ mit reellen a, b einen Vektorraum mit $0 = 0 \cdot x + 0 \cdot y$ als Nullvektor (neutrales Element der Addition). Dieser Vektorraum hat die Eigenschaft, daß sich jedes Element des Raumes als sogenannte Linearkombination $a\,x + b\,y$ aus x

und y darstellen läßt, während x und y selbst linear unabhängig sind. Das bedeutet, daß es keine von Null verschiedenen reellen Zahlen r und s gibt, so daß $r x + s y = 0$ gilt. Man nennt einen solchen Vektorraum zweidimensional. Die Dimension eines Vektorraumes ist die Maximalzahl linear unabhängiger Vektoren.

Hat man ein Maximalsystem linear unabhängiger Vektoren, wie x, y im letzten Beispiel, so kann man jeden Vektor $a x + b y$ durch seine Koordinaten als geordnetes Zahlenpaar (a, b) darstellen. Die beiden Bezugsvektoren x, y heißen *Basisvektoren.*

Besondere Bedeutung haben Vektorräume, in denen ein *Skalarprodukt* erklärt ist. Darunter versteht man folgendes:

a) Je zwei Vektoren $\vec{a}$, $\vec{b}$ ist eine reelle Zahl als Produkt $\vec{a} \cdot \vec{b}$ zugeordnet.

b) Die Zuordnung ist kommutativ: $\vec{a} \cdot \vec{b} = \vec{b} \cdot \vec{a}$.

c) Sie ist distributiv: $\vec{a} \cdot (\vec{b} + \vec{c}) = \vec{a} \cdot \vec{b} + \vec{a} \cdot \vec{c}$.

d) Sie ist linear: $(r\vec{a}) \cdot \vec{b} = r(\vec{a} \cdot \vec{b})$ mit reellem r.

e) Für jeden vom Nullvektor $\vec{o}$ verschiedenen Vektor gilt $\vec{a} \cdot \vec{a} > 0$.

Im Vektorraum der von einem Punkt ausgehenden Pfeile erhält man ein derartiges Produkt durch die folgende Erklärung:

$\vec{a} \cdot \vec{b} = |\vec{a}| \cdot |\vec{b}| \cdot \cos(\vec{a}, \vec{b})$. Dabei bedeutet $|\vec{a}|$ die Länge des Pfeils (nicht negative reelle Zahl), $(\vec{a}, \vec{b})$ den kleinsten Winkel zwischen den Pfeilen. Die Bedingungen a) bis e) sind in der Tat erfüllt. Hier gilt: Ist $\vec{a} \cdot \vec{b} = 0$ mit $\vec{a} \neq \vec{o}$ und $\vec{b} \neq \vec{o}$, so steht $\vec{a}$ senkrecht auf $\vec{b}$. Das Produkt $\vec{a} \cdot \vec{a}$ ist das Quadrat der Länge des Pfeils $\vec{a}$.

Wenn man die Vektoren einer Ebene durch eine Basis, z. B. $\vec{e}_1$, $\vec{e}_2$, darstellt, die senkrecht aufeinander stehen und die die Länge 1 haben (*orthogonale Normalbasis*, kurz *Orthonormalbasis*), dann läßt sich das Skalarprodukt zweier Vektoren $\vec{a} = a_1 \vec{e}_1 + a_2 \vec{e}_2$ und $b = b_1 \vec{e}_1 + b_2 \vec{e}_2$ durch die Koordinaten der beiden Vektoren darstellen als $a_1 b_1 + a_2 b_2$. Denn es ist nach dem Distributivgesetz:

$$(a_1 \vec{e}_1 + a_2 \vec{e}_2) \cdot (b_1 \vec{e}_1 + b_2 \vec{e}_2) = a_1 b_1 (\vec{e}_1 \cdot \vec{e}_1) + a_2 b_2 (\vec{e}_2 \cdot \vec{e}_2) + (a_1 b_2 + a_2 b_1)(\vec{e}_1 \cdot \vec{e}_2).$$

Nach Voraussetzung ist aber

$$\vec{e}_1 \cdot \vec{e}_1 = \vec{e}_2 \cdot \vec{e}_2 = 1 \text{ und } \vec{e}_1 \cdot \vec{e}_2 = 0.$$

Durch entsprechende Festsetzungen für einen Vektorraum mit maximal drei linear unabhängigen Vektoren kann man räumlich-geometrische Untersuchungen durchführen.

Mit Hilfe derartiger Betrachtungen führt man auch vieldimensionale Vektorräume ein, die der Anschauung nicht gegeben sind und treibt in ihnen Geometrie.

Venn-Diagramm (auch Euler-Diagramm; s. A. I). Hilfsmittel zur Veranschaulichung von Mengen und Mengenbeziehungen. Man ordnet jedem Element einer endlichen Menge einen Punkt der Ebene zu und umgibt die zur Menge gehörigen Punkte zum Zeichen ihrer Zusammenfassung zu dieser Menge mit einer geschlossenen doppelpunktfreien Kurve. Will man ausdrücken, daß ein Element nicht zur Menge gehört, so ordnet man ihm einen Punkt außerhalb des eingeschlossenen Gebietes zu (vgl. Abb. 246a). Euler benutzte Kreise als einschließende Kurven.

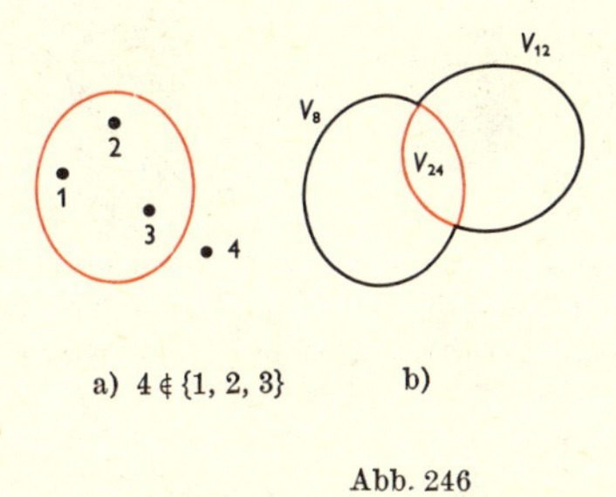

a) $4 \notin \{1, 2, 3\}$ b)

Abb. 246

Bei Mengen mit sehr vielen Elementen, insbesondere also bei unendlichen Mengen, ist eine Darstellung durch besondere Hervorhebung der den Elementen zugeordneten Punkte nicht möglich. Um auch diese Mengen bei der Veranschaulichung von Mengenbeziehungen und Mengenverknüpfungen noch erfassen zu können, sieht man oft von der Angabe der Elemente ganz ab. Auf diese Weise sind in Abb. 246b die Menge der Vielfachen von 8, V_8, und die Menge der Vielfachen von 12, V_{12}, in ihrer Beziehung zueinander dargestellt: $V_8 \cap V_{12} = V_{24}$.

Vereinigungsmenge (s. A. I). Die Vereinigungsmenge zweier Mengen A und B ist diejenige Menge (s. d.), deren Elemente in A oder in B vorkommen. Diese Menge wird mit $A \cup B$ bezeichnet, gelesen „A vereinigt mit B". In Kurzfassung geschrieben:

$$A \cup B = \{x | x \in A \text{ oder } x \in B\}.$$

Allgemein gilt:

1. Sind A und B Mengen, so ist $A \cup B = B \cup A$ (Kommutativgesetz).
2. Sind A, B und C Mengen, so ist $A \cup (B \cup C) = (A \cup B) \cup C$ (Assoziativgesetz). Wegen dieser Eigenschaft können die Klammern überhaupt weggelassen werden; die Vereinigungsmenge dreier Mengen A, B und C wird daher einfacher $A \cup B \cup C$ geschrieben.
3. In Verbindung mit der Durchschnittsmenge (s. d.) gelten die Distributivgesetze (Abb. 247, 248):

   a) $A \cap (B \cup C) = (A \cap B) \cup (A \cap C)$,
   b) $A \cup (B \cap C) = (A \cup B) \cap (A \cup C)$,

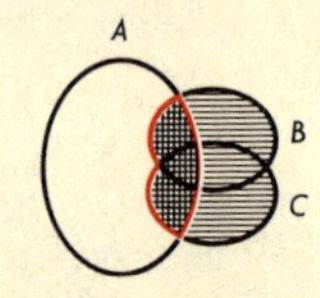

$B \cup C$ horizontal schraffiert,
$A \cap (B \cup C)$ doppelt schraffiert,

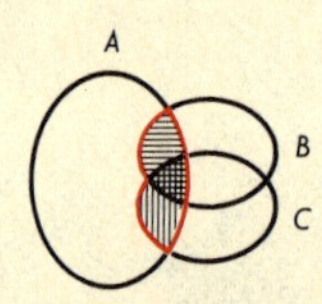

$A \cap B$ horizontal schraffiert,
$A \cap C$ vertikal schraffiert,

Abb. 247 Venn-Diagramme zum Distributivgesetz 3a.

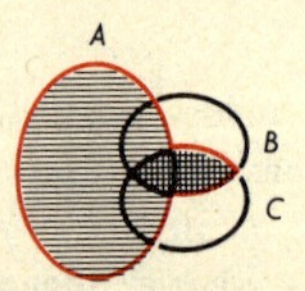

$B \cap C$ horizontal schraffiert,
$A \cup (B \cap C)$ der (einfach oder doppelt) schraffierte Bereich,

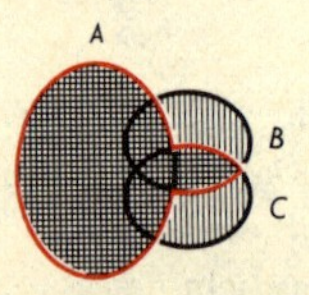

$A \cup B$ vertikal schraffiert,
$A \cup C$ horizontal schraffiert,
$(A \cup B) \cap (A \cup C)$ doppelt schraffiert,

Abb. 248 Venn-Diagramme zum Distributivgestz 3b.

4. Ist $B \subset A$, so gilt $A \cup B = A$; umgekehrt folgt aus $A \cup B = A$ die Beziehung $B \subset A$. – Sonderfälle:

   a) für $B = A$ ist $A \cup A = A$,
   b) für $B = \emptyset$ ist $A \cup \emptyset = A$.

5. Für alle Mengen A und B gilt: $A \subset A \cup B$ und $B \subset A \cup B$.

Verhältnis. Das Verhältnis von zwei Zahlen a und b ist ihr Quotient $a : b$, der auch als Bruch $\frac{a}{b}$ geschrieben werden kann. Man liest: „a verhält sich zu b“ oder kurz „a zu b“. Ist $a : b = m$, so nennt man m den Wert des Verhältnisses oder Verhältnisfaktor (Proportionalitätsfaktor), z. B.:

$$20 : 5 = \frac{20}{5} = 4.$$

Das Verhältnis von zwei Größen mit gleichen Einheiten ist das Verhältnis ihrer Maßzahlen, z. B.:

$$15\,\text{m} : 3\,\text{m} = 15 : 3 = 5.$$

Haben die Größen verschiedene Maßeinheiten, so verwandelt man diese in gleiche Einheiten, z. B.:

$$3\,\text{m} : 20\,\text{cm} = 300\,\text{cm} : 20\,\text{cm} = 300 : 20 = 15.$$

Das Verhältnis gleichartiger Größen ist also stets eine reine Zahl.
In der Physik wird häufig auch der Quotient verschiedenartiger Größen als Verhältnis bezeichnet; in diesem Fall ist der Proportionalitätsfaktor ebenfalls eine Größe, z. B.:

$$220\,\text{V} : 1{,}1\,\text{A} = 200\,\frac{\text{V}}{\text{A}} = 200\,\text{Ohm}$$

(s. auch *Proportion* und *proportional*).

Verhältnisgleichung s. *Proportion.*

Verknüpfung (s. A. VI).
Allgemein versteht man unter einer *inneren Verknüpfung* in einer nichtleeren Menge M eine Abbildung $\top$ von $M \times M$ in M, d. h. eine Funktion $\top$ mit dem Definitionsbereich $M \times M$ und Werten in M. In Zeichen: $\top : M \times M \to M$ oder $\top : (a, b) \to \top\,(a, b)$. $\top\,(a, b)$ bezeichnet dabei das Element aus M, das dem Paar (a, b) durch die Abbildung $\top$ zugeordnet wird. Statt $\top\,(a, b)$ schreibt man meistens $a \top b$.

Beispiele:

a) das Produkt $a b$,
b) die Summe $a + b$,
c) die Differenz $a - b$,
d) den Quotienten $\frac{a}{b}$,
e) das arithmetische Mittel $\frac{a + b}{2}$,
f) den größten gemeinsamen Teiler,
g) das kleinste gemeinsame Vielfache,
h) die Zahl $a^2(a + b)$.

Die Beispiele c), d) und e) sind in der Menge der natürlichen Zahlen $\mathbb{N}$ keine inneren Verknüpfungen, weil z. B. dem Element (3, 4) in diesen drei Fällen keine natürliche Zahl zugeordnet ist. Im Bereich der rationalen Zahlen dagegen sind auch c), d), e) innere Verknüpfungen.
Neben inneren Verknüpfungen betrachtet man in der Mathematik noch „äußere" Verknüpfungen. Wichtig sind:

1. die *äußere Verknüpfung 1. Art.* Sind R und M nichtleere Mengen so ist eine äußere Verknüpfung 1. Art eine Abbildung $\perp$ von $R \times M$ in M, in Zeichen: $\perp: R \times M \to M$ oder $\perp: (r, a) \to r \perp a$ mit $r \in R$, $a \in M$ und $r \perp a \in M$; dabei ist wieder statt $\perp(r, a)$ $r \perp a$ geschrieben worden.
2. Die *äußere Verknüpfung 2. Art.* Sind R und M nichtleere Mengen, so ist eine äußere Verknüpfung 2. Art eine Abbildung $\perp\!\!\perp$ von $M \times M$ in R, in Zeichen: $\perp\!\!\perp: M \times M \to R$ oder $\perp\!\!\perp: (a, b) \to a \perp\!\!\perp b$ mit $a, b \in M$ und $a \perp\!\!\perp b \in R$.

Beispiel 1: V sei ein Vektorraum (s. d.); die Addition von Vektoren ist eine innere Verknüpfung: $(\vec{a}, \vec{b}) \to \vec{a} + \vec{b} \in V$.

Beispiel 2: $\mathbb{R}$ sei die Menge der reellen Zahlen, V ein Vektorraum; die Multiplikation der Vektoren mit reellen Zahlen („Skalaren") ist eine äußere Verknüpfung 1. Art. Es ist

$$(r, \vec{a}) \to r\vec{a} \in V \text{ mit } r \in \mathbb{R} \text{ und } \vec{a} \in V.$$

Beispiel 3: $P, Q, \ldots$ seien Punkte der euklidischen Ebene, $\mathbb{R}$ sei die Menge der reellen Zahlen; die Abbildung $(P, Q) \to d(P, Q) \in \mathbb{R}$, die jedem Punktepaar die Entfernung (s. d.) dieser Punkte zuordnet, ist eine äußere Verknüpfung 2. Art.
Eine Menge mit einer oder mehreren Verknüpfungen wird eine algebraische Struktur (s. d.) oder auch ein Verknüpfungsgebilde genannt. Beispiele dafür sind Gruppen (s. d.), Ringe (s. d.), Körper (s. d.) und Vektorräume (s. d.).

Verlustumformung s. *Umformen von Gleichungen.*

Verteilungsrechnen (Gesellschaftsrechnen)

Allgemeines

Das Wesen des Verteilungsrechnens besteht in der Zerlegung eines Ganzen (einer Summe) in ungleiche Teile. Zur Feststellung der einzelnen Teile dividiert man die Teilungssummen durch die Summen der Verhältniszahlen (Anteile) und multipliziert die letzteren einzeln mit dem Ergebnis.

I. Einfache Teilungsverhältnisse

Beispiel: A, B und C gewannen gemeinsam im Lotto 12650,— DM. A war mit 2,— DM, B mit 4,— DM und C mit 5,— DM am Einsatz beteiligt. Wie ist der Gewinn anteilmäßig (entsprechend des Einsatzes) auf A, B und C zu verteilen?

Ansatz: Der Gewinn von 12650,— DM ist durch die Summe der Anteile (11) zu dividieren, um einen Anteil zu errechnen. Der Wert dieses Anteils ist mit der Anzahl der Anteile von A, B und C (Verhältniszahlen) zu multiplizieren, und man erhält die einzelnen Gewinnquoten.

Lösung:

Gesellschafter	Beteiligung	Anteile	Gewinn
A	2,— DM	2	2300,— DM
B	4,— DM	4	4600,— DM
C	5,— DM	5	5750,— DM
		11	12650,— DM : 11
		1	= 1150,— DM für einen Anteil.

Beachte:

> Kürze die Beträge soweit als möglich und bilde die kleinsten ganzzahligen Anteile!

> Sind die einzelnen Teilungsverhältnisse Brüche eines Anteils, so sind sie nur mittels des gemeinsamen Hauptnenners addierbar und damit ins Verhältnis zu setzen!

II. Zusammengesetzte Teilungsverhältnisse

Sind zu den Teilungsverhältnissen noch Nebenbestimmungen (wie Addition, Subtraktion usw.) gegeben, so ist die Summe der ungleichen Teilungsverhältnisse in eine Summe gleicher Teilungsverhältnisse zu überführen.

Beispiel 1: 3 Gesellschafter einer oHG verteilen ihren Gewinn von 19280,— DM entsprechend ihrer Kapitalbeteiligung (A = 3000,— DM, B = 5000,— DM, C = 8000,— DM). Zusätzlich ist aber im Gesellschaftsvertrag festgelegt, daß A und B je 1000,— DM mehr erhalten und C 500,— DM weniger. Wieviel erhält jeder Gesellschafter?

Ansatz: Die Summe der Anteile und die zusätzlichen Zuwendungen bzw. Abzüge müssen gleich dem Gewinn sein. Um das Beteiligungsverhältnis nicht zu stören, müssen die zusätzlich gewährten Beträge vom Gewinn zuerst abgezogen werden. Dieser geminderte Gewinn entspricht dann dem Wert der Summe aller Anteile.

Lösung:

Ges.	Kap. Beteilig.	Anteile	Zusatzbetrag	Gewinn
A	3000,—	3	+ 1000,—	3333,75 + 1000,— = 4333,75 DM
B	5000,—	5	+ 1000,—	5556,25 + 1000,— = 6556,25 DM
C	8000,—	8	— 500,—	8890,— — 500,— = 8390,— DM
		16	+ 1500,—	19280,— DM
				— 1500,— DM
				17780,— DM

17780,— DM verteilt auf 16 Anteile, also 1111,25 DM für einen Anteil.

Beispiel 2: In einem Dreifamilienhaus mit Zentralheizung wohnen folgende Mietparteien: im Erdgeschoß (120 m²) Familie A (4 Personen), Nettomiete 160,— DM; im 1. Stock (120 m²) Familie B (5 Personen), Nettomiete 170,— DM; im 2. Stock (100 m²) Familie C (3 Personen), Nettomiete 100,— DM.

Im abgelaufenen Jahr entstanden folgende umzulegende Nebenkosten:

Treppenhausbeleuchtung 45,— DM, Heizungsmaterial 850,— DM,
Wasserverbrauch 180,— DM, Heizerlohn 510,— DM.

Die Kosten für die Treppenhausbeleuchtung werden auf die Mieter A, B u. C im Verhältnis 1 : 2 : 3, der Wasserverbrauch nach der Personenzahl und die Heizungskosten nach der Größe der einzelnen Wohnungen umgelegt. Wie hoch belaufen sich die zusätzlichen Mietkosten?

Ansatz: Für jede Berechnung ist entsprechend den vorhergehenden Beispielen eine Verteilungsrechnung aufzustellen, die dann zum Schluß zusammengefaßt wird.

Lösung:

Treppenbeleuchtung 45,— DM

Mieter	Verhältnis	
A	1	7,50 DM
B	2	15,— DM
C	3	22,50 DM
	6	45,— DM
	1	7,50 DM

Heizungsmaterial 850,— DM

Mieter	Größe in m²	Verhältnis	
A	120	6	300,— DM
B	120	6	300,— DM
C	100	5	250,— DM
		17	850,— DM
		1	50,— DM

Wasser 180,— DM

Mieter	Personen	
A	4	60,— DM
B	5	75,— DM
C	3	45,— DM
	12	180,— DM
	1	15,— DM

Heizerlohn 510,— DM

Mieter	Größe in m²	Verhältnis	
A	120	6	180,— DM
B	120	6	180,— DM
C	100	5	150,— DM
		17	510,— DM
		1	30,— DM

Zusammenstellung

Mieter	Licht	Wasser	Heizung	Heizerlohn	Nebenkosten		Miete	
					gesamt	Monat	netto	brutto
	DM	DM	DM	DM	DM	DM	DM	DM
A	7,50	60,—	300,—	180,—	547,50	45,63	160,—	205,63
B	15,—	75,—	300,—	180,—	570,—	47,50	170,—	217,50
C	22,50	45,—	250,—	150,—	467,50	38,96	100,—	138,96
	45,—	180,—	850,—	510,—	1585,—	132,09	430,—	562,09

III. Verteilungsrechnen mit indirekten Verhältnissen

Beispiel: 3 Pensionäre erhalten eine einmalige Gratifikation von insgesamt 186,— DM im indirekten Verhältnis

1. zu ihren Pensionen,
2. zum Quotienten Pension : Gehalt.

Pers.	Pensionen	Gehälter
A	50,— DM	100,— DM
B	60,— DM	120,— DM
C	100,— DM	200,— DM

Wieviel DM erhält jeder ausgezahlt?

Lösung zu 1

Pers.	Pensionen	Kehrwerte	Anteile	Gratifikationen
A	50,— DM	$\frac{1}{50} = \frac{6}{300}$	6	79,70 DM
B	60,— DM	$\frac{1}{60} = \frac{5}{300}$	5	66,45 DM
C	100,— DM	$\frac{1}{100} = \frac{3}{300}$	3	39,85 DM
			14	186,— DM
			1	13,28 DM

Lösung zu 2

Pers.	Pens. : Gehalt	Kehrwerte	Anteile	Gratifikationen
A	$\frac{50}{100} = \frac{1}{2}$	$\frac{2}{1} = 2$	2	62,— DM
B	$\frac{60}{120} = \frac{1}{2}$	$\frac{2}{1} = 2$	2	62,— DM
C	$\frac{100}{200} = \frac{1}{2}$	$\frac{2}{1} = 2$	2	62,— DM
			6	186,— DM
			1	31,— DM

Vieleck. Ein Vieleck (n-Eck oder Polygon) entsteht, wenn man n verschiedene Punkte $A_1, A_2, A_3, \ldots, A_n$ durch Strecken $\overline{A_1A_2}, \overline{A_2A_3}, \overline{A_3A_4}, \ldots, \overline{A_{n-1}\,A_n}, \overline{A_n\,A_1}$ miteinander verbindet. Die Punkte $A_1, A_2, A_3, \ldots, A_n$ nennt man Ecken des Vielecks. Die Strecken $\overline{A_1A_2}, \overline{A_2A_3}, \overline{A_3A_4}, \ldots, \overline{A_{n-1}\,A_n}, \overline{A_n\,A_1}$ nennt man Seiten des Vielecks (Abb. 249).

Dabei wird im allgemeinen stillschweigend vorausgesetzt, daß auf einer Seite außer den mit den beiden Nachbarseiten gemeinsamen Eckpunkten keine Punkte liegen, die auch noch auf anderen Seiten liegen. In Abb. 250 liegt der Punkt P sowohl auf der Seite $\overline{A_2A_3}$ als auch auf der Seite $\overline{A_4A_5}$.

Die Seiten der Vielecke kann man auch mit $a_1, a_2, a_3, \ldots, a_n$ bezeichnen, dabei ist $a_1 = \overline{A_1A_2}$, $a_2 = \overline{A_2A_3}$, $a_3 = \overline{A_3A_4}$, $\ldots$, $a_{n-1} = \overline{A_{n-1}\,A_n}$, $a_n = \overline{A_nA_1}$. Jedes n-Eck besitzt $\frac{n\,(n-3)}{2}$ Diagonalen. Dabei ver-

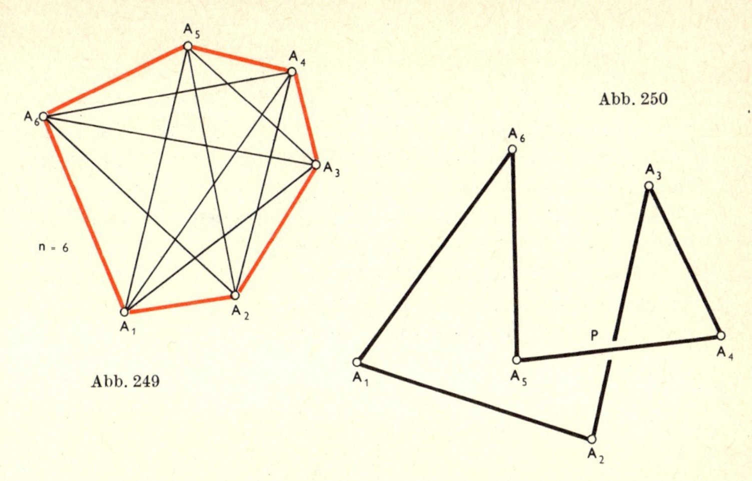

Abb. 249

Abb. 250

steht man unter den Diagonalen des n-Ecks diejenigen Verbindungsstrecken zweier Ecken des Vielecks, die keine Seiten sind. Von jeder Ecke gehen zwei Seiten und $n - 3$ Diagonalen aus (Abb. 249: Sechseck, 9 Diagonalen). Jedes n-Eck kann in $n - 2$ Dreiecke zerlegt werden (Abb. 251: Sechseck, 4 Dreiecke). Daraus folgt, daß die Summe der Innenwinkel eines n-Ecks gleich $(n - 2) \cdot 180°$ ist.

Die wichtigsten Vielecke neben dem Drei- und Viereck sind die regelmäßigen Vielecke, das heißt, die Vielecke, deren Seiten alle gleich lang und deren Winkel alle gleich groß sind (s. *regelmäßiges Vieleck*).

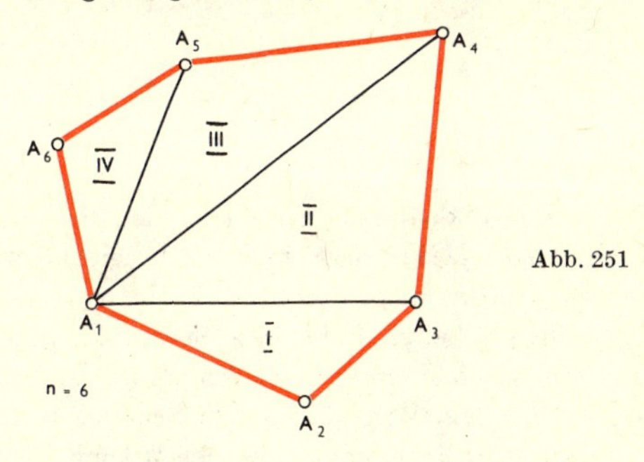

Abb. 251

Viereck

Definition und Bezeichnungen

Verbindet man vier verschiedene Punkte A, B, C, D einer Ebene, von denen keine drei in einer Geraden liegen, durch die vier Strecken $\overline{AB}$,

$\overline{BC}$, $\overline{CD}$ und $\overline{DA}$, die außer A, B, C und D keine gemeinsamen Punkte haben sollen, so erhält man ein Viereck (Abb. 252).

Die Punkte A, B, C und D werden die *Ecken* des Vierecks genannt. Die Verbindungsstrecken $\overline{AB} = a$, $\overline{BC} = b$, $\overline{CD} = c$ und $\overline{DA} = d$ nennt man *Seiten* des Vierecks. Die Reihenfolge der Bezeichnung ist gleichgültig, im allgemeinen wird aber die Bezeichnung so eingerichtet, daß die Ecken alphabetisch entgegen dem Uhrzeigersinn durchlaufen werden, und daß die Seite a mit der Ecke A, die Seite b mit der Ecke B usw. beginnt. Denkt man sich das Viereck bei dieser Bezeichnung der Ecken entgegen dem Uhrzeigersinn umschritten, so liegt zur Linken das *Innere* und zur rechten das *Äußere* des Vierecks.

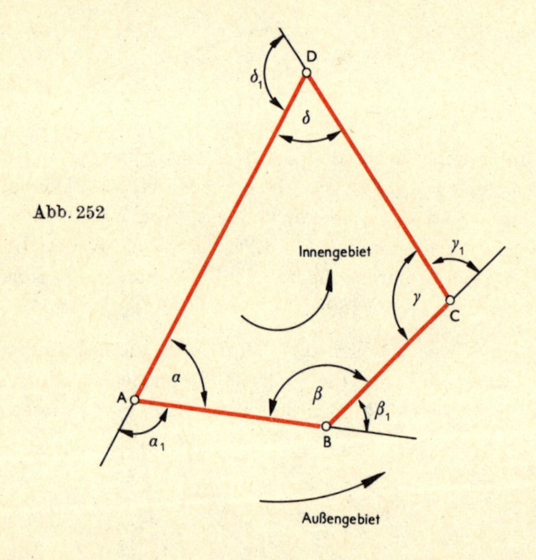

Abb. 252

Je zwei benachbarte Seiten des Vierecks bilden die Schenkel eines *Innenwinkels* des Vierecks. Man bezeichnet die Innenwinkel mit kleinen griechischen Buchstaben: α, β, γ, δ. Dabei gibt man im allgemeinen dem Winkel mit dem Scheitel A die Bezeichnung α, dem Winkel mit dem Scheitel B die Bezeichnung β, dem Winkel mit dem Scheitel C die Bezeichnung γ und dem Winkel mit dem Scheitel D die Bezeichnung δ. Wenn man die Vierecksseiten im gegebenen Umlaufssinn über die Eckpunkte hinaus verlängert, so entstehen im Äußeren des Vierecks vier Winkel, die man mit α_1, β_1, γ_1 und δ_1 bezeichnet und *Außenwinkel* nennt.

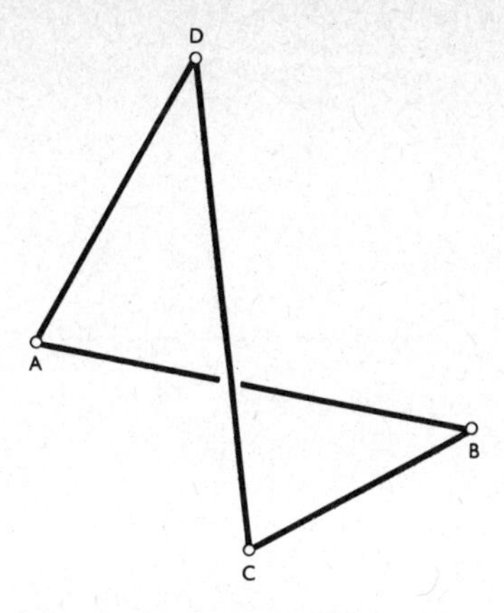

Abb. 253

Überschlagenes Viereck

Läßt man bei der Definition des Vierecks den Zusatz weg, daß die Strecken $\overline{AB}$, $\overline{BC}$, $\overline{CD}$ und $\overline{DA}$ außer A, B, C und D keine gemeinsamen Punkte haben sollen, so ergibt die Definition eine umfassendere Menge von Figuren. Außer den gewöhnlichen Vierecken gehören dann die sogenannten überschlagenen Vierecke dazu (Abb. 253). Die im folgenden aufgeführten Lehrsätze und Eigenschaften gelten im allgemeinen nur für die gewöhnlichen Vierecke.

Die Diagonalen

Außer den Strecken $\overline{AB}$, $\overline{BC}$, $\overline{CD}$ und $\overline{DA}$ sind zwischen vier Punkten A, B, C und D noch zwei weitere Verbindungsstrecken möglich. Das sind $\overline{AC}$ und $\overline{BD}$. Man nennt $\overline{AC}$ und $\overline{BD}$ Eckenlinien oder Diagonalen des Vierecks. Durch jede dieser Diagonalen wird das Viereck in zwei Dreiecke unterteilt.

Größenbeziehungen der Viereckswinkel

Da das Viereck durch eine Diagonale in zwei Dreiecke zerlegt wird und in jedem Dreieck die Winkelsumme 180° beträgt, so muß die Winkelsumme im Viereck 360° (oder 4 R) betragen.
Die Summe der Außenwinkel des Vierecks ist
$4 \cdot 180° - 360° = 720° - 360° = 360°$.

Einteilung der Vierecke

Als Einteilungsprinzip werden die Symmetrieeigenschaften der Vierecke benutzt.

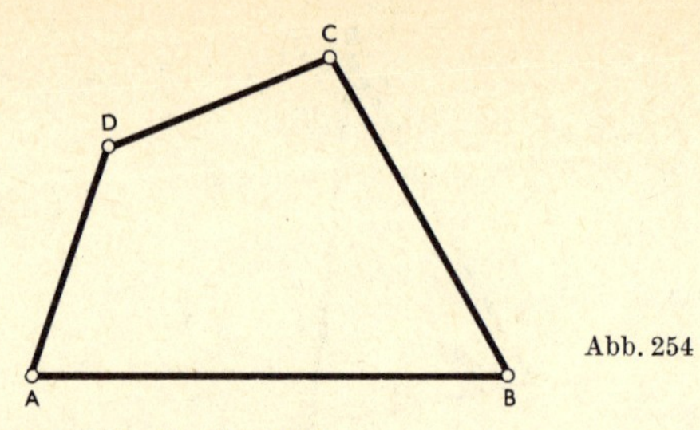

Abb. 254

Bemerkungen zu den Abb. 254 bis 262.

a) Das *allgemeine Viereck* hat keine Symmetrieeigenschaften (Abb. 254).

b) Die *ungleichschenkligen Drachenvierecke* sind schiefsymmetrisch zu einer ihrer Diagonalen (Abb. 255).

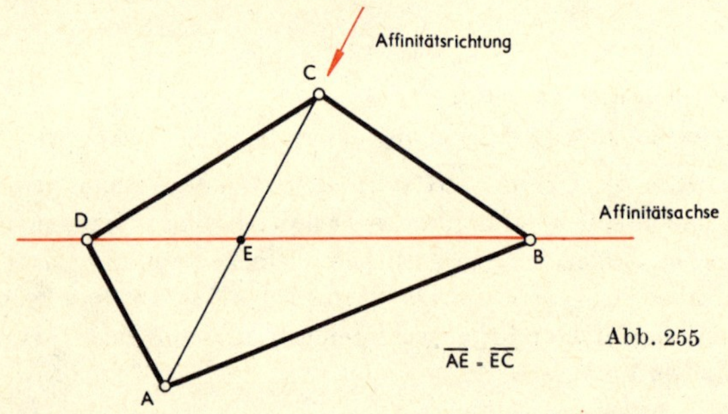

Abb. 255

c) Die *gleichschenkligen Drachenvierecke* (Deltoide) sind orthogonalsymmetrisch zu einer ihrer Diagonalen (Abb. 256).

d) Die *Parallelogramme* sind schiefsymmetrisch zu ihren Diagonalen s und zu ihren Mittellinien m. Sie sind außerdem zentrischsymmetrisch zum Schnittpunkt S ihrer Diagonalen (Abb. 257).

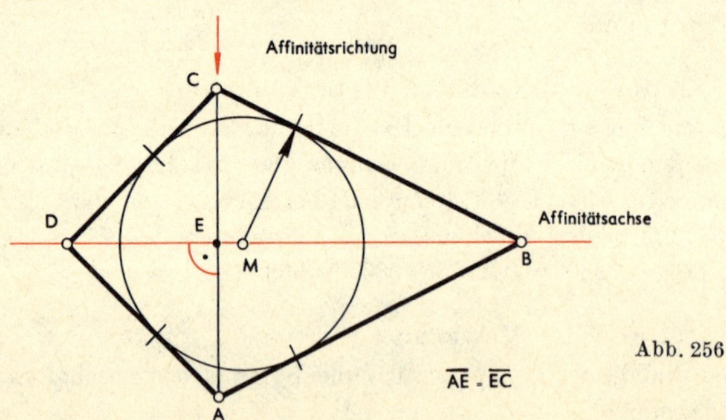

Abb. 256

e) Die *Rechtecke* sind orthogonalsymmetrisch zu jeder ihrer Mittellinien *m*, schiefsymmetrisch zu jeder ihrer Diagonalen *s* und zentrischsymmetrisch zum Schnittpunkt *M* ihrer Diagonalen *s* (Abb. 258).

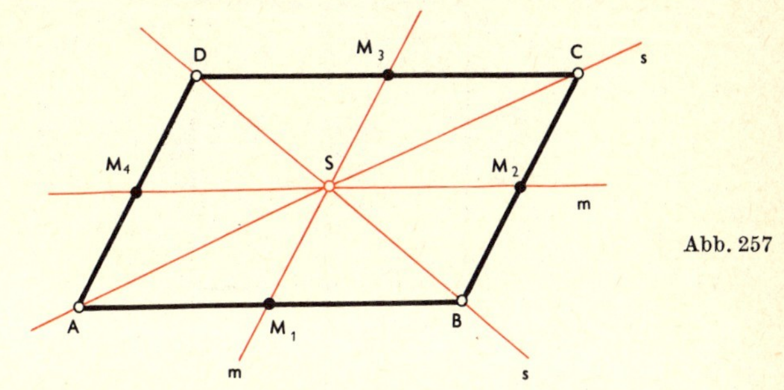

Abb. 257

f) Die *Quadrate* sind orthogonalsymmetrisch zu jeder ihrer Diagonalen *s* und ihrer Mittellinien *m* und zentrischsymmetrisch zum Schnittpunkt *M* ihrer Diagonalen (Abb. 259).

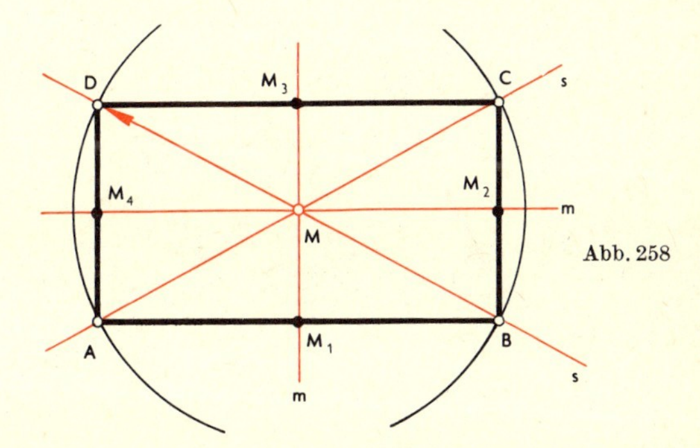

Abb. 258

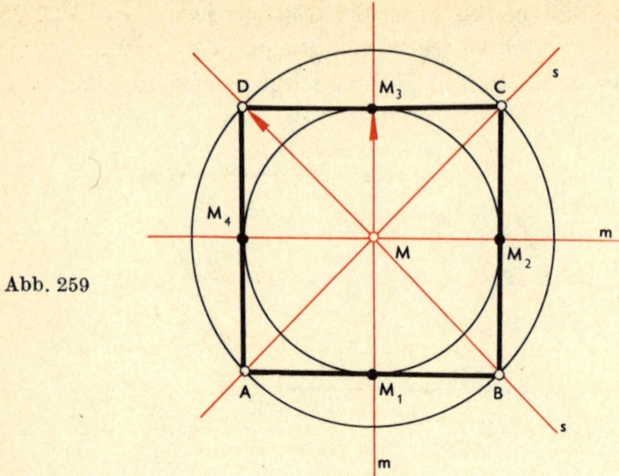

Abb. 259

g) Die *Rauten* (Raute = Rhombus) sind orthogonalsymmetrisch zu jeder ihrer Diagonalen *s*, schiefsymmetrisch zu jeder ihrer Mittellinien *m* und zentrischsymmetrisch zum Schnittpunkt *M* ihrer Diagonalen (Abb. 260).

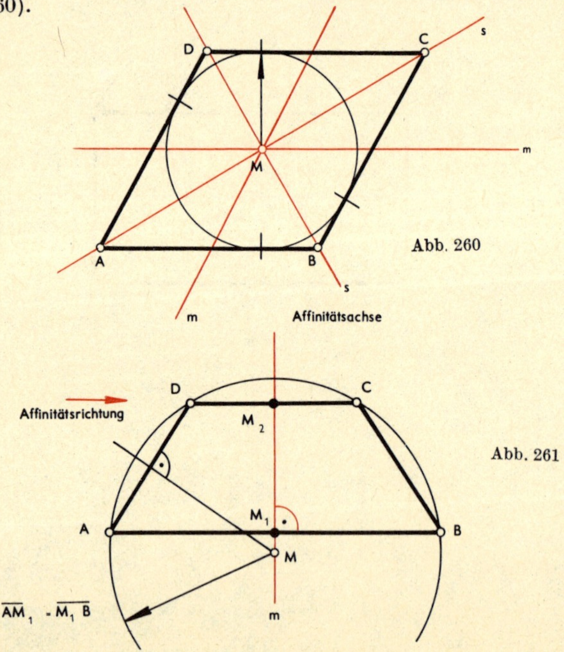

Abb. 260

Abb. 261

h) Die *gleichschenkligen Trapeze* sind orthogonalsymmetrisch zu einer ihrer Mittellinien m (Abb. 261).

i) Die *ungleichschenkligen Trapeze* sind schiefsymmetrisch zu einer ihrer Mittellinien m (Abb. 262).

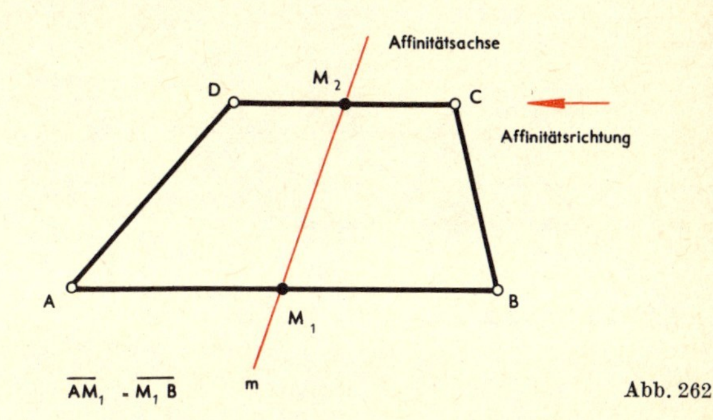

Abb. 262

Die Konstruktion der Vierecke

Da ein Viereck durch eine Diagonale in zwei Dreiecke zerlegt wird und ein Dreieck durch drei unabhängige Stücke (s. *Dreieck*) bestimmt ist, kann man ein Viereck konstruieren, wenn man von ihm 5 unabhängige Stücke kennt. Zur Konstruktion des ersten Teildreiecks sind drei Stücke notwendig; zur Konstruktion des zweiten nur noch zwei, da es eine Seite mit dem ersten gemeinsam hat. Es können gegeben sein: 4 Seiten und ein Winkel, 3 Seiten und zwei Winkel, 2 Seiten und drei Winkel. Außer durch Seiten oder Winkel können auch Diagonalen, Höhen und ähnliches unter den gegebenen Stücken sein. Vierecke. die Symmetrieeigenschaften besitzen, können bereits gezeichnet werden, wenn man weniger als fünf Stücke des Vierecks kennt.
Durch vier Stücke sind gegeben: die ungleichschenkligen Drachenvierecke und die ungleichschenkligen Trapeze.
Durch drei Stücke sind gegeben: das Parallelogramm, die gleichschenkligen Drachenvierecke und die gleichschenkligen Trapeze.
Durch zwei Stücke sind gegeben: die Rauten und die Rechtecke.
Durch ein Stück ist gegeben: das Quadrat.

Eigenschaften besonderer Vierecke:

Das allgemeine Drachenviereck (schiefer Drachen)

Schneiden sich in einem Viereck die Diagonalen so, daß die eine Diagonale ($\overline{AC}$) von der zweiten ($\overline{DB}$) halbiert wird, aber nicht die zweite von der ersten, so nennt man dieses Viereck ein ungleichschenkliges Drachenviereck (Abb. 255). Das ungleichschenklige Drachenviereck ist *schiefsymmetrisch* zu seiner Diagonale $\overline{BD}$.

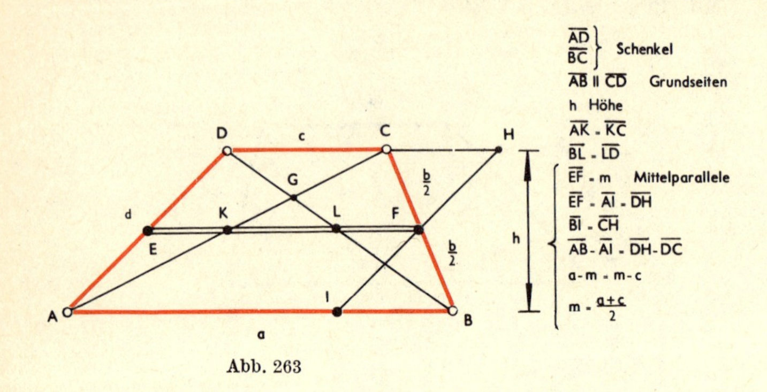

Abb. 263

Das allgemeine Trapez

Ein Viereck mit zwei parallelen Seiten heißt *Trapez* ($\overline{AB}$ parallel zu $\overline{CD}$, Abb. 262). Sind die nicht parallelen Seiten $\overline{AD}$ und $\overline{BC}$ verschieden lang, so nennt man das Trapez im Gegensatz zu dem *gleichschenkligen* (Abb. 261) ein ungleichschenkliges Trapez. Das Trapez ist schiefsymmetrisch zu der eingezeichneten Mittellinie $\overline{M_1 M_2}$.

Man bezeichnet im Trapez die beiden parallelen Seiten als die Grundseiten, die beiden nichtparallelen Seiten als die Schenkel und den Abstand der beiden parallelen Seiten als die Höhe (Abb. 263). Von den beiden möglichen Mittellinien bezeichnet man beim Trapez insbesondere die zu den Grundseiten parallele als „die Mittellinie“. Eine bessere Bezeichnung ist *Mittelparallele*. Die an ein und demselben Schenkel liegenden Winkel des Trapezes ergänzen sich zu 180° (2 R).

Die Mittelparallele eines Trapezes halbiert die beiden Schenkel und die beiden Diagonalen des Trapezes. Die Mittelparallele m eines Trapezes ist halb so lang wie die beiden Grundseiten a und c zusammen, $m = \frac{a+c}{2}$.

Die Diagonalen im Trapez teilen einander im Verhältnis der Grundseiten (Abb. 263):

$$\frac{\overline{AG}}{\overline{GC}} = \frac{\overline{BG}}{\overline{GD}} = \frac{\overline{AB}}{\overline{CD}}$$

Jede beliebige Strecke, die ihre Endpunkte auf den parallelen Seiten des Trapezes hat, wird von der Mittelparallelen halbiert (s. *Streifen*).

Das gleichschenklige Drachenviereck oder Deltoid

Sind in einem Drachenviereck je zwei Paare von benachbarten gleichlangen Seiten vorhanden, so nennt man dieses Drachenviereck gleichschenklig (Abb. 256).
Ein gleichschenkliges Drachenviereck (Deltoid) besitzt eine Symmetrieachse, nämlich seine eine Diagonale. Im gleichschenkligen Drachenviereck schneiden sich die Diagonalen unter einem rechten Winkel. Die Achsendiagonale $\overline{AC}$ halbiert die andere Diagonale $\overline{BD}$. Das gleichschenklige Drachenviereck besitzt einen Inkreis. Man bekommt den Mittelpunkt M des Inkreises, indem man die Symmetrieachse AC des Vierecks mit der Winkelhalbierenden des Innenwinkels bei B oder D schneidet. Der Radius des Inkreises ist das Lot von M auf eine Seite des gleichschenkligen Drachenvierecks.

Das gleichschenklige Trapez

Sind in einem Viereck zwei Seiten parallel und die beiden nicht parallelen Seiten gleich lang, so nennt man dieses Viereck ein gleichschenkliges Trapez. Das gleichschenklige Trapez besitzt eine Symmetrieachse, und zwar ist es die auf den beiden parallelen Seiten senkrecht stehende Mittellinie $\overline{MN}$ (Abb. 261).

Die Diagonalen $\overline{AC}$ und $\overline{BD}$ eines gleichschenkligen Trapezes sind gleich lang. Beim gleichschenkligen Trapez sind die Winkel, die an einer Grundseite liegen, gleich groß. Beim gleichschenkligen Trapez ergänzen sich gegenüberliegende Winkel zu 180°. Das gleichschenklige Trapez ist ein Sehnenviereck, d.h., es besitzt einen Umkreis. Man bekommt den Mittelpunkt des Umkreises, wenn man zu einem Schenkel, z.B. $\overline{AD}$, die Mittelsenkrechte zeichnet und den Schnittpunkt M dieser Geraden mit der Mittellinie M_1M_2 bestimmt. M ist der Umkreismittelpunkt, MA ist der Radius des Umkreises.

Das Parallelogramm (Abb. 257)

Ein Viereck, bei dem je zwei Gegenseiten parallel sind, heißt Parallelogramm. Im Parallelogramm halbieren die Diagonalen einander. Das Parallelogramm ist zentrischsymmetrisch zum Schnittpunkt seiner Diagonalen (s. *Punktsymmetrie*).
Im Parallelogramm sind je zwei gegenüberliegende Seiten gleich lang, je zwei Gegenwinkel gleich groß, und je zwei benachbarte Winkel ergänzen sich zu 180° (2 R).

Die Raute (Rhombus; Abb. 260)

Eine Raute ist ein Parallelogramm mit vier gleichlangen Seiten. Die Diagonalen einer Raute stehen senkrecht aufeinander und halbieren einander. Die Diagonalen halbieren die Winkel der Raute. Die Raute ist achsensymmetrisch zu jeder Diagonalen. In einer Raute sind Gegenwinkel gleich. Eine Raute besitzt einen Inkreis. Der Mittelpunkt M des Inkreises ist der Schnittpunkt der Diagonalen. Der Radius des Inkreises ist gleich dem Lot vom Diagonalenschnittpunkt auf eine Seite der Raute.

Das Rechteck (Abb. 258)

Ein Parallelogramm mit vier gleichen Winkeln nennt man ein Rechteck. Im Rechteck hat jeder Winkel 90° (1 R). Im Rechteck sind die Diagonalen gleich lang und halbieren einander. Ein Rechteck besitzt einen Umkreis. Der Umkreismittelpunkt M ist der Schnittpunkt der Diagonalen s. Der Umkreisradius ist gleich der Länge der halben Diagonalen. Das Rechteck besitzt zwei Symmetrieachsen, nämlich seine Mittellinien M_1M_3 und M_2M_4. Das Rechteck ist zentrischsymmetrisch zum Schnittpunkt M seiner Diagonalen.

Das Quadrat (Abb. 259)

Das Quadrat ist ein Rechteck mit vier gleichlangen Seiten (oder: Das Quadrat ist eine Raute mit vier rechten Winkeln). Die Diagonalen des Quadrates sind gleich lang, halbieren einander, stehen aufeinander senkrecht und halbieren die Winkel des Quadrates. Das Quadrat besitzt vier Symmetrieachsen, nämlich die beiden Diagonalen und die beiden Mittellinien. Das Quadrat ist zentrischsymmetrisch zum Schnittpunkt M seiner Diagonalen. Das Quadrat besitzt einen Inkreis und einen Umkreis. Mittelpunkt des Inkreises und des Umkreises stimmen überein mit dem Diagonalenschnittpunkt M. Der Radius des Umkreises ist gleich der Länge der halben Diagonalen. Der Radius des Inkreises ist gleich der Länge der halben Seite des Quadrates.

Sehnenviereck

Vierecke, die einen Umkreis besitzen, nennt man Sehnenvierecke. Die Seiten des Vierecks sind Sehnen des Umkreises. Ein Viereck ist genau dann Sehnenviereck, wenn in ihm die Summe zweier Gegenwinkel 180° beträgt (Beispiel: Rechteck).

Tangentenviereck

Vierecke, die einen Inkreis besitzen, nennt man Tangentenvierecke. Die Seiten des Vierecks sind Tangenten des Inkreises. Ein Viereck ist genau dann Tangentenviereck, wenn in ihm die Summe zweier gegenüberliegender Seiten gleich der Summe der beiden anderen gegenüberliegenden Seiten ist (Beispiel: Deltoid).

Gelenkviereck

Verbindet man vier Stäbe durch Gelenke miteinander, so entsteht ein Gelenkviereck. Ein solches Gebilde ist in seiner Gestalt noch veränderlich.

Viereck, vollständiges. Vier in einer Ebene liegende Punkte A, B, C, D, von denen nur je zwei in einer Geraden liegen, bilden zusammen mit ihren sechs Verbindungsgeraden ein sogenanntes ,,vollständiges Viereck" (Abb. 264). Die vier gegebenen Punkte A, B, C und D heißen Ecken des vollständigen Vierecks. Die Ecken werden verbunden durch drei Paare von Gegenseiten, nämlich

$$AD \text{ und } BC,$$
$$AB \text{ und } CD,$$
$$AC \text{ und } BD.$$

Die Gegenseiten schneiden sich in je einem ,,Diagonalpunkt". Es ergeben sich die Diagonalpunkte (auch Diagonalecken) E, F und G. Diese drei Punkte bilden das ,,Diagonaldreieck".

In jedem vollständigen Viereck gehen durch die Diagonalecken vier harmonische Geraden, nämlich zwei Gegenseiten und die Verbindungsgeraden zu den anderen beiden Diagonalecken. In der Figur sind dies für die Diagonalecke G die Geraden AC und BD als Gegenseiten, GE und GF als Verbindungsgeraden zu den Diagonalecken. Die Punkte A, B, H und F, in denen die vier Geraden die Seite AB des Vierecks schneiden, sind vier harmonische Punkte (s. *harmonische Teilung*).

Man kann das vollständige Viereck benutzen, um zu drei gegebenen Punkten, z. B. A, B und C, den vierten harmonischen D zu konstruieren

Vierseit, vollständiges. Vier in einer Ebene liegende Geraden (a, b, c, d), von denen nur zwei durch einen Punkt gehen, bilden zusammen mit ihren sechs Schnittpunkten ein sogenanntes ,,vollständiges Vierseit" (Abb. 264).

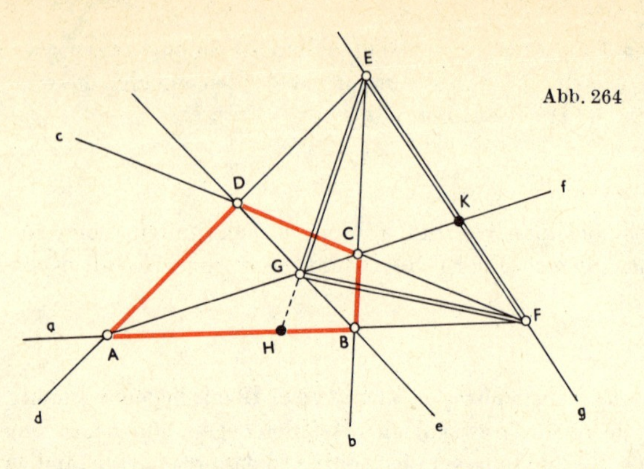

Abb. 264

Die vier gegebenen Geraden a, b, c und d nennt man Seiten des vollständigen Vierseits. Die Seiten schneiden einander in drei Paaren von Gegenecken, nämlich B und D,
A und C,
E und F.

Die drei Paare von Gegenecken lassen sich durch je eine „Diagonale" verbinden. Es ergeben sich die Diagonalen e, f und g. Diese drei Geraden bilden das „Diagonaldreiseit".
In jedem vollständigen Vierseit liegen auf jeder Diagonalen vier harmonische Punkte, nämlich zwei Gegenecken und die Schnittpunkte mit den beiden anderen Diagonalen. In der Figur sind dies für die Diagonale f die Punkte A und C, als Gegenecken G und K.

Vorwärtseinschneiden (Vorwärtseinschnitt). Unter Vorwärtseinschneiden versteht man die Bearbeitung der folgenden Aufgabe. Geg.: b, c, α, β, γ (Abb. 265). Ges.: x, y, z. Lösung: Aus dem Dreieck ABC bestimmt man zunächst (z. B. mit Hilfe des cos-Satzes) die Länge der Seite$BC = a$,

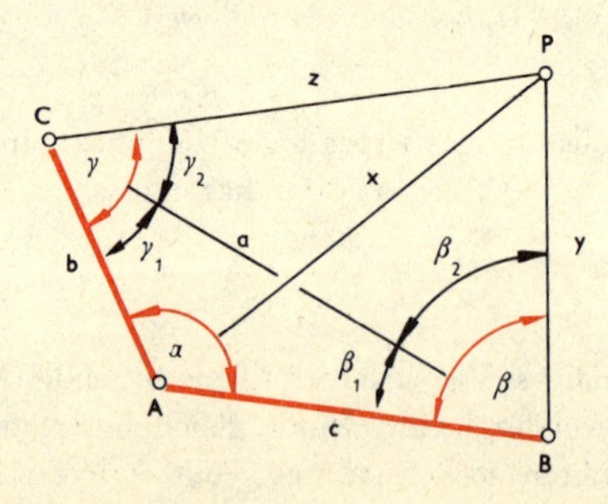

Abb. 265

dann die beiden Innenwinkel β_1 und γ_1 bei den Ecken B und C. Dann ist $\beta_2 = \beta - \beta_1$ und $\gamma_2 = \gamma - \gamma_1$. Aus dem Dreieck BCP, das nunmehr durch eine Seite (a) und die beiden anliegenden Winkel β_2 und γ_2 gegeben ist, werden die Seiten $\overline{BP} = y$ und $\overline{CP} = z$ berechnet. Die Strecke $\overline{AP} = x$ ergibt sich z. B. aus dem Dreieck ACP, von dem jetzt zwei Seiten (b und z) und der von ihnen eingeschlossene Winkel γ bekannt sind. Für die nähere Durchführung vgl. *Dreiecksberechnung, trigonometrische.*

Vorzeichen. Vorzeichen sind die Zeichen „+" (lies: plus) und „—" (lies: minus), mit denen die positiven bzw. negativen Zahlen versehen sind. Man muß neben den Zahlzeichen die *Rechenzeichen* und die Vorzeichen unterscheiden. Das Rechenzeichen besagt, welche Rechenoperation auszuführen ist, das Vorzeichen dagegen, ob wir es mit einer positiven oder negativen Zahl zu tun haben.

waagerecht. Waagerecht heißt eine Ebene oder eine Gerade, wenn sie rechtwinklig zur Lotrichtung ist. Das Waagrechtsein einer Ebene kann mit der Wasserwassge festgestellt werden.

Wahrheitstafel s. *formale Logik.*

Wahrheitswert s. *formale Logik.*

Währungsrechnen

I. Allgemeines

Außer der englischen Währung sind die Währungen aller Länder auf der dezimalen Einteilung aufgebaut. Zwischen den verschiedenen Währungen gibt es keine feststehenden Beziehungsgrößen, da Geld nicht nur Wertmaßstab, sondern auch gleichzeitig eine Ware ist, die an den Börsen gehandelt wird und für die je nach Angebot und Nachfrage ein wechselnder Kurs entsteht.

Echte Goldwährungen, bei denen also die Währungsbank verpflichtet ist, jede ihr vorgelegte Note zum Nennwert in Gold einzulösen, gibt es derzeit nicht mehr. Immerhin wird, nachdem wenigstens für den amerikanischen $ und für den sFr. der Goldgehalt der Währungseinheit auch jetzt noch münzgesetzlich festgelegt ist, eine „unechte" Goldparität über Umrechnung der anderen Währungen in $ oder sFr. erreicht.

Beispiel: Wieviel DM entsprechen 100 F, wenn 1 DM der 3950. Teil und 1 F der 4730. Teil von 1 kg Feingold ist?

Lösung: ? DM $\triangleq$ 100 F
3950 DM $\triangleq$ 4730 F

$$\frac{3950 \times 100}{4730} = \underline{\underline{83{,}51}} \qquad (83{,}509)$$

100 F $\triangleq$ 83,51 DM; das ist die Parität.

Des besseren Vergleiches wegen bezieht man die Parität auf 1 oder 100 ausländische Währungseinheiten. So werden in den europäischen Ländern die europäischen Währungen mit der Einheit 100 notiert, nur in England werden die europäischen Währungen und in den europäischen Ländern wird die englische Währung pro 1 Einheit notiert. Auch die Währung der USA wird von den europäischen Ländern mit 1 pro Einheit notiert. Auf Grund von Angebot und Nachfrage einer Währung entsteht ein sich laufend ändernder Kurswert. Daraus läßt sich folgern:

> Bei Preisnotierung entspricht Steigen (Fallen) des Kurses von Auslandswährungen einem geringeren (höheren) Wert der eigenen Währung, einem höheren (geringeren) Wert der fremden Währung.

II. Umrechnung von fremder Währung in eigene Währung im Inland

Der Grund, daß für eine fremde Währung im Inland bzw. Ausland ein höherer bzw. niedrigerer Kurs besteht, liegt daran, daß für eine Auslandswährung im Inland bzw. Ausland ein unterschiedliches Verhältnis zwischen Angebot und Nachfrage besteht.

Die Umrechnung einer fremden Währung auf eigene Währung im Inland geschieht somit nach der Formel

$$\text{Inlandsbetrag} = \frac{\text{Auslandsbetrag} \cdot \text{Kurs}}{\text{Auslandseinheit}}.$$

Beispiel: Ein Kaufmann, der in Kürze Frankreich, Italien, die Schweiz und Österreich bereisen will, kauft folgendes Geld:
1155,25 F, 92100 L., 1150 sFrs. und 685 S. Wieviel DM muß er dafür bezahlen?

Lösungen:

	Währung	Rechnung	DM
a)	F	$\frac{1155,25 \cdot 85,07}{100}$	982,77
b)	L.	$\frac{92100 \cdot 6,72}{1000}$	618,91
c)	sFrs.	$\frac{1150 \cdot 96,048}{100}$	1104,55
d)	S	$\frac{685 \cdot 16,154}{100}$	110,65

III. Umrechnung von eigener Währung auf fremde Währung im Inland

Die Errechnung geschieht nach der Formel

$$\text{Auslandsbetrag} = \frac{\text{Inlandsbetrag} \cdot \text{Auslandseinheit}}{\text{Kurs}}$$

Beispiel: Wieviel F, L., sFrs. und S bekommt der Kaufmann für 982,77 DM, 618,91 DM, 1104,55 DM und 110,65 DM bei einer Umwechslung an seinem Ort?

	DM	Rechnung	Währung	Betrag
a)	982,77	$\frac{982,77 \cdot 100}{85,07}$	F	1155,25
b)	618,91	$\frac{618,91 \cdot 1000}{6,72}$	L.	92100,—
c)	1104,55	$\frac{1104,55 \cdot 100}{96,048}$	sFrs.	1149,99
d)	110,65	$\frac{110,65 \cdot 100}{16,154}$	S	684,96

Berechnen wir die Beispiele nach Auslandskursen, so zeigt sich, daß verschiedene Ergebnisse entstehen können. Hierbei ist entscheidend, wo die Umrechnung vorgenommen wird. Auf Grund der verschiedenen

Ansätze bei der Errechnung werden auch voneinander abweichende Kurse und damit die Werte verschieden sein. Daraus läßt sich folgende Regel ableiten:

> Wird ein Inlands- (Auslands-) Kurs in der Notierung des Auslandes (Inlandes) wiedergegeben, entsteht der Paritäts- oder Gegenkurs.

Die Vergleichsermittlung zweier Währungen geschieht nach der Formel

$$\text{Auslandsgegenkurs} = \frac{\text{Einheit des Auslandskurses} \cdot \text{Einheit des Inlandskurses}}{\text{Inlandskurs}}$$

Beispiel: Es ist der französische, italienische, schweizerische und österreichische Paritätskurs in Deutschland zu ermitteln! Ausgangspunkt sind die vorstehenden Beispiele für je 100 DM.

Lösungen:

	DM	Rechnung	Währung	(Gegenkurs) Betrag
a)	100	$\frac{100 \cdot 100}{85{,}07}$	F	117,55
b)	100	$\frac{1000 \cdot 100}{6{,}72}$	L.	14880,95
c)	100	$\frac{100 \cdot 100}{96{,}048}$	sFrs.	104,11
d)	100	$\frac{100 \cdot 100}{16{,}154}$	S	619,04

Wechselwinkel s. *Winkel.*

Weltzeituhr. Die wahre Zeit (Ortszeit) unterscheidet sich von Längengrad zu Längengrad um 4 Min. Da die praktische Anwendung bereits in Gebieten mit Entfernungen von 100 km zu sehr störenden Zeitunterschieden führen würde, haben fast alle Länder eine gesetzliche Zeit eingeführt, die sich der Tageshelligkeit für ihre Gebiete gut anpaßt.

Eine ganze Reihe von Ländern hat während des Sommerhalbjahres Sommerzeit (S), einige im Winterhalbjahr Winterzeit (W); den Stundenzahlen der nachstehenden Tabelle ist dann 1 Stunde zu- bzw. abzuzählen.

Wenn es in Deutschland 12^h ist, ist es in folgenden Ländern

11^h (*westeuropäische Zeit*): Algerien, ehem. Französisch-Westafrika, Ghana, Irland (S), Kanarische Inseln, Marokko, Portugal (S), Sierra Leone

12h	(*mitteleuropäische Zeit*): außer Deutschland auch Albanien (S), Angola, Belgien, Dahomey, Dänemark, Frankreich, ehem. Französisch-Äquatorialafrika, Großbritannien, Italien, Jugoslawien, Kongo (westl.), Luxemburg, Malta, Niederlande, Nigeria, Norwegen (S), Österreich, Polen (S), Schweden, Schweiz, Spanien, Tschechoslowakei, Tunesien, Ungarn (S)
13h	(*osteuropäische Zeit*): Bulgarien, Finnland, Griechenland, Israel (S), Jordanien, Kongo (östl.), Libanon, Libyen, Malawi, Moçambique, Rhodesien, Rumänien, Republik Südafrika (S), Sambia, Saudi-Arabien, Sudan, Syrien, Türkei, Vereinigte Arabische Republik, Zypern
14h	(*Moskauer Zeit*): Aden, Äthiopien, Irak, Kenia, Kuwait, Madagaskar, Somalia, Tansania, UdSSR bis 40° östl. Länge, Uganda
14h 30m	Iran
15h	Maskarenen, Oman, UdSSR 40° bis 52° 30′ ö. L.
15h 26m	Afghanistan
16h	Kerguelen, Malediven, UdSSR 52° 30′ bis 67° 30′ ö. L., West-Pakistan
16h 30m	(*indische Zeit*): Andamanen, Bhutan, Ceylon, Indien, Nepal
17h	China 82° 30′ bis 97° 30′ ö. L., Ost-Pakistan, UdSSR 67° 30′ bis 82° 30′ ö. L.
17h 30m	Birma, Kokosinseln
18h	Indonesien (Sumatra, Java, Bali), Kambodscha, Laos, Mongolische Volksrepublik, Thailand, UdSSR 82° 30′ bis 97° 30′ ö. L.
18h 30m	Malaysia
19h	(*chinesische Küstenzeit oder interkontinentale Zeit*): China 97° 30′ bis 127° 30′ ö. L., Hongkong (S), Indonesien (Borneo, Celebes, Molukken, Kl. Sundainseln außer Bali), Philippinen, Sarawak, Taiwan, Timor, UdSSR 97° 30′ bis 112° 30′ ö. L., Vietnam, Westaustralien
19h 30m	Westiran
20h	(*mittlere Japanzeit*): China (Mandschurei, Japan, UdSSR 112° 30′ bis 127° 30′ ö. L.
20h 30m	(*südaustralische Zeit*): Australien (Südaustralien, Nordterritorium)
21h	(*ostaustralische Zeit*): Australien (östl.), Neuguinea (austral.), UdSSR 127° 30′ bis 142° 30′ ö. L. (Wladiwostok)
22h	(*Südseezeit*): Kurilen, Neue Hebriden, Salomonen, UdSSR 142° 30′ bis 157° 30′ einschl. Sachalin

23^h	(*Neuseeland-Zeit*): Fidschiinseln, Neuseeland, UdSSR östl. 157° 30′ mit Kamtschatka
24^h	Tongainseln
0^h	Aleuten, Samoa, Alaska (westl.)
1^h	(*Alaska Standard Time*): Alaska (außer dem Westen), Hawaii
3^h	(*Pacific Standard Time*): Kanada westl. 120° w. L., Mexiko (B.-Staat Baja California), USA (pazif. Küste)
4^h	(*Mountain Standard Time*): Kanada 105° – 120° w. L., Mexiko (nördl.), westliche Zentralstaaten der USA
5^h	(*Central Standard Time*): Costa Rica, El Salvador, Guatemala, Honduras (Winterzeit = $5^h\,30^m$), Kanada 90° – 105° w. L., Mexiko (östl.), Nicaragua (W), Zentralstaaten der USA
6^h	(*Eastern Standard Time*): Bahamainseln, Brasilien (West) (S), Dominikanische Republik (W), Ecuador, Haiti, Jamaika, Kanada bis 90° w. L., Kolumbien, Kuba, Panama, Peru, USA (atlant. Küste einschl. Florida)
7^h	(*Atlantikzeit*): Argentinien, Bolivien, Brasilien (Mitte) (S), Chile, Curaçao, Paraguay, Puerto Rico, Venezuela
$7^h\,30^m$	(*Neufundlandzeit*): Labrador, Neufundland, Surinam
8^h	(*ostbrasilianische Zeit*): Brasilien (Ost) (S), Frz.-Guayana, Grönland (Westküste), Uruguay (S)
9^h	(*Südatlantikzeit*): Azoren (S), Grönland (Ostküste,) Kapverdische Inseln
10^h	Island (S), Madeira, Portugiesisch-Guinea

Wertebereich. Der Wertebereich einer zweistelligen Relation (s. d.) R ist die Menge der zweiten Koordinaten aller in der Relation vorkommenden Elementepaare:

$$W_R = \{y \mid \text{es gibt } x \text{ mit } (x, y) \in R\}.$$

Im Pfeildiagramm ist das die Menge aller Punkte, auf die Zuordnungspfeile weisen. – Da Abbildungen (Funktionen; s. d.) besondere zweistellige Relationen sind, spricht man im gleichen Sinn vom Wertebereich einer Abbildung (Funktion) f:

$$W_f = \{y \mid \text{es gibt } x \text{ mit } y = f(x)\} = \{f(x) \mid x \in D_f\},$$

wobei D_f der Definitionsbereich (s. d.) von f ist.

Wertpapierrechnen

Wertpapiere sind Urkunden über Gläubiger- oder Teilhaberrechte, die dem Besitzer dieser Papiere einen festen oder veränderlichen Ertrag bringen. Der Vermögenswert dieser Papiere kann in Gläubiger- oder Teilhaberrechten, in einem Geldwert oder in einer Verfügungsberechtigung über Waren bestehen. Hinsichtlich der Ertragserzielung unterscheidet man zwei Arten von Wertpapieren:

1. Wertpapiere, die einen festen Ertrag abwerfen. Sie werden bei Anleihen des Bundes, der Länder und Städte, von öffentlich-rechtlichen Körperschaften, bei Pfandbriefen von Hypothekenbanken, bei Schuldverschreibungen von gewerblichen Unternehmen usw. ausgegeben und zum Kauf angeboten. Der Eigentümer dieser Papiere hat Anspruch auf eine bestimmte Zinsvergütung.
2. Wertpapiere, die einen veränderlichen Ertrag abwerfen. Zu diesen Papieren gehören die Aktien von Aktiengesellschaften, die Kuxe als Anteilscheine von Bergwerksunternehmen und die Bohranteile von Bohrgesellschaften.

   Die Aktie ist eine Urkunde, in der das Beteiligungsverhältnis an einer Aktiengesellschaft zum Ausdruck kommt. Der Besitzer dieser Aktie ist Miteigentümer des Unternehmens. Für das dem Unternehmen überlassene Kapital hat der Aktienbesitzer nur dann Anspruch auf eine Vergütung (Dividende), wenn das Unternehmen das Geschäftsjahr mit Gewinn abgeschlossen hat.

windschief. Windschief zueinander nennt man zwei Geraden im Raum, die einander nicht schneiden und nicht parallel sind (Geraden in verschiedenen Ebenen).

Winkel. Wenn g und h zwei verschiedene, von einem Punkt A ausgehende Strahlen sind, so bilden die Strahlen g, h zwei Winkel α und β, die einander zu $360°$ ergänzen. g und h heißen die Schenkel der Winkel, A der Scheitel der Winkel (Abb. 266). Zur Unterscheidung dieser beiden Winkel muß daher jener noch durch den Maßbogen besonders bezeichnet werden, von dem die Rede ist. Winkel bezeichnet man mit einem kleinen griech. Buchstaben oder, falls B ein Punkt auf dem Strahl g, C ein Punkt auf dem Strahl h ist, mit $\sphericalangle\ BAC$ (Scheitel in der Mitte) oder auch nur mit $\sphericalangle\ A$. Ein Winkel zerlegt die Ebene in zwei Teile, in das Innere des Winkels und in das Äußere, dabei werden Scheitel und Schenkel des Winkels zu keinem der Teile hinzugenommen. Das Innere des Winkels $< 180°$ besteht aus der Gesamtheit aller Punkte, die zusammen mit dem Strahl g auf derselben Seite der zum Strahl h gehörenden Geraden liegen und die zusammen mit dem Strahl h auf derselben Seite der zum Strahl g gehörenden Geraden liegen. Alle Punkte der Ebene, die nicht zum Scheitel, den Schenkeln und dem Inneren des Winkels gehören, bilden das Äußere des Winkels.

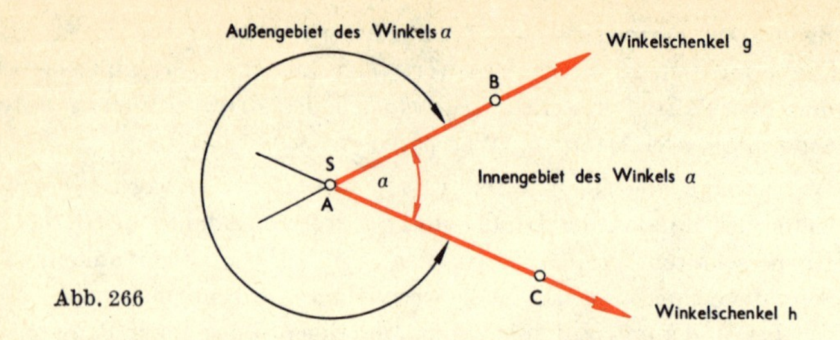

Abb. 266

Antragen eines Winkels s. Grundkonstruktionen.

Die Summe oder Differenz zweier Winkel

Die Summe oder Differenz zweier Winkel α und β konstruiert man, indem man den Winkel α im Sinne seines Vorzeichens durchläuft, den letzten Schenkel dieses Winkels zum ersten Schenkel des Winkels β macht und dann den Winkel β im gleichen Scheitel und im Sinne seines Vorzeichens anträgt.

Beispiele: 1. $\left.\begin{matrix}\alpha > 0\\ \beta > 0\end{matrix}\right\}\alpha + \beta$ (Abb. 267),

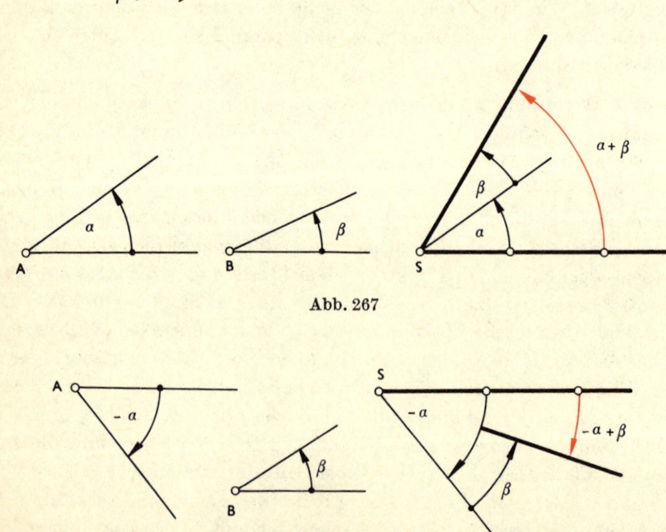

Abb. 267

Abb. 268

$$2.\ \left.\begin{array}{r}\alpha < 0\\ \beta > 0\end{array}\right\}\alpha + \beta \quad \text{(Abb. 268)},$$

$$3.\ \left.\begin{array}{r}\alpha < 0\\ \beta > 0\end{array}\right\}\alpha - \beta \quad \text{(Abb. 269)}.$$

Den Unterschied zweier mit Vorzeichen versehener Winkel α und β erhält man durch Subtraktion ($\alpha - \beta$) beider Winkel im obigen Sinne.

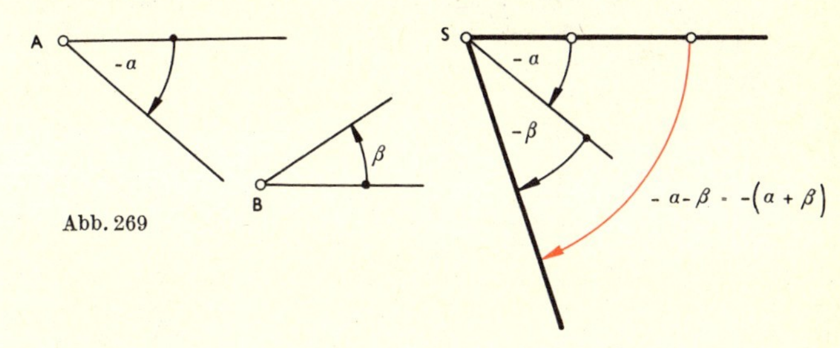

Abb. 269

Nebenwinkel

Winkel, die einen Schenkel und den Scheitel S gemeinsam haben und deren andere beiden Schenkel in eine Gerade fallen und entgegengesetzt gerichtet sind, nennt man Nebenwinkel (Abb. 270). α ist Nebenwinkel zu β und umgekehrt. Nebenwinkel ergänzen sich zu 180°.

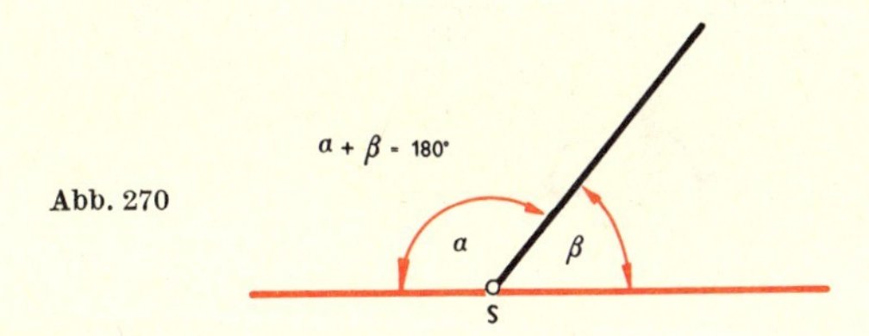

Abb. 270

Rechter Winkel

Ein Winkel, der seinem Nebenwinkel kongruent ist, heißt ein „rechter Winkel". Man gibt dem rechten Winkel die Größe 90°. Gebräuchliche Abkürzung für einen rechten Winkel ist „1 R".

Vollwinkel, spitzer Winkel, stumpfer Winkel, gestreckter Winkel, überstumpfer Winkel (Abb. 271)

Ein Winkel, der kleiner ist als sein Nebenwinkel, heißt *spitz*. Ein Winkel, der größer ist als sein Nebenwinkel, heißt *stumpf*. Spitze Winkel sind kleiner als 90°.

Stumpfe Winkel sind größer als 90°, aber kleiner als 180°.
Der *gestreckte* Winkel hat die Größe 180° (zwei rechte Winkel).
Die *überstumpfen* Winkel sind größer als 180°, aber kleiner als 360°.
Der *Vollwinkel* hat die Größe 360°.

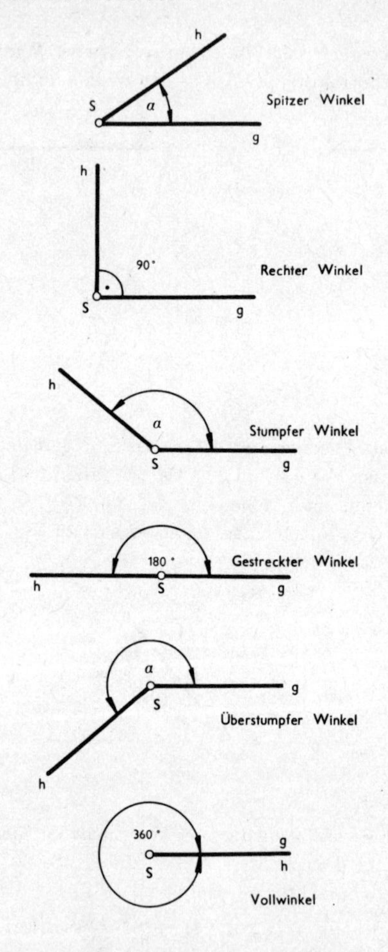

Abb. 271

Scheitelwinkel (Abb. 272)

Zwei Winkel, die den Scheitel gemeinsam haben und deren Schenkel paarweise zwei Geraden bilden, heißen Scheitelwinkel. Scheitelwinkel entstehen beim Schnitt zweier Geraden. In Abb. 272 sind α, γ und β, δ Paare von Scheitelwinkeln. Scheitelwinkel sind kongruent und daher gleich groß. Also $\alpha = \gamma$ und $\beta = \delta$.

Abb. 272

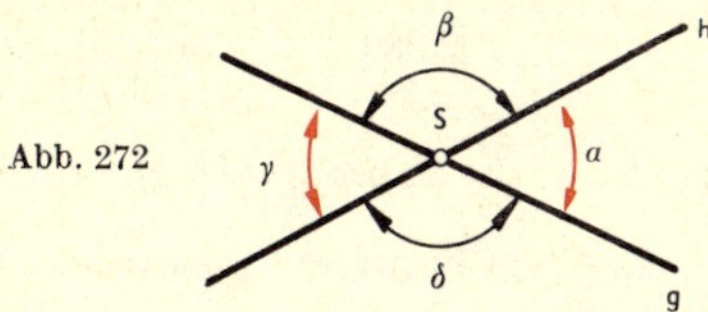

Winkelmessung

1. Gradmaß (*Altgrad*): 1° (= 1 Grad) ist der 90ste Teil eines rechten Winkels.
   $1'$ (= 1 Minute) ist der 60ste Teil eines Grades.
   $1''$ (= 1 Sekunde) ist der 60ste Teil einer Minute.

2. Gradmaß (*Neugrad*): 1^g (= 1 Neugrad) ist der 100ste Teil eines rechten Winkels.
   1^c (= 1 Neuminute) ist der 100ste Teil eines Neugrades.
   1^{cc} (= 1 Neusekunde) ist der 100ste Teil einer Neuminute.

3. *Umrechnung* von Altgrad in Neugrad und umgekehrt:

$$1^\circ = \left(\frac{10}{9}\right)^g \approx 1{,}1111^g = 1^g\,11^c\,11^{cc};\ 1' \approx 0{,}0185^g;\ 1'' \approx 0{,}0003^g;$$

$$1^g = \left(\frac{9}{10}\right)^\circ = 0{,}9^\circ = 54'; \qquad 1^c = 0{,}54' = 32{,}4'';\ 1^{cc} = 0{,}324''.$$

4. *Strichmaß* (Einteilung des vollen Winkels in 32 gleichgroße Winkel, ein Teilwinkel heißt 1 Strich. Gebräuchlich ist diese Einteilung auf den Windrosen der Kompasse):

   1 Strich ist der 8. Teil eines rechten Winkels, also
   1 Strich gleich $11{,}25^\circ$.

5. *Bogenmaß:* Die Maßzahl eines Winkels im Bogenmaß ist das Verhältnis der Bogenlänge, die der Winkel aus einem beliebigen Kreis um seinen Scheitel als Mittelpunkt ausschneidet, zur Länge des Radius; oder: Die Maßzahl eines Winkels im Bogenmaß ist die Maßzahl des Bogens, den dieser Winkel im Einheitskreis mit seinem Scheitel als Mittelpunkt ausschneidet (Einheitskreis, Radius 1). In beiden Definitionen sind der Radius und der Kreisbogen in derselben Längeneinheit zu messen. Man bezeichnet den Bogen eines beliebigen Winkels α mit arc α (sprich: „arcus α"; lat. arcus = der Bogen).

Es gilt: $\operatorname{arc} 360° = 2\pi = 6{,}28318\ldots$; $\operatorname{arc} 1° = 0{,}0174533\ldots$;

$\operatorname{arc} 180° = \pi = 3{,}14159\ldots$; $\operatorname{arc} 1' = 0{,}0002909\ldots$;

$\operatorname{arc} 90° = \frac{\pi}{2} = 1{,}57080\ldots$; $\operatorname{arc} 1'' = 0{,}0000048\ldots$

Allgemein bekommt man die Maßzahl arc α eines Winkels α im Bogenmaß aus $\operatorname{arc} \alpha = 2\pi \frac{\alpha}{360}$ (α in Altgrad gemessen).

Als Maßeinheit für den Winkel im Bogenmaß ist 1 rad (sprich: „1 Radiant") festgelegt. Es ist 1 rad = arc 57°17′44,8″. Fehlt bei einer Winkelangabe das Einheitszeichen, so ist der Radiant als Einheit gemeint.

Meßgeräte zur Winkelmessung

Winkelmesser (Transporteur) (s. d.).

Theodolit

Instrument zur Messung von Horizontalwinkeln in der Natur (*Sehwinkel*). Hauptteile: Teilkreis mit Gradeinteilung und Visiereinrichtung (Fernrohr oder Diopter).

Winkel an geschnittenen Parallelen

Die Winkel an geschnittenen Parallelen (Abb. 273) heißen *Stufenwinkel*, *Wechselwinkel* und *entgegengesetzte Winkel*. Sie entstehen, wenn zwei parallele Geraden g_1, g_2 von einer dritten Geraden g geschnitten werden, die nicht parallel zu den ersten beiden ist.

Stufenwinkel: Stufenwinkel liegen auf derselben Seite der schneidenden Geraden g und auf gleichen Seiten der geschnittenen Geraden g_1, g_2.

Entgegengesetzte Winkel: Entgegengesetzte Winkel liegen auf derselben Seite der schneidenden Geraden g und auf verschiedenen Seiten der geschnittenen Geraden g_1, g_2.

Wechselwinkel: Wechselwinkel liegen auf verschiedenen Seiten der schneidenden Geraden g und auf verschiedenen Seiten der geschnittenen Geraden g_1, g_2.

In Abb. 273 sind Stufenwinkel:	α_1 und α_2,	Wechselwinkel:	α_1 und γ_2,
	β_1 und β_2		β_1 und δ_2
	γ_1 und γ_2		γ_1 und α_2
	δ_1 und δ_2		δ_1 und β_2
entgegengesetzte Winkel:	α_1 und δ_2		
	β_1 und γ_2		
	γ_1 und β_2		
	δ_1 und α_2		

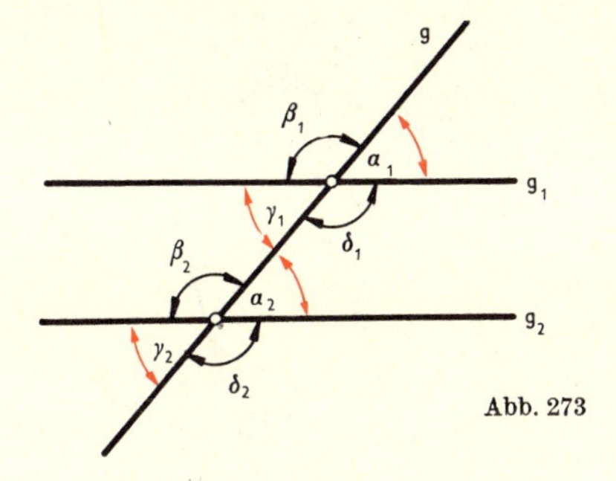

Abb. 273

Lehrsatz über die Winkel an geschnittenen Parallelen

Werden zwei Parallelen von einer Geraden geschnitten, so sind

1. je zwei Stufenwinkel einander gleich,
2. je zwei Wechselwinkel einander gleich,
3. je zwei entgegengesetzte Winkel Supplementwinkel.
   (Je zwei entgegengesetzte Winkel ergänzen sich zu 180°.)

Umkehrung des Lehrsatzes:

Werden zwei Geraden g_1 und g_2 von einer dritten Geraden g geschnitten, so sind g_1 und g_2 parallel, wenn eine der folgenden Bedingungen erfüllt ist. 1.) Die Winkel eines Paares an gleichen Seiten sowohl der schneidenden wie der geschnittenen Geraden liegender Winkel sind gleich. 2.) Die an verschiedenen Seiten der schneidenden wie der geschnittenen Geraden liegenden Winkel sind einander gleich. 3.) Die Winkel eines Paares von an der gleichen Seite der schneidenden und auf verschiedenen Seiten der geschnittenen Geraden liegenden Winkeln ergänzen sich zu 180°.

Winkel im Dreieck

Im Dreieck gibt es drei Innenwinkel, sie ergeben zusammen 180°. Weitere Sätze über die Dreieckswinkel (s. *Dreieck*).

Winkel im Viereck (s. *Viereck*)

Die vier Innenwinkel eines Vierecks ergeben zusammen 360°.

Winkel in Vielecken (s. *Vieleck*)

Jedes Vieleck besitzt so viele Innenwinkel wie Ecken. Die Summe aller Innenwinkel eines n-Ecks ist $(n-2)\ 180°$. Daraus ergibt sich für das regelmäßige n-Eck, daß jeder Winkel $\frac{n-2}{n}\ 180°$ ist.

Winkel am Kreis (s. *Kreis*)

Peripheriewinkel (Umfangswinkel, Randwinkel; $\sphericalangle\ APB$ in Abb. 274)

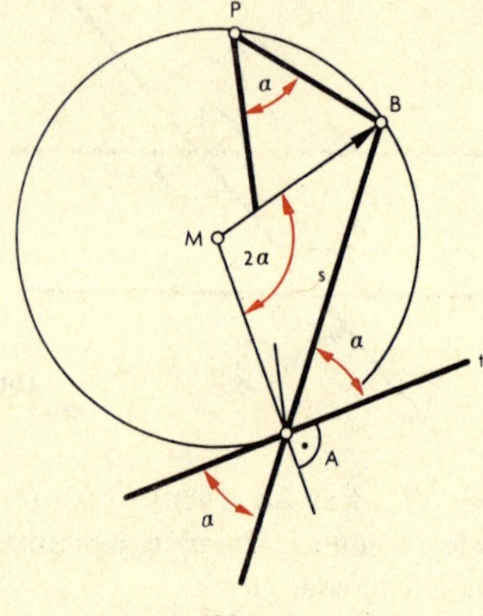

Abb. 274

Zentriwinkel (Mittelpunktswinkel; $\sphericalangle\ AMB$ in Abb. 274)

Sehnentangentenwinkel, $\sphericalangle\ (s, t)$ in Abb. 274.

Sehwinkel (s. d.)

Die Sehlinien oder Sehstrahlen, die – im mathematischen Sinne – vom Augpunkt aus nach den Endpunkten einer Strecke gehen, bilden den Sehwinkel. Man sagt: Die Strecke erscheint unter diesem Sehwinkel. Man kann zwei Punkte voneinander dann mit dem Auge unterscheiden, wenn der durch die Punkte bestimmte Sehwinkel nicht zu klein ist. Der Sehwinkel muß für ein normales Auge mindestens 60″ bis 90″ betragen, damit die Punkte unterschieden werden können. Durch optische Instrumente (Lupe, Fernrohr, Mikroskop) wird der Sehwinkel vergrößert.

Sehwinkel in einer Vertikalebene nennt man Steigungswinkel, Höhenwinkel, Erhebungswinkel bzw. Fallwinkel, Tiefenwinkel oder Senkungswinkel.

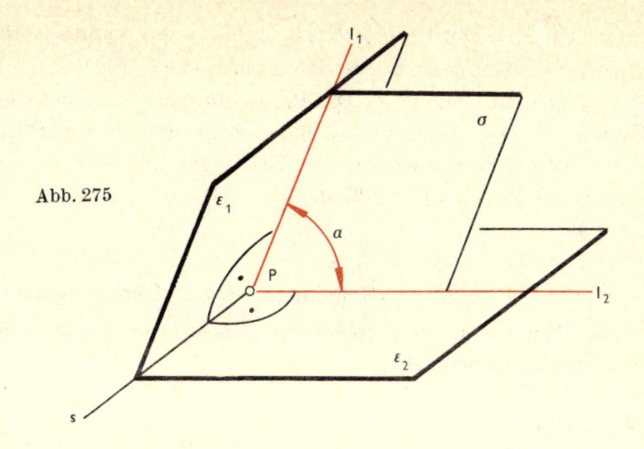

Abb. 275

Winkel zweier Ebenen

Ebenen ε_1 und ε_2, die nicht parallel sind, schneiden einander in einer im Endlichen gelegenen Geraden s (Schnittgerade, Spurgerade). Zeichnet man in einem beliebigen Punkt P dieser Schnittgeraden s auf dieselbe zwei Lote l_1 und l_2, von denen jedes außerdem in einer der gegebenen Ebenen liegt, dann spannen diese beiden Lote eine Ebene σ auf. l_1 und l_2 bilden in dieser Ebene einen Winkel α miteinander. Er heißt *Neigungswinkel, Schnittwinkel* oder *Keilwinkel* der beiden Ebenen ε_1, ε_2 (Abb. 275).

Der Neigungswinkel zwischen einer Horizontalebene und einer Böschungsebene heißt *Böschungswinkel.*

Winkel einer Geraden und einer Ebene

Eine Gerade g, die nicht parallel zu einer gegebenen Ebene ε ist, schneidet die Ebene in einem im Endlichen gelegenen Punkt G (Durchstoßpunkt,

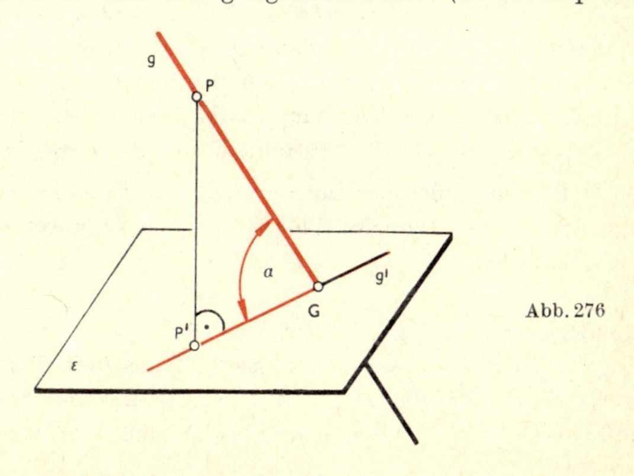

Abb. 276

Schnittpunkt, Spurpunkt). Projiziert man die Gerade g senkrecht in die gegebene Ebene ε, so entsteht in der Ebene eine neue Gerade g', die Projektion der gegebenen Geraden g. Die Projektionsgerade g' und die gegebene Gerade g erzeugen zusammen eine Ebene und in dieser Ebene einen Winkel, den Schnittwinkel α oder Neigungswinkel der gegebenen Geraden g mit der Ebene ε (Abb. 276).

Komplementwinkel

Zwei Winkel, die sich zu 90° (1 R) ergänzen, heißen Komplementwinkel.

Z. B. sind Winkel an der Hypotenuse eines rechtwinkligen Dreiecks Komplementwinkel.

Supplementwinkel

Zwei Winkel, die sich zu 180° (2 R) ergänzen, heißen Supplementwinkel.

Z. B. sind Nebenwinkel Supplementwinkel; ebenso sind benachbarte Winkel in einem Parallelogramm Supplementwinkel.

Winkelfunktionen s. *Trigonometrie*.

Winkelhalbierende. Die Winkelhalbierende eines gegebenen Winkels ist diejenige Gerade, die durch den Scheitel des Winkels geht und dabei den Winkel in zwei gleich große Winkel zerlegt. Die Winkelhalbierende eines Winkels ist Symmetrieachse des gegebenen Winkels. Die Winkelhalbierende eines Winkels und die des Supplementwinkels stehen aufeinander senkrecht.
Konstruktion der Winkelhalbierenden (s. *Grundkonstruktionen*, Abb. **143**).
In einem Dreieck können drei Winkelhalbierende w_α, w_β, w_γ zu den Innenwinkeln konstruiert werden. Dabei werden unter den Winkelhalbierenden eines Dreiecks allerdings im allgemeinen Strecken verstanden, und zwar die vom Scheitel des halbierten Winkels bis zur gegenüberliegenden Dreiecksseite. Die Winkelhalbierenden eines Dreiecks schneiden sich in einem Punkt O, dem Mittelpunkt des Inkreises (Abb. 88).

Die Halbierungslinien der Innenwinkel eines Dreiecks teilen jeweils die gegenüberliegende Seite des Winkels innen im Verhältnis der anliegenden Seiten (s. *Dreieck*).

Winkelmesser. (s. *Winkel*). Ein Winkelmesser ist ein Gerät zur Messung von Winkeln. Es wird aus Blech, Kunststoff, Pappe oder Papier hergestellt und hat die Gestalt eines Halbkreises. Auf der Peripherie des Halbkreises ist eine Teilung von 0° bis 180° angebracht (oder auch 200^g).

Winkel zwischen zwei Kurven. Unter dem Winkel α, den zwei Kurven K_1 und K_2 in ihrem Schnittpunkt miteinander bilden, versteht man den Winkel, den die Tangenten t_1 und t_2 an die Kurven im Schnittpunkt bilden (Abb. 277).

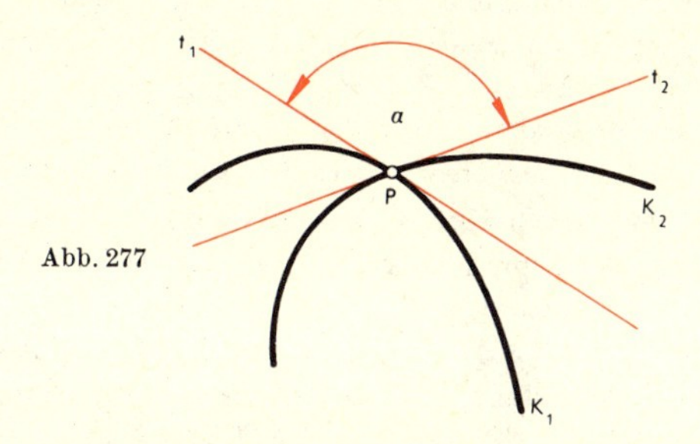

Abb. 277

Würfel. Der Würfel ist ein Körper, der von sechs kongruenten Quadraten begrenzt wird. Die sechs Quadrate stoßen in zwölf gleichlangen Kanten aneinander. Jede Fläche steht senkrecht zu jeder ihrer Nachbarflächen. Die zwölf Kanten treffen sich in acht Ecken. Immer je drei Kanten treffen sich rechtwinklig in einer Ecke (s. *platonische Körper*, Abb. 191).

Ein Würfel mit der Kantenlänge a hat das Volumen $V = a^3$,

die Oberfläche $O = 6a^2$,

die Flächendiagonale $d_2 = a \cdot \sqrt{2}$

und die Raumdiagonale $d_3 = a \cdot \sqrt{3}$.

Würfelverdoppelung. Die Würfelverdoppelung oder das Delische Problem ist die Aufgabe, zu einem Würfel mit gegebener Kante a die Kante a^* eines zweiten Würfels, der den doppelten Rauminhalt hat, nur unter Verwendung von Lineal und Zirkel zu konstruieren. Mit algebraischen Mitteln kann gezeigt werden, daß dieses Problem mit den verabredeten Zeichengeräten nicht gelöst werden kann.

Wurzel

1. gleichbedeutend mit Lösung einer Gleichung (s. d.) oder Aussageform (s. d.).
2. $w = \sqrt[n]{a}$, die n-te Wurzel aus a, ist für natürliches n und nichtnegativ-reelles a erklärt als diejenige nichtnegativ-reelle Zahl w, für die $w^n = a$ (s. *Radizieren*).

Wurzelrechnung s. *Potenz* und *Radizieren.*

Zahl. Die Zahl ist ein Grundbegriff der Mathematik und vom Begriff *Ziffer* streng zu unterscheiden. Die Ziffern sind nur die Zeichen, mit denen die Zahlen geschrieben werden können.
Der Name „Zahl" kommt von „zählen". Ursprünglich verstand man unter Zahlen nur die ganzen positiven Zahlen – die natürlichen Zahlen –, 1, 2, 3, ... In der Sprachlehre werden diese natürlichen Zahlen als *Kardinalzahlen* bezeichnet. Daneben gibt es die Ordnungszahlen: erster, zweiter, dritter, ... Der Bereich der Zahlen wurde im Laufe der Geschichte wesentlich erweitert. Etwa um 2000 v. Chr. verstanden es die Ägypter und Sumerer, mit Brüchen zu rechnen. Die Pythagoreer (um 500 v. Chr.) entdeckten die *irrationalen Zahlen* (s. *Zahlenarten*). Den Indern, von denen unsere *Zahlzeichen* stammen, schreibt man die Erfindung der *Null* (s. d.) und der *negativen Zahlen* (s. d.) zu. Die Dezimalbrüche wurden in Europa zuerst von dem Franzosen François Vieta (1540–1603), dem Holländer Simon Stevin (1548–1620) und dem Schweizer Jobst Bürgi (1552–1632) verwendet. Mit den *komplexen Zahlen* (s. d.) rechnet man seit etwa 1550. Die erste strenge Einführung der komplexen Zahlen stammt von Carl Friedrich Gauß (1777–1855).

Zahlenarten

1. Natürliche Zahlen (Menge $\mathbb{N}$) – Grundzahlen – Kardinalia 1, 2, 3, 4, 5, ...

Gerade Zahl: durch 2 teilbare natürliche Zahl; 2, 4, 6, 8, 10, 12, 14, 16, ...

Ungerade Zahl: nicht durch 2 teilbare natürliche Zahl; 1, 3, 5, 7, 9, 11, 13, 15, ...

Primzahl: keine Teiler außer sich selbst und 1; 2, 3, 5, 7, 11, 13, 17, 19, 23, 29, 31, ...

Quadratzahl: Quadrat (zweite Potenz) einer natürlichen Zahl; 1, 4, 9, 16, 25, 36, 49, 64, 81, 100, 121, 144, . . .

Kubikzahl: dritte Potenz einer natürlichen Zahl; 1, 8, 27, 64, 125, 216, 343, 512, 729, 1000, . . .

2. Ganze Zahlen (Menge $\mathbb{Z}$): alle positiven ganzen Zahlen (natürlichen Zahlen), Null und alle negativen ganzen Zahlen.

3. Rationale Zahlen (Menge $\mathbb{Q}$) – Brüche – gebrochene Zahlen.

Echt gebrochene Zahlen: echte Brüche. Der Zähler eines echten Bruches ist kleiner als dessen Nenner; $\frac{1}{2}, \frac{2}{5}, \frac{7}{9}, \ldots$

Stammbrüche: Die Stammbrüche haben den Zähler 1;

$$\frac{1}{2}, \frac{1}{3}, \frac{1}{4}, \frac{1}{5}, \frac{1}{6}, \frac{1}{7}, \frac{1}{8}, \ldots$$

Unecht gebrochene Zahlen: unechte Brüche. Der Zähler eines unechten Bruches ist gleich dem Nenner oder größer als der Nenner des Bruches;

$$\frac{9}{2}, \frac{8}{3}, \frac{11}{7}, \frac{118}{20}, \ldots$$

Gemischte Zahlen: Summe einer natürlichen Zahl und eines echten Bruches; $3\frac{1}{2}$, $7\frac{2}{9}, \ldots$

Dezimalbrüche: Brüche, deren Nenner eine Zehnerpotenz ist;

z. B.

$$\frac{1987}{10\,000} = 0{,}1987 \qquad \frac{876}{100\,000} = 0{,}00876 \qquad \frac{21\,201}{1000} = 21{,}201.$$

4. Irrationalzahlen: die nichtrationalen reellen Zahlen;

z. B. $\sqrt{2}, \sqrt[3]{4}, e, \ln 2, \pi, \ldots$

Algebraisch-irrationale Zahlen: Algebraisch-irrationale Zahlen sind diejenigen irrationalen Zahlen, die einer algebraischen Gleichung mit rationalen Koeffizienten genügen; $\sqrt[3]{2}, \sqrt{21}, \sqrt[3]{4}, \ldots$

Transzendent-irrationale Zahlen: Transzendent-irrationale Zahlen sind diejenigen irrationalen Zahlen, die keiner algebraischen Gleichung mit rationalen Koeffizienten genügen; $e, e^5, \ln 2, \pi, \ldots$

5. Reelle Zahlen (Menge $\mathbb{R}$): Reelle Zahlen sind alle die Zahlen, die sich durch Punkte der Zahlengeraden darstellen lassen. Die Menge der reellen Zahlen umfaßt die rationalen und die irrationalen Zahlen.

6. Algebraische Zahlen: alle Zahlen, die einer algebraischen Gleichung mit ganzzahligen Koeffizienten genügen; $\sqrt{2}, \sqrt[3]{7}, 2 + \sqrt{5}, \ldots$

7. Transzendente Zahlen: Alle nichtalgebraischen reellen Zahlen heißen transzendent; $e, \pi, e^2, \sqrt{\pi}, \ln 2, \ldots$

8. Komplexe Zahlen: Eine komplexe Zahl ist darstellbar als Summe aus einer reellen Zahl und einer imaginären Zahl; $5 + 3i, 7 - i\sqrt{3}, \ldots$; allgemein: $z = a + bi$ mit $a, b \in \mathbb{R}$.

Imaginäre Zahlen: Die Quadratwurzeln aus negativen Zahlen nennt man imaginäre Zahlen; $\sqrt{-1} = \mathrm{i}, 2\mathrm{i}, 3\mathrm{i}, \ldots$; allgemein: $r \cdot \mathrm{i}$ mit $r \in \mathbb{R}$.

Zahlengerade. Die Zahlengerade dient zur Veranschaulichung reeller Zahlen. Man kann mittels der Zahlengeraden das Addieren und Subtrahieren reeller Zahlen (s. *Zahlenarten*) bildlich darstellen. Auf einer Geraden legt man einen Punkt fest, den Nullpunkt. Von dort aus trägt man nach links und nach rechts eine feste Strecke, z. B. 1 cm, beliebig oft hintereinander ab. Die rechten Teilpunkte bezeichnet man von links nach rechts mit 1, 2, 3, 4, ... und die linken Teilpunkte von rechts nach links — 1, — 2, — 3, ... Es ist üblich, die positive Richtung der Zahlengeraden durch die Pfeilspitze zu kennzeichnen.

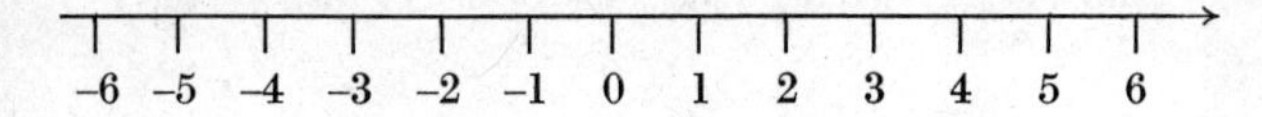

Zahlenstrahl. Die positiven Zahlen kann man als Punkte auf einem Strahl darstellen. Man trägt auf diesem Strahl vom Anfangspunkt angefangen eine beliebige, aber feste Strecke hintereinander ab und schreibt an den ersten Endpunkt 1, an den zweiten 2, an den dritten 3 usw. Der Anfangspunkt des Strahls wird mit Null bezeichnet.

0 1 2 3 4 5 6 7 8

Zahlsysteme s. *Stellenwertsystem.*

Zehnerpotenzen. Sehr große und sehr kleine Zahlen kann man übersichtlich mit Hilfe von Zehnerpotenzen schreiben. Es ist:

$10^1 = 10$	$10^7 = 10$ Millionen	$10^{15} = 1$ Billiarde
$10^2 = 100$	$10^8 = 100$ Millionen	$10^{18} = 1$ Trillion
$10^3 = 1000$	$10^9 = 1$ Milliarde	$10^{21} = 1$ Trilliarde
$10^4 = 10000$	$10^{10} = 10$ Milliarden	$10^{24} = 1$ Quadrillion
$10^5 = 100000$	$10^{11} = 100$ Milliarden	$10^{30} = 1$ Quintillion
$10^6 = 1$ Million	$10^{12} = 1$ Billion	$10^{36} = 1$ Sextillion usw.

Die Zahl 36000000000 schreibt man kürzer in der Form

$$36000000000 = 36 \cdot 10^9 = 3{,}6 \cdot 10^{10} = 0{,}36 \cdot 10^{11}.$$

Im allgemeinen verwendet man dabei solche Zehnerpotenzen, bei denen der Faktor vor der Zehnerpotenz zwischen 1 und 10 liegt. Zehnerpotenzen mit negativen Exponenten kann man zur Darstellung von Zahlen benutzen, deren Betrag sehr klein gegen 1 ist. Es ist nämlich

$$10^{-1} = 0{,}1 \quad = \frac{1}{10},$$

$$10^{-2} = 0{,}01 \quad = \frac{1}{100},$$

$$10^{-3} = 0{,}001 = \frac{1}{1000}.$$

Beispiel: Masse des Wasserstoffatoms: $1{,}67 \cdot 10^{-24}$ g.
Ohne Zehnerpotenzen müßte man schreiben:
0,000 000 000 000 000 000 000 001 67 g.

Zur physikalischen Bezeichnung von Zehnerpotenzen s. *Maßsysteme.*

Zentrale. Die Gerade durch die Mittelpunkte zweier Kreise heißt Zentrale (s. *Kreis*).

Zentriwinkel. Als Zentriwinkel (= Mittelpunktswinkel) bezeichnet man die beiden Winkel zwischen zwei Radien eines Kreises (s. *Winkel am Kreis*).

Zerlegungsgleichheit (s. auch *Ergänzungsgleichheit*). Zwei Polygone P und P' heißen zerlegungsgleich, wenn sie sich jeweils in endlich viele Dreiecke D_1, D_2, ... D_k und D'_1, D'_2, ... D'_k zerlegen lassen, die paarweise kongruent sind. Anders gesagt: P' geht durch „Umbau" aus P hervor. Beispiel: Das Rechteck $ABCD$ ist zerlegungsgleich dem Parallelogramm $A'B'C'D'$ (vgl. Abb. 278). Denn beide bestehen aus denselben Dreiecken, die nur jeweils anders zusammengesetzt sind.

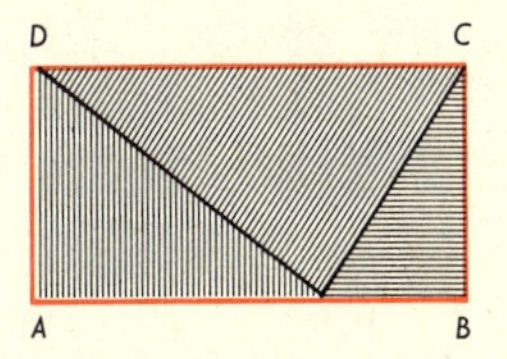

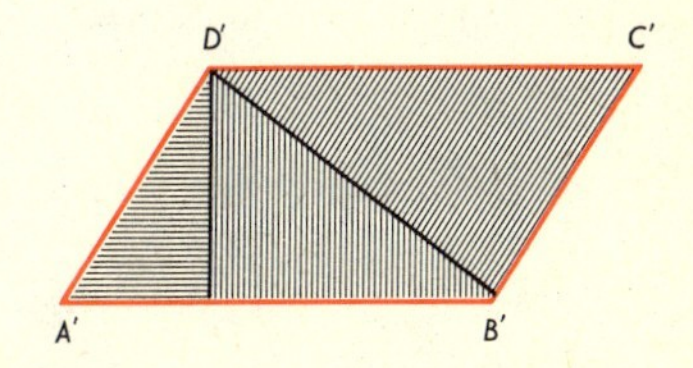

Abb. 278

Ziffer. Ziffern sind Zahlzeichen, mit deren Hilfe Zahlen schriftlich dargestellt werden (s. *Grundrechenarten*).

(S. *Zahlensysteme, Dezimalsystem, römische Zahlzeichen.*)

Zinsen. Zinsen (einfache Zinsen, *Zinseszinsen* s. d.) sind eine Vergütung für leihweise überlassenes Kapital. Die Höhe der Zinsen wird aus der Größe des *Kapitals* K, dem *Zinsfuß* p und der *Zeitdauer* t der leihweisen Überlassung berechnet. In der Zinsrechnung ist es üblich, das Jahr zu 360 Tagen anzunehmen. Der Zinsfuß p gibt an, wieviel Zinsen pro 100 DM Kapital in einem Jahr an den Verleiher zu zahlen sind. Damit werden die Jahreszinsen eines Kapitals K zu $p\%$: $\frac{\mathrm{K} \cdot p}{100}$.

In t Jahren ergeben sich daraus die Zinsen: $\mathrm{Z} = \frac{\mathrm{K} \cdot p \cdot t}{100}$;

z. B.: Das Kapital K = 400 DM ist 3 Monate zu 4% ausgeliehen.

Es ist: K = 400 DM, $p = 4$ und $t = 3$ Monate = 0,25 Jahre.

Damit: $\mathrm{Z} = \frac{400 \cdot 4 \cdot 0{,}25}{100} = 4$ DM.

Das Kapital bringt in 3 Monaten 4 DM Zinsen.

Der Zinsfuß wird zumeist für das Jahr angegeben. Dies kann besonders betont werden durch den Zusatz *pro anno* (abgekürzt: p. a.).

Zinszahlen finden in der Zinsrechnung dann Anwendung, wenn es sich um die Berechnung der Zinsen von verschiedenen Kapitalbeträgen bei demselben Zinsfuß handelt.

Steht ein Kapital K t Tage zu $p\%$ (pro anno) auf Zinsen, so wird die Größe $\frac{\mathrm{K} \cdot t}{100}$ als Zinszahl bezeichnet, während $\frac{360}{p}$ *Zinsdivisor* genannt wird.

Die Zinsen berechnen sich damit zu $\mathrm{Z} = \frac{\mathrm{K} \cdot t}{100} : \frac{360}{p} = \frac{\text{Zinszahl}}{\text{Zinsdivisor}}$.

Wenn mehrere Kapitalien zu verzinsen sind, so berechnet man zunächst alle Zinszahlen, addiert sie und dividiert die Summe der Zinszahlen durch den Zinsdivisor;

z. B.: Wieviel Zinsen erhält man am Ende eines Jahres, wenn man auf ein Sparkonto einzahlte ($p = 3$, das Jahr zu 360 Tagen angenommen):

Datum	Einzahlung	Zahl der Tage t	Zinszahl
15. Januar	400,— DM	345	1380
10. Februar	200,— DM	320	640
10. Mai	175,— DM	230	402,5

Summe der Zinszahlen: 2422,5

$$\text{Zinsdivisor: } \frac{360}{3} = 120,$$

$$\text{Zinsen} = \frac{\text{Summe der Zinszahlen}}{\text{Zinsdivisor}} = \frac{2422{,}5}{120}$$

Man erhält 20,19 DM Zinsen.

Die Zahlung von Zinsen durch Banken und Sparkassen wird durch das „Gesetz über das Kreditwesen", durch das „Habenzinsabkommen" der größeren Banken und durch die „Geschäftsbedingungen" der einzelnen Banken geregelt.

Zinseszinsen. Zinseszinsen sind Zinsen, die entstehen, wenn die (jährlich, vierteljährlich, monatlich) fälligen Zinsen zum Kapital hinzugefügt werden und mit diesem zusammen verzinst werden.

Zinstermin. Termin, an dem die „Zinsen" zu zahlen sind.

Zirkel (lat. circulus = Kreis). Mechanisches Zeichengerät, das zum Zeichnen von Kreisen dient. Er besteht aus zwei Schenkeln, die spreizbar sind, von einem Scharnier an einem Ende zusammengehalten werden und durch Druck am Auseinandergleiten gehindert werden. Der eine Schenkel endet spitz und wird zum Einstechen benutzt, der andere trägt eine Bleistiftmine oder eine Reißfeder und dient zum eigentlichen Ziehen der Kreislinie.

Zylinder. Verbindet man die Endpunkte paralleler Radien zweier in parallelen Ebenen liegender gleich großer Kreise miteinander durch

Strecken, so entsteht ein *Kreiszylinder*. Die Verbindungsstrecken heißen *Mantellinien* des Zylinders. Stehen die Verbindungsstrecken senkrecht auf den parallelen Kreisebenen, so heißt der Zylinder gerade oder Rotationszylinder (Abb. 279), sonst schief (Abb. 280). Die Verbindungsstrecke der Kreismittelpunkte heißt *Achse* des Zylinders. Der Abstand der beiden parallelen Ebenen heißt Höhe h des Zylinders. Die zur Achse senkrechten Schnitte eines schiefen Kreiszylinders sind Ellipsen (s. d.). Dieser Zylinder kann also auch als gerader elliptischer Zylinder angesprochen werden.

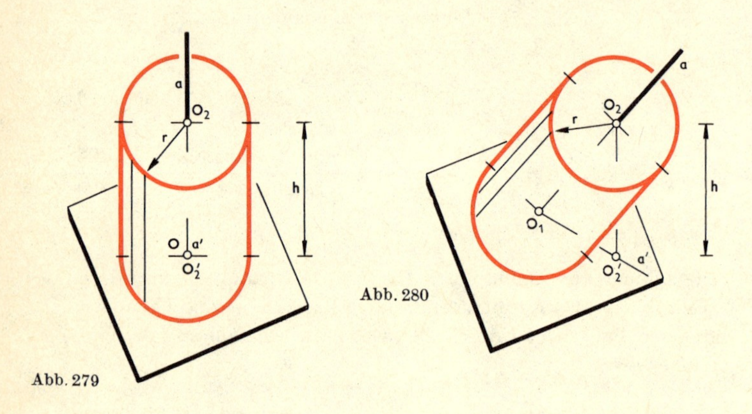

Abb. 279

Abb. 280

Außer den Kreiszylindern spricht man allgemein von Zylindern, wenn man die Punkte zweier kongruenter, in parallelen Ebenen liegender Figuren durch parallele Strecken miteinander verbindet. Beispiel: elliptischer Zylinder. Zwei kongruente Ellipsen, die in parallelen Ebenen liegen, bilden die Grund- und Deckfläche.

Das Volumen des Zylinders ist:

$$V = G \cdot h \quad (G = \text{Grundfläche}).$$

Für den Kreiszylinder ist:

$$V = \pi r^2 h \quad (r = \text{Kreisradius}).$$

Für den elliptischen Zylinder:

$$V = \pi a b \cdot h \quad (a, b \text{ Halbachsen der Ellipse}).$$

Mantelfläche des Zylinders (Rotationszylinder):

$$M = 2\pi r h.$$

Oberfläche des Rotationszylinders:

$$O = 2\pi r (r + h).$$

Zylinderschnitt: Wird ein begrenzter gerader Zylinder, dessen Leitkurve eine Ellipse oder ein Kreis ist, durch eine Ebene reell geschnitten, so können die folgenden Schnittfiguren entstehen:

1. Wenn die Ebene parallel zur Zylinderachse verläuft, entsteht ein Rechteck. Geht die Schnittebene speziell durch die Zylinderachse, so entsteht ein sogenannter Axialschnitt.
2. Wenn die Schnittebene nicht parallel zur Achse verläuft, so entsteht eine Ellipse oder ein durch ein oder zwei Sehnen begrenztes Stück einer Ellipse. In besonderen Fällen kann aus dem elliptischen Schnitt auch ein Kreisschnitt werden. Ein elliptischer Zylinder besitzt zwei Scharen von Kreisschnittebenen.
3. Wenn die Schnittebene parallel zur Grundebene verläuft, so ist die Schnittfigur eine zur Leitkurve kongruente Kurve, also eine Ellipse oder ein Kreis.

LITERATUR

Ohne Anspruch auf Vollständigkeit geben wir einige Hinweise auf weiterführende Literatur. Mit einer ° bei der Nummer sind besonders elementar geschriebene Einführungen verzeichnet. Ein Stern weist auf ein für Studenten (bzw. zur Studieneinführung) geeignetes Buch hin.

I. *Allgemeines*

1. Félix, L., Elementarmathematik in moderner Darstellung, Braunschweig 1966
2.° Fuchs, W., Knaurs Buch der modernen Mathematik, München-Zürich 1966
3. Lenz, H., Grundlagen der Elementarmathematik, Berlin 1961
4.* Meschkowski, H, Einführung in die moderne Mathematik, BI-Hochschultaschenbücher Bd. 75, 3. Aufl., Mannheim 1971
5. Meschkowski, H., Laugwitz, D. (Herausg.), Meyers Handbuch über die Mathematik, 2. Auflage, Mannheim 1972
6. Meschkowski, H., Aufgaben zur modernen Schulmathematik, Mannheim 1972
7.* Strubecker, K., Einführung in die höhere Mathematik, München 1956
8. Wolff, G., Handbuch der Schulmathematik, Bd. 1–6, Hannover 1960–63

II. *Mengenlehre*

1. Goerke, L., Mengen, Relationen, Funktionen, Berlin 1967
2.* Meschkowski, H., Probleme des Unendlichen. Leben und Werk Georg Cantors, Braunschweig 1967
3. Schlechtweg, H., Buchmann, G., Endliche Mengen, Freiburg 1967
4.* Schmidt, J., Mengenlehre. Einführung in die axiomatische Mengenlehre, Erster Band, BI-Hochschultaschenbücher Bd. 56/56a, Mannheim 1967

III. *Geometrie*

1. Dienes, Z. P., Golding, E. W., Die Entdeckung des Raumes, Freiburg 1967
2. Graebe, H., Kongruente Abbildungen, Freiburg 1966
3.* Hilbert, D., Grundlagen der Geometrie, Stuttgart 1960
4.* Meschkowski, H., Grundlagen der euklidischen Geometrie, BI-Hochschultaschenbücher Bd. 105/105a, Mannheim 1966
5. Papy, G., Einführung in die Vektorräume, Göttingen 1965
6.* Pickert, G., Ebene Inzidenzgeometrie, Frankfurt 1958
7.° Schupp, H., Abbildungsgeometrie, Weinheim 1968

IV. *Moderne Schulbücher*

Andelfinger, B., Nestle, F., Mathematik, Freiburg 1970

Faber, K., Geometrie, Stuttgart 1967

Kuypers, W. (Herausg.), Mathematikwerk für Gymnasien, Düsseldorf 1967–1970

Neunzig, W., Sorger, P., Wir lernen Mathematik, Freiburg 1968–1970

Schroeder, H., Uchtmann, H., Einführung in die Mathematik, Frankfurt 1966–1970

Seebach, K., u. a. (Herausg.), Unterrichtswerk der Mathematik, München 1967

REGISTER

Schülerduden Grammatik

Eine Sprachlehre mit Übungen und Lösungen

Von Wolfgang Mentrup. Fachdidaktische Beratung: Prof. Dr. Dorothea Ader, Bonn.

414 Seiten.

In dieser Schüler-Grammatik werden die grundlegenden Strukturen unserer Sprache übersichtlich und verständlich dargestellt. Mit neuen Methoden und Operationen wie Austauschprobe, Verschiebeprobe u.ä. werden die Bestandteile des Satzes bestimmt und ihre Bestimmungen zueinander erklärt. Das Buch enthält eine Fülle von Übungen. Mit ihnen kann nachgeprüft werden, ob das Vorausgegangene verstanden worden ist. Die Lösungen im Anhang bieten dazu eine Kontrollmöglichkeit.

Eine Grammatik für den modernen Sprachunterricht, die notwendige Ergänzung zu jeder Schulgrammatik.

Schülerduden Die richtige Wortwahl

Ein vergleichendes Wörterbuch sinnverwandter Ausdrücke

Bearbeitet von Wolfgang Müller.

480 Seiten mit rund 13000 Wörtern und Wendungen.

Eine stilistisch angemessene Ausdrucksweise ist heute in vielen Bereichen des Lebens unumgänglich. Deshalb ist es besonders wichtig, Hilfsmittel zu entwickeln, die ein stilgemäßes Schreiben und Sprechen im Verein mit Sachgerechtigkeit und Treffsicherheit fördern und Mißgriffe ausschließen. Dieser neue Schülerduden ist ein solcher Ratgeber. Er leitet zum richtigen Gebrauch der Wörter an und verhilft

zur Wahl des inhaltlich treffenden und stilistisch angemessenen Ausdrucks.

Duden-Übungsbücher Band 5: Übungen zur deutschen Sprache I

Grammatische Übungen

Von Stefanie und Gerhard Kaufmann.

239 Seiten.

Reichhaltiges Übungsmaterial zu allen wichtigen Bereichen der deutschen Grammatik, z.B. zur direkten und indirekten Rede, zur Wortstellung und zum Gebrauch der Präpositionen.

Bibliographisches Institut
Mannheim/Wien/Zürich